Natural Resources-Based Advanced Materials

基于天然资源的先进材料

沈 青 著

科学出版社
北京

内 容 简 介

　　合理应用天然资源是有序社会、健康社会的一个基本要求，也是广大科技人员的基本使命。考虑到天然资源极为广泛，所以本书主要介绍一些经常涉及的天然资源及利用它们加工形成的先进材料。这些天然资源主要是纤维素、木质素、半纤维素、壳聚糖、植物多酚、动植物油、加拿大一枝黄花、右旋糖酐、柿叶、软木脂、环糊精和蚕丝，而所形成的先进材料涉及广泛的材料领域，如智能材料、纳米材料、功能材料、复合材料、医用材料、环保材料、农用处理材料等。

　　本书适合化学、材料等领域的科技人员、相关管理人员和有关领域的师生阅读。

图书在版编目(CIP)数据

基于天然资源的先进材料／沈青著. —北京：科学出版社，2017. 6
ISBN 978-7-03-053289-3

Ⅰ. ①基… Ⅱ. ①沈… Ⅲ. ①工程材料–研究 Ⅳ. ①TB3

中国版本图书馆 CIP 数据核字（2017）第 128640 号

责任编辑：霍志国／责任校对：何艳萍
责任印制：肖　兴／封面设计：东方人华

科学出版社 出版
北京东黄城根北街 16 号
邮政编码：100717
http://www.sciencep.com

天津市新科印刷有限公司 印刷
科学出版社发行　各地新华书店经销

＊

2017 年 6 月第 一 版　　开本：787×1092　1/16
2017 年 6 月第一次印刷　印张：23 1/2
字数：534 000

定价：128.00 元
（如有印装质量问题，我社负责调换）

前　言

　　人类是伴随着对天然资源的认识和利用而发展的，但在众多的天然资源中，人类主要关注和利用的是植物和动物资源。

　　本书所涉及的天然资源主要是植物类的资源，但也涉及了一些动物资源。不同于一般的介绍动植物资源的特点，本书主要介绍了人们在日常生活中所涉及的一些动植物资源是如何被制备成先进材料，并进一步为人类服务的。

　　本书所介绍的例子来自于三部分：一是我们自己的研究成果，包括已经发表在国内外学术期刊上的论文；二是我的一些国内外学术领域内的朋友所报道的研究成果；三是基于一些国际学术期刊新发表的综述。

　　考虑到篇幅的问题，全书分为12章，叙述了12种动植物资源的先进材料。其中植物类的部分既描述了大量被使用的纤维素、木质素和壳聚糖，也描述了少量使用的半纤维素、植物多酚、加拿大一枝黄花、右旋糖酐、柿叶、软木脂和环糊精。动物资源部分仅涉及了鱼油和蚕丝所制备的先进材料。

　　本书由东华大学纤维材料改性国家重点实验室资助出版。

沈　青

2017 年 4 月

目　　录

第1章　基于纤维素的先进材料

1.1　引　言

纤维素是世界上储藏量最丰富的天然高分子化合物，是植物纤维细胞壁的主要成分，绝大多数由绿色植物通过光合作用合成。纤维素主要来源于植物，如棉花、木材、一年生能源植物等。除植物外，细菌、动物也生产纤维素，如木醋杆菌（*Acetobacter xylinum*）可以合成细菌纤维素（BC），被囊动物（tunicate）可以合成动物纤维素[1-38]。

纤维素是无水葡萄糖残基通过 β-1、4 苷键连接的立体规整性高分子，是自然界中最丰富的可再生资源，每年通过光合作用可合成约 $1000×10^9$ t。由于其结构特征易于参与化学改性反应，因此可制备各种用途的功能材料，如高吸水材料、贵重金属吸取材料、吸油材料、医疗卫生用材料等。同时纤维素可以粉状、片状、膜以及溶液等不同形式出现，进一步提高了纤维素功能化的灵活性和应用的广泛性。此外，与合成高分子的功能材料相比，纤维素功能材料所具有的环境协调性，使其成为目前材料研究中最为活跃的领域之一，而且由于引进了新的能够溶解纤维素的溶剂体系，其再次成为人们的研究热点[20-23]。

1.1.1　纤维素的结构

纤维素的化学结构如图 1-1 所示。

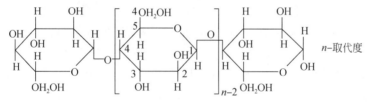

图 1-1　纤维素的化学结构式[38]

1.1.2　纤维素的表面性能

纤维素的表面性能根据其来源、制备方法、分子量、测试原理和方法[39]有不同的报道[1]，大致在 $50\sim75\text{mJ/m}^2$ 范围内[1]。但我们的最新研究发现，纤维素的表面性能可以在电场条件下得到改变和调控。

1.1.3　纤维素的吸附性能

纤维素的吸附性能也因为其分子量、表面性能的差别而异[40]。近来，我们研究了纤维素对具有不同极性的溶剂的吸附行为，发现其可以大量吸附非极性的二碘甲烷。而采用电吸附方法可以提高其吸附性能，尤其是极性溶剂[40]。

1.2 基于纤维素的抗静电材料

方月娥等[2]合成了2，3-环氧丙基三乙基氯化铵和季铵盐纤维素衍生物，并用[1]H-NMR谱和元素分析表征了它的结构和成分。他们发现添加0.5%季铵盐纤维素衍生物的试片表面电阻可以从$3.43×10^{13}\Omega$降至$1.67×10^{7}\Omega$，这说明该方法可以使纤维素具有抗静电效果。

1.3 基于纤维素的光敏型功能材料

通过将纤维素衍生物进行液晶化，然后应用外加电场来调制其色调，日本科学家[2]发现纤维素在弱电场中就可以调制出光谱中由上到下的各种颜色，从而可以作为记录材料和显示材料等光学材料。

顾等[3]的实验发现，氰乙基纤维素具有高的介电常数（$E=35\sim38$），而高取代度的氰乙基纤维素还同时具有非常好的防水性、绝缘性和自熄性能。这意味着纤维素可以应用于研制大屏幕电视屏、新型雷达荧光屏和小型激光电容器。

Lenzing公司的Model Sun是一种具有防晒功能的基于纤维素的功能纤维，具有生理不活泼、良好的耐洗牢度和耐久的防紫外线功能[4]。

1.4 基于纤维素的分离材料

1.4.1 高分子螯合剂

含有二氨基、二羧基以及与EDTA二酸酐交联的纤维素衍生物都可以吸附Cu^{2+}、Zn^{2+}、Mn^{2+}、Ni^{2+}等离子。最近的研究还表明，改性的纤维素材料，如硫、MnO_2的醋酸纤维素和经由二步法合成的亚氨二醋酸纤维素具有选择性吸附Co^{2+}、Ni^{2+}、Cu^{2+}和Pb^{2+}的能力。Kahovec等用EDTA二酸酐与泡沫状纤维素进行交联，制备得到的纤维素材料不仅能够非常迅速地吸附Ca^{2+}，其螯合物在高酸度下还表现出了高度的稳定性[5]。

以酚类化合物与重氮化纤维素衍生物进行偶联得到的产物也具有选择性吸附重金属的能力，如萘酚类偶联产物对Ca^{2+}、Fe^{2+}、U^{2+}的选择性吸附。此外，含硅酸的螯合纤维素衍生物对Th^{2+}和Fe^{2+}的吸附也非常显著[4]。

利用金属化合物作为Lewis酸和纤维素上的羟基进行反应可以破坏纤维素分子中的氢键，制得纤维素-金属氧化复合物，具有良好的吸附性能。例如，孟等以微晶纤维素为基质与有机铝进行反应，制备了Al_2O_3涂敷的纤维素-铝复合物，再与γ-二胺丙基三乙基氧基硅烷进行反应进一步得到具有—NH_2的纤维素-铝-硅复合物，该产品对水溶液中Hg^{2+}、Cu^{2+}具有较高的吸附性能，其吸附量分别为20314mg/g和9113mg/g[4]。

刘海洋等[5]以棉花为原料，通过碱化、老化、磺化等步骤制得球形纤维素，然后以Ce^{4+}盐为引发剂，选择最佳交联和接枝条件将丙烯腈接枝到交联后的球形纤维素骨架上，获得球形羧基纤维素吸附剂，发现该吸附剂对 Cr^{3+}、Al^{3+}、Cu^{2+}、Zn^{2+} 金属离子的吸附效果明显。

1.4.2　离子交换剂

Orlando 等[6]将甘蔗渣和米糠在吡啶、二甲基亚砜溶剂中与表氯醇（epichlorohydrin）和二甲基胺（dimethylamine）进行反应，将环氧基和氨基引入纤维素大分子中以用作离子交换剂，取得满意的效果。

1.5　基于纤维素的吸附材料

1.5.1　高吸水性材料

将羟乙基纤维素、羧甲基纤维素的钠盐与透明质酸在水溶液中用无毒水溶性化学交联剂进行交联，可合成出具有高吸水性的水凝胶[7]。

将纤维素与丙烯腈接枝的淀粉水解物（HSPAN）共溶于 NMMO 溶液中，通过干喷湿纺法制成的 Lyocell 纤维的吸水性明显提高，但这也导致了其力学性能降低[8]。

为了防止纤维素降解，可以将纤维素与乙二醇二缩水甘油醚（EGDE）进行交联，但这也同时提高了其吸水性[9]。

用聚乙二醇与纤维素合成的水凝胶，其吸水性明显提高[10]。如采用特殊的交联剂与羧甲基纤维素进行交联反应，可以制得具有高吸水性的交联羧甲基纤维素[10]。将精制脱脂棉与氢氧化钠、异丙醇、一氯乙酸钠进行碱化、醚化后，再以 N,N-亚甲基双烯酰胺为交联剂制得的纤维素吸水材料的吸水性能可以明显提高[10]。

以铈盐为引发剂，微晶纤维素经碱糊化后与丙烯腈单体接枝共聚反应制成的高吸水性树脂的吸水倍数在常温下可达 450 倍[10]。羧甲基纤维素经羟甲基丙烯酰胺交联制得的吸水材料的吸水倍数也明显提高[10]。

用高吸水树脂作添加剂，醋酸纤维素为基质包络高效化肥，发现其不仅提高了吸水性，也具有可控的释放性能[10]。在 $K_2S_2O_8$ 和 $(NH_4)_2Ce(NO_3)_6$ 不同引发剂作用下将丙烯腈单体与甘蔗渣粗纤维纸浆进行接枝聚合反应，可以制得高吸水材料[11]。用超细纤维素和丙烯酸进行接枝共聚可以制备高吸水材料[12]。合成类的丙烯酸钠吸水聚合物用铵盐类聚合物处理后可明显提高耐盐能力和凝胶强度，将其处理纤维素可以得到阳离子型的高吸水纤维素产品[12]。进一步采用酰胺类单体进行共聚则可以同时提高产品的抗电解质能力。纤维素微纤化可以提高反应可及度，然后接枝丙烯酸可以制备高吸水产品[12]。热处理也是提高纤维素及其衍生物吸水性的一个有效途径，而用高价金属盐处理或加入表面活性剂等也可以提高纤维素的吸水性能[12]。

1.5.2　吸油材料

Nakamura 等通过接枝共聚法将亲水的羧基、磺酸基及亲油的十六碳烷三甲氨基接枝到纤维素的侧链上，大大提高了其吸油能力[13]。

1.5.3 其他吸附功能

通过接枝改性的纤维素可以吸附染料。微晶纤维素及改性的微晶纤维素具有吸附蛋白质、氰离子的功能。磷酸化酶纤维素能吸附甲醇、乙醇、丙醇和四氯化碳等有机溶剂[14]。

用多元羧酸进行化学修饰，然后经过铜氨溶液处理得到的铜螯合纤维素对硫化氢、氨气、三甲胺有吸附作用，可以消臭抗菌[14]。

1.6 基于纤维素的智能材料

1.6.1 pH 响应水凝胶

Karlsson 等[15]采用臭氧活化纤维素，然后接枝丙烯酸单体制备了 pH 响应型水凝胶。该产品具有三维网络结构，所以力学性能很好。

1.6.2 形状记忆纤维

Vigo[16]以锰盐等复合引发剂，将分子量为 1000～4000 的 PEG 直接接枝于纤维素分子链上，制得湿致形状记忆纤维。该产品制成的衬衫具有不用熨烫、不变形、多次洗涤不褪色的特点，所以还可以做游泳衣、潜水员专用服装、土工布和压力绷带等。用这种纤维制成的土工布缠绕输水管道时，当管道有裂缝时，该浸湿的织物会自动收缩，缠紧损坏的部位使其不渗漏。用这种纤维制成的压力绷带，可以应用于伤口止血，并在干燥后松开、消除压力。

免烫整理是纤维素纤维织物形状记忆整理技术的关键。形状记忆整理剂已经过了三代发展：含高甲醛量的整理剂、低甲醛量的免烫整理剂和无甲醛高强损的整理剂（以无甲醛多元羧酸整理剂为代表）。其中丁烷四羧酸（BTCA）的整理效果较好，能达到织物形状记忆整理的要求，所以非羧酸无甲醛低强损的整理剂是当今形状记忆整理剂的一个研究热点[17]。

1.6.3 蓄热调温纤维

应用聚乙烯醇（PVA）和二醋酸纤维素（CDA）与聚对苯二甲酸乙二酯（PET）进行共混，并通过静电纺丝可以制备蓄热调温纤维[18]。该产品具有一定的吸放热量的能力、温度调节功能，适用于对温度有要求的人员的服装。

1.7 基于纤维素的医用材料

1.7.1 医用材料

柿叶对于出血、便秘和高血压有良好的疗效，因此它的药用性能受到了普遍关注，被广泛应用在食品及医药领域。作者曾经[19]通过实验将柿叶与纤维素共混，以二甲亚砜（DMSO）/多聚甲醛（PF）体系为溶剂，控制不同的实验条件，经湿法纺丝成型。通过 X 射线衍射实验、DSC 以及力学性能测定，发现该共混物与相同条件下制得的纤维素有相似的热性能和力学性能，满足进一步加工与应用的需求，能发挥其药用性能。

生姜是一种临床广泛应用的传统中药，具有散寒解表、温中止吐、回阳通脉、燥湿消痰、抗过敏、抗肿瘤、抗氧化和降低胆固醇等作用，而纤维素和聚乙二醇是两种最主要的高分子药物缓释材料。因此，作者等[20]采用湿法纺丝技术制备了纤维素/聚乙二醇/生姜共混纤维。实验表明，加入植物类中草药成分后共混纤维的力学性能略有影响，但可以满足进一步加工与应用的要求，并且用电导方法[20]对其释放动力学特征及模型进行了研究，结果证实了该共混纤维的缓释作用。

作者等[21,22]还对纤维素/聚乙二醇/维生素共混体系制备的共混膜进行了研究。研究表明，该共混膜在水中具有良好的缓释特性。其特点可以认为是相变控制的药物缓释。

此外，纤维素磺酸盐是一种非细胞毒素的避孕试剂，能有效地抵抗病原体的传播，包括 HIV 病毒，并且可以比其他避孕试剂带来更少的生殖刺激[23]。

Lyocell 纤维经化学改性得到的羧甲基纤维素纤维，可用作治疗慢性伤口的敷料[24]。

1.7.2　抗菌材料

将乙烯基苄基三甲基氯化铵（VBT）辐射接枝于棉纤维素分子上是一种很有效的引入抗菌性的方法，在织物经一般洗衣粉多次洗涤后，这种抗菌性仍能够很好地维持。因此 VBT 接枝材料可以用作医务人员的穿着材料[25]。

日本三菱人造丝公司生产了纳米银离子持久抗菌纤维素纤维，能释放活性电石离子的人造丝，具有激励人体细胞活性、促进机体健康的功能。Courtaulds 公司生产了具抗菌性能的 Modal 纤维，高度发磷光纤维。东洋纺公司生产了用抗菌乙烯单体接枝的耐洗性抗菌纤维素纤维[26]。

一种制备消臭、抗菌纤维素纤维的新方法[27]是先将纤维素纤维用多元羧酸进行化学修饰，然后在铜氨溶液中处理，生成铜螯合纤维素纤维。用红外光谱、电子自旋波谱表征了该纤维的配位结构。消臭和抗菌实验结果显示，这种功能性纤维对硫化氢、氨气、三甲胺的消臭率分别达到 100%、92.1% 和 80.4%。对金黄色葡萄球菌、大肠杆菌和白色念珠菌的抑菌率分别为 79.14%、93.59% 和 82.50%。

以过硫酸钾为引发剂，将木浆中的纤维素与壳聚糖进行接枝共聚，在可控制的条件下，合成具有抗菌性能的纤维素材料。壳聚糖和纤维素的接枝共聚反应最佳反应条件为：$K_2S_2O_8$ 浓度 1.5mmol/L，预处理时间 2h，预处理温度 55℃，反应温度 50℃，反应时间 4h，壳聚糖浓度 0.5g/100mL，天然纤维素与壳聚糖的质量比为 2，交联剂用量为 0.12mL/100mL[28]。

基于黏胶的特性和黏胶法的生产工艺，可以将壳聚糖粉碎为细小的粉末，混入黏胶中纺制成丝。日本富士纺织株式会社采用这种方法，用特殊超微粉碎机把壳聚糖粉碎为粒径在 5μm 以下、稳定的壳聚糖微细粉末，将其混炼入黏胶中制得壳聚糖/黏胶抗菌纤维 Chitopoly。这种纤维可以单独使用，也可与棉、聚酯等混纺，其制品具有优良的抗菌性能，在反复洗涤 50 次后仍保持较好的抗菌效果[29]。

将含有 0.5% $AgNO_3$ 的醋酸纤维素纺丝液在波长为 245nm 的紫外光的照射下进行静电纺丝，银纳米粒子会在纤维表面产生，240min 后，这些平均尺寸在 21nm 左右的 Ag 纳米粒子会表现出很强的抗菌性[30]。

用一种简单的沉降方法在低温下可在纤维素表面形成有很好黏合性的 TiO_2 抗菌表面。这种抗菌性在紫外光的辐照下表现得更为明显，此结果表明含钛表面不仅可以作为光催化抗菌剂，也可以充当保护盾以阻挡生物薄膜在有光或无光条件下的形成。因此，TiO_2 可以使具有较低耐热性的材料（如织物、木头、塑料、纸张和生物材料等）拥有抗菌性能[31]。

此外，纤维素还可制成抗凝剂、人工肾、膜等各种医用功能材料[31]。

1.7.3　药物缓释材料

近来的一些研究发现，药物缓释材料与聚乙二醇共混后具有非常有意义的相变行为[22]，如在不同溶剂体系中的相变焓及相容性不同，并产生不同的相变性能。为此，根据纤维素/聚乙二醇（Cell/PEG）共混物的相变性能可以研制出一些新的产品[22]。

一般而言，高聚物经过共混后性质发生变化，并出现单个高聚物本身不具备的某些性质，如相变性能的改变可以使共混物在相变过程中吸收和释放大量的潜热。在关注的所有相变材料中，固-固相变材料因具有相转变时热容增大、相变焓变大，同时过程体积变化较小，无液态出现的特征而受到特别重视。近几年，郭元强和梁学海等对 Cell/PEG 共混物在不同溶剂体系中的相容及相变特性进行了一系列的研究[22]。他们发现：在远高于熔点的温度下，该共混物中的 PEG 由于其相变焓高，可以始终保持其固体状态，所以可以被认为可与其他高聚物共混作为储能基团。但他们的研究中还未涉及用一个模型来描述这两种组分的比例与 T_g 之间的关系。由于玻璃化转变温度是高聚物的一个重要指标，尤其对相变材料[22]，所以在对共混物的厚度加以控制的前提下研究 Cell/PEG 的比例对此温度的影响就显得非常有必要。

将纤维素粉碎后处理，与 PF 和 DMSO 混合均匀，在一定的实验条件下制取 5% 的纤维素溶液。将计算适量的聚乙二醇溶解到 DMSO 中，配成 40% 的溶液。最后采用人工涂膜方式制备薄膜[22]。由于 Cell/PEG 共混物之间形成大量的氢键，其作用可使两者的分子之间产生良好的相容性。但两者之间的分子交联，也会使共混物中结晶区内缺陷增多，导致结晶在较低的温度就被破坏，从而引起共混物的相变温度降低[22]，所以认识 Cell/PEG 共混物的 T_g，尤其是其变化规律就显得非常有必要。但值得注意的是，虽然曾有一些文献介绍了 Cell/PEG 组分的改变对其共混物热力学性能的影响[22]，然而鲜有对其 T_g 与纤维素和PEG 两者组分比例之间的关系进行的研究和报道。

下面应用文献介绍的一些被认为影响较大的、经典的经验方程来估算 Cell/PEG 共混物的 T_g，并研究这两种组分的变化对共混物 T_g 的影响。根据文献，主要的经验公式为 Fox 方程、Gordon-Taylor 方程和 Kwei 方程：

Fox 方程：
$$\frac{1}{T_g} = \frac{w_1}{T_{g_1}} + \frac{w_2}{T_{g_2}} \tag{1-1}$$

Gordon-Taylor 方程：
$$T_g = \frac{w_1 T_{g_1} + w_2 k T_{g_2}}{w_1 + k w_2} \qquad k = 0.37 \pm 0.04 \tag{1-2}$$

Kwei 方程：
$$T_g = \frac{w_1 T_{g_1} + k w_2 T_{g_2}}{w_1 + k w_2} + q w_1 w_2 \qquad q = -147 \pm 10, \ k = 1 \tag{1-3}$$

式中，T_g 为玻璃化转变温度；w 为质量；k 和 q 均为常数；下标阿拉伯数字代表组分 1 和 2；未标下标的表示共混物。

　　图 1-2 显示了纤维素与 PEG4000 以不同比例共混后的 DSC 曲线，数字 1～9 分别代表不同的 Cell/PEG 比例。由图 1-2 可知，Cell/PEG 共混物的 T_g 随着纤维素和 PEG 两者的比例变化而呈规律性移动，其基本移动规律是纤维素比例增大则共混物的 T_g 减小。虽然这个现象与已知的纤维素和 PEG 都具有较高的 T_g 之比明显的惊人，但与文献所报道的状况却是极其吻合的[22]。一些研究曾明确指出：Cell/PEG 共混物中前者量的增大将使整体相变温度降低，而导致这个现象发生的主要原因是共混物的结晶度下降[22]。

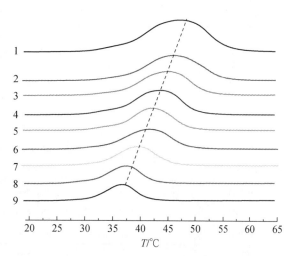

图 1-2　Cell/PEG4000 共混物的 DSC 曲线

1. Cell/PEG = 25/75；2. Cell/PEG = 30/70；
3. Cell/PEG = 35/65；4. Cell/PEG = 40/60；
5. Cell/PEG = 45/55；6. Cell/PEG = 50/50；
7. Cell/PEG = 60/40；8. Cell/PEG = 65/35；
9. Cell/PEG = 70/30

　　根据图 1-2 和上述给出的三个经验方程分别得到的四组 T_g 数字均在表 1-1 中给出并比较。表 1-1 说明：Cell/PEG 共混物的 T_g 变化不仅与文献报道的一致[22]，且因应用的方法不同而有差异。

表 1-1　HPMC 凝胶在不同温度下的 Schott 拟合参数及拟合度

（a）HK 系列。

样品	温度/℃	A	B	R
HK25M		22.2032	0.1064	0.9800
HK55M	50	22.4210	0.0760	0.9642
HK75M		19.1934	0.067	0.9644
HK25M		18.2521	0.2101	0.9944
HK55M	55	17.6778	0.1481	0.9937
HK75M		20.8283	0.0902	0.9678
HK25M		21.0138	0.3403	0.9986
HK55M	60	19.9366	0.2662	0.9977
HK75M		13.8490	0.1775	0.9983
HK25M		26.2225	0.4768	0.9986
HK55M	65	12.2259	0.4326	0.9997
HK75M		20.7539	0.3512	0.9981
HK25M		23.0279	0.5019	0.9986
HK55M	70	20.4536	0.4815	0.9984
HK75M		12.0430	0.3978	0.9996

（b）HF 系列。

样品	温度/℃	A	B	R
HF25M		43.0344	0.4653	0.9982
HF40M	50	71.9893	0.4784	0.9915
HF75M		72.4913	0.4949	0.9935
HF25M		42.9680	0.5835	0.9972
HF40M	55	43.0823	0.6036	0.9987
HF75M		65.6822	0.6641	0.9969
HF25M		40.7866	0.6487	0.9985
HF40M	60	58.1406	0.6608	0.9975
HF75M		64.5506	0.7242	0.9968
HF25M		32.9868	0.6878	0.9992
HF40M	65	57.9717	0.8282	0.9983
HF75M		64.0391	0.8090	0.9984
HF25M		49.5639	0.9545	0.9995
HF40M	70	69.8622	0.9732	0.9986
HF75M		96.0018	1.0259	0.9980

考虑到经典的经验方程可能会与 DSC 实测结果的表达不一致，从而难以认识共混物 T_g 的变化规律。所以根据表 1-1 的数据，图 1-3 建立了 T_g 与 Cell/PEG 比例之间的关系，其中包括了所有经验方程的结果和实验得到的 DSC 结果。比较发现，图 1-3 中所有经验公式给出的结果均呈正斜率的趋势，而 DSC 数据得到的结果却是相反的负斜率趋势。这说明实验方法与经验方法之间不统一。显然，认识这种差异对认识 Cell/PEG 共混物的 T_g 变化规

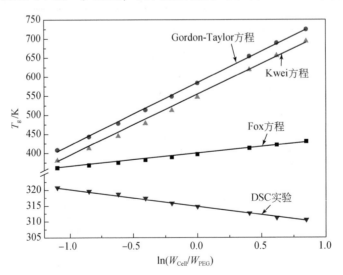

图 1-3　Cell/PEG 共混物的 T_g 与两者比例之间的关系

律是非常有意义的。事实上，由于 DSC 方法是一种被普遍认可的 T_g 测试方法，而式 (1-1) ~式 (1-3) 也久已被视作经典不断地应用着[22]，所以，对图 1-3 给出的两种完全不同的变化规律的理解就具有两重意义：一是可以帮助认识 Cell/PEG 共混物，二是可以帮助理解经验公式与 DSC 数据之间的关系。

关于经验公式 [式 (1-1) ~式 (1-3)] 的应用，一般认为它们较适合共混物的 T_g 位于两组分的独立 T_g 之间[22]，而事实上无论是图 1-2、表 1-1 以及文献 [22] 都明显指出 Cell/PEG 共混物的 T_g 不在两者原有的 T_g 范围之内。所以有理由认为图 1-3 中基于 DSC 曲线得到的 T_g 与共混物比例之间的规律更适合对 Cell/PEG 共混物进行描述，据此，图 1-3 中所有经验公式显示的正斜率现象可能意味着它们的不适应性。但值得一提的是，假若 DSC 数据导出的规律是正确的，则也可以据此进一步根据式 (1-1) ~式 (1-3) 与 DSC 数据的接近程度来判断这些方程的适应性，如 Fox 方程 [式 (1-1)] 可能较其他两个公式 [式 (1-2)、式 (1-3)] 更适宜估算 Cell/PEG 共混物的 T_g。换言之，在这些经典的经验公式中，Fox 方程较其他两个方程被介绍和应用得更广泛，在此似乎也得到了一次证实。

根据图 1-3，Cell/PEG 共混物的 T_g 与两者比例之间的普遍关系式可能如式 (1-4) 所示。

$$T_g = A - B \times \ln(W_{Cell}/W_{PEG}) \tag{1-4}$$

式中，A 和 B 均为常数。

为了与 DSC 数据得出的方程比较，根据图 1-2 所示的线性规律，对经典的经验方程进行了适合本例共混物的改写，形式如下：

Fox：

$$T_g = 398.224 + 36.108\ln(W_{Cell}/W_{PEG}) \quad R = 0.9977 \tag{1-5}$$

Gordon-Taylor：

$$T_g = 584.267 + 165.683\ln(W_{Cell}/W_{PEG}) \quad R = 0.9996 \tag{1-6}$$

Kwei：

$$T_g = 550.722 + 164.082\ln(W_{Cell}/W_{PEG}) \quad R = 0.9988 \tag{1-7}$$

DSC 测试结果：

$$T_g = 314.928 - 5.53\ln(W_{Cell}/W_{PEG}) \quad R = 0.9980 \tag{1-8}$$

图 1-2 说明：①所有实验数据和经验公式都可以呈现出非常高的线性度 (R 值)，意味着都具有一定程度的适应性；②Gordon-Taylor 方程和 Kwei 方程的差异仅是一个数值之差，如式 (1-3) 中给出的 qw_1w_2，但 Kwei 方程似乎较 Gordon-Taylor 方程更接近于 DSC 实验数据，这意味着所增加的常数项是有理由的，而且可能主要是为了适应本例这样的共混物；③Fox 方程的斜率呈正值，但极小，最接近 DSC 数据导出的模型，从而从实验上验证了 Fox 方程的普适性；④DSC 数据呈现明显与经典方程不同的负斜率，意味着文献给出的经验公式可能并不适应所有高分子共混物，尤其是像 T_g 超出高分子独立组分的 T_g 范围的 Cell/PEG 共混物这类共混物。

由于本例的一些 DSC 数据得到文献的支持[22]，而共混物的 T_g 超出各组分独立 T_g 的现象也曾被文献报道过，所以对 Cell/PEG 共混物而言，有理由得出初步结论：①文献介绍的经验公式，如式 (1-1) ~式 (1-3) 不适宜估算其 T_g 值，但唯一有应用的是 Fox 方程

［式（1-1）］；②由图1-2导出的式（1-4）可能不仅适合本例的Cell/PEG共混物，有可能适合类似的高分子共混物。

应用上述的T_g可调节特征，Cell/PEG共混物载药后具有特别的药物缓释特征。

药物膜在4个不同固液比（S/L）条件下的缓释特征如图1-4所示。所有曲线一致显示，药物的释放在初始阶段非常快，这可能是药物膜的一个缓释特征。经过一段时间的释放后，电导率的上升逐步趋向于平缓，意味着药物膜中所含药物在水中的释放达到平衡。比较四条曲线发现，固液比越高则电导率越高，由于样品多即意味着含药物成分多，所以图1-4说明在相同的液体体积中药物含量高有利于缓释。

由于图1-4所示的缓释曲线是在中性条件下得到的，而人体内的环境往往因各种原因呈现出一定的酸碱性，所以有必要认识本实验所制备的药物膜在酸碱条件下是如何进行药物释放的。为了了解酸碱性对缓释的影响，pH分别为4和10的药物膜缓释过程如图1-5所示。在酸性条件时，初始曲线下降非常明显，意味着缓释受到极大的压抑，但这种压抑会随着时间增加而减少，所以释放能在一段时间以后缓慢进行。在碱性条件下，曲线说明释放几乎是完全不可能的，因为图1-5显示的不断下降的曲线说明该药物膜不仅不能释放所含的药物，反之会出现吸附现象。这个发现非常有意义，因为它既反映了药物膜的可控特征，又意味着这种药物膜在此环境中是一种吸附材料。这对新材料研制及在医学领域的应用是一个启示。事实上，图1-5显示药物膜在酸性环境中的缓释具有脉冲特征，而这种特征正是目前缓释类药物发展的一个方向。

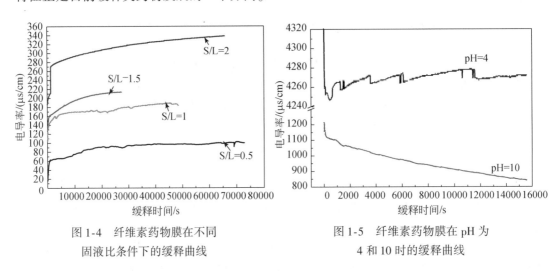

图1-4　纤维素药物膜在不同固液比条件下的缓释曲线　　　　图1-5　纤维素药物膜在pH为4和10时的缓释曲线

温度对药物膜缓释的影响如图1-6所示。在18℃、45℃、55℃和65℃时缓释基本上是随着温度升高而增加，而在58℃时出现一个特别的现象，即缓释似乎不是随着温度升高而增大，如明显低于55℃时的缓释，更低于65℃时的缓释。所以可以认为此时的温度条件对缓释是负面的，即此温度压抑药物膜进行缓释。由于文献报道，纯PEG的转变温度为58.5℃，而加入纤维素后该温度会下降。所以可以初步认为药物膜在58℃时的表现（图1-6）是受到了纤维素与PEG共混物转变温度的影响。为了进一步认识此温度与药物膜的关系，图1-7给出了药物膜的DSC谱。由此图可知，该药物膜在59.5℃左右有一个结晶峰，所以图 1-6 显示药物膜在 58℃时受到的压抑有可能是因为高分子载体出现结晶。

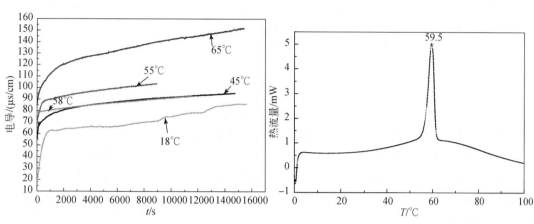

图 1-6　纤维素药物膜在不同温度条件下的缓释曲线　　　　图 1-7　纤维素药物膜的 DSC 图

1.8　基于纤维素的工程材料

1.8.1　液晶

用正己基纤维素（THC）液晶和乙基纤维素（EC）液晶制得的二元混合膜具有较强的富氧特性[28]。

纤维素衍生物液晶化，然后施加电场来调制各种色调，发现在 3V/cm 以下的弱电场中可以调制出光谱中由上到下的各种颜色[28]。

将由液晶态纺制的取向三醋酯纤维皂化，所得的水化纤维素纤维具有高的强度，可用于制防弹衣[28]。

1.8.2　阻尼材料

纤维类的吸声材料分为无机纤维和有机纤维两大类。玻璃棉、矿渣棉、岩棉等是前者的代表。美国 InCide-PC 阻燃吸声环保纤维素[29]属于有机纤维类，材料主要取自稻草、海草、棉麻下脚料、纸张等天然植物纤维。外形呈灰白色肉松状，体重轻盈，对人和宠物无任何伤害。

程等在纺丝原液中加入阻燃剂［磷系阻燃剂二硫代焦磷酸酯（DDPS）］进行纺丝，制得的纤维素氨基甲酸酯纤维具有永久的阻燃效果。当 DDPS 质量分数大于 18% 时，通过氨基甲酸酯法纺制的纤维素纤维能够达到阻燃要求[29]。

1.8.3　生物可降解材料

20 世纪 90 年代，ICI 公司推出一种由糖类经细菌发酵制备的可熔融加工的线型聚酯，即聚羟基丁酯羟基戊酯共聚物，简称 PHBPHV。该聚酯可与纤维素纤维均匀地分散复合，得到的纤维素-PHBPHV 复合材料可以完全生物降解，不污染环境。

日本四国工业技术试验所以天然聚合物多糖如纤维素和纤维素衍生物为原料,再配合一些有利于生物降解的添加剂,按一定的比例溶于水性溶剂后可制成半透明的塑料切片,其拉伸强度和弯曲性能与常用塑料相似,但延伸率较低。目前,美国、奥地利等国家也正积极研究开发这种降解塑料。它具有完全生物降解性、良好的透气性。它属于非热塑性材料,所以不易用吹塑等成型方法加工。通过与交联淀粉、活性碳酸钙和纤维素共混可以制取新型的全生物降解片材。测试发现,该片材在室温下的拉伸强度为 58MPa,耐热水温度高达 98℃。可代替多酚乙烯作快餐盒或其他包装材料[29]。

纤维素和甲壳质的化学结构十分相似,并且纤维素、壳聚糖都是可生物降解的,所以二者的共混物具有干、湿强度。日本四国工业技术试验所对此进行了大量研究,发现这种生物降解塑料可以由微细纤维素与壳聚糖醋酸水溶液及增塑剂组成,经过搅拌混合后的原料可以在玻璃板、金属板上流延干燥成膜。一般纤维素和壳聚糖比例(质量)为 100/10 ~ 100/50 最佳[29]。

有文献报道[29],利用纤维素、壳聚糖共混制得的无纺布具有很好的耐水性能,其中黏合剂用量为 5% ~ 10%。这种生物降解无纺布可用作农业材料、包装材料等。

Nishiyama 等[1]用纤维素和壳聚糖制成的包装袋、农业薄膜的组成为纤维素/壳聚糖/明胶 = 100/10/40。

纤维素与蛋白质分别单独作为降解材料时,在水中和湿润状态下强度低,甚至无法保持原形。然而二者共混的水溶液经流延干燥制成的膜材料具有良好的干燥强度,湿润强度也令人满意[30]。这是因为在干燥过程中,纤维素的羟基、羧基与蛋白质的氨基、羧基之间发生化学键结合,形成了复合结构。

纤维素与其衍生物的共混[30],如将 30% ~ 85% 可降解的纤维素衍生物(如醋酸纤维素、丙酸纤维素、丁酸纤维素、醋酸-丁酸纤维素等)与 15% ~ 70% 未改性的纤维素或淀粉进行共混,通过注射成型、流延成膜等可以得到各种型材。这类制品具有力学性能良好、生产成本低、降解速率快的特点,可用于食品、化妆品、洗涤剂和日用品的包装。

纤维素和高分子单体共聚[30],如 Kim 等制成的含纤维素聚氨酯、醋酸纤维素/二甲苯二异氰酸酯(MDI)共聚物、醋酸纤维素/甲苯异氰酸酯(TDI)共聚物、醋酸纤维素/二甲苯二异氰酸酯/聚丙烯醇共聚物以及醋酸纤维素/甲苯异氰酸酯/聚丙烯醇共聚物都具有明显的纤维素和合成高分子的特征。

谷壳、谷秆经制浆处理后[30]得到的纤维素具有各种用途,如膜、保护性涂层(黏附膜),具有防水、抗撕性能。若经发泡处理并加热蒸发水分,可以得到发泡纤维素产品,替代石油基合成聚合物的应用。其具有无毒、可生物降解的特性。

国外已初步获得成效的技术[30]有加拿大的 St. Lawrence 淀粉公司与瑞士 Roxxo 公司合作开发的 Ecostar 有机金属化合物复合母粒 Ecostarplus 具有光降解和生物降解双重特性,其降解速率为 Ecostar 的 5 倍。

热压和添加无机盐的方法[31]可以改变以粗纤维素为基材的可降解树脂的塑性。

1.8.4　高强高模功能材料

Park 等[32]介绍了一种被认为是 21 世纪绿色环保材料的复合材料。此材料是将表面改性的纳米黏土分散在醋酸纤维素中形成纤维素塑料-黏土基纳米复合材料。他们通过XRD、AFM 和 TEM 等方法对其界面及物理机械性能进行研究发现，随着纳米黏土含量的增加，材料整体的力学性能（如应力和模量）显著增加。同时热挠曲温度明显提高、水气渗透性成倍下降。唯一的缺点是冲击强度有所降低。此种材料有代替再生聚丙烯-黏土基纳米复合材料的潜力。纤维素及其衍生物材料具是一种公认的、可再生的、环境友好材料料，因此将逐渐代替由石油化工类原料制得的产品，可应用于汽车等运输工业的结构件。

1.8.5　新型再生纤维素纤维

Modal 纤维是奥地利兰精公司开发的再生纤维素纤维，原料为欧洲的榉木。Modal 纤维属于新型黏胶纤维，它的生产加工过程清洁无毒，其纺织品的废弃物可以自己生物降解，具有良好的环保性能。Modal 织物外观与手感光滑、细腻、柔软，面料呈丝光感；它的高湿模量增加了产品的尺寸稳定性，其面料成衣效果好，具有天然的抗皱性和免烫性，与棉混纺的面料具有良好的吸水性和透气性。

天丝（Tencel）是一种溶剂型纤维素纤维，Tencel 纤维和黏胶纤维所用的天然纤维素及生产方法不同。黏胶纤维是以棉短绒、木材、芦苇或甘蔗渣为原料，采用湿法纺丝（在凝固浴中喷丝），而 Tencel 纤维是以针叶树为原料，采用干喷湿法纺丝（在空气中喷丝，浸入水中凝固成丝）。其所用的溶剂环状叔胺氧化物（NMMO）对人体无害且可以循环使用。Tencel 可以和其他多种纤维进行混纺，天丝织造的衣物具有以下特点：兼具普通型黏胶纤维优良的吸湿性、柔滑飘逸性、舒适性等优点，克服了普通黏胶纤维强度低，尤其是湿强低的缺陷。它的强度几乎与涤纶相近。同时经过处理可使织物获得独特的桃皮绒风格。Tencel 的干强度[47]接近涤纶，远高于棉和传统的纤维素纤维。特别是其湿强度仅比其干强度低 15%，而传统纤维素纤维的湿强度比干强度低 50% 左右，其是纤维素纤维家庭中第一个湿强度超过棉的纤维。Tencel 的染色性能与棉、黏胶纤维相似，对染料的亲和力强，上染容易，可染成各种自然鲜艳的颜色。Tencel 在有氧、无氧条件下均可生物降解。

Viloft 纤维[33]是英国 Acordis celluloic 公司生产的一种高品质新型木质纤维素（黏胶）纤维，所用的木材是从人工种植林区树木的木浆中提炼出来的；原料为纯天然的木质素，并进行了增光、漂白处理。Viloft 纤维混纺针织面料舒适柔软、吸湿、飘逸、外观华贵、悬垂性能良好、风格独特，穿着轻盈且透气性和保暖性优于天然棉纤维，导湿性和水汽吸收速率优于中空涤纶和丙纶，其混纺的针织服饰穿着轻松、保暖。Viloft 纤维与羊绒进行混纺，既保证了羊绒制品的光泽滑糯、手感柔软滑爽的特性，又具有导湿透气、蓬松轻盈舒适的外观，既降低了产品的成本，又完全克服了纯羊绒制品的缺点。

天竹纤维[33]是以竹子为原料，经特殊的高科技工艺处理，把竹子中的纤维素提取出来，再经制胶、纺丝等工序制造而成的再生纤维素纤维，其使原竹首次成为纺织纤维用原料，为开发再生纤维素纤维原料开辟了新途径。利用竹浆生产的竹纤维是一种绿色产品，其纺织品具有明显不同于棉、木型纤维素纤维织物的风格，手感柔软舒适、滑爽，有丝绒感、穿着轻便贴身。由于竹纤维的特殊结构——天然横截面的高度"中空"，可以在瞬间吸收并蒸发水分，夏季穿着感觉特别清凉。同时，竹纤维织物着色性好，色泽亮丽，而且其耐磨性、反弹性、悬垂性俱佳，有丝绒般独特的光泽。

再生麻纤维[34]是利用黄麻、红麻为原料，采用蒸煮、漂白、制胶、纺丝、后处理等高科技工艺路线生产的，该项专利技术可以把麻材中的纤维素提取出来而保留麻材的天然的性能（如抗菌性、爽身感），是继天竹纤维之后又一种新型的再生纤维素纤维。再生麻纤维的纺织品耐磨性好、色泽亮丽、织物挺括，有凉爽感，吸湿、透气性好，穿着舒适，亲肤感强。

1.9　基于纤维素的碳材料

Greil[35]用热裂解的方法将木头分解形成具有多孔结构的碳模板，该模板可以反应形成碳相，也可以被处理后呈现氧化性的非反应性溶胶或者盐透过。这种转变为设计具有各向异性细胞结构的新型陶瓷材料提供了很大的可能性。该材料可以在能源、环境和汽车工业上作为耐高温的废气过滤器和催化剂载体，也可以在生物技术和医药方面用作活细胞、微生物和酶的具有生物惰性和抗腐蚀性的非流动支撑。

1.10　纳米纤维素

1.10.1　纳米纤维素的特点

纳米纤维素与普通的纤维素相比，其分子尺寸为纳米级；结晶度更高，分子的取向比较一致；纯度很高，一般不含木质素和其他一些杂质。

1.10.2　纳米纤维素的分类

纳米纤维素超分子按其形貌可以分为 3 类：纳米纤维素晶体（晶须）、纳米纤维素复合物和纳米纤维素纤维[35-42]。

　　1. 纳米纤维素晶体

强酸水解植物、细菌、动物纤维素和微晶纤维素可制备纳米纤维素晶体（晶须）[43-48]。这种晶体长度为 10nm～1μm，而横截面直径只有 5～20nm，长度与横截面尺寸的比为 1∶100。Grunert 描述了纳米纤维素晶体的制备和表面改性[38]，图 1-8 为用硫酸水解细菌纤维素而制备的纳米纤维素。William 等用醋酸酯、马来酸酯、硫酸酯、三甲基硅烷对纳米纤维素晶体进行表面化学修饰。这种表面改性的纳米纤维素晶体可以用作复合材料里的强化剂，如高效液相色谱分离材料、刺激响应材料等。Gray[42]等研究了纳米纤维素晶体在高浓度、添加右旋糖酐等化合物时自组装形成手性向列的液晶，干燥液晶的纳米纤维素晶体悬浮液形成焦点圆锥形的膜。纳米纤维素晶体的杨氏模量在 1500GPa 左右，张力在 10GPa 左右。纳米纤维素晶体既是天然高分子，又具有非常高的强度，因此既可以作为新型的纳米精细化工产品，又可以作为纳米增强剂。

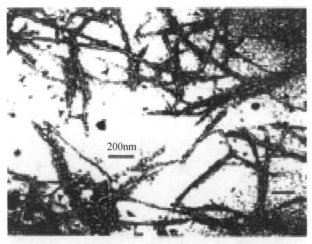

图 1-8　硫酸水解的细菌纤维素（BC）的 TEM 照片

2. 纳米纤维素复合物

将纤维素与复合的另一材料混合[49-55]，加入适宜的 N-甲基吗啉-N-氧化物/N-甲基吡咯烷酮/水、氯化锂/N，N-二甲基乙酰胺、N-甲基吗啉-N-氧化物/水等纤维素溶剂，通过溶剂浇注后真空或者常压下挥发掉溶剂、冷冻干燥、热压法或者挤压法可获得在一维尺寸上为 $1 \sim 100$nm 的纤维素的复合物。图 1-9 为溶剂浇注的纤维素–聚乳酸纳米复合物的原子力显微照片。普通有机聚合物膜片的杨氏模量一般在 5GPa 以下，而纯纳米纤维素胶制成干膜，其杨氏模量可超过 15GPa，经热压处理后，纳米纤维素膜的杨氏模量可与金属铝相当，如此高的杨氏模量是由纳米级超细纤维丝的高结晶度和纤维之间强大的拉力造成的。因此纳米纤维素复合物的强度高、热膨胀系数低，同时透光率高。

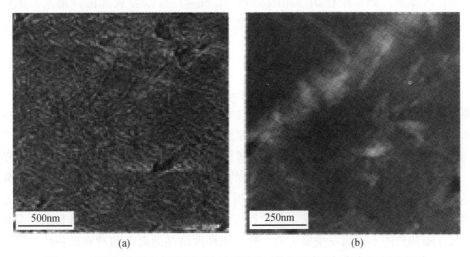

(a)　　　　　　　　　　　　　　　　　　(b)

图 1-9　低温切片制备的溶剂浇注的纤维素–聚乳酸纳米复合物的 AFM 照片

3. 纳米纤维素纤维

纳米纤维素纤维是从纤维素溶液中电纺纱制备直径为 80～750nm 的微细纤维素纤维[56]，如图1-10所示。将纤维素直接溶解于乙二胺/硫氰酸盐、N-甲基吗啉-N-氧化物/N-甲基吡咯烷酮/水、氯化锂/N，N-二甲基乙酰胺、N-甲基吗啉-N-氧化物/水等纤维素溶剂中，调整溶剂系统、纤维素的分子量、纺纱条件和纺纱后处理可以获得微细的、干的、稳定的纳米纤维素纤维。其既可以用作纺织的原材料，也可以用作超滤膜等膜分离。

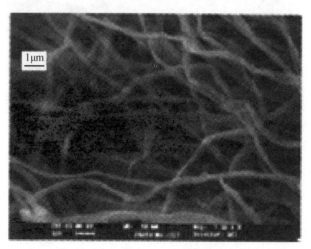

图 1-10　电纺纱得到的纳米纤维素纤维的 SEM 照片

1.10.3　纳米纤维素的制备

纳米纤维素主要来源于植物，如棉花、木材、一年生能源植物等。除植物外，细菌、动物也生产纤维素，如木醋杆菌（*Acetobacter xylinum*）可以合成细菌纤维素，被囊动物（tunicate）可以合成动物纤维素。纤维素酶催化聚合人工合成纤维素和完全化学方法开环聚合人工合成纤维素的研究工作也取得了较大的进展[57-71]。

1. 化学法制备纳米纤维素

最早的纳米纤维素胶体悬浮液是由 Nickerson 和 Habrle 在 1947 年用盐酸和硫酸水解木材与棉絮制造的，Randy 等在 1952 年用酸解的方法制备了大约 50～60nm 长、5～10nm 宽的纳米纤维素晶体。沿用这一方法，Favier 等从 1995 年开始研究纤维素晶须增强的纳米复合物[72,73]。Gray 等从 1997 年起通过硫酸酸解棉花、木浆等原料获得了不同特性的纳米纤维素，并研究了其自组装特性和纤维素液晶的合成条件[72,73]。Bondeson 等在 2006 年优化了水解挪威云杉制备微晶纤维素的条件，获得快速高得率的制备纳米纤维素胶体的方法。

纳米晶体的大小、尺寸和形状在一定程度上由纤维素原料决定。纤维素的结晶度、微原纤的尺寸随物种的不同而发生极大的变化。由高度结晶的海藻和被囊动物的纤维素微原纤制备的纳米晶体达到几微米长。尽管木质微原纤结晶程度较低（50%～83%），但可以制备出较短的纳米晶体[74-90]。

用盐酸和硫酸在中等温度（60℃左右）水解不同的纤维素原料（棉花、木浆、细菌纤维素、被囊动物纤维素等）可以制备1%左右的纳米纤维素悬浮溶液。强酸的种类、温度、酸的浓度、纤维素的用量、反应时间等水解条件会影响纳米晶体的性质。不同的酸影响悬浮液的性质，表现在盐酸水解产生的纳米纤维素有最小的表面电荷，而用硫酸水解则产生高稳定的水溶液悬浮液，这是由于硫酸醋化纳米纤维素表面羟基。在高于临界浓度时，表面改性的纳米纤维素晶体形成各向异性的液态晶体结构。酸的浓度低则粒径大，反之粒径小。纤维素的用量少则粒径小。反应时间越长，生成的纳米晶体越短[91-98]。

2. 生物法制备纳米纤维素

Brown 等在 1886 年发现一种名为 *Glucon acetobacter xylinus* 的菌株可以生产细菌纤维素[99]。Fink 等发现无水纳米纤维素可聚集成为 70～150nm 宽的微原纤。较细的细菌纤维素纤维宽约 10nm、厚约 3～8nm，每一丝状纤维由一定数量的微纤维组成，微纤维的大小与结晶度有关。细菌纤维素的结构随菌株种类和培养条件的不同而有所变化。采用 *Acetobacter xylinum* ATCC23769 在不同 pH、不同温度下发酵可产生纤维素[60]。

能产生纤维素的细菌种类较多，其中木醋杆菌（Acetobacter xylinum）是目前已知合成纤维素能力最强的微生物菌株。根癌农杆菌（*Agrobdcterium tumefaciens*）为革兰氏阴性杆菌，在培养基中，菌体分泌出胞外纤维素质胶和纤丝的速度较慢，仅为木醋杆菌的 1/10，制备的细菌纤维素是 I 型纤维素。八叠球菌（*Sarcino ventriculi*）可产生胞外无定形纤维素，有利于菌体获取营养，其生产力也远不及木醋杆菌。根瘤菌（*Rhizobium* sp.）可产生不定形纤维素胶质，借以紧密吸附植物根表并形成与植物共生的根瘤结构。假单胞细菌（*Pseudomonas*）的极少数种也可产生少量纤维素[40]。

细菌纤维素在化学组成和分子结构上与天然植物纤维素相同。细菌纤维素没有与植物纤维素伴生的木质素、果胶和半纤维素等，具有高达95%的结晶度，聚合度高达 2000～8000，相互交织形成超精细网络结构，有很强的持水能力，有较高的生物相容性、适应性和良好的生物可降解性。细菌纤维素具有生物合成时的可调控性，因此很容易实现工业化和商品化。

3. 物理法制备纳米纤维素和纳米纤维素的复合物

（1）高速搅拌法制备微纤化纳米纤维素

微纤化纳米纤维素主要由植物纤维素制备。Turbak 等以 4% 左右的预先水解木浆经过 10 次用压差为 55～120kPa 的高速搅拌机制备出了微纤化纳米纤维素。改进纤维素微纤化方法可以获得 10～100μm 微纤化纤维素，可以制备透明的高强度（高于 400MPa）的纳米复合物[40]。

（2）溶剂浇注法制备纳米纤维素复合物

Favier 等首次用纤维素晶须作为纳米复合物的增强剂，这种纳米纤维素复合物取决于纤维素晶须和聚合物的性质：即形貌、组成比例、界面混合状态等。作为纳米级的填料，适量的纤维素晶须可以改善淀粉、蚕丝纤维素等天然聚合物和聚氯乙烯、聚乳酸、聚丙烯、环氧树脂、聚氧乙烯醚、多酚乙烯丙烯酸丁酯等合成聚合物的透明性和力学性能。混合过程参数是决定纳米纤维素复合物性能的关键。通过选择不同的溶剂（水、二甲基甲酰胺、异丙醇等）和聚合物可以达到均匀复合物处理。对纤维素晶须进行表面改性和添加表面活性剂可以改善溶剂分散和均匀处理过程[40]。

4. 人工合成纳米纤维素

人工合成纳米纤维素有两种合成路线：酶催化和葡萄糖衍生物的开环聚合。人工合成纳米纤维素的聚合度低，分子量低，难以达到自然界中高结晶度、高聚合度的织态结构，而大部分化工产品要求高分子量纳米纤维素[54]。

（1）酶催化人工合成纤维素

1992 年 Kohayashi 等在生物体外在 30℃以纯化的纤维素酶在乙酸缓冲溶液中催化聚合氟化糖酐糖，得到产率为 54%、聚合度为 22 的人工合成纤维素。由此方法可以人工合成纤维素衍生物，如 6-O-甲基纤维素等。把纤维素酶吸附在铜网上时，可以观察到直径为 30nm 的纤维素酶分子的集合体。一旦加入底物，聚合反应就开始，仅 30s 就可以观察到纤维素的合成，同时观察到直径在 100nm 左右的纤维酶集合体和合成的纤维素络合物。根据纤维素酶精制度的不同，可以得到结晶构造不同的纤维素。因此可以通过控制结晶构造，合成具有新的理化性能的纳米纤维素[40]。

（2）开环聚合人工合成纤维素

通过葡萄糖衍生物等低聚糖的阳离子开环聚合，Nakatsubo 等在 1996 年首次以一种纯化学的方式人工合成了纤维素。以 3，6-二-邻-苄基-R-D-葡萄糖和 1，2，4-邻特戊酸盐为原料，三苯基碳正离子四氟硼酸酯为催化剂，阳离子开环聚合成 3，6-二-邻-苄基-2-邻-特戊酰-β-D-吡喃型葡萄糖，然后除去保护基团，得到纤维素晶体，聚合度为 19 左右[88]。

5. 静电纺丝方法制备纳米纤维素

Jaeger 等在丙酮溶液中静电纺丝制备直径为 16nm～2mm 的超细醋酸纤维素纤维。Frey 等用乙二胺/硫氰酸盐溶解纤维素纸浆（Sigma cell 20）、棉花纸和手术棉球形成 8% 的溶剂，然后在 30kV 下静电纺丝，得到了超细的纤维素纤维[88]。

1.10.4 纳米纤维素制备方法的比较

采用化学水解、物理机械法、生物细菌合成、化学人工合成以及静电纺丝可以制得至少有一维尺度为 1～100nm 的纳米纤维素。其中化学方法可以同时表面改性纳米纤维素，赋予纳米级纤维素晶体以新的功能和特性；细菌生物合成时可调控纳米纤维素的结构、晶形、粒径分布等，容易实现工业化和商品化；物理机械方法工艺、设备简单，可以同时获得纳米纤维素和纳米纤维素复合物；人工合成纳米纤维素最容易调控纳米纤维素的结构、晶形、粒径分布等；静电纺丝以人工的方法可制备目前最细的纳米级纤维[40]。

尽管纳米纤维素有许多制备方法，但是也有很多局限：化学方法需要用强酸水解，对反应设备要求高，回收和处理反应后的残留物困难；生物法制备细菌纤维素复杂、耗时长、成本高；物理法制备微纤化纳米纤维素需要采用特殊的设备和使用高压，能量消耗比较高，制备的纳米纤维素粒径分布宽；人工合成的纤维素分子量小；静电纺丝制备的微细纤维横截面大，横截面分布也很宽。因此研究发展出新型的简单、绿色、低能耗、快速、高效的制备纳米纤维素方法刻不容缓。

1.10.5　基于纳米纤维素的先进材料

1. 生物应用

纳米纤维素是一种纯天然的生物材料，在生物方面的用途极为广泛，包括生物传感器的制造、生物载体、生物医学材料、无机材料的生物模板和无机材料复合制备生物活性的组织学支架、磁性药物载体，甚至工业净化等，几乎所有纳米纤维素所应用的领域都涉及其生物特性。

Brown 等[99]将聚氧化乙烯（PEO）加入到生长了木醋杆菌的培养基，制备出了化合物和形态范围广并且分散良好的细菌纤维素/PEO 纳米复合物。当 BC/PEO 质量比从 15/85 增加到 59/41 时，纤维素纳米纤维变得更小了，但是凝结为更大的束状，这说明 PEO 和纳米尺度的纤维素混合了。FTIR 光谱显示在 BC/PEO 纳米复合物中有内部氢键连接并且优先结晶到纤维素 I_β。纤维素纳米纤维很好的分散性阻碍了 PEO 的结晶，降低了熔点和结晶度，即使保留了细菌细胞碎片，也会导致熔点降低。PEO 的分解温度也明显升高了 15℃，并且在纳米复合物中，PEO 在 50℃以上范围的拉伸储能模量提高了很多。Brown 认为这个人工制品的性能已经接近纤维增强的热塑性纳米复合物，有很好的柔韧性，这种形态和性质适用于剪裁，这个结果也进一步显示了将细菌细胞转移去制造生物仪器产品的前景[99]。

由于其很好的生物适应性以及其纳米尺度的特殊结构，纳米纤维素在用于生物载体方面体现出了巨大的潜力。Ioelovich 等[36]介绍了一种纳米纤维素载体的制备反应。这种方法包括：在控制条件下将最初的纤维素解聚，对其进行结构和化学的改性，以便使多种生物活性物质能嫁接到纤维素颗粒上以及在液体介质中将纤维素颗粒高强度机械瓦解。因此，有生物活性的纳米纤维素被分离出来。由于是纳米级别，有生物活性的纤维素颗粒能清理皮肤的毛孔，打开气孔，穿过皮下的脂质层和上皮层。生物载体的该功效可以被应用到高级生物材料或者用于高级护理及皮肤治疗的化妆药物。

丁振等[48]以细菌纤维素为载体，采用吸附-交联的方法将海藻糖合酶固定化，方法为在最适固定化条件下，15℃吸附 20h，然后与 6% 戊二醛在 15℃交联 20h。

与游离酶相比，实验发现固定化酶的最适 pH 向碱性方向移动 0.4，为 pH 7.4，最适作用温度为 45℃，比游离海藻糖合酶提高 10℃，酸碱稳定性、热稳定性均有较大提高；重复使用 6 次后，酶剩余活力保持在 87% 左右，有较好的操作稳定性和重复使用稳定性。

细菌纤维素的应用中很少用球体类型，但是在酶固定领域经常应用球体，故 Wu 等[50]将广泛地应用于食品工业中的葡糖淀粉酶，经过很多活化过程的测试后，固定在细菌纤维素小珠上。结果显示，用环氧方式与戊二醇联结是最好的方法。他又比较了不同类型的用于戊二醇固定的细菌纤维素小珠，发现尺寸最小（0.5~1.5mm）的湿细菌纤维素小珠是最好的支撑物。酶的固定提高了抵抗 pH 和温度变化的稳定性，特别是在低温区域。在 pH 为 2 时，被固定的戊二醇的相对活性仍然有 77%，是此研究中的最高值。即使在 20℃的低温区域，相对活性仍然有 68%。因此，细菌纤维素小珠是一个在工业应用中有实际应用潜力的固定酶支撑物。

既然纳米纤维素可以作为酶的固定化及生物活性分子的载体，应用这些吸附的分子则可以大大拓宽其使用范围。Tabuchi[49]介绍了一种新奇的、敏感的对生物分子（DNA 和蛋白质等）的探测体系，利用 CD 光盘和生物纳米纤维集成在实验室芯片上。这种新方法通过限制特定的细菌纤维素纤维片段组成了一个控制 CD 烧制微通道。该方法利用的是纳米尺度的纤维和孔。该方法检测 DNA 的最大敏感度是传统方法的 6 倍。

2. 医学应用

纳米纤维素的特殊结构和优良性质已经使它在近年来应用于生物医学的研究。其中细菌纤维素由于其天然的纳米网状结构和抗菌特性，在这个领域尤其受关注。同时，研究发现，纳米纤维素在活体中还未发现有任何排外反应和炎症发生，这种优越的生物适应性引起了人们的广泛兴趣。纳米纤维素在伤口抗菌敷料、人工移植物以及防紫外线化妆品领域都有涉及。

（1）组织工程学支架

组织工程学包括对细胞、生物或人工支架的应用，也包括了细胞和生物反应器。多聚糖如壳聚糖、透明质酸及其天然来源有利于组织工程学支架研究，因为它们有很好的生物相容性，可以刺激细胞生长，并且可以控制细胞支架的相互作用。现在的趋势显示出了对组织制备的力学性能的重视，因此人们有兴趣在力学作用下把细胞–支架组成暴露在活性的生物传感器中。相比之下，用木醋杆菌制备的纳米纤维素适用于做支架材料，因为它有很好的力学性能、持水性能、生物相容性及其在广泛温度和 pH 范围内的稳定性。另外，很好的多孔性形态与胶原蛋白的相似性使得细菌纤维素对于细胞固定、细胞移居和多孔模板的制备来说很有吸引力[31]。由木醋杆菌合成的 BC 由完全纯净的纤维素纳米微纤组成。BC 有很高的机械强度、三维的网状结构。纤维素基的材料几乎不引起排外反应和炎症，被认为是有生物相容性的。

Gisela 等[60]以老鼠作为实验品，测定了 BC 的生物适应性。首先，他们用 SEM 表征了冻干的 BC（图 1-11）。他们将 BC 移植到老鼠的皮下，保持时间为 1 周（图 1-12 ~ 图 1-14）、4 周（图 1-15）和 12 周（图 1-16）。没有发现慢性炎症、排外反应。BC 和周围的组织结合在一起，血管及内皮细胞都在 BC 的周围生长，并且开始推开 BC 纤维向移植物的内部生长。4 周后，扩散性的细胞消失，BC 与周围的组织混合在一起，延长的成纤维细胞进入 BC 的波浪状结构内部，并产生胶原蛋白（图 1-15）。

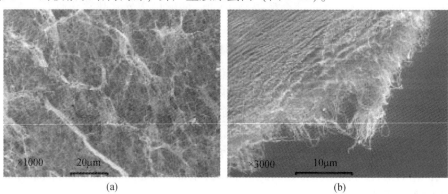

(a)　　　　　　　　　　　　　　　　(b)

图 1-11　冻干 BC 的 SEM 图像

（a）紧密表面；（b）微孔的横截面上松散的纳米微纤[60]

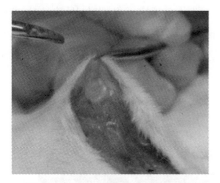

图 1-12　移植 1 周后的植入物[60]

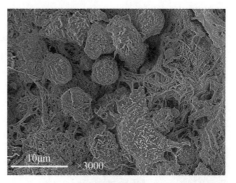

图 1-13　BC 移植到老鼠体内 1 周后片段表面的
SEM 图像，细胞推开 BC 进入内部[60]

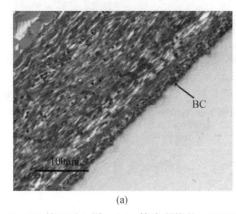

(a)

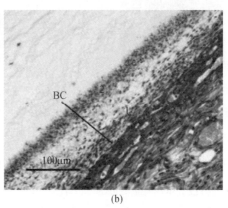

(b)

图 1-14　BC 植入后 1 周，（a）箭头所指的一面显示移植物与连接组织有相似的表面，（b）箭头所指
处显示移植物和周围组织有相似的表面。在（b）中，1 显示有伸长的成纤维细胞和圆形的正常细胞
核的区域。2 显示细胞前方扩散区域有较少不正常的细胞核。没有观察到排外反应（也就是纤维化，
对移植物的包裹或巨细胞）。BC 移植物和周围组织融合在一起。内有黄色红细胞的血管在移植物周围
并且向移植物内部生长[60]（红细胞和肌肉组织是黄/橙色，胶原蛋白是蓝色，细胞核是暗蓝/黑色）

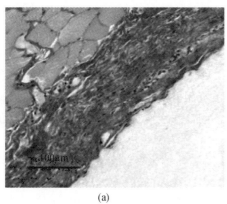

(a)

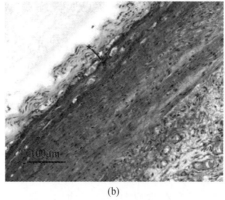

(b)

图 1-15　BC 植入后 4 周的紧密面（a）和孔隙面（b）。在（b）中，细胞前方的扩散区域消失。在交
界面处，BC 松散的纳米纤维和连接组织混合在一起。伸长的成纤维细胞成为 BC 波浪状结构的组成，
并且在 BC 内部合成胶原蛋白[60]

经过 12 个周的观察，没有发现宏观的炎症反应（即没有很多小细胞包围移植物或血管），也没有出现纤维化、胶囊化或者巨细胞。成纤维细胞渗入 BC 中，BC 和主组织很好地融合在一起，并没有引起任何排外反应。BC 的生物适应性很好，在组织工程学中用于支架有很大潜力（图 1-16）。

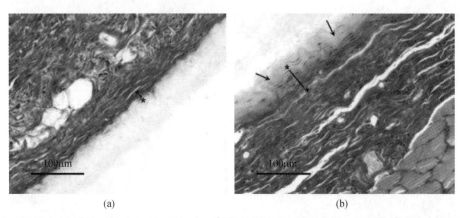

图 1-16　BC 植入 12 周后。在（a）和（b）中，都发现相对于 1 周和 4 周，细胞数量减少。在（b）中，BC 中的成纤维细胞已经合成胶原蛋白。由于孔隙面为松散的纳米纤维，故在移植物和主组织之间已经观察不到明显的界限[29]

羟基磷灰石（HAP）和细菌纤维素（BC）都是很好的生物材料。前者有很好的传导性和生物活性，而后者是高强度纳米微纤，广泛应用于生物领域。很多人[61-67]研究发现，通过生物路线合成有三维网状结构的 HAP/BC 纳米复合物，其结构特征接近于生物磷灰石，人们已经开始考虑将它用于骨组织工程学。

Bodin 等[62]评估了细菌纤维素作为组织工程学支架中软骨、骨头，特别是血管的适用性。在试管中和在活体内的实验过程显示，细菌纤维素移植不会引起任何排外反应。同时培养方法对支架形态的影响和选择会明显影响其力学性能和细胞附着性能，以及细胞在材料内的生长。同时，他们也研究了一些多聚糖材料作为水凝胶或多孔结构的适用性，但发现它们在生物反应器中无法提供有效的对细胞的机械支撑。相反，由木醋杆菌生产的纳米纤维素很适用于支架材料，因为它有很好的力学性能、持水性、生物适应性及在大范围温度和 pH 内的稳定性。另外，纳米网状结构和形态与胶原蛋白的相似性使 BC 有可能适用于细胞固定、细胞迁移和制备特别的多孔基底。BC 作为组织工程学支架，其研究领域为软骨结构、半月板、骨骼，特别是血管。他们还研究了模仿生物的方法表面改性细菌纤维素，可以提高细胞黏附性和影响细胞分化，以及调整纤维素支架的多孔性和力学性能的培养过程[63]。

Rambo 等[64]用促进合成的方法制备了可控的多孔纳米纤维素薄膜，方法为将木醋杆菌在适合的培养基中在静态条件下培养。用多酚乙烯或光学纤维组成的直径为 $60 \sim 300 \mu m$的针状模板浸泡在溶液中培养形成原位孔，在针状物的周围生物合成纤维素，在纤维素薄膜上出现小孔。移去模板后，在 50℃下干燥生物薄膜 24h。在孔形成后，BC 薄膜的物理化学性质，如结晶度、溶胀和拉伸强度没有很大的变化。微结构显示薄膜基质由长的纳米纤维组成。纤维素薄膜内形成的圆形孔的直径在 60 ~ 300μm，随着针状模板的不同而变化。这些孔显示边缘没有缺陷。微孔薄膜可以修复组织，特别是修复高氧化率或伤口挛缩延迟的组织。

（2）医学移植

在美国，每年有超过 500 000 个的人工合成移植物被移植入人体。对血管外壁的重建和替代在近五年来明显增加了 75% ~ 90%，细菌合成纤维素管（BASYC）的性质，特别是高纯度、高含水量、天生的水凝胶结构的稳定性、纳米纤维网状结构、液体离子的可渗透性和小分子量，就像组织内表面那样，可以用于制造新型的移植物。

将 BASYC 植入动物体中进行长期观察，来研究 BASYC 的植入对老鼠颈动脉的影响。激光扫描显微镜显示 BASYC 的内表面很光滑，类似于天然的颈动脉。SEM 图像证实了内皮细胞化的同质活性。BASYC 内侧重要的成纤维细胞产出了胶原蛋白[25]。

医学移植中很重要的一部分是客户定制的特征和纤维素纳米支架的可控改性。这个支架通过羟基功能化的外表面，纳米纤维结构的底表面，以及大孔体系与环境相互作用，因此，可以吸附和积累水、其他液体有机物和无机试剂、金属、金属氧化物，合成大分子、生物大分子和活细胞。

医学设备设计和制作的一个重要的方面是找到一种适合于做软组织替代的材料。现在需要研究出一种材料，它不仅仅要和需要替代的软组织有相似的力学性质，还要有生物活性、生物适应性、不易凝血和低的钙化度。PVA 是一种亲水聚合物，有很多可以用于生物医学的性质。PVA 可以被转变成一种固体的水凝胶，用交联和冻干可以得到很好的力学性能。亲水的 BC 纤维的平均直径在 50nm，是由木醋杆菌通过发酵制备的。将它用于和 PVA 联合生成生物兼容的纳米复合物，得到的复合物有很宽的力学性能范围，可以被制备成和心血管组织力学性能相似的物质，如主动脉和心脏瓣膜叶。多种 PVA-BC 纳米复合物的应力–应变性质在圆周和轴向组织较好地符合了猪的主动脉的性质。同时，也制备出了和心脏瓣膜组织性质类似的 PVA-BC 纳米复合物，并研究了所有样品的松弛性质，这是心血管应用中很重要的性质，研究显示样品都比它们要替代的组织松弛的速度更快，残余应力更低。这种新型的 PVA-BC 复合物在心血管软组织替代应用中有很好的应用前景[22,23]。

众多文章报道了细菌纳米纤维素网络能被光聚合的聚丙烯酸酯网络和聚甲基丙烯酸酯网络包裹或填充。通过改变单体类型和交联剂浓度，可以明显改善刚度和水吸收能力能。然而，这种改变导致了不可控的复合样本和性质的多样性。可以通过逐步优化单体化合物与杨氏模量的关系，来达到对有类似于软骨的力学性质的复合物类型的控制。用上述步骤复合丙烯酸-2-乙基己酯、甲基丙烯酸-2-羟乙酯和 N-乙烯基吡咯烷酮的混合物，产物的模量是 5 ~ 20 MPa。这些数据和天然透明质的软骨相一致[24]。

马霞等[57]公开了一种利用细菌纤维素制备人工硬脑膜的方法，其步骤是将细菌纤维素湿膜破碎，得细菌纤维素匀浆；以细菌纤维素匀浆的含水量为 95% ~ 98% 计，将所述细菌纤维素匀浆与浓度为 7% ~ 15% 的聚乙烯醇溶液按照 1/1 ~ 1/10 的比例均匀混合；然后将混合物均匀地铺在模具中，并使其厚度为 0.26 ~ 0.90mm，置于 –20 ~ –4℃ 条件下冷冻 20 ~ 30h；再于真空冷冻干燥机内冻干，得成形的人工硬脑膜。这种人工硬脑膜在湿态时有良好的弹性和柔韧性，实验测定：厚度一般为 0.18 ~ 0.78mm，渗水率为 0，断裂伸长率为 30% ~ 98%。缝合时不撕裂,不脱边。这一方法的生产过程环保,生产工艺简单,成本低,适于推广。

(3) 化妆品配料及面膜

纳米纤维素一般具有生物活性,能清理皮肤的毛孔,打开气孔,穿过皮下的脂质层和上皮层,同时其本身就有很好的持水性、离子渗透性,因此其在化妆棉、纳米面膜中已经有了很大的发展,部分产品已经工业化,同时它在化妆品的配料当中也有应用。

由于臭氧层的损耗造成周围环境的紫外线上升,现在防紫外线的化妆品对各个年龄阶段的人来说都是必需的。然而,现在有一些患者由于对防紫外线化妆品过敏而产生困扰。因此,研究敏感肌肤的防紫外线化妆品引起了人们的兴趣。Murayama[59]由发酵果汁制备细菌纤维素纳米纤维,并将其应用在防紫外线化妆品中。

钟春燕[58]制了一种细菌纤维素凝胶面膜,木葡糖酸醋杆菌在椰子水中静置培养产膜,所得到的膜经过热碱水处理、酸中和后,洗涤得到细菌纤维素凝胶,将凝胶裁剪成面膜,在面膜上设有眼孔、鼻孔、嘴孔,在面膜的四周边缘向中央开设有切口,在面膜的侧面设有衬膜。这种细菌纤维素凝胶面膜可长时间或反复使用并缓慢释放药物,具有良好的美容、营养、保湿效果,使用后可以感觉到皮肤细腻和光润,达到改善肤质的美容效果。

(4) 增强剂

过去的几十年,越来越多的人将纳米纤维素作为聚合物基底的增强剂。纳米纤维素的纳米尺度网状结构,使它拥有优越的力学性能,稳定性高,不仅在组织工程学支架方面得到重视,在光学增强或者热塑性塑料的增强中也得到了很好的应用,并且纳米纤维素不会较严重地影响原来材料的其他特性,同时它又是可生物分解的物质,因此其越来越受到重视[70-80]。

为了增加增强剂的来源,很多人已经研究了一些植物用于制备纳米纤维素的适用性,包括糖用甜菜、马铃薯和仙人掌的刺等。Zuluaga 等[70]认为香蕉农产业残渣,如包含纤维的废弃物(如花轴),非常便于使用并且价格低廉,已经显露出了很好的应用潜力。Zuluaga 用机械方法和生物浸解从香蕉花轴中提取出了维管束作为纤维素的来源。其使用了不同的化学碱处理,联合高速搅拌器的机械处理过程。然后用 AFM、TEM、FTIR、X 射线衍射进行了形态和力学性能的表征。结果显示,从香蕉花轴中得到的纤维素微纤是一种很有前景的绿色复合材料增强剂和一种有趣的可替换的工业应用品,可以用于食物包装或者食物和化妆品的添加剂。

设计、优化和控制复合物的界面是复合物工程学领域最重要的研究内容之一,很多复合材料的性质是依据来源和两种化合物的界面而决定的。在绿色复合物领域更是如此,因为它和增强纤维及作为基底的聚合物有不相容性。Pommet 等[71]给出一个新型的路线来设计在天然植物纤维增强的生物基底聚合物内的界面。他用一种纤维素产生细菌属来将纳米尺度纤维素成功地接枝到了大麻和剑麻表面,这种菌属即葡糖杆菌菌属 BPR2001,纤维的拉伸强度没有显著减少。SEM 显示在两种纤维上都很好地接枝了,这些表面是被粗糙化的。单纤拔拉测试显示,这个技术可以增强植物纤维和生物可降解乙酸丁酸纤维素(CAB)的界面切变强度(IFSS),增加率达到了 200%。这个过程是纯绿色的,可以制备完全可再生的纤维素纳米材料。

对于很多生物基高分子和天然纤维，在结合形成复合材料时显示出较差的界面黏合性质，Pommet 等[71,74]给出了一种用细菌将纳米尺度的细菌纤维素沉淀在天然纤维周围的方法来改性天然纤维的表面，这提高了它们对再生的聚合物的黏附性，即将天然纤维在发酵过程中作为细菌的基底。

Roman[72,73]研究了纤维素纳米复合物内填充物表面的化学效应，用硫酸水解制备细菌纤维素纳米晶体，表面用三甲基色氨酸处理。以乙酸丁酸纤维素作为基底复合，发现纳米晶体的表面化学性质影响了基底晶体的大小、熔点、热重结晶行为、热容量和机械破坏。他还讨论了水解条件对纤维素纳米微晶力学稳定性的影响，并制造了透明的纳米复合物，用 BC 来增强。复合物有很大的纤维含量范围，质量分数 7.4% ~ 66.1%，并依据热干燥和溶液交换方式的组合而变化。

同样地，Roman 等[72,73]还将乙酸丁酸纤维素与从细菌纤维素中得到的原始的以及表面三甲基色氨酸甲硅烷基取代的纤维素纳米微晶分别复合，用差示扫描量热法和动力学计算来研究其填充物表面的化学性质。两种填充物在溶液浇注时都影响了基底的结晶，导致复合物热容量降低，增加了储存模量和损耗模量，减少了衰减。原始材料填充更能增强材料硬度，基底熔点的增加和再结晶温度的增加以及更多的衰减减少则显示了被取代晶体有更好的填充-基底兼容性。

除了以上研究，还有人试图用纳米纤维素增强形状记忆高分子，并改善其形状记忆性质。形状记忆高分子是功能材料，在温度感官成分系统和生物医学系统中应用很广。这些高分子能记忆永久的形状，能接受临时形状，并能在特定转变温度和压力下恢复原始形状。这些材料通常是热塑性的、片段的聚亚胺酯，片段中有柔软片段和刚性片段。刚性片段控制以下性能：橡胶高弹模量熔点、硬度、拉伸强度。长的柔软片段更多地控制了低温性能，热塑性聚亚胺酯弹性体的溶解抗性和耐候性。然而，在一些应用中，形状记忆高分子表现出低模量并且不能产生足够的恢复力。使用自然界中的纳米纤维素对形状记忆高分子进行增强的方法，展现了一种新颖的途径。用非常少（质量分数 1% ~ 2%）的纳米颗粒填充物即可增强这些形状记忆高分子的性能。特别是由于纤维素的高模量、高强度、低成本，是生物可降解和可重生资源，纤维素成为令人感兴趣的替代物。纳米填充物的添加使得产物比未填充的高分子有了更高的模量和更好的形状记忆行为，并且增强了恢复力，如加入纤维素纳米晶体。Mosiewicki 等[75]对纤维素纳米晶体的编入进行了研究，将纤维素纳米晶体作为形状记忆聚亚胺酯纤维和薄膜的增强剂。他们用在系统中熔化的样品的黏弹性来研究渗透发生的现象和位置，并对这些材料的形状记忆行为和热学、力学性质进行了测定，应用前景良好。

此外，Svagan 等[76]还用纤维素纳米纤维来增强细胞壁仿生泡沫材料。纳米复合泡沫材料通过冻干技术制备并且在细胞壁尺度上展现了复合结构。纳米纤维素网络展现了明显的力学性能，和均匀的淀粉相比表现出了模量大幅增加，并且屈服增强。

纳米纤维素作为增强剂，值得提及的是它可以用于增强光学透明性塑料，即使纤维含量很高，也对材料的透明度影响不大。

Yano 等[77-79]制备了一种化合物，这种化合物（厚度为 $50\mu m$）在 $400 \sim 700nm$ 总的光透过率大于 70%，在厚度方向和平面方向的热传导大于 $0.4W/(m \cdot K)$，由平均直径为

4~200nm 的纤维组成，其中的纤维是随意地在被固化产物内取向的。他们培养了醋酸菌，将所得到的细菌纤维素用碱溶液处理，再磨碎得到平均纤维直径在 50nm 的纳米尺度细菌纤维素纤维。取 0.2% 于水中，和 100 份的 YD8125（双酚，一种环氧树脂）和 64 份的 Jeffamine D-400，搅拌，移去水后得到用纤维增强的树脂化合物，将此化合物是在 60℃下固化 3h，后在 120℃ 下固化 3h，结果显示总光透过率为 85.8%，在厚度方向的热导率为 0.63 W/(m·K)，在平面方向的热导率为 0.50W/(m·K)，线性热膨胀系数为 1×10^{-5} K^{-1}。他们还发现用网状 BC 作为增强剂来增强透明高分子的纳米复合物时，在纤维含量高达 70% 时仍然光学透明并且柔软，因为纳米纤维仅仅部分散射可见光，有低的膨胀系数（为 $6 \times 10^{-6} C^{-1}$，类似于硅晶体），力学性质是工程塑料的 5 倍（杨氏模量为 20GPa，拉伸强度达到 325MPa）[47,48]。这些 BC 复合物在热学和力学方面的可观的进步使得它在电致发光领域作为透明基底的应用很有潜力。

同样，Nogi 等[80]也生产了一种用细菌纤维素增强的透明的纳米复合物增强材料，这种材料有很宽的纤维组成，从 7.4% 到 66.1%，根据烘干和溶液转变组合的不同而不同。加入 7.4% 的细菌纤维素，光透过率仅仅减小了 2.4%，并且将丙烯类树脂的热膨胀系数从 $86 \times 10^{-6} K^{-1}$ 减小到了 $38 \times 10^{-6} K^{-1}$。

另外，这些复合物的透明性对于基底树脂的折射率不敏感，在 20℃ 下，树脂折射率从 1.492 变化到 1.636 都对复合物的性质影响不大。甚至该光学透明复合物在温度升至 80℃ 时，性质变化也不敏感[51]。所以，BC 纳米纤维作为实际的光学透明增强剂是很实用的。

Ifuku 等[81]将细菌纤维素纳米纤维乙酰化来提高用这些纤维增强的光学透明复合物的性质。他们用改变无水醋酸的数量的方法制备了一系列乙酰化替代度从 0 到 1.76 的 BC。SEM 图像显示庞大的乙酰基团使得纳米纤维变厚。乙酰化使得复合物的透明性增强，当纤维含量高达 63% 时，由纤维增强导致的透明度的衰减减小到了 3.4%。纳米纤维乙酰化改变了复合物的表面性质，即使过度的乙酰化会导致吸湿性提高，复合物的还原含水量仍减小到了未处理的纳米纤维复合物的 1/3，另外，乙酰化还将 BC 薄片的热膨胀系数从 3 ppm/K 减小到了低于 1 ppm/K。

还有一些纳米纤维素增强透明塑料被用于合成韧性基底，可以用于玻璃表面涂层，防止破碎伤人[82,83]。Yano 等[84]制备了一种韧性基底，这个韧性基底包括：厚度小于等于 50μm 的薄玻璃薄片，和纤维素纳米纤维增强复合材料薄片，厚度 ≤100μm，纤维素纳米纤维是由细菌或植物纤维制备的。细菌纤维素纳米纤维经过热压制成薄膜，被灌入 E3410 后，UV 固化，黏附在薄玻璃薄片上来获得最终产品。

3. 造纸工业

细菌纤维和植物纤维虽然化学组成相同，但微观结构存在差异。由于细菌纤维素的结构特点和特性（如纯度、结晶度和机械强度较高，具有较大表面积的网状结构），细菌纤维素湿膜经打浆分散后受到切断、吸水润胀和细纤维化等作用，制得的细菌纤维能很好地与植物纤维结合，具有良好的抄造特性，可作为进一步开发特种纸或功能纸的造纸原料。细菌纤维素比表面积大，氢键结合的能力强，并具有优异的成膜性能，从目前已开展的应用工作来看，不必采用特殊的添加方法，就可开发出简单的细菌纤维添料纸制造方法[85-87]。

除了普通的纸张增强剂或改性剂，现在细菌纤维素还被开发用于制造电子纸，意在改进现在所用的电子屏幕，使得其更类似于纸张，便于携带，而且使用舒适。

（1）普通造纸业

Li 等[85]将细菌纤维素湿膜漂洗至中性后，机械分解细菌纤维素，并在标准浆样疏解器中以不同的转速机械匀浆该湿膜。研究发现，当转速在 8000 r/min 以下时，分散浆体多呈颗粒状，无法很好地与植物纤维结合。当转速大于 10 000 r/min 时，则分散程度较好，可以在显微镜下明显地看到其单丝（图 1-17）。

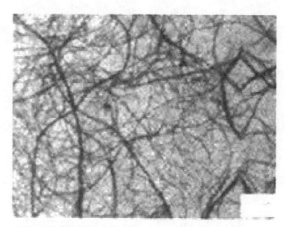

图 1-17　转速大于 10 000 r/min 处理得到的细菌纤维显微镜图片[85]

用不同数量的分散成浆的细菌纤维素与植物纤维素混合抄片，压榨，干燥后制成纸张。对该纸张的强度等性质做检测。结果显示，添加细菌纤维之后纸张的各项物理强度有一定程度的提高。纸张的耐折度、断裂长、耐破指数、撕裂指数随着细菌纤维用量的增加而增长，当细菌纤维的用量为 3% 左右时其各项指标基本达到了最大值，其拉伸强度提高了 68%，耐折度提高了 4.9 倍，耐破指数提高了 1.5 倍，撕裂指数提高了 29.6%。但继续增加细菌纤维的用量，则各项物理强度又有一定程度的下降。

随后对纸张进行扫描电镜分析，发现随着细菌纤维的增加，植物纤维越来越模糊（图1-18）。故推测虽然细菌纤维很细小，但没有全部随滤水流失，而是吸附在植物纤维表面。由于其相对细长，比表面积大，吸附能力强，可能会对植物纤维起到搭桥的作用，或者填充在纤维间或空洞中。另外，细菌纤维本身分子链上存在羟基，可能会与植物纤维重新形成氢键，提高纤维之间的结合力。当细菌纤维用量达到一定程度时，就像在植物纤维表面覆盖了一层细小纤维形成的薄膜。

另外，细菌纤维素作为无纺布的胶黏剂，具有良好的黏结能力和广泛的适用范围，可有效改善织物的强度和性能，其生物降解性能有助于环境友好的无纺布产品的技术开发。

（2）电子纸

人们所习惯的纸张界面与现有的电子荧幕显示技术比较，主要有以下特性：高反射率（约 65%），好的对比度，使用环境光源，几乎无视角限制，轻薄，携带方便且可以卷曲，不需要消耗电源。现在人们正感兴趣于如何能结合纸张显示品质及力学性能上的优点和数字电子媒体可更新资讯的特点，来实现电子纸或电子墨水的应用[88,89]。

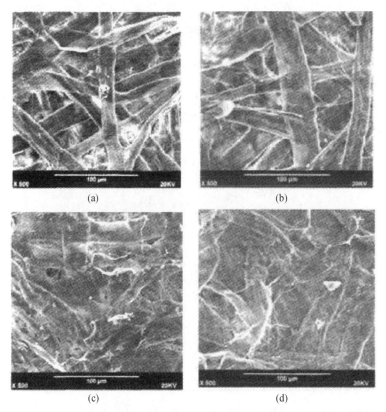

图 1-18　细菌纤维素与植物纤维素混合形成的纸张的扫描电镜照片[85]

（a）40°SR 针叶木浆；（b）细菌纤维用量为 1%；

（c）细菌纤维用量为 3%；（d）细菌纤维用量为 6%

Gisela 等[88]在一个富含葡萄糖的培养基中用木醋杆菌合成出细菌纤维素。由于细菌纤维素薄膜的形成过程不同于纸浆造纸，其在尺寸上是稳定的，有类似于纸张的外观，并且拥有独特的微纤纳米结构（图 1-19）。

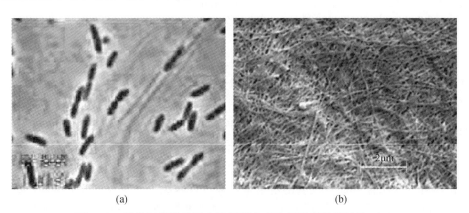

图 1-19　光学显微镜显示木醋杆菌在产生纤维素纳米结构（a）

及纤维素纳米结构的 SEM 图像（b）[88]

他们还将纤维素制成电传导薄片,制备的方法为将离子沉淀在微纤周围,为其提供传导途径,然后将电镀涂料固定在微结构内。他们给出了两种整合微生物纤维素薄膜的方法。

一是简单地将薄膜夹在两透明电极薄片中间。得到的装置前面是不可弯曲的电子屏幕,后面是玻璃线路上的电极薄片。这种整合方式与 LCD 的安装相似,只是材料不同。这个装置中间是不间断的传导性细菌纤维素薄膜。相对于现有的仪器,它有较好的光学性质。

二是把薄膜置于两个平行的电极薄片上面。这种装置相比于其他装置,其外观更类似于纸。这两种装置都经过了像素水平的颜色改变测试,得到了如图 1-20 所示的结果。

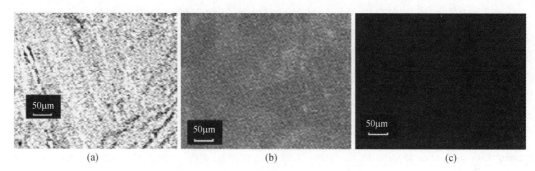

(a)　　　　　　　　　　　　(b)　　　　　　　　　　　　(c)

图 1-20　电子纸的像素颜色测试[88]

另一种对于薄膜的测试是用笔状的电极在电子纸上涂写,用相反的电极擦去,电子纸被用来作为可以重复使用的媒介。当电极接触它时,接触点改变颜色,而用相反电极接触时,颜色消失(图 1-21)。这种装置可以作为可重复书写的纸,用于军人的可擦写地图或孩子的学习工具。该装置的最大优势是有高度的像纸一样的反射能力、易曲性、清晰度和生物可降解性。该装置有很多可拓展的潜在应用,如电子书平板、电子报刊、动态墙纸、可擦写地图以及学习用具等。

Jung 等[89]还研究了基于纤维素的含多壁碳纳米管(MWCNTs)的电传导透明材料。这个透明的纳米复合物的制造是通过将一个含水的丝素溶液组合到细菌纤维素薄膜中。此复合物在可见光和红外区域有很高的透明度,而不受细菌纤维素纤维含量的影响,这是由细菌纤维素纳米微纤的纳米尺度效应造成的。用细菌纤维素薄膜作为模板来均一地沉淀 MWCNTs,还发现了 MWCNTs 的高分散性,因此得到了具有很好的光学透明性的电传导透明纸。随着 MWCNTs 集中度的不同,光透明性和电传导性质也不同。较好的光透明及电传导能力体现在 550nm 时,光透明度为

图 1-21　可擦写电子纸[88]

70.3%,而电传导性质为 2.1×10^{-3} S/cm,此时电传导透明纸是由 0.02% 含水量的

MWCNTs 分散制造出来的。另外，这个电传导透明纸显示出了很好的柔韧性，而不会失去它们先前的性质。

正像在前面增强剂部分提到的，Yano 等[90]研究 BC 纳米纤维在柔韧的有机电致发光显示仪器中的应用时，也得到了相似的结论，即 BC 纳米纤维增强塑料是光学透明的，即使纤维含量已经高达70%，仍然柔韧并有较低的热膨胀系数（类似于硅晶体），而机械强度是工程塑料的 5 倍。

Nogi 等[91]还发现 BC 纳米纤维网状结构抑制了易碎基底树脂中的裂纹传播，使得复合物可以弯曲而不断裂。这在电子纸的制造中也有特殊的价值。

4. 无机物复合

无机物和有机物都有双方无法替代的特征，所以它们的复合是将来的一个很大的趋势，同时也是一个热点，而它们复合后将产生的新产品和新功能也是无法估量的。纳米纤维素具有优良的生物适应性和独特的纳米尺度网状结构，以及细菌纤维素所独具的天然的抗菌特性，使得它在作为无机物模板、抗菌复合物以及与无机物复合制备人体内移植材料等方面不断发展。

（1）无机模板

用生物模板合成分等级的多孔材料，始终让人们产生着巨大的兴趣，因为生物结构在低密度下显示出了优异的强度、高硬度、弹性和高耐损害性，把这些材料和进化的过程融为一体。人们的另一个研究兴趣是用天然生物材料作为模板来组建新型分等级无机材料，如氧化物和碳化物。这是一个新兴的研究领域，因为天然生物材料具有独特的和紧密的显微结构，这个结构随着时间演化，并被自然最优化了。相比于人造模板，生物模板显示出分等级的结构，而且是丰富、复杂、可再生以及环境友好的。

木材是一种天然多孔的复合物材料，它是高度各向异性的，而且矿化需要的处理最少。Yongsoon 等[92]通过在不同 pH 的硅酸溶液中用表面活性剂直接将木材原位矿化，合成了木材多孔结构。在低 pH 时，硅酸在不阻碍微孔的前提下穿过木材多孔结构的分界面，在分子层面上覆盖了分界面，因此在煅烧后形成了一个阳模。在高 pH 时，水解的硅石迅速冷凝、填满了木结构内开放的细胞和纹孔，形成一个阴模。在酸溶液中，被模板化的表面活性剂矿化导致胶束的形成，在木材分界面的六边形胶束保护了结构的完整性，并将六边形排列的纳米多孔性结构融入细胞壁的结构中。在空气中进行热处理，含硅矿化木的碳热还原产出生物形态的碳化硅（SiC）材料，它是典型的 β-SiC 纳米颗粒的集合。为了了解木质素、结晶纤维素、无定形纤维素、转换到 SiC 体棒中的模板形式，他们应用了包括未漂白的和漂白的纸浆，以及纤维素纳米微晶。在未漂白的纸浆中的木质素阻止了硅石同类物质穿透纤维素纤维间的微孔，导致包括厚硅石层的不同质的 SiC 纤维。漂白了的纸浆产出了同质的驼峰式结构的 SiC 棒（直径为 80nm，长度约 50nm），表明更多的硅石渗入无定形的纤维素组成部分，会形成大块的而不是直棒状的结构。纤维素纳米微晶（CNXL）材料产出了清洁和同质的没有驼峰式结构的 SiC 纳米管（直径 70nm，长度大于 100μm）（图 1-22）。

BC 用葡糖杆菌在培养基中产出时，是由纤维素微纤的带状原纤组成的三维网状结构。Yano 等[93]用两种方法制备载有硅颗粒的 BC 纳米复合物。在第一种方法中，将葡糖杆菌

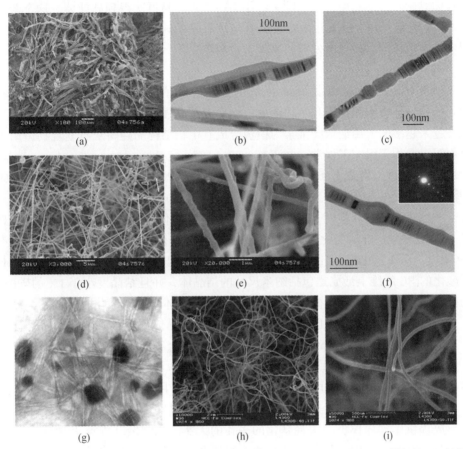

图 1-22　从未漂白的纸浆（a、b 和 c）、漂白后纸浆（d、e 和 f）CNXL（g）制备的 SiC 材料，
和用 CNXL（h 和 i）制备的 SiC 纳米棒的电镜图像[92]

在含有 Snowtex 0（ST0，pH 2 ~ 4）硅胶或者 Snowtex 20（ST20，pH 9.5 ~ 10.0）硅胶的培养基中培养。当用 ST20 时，保持在纳米复合物中硅的含量低于 4%，在 ST0 时，为 8.7%，以提高在 20℃时的弹性模量。这个过程使 50% 的硅在 BC 中结合。结合更多数量的硅减少了复合物在 20℃时的模数，而且纳米复合物的强度低于此时的 BC。X 射线衍射测试显示，硅颗粒扰乱了带状微纤的形成，并影响了（110）晶面的优先取向。他们还用方法二制备了 BC-硅纳米复合物，在此方法中，将 BC 水凝胶浸在不同浓度的硅溶液中，使得硅颗粒扩散到 BC 水凝胶中，并固定在带状微纤之间的空间内。这个方法相对于 BC 基底来说增加了在 20℃时的模数和强度，但是这个方法将超过 10% 的硅装载在 BC 上比较困难。

　　Zhang 等[94]用 BC 作模板合成包含锐钛矿纳米线的多孔二氧化钛网状结构，相对于二氧化钛微纤网状结构，这个用模板合成的结构显示出了更好的光催化活性。

　　除了用于制备无机物，BC 含水薄膜还可以作为模板制备新型的有机–无机杂交体。Barud 等[95]用 BC 薄膜和 TEOS 正硅酸乙酯在中性 pH 条件下及室温中制备了 BC-硅石杂交体。产物为宏观同质的薄膜，其中包含 66% 的硅球体，直径在 20 ~ 30nm。SEM 图像明显显示硅球体黏附在纤维素微纤上。除去纤维素后，很容易再次得到硅球体。这个新的杂交体在300℃下稳定，并且由于硅微粒表面有与氧有关的缺陷，在 UV 激发下显示出了较宽的放射频带，可以通过改变激发波长来调节放射色。

（2）与羟磷灰石复合

羟基磷灰石（HAP）和细菌纤维素（BC）都是很好的用于生物材料领域的材料。前者有很好的共聚体骨水泥性质和生物活性，而后者是高强度纳米微纤，广泛应用于生物材料。现在越来越多的人用纳米纤维素为模板合成有生物结构的羟磷灰石复合物，用于模仿人体骨组织以及用于组织工程学。

Wan 等[96]通过生物路线合成了三维网状结构的 HAP/BC 纳米复合物，即在1.5%模拟体液中浸泡（使磷酸化和非磷酸化）BC。并用 SEM、XRD、FTIR、TEM 来表征这个复合物。SEM 观察证实，在浸泡后，HAP 晶体均一地在磷酸化了的 BC 纤维上形成，只观察到有少量 HAP 在单独的非磷酸化 BC 纤维上。Wan 认为这个结果显示非磷酸化的 BC 不能诱导 HAP 增加，而磷酸化使得 HAP 在 BC 上有效率地形成。XRD 和 FTIR 结果显示 HAP 结晶在磷酸化的 BC 纤维上形成是包括纳米尺寸的结晶体，并且结晶度小于1%的碳酸盐的。这些结构特征接近于生物磷灰石。他还发现羟磷灰石晶体是在磷酸化时形成的，晶体是纳米尺度，并且结晶度很低。FTIR 结果显示羟磷灰石的晶体部分被碳酸盐代替，这个现象类似于自然的骨组织[66]。这个包含羟磷灰石的纳米复合物有着和生物磷灰石相似的结构特征，可以用于人造骨骼和组织工程学支架。

另外，Hutchens 等[98]通过水化钙和磷酸盐溶液中生物高分子的逐次繁殖而在细菌纤维素基质中形成钙缺乏的羟磷灰石的纳米微晶。通过实现以下功能，该纤维素为羟磷灰石的形成提供了理想模板：①羟基化的多孔的天然纯化细菌纤维素水凝胶使得溶质更容易进入基。②纤维素中充足的羟基基团为羟磷灰石的形成提供成核点。③高结晶度的纤维素确保羟磷灰石微粒呈周期性排列。④纤维素中极小的微孔约束了羟磷灰石的分离尺度。他们还研究了羟磷灰石颗粒形成纤维素后的性质。当羟磷灰石在生物高分子中变形时，纤维素在空气中300～800℃下因热分解而被移除。扫描电镜测试表明，由200～300nm 的微粒构成的磷灰石在低于700℃煅烧时形成针形，而在700℃以上煅烧时则形成圆形。X 射线衍射和傅里叶变换红外的测定证明有化学计量的羟磷灰石生成，另外样品煅烧温度超过700℃时，由于羟磷灰石分解，生成 β-磷酸三磷酸盐相。该方法合成的羟磷灰石的微粒在色谱分离和固定重金属对环境的适应性方面有潜在的应用。羟磷灰石和 β-磷酸三磷酸盐是生物陶瓷，它们被用于修复骨组织并且能被应用到整形外科生物材料中。

（3）抗菌无机复合物

由木醋杆菌合成的细菌纤维素显示出了很好的作为抗菌敷料的性质，它的机械强度高，能保持湿润，有利于伤口愈合，同时还具有天然的抗菌性质，可以防止伤口感染。现在越来越多的人将银等金属和细菌纤维素纳米薄膜进行复合，制备各种伤口敷料及移植物，如缝合线、薄片、敷布、绷带、假肢、光纤、机织纤维、空心珠、导管、骨盘以及这些的组合等[68]，细菌纤维素复合物在试管及活体内都不会引起排外反应。银或钛由于其优越的抗菌性能，被越来越多的人制备成银纳米颗粒，与纳米纤维素结合，用于伤口敷料等医用抗菌材料。

Maneerung 等[100]用木醋杆菌（属 TISTR 975）生产 BC。为了得到更好的抗菌活性，他们将银纳米颗粒注入到细菌纤维素中去，即将 BC 浸泡在银盐的溶液中来制备。用硼氢化钠减少细菌纤维素内吸附的银离子，保留金属性质的银纳米颗粒。银纳米颗粒在大约 420nm 处显示出吸收光谱。当 $NaBH_4$ 与 $AgNO_3$ 的摩尔比减少时，观察到了红移和吸收光谱加宽，这表示颗粒尺寸变大和颗粒尺寸分布变大，这些推测已用 TEM 表征证实。Maneerung 还用 X 射线衍射研究了银纳米颗粒的形成。冻干的银纳米微粒-注入 BC 复合物显示出了很强的抗埃希菌属大肠杆菌和金黄色葡萄球菌的能力。

除了纯银纳米颗粒，Wang 等[101]还将氯化银和细菌纤维素复合制成抗菌薄膜。这个包含氯化银的细菌纤维素（BC）薄膜有三维多孔网状结构，在微纤表面的 0.5%～21% 是 10～300nm 的氯化银纳米颗粒。制备过程包括：①在室温下，将 BC 薄膜浸泡在 0.0001～0.1 mol/L 的银盐（硝酸银或柠檬酸银盐）溶液中 1～5min；②用去离子水洗 3～9min；③浸泡在 0.0001～0.1mol/L 的氯盐（氯化钠、氯化钾、氯化镁或氯化钙）溶液（pH 7～10）1～5 min；④用去离子水洗 3～9min；⑤重复上述过程 1～9 次，用去离子水洗 10～20min；⑥冻干或真空干燥得到产品。细菌纤维素薄膜是用木醋杆菌、葡糖杆菌、土壤农杆菌、根瘤菌和八叠球菌培养出来的。这种 BC 薄膜制备过程简单，可以用于抗菌包扎和萃取氯化银纳米颗粒。

Barud 等[102]应用乙醇进行水解、原位制备得到了银纳米颗粒，其在 BC 微纤上得到较好的吸附。

Daoud 等[103]还将钛和纤维素进行复合，制备了抗菌的薄膜。他们通过将在水中的异丙钛氧化物水解和缩合制成钛溶胶，并在低温下制备成纤维素纤维表面上黏附较好的氧化钛纳米颗粒。用 SEM 表征钛薄膜的形成，钛的微粒形态为半球体，颗粒直径约在 10nm。这个被涂层了的基质在 UV 辐射、荧光照射和黑暗条件下都显示出了可观的杀菌性质。

5. 净化和传导

纳米纤维素由于其纳米网状结构特点，比表面积大，渗透性好，分离性能强，在净化、分离、传导、酶固定、离子交换[90]等方面都有应用。

（1）大分子及有机溶剂的分离

现在，纳米结构已经成为基因和蛋白质的预期纳米技术之一。而微晶电泳技术已经是一种用于分析生物磁控限制开关（生物分子）的很好的工具，同时人们也要求有更多更好的用于医学诊断的方法。Kato 等[104]介绍了一种在微晶电泳过程中将纳米结构作为筛选基底的新方法。他们提议从细菌纤维素中制备所需的纳米结构。这个方法极大地提高了生物大分子的分离效率，人们预期其很可能用于医学诊断和生物分析。

类似地，Tabuchi 等[105]利用 BC 固有的三维微米到纳米尺度的网状结构，把 BC 加入到低浓度的高分子溶液中，得到了高分辨率的 DNA 电泳分离媒介，这种媒介甚至可以分离 10～100bp 的碎片或单个的多态核苷酸。它由双网状物组成：在一个 10nm 的柔软的传统聚合物媒介网孔内，包含由 10μm 的 BC 碎片形成的 10nm～1μm 的微孔。

除了分离 DNA、蛋白质等生物大分子，BC 薄膜还被用于分离有机化合物溶液。Xu 等[106]研究了一种分离水相有机化合物溶液的细菌纤维素薄膜。薄膜制备方法是：将有活性的木醋杆菌 DT4.2 菌属注射到播种培养基液体中，在 25～32℃下培养 8～24h，再将其注射到发酵培养液体中，在 25～32℃下培养 7～15 天，形成一个表面薄膜，用 1%～20% 的 NaOH 溶液处理薄膜，然后洗净，干燥。这种薄膜用于分离 10%～98% 的有机化合物溶液，如甲醇、乙醇、乙二醇等。它有很好的力学、化学、热学性能，在低温下对有机化合物溶液有很高的的选择性，还可以生物降解。

（2）金属离子的吸附

每年电镀、制革、化工等行业产生大量含重金属离子废水。由于重金属离子不能自行分解，易聚集在生物体内，导致各种紊乱和疾病，含重金属离子的废水对环境特别是对人类的危害很大。目前用来处理水中有毒重金属离子的方法很多，如化学沉淀、过滤、膜分离、电化学处理、离子交换和吸附。在以上所列的方法中，吸附法是一种较为高效、经济的处理重金属离子废水的方法，因此受到人们的普遍关注。目前，对吸附剂的研究主要集中在甲壳素、淀粉及其衍生物上。然而，随着经济社会的发展，这已经远远不能满足需要，开发廉价高效的新型吸附剂成为经济社会发展的迫切要求。纤维素及其衍生物已经被广泛应用于吸附重金属离子，其因来源广泛、价廉等特点备受人们关注。细菌纤维素是由细菌合成的纤维素，与植物纤维素相比，细菌纤维素是由超微纤维组成的超微纤维网，其超微纤维直径仅为植物纤维的 1%。其弹性模量（杨氏模量）与铝相当；其力学性能优异，比表面积高。细菌纤维素不溶于水和有机溶剂，并且纤维素结构中存在着大量的羟基。因而细菌纤维素在重金属离子吸附方面可能具有很好的应用前景[107,108]。

Chen 等[109]通过向木醋杆菌的培养基中加入水溶性的羧甲基纤维素（CMC）来合成羧甲基化的细菌纤维素（CM-BC）。他们比较了 CM-BC 与 BC 从水溶液中移除铜和铅离子的能力，分析了 pH、吸附剂浓度、作用时间等行为参数，发现 CM-BC 和 BC 都在 pH 为 4.5 时显示出了最优化的吸附特性。相对于 BC，CM-BC 吸附能力更好，吸附值分别为 12.63mg（铜）/g、60.42mg（铅）/g，而 BC 的吸附值分别为 9.67mg（铜）/g、22.56mg（铅）/g。吸附速率非常接近伪二阶速率模型，吸附等温线数据很好地符合了 Langmuir 模型（图 1-23～图 1-26）。

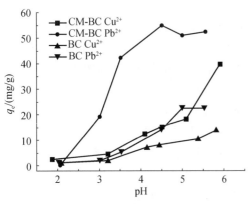

图 1-23　pH 对 BC 和 CM-BC 吸附铜和
铅离子的影响[109]

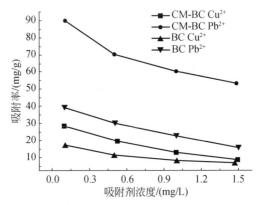

图 1-24　吸附剂浓度对 BC 和 CM-BC
吸附铜和铅离子的影响[109]

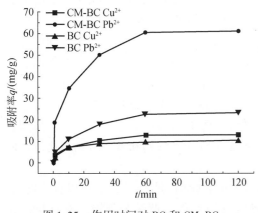

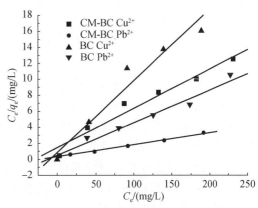

图 1-25　作用时间对 BC 和 CM-BC　　　　　　图 1-26　BC 和 CM-BC 吸附铜和铅离子
吸附铜和铅离子的影响[109]　　　　　　　　　的 Langmuir 等温线线性化[109]

　　因为 BC 微纤的厚度比植物纤维素（PC）小两个数量级，故预期 BC 能吸附更多种类的被吸附物。Suetsugu 等[108]研究了 BC 对 Sb 的吸附行为，并将其与 PC 的吸附行为进行了比较。结果显示 BC 对锑的吸附能力比 PC 稍好，但是，在 BC 上吸附锑的初始反应速率远大于 PC，故认为 BC 在大表面积领域比 PC 更适合于快速吸附锑。

　　除了以上两点，还有一些研究者对细菌纤维素在食品工业中的净化用途进行了研究。Krystynowicz 等[110]报道用木醋杆菌 E25 合成的细菌纤维素在净化水果汁方面的应用。纤维素的形式是静态培养条件下形成的薄膜或是把这种薄膜搅拌打碎制成的悬浮液。薄膜被用作过滤床。实验结果证实了纤维素薄膜可能可以用于过滤，通过纤维素薄膜的过滤，水果汁显示出了很高的澄清度，比样品在静置状态下净化的还要高，甚至是在稳定性测试之后也是如此。但是果汁通过纤维素薄膜的净化并不能保证稳定的颜色，而是根据稳定性测试条件变暗。这个现象在其他仅仅用过滤净化的产品中也观察到了。细菌纤维素用于果汁的吸附净化后产出的产物达到了所要求的稳定性。

6. 食品工业

　　食品工业是 BC 应用的经典和不断增大的领域。自然产生的细菌性纤维素的第一种应用就是用于低热量的称作 Nata de Coco 的甜品，其现在已经是亚洲一种很普通的食物。随着人们对纳米纤维素研究的进一步加深，这种纯天然无毒无害的纤维素产品在冰淇淋、肉丸、酸奶等领域开始应用，并且由于它是纤维素产品，无法被人体消化吸收，脂肪代用品等领域也开始出现它的身影。

　　Zhou 等[65]利用废橘汁作为培养基制备了细菌纤维素。在冰淇淋基本配方中加入不同数量的细菌纤维素，测定了最佳添加量，并与其他单体胶进行了抗融性和抗热冲击性比较，结果显示当添加量为 1kg/t 时，黏稠度适中，抗融性和抗热冲击性均强于其他单体胶。由于细菌纤维素直径很小，结构多孔，有很强的亲水性和持水性，有利于保持冰淇淋形体，延长融化时间，同时表面积很大，减少冰晶产生，提高了冰淇淋的耐储藏性。

　　细菌培养基的来源很广泛，薛璐等[69]用大豆乳清作为培养基来培养细菌纤维素，并做了类似的实践，验证了上述结论。而且冰淇淋在融化后呈现均匀的、含细小气泡的混合液体，放置较长时间（2h以上）未出现水相析出现象。另外，他们还利用大豆乳清培养制备的细菌纤维素作为脂肪模拟物和乳化剂，应用到肉肠的加工中。实验证明，细菌纤维素可以部分，甚至完全替代肉肠中的肥肉。含有大豆乳清细菌纤维素的肉肠，在外观、风味、口感等方面与普通肉肠没有明显差别。将卡拉胶与细菌纤维素配合使用，可以赋予肉肠更良好的口感和组织状态。添加细菌纤维素的肉肠的热量减少了28%～56%。

除了应用于冰淇淋的改良，Fu 等[67]把细菌纤维素添加到鲜奶中进行发酵，并采用正交实验设计确定乳酸菌发酵的最佳条件。生产出的细菌纤维素酸奶和普通酸奶相比，凝固状态、质地、口感以及功能性都有了很大的改善。

贡丸是一种中国式的包含 BC 的肉丸子，是典型的乳化肉制品。水煮后可以直接食用。其独特的悬浮、稠化、融水、稳定、膨胀和流动的性质使得细菌纳米纤维素在这里很适用，同样其也适用于其他食物的研制，还有绿茶发酵饮料工艺[37]。

细菌纤维素不能被人体消化利用这一特点使其成为优秀的脂肪代用品。由于细菌纤维素无法达到脂肪的颗粒大小，也很难形成油脂般的状态，它不适合替代脂肪用于油脂产品，但是可以应用到低脂肉制品及乳制品中，如肉肠、汉堡的肉饼中[38]。

7. 磁性复合物

与合成高分子材料相比，纤维素所具有的环境协调性使纤维素利用的研究成为目前材料研究中较活跃的领域之一。在当前不可再生资源日益短缺的情况下，加紧新型纤维素复合功能材料的研究十分必要。将磁性纳米粒子与纤维素纤维复合，制备高性能的纤维素磁性纳米复合纤维，对开拓纤维素的应用领域具有重要意义[111-118]。

Tang 等[112]用原位复合法制备了纤维素/磁性纳米复合材料。他们将纤维原料加入到新配制的 $FeCl_2$ 溶液中，在40℃下水浴吸附一定时间，再加入一定量的 0.02mol/L 的 NaOH 溶液，在 40～75℃下反应。缓慢滴加 1% H_2O_2 溶液 50mL 后在 30℃的水中熟化 2～4h。最后用去离子水洗涤得到复合纤维，并将其用小型抄片机抄造成纸。随后他们研究了 Fe^{2+} 浓度、反应温度、复合次数、熟化时间等对复合纤维复合量的影响。结果显示 Fe^{2+} 浓度增加后，磁性粒子的复合量先上升，然后稍有下降。磁性粒子复合量最大值出现在 Fe^{2+} 浓度为 0.054mol/L 时。当纤维上可及的微孔表面被生成的磁性微粒填满后，继续提高 Fe^{2+} 浓度对提高复合量作用不大。在实验范围内，磁性粒子的复合量随着反应温度的上升而增加，在 75℃达到最高，温度过高会导致磁性粒子聚团（图1-27）。最佳温度为 65℃。在实验范围内最佳熟化时间为 240min，熟化时间越长，磁性粒子的复合量越高。

为防止多次复合使模板空洞被生成的磁性粒子堵塞，他们采用 0.018mol/L 的亚铁离子进行多次复合。随着复合次数的增加，磁性粒子含量上升，复合 5 次时迅速增长，同时磁性粒子的类型也会随着复合次数的变化发生变化，1 次复合时主要为 γ-Fe_2O_3，5 次复合后则主要以 Fe_3O_4 的形式存在。对不同复合次数的复合纤维进行火焰原子吸收光谱和 SEM 测定，结果显示复合 5 次的试样纤维纹孔内磁性粒子微粒明显增多，且粒径较大，尺寸约 50～100 nm，部分磁性粒子粒径达 200～300 nm，且粒子形状相对不规则，大量磁性粒子聚集形成了带状的晶带（图1-28）。

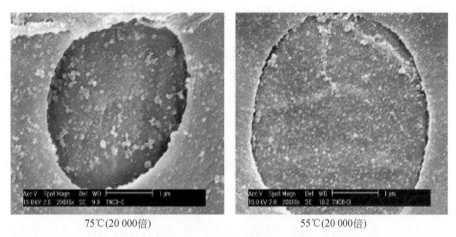

75℃(20 000倍)　　　　　　　　　　55℃(20 000倍)

图 1-27　不同反应温度下的磁性纳米复合纤维的 SEM[112]

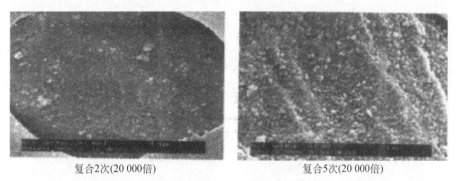

复合2次(20 000倍)　　　　　　　　　　复合5次(20 000倍)

图 1-28　不同复合次数的纤维素复合纤维的 SEM[112]

　　将未处理的云杉纤维和复合 4 次的磁性纳米复合纤维进行了红外光谱图分析，证实了复合物的组成。他们又用超导量子磁强计对复合纸的磁性能进行了检测。结果发现该磁性纸无顽磁和剩磁，具有超顺磁性。饱和磁化强度约为 0.11emu/g（图 1-29）。

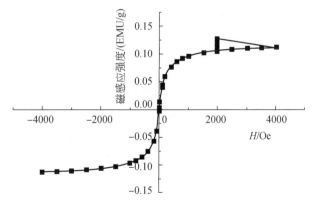

图 1-29　纤维素/磁性纳米复合物的 *M-H* 磁化曲线[112]

Olsson 等[111]也发现磁性纳米颗粒纤维可以防止磁性颗粒附聚，有利于实际应用。上一个例子描述了磁性纸的制备和性质，磁性纳米材料还可以做成其他各种形状。磁性高分子微球在磁场中具有顺磁性和高分子粒子的特性，微球的顺磁性使固液分离更加简便，可省去过滤等繁杂的传统操作，而且微球颗粒小，比表面积大，与其他物质偶联容量大，药物负载率可达到80%，悬浮稳定性好，有很好的研究和应用前景。在近20年里，磁性高分子微球被广泛用于生物医学和生物工程，如细胞分离、固定化酶、免疫诊断、HLA分型、体外扩增、靶向药物等。磁性高分子还可通过吸附/脱附过程从工业废水中除去重金属离子，纳米尺度的磁性微球则在分子电子器件、非线性光学材料、传感器、电磁屏蔽材料等领域具有重要应用前景。

Yan 等[113]以纳米级的 Fe_3O_4 液体作为磁核，在非水体系的纤维素 DMAc（N-N-二甲基乙酰胺）/LiCl 溶液中，使用包埋法，在超声波的辅助下制备得到了纳米尺度的壳核型磁性纤维素微球。他们还用磁场力显微镜（MFM）表征了该微球的形态。图中形貌图显示磁性粒子可以独立存在，不再是原磁性液体时的聚集状态，说明磁性粒子间的相互作用由于纤维素外壳的存在而变得较小。同时两图对比显示，磁性的部分相对较小，位于颗粒中心，证明了该微球为壳核型结构，Fe_3O_4 晶粒为核，纤维素为壳（图1-30）。随后，他们又用 FTIR 和 XRD 谱图表征并证明了该颗粒的组成。

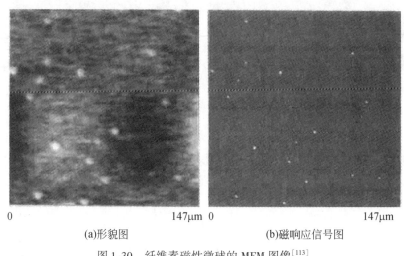

0　　　　　　　　　　147μm 0　　　　　　　　　　147μm
　　(a)形貌图　　　　　　　　　　(b)磁响应信号图

图1-30　纤维素磁性微球的 MFM 图像[113]

得到的磁性微球的磁性取决于所包含的磁核的磁畴取向。同样磁性微球也有南北极，当两个磁性微球靠近时，仍有可能相互吸引。在一定浓度及制样条件下，采用 MFM 在云母表面观测到了微球对的形成，证明得到的纤维素微球具有良好的磁畴取向性（图1-31）。

他们还发现，超声波对微球大小有一定的影响。超声波功率在 200～300W 时，微球直径随超声功率增大而减小，但高于300W 之后，微球粒径反而上升（图1-32）。

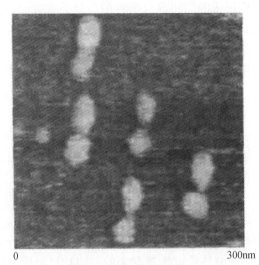

图 1-31 磁性纤维微球两两相互吸引
形成微球对的 MFM 图[113]

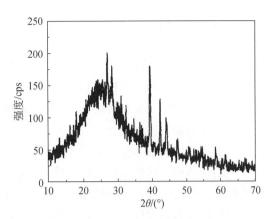

图 1-32 纤维素磁性微球的 XRD 谱图[113]

8. 其他应用

除了以上应用，还有研究者用纳米纤维素制备固固相变储能材料。Yan 等[114]介绍了以纳米纤维素（NCC）为骨架材料、聚乙二醇（PEG）为相变储能功能基，采用化学接枝的方法制备一种 NCC/PEG 固-固相变材料。方法具体为：在非均相体系中，按一端或两端含有活性基团的聚乙二醇为 19.8% ~ 82.0%，交联剂为 0 ~ 55.1% 和纳米纤维素或其衍生物为 4.0% ~ 69.5% 的反应物配比，通过紫外光照射将一端或两端含有活性基团的聚乙二醇作为储能功能基团接枝到纳米纤维素或其衍生物骨架材料上，并分别用 IR、DSC 以及 TGA 等技术手段对其储能性能进行表征。

丁恩勇等[119]于 2005 年发明了一种纳米纤维素固-固相变材料，其相变焓最大可达 110J/g 以上，相变温度在 0 ~ 60℃，并且在相变前后都能保持良好的固体状态，不会发生相分离等现象，并且无毒无害、成本低、制备工艺简单，可广泛应用于织物、太阳能利用、相变储能型空调、玻璃暖房、控温器材等多种场合。

在生物应用方面，王东山等[115]将纳米晶体纤维素与类肝素化合得到纳米晶体纤维素-类肝素复合物。其制法是先将粒径为 10 ~ 80nm 的纳米晶体纤维素加水配制成质量浓度为 3% ~ 10% 的悬浮液，氮气保护，60 ~ 100℃下，先加入过氧化物反应，再加入极性有机溶剂，然后加入甲基丙烯酸、甲基丙烯酸乙酯硫酸酯、硫酸氨基甲基丙烯酸乙酯，在 60 ~ 100℃下连续搅拌反应。该复合物既保持了类肝素的抗凝血性和溶血脂功能，又不易被排出体外，变为长效药物，且不堵塞血管，与人体相容性好，具有良好的应用前景。

1.11 基于纤维素衍生物的凝胶

自然界中广泛存在一类能吸收一定体积的流体而胀大并保持一定形状的物质。这些物质被称为凝胶。高聚物以分子状态分散在溶剂中形成的均相混合物称为高分子溶液，当浓度大时其中的高分子链相互交联使其失去了流动性，这样即成为了凝胶。凝胶是一种特殊的分散体系，其中胶体颗粒或高聚物分子链以化学键或物理作用相互连接，搭成架子，形成空间网状结构，液体或气体充满在结构空隙中，形成溶胀体。其性质介于固体和液体之间，从外表看，它呈固体状或半固体状，有弹性；但又和真正的固体不完全一样，其内部结构的强度往往有限，易于破坏。

根据溶胀介质的不同可以把凝胶分为三类：水凝胶（hydrogel），以水为溶胀介质的高分子；油性凝胶（lipogel），以非水性有机物为溶胀介质的高分子；气性凝胶（aerogel），以气体为溶胀介质的高分子[120,121]。

水凝胶能吸收和保持大量水分，但不溶解于水[122,123]，具有由亲水性高分子构成的三维网络状结构，这些结构可以由均聚物组成，也可以由共聚物组成。水凝胶因为这些高分子的分子间化学或物理交联而不溶于水。根据高分子间交联的性质不同，水凝胶又可分为化学凝胶和物理凝胶[122]。化学凝胶中的高分子是由共价键连接起来的，而物理凝胶中的高分子是由相对较弱的力（如范德华力、疏水作用、氢键、离子键等）或者高分子间的缠绕所连接的[122]。

水凝胶有天然与合成之分。自然界中绝大多数的生物，植物体内存在的天然凝胶以及许多合成高分子凝胶均属于水凝胶。水凝胶根据网络大分子来源的不同可分为合成高分子凝胶与天然高分子凝胶。生物体内存在的生物高分子水凝胶主要是胶原及其分解产物明胶以及多糖类，由于它们的生物相容性良好，这些天然高分子水凝胶已广泛应用于医疗领域。而合成高分子水凝胶一般力学性能较好，因此目前已有很多合成聚合物水凝胶，最多的是丙烯酸衍生物的均聚物或共聚物，以及丙烯酰胺衍生物的均聚物或共聚物。

某些水凝胶受到外界环境中微小的化学/物理的刺激或感应到微小的变化时，其自身的性质会发生明显变化。这样的水凝胶称为智能水凝胶（intelligent hydrogel 或 smart hydrogel），以与其他不具备这种性质的水凝胶（传统水凝胶）区别。这些外界环境的刺激可以是 pH、温度、溶剂、离子强度、光、电场、磁场、化学物质等。温敏水凝胶和 pH 敏感水凝胶在环境响应性聚合物水凝胶材料中被研究得最多，占据十分重要的位置。这类凝胶的突出特性是当外部环境发生微小变化时，其体积会发生数倍或数十倍的变化，当达到并超过某临界区域时，甚至会发生不连续的突跃式变化，即体积相转变（volume phase transition）。自从 1975 年 Tanaka 首次发现智能水凝胶并着手对其不连续的体积变化进行研究以来，有关智能型水凝胶的合成、理化性质以及凝胶结构之间相互关系的研究十分活跃。智能水凝胶迅速成为了许多学者研究的重点，其中水凝胶发展最为迅速。智能水凝胶由于独特的响应性，在化学转换器、记忆元件开关、传感器、人造肌肉、化学存储器、分子分离体系、活性酶的固定、组织工程、药物载体、细胞培养以及活性酶包埋等领域具有很好的应用前景[124]。

可以用来合成水凝胶的单体很多，大体包括天然的和合成的两大类。天然单体的突出特点是具有更好的生物相容性和低廉的价格。其中壳聚糖基水凝胶的研究最为活跃，而合成单体的特点是种类齐全，几乎可以合成出能响应所有典型外界刺激的水凝胶，其中以丙烯酰胺及其衍生物的均聚物和共聚物，丙烯酸及其衍生物的均聚物和共聚物为主，还包括乙烯基吡啶等。

　　常用的合成水凝胶的方法有：①交联聚合。可以采用不同种类的单体使水凝胶具有特殊的物理或化学性质，在聚合过程中需要加入适量的交联剂，根据所采用的单体和溶剂，可以采用电离辐射、紫外照射或化学引发聚合。②聚合物的转变。从聚合物出发制备水凝胶的方法有物理交联和化学交联两种。物理交联通过物理作用力如静电作用、离子相互作用、氢键、链的缠绕等形成。化学交联是在聚合物水溶液中添加交联剂，如在 PVA 水溶液中加入戊二醛可发生醇醛缩合反应从而使 PVA 交联成网络聚合物水凝胶。③载体接枝共聚。水凝胶的机械强度一般较差，为了改善水凝胶的机械强度，可以把水凝胶接枝到具有一定强度的载体上。在载体表面产生自由基，是最有效的制备接枝水凝胶的技术，单体可以共价地连接到载体上。通常在载体表面产生自由基的方法有电离辐射、紫外线照射、等离子体激化原子或化学催化游离基等[124]，其中电离辐射技术是最常采用的产生载体表面自由基的一种技术。④互穿聚合物网络。互穿聚合物网络（interpenetrating polymer networks，IPN）技术是一种对聚合物进行改性的方法，它被认为是以化学方法来实现物理共混的一种新技术。通过互穿网络的形式可使原来不能共混的线型聚合物通过单体在聚合物或天然高分子之间聚合交联成一整体，使产物兼具两种或两种以上聚合物的性质。

1.11.1　纤维素凝胶研究进展

　　甲基纤维素、羟丙基纤维素分子链中由于引入了甲基、羟丙基等基团，使聚合物具有独特的水化–去水化特性，其水溶液具有热凝胶性，即加热溶液发生凝胶化，并且这种作用可逆，即冷却后又恢复到溶液状态[124]。凝胶形成时的温度定义为凝胶化温度。在较低的温度下，溶液中的纤维素醚分子与水分子间强烈作用，分子链被水化，除了一些简单的分子间的缠结之外几乎没有其他分子间作用。当温度升高时，分子吸收能量逐渐脱去结合在分子链上的水。最后，当温度升高到凝胶温度时，分子链间由于疏水反应发生缔合作用，造成溶液浑浊，继而形成凝胶网络结构[125,155]。整个过程如图 1-33 所示。

　　纤维素醚的热凝胶性能除了会受到分子量和取代基种类和含量的影响之外，还受到很多因素的影响。加入具有强极性的无机盐类电解质如氯化钠、碳酸钠、硫酸铵等可以降低凝胶温度[156,157]。盐的加入使水分子趋向于与盐离子结合，从而破坏了水与纤维素醚分子链上的羟基间的氢键作用，纤维素醚分子得以从水分子的包围中游离出来而发生分子间疏水缔合作用，最终降低了凝胶温度。Li 等[158,159]研究了水中存在无机盐时对甲基纤维素凝胶温度的影响，发现无机盐对凝胶温度的影响主要与阴离子的种类有关，而阳离子的影响相对来说比较弱一些。

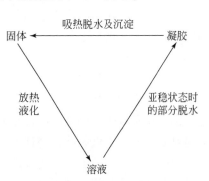

图 1-33　甲基纤维素和羟丙基纤维素溶液–凝胶转变示意图

一般认为，能造成盐析的盐类会降低凝胶温度，而能引起盐溶效应的盐类会提高其值。阴离子对凝胶温度的降低影响顺序为：$SO_4^{2-}>F^->Cl^->Br^->NO_3^->I^->SCN^-$，证明离子能影响 MC 凝胶的发生。这些现象分别与盐析和盐溶效应有关。而阳离子对 MC 分子的水化结构的影响弱得多，因而盐对 MC 凝胶过程的影响主要取决于阴离子类型。

此外，加入如十二烷基硫酸钠（SDS）的表面活性剂也会影响凝胶温度，其中表面活性剂的浓度是重要的影响因素[160]。在低于临界胶束浓度之下，SDS 表现为盐析作用，由于表面活性剂和水分子的结合，更多的纤维素醚分子之间可以更容易形成疏水作用，从而降低了胶凝温度。而当 SDS 的浓度高于临界胶束浓度时，其呈现为盐溶作用，此时 SDS 的加入会导致凝胶温度升高。

当添加剂为乙醇、丙醇、丙二醇等一元醇、二元醇的小分子时，凝胶温度随着添加剂与甲基纤维素的比值的增大而升高，出现最大值后开始降低，最后产生相分离现象。这是因为这些醇类分子量很小，数量级与水分子相当，因而其与水可以达到分子水平混合。醇在纤维素醚溶液中既起到了类似表面活性剂的作用，又起着类似盐的作用。当醇的浓度较低时，前者起着主导作用，这种"似表面活性剂"的效应加强了 MC 分子链中的疏水基团甲氧基与水分子间的氢键结合，导致疏水缔合作用需要在更高的温度下发生。当醇的浓度较高时，醇的脱水作用占主导作用，即醇分子与水分子强烈作用，消耗了纤维素醚分子外的水层，因而凝胶温度降低[161-163]。

纤维素醚水凝胶由于广泛应用于医药等领域，从而引起了研究人员越来越多的关注。人们用不同种类的纤维素醚、以不同的方法制备了性能各异的水凝胶，并且对这些凝胶的功能性和智能响应性进行了考察。

1.11.2　纤维素凝胶的制备方法

纤维素醚既可以制备化学凝胶又可以制备物理凝胶。目前对于纤维素醚的化学凝胶和物理凝胶的制备主要可分为三种方法：化学交联法、辐射交联法和热交联法。

化学交联法是指用化学交联剂将高分子链交联起来，如对于 HPMC，交联剂主要是与纤维素骨架上的羟基及取代基上的羟基反应形成交联。20 世纪 90 年代初以二乙烯基砜（DVS）作为化学交联剂成功合成了一种温敏性 HPMC 水凝胶，将 HPMC 和交联剂溶于氢氧化钠溶液中并在离心机中进行交联聚合。采用一种悬浮交联聚合的方法合成了热响应 HPMC 凝胶珠，此方法是将溶有 HPMC、氢氧化钠和二乙烯基砜的水溶液倒入甲苯中并在反应釜中搅拌从而完成交联反应[135]。

纤维素醚水凝胶因其具有生物相容性和生物可降解性而广泛应用于药物缓释和组织工程中。但是化学交联而成的凝胶含有很多难于除净的未反应交联剂、催化剂和悬浮剂等，这些化学物质对于人体来说通常是有毒的。研究者们后来发现了一种无残留毒物的方法，即辐射交联法。不仅如此，这种方法相对于化学交联法来说操作更简单。在辐射条件下，高分子链上会产生自由基，通过链间自由基的结合可以产生三维的交联结构。然而辐射能同时引发高分子降解。在辐射下，高分子的降解和交联是一对互相竞争的反应，所以这个交联过程是一个动态的反应过程。

目前研究人员已经对 CMC 和 HPC 的交联反应进行了研究[136]，如羧甲基纤维素的辐射交联聚合，选取了取代度在 0.7~2.2 范围内的样品，在固态和水溶液状态下，分别用不同剂量的辐射进行了研究。CMC 在辐射情况下会发生降解，而高取代度和高浓度的水溶液有利于 CMC 发生交联反应。对于取代度为 2.2 的 CMC 的辐射交联的研究表明，除了浓度是一个重要的影响因素之外，辐射剂量、辐射速率以及周围环境中的氧气含量都会影响水凝胶的形成[137]。Wach 和 Mitomo 等对 HPC 辐射制备水凝胶进行了研究，他们发现除了辐射剂量、辐射速率和浓度等影响因素之外，电子光束辐射的效果比 γ 射线辐射的效果好，前者辐射产生的水凝胶中，凝胶分数达到95%以上，而后者只有65%左右[138]。

　　自然界中传统的物理交联水凝胶如明胶（gelatin）和卡拉胶（carrageenan）都是在冷却其溶液的情况下形成凝胶的。与这些高分子凝胶不同的是，纤维素醚热引发凝胶是在其溶液受到加热的情况下产生的，凝胶过程中所产生的空间三维网络结构主要是由其高分子链上的疏水基团（如甲氧基）之间的疏水作用（hydrophobic interaction）引发形成的[139]。在低温的溶液中，纤维素醚大分子完全水合，除了简单的缠结外，高分子链与链之间几乎没有其他相互作用，在升高温度时，聚合物逐渐失去其水合水分子，疏水基团相互靠近并组成节点，节点越来越多并形成三维空间网络，当节点的增加达到一定程度时，体系就形成了大分子的无限网络交联结构。图 1-34 为这个过程的示意图。

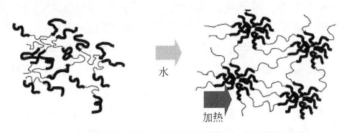

图 1-34　因疏水作用而形成的热引发高分子凝胶过程

　　研究凝胶的形成过程对于预测其物理化学性质具有重要意义。在过去的几十年里，有关水凝胶的形成过程的研究已有不少报道。在这些报道中，溶胶-凝胶转变过程的研究方法可分为"淬火法"和实时监测法。"淬火法"就是在反应过程中通过稀释或者冷冻来终止反应，并取样测量，它是间断检测法，如黏度法和常规的光散射法。与此不同的是实时监测法，其不需要终止反应，实时监测体系一些物理化学性质的变化来跟踪整个反应过程，如原位电导法、原位光透过滤法、原位快速瞬时荧光法。

　　以羟丙基甲基纤维素的凝胶过程为例，HPMC 在低温下于水中的溶解度较大，随着温度的升高，这些高分子的溶解度逐渐变小直至几乎不溶于水。当 HPMC 溶液的温度升高到最低临界溶解温度（lower critical solution temperature）时溶液发生拐点分解，出现白色浑浊，溶液刚出现浑浊的这一点被称为"雾点"（cloud point），因为与一般的拐点分解不同，HPMC 溶液在出现白色浑浊以后析出的溶质要在几周后才能完全沉淀下来，这说明 HPMC 的"雾点"与其凝胶点相距很近，甚至发生了交叠。这种现象引发了研究者的极大兴趣。HPMC 被当作一个尤为典型的高分子来研究相分离与溶胶-凝胶相转变之间的相互影响。同时正是 HPMC 凝胶相转变过程与溶液相分离过程交叠，使这个过程变得更为复杂，增加了研究的难度。

　　凝胶过程的研究主要是为了确定凝胶点。HPMC 物理凝胶的凝胶过程一般采用实时监测法进行研究，如实时浊度测量法、原位 ATR-FTIR 法、时间分辨光散射法等[140]。除了这些光学的方法外，也可采用热分析的方法（如微型 DSC 法）和流变的方法（如动态黏弹法）。

1.11.3　纤维素凝胶的应用

纤维素醚水凝胶在医药领域有广泛的应用，特别是羟丙基甲基纤维素在组织工程和药物缓释上具有十分重要的应用。

HPMC 由于具有优良的物理性能，适合于湿颗粒法及全粉末直接压片工艺，加之对多种不同类别药物的优良控释能力，使得其在水凝胶型骨架片中的应用十分广泛。

HPMC 亲水凝胶骨架片遇水首先在片剂表面润湿形成水凝胶层，使表面药物溶出；凝胶层继续水化，骨架溶胀，凝胶层增厚延缓了药物的释放，这时水溶性药物可透过凝胶层向溶出介质扩散；片剂骨架逐渐水化并溶蚀，水分向片心渗透至骨架完全溶蚀，最后使药物全部释放。处方中 HPMC 的含量是影响药物释放的最主要因素。随着片剂中 HPMC 含量的增加，药物释放速度变慢。这是由于片剂中 HPMC 含量增加，表面单位面积的 HPMC 含量增大，片剂水化速度加快，可迅速形成凝胶层，使药物释放速度趋于缓慢。但 HPMC 用量对释放度的影响有一定限度，当 HPMC 用量超过这个限度时增加 HPMC 含量不会明显降低药物的释放速度。HPMC 颗粒大小对水溶性药物骨架片溶出影响较小，但对难溶性药物骨架片有一定影响，表现为 HPMC 颗粒越小，溶出速率越慢。水溶性药物从骨架中的释放主要是通过扩散进行，药物通过溶胀的凝胶层的速度可能仅与孔道通畅与否有关，与黏度即 HPMC 的分子量无关；但水难溶性药物主要通过骨架溶蚀来释放药物，骨架与水形成的凝胶层黏度越大，即组成凝胶层的分子链越长，骨架越难以溶蚀，从而使药物溶出减慢[140-144]。

甲基纤维素在药物缓释领域也有应用。林莹等[145,146]合成了具有反向温敏特性的甲基纤维素聚乙二醇柠檬酸钠三组分水凝胶体系，在此体系中，甲基纤维素使体系具有反向温敏性，高分子量的聚乙二醇具有加速胶凝的作用，柠檬酸钠的盐析作用能降低成胶温度。该水凝胶体系对氟尿嘧啶的控制释放效果良好。而海藻酸钠的加入则提高了胶凝速度、凝胶强度及凝胶稳定性；体系在生理 pH 附近具有较快的胶凝速度和较好的凝胶强度；新体系对于小分子药物，尤其是亲水性强的小分子药物具有更好的控缓释特性。

在组织工程上，HPMC 和硅烷接枝共聚制得了一种可注射、可自组装的水凝胶，可用于关节软骨修复手术中的支架[147]。而 Trojani 等[148]制备出一种硅烷化的 HPMC 水凝胶。该凝胶很好地解决了多年来困扰骨科学界的难题。因为早先用于自体软骨细胞移植的培养基质为 2D 平面形态，这样的培养基质影响了被移植的组织细胞的分化，而他们制备的硅烷化的 HPMC 水凝胶溶胀后可为移植细胞提供一个 3D 的培养空间，采用这种水凝胶作为基质来培养被移植软骨细胞，使得细胞在培养期间成功地进行分化。

1.11.4　纤维素醚凝胶

某些纤维素醚水溶液加热可以形成水凝胶，是纤维素醚的一大特点。早在 1935 年，Heymann[149]等就报道了甲基纤维素溶液在加热时能形成凝胶。Sarkar[150]在 1979 年详细报道了这种凝胶是完全可逆的，加热后形成的凝胶在温度冷却至室温时，又能完全恢复至溶液状态，并对这种溶液-凝胶的转变进行了比较深入的探讨。此后，关于纤维素醚热凝胶的研究一直持续不断，Haque 和 Morris 等[151,152]在 1993 年对 MC 和 HPMC 的热凝胶现象进行了详细的研究，他们对热凝胶机理提出的解释是：在溶液中聚集缠结成束状的 MC 分子链通过甲基基团的疏水作用结合起来，随着温度的升高，越来越多的甲基基团失去结合水，最终形成交联的网络结构。对于 HPMC 的热凝胶机理，一般认为其包含了两步不同的过程，第一步称为预凝胶阶段，在此阶段，HPMC 分子链上的大部分疏水基团发生聚集；第二步称为凝胶阶段，这是在更高温度下形成网络结构的阶段。

目前研究纤维素醚热凝胶转变的方法主要有热分析法、光学分析法以及流变学分析法。热分析法主要是用 DSC 等仪器对升温、降温过程中吸热或放热的熔变来分析凝胶转变过程，寻找凝胶温度[153]。而由于在热凝胶的形成过程中，无色透明的溶液体系逐渐转变为白色不透明的凝胶体系，因此可以通过光学分析法（浊度仪）对体系透明度的变化进行分析来研究凝胶过程[8]。同时由溶液向凝胶的转变也是体系的黏弹性等力学行为发生改变的过程，因此动态流变学的研究方法也被研究人员广泛使用[154,155]。

对于甲基纤维素的热凝胶行为的研究，目前已比较充分。但是另一种重要的非离子型纤维素醚——羟丙基甲基纤维素，虽然近年来也有许多相关报道，如 Sarkar 和 Walker 等研究了几种不同取代度的 HPMC 样品，发现热熔变与甲氧基和羟丙基取代度之和存在线性关系[156]，但是对于其分子量和取代度等基本分子参数对热凝胶行为的影响显得不够。

1. 羟丙基甲基纤维素水凝胶的制备

关于纤维素醚溶解以及凝胶的机理，采用被广泛接受的"笼状结构（cagelikestructure）"的理论来解释[156]。羟丙基甲基纤维素（HPMC）的溶液处于低温时，大分子上的亲水基团和水分子之间存在氢键作用，为水分子包围而形成笼状结构。温度升高所施加的热量将会使水分子和 HPMC 分子之间的氢键断裂，笼状的超分子结构被破坏，水分子从氢键作用的束缚下释放出来成为自由水分子，而羟丙基甲基纤维素大分子链上的疏水的甲氧基基团则暴露出来，这就使得疏水结合（hydrophobic association）成为可能。如果同一个分子链上的甲氧基发生疏水结合，则这种分子内的作用将使整个分子呈现卷绕状。然而升温导致链段运动加剧，分子内的疏水作用不稳定，分子链由卷绕状态变成伸展状，此时分子间的疏水作用开始占主导。当温度逐渐升高，越来越多的氢键发生断裂，从笼状结构中脱离出来的纤维素醚分子也越来越多，距离较近的大分子之间通过疏水作用聚集在一起而形成一种疏水聚集体（hydrophobic aggregate）。温度进一步升高，最终所有的氢键都断裂，其疏水结合达到最大程度，疏水聚集体的数量和尺寸也随之增加。在此过程中，羟丙基甲基纤维素变得逐渐不可溶，并最终完全不溶于水。当温度升高到大分子聚集体之间形成三维网络结构时，宏观上则表现为形成凝胶[156-160]。

2. HPMC 热可逆凝胶的动力学过程

纤维素醚水溶液加热过程中，大分子聚集体之间逐渐形成三维网络结构，体系的力学性能必然发生变化，表现在高分子的黏弹性行为上，体系的黏性下降，弹性上升。储存模量和损耗模量随温度的变化趋势可以反映出凝胶过程的特点。图 1-35 反映了 HF25M 的 HPMC 溶液在加热和冷却中的凝胶化过程的热可逆现象。在加热时，G' 和 G'' 均随着温度的升高而缓慢下降，G' 小于 G''，这时溶液表现出一种普通液体的黏弹性行为。当温度升高到

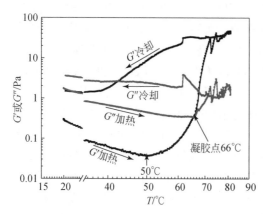

图 1-35　HPMC（HF25M）溶液在加热及冷却循环
过程中储能模量和损耗模量与温度的关系

50℃左右时，储存模量 G' 开始增大，这表明体系的弹性行为逐渐增加。表现在微观上，此时溶液中开始有通过疏水作用结合起来的高分子聚集体形成，预凝胶阶段开始。当温度升高到 66℃ 左右时，G' 等于 G''，在这里采用的是一种传统的确定凝胶转变点的方法，即把 G' 和 G'' 的交点定义为凝胶点。对于 10g/L 的 HPMC（HF25M）溶液，此时开始有网络结构形成，宏观上有热凝胶析出，体系透明度下降。这时进入 HPMC 凝胶机理的第二阶段即凝胶阶段。此后随着温度进一步升高，G'' 小于 G'，并且其差值逐渐变大，表明此时固体的黏弹性行为占主导作用，网络结构分数增加，凝胶强度逐渐增大。

HPMC 的热凝胶过程具有可逆现象，但是其加热时的凝胶化和冷却时的去凝胶化的过程并不相同。从图 1-35 可以看出，冷却时，G' 和 G'' 的交点出现在 42℃ 左右。这说明加热过程中，凝胶网络结构的形成需要在较高的温度下（66℃），而冷却时凝胶网络的大规模的解构则发生在较低的温度（42℃），此后，疏水作用形成的大分子聚集体也解体，这发生在 40℃ 左右，也低于其形成时的温度（50℃），HPMC 分子重新释放，并与水分子形成氢键作用而溶解于水中，重新恢复到溶液状态。

3. 取代度对凝胶过程的影响

由图 1-35 的分析可以得知，热凝胶过程中最重要的转变点有两个：大分子链聚集体开始形成的转变点，即储存模量随温度开始上升的点；凝胶点，储存模量等于损耗模量的点。为此，作者略去不必要的冷却循环过程，对不同分子量和取代度对于凝胶过程中的转变点的影响进行重点研究。

图 1-36 反映了在相同分子量的情况下，HPMC 的取代基含量的不同对于其凝胶过程的影响。由图 1-36 可以看出，无论是高分子量的样品［图 1-36（a）］还是低分子量的样品［图 1-36（b）］，HK 系列样品的大分子聚集体形成的转变温度以及凝胶温度都大于 HF 系列样品。

HPMC 中的两种取代基团对于大分子发生的疏水结合所起的作用是不相同的，羟丙基基团对于这种疏水结合起阻碍作用[161-164]，这主要是由于羟丙基是一种亲水基团，它的存在有利于大分子和水分子之间形成氢键作用，大分子为水分子包围形成笼状结构，阻碍了大分子之间的疏水结合。同时也由于羟丙基的存在导致分子体积增大，分子之间的靠近结合变得困难。因此，羟丙基基团的含量对大分子疏水聚集体的形成具有决定作用，较多的羟丙基基团的存在会延迟疏水作用。由图 1-36 可以看出，对高低分子量的两种样品，羟丙基含量高的 HK 系列样品的储存模量的上升转变点要高于 HF 系列样品。

大分子之间的疏水结合作用主要是通过甲基取代基实现的，因此甲氧基含量对疏水结合作用有决定性的影响，也即影响凝胶点温度的主要因素。随着水分子和大分子之间氢键

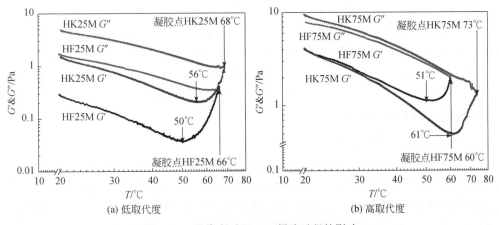

图 1-36　取代度对 HPMC 凝胶过程的影响

作用在高温下被破坏，大分子相互之间的疏水作用的结合开始逐渐增加，此时较高的甲氧基取代度将使得分子链间更容易形成疏水聚集体，凝胶网络就可以在较低的温度形成。因此在图 1-36 中，甲氧基含量高的 HF 系列样品的凝胶温度低于 HK 系列样品。

4. 分子量对凝胶过程的影响

图 1-37 反映的是两个不同取代度的系列样品中，分子量对凝胶转变过程的影响。对于 HF 系列 [图 1-37（a）]，高分子量和低分子量样品的储存模量的转折点十分接近，但高分子量的凝胶温度低于低分子量的样品。而对于 HK 系列 [图 1-37（b）]，在两个转变点上，高分子量的都高于低分子量的样品。对于聚合物而言，分子量同样反映了其聚合度的大小，高分子量的样品其聚合度较高，分子链较长，同时取代基含量也增加。因此对于高分子量的样品而言，一般可认为其甲氧基和羟丙基的绝对含量都高于低分子量样品。

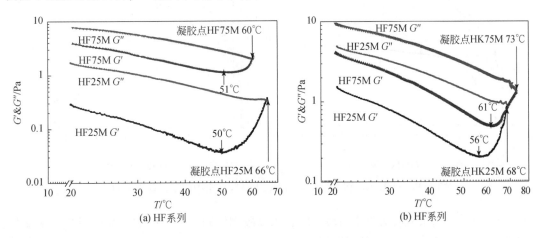

图 1-37　分子量对 HPMC 凝胶过程的影响

对于 HF 系列样品而言 [图 1-37（a）]，低分子量的样品出现大分子聚集体的转变温度（50℃）与高分子量（51℃）的样品接近，而其凝胶点温度（66℃）则高于高分子量的样品（60℃）。这表明在 HF 系列中，甲氧基对水合作用以及凝胶网络的形成起着主导作用，而羟丙基的阻碍作用则不明显。因此虽然聚合度不同，但是在大分子聚集体形成的阶段，分子量的影响不明显。而在凝胶网络结构形成的阶段，高分子量的 HF75M 样品含有更多的甲氧基，因此具有较低的凝胶温度。相反，在 HK 系列样品中［图 1-37（b）］，羟丙基的阻碍作用成为主导，高分子量的 HK75M 样品由于含有较多的羟丙基，疏水结合作用受阻，大分子聚集体的形成变得困难，在升到较高的温度（61℃）时才出现，同时其凝胶温度也就相对较高（73℃）。

5. 水凝胶在去离子水中的溶胀动力学

凝胶的溶胀过程是一个复杂的动态平衡过程。在溶胀过程中，既有物理吸水过程又有化学吸水过程。一方面水分子通过与凝胶网络中的极性基团羟丙基相互作用形成分子间氢键，渗入网络内部使大分子网络链段间的作用力减小，导致网络膨胀；另一方面由于交联高聚物体积膨胀，网状分子链向三维空间伸展，使分子网受到应力而产生弹性收缩能，力图使分子网收缩。当这两种相反的趋势相互抗衡时，水凝胶溶胀度不再发生变化，即溶胀达到平衡[162-164]。

HPMC 的 HK 和 HF 系列水凝胶在温度 50℃ 的去离子水中的溶胀动力学曲线如图 1-38 所示。两个系列的水凝胶在水中的溶胀过程基本相似，呈现出三个阶段的特征：第一阶段在前 50min，凝胶的溶胀度以近似直线的增长速度变大。此阶段主要是水分子通过与羟丙基等亲水基团形成氢键作用，开始渗透到大分子网络内部，网络迅速膨胀；第二阶段，大约在 50min～10h，溶胀度的增加速度开始逐渐减缓。这时逐渐膨胀的分子网络开始发生弹性收缩，溶胀度的增加受阻；第三阶段为 10h 以后到溶胀平衡时，这段时间溶胀度变化非常缓慢，几乎不发生太大的变化。凝胶在两种力的同时作用下，逐渐达到溶胀平衡。

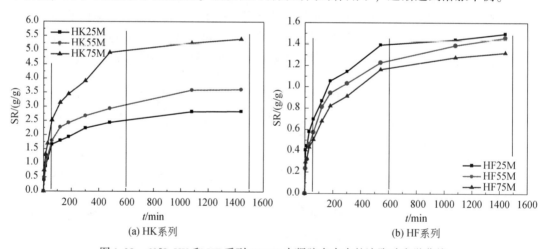

(a) HK 系列　　　　　　　　　　　(b) HF 系列

图 1-38　60℃ HK 和 HF 系列 HPMC 水凝胶在水中的溶胀动力学曲线

一般来说，当水凝胶吸收水量较少时，水凝胶网络间分子链段的松弛相当快，水凝胶的溶胀主要由扩散控制，即当凝胶满足 $W_t/W_e \leqslant 0.6$ 时，水凝胶溶胀可用 Fickian 扩散方程描述[163,164]：

$$W_t/W_e = Kt^n \tag{1-9}$$

式中，W_t 和 W_e 分别为时间 t 和平衡时凝胶所吸收的水的质量；K 为凝胶溶胀速率系数，代表网络与溶剂体系特征；n 为扩散机理的特性指数。

　　但是 Fickian 扩散定律不能衡量含水量高的凝胶体系。其只有在凝胶吸收溶剂较少，网络链段松弛很快的情况下，可以较准确地描述溶胀过程。但实际上，凝胶在溶胀过程中会吸收大量溶剂，溶胀比可达到几十倍以上，会造成理论与实际的较大偏差。也就是说，该定律中的扩散剂的扩散系数和扩散膜的厚度在整个扩散过程里必须保持常数，而在溶胀的初期和后期，扩散系数和扩散膜的厚度并不能保持常数，故 Fick 定律不能用来解释干凝胶的溶胀全过程。

　　Wach 等研究了 HPC 的溶胀行为，认为这种凝胶的溶胀不符合扩散理论[165]。他们采用了 Schott 所提出的二级动力学理论模型进行描述。凝胶的平均溶胀度（SR/t）的倒数与溶胀时间 t 有如下关系：

$$t/\mathrm{SR} = A + Bt \tag{1-10}$$

式中，常数式中常数 A 和 B 的物理意义如下：在一个较长时间溶胀过程中，$Bt \gg A$，则根据式（1-10）可以得到 $B = 1/\mathrm{SR}$，即凝胶达到溶胀平衡时吸水量的倒数。反之，在一个很短时间内，$A \gg Bt$，式（1-10）变成 $\lim(\mathrm{dSR}/\mathrm{d}t)_{t \to 0} = 1/A$，因此，截距 A 为初始溶胀度的倒数。

　　采用 Schott 溶胀动力学方程来拟合不同温度条件下 HPMC HK 系列水凝胶和 HF 系列水凝胶的动力学曲线，结果如图 1-39 所示。曲线拟合后的相关参数见表 1-1。拟合结果表

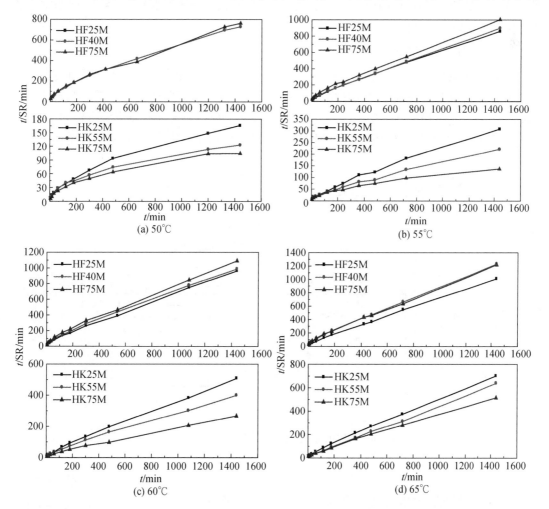

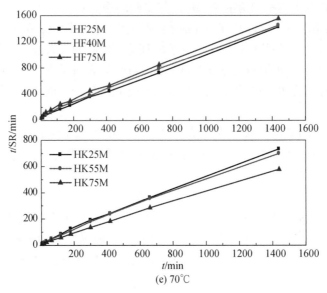

(e) 70℃

图 1-39　HPMC 水凝胶在不同温度下的溶胀动力学 Schott 拟合曲线

明，平均溶胀度（SR/t）的倒数与溶胀过程的时间有很好的线性关系，线性度基本上在 0.990 以上，最大可达到 0.9997。

6. 温度对凝胶溶胀性能的影响

平衡溶胀度对凝胶来说是一个重要参数，平衡溶胀度的变化是其中大分子链构象变化的宏观表现，反映了体系中相互作用的变化：通过凝胶平衡溶胀度变化来揭示微观相互作用状态与高分子链构象的关系[166]。其中溶胀温度对凝胶的平衡溶胀度有着重要的影响。

图 1-40 所示为 HPMC HK 系列和 HF 系列水凝胶的平衡溶胀度与温度的关系。由图可

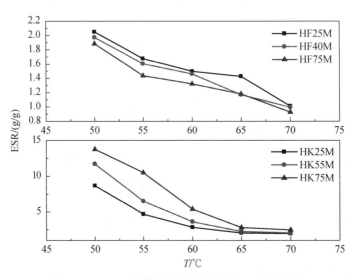

图 1-40　HPMC 水凝胶的平衡溶胀度与温度的关系

以明显看出，随着温度升高，凝胶的溶胀性能呈现下降趋势，这与一般高分子水凝胶的温度响应性不同。根据文献报道[167]，HPC 辐射交联所制备的水凝胶，其平衡溶胀度也随着温度升高而下降，可以说这是纤维素醚水凝胶的特殊之处，而这主要是由于纤维素醚水凝胶的形成机理不同。对于一般的高分子水凝胶，温度的升高有利于大分子链的热运动，舒展开的高分子链会使得凝胶网络的吸水能力增加，溶胀性能变大。而纤维素醚凝胶的形成首先需要溶解在水中的大分子从水分子的氢键作用中释放出来，进而通过大分子之间相互的疏水作用结合形成大分子聚集体，最后这些聚集体形成三维的凝胶网络。由于在低温下，大分子易和水分子之间形成氢键作用，因此水分子在此时比较容易进入凝胶网络中，宏观上表现为凝胶吸水能力强，溶胀能力好。而在高温下，大分子和水分子之间的氢键作用不稳定，水分子通过氢键作用进入变得困难。同时大分子之间的疏水作用更强，这导致凝胶网络结构更紧密，弹性收缩更强，凝胶网络的体积膨胀变得困难，宏观上表现为凝胶的溶胀能力下降。

对图 1-40 中的曲线进行拟合，结果如图 1-41 所示，可以看出 HPMC 不同样品所制成的水凝胶其平衡溶胀度随温度的变化遵循如下的规律：

HK75M：$\text{ESR} = 2874.481 - 16.624T + 0.024T^2$（$R^2 = 0.980$）

HK55M：$\text{ESR} = 3823.709 - 22.473T + 0.033T^2$（$R^2 = 0.998$）

HK25M：$\text{ESR} = 2919.218 - 17.195T + 0.025T^2$（$R^2 = 0.993$）

HF75M：$\text{ESR} = 15.783 - 0.043T$（$R = 0.938$）

HF40M：$\text{ESR} = 17.358 - 0.048T$（$R = 0.981$）

HF25M：$\text{ESR} = 17.032 - 0.047T$（$R = 0.946$）

由上述关系式可以看出，温度对两个系列凝胶的平衡溶胀度的影响有显著差异，这主要是由于两个系列样品的取代度不同。

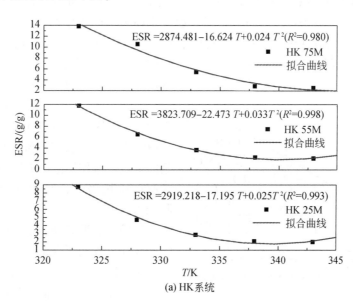

(a) HK系统

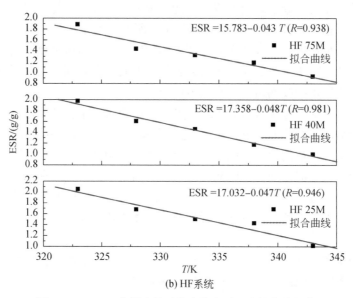

(b) HF系统

图 1-41　HPMC 水凝胶的平衡溶胀度对温度的曲线拟合

7. 溶剂种类对凝胶溶胀性能的影响

HPMC 水凝胶的溶胀或收缩过程主要体现在凝胶中的亲水基团、疏水基团与溶剂的相互作用上。如果亲水基团与溶剂能形成氢键，那么该溶剂就容易渗透到凝胶中，这意味着凝胶在此种溶剂中的溶胀能力大。反之，若亲水基团不能和溶剂分子形成氢键或形成氢键的能力较差，凝胶在这种溶剂中的溶胀能力就小。

图 1-42 所示是 HPMC（HF）水凝胶在三种不同溶剂中的溶胀动力学曲线，可以看出，凝胶在二甲基亚砜（DMSO）中的溶胀度远远大于在去离子水中的溶胀度，而在乙醇中，其溶胀性能更小。凝胶在去离子水和乙醇中溶胀 10h 左右即达到平衡，而在 DMSO 中溶胀 24h 后，溶胀度仍在增大。由于 DMSO 是一种强极性的溶剂，其极性远大于纯水，它和纤维素醚分子链上的羟丙基等亲水基团极易形成氢键，溶剂分子渗透到凝胶网络中的速率大大加快，因此在 DMSO 中凝胶的溶胀性能显得特别好。而乙醇是弱极性溶剂，和亲水基团形成氢键作用的能力比纯水差，因此其凝胶在其中的溶胀能力也低于在纯水中的溶胀能力。

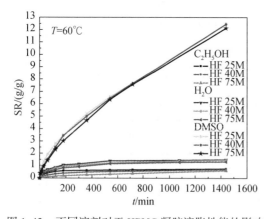

图 1-42　不同溶剂对于 HPMC 凝胶溶胀性能的影响

凝胶的消溶胀动力学与凝胶的溶胀动力学一样在凝胶的研究中占有重要的地位。环境敏感的凝胶在外界的刺激发生改变的条件下，既能发生溶胀也能发生消溶胀。消溶胀和溶胀是环境敏感凝胶体积相变的两个方面，是凝胶智能化的重要特征。这一特征与凝胶网络的亲水与疏水平衡、离子化基团的解离与缔合平衡以及离子的平衡移动有关[168]。

图 1-43 所示为不同 HPMC 凝胶在无水乙醇中的消溶胀动力学曲线，可以发现不同的 HPMC 凝胶在水中达到溶胀平衡后，放入无水乙醇中都会发生不同程度的消溶胀。在水中达到溶胀平衡时，凝胶网络的弹性收缩行为和膨胀行为处于平衡状态，大分子和水分子之间的氢键作用达到饱和。此时把凝胶置于无水乙醇中，由于乙醇是弱极性溶剂，和大分子之间的氢键作用较弱，原来已达到平衡的两种趋势被破坏，弹性收缩行为大于溶剂分子进入网络后的膨胀行为，一部分被凝胶网络吸收的水分释放出来，宏观上即表现为溶胀度减小，出现消溶胀行为。

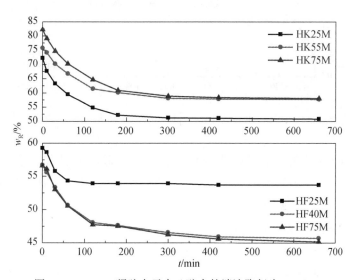

图 1-43　HPMC 凝胶在无水乙醇中的消溶胀行为（60℃）

8. pH 对凝胶溶胀性能的影响

凝胶在使用过程中所处的环境并不都是纯水，而是有一定酸碱度和无机盐浓度的水溶液，尤其是在药物缓释上应用广泛的 HPMC 凝胶，经常使用于人体中，在这种情况下，研究不同酸碱度溶液中凝胶的溶胀行为也十分重要。许多高分子水凝胶对 pH 都有较强的响应性行为[169]，但是 HPC 辐射交联制备的水凝胶对 pH 的响应行为似乎不是很显著[170]。

图 1-44 所示为 HPMC 在酸碱和中性的纯水环境中溶胀行为的比较，由图中可以看出，pH 的改变对凝胶的溶胀行为没有太大的影响，尤其是 HF 系列，几乎没有发生太大的变化，这与 HPC 凝胶是一致的。但是两个系列中，纯水中的溶胀性能都是最好的，而酸环境中的溶胀性能要好于碱环境。

实验中分别用盐酸和氢氧化钠配制了酸碱溶液，而 HPMC 凝胶溶胀性能的改变受到氯离子和硫酸根离子的影响，发生了盐析效应。氯离子、硫酸根离子和水分子之间的作用强于水分子之间以及水分子与纤维素醚大分子之间的氢键作用，因此在与大分子竞争和水分子结合中占优势，从而导致了一些原本在大分子和水分子之间已经形成的氢键被破坏，从

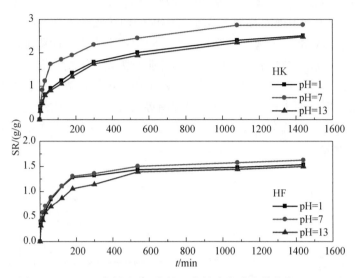

图 1-44　HPMC 水凝胶在不同 pH 中的溶胀动力学曲线（60℃）

而降低了凝胶的吸水性能。这种盐析效应越强，对凝胶溶胀性能的影响越明显。根据 Hofmeister 的研究[171]，硫酸根离子的盐析效应大于氯离子，因此，HPMC 凝胶在碱环境中的溶胀能力最差，在中性纯水中最好。

9. 取代度对凝胶溶胀性能的影响

取代度对 HPMC 的溶胀性能有全面而显著的影响，图 1-45 所示为 60℃时，相同或相近分子量级别下不同取代度的 HPMC 水凝胶的溶胀动力学曲线。从图中可以明显看出，不论对高分子量还是低分子量的样品，HK 系列水凝胶的平衡溶胀度都大于 HF 系列，而且其进入缓慢溶胀阶段和溶胀平衡阶段也都迟于 HF 系列的水凝胶。

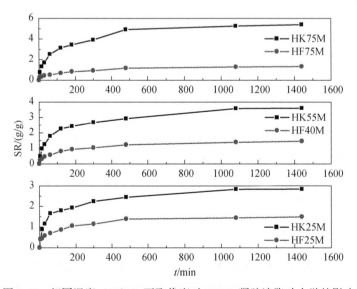

图 1-45　相同温度（60℃）下取代度对 HPMC 凝胶溶胀动力学的影响

　　由 Schott 方程可知，凝胶的溶胀过程由 A 和 B 两个常数决定，即凝胶的初始溶胀速率与最大平衡溶胀程度决定了凝胶溶胀的全过程。因而，研究影响 A 和 B 两个常数的因素对控制凝胶的溶胀过程具有重要意义。凝胶的初始溶胀速率与干凝胶的链松弛率有关，而凝胶的链松弛与凝胶的网络的刚柔性、亲水/疏水性、交联程度、溶胀温度、厚度等因素有关[172]。通过由 Schott 拟合曲线得到的常数 A、B 可以更好地分析这种趋势（表 1-1），HK 系列样品的常数 A、B 均小于 HF 系列，这说明其初始溶胀度和溶胀平衡时的吸水量都大于 HF 系列（A、B 分别为初始溶胀度和溶胀平衡吸水量的倒数），这与图 1-45 反映的结果相一致。

　　两个系列凝胶溶胀性能的差异是由二者高分子链上两种取代基团含量的不同所决定的。HK 系列样品的羟丙基含量大于 HF 系列，这使得前者的大分子链和水分子之间的氢键作用较强，因此水分子能较快地进入凝胶网络中，表现为初始溶胀度较大，初始溶胀速率较快。而其甲氧基含量小于 HF 系列，因此大分子之间疏水结合作用较弱，其形成的凝胶网络结构较 HF 系列也比较松散，弹性收缩能力较差，易于膨胀，所以其溶胀平衡的吸水量远大于 HF 系列。

　　由于取代度不同，两个系列的水凝胶对温度的敏感程度也不相同。从图 1-45 拟合曲线所得到的规律可以看出，HK 系列样品水凝胶的平衡溶胀度对温度呈现出二次关系，而HF 系列样品水凝胶的平衡溶胀度则与温度呈一次关系。这说明 HF 系列样品水凝胶的溶胀性能受温度的影响较小，而 HK 系列样品水凝胶溶胀性能受温度的影响较大。由此可见，羟丙基与水分子之间的氢键作用受温度的影响比较大，随着温度的升高，氢键作用迅速下降，凝胶的吸水能力也急剧下降。所以含有较多的羟丙基的 HK 系列凝胶，溶胀能力受温度的影响更明显。

10. 分子量对凝胶溶胀性能的影响

　　众所周知，聚合物的黏度可以表现其聚合度或分子量。一般来说，高聚物黏度越大，其分子量和聚合度也越大。图 1-46 描述了 HPMC 水凝胶平衡溶胀度与其样品黏度之间的关系。我们发现 HK 系列水凝胶的平衡溶胀度随其分子量的增加而增大，而 HF 系列水凝胶的平衡溶胀度随其分子量的增加基本呈现下降的趋势。

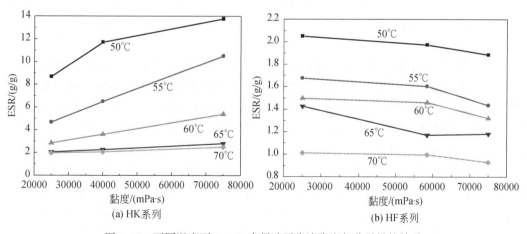

图 1-46　不同温度下 HPMC 水凝胶平衡溶胀度与分子量的关系

1.12　纤维素衍生物的功能化

1.12.1　纤维素的活化

纤维素功能化的前提是反应活性。反应活性既可以指反应速率，也可以指达到准平衡后纤维素衍生物的取代度（DS）。通过氘化、水分、吸附碘、酸水解、高碘酸盐氧化、吸收染料和甲醛都可以检验纤维素的可及性或活性。但不同实验方法得到的结果也有所不同[173]。因此对于不同的纤维素讨论"通用"的活化反应，使它们具有相同的反应程度或是速率是不太可能的。

纤维素中羟基的可及性决定其能否溶解及能否进行后续衍生反应，可以应用电子显微镜、X射线散射和孔隙率测定等方法清晰地测出纤维素纤维表面存在的非均匀孔隙、毛细孔、孔洞和间隙[174]。纤维素纤维的总的表面积超过了其几何表面积，其孔隙结构决定了纤维素内部表面区域的可及性，从而影响其活性。按照密度测量估计，天然纤维素的孔隙率在3%~4%[175]。

对于纤维素，任何物理的相互作用（如水蒸气的吸收）或者化学反应都与这些"针孔"有关。例如，在多相反应条件下，用电子显微镜研究乙酰化棉短绒乙酸酐的结果表明，试剂需在一定条件下才能够渗透到纤维中。在高温下如90℃，进行链式反应，形成连续的微孔隙，并且从表面到内部都形成超分子结构。因此连续的乙酰纤维层变松散，然后被打破，最后溶解在溶液中。与此相反，在较低温度下，如45℃时，反应只有通过隔离纤维素表面的微孔隙才能发生，其微孔隙的大小随着反应时间的增加而递增[176]。

其孔的结构和大小可以通过吸收如乙醇、乙酸和水等的蒸气来改变[177]。另外通过碱处理或者干燥能够减小孔隙的大小。孔隙的减小是影响纤维素溶解及随后反应的主要的不利因素。聚合物的脱水可能导致新的氢键生成，尤其是对于无定形区。就纤维素纤维的孔径的大小来说，天然纤维素有较大的孔隙，而可再生纤维素的孔隙的大小取决于其胶体孔隙的大小[178]。纤维素表面某些部分的可接近性由晶粒表面性质决定，有些晶粒的性质有助于聚合反应。因此来源不同的纤维素样品需不同的溶剂或者反应条件才能反应。这是由于它们具有大量不同的超分子结构，这对羟基（纤维素反应的主要官能团）的可及性影响很大。

活化的目的就是通过活化晶粒表面和整体，增加进入纤维素超结构中的试剂量。而这一方法是通过活化剂渗透到纤维素的细胞腔和各个孔隙间来破坏天然高分子链中较强的氢键而实现的[179]。如果操作不正确，反应会获得不稳定的结果。30℃，在50%（质量分数）乙酸酐/吡啶中浸泡一天，得到下面关于纤维素中乙酰的含量（%）的数据：没有活化的，8.8%；用氯仿/吡啶前处理的，26.4%；用乙醇/氯仿前处理的，27.6%[180]。在活化过程中聚合物可能发生角质现象，限制了羟基的可及性，从而导致其产量低下。例如，微晶纤维素在较小的压力下（2h，60℃，2mmHg，1mmHg = 1.333 22×10^{2}Pa）进行热活化，接着恢复到标准大气压，100℃，聚合物溶解于LiCl、N，N-二甲基乙酰胺（DMAc）中8h后，与乙酸酐/吡啶在室温下反应18h，产物的DS只有0.3，而不是理论上预计的3。

增加活化时间（6h，60℃，2mmHg），产物的 DS 更低，只有 0.1[181]。对于纤维素的热处理的研究表明，在标准大气压和较小压强下，一些衍生反应在多相反应条件下（如羧甲基化）的反应程度受热活化的影响最大[182-184]。

在活化阶段，通常使用碱处理（丝光处理）破坏纤维素中的氢键，使结构变得松弛，允许水分子侵入，引起润胀。碱的暂时性处理使氢键削弱，当洗掉碱后，氢键强度得到恢复。丝光能够改变纤维素的色泽和染色能力，提高结晶度。丝光然后洗涤残余的碱液是 HRC 反应的预处理阶段。丝光的结果是使纤维素Ⅰ（聚合物连锁平行结构）不可逆地转变成秩序性较差的纤维素Ⅱ（反平行结构），即 I_c 减少了。碱在纤维素Ⅰ分子间润胀，并在随后的洗涤期间转化成纤维素Ⅱ，这个过程是缓慢和不完全的，中间经由一系列结晶碱纤维素的变化，只有多次重复这个过程，才能得到完全的纤维素Ⅱ产物。由于半纤维素、其他残余和非纤维素物质，如蜡，被提取出来了，因此丝光的另一个结果就是提高了 α-纤维素的含量。因此这些活化过程被广泛应用于高 I_c 和 DP 的纤维素中，特别是棉短绒中。然而由于纤维素反应的活性很大程度上受其超分子结构影响，即不能认为其只受结晶度的影响，因此只能有选择地应用丝光处理。而且从一些实验中可知，丝光能够降低纤维素乙酰化或硝化的反应活性[185]。此外可再生纤维素不易溶于某些有机溶剂系统，像能溶解天然纤维素的二氧化硫–二乙胺–二甲基亚砜[186-199]。这主要是由于在天然和可再生纤维素中，氢键的形式不同[200-209]。

另一个适于大多数纤维素的活化处理（虽然其活化时间在 1～48h 内变化），是在室温下的极性溶剂的交换[210-215]。聚合物用一系列的溶剂进行处理，然后用在衍生步骤中使用的溶剂作为最后一个处理溶剂。因此，在溶解在 LiCl/DMAc 之前，纤维素按下列顺序与溶剂进行反应：水、甲醇和 DMAc[216]。然而这种方法既费力又成本昂贵，因为用 25mL 的水、64mL 甲醇、80mL 的 DMAc 才能活化 1g 纤维素。虽然如此，它们还是会在某些特殊情况下被使用[217]。

使用热导纤维素活化，如用反应溶剂本身作为加热介质，这个活化过程是由 Ekmanis 首次提出，他是根据在接近沸点或沸点时 DMAc 的气压很高，足以诱导纤维渗透和润胀[218]。热活化比溶剂交换具有更大的优势，这不仅是由于其在随后的溶解中使用更少的 LiCl，更是由于它只是一个一步反应过程[218]。

首先在 150℃ 时加热聚合物/DMAc 浆粕 1h，当溶剂温度到达沸点后蒸馏掉溶剂中 25% 的水分，通过此法能够去除纤维素中的水分[218]。但是由于残余的水和聚合物牢牢地结合在一起，这种方法并不能完全干燥该系统。事实上，棉短绒的差示扫描量热（DSC）（加热）曲线显示了结合水在 150℃ 时就停止了蒸发[219-223]。此外，由于聚合物在高温下发生了热氧化降解反应[224]，在 LiCl/DMAc 中回流的纤维素溶液由琥珀色变成了褐色。随后的研究表明，聚合物降解可能发生两个过程：一个发生在温度超过 80℃，并且有 N，N-二甲基乙酰基乙酰胺、$CH_3CO—CH_2CON(CH_3)_2$（DMAC 主要的自动冷凝产物）参与反应的情况下，中间反应使聚合物端基变成了呋喃结构，因此反应变成了一个缓慢的热降解过程。另外一个快速反应是 N，N-二甲基烯酮亚胺离子（$CH_2{=}C{=}N_+(Me)_2$）参与的反应，该溶剂的前身是 DMAc 的互变异构体，（$CH_2{=}C(OH)N(Me)_2$），由于使用了 1-癸烯和丙醇作为捕捉剂，所以形成了原始状态的溶剂阳离子。如果酰胺键能够自由旋转，则有利于烯醇的形成。可以使用质子核磁共振光谱测定 DMAc 的 *N*-甲基的聚合温度。在 LiCl/DMAc 溶液中,聚合温度的峰值一般是 90℃,正好在溶剂的活化温度以下,因此有利于 *N*, *N*-二甲基烯酮亚胺离子生成速率加快。但由于此阳离子是很强的亲电试剂,能使随机链裂解、导致纤维素分子的质量分布明显且快速改变[225],所以为了避免分解反应的发生,该溶剂条件下的活化反应应尽可能在较低温度和较低压力下进行。然而这导致纤维素纤维溶解不完全,如甘蔗渣和剑麻[38]。因此在本活化过程中,应该使纤维素浆的温度尽可能低,并且时时观测溶液的颜色变化(是否变成深琥珀色或者褐色)。

在 110℃,低压情况下(2mmHg),加热干燥的 LiCl 聚合物并增加 DMAc 的含量能够活化纤维素。为了避免角质现象,应在低压下引入溶剂[226]。正如所料想的,活化条件很大程度上由纤维素的结构决定,具有高 DP 和 I_c 的样品需要预处理,即丝光(棉短绒)和/或长的活化时间。这个增溶化实验对 DP 的影响不是很大,如对微晶纤维素、蔗渣和棉短绒,DP ≤ 6%[227]。

而通过物理方法,也可以对纤维素进行预处理,活化纤维素。电子束辐射活化法:纤维素的大分子链具有半刚性的结构,当它受到高能电子束辐射时,入射电子束辐射能量损失,释放给所撞击的分子中的原子,原子被激发,在分子链骨架上形成一定量的活性自由基。由于这些基团的位阻大,纤维素主链发生断裂降解。浆粕在高能电子束作用下,可保证处理能量均匀,从而使得纤维素的结晶区和非结晶区的分子链发生均匀降解。纤维素分子的断裂程度和产品的聚合度可以根据原料的聚合度、电子束的能量以及辐射时间控制。蒸汽闪爆法:水蒸气在 2.9 MPa 的压力下可提高浆粕纤维孔隙,渗入微纤维束内。在渗透过程中,水蒸气发生快速膨胀,然后剧烈地排放到大气中,从而导致纤维素超分子结构被破坏,使分子间氢键断裂比率增加。在这样的处理中,纤维素分子受到内力和外力的双重作用。内力是由水分子急骤蒸发产生的闪蒸效果所致;外力主要是分子间的撞击和摩擦作用。在蒸汽闪爆处理中,纤维素分子形态的变化程度取决于纤维素原料的孔隙度。在高压蒸汽作用下纤维将产生一定的降解[228]。

1.12.2　纤维素的溶解

纤维素溶解的基本要求是溶剂和纤维素中的羟基相互作用,以便消除,至少部分消除聚合物分子之间氢键的强相互作用。纤维素溶解有两种基本方式:

(1)由纤维素和溶剂之间的物理相互作用产生;

(2)通过化学反应,从而导致共价键形成"衍生溶剂"。

1. 非衍生溶剂

要确定纤维素的溶解不能导致衍生现象发生,可以使用极性较强的溶剂处理纤维素,使它们能够与纤维素中的羟基强烈作用,在一个单独的步骤中实现活化和溶解。它要求溶剂是安全、廉价,而且能够从纯状态再生被回收再利用的,能溶解不同 DP 和 I_c 的纤维素。除了稳定性,为了防止强极性活化物的酰基转移反应发生,溶剂应该被强偶极化,而且最好不与衍生剂发生反应,以避免反应产率降低。

NaOH 水溶液作为纤维素的溶剂,其溶解机理与纤维素结构中的羟基本身极性有关,碱溶液中的金属通常以水合离子形式存在,半径越小的离子对外围水分子的吸引力越强,有利于劈裂纤维素的无定形区进而进攻结晶区。最好选用成本较低、便于回收、具有高极性的氢氧化碱溶液。总的来说，用氢氧化钠水溶液溶解纤维素的过程中，通常采用低温冷冻的方法，先使纤维素在低浓度（8%～10%）的氢氧化钠水溶液中形成均匀分散的悬浮液，之后冷冻成固体，而后缓慢解冻形成溶液。具有更高 DP 的纤维素也能得到相同的结果，也就是说该聚合物可能是非晶态的，也有可能存在纤维素 II。天然的纤维素具有部分可溶性（原始纤维素含量为 26%～37%），因为丝光预处理，在溶剂凝固前，并没有完全破坏聚合物的长程有序性。有趣的是添加尿素能够增强纤维素在氢氧化钠溶液中的溶解度。例如，棉短绒纤维素在 0℃时可以溶解于质量分数为 6% 的 NaOH 溶液中，但是当温度升高时，溶液就变成了凝胶态。而添加尿素则能抑制凝胶的形成[228]。尿素的作用是削弱纤维素中的分子间氢键的作用，这有利于羟基聚合物的溶解，提高其在碱性溶液中的溶解度[59]。然而在酯形成过程中，不应该用碱金属氢氧化物作溶剂，因为碱液会消耗衍生剂。如酸酐与纤维素反应时，碱金属氢氧化物也会发生反应。而且由于氢氧化钠溶液溶解能力有限，碱溶纤维素的聚合度局限在 215～320 之间，因此未能工业化。

氘（三氨乙基胺）（OH）$_2$ 和镉（三氨乙基胺）（OH）$_2$ 通过 AGU 中的 C$_2$—OH 和 C$_3$—OH 配位来溶解纤维素[229,230]。这些溶剂作为均相醚化作用的反应介质而被应用，如合成的羧甲基纤维素（CMC）[231,232]。随后通过链降解法、高效液相色谱法（HPLC）和质子核磁共振光谱对产品进行分析，得出了取代顺序为：C$_2$≥C$_6$>C$_3$。这个顺序与通过多相反应过程得到的商业产品顺序相似[233,234]。一些熔盐水合物，如 LiClO$_4$·3H$_2$O、LiX·nH$_2$O（X = I$^-$，NO$_3^-$，CH$_3$CO$_2^-$，ClO$_4^-$），Zn（NO$_3$）$_2$ XH$_2$O；FeCl$_3$·6H$_2$O 和共晶混合物，如 LiClO$_4$·3H$_2$O/MgCl$_2$·6H$_2$O 和 LiClO$_4$·3H$_2$O/Mg（ClO$_4$）$_2$·H$_2$O，即使具有较高的 DP，也能够溶解纤维素[235-238]。硬酸硬碱的类型也能影响溶液中的相互作用，如在 Li$^+$/O（H）$^-$Cell 和/或 Cl$^-$/HO$^-$Cell 中。然而从这些溶剂系统的结构中看出，它们含有结合水，并将与纤维素竞争衍生剂。

从综合的角度来看，在非水、非衍生溶剂中使用纤维素溶液更具灵活性。很少有单一溶剂能够溶解纤维素，包括 N-烷基吡啶卤化物，如 N-乙基氯化吡啶（熔点 118～120℃）；叔胺氧化物，如 N-甲基-N-氧化物·水（应用于生产 Lyocell 纤维[239,240]）和最近研制的在室温下可以是，也可以不是液体的离子液体，如氯化 1-甲基-3-丁基咪唑（BMIC）（熔点 66℃[241]）、四氟硼酸盐、PF-6 和/或硫氰化物[232] 和 1-烯丙基-3-甲基氯化咪唑（熔点 17℃，分解温度 273℃[233]）都是这种离子液体。在加热的情况下 BMIC 能够溶解纤维素。聚合物溶解的多少取决于温度的高低，在 70℃ 和 100℃，其溶解的质量分数分别是 3% 和 10%。微波加热导致胶黏状纤维素上升到 25%。若溶液中聚合物含量较高（>10%，质量分数）则溶液具有光学各向异性，其对高强度纤维的形成有很大影响。有效的 Cl$^-$—OH—Cell 氢键的形成能够解释离子溶液的加溶能力。溶液中若含有低浓度的水，如离子液体中纤维素溶液中含水 1%，会使其产生副作用。这些溶液可以被挤出；可再生的纤维素纤维并没有表现出明显的可降解性[232]。最近，漆酶被一层纤维素包裹在内，后者通过（过冷的）1-丁基-3-甲基氯化物溶液获得。由于纤维素的预涂层给酶提供了一个稳定的微环境[234]，因此能够使酶的活性增加。与 1-丙基-3-甲基氯化物的结构不同，1-烯丙基-3-甲基氯化铵在室温下是液体[235]。DP = 650 的纤维素溶液（5%，质量分数）在室温下，只需

15min 就能够通过离子液体轻易得到，而不需通过为了防止聚合物过度分解而加热到 100℃的预处理。一个含纤维素 10%、透明的高黏度溶液也可以通过此法得到[233,236]。

最近，一种新型绿色溶剂——离子液体引起人们的重视。离子液体是指在−30～100℃ 呈液态且由离子构成的物质。常见的离子液体通常由烷基吡啶或双烷基咪唑季铵阳离子与四氟硼酸根、六氟磷酸根、硝酸根、卤素等阴离子组成。就目前来说，离子液体的价格比其他溶液贵得多。然而，离子液体蒸气压很低，不引起大气污染，通过低压蒸馏易将其与产物分离，具有绿色性；熔点低、液程宽，大多数离子液体在 97～200℃下都可保持液体状态，为工艺条件的设计及选择提供极大方便；良溶性、强极性，是大多数无机、有机和高分子材料的优良溶剂。从理论上说，它们的使用更具灵活性，因为通过改变它们的结构，特别是改变反离子、杂环的属性、不饱和烷基链的链长等[237,238]，可以调节其物理化学性能。离子液体可以通过低压蒸馏去除挥发性的溶剂（如水、乙醇、丙酮等）而得以回收。一定条件下，不同聚合度纤维素在离子液体中可直接溶解而不发生其他衍生化反应。溶解于离子液体中的纤维素经水再生后，由纤维素 I 变为纤维素 II，结晶度降低。再生纤维素较原纤维素的热稳定性有所降低，但并不影响其材料应用价值。离子液体作为纤维素的绿色溶剂体系可通过改变阳离子、阴离子和其侧链可调的性质来设计理想的纤维素溶剂[239,240]。如何探索出更加优化的离子液体及其合成方法，同时有很好的溶解力、较低的生物毒性、较好的环境相容性是今后离子液体的发展方向[239]。

人们对将被指定为溶剂"系统"的二元或三元混合物做了大量的研究。而其中研究最多的就是强偶极性的非质子溶剂中的无机或有机电解质。例如，在 DMAc 中的正甲基-2-吡咯烷酮，1，3-二甲基-2-咪唑烷酮中的 LiCl 和在 DMSO、TBAF/二甲基亚砜中的三水四丁基氟化铵。由于 LiCl/DMAc 溶剂体系能够溶解不同类型的纤维素，包括高 DP 和 I_C 的样品，如棉短绒和细菌纤维素，因此此体系被广泛应用。溶解的纤维素已经用 ^{13}C NMR 谱、尺寸排阻色谱法（SEC）[241-247] 和光散射（LS）[246,248] 对其进行了检验[240,241]（图 1-47）。

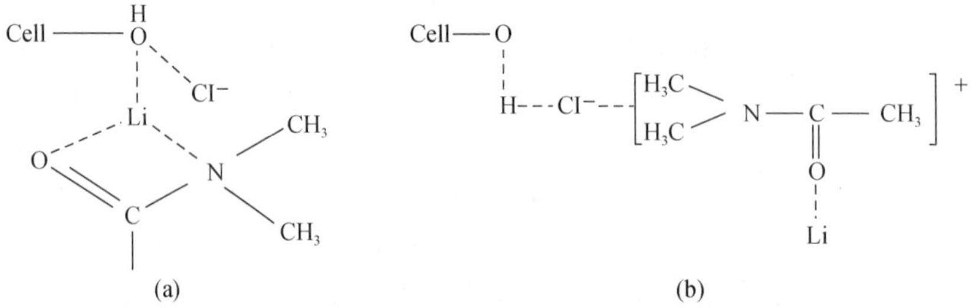

图 1-47　纤维素在 LiCl/DMAc 体系中溶解时可能存在的两种结构式

电子显微镜已用于探测溶解在 LiCl/DMAc 中和碱性酒石酸铁钠溶液（EWNN）中的不同的纤维素（DP 为 458～1776，I_C 为 0.42～0.58）。以上两个系统的溶解机制不同。EWNN 集中攻击纤维的表面，造成大量润胀。相反在 LiCl/DMAc 中并没有明显的润胀现象，溶剂在渗透到细胞壁后，按照天然的预成型的结构溶解纤维素。两个溶剂系统的作用的点在纤维的末端和被破坏的细胞壁的位置。在溶解过程中形成的纤维束碎片表明，随着溶解时间的增加反应程度加大，也说明了溶剂先与无定形部分的纤维反应[249]。

很多文章都描述了纤维素/复合溶剂体系的结构，而这些理念的主要的差别就在于 Li⁺ 和 Cl⁻ 在溶液中所扮演的角色（图 1-48）。

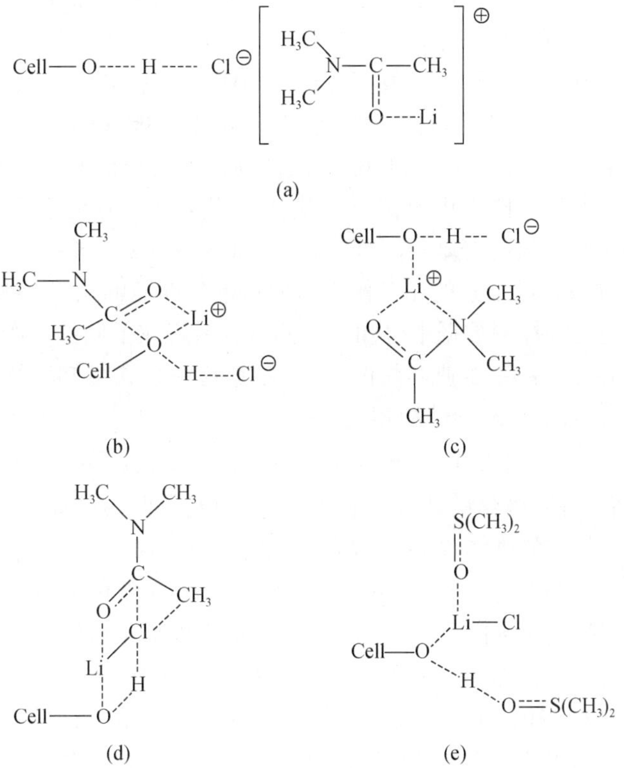

图 1-48 纤维素和 LiCl/质子溶剂系统的相互作用[245,250-253]

在结构（a）中，Li⁺ 离开 Cl⁻ 和溶剂中 C =O 基团中的氧的结合，导致大阳离子 ［Li（DMAC）]⁺ 的生成 ［经核磁共振及结晶性和热力学分析，阳离子 Li⁺（DMAc）$_x$ 确实存在]，Li⁺（DMAc）$_x$ 大阳离子质量增大，使锂与氯原子之间的电荷分布发生变化，使得氯离子带有更多的负电荷，当纤维素被加入后，增强了氯离子与纤维素分子葡萄糖单元上的羟基质子形成氢键的能力，同时也破坏了纤维素大分子间的氢键网络，当氯离子进入纤维素的无定形区和晶区之后，由于电荷间的相互吸引作用，Li⁺（DMAc）$_x$ 阳离子逐渐渗透至纤维素内部，进一步增大了纤维素大分子间的距离，加速了纤维素的溶解[254]。另外一种理论是锂离子同时与纤维素的—OH 基团和溶剂结合，与后者的结合或者出现在 DMAc 的 C =O 基上 ［结构（b）][255-260]，或者出现在氨基氮的 C—O 基上 ［结构（c）][261]。Li 也可以以非解离形式存在 ［结构（d）和（e）]。在结构（d）中，电解质与 DMAc 和纤维素中的羟基相结合形成了夹心结构[262]。在结构 E 中（建议溶解在 LiCl/DMSO 中），只有 Li⁺ 与 S=O 的偶极溶剂中的氧和纤维素羟基中的氧原子结合，氯离子不参与成键[263]。

当纤维素用量一定时，LiCl 用量须达到一定的值才能保证有足够的氯离子进入纤维素晶区和无定形区破坏大分子间的羟基，从而有足够的 DMAc 分子与锂离子络合以加大纤维素大分子间的距离而溶解形成真溶液，因此 LiCl/DMAc 中 LiCl 的含量应该有一个范围。

曾有报道指出二元溶剂体系 LiCl/DMAc 中 LiCl 的适宜浓度为 5% ~ 9% （质量分数）。

通过分析溶剂系统的结构，也能够了解纤维素的溶解机制。人们从对酰胺质子的研究中能够得出这样的结论，Li^+ 能够与酰胺中的 C═O 基团里的氧原子结合，而不是氮原子[264,265]。由于 Li^+ 与 N 的结合微弱，结构（a）和（c）的差异性不大。对于结构（d）和结构（e），氯离子在纤维素溶解上发挥了很小的作用［结构（d）］，或者根本没有作用［结构（e）］。鉴于卤素离子的亲核性在偶极非质子溶剂中能够提高[266] 及纤维素的溶解作用依靠阴离子这些事实，可知 LiCl 比 LiBr 的活性高，即越稳定的离子其活性越高[267]，因此可以得出结论：在本溶剂体系中氯离子是最强的广义碱。但是这一结论与结构 E 不相符，结构 E 显示的是纤维素的羟基与溶剂（Li^+）而不是与氯离子的相互作用。

卤化物阴离子–羟基–纤维素的相互作用的相对重要性能够从 Taft-Kamlet-Abboud 方程和对溶剂的紫外吸光度的探测数据中得知，它们可以溶解在不同的纤维素溶剂系统中，包括 LiCl/DMAc 和 LiCl/N-甲基-2-吡咯烷酮[268]。根据这一公式可知，微观极性衡量的标准是每千摩尔的 E_T（指标）与溶剂性能相关：

$$E_T = 常数 + s\ (\pi^* + d\delta) + a\alpha + b\beta + h\ (\delta_H^2) \tag{1-11}$$

也就是说，E_T 是以偶极性/极化的线性组合方式来模拟，即 $[s\ (\pi^* + d\delta)]$，两个氢键的形式，即溶液可能是氢键的供体（$a\alpha$）或者氢键的受体（$b\beta$）。然而当 Frank-Condon 原理实现时，能够证明 $[h\ (\delta_H^2)]$ 是多余的。参数 π^*、α、β 被称为溶剂参数，这主要是因为它们能够决定溶剂的使用标准[269,270]。因此在不同的结构（结构 D 和 E）中能够得到的一个普遍的一致性的结论，即最主导的相互作用是 Cl^-—OH—Cell。溶剂探针也已用来探测纤维素及其衍生物如 CMC 和纤维素甲苯磺酸盐 Cell—Tos 的表面的不同。由数据可知微晶区天然纤维素的"酸性"（氢键的供体功能）比在无定形区大得多。对于纤维素衍生物，当 DS 增大时酸性降低，且游离的 Cell—OH 的数量也随之减少[271]。

在很多情况下纤维素溶解的必要条件包括：电解质/溶剂综合体有足够的稳定性；纤维素氢键与溶剂化离子对有较好的配位性；阴离子充足的碱化度（硬度）；足够数量的电解质/溶剂复合体。如下面的例子所示：

（1）获得质量分数为 3% 的纤维素溶液需要 4% 和 10% 的 LiCl，分别溶于 DMAc 和 DMF 中。可以从实验中得出，LiCl 与前面的溶液形成了一个较强复合体。

（2）通过对 DMAc 和/或二甲基甲酰胺中的碱金属氯化物的电喷雾离子化质谱分析可知，溶液中的阳离子交联很强。在以上两种情况下，按阳离子的硬度顺序排列为：$Li^+ > Na^+ > K^+ > Cs^+$。对于相同的电解质如氯化锂，在不同溶剂中阳离子溶液交联强度的顺序如下：N, N-二甲基丙酰胺 > DMAc ≫ DMF。也就是说当溶剂中 C═O 基团里的氧原子的电负性和极性增加时，交联程度增加[272-277]。交联是纤维素及其衍生物改性获得功能化的重要途径之一，纤维素中有大量醇羟基，植物纤维物理结构上的多毛细管性、大的比表面积，使天然纤维素自身就具有较强的吸水性，为纤维素用作吸水材料提供基础。通过交联反应，可使纤维素具有更适宜的亲水结构，可进一步提高纤维素及其衍生物的吸水性。

（3）对于同样的溶剂 DMAc，由于 LiBr 的碱性比 LiCl 中的小，因此在溶解纤维素上后者比前者更有效。因此只有在特殊情况下才会使用 LiBr。若要得到溴化微晶纤维素，可以通过在 LiCl/DMAc 中混合溴代琥珀酰亚胺和三苯基，即可得羟乙基纤维素；这主要是由于亲核电子攻击了中间产物纤维素磷酸盐中的氯离子（Cell—O—P$^+$Ph$_3$X$^-$）[274]。

　　未活化的纤维素溶解在 LiCl/DMAc 或者离子液体中，通过微波辐射作用能够加快其分解速率[272,275,276]。微波辐射预处理也正被广泛用于纤维素加工及其他方面。研究发现微波作用没有引起纤维素化学结构和结晶形态的变化，但其结晶度和晶区尺寸发生了较大变化，纤维素的红外结晶指数和结晶度增大；微波能加速纤维素的碱化反应和高碘酸高选择性氧化纤维素反应，尤其可大大改善高碘酸高选择性氧化纤维素的反应条件。植物纤维微波辐射预处理的高效的微波辐射加热离子液体能够导致局部过热，因而诱导聚合物在溶解过程中的链分解[277]。

　　溶解的另一个重要方面体现在其能够影响溶解的聚合物的物理和热化学状态及分解反应的动力学。很明显，澄清的纤维素溶液是成功衍生的必要条件，但不是充分条件。原因是聚合物可能以聚集体形式出现（图 1-49）。此外活化的纤维素在低温下溶解所需的时间更少，如在 40℃时需要 2h，而 70℃时需 8h[278,279]。

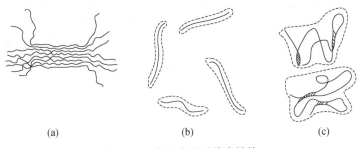

　　　　(a)　　　　　　　　　　(b)　　　　　　　　　　(c)

图 1-49　溶液中的纤维素结构

　　如前所述，澄清的纤维素溶液不是分子衍生的必要条件；它们可能含有大量不活泼的纤维素分子[280]。这些聚集体结构被描述为"缨状"胶束结构。图 1-49 描述了一种可能的聚集体，即由一些侧面对齐的链组成，形成了一个相当紧凑的几何各向异性核心，并且能够与溶剂混溶。溶剂化无定形的纤维素链的两端由"日冕"粒子组成。实验证明其能够形成边缘胶束结构。例如，增加纤维素的浓度，能够导致摩尔质量明显增加，但其尺寸并没有明显增加。胶束的中央部分的几何各向异性可能与光学各向异性有联系。此外通过适当的实验技术，也可以直观观测。通过使用剪切致双折射和电子显微镜，可以确认可行性[281]。分子链的数量、形成的聚集体的数量和电晕的厚度的增加都能引起纤维素浓度和在粒子核心与溶剂系统之间的界面张力增加。图 1-49 中的（b）和（c）分别是低 DP 和高 DP 纤维素分子的单分散溶液。图 1-49（b）表明，短链纤维素的链长几乎不变，既没有链卷曲，也没有链之间的相互作用。在图 1-49（c）中，长链聚合物的柔韧性导致了强的分子内氢键的形成，也给 O—H 基团提供了通过"关键距离"所需的一些时间，足以使它们的范德华力相互作用。因此纤维素的性质尤其是 DP、I_c 和浓度能够影响其溶液的性质，因而也能够影响其衍生物的性质。对于同样的纤维素，当溶液浓度降低时，羟基的可及性增大。对于不同的纤维素，在相同浓度下，只有"缨状"胶束内芯的外表面具有可及性，当 DP 和 I_c 增加时，这一区域减小[282,283]。

　　LS 数据表明在 LiCl/DMAc 溶剂系统中存在聚集体，它的大小由是否经溶液预处理、

DP、LiCl 的浓度和是否存在水决定。纤维素溶液在低聚合度和高氯化锂浓度下能够分散成大分子[284]。非纤维素类物质可能导致进一步的缔合。然而人们发现硬木硫酸盐纸浆能够完全溶解在这些溶剂系统中，而软木硫酸盐纸浆不能，这主要是由于前者中甘露聚糖、木质素和含氮化合物（源于降解的蛋白质）的含量相对较高[285]。因此丝光可以导致衍生结果较好的一个原因是，如高的 DS，就能够消除非纤维素材料对纤维素溶液的物理状态的影响。人们应用 LS 研究纤维素溶解在 N-甲基-N-氧化物水合物的结构。结果显示，聚集体包含了几百个纤维素链，其回转半径超过 160 nm。此外散射强度的双峰分布函数指出聚集体具有多相性，这主要是由于存在大小不一的聚集体。与非活化聚合物相比，活化纤维素能够提前分解导致了一些纤维素分子分散成了小的粒子[286]。微晶纤维素的活化是通过加热和降低压强，然后溶解在含 6%（质量分数）LiCl 的 DMAc 中实现的[286]。对澄清溶液（Malvern 4700MW，He/Ne 激光，20℃）的光散射测试可知，纤维素的平均回转半径为 62nm[287]。人们已经测出了一些纤维素在 LiCl/DMAc 中具有大量的聚集体[281,284,286,288]。对于溶解纤维素，虽然生成的聚合物的浓度（0.4%，质量分数）低于普通的合成酯[289]，但 LiCl/1，3-二甲基-2-咪唑啉酮溶剂似乎比 LiCl/DMAc 溶剂更贵。

对溶解在以上溶剂体系中的纤维素的分子量的影响，一些研究结果值得一提。纤维素溶液首先溶解在质量分数为 8% 的 LiCl/DMAc 中，然后稀释，进行 SEC 分析，LiCl 含量为 1%（质量分数）的现存溶液中的分子质量比 3% 的电解质溶液中的高[290]。影响最后结果的其他可能因素包括化合物的浓度和杂质的存在：纤维素聚集体具有不同的来源（微晶、软木、牛皮纸浆、硬木硫酸盐纸浆），从含 LiCl 6%~9%（质量分数）的 DMAc 溶液，被稀释到 2.6% 时都能够分解，这表明电解质/纤维素的确定的比例能够保持不变[291]。DMAc 在低 LiCl 含量或者高纤维素浓度的溶液中不能完全打乱聚合物链分子间的氢键。此外水在溶液中存在与否也能影响结果[292,293]。纤维素溶液的不利的内在特性也可能导致错误产生。LS 基本方程式为[294]：

$$K_c/R_\theta = 1/(M_W P_\theta) + 2BC \qquad (1\text{-}12)$$

当

$$K = 2\pi^2 n_0 (dn/dc)^2/(N_{Av}\lambda^4) \qquad (1\text{-}13)$$

$$R_\theta = I_s r^2/I_0 \qquad (1\text{-}14)$$

$$P(\theta) = 1 + (16\pi^2 \bar{R}_g^2/3\lambda^2)(\theta/2) \qquad (1\text{-}15)$$

式中，C 为溶质浓度（g/L）；M_W 为分子平均质量；B 为第二维里系数；R_g 为粒子回转半径；n_0 为溶剂的折射率；λ 为入射光波长；dn/dc 为溶质具体折射率增量；N_{Av} 为阿伏伽德罗常量；I_0 和 I_s 分别为入射光和散射光的强度，后者用角 θ 和 r（样品与散射光测量仪之间的距离）来衡量。对于在 LiCl/DMAc 中的纤维素溶液，在使用这个等式时可能出现问题，即 dn/dc 的变化对 M_W 的影响。首先在使用高度吸湿性溶剂时需认真操作，因为如果存在外来水，dn/dc 将会升高[295]。其次与在纯 LiCl/DMAc 溶剂中纤维素的 dn/dc 为 0.324 相比，在含 LiCl 8.33%（质量分数）的 DMAc 中 dn/dc 仅为 0.061[293]。后者的折射率增量小于在典型的聚合物溶液中的增量，如多酚乙烯在甲苯（0.11）和聚（丙烯酰胺）在水（0.183）中[296]，也比在不同的溶剂中的纤维素及其衍生物的小，如纤维素在铜铵木素中（0.198），在 Cd-乙基胺中（0.233），在 Ni-乙基胺中（0.199）[262]，水中的 EMEC

(0.145)，羟乙基纤维素 HEC，在水中为（0.141），水中的羟丙基 0.143[297,298]。根据式 (1-13) 可知，dn/dc 是二次的，即若 dn/dc 出现 $x\%$ 的错误，则 M_W 将出现 $x\%$ 的平方次的错误。例如，LS 已被应用于计算微晶纤维素的 M_W，其在 LiCl/DMAC 溶液中的质量分数为 8.33%。根据 $dn/dc=0.061$，M_W 应是 246078g/mol。如果 dn/dc 分别等于 0.060 或 0.062，则 M_W 分别为 250961 g/mol 或 241279 g/mol。决定纤维素的 M_W（或 DP）的另一个不同的原因在于它可能会转变为一个完全取代的衍生物（DS ≈ 3）。这种反应应该在温和条件下进行，这样才能保证链分解率保持在最小，并使引进的基团能够破坏纤维素中的氢键。值得一提的是，浓度能够决定纤维素聚集体的状态。由于纤维素浓度能够影响 M_W，因此在纤维素衍生过程中，很有可能不出现单分散现象。

　　总之，虽然聚合物的合成需要澄清浅色的纤维素溶液，但这不能保证得到与理论上一致的 DS。这是由于纤维素颗粒的聚集性质依赖于原始材料的结构特点，而且也与预处理和是否有杂质存在有很大关系。这有可能导致聚集体的不可再生性和纤维素反应时出现振荡等现象。这些振荡引起的影响可能并不很明显，因为：① 衍生剂的 DS 超过了目标 DS；② 为了使惰性反应完全，反应时间都足够长（通常为隔夜）。

　　关于纤维素的溶解热，文献曾报道：纤维素在高温下被活化，然后被冷却成浆状。在冷却过程中，未溶解的纤维素的结晶度随着时间的增加和温度的降低而降低。例如蔗渣纤维素样品在含 LiCl 为 8.3%（质量分数）的 DMAc（$I_C=0.81$）中，155℃停止反应。当浆状溶液被冷却时，未溶解的 I_C 就被确定了。在 112℃时，在溶剂系统中反应 80min 后，其 I_C 为 0.70，而 78℃时，反应 100min 后，为 0.58。通过半结晶多糖溶解的三个步骤，能够清楚地解释这种温度的影响作用。第一阶段是由结晶状态转变为液体无定形状态；第二阶段是与溶解和高分子溶剂有关；第三阶段与溶剂化高分子链和能够无限溶解的稀溶液有关。相应的溶液的总焓变 $\Delta H_{solution}$ 为[299]

$$\Delta H_{solution} = \Delta H_{fusion} + \Delta H_{transition} + \Delta H_{interaction} + \Delta H_{mixing} \qquad (1-16)$$

式中，$\Delta H_{solution}$、ΔH_{fusion}、$\Delta H_{transition}$、$\Delta H_{interaction}$、ΔH_{mixing} 为不同状态的焓变，分别是纤维素结晶区的融合、无定形态化合物从玻璃态转变成高弹态、纤维素和溶剂体系相互作用、混合过程中的热化学效应。分析等式的右边，只有 ΔH_{fusion} 是正的。$\Delta H_{interaction}$ 包括 DMAc 分别与纤维素和 LiCl 的互相作用的焓变，这些过程都是放热过程。也就是说，活性纤维素在以 LiCl 为介质的溶液中溶解是放热过程，因此在较低温度下将更有利于纤维素的溶解。

　　溶剂渗透到纤维素结构中将导致去晶（作用）。它能够检验纤维素的 DP 和 I_C 在这一过程中对速率的依赖性，也能够测出 I_C 对时间和温度的依赖性；在非等温条件下，能够计算出去晶速率常数以及相应的动力学活化参数[300-335]。DP 和 I_C 的变化范围分别为 150 ~ 780 和 0.65 ~ 0.83 的纤维素已经开始使用此种方法[108,336]。所获得的结果是令人惊讶的，因为速率常数和活化参数的计算只是稍微依赖于原始纤维素的物理化学性质（DP 和 I_C）。此外，去晶（作用）与一个小的 $\Delta^{\ddagger}H$ 和一个大的负的 $\Delta^{\ddagger}S$ 有关，这与人们的期望正好相反，至少在熵方面如此。换句话说，人们认为 $|\Delta^{\ddagger}S|$ 很小，而且是正的，因为去晶作用随着聚合物链的自由度的增加而增加。

　　然而应当注意的是，活化参数计算指的是一些反应总和，其焓和/或熵变化可能由于不同的去晶作用而不同。具体来说，应该考虑溶剂系统的相互作用对活化参数的影响及纤维素中溶剂化离子之间热力学关系。还应该把从非质子溶剂到质子溶剂的单离子转移的额外的热力学量作为反应模型考虑在内。这个模型非常实用，因为最近的测量（使用溶剂指标）表明，纤维素表面的极性与脂肪醇的相类似[337]。单离子焓转移表明，Li$^+$在DMAc中的溶剂化作用比在乙醇中的更有效。这在吸热式（1-17）中有所体现：

$$Li-DMAc+纤维素 \Longleftrightarrow DMAc+Li-纤维素 \qquad (1-17)$$

式（1-18）是以上反应的逆反应：

$$Cl^--DMAc+纤维素 \Longleftrightarrow DMAc+Cl^--纤维素 \qquad (1-18)$$

在LiCl-DMAc中纤维素溶液的溶剂数据表明，在溶解过程中Cl$^-$—OH—Cell中的氢键的相互作用比Li—Cell之间的重要。如果去结晶率有限制，当运用式（1-17）和式（1-18）时首先考虑的是去结晶化作用，然后才是活化参数。也就是说，断开分子间的氢键所吸收的热量能够部分抵消纤维素和Cl$^-$之间形成氢键所放出的热量。这个部分抵消就解释了$\Delta^{\ddagger}H$的微小的变化。除了增加链的自由度，与聚合物相关的离子的活动也能够影响整体的$\Delta^{\ddagger}S$。也就是说，从微晶纤维素到聚合物-氯化锂复合体的改变是由于去晶作用而使熵增加；由于聚合物的离子络合作用而使熵减少[338]，静电（偶极）的相互作用和高分子链聚集可能使其进一步减少。估测以上所提及的各项的相对贡献度将非常有趣，如测量每个步骤的热力学参数（焓、熵和Gibbs自由能）。若使用功率补偿滴定热量法，这项任务就变得相对简单了，只需在准等温模式下进行。

2. 衍生溶剂

某些溶剂能够与纤维素进行反应，其溶解机理主要是由于引入的溶剂-碱基团通过空间相互作用破坏聚合物中的氢键，减少可成键的羟基数量。如果此机理完全正确，则应该能够轻易除去引进的官能团，并在进一步衍生后加强水解作用。可能的溶剂体系有：N_2O_4/DMF，亚硝酸盐；HCO_2H/H_2SO_4，甲酸；F_3CCO_2H，三氟乙酸；Cl_2CHCO_2H，二氯乙酸；甲醛/二甲基亚砜，羟甲基；$ClSi(CH_3)_3$，三甲硅基。由于存在副反应及反应产物结构的不确定性，这可能导致纤维素的溶解，因此人们应用N_2O_4/DMF制备无机纤维素酯[339-342]。该方法主要是应用N_2O_4的异裂形成纤维素的亚硝酸盐，介质中水的存在能够导致在C_6位置上形成亚硝酸盐[340]。形成硝酸纤维素的其他可能的方法包括：用DMSO和NOCl替代DMF；使用亚硝基硫酸；使用亚硝基六氯锑或者用亚硝基六氯锑替代N_2O_4。

聚甲醛/二甲基亚砜能够迅速溶解纤维素，而且几乎不会降解，并且能够在C_6中形成六氯（羟甲基）衍生物[343-345]。因此若溶液中残留水解的羟甲基，纤维素衍生物容易在仲碳原子上生成。此外新的甲醛可能加到羟甲基上，导致次甲基氧化链增长，最后使得终端—OH基官能化，类似于非离子的以环氧乙烷为基础的表面活性剂[346,347]。

以下是几个关于纤维素酯的合成方案：聚合物与甲酸的反应；矿物酸催化剂存在情况下的快反应，如存在硫酸或磷酸。接下来的反应路线通常与聚合物的大量链降解有关。DMF与$SOCl_2$的反应生成了Vilsmeier-Haack加合物［$HC(Cl)=N+(CH_3)_2Cl^-$］[348]。在碱存在的情况下，在通过水解获得纤维素甲酸酯的过程中，纤维素和上述加合物反应生成不稳定的中间产物［$Cell—O—CH=N^+(CH_3)_2Cl^-$］。DS的变化范围为1.2~2.5；纤维素中碳上的反应顺序为：$C_6>C_2>C_3$[343-346,349]。

由于通过此法能够获得某些纤维素衍生物，因此人们认为碱的性质与 Vilsmeier-Haack 加合物的生成顺序有关。通过聚合物与 TosCl/碱的反应，人们已经尝试在 LiCl/DMAc 中制备 Cell-Tos（磺酰氯）。通过使用三乙胺能够获得理想的产物，然而使用吡啶却获得了羟乙基纤维素。为了解释这些结果，有下列可能的反应途径[350]（图 1-50）：

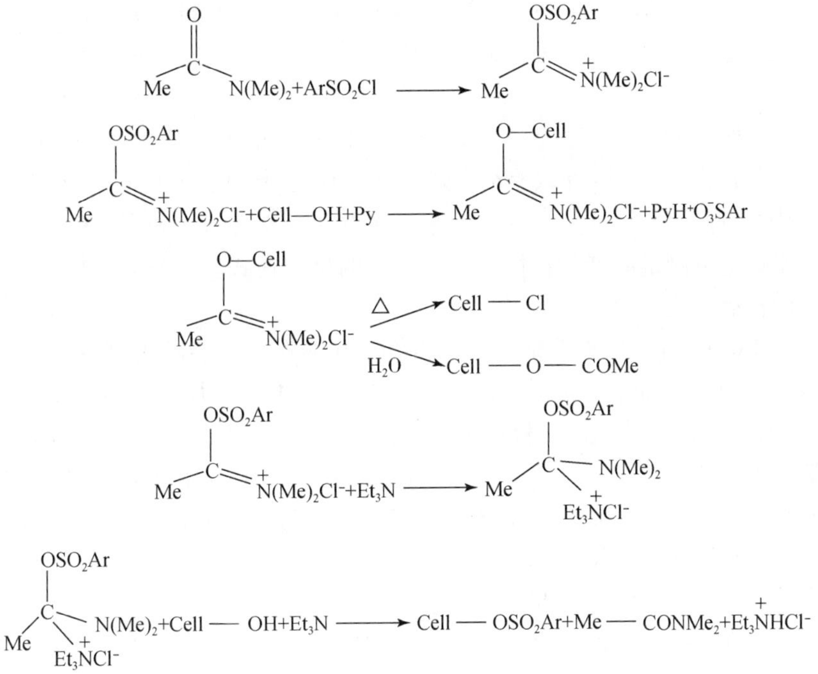

$$\text{(1-19)}$$

$$\text{(1-20)}$$

$$\text{(1-21)}$$

$$\text{(1-22)}$$

$$\text{(1-23)}$$

图 1-50　纤维素与磺酰氯在 Py 和/或 Et$_3$N 碱催化剂存在下的反应机制[350]

在纤维素化学中，羟基的亲核取代反应（主要是 S$_{N_2}$ 反应）起着相当重要的作用，利用该反应可以合成新的纤维素衍生物，其中包括碳取代的脱氧纤维素衍生物，如脱氧纤维素卤代物和脱氧氨基纤维素[351-361]。制备过程通常是先将纤维素转化为相应的对甲苯磺酰或甲基磺酸酯，然后用卤素或卤化物、氨、一级胺和二级胺或三级胺等亲核试剂，将易离去基团（CH$_3$C$_6$H$_4$SO$_3$）取代，即可得到脱氧纤维素卤代物和脱氧氨基纤维素[362-371]。有研究者[372]研究了纤维素在异相和均相条件下的卤代反应，所用原料为纤维素球（cellulose beads）。文献报道在均相反应条件下，纤维素溴化反应时只有 C$_6$ 位羟基被取代，而氯化反应时则 C$_6$、C$_3$ 上羟基均可被取代；在异相反应条件下，溴化和氯化的选择性较差，C$_6$ 及 C$_3$ 位均有可能被取代，但 C$_6$ 位反应性大于 C$_3$ 位。有文献报道[373]，部分取代的纤维素酯的均相氟代反应可以制备脱氧氟代纤维素，并具有较高的取代度（DS=0.6）。这是因为该反应过程中，纤维素不会发生明显降解。纤维素及其衍生物分子链上引入氟原子，可改善材料的透气性、拒水拒油性及介电损耗等。^{13}CNMR 研究表明，主要是 C$_6$ 位上羟基被取代。由此看来，在纤维素均相衍生化反应中，选择适当的溶剂，采用不同反应条件，就有可能控制纤维素中不同位置羟基的反应选择性[373]。

脱氧纤维素卤代物是制备纤维素功能衍生物的原料，如通过亲核取代与硫醇或氨反应，可制得含硫或含氮的纤维素材料，这些材料与 Lewis 酸有强的亲和力，因此可作为重金属离子的吸附剂，用于含金属离子的废水处理。例如 Nakamura 等制备的肼基脱氧纤维素 HZDC 和羧烷基肼基脱氧纤维素 CAHZDC，侧基上有两个氮原子，能与金属离子形成五元环状络合物，对 Cu^{2+}，Mn^{2+}，Ni^{2+}，Co^{2+} 等金属离子有较好的吸附能力，可用于多种金属离子的废水处理。

也就是说，两个碱的作用机制的不同是由于 Et_3N 添加到 Vilsmeier-Haack 加合物中形成四面中间体的能力不同，及其是否易受纤维素的 S_{N_2} 攻击。这个过程能够导致生成理想的 Cell-Tos。

然而考虑到两个碱的碱化度（$pK_a = 5.25$ 和 11.01，分别对于 Py 和 Et_3N[374]）和疏水性的不同，应该制定一种对两种碱液都有效的、具有选择性的统一机制。通过 $\lg P$，在正辛醇和水之中溶质的分配系数（$\lg P = \lg$（浓度）（对于 Py 和 Et_3N 分别为 0.65 和 1.45[375]），能够定量测量后者的特性。这一统一的机制在式（1-25）～式（1-27）中有所体现，其中 B 表示碱液。

在 LiCl/DMAc 中的纤维素溶液中加入 TosCl 和碱液后，能够得到的合成物。因此式（1-25）直接描述了在碱催化下形成 Cell-Tos。Vilsmeier-Haack 加合物的形成（图1-51）与图1-5 是不重复的。除了使用的亲核试剂不同，反应式（1-16）与反应式（1-23）基本相同。与反应式（1-24）相似。最后反应式（1-27）为 Cell-Tos 形成羟乙基纤维素的过程。当反应中加入 Et_3N（强碱）后，反应式（1-25）和反应式（1-26）右移。BH^+Cl^- 离子对的连接强度是决定反应式左右移动的重要因素；弱的相互作用能够导致反应右移。定量衡量这种联系能够得出离子对在水和有机混合溶剂之间的分配系数。紧密相连的离子对具有疏水性，因此它们更易溶于有机相。对于一系列的烷基苦味酸盐，log（分配系数）随着烷基（从甲基到戊基[375]）的疏水性的增加而线性增加。经比较，疏水的三乙胺离子和氯离子的连接强度比相应的 PyH^+Cl^- 中的高。也就是说，后者的电解质阴离子与 Cell-Tos 发生反应时相对自由，通过一个 S_{N_2} 机制生成了羟乙基纤维素。

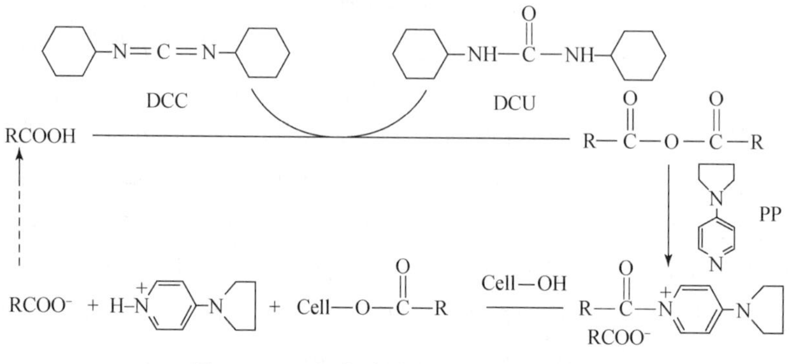

图1-51　DCC 介质下的纤维素酯的合成

$$ArSO_2Cl + Cell—OH + B \rightleftharpoons Cell—OSO_2Ar + BH^+Cl^- \tag{1-24}$$

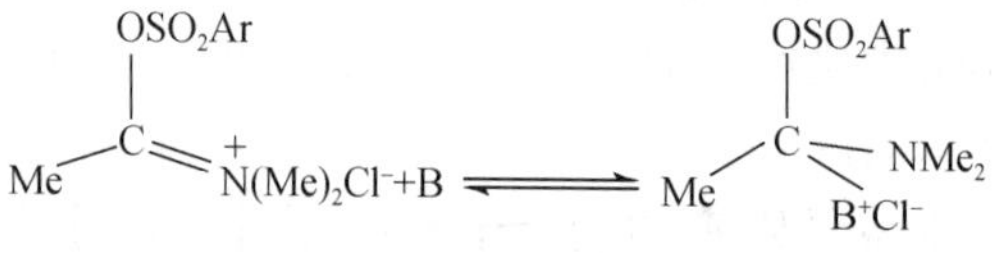

$$\tag{1-25}$$

$$Cell—OSO_2Ar + B^+Cl^- \rightleftharpoons Cell—Cl + BH^+O_3^-SAr \tag{1-26}$$

衍生物三氟化纤维素有几个有趣的特性：它们具有热稳定性（高达 250℃）；易水解（几分钟）；伯羟基几乎能完全官能化[376,377]。在溶解过程中，如果大量的聚合物没有降解[378]，那么原始材料将在仲羟基上官能化。此外在聚合物浓度相对低的情况下，反应能够形成中间相（4%，质量分数），因此纤维素纤维具有强的可再生性。在有机溶剂（如氯化物溶剂[378]）或混合酸及其酸酐中[379]，通过与三氟乙酸（TFA）反应，能够制得纤维素酯。TFA 可以作为反应介质，如通过与羧酸酐[340,341]反应，能够得到具有高 DS 的合成酯和/或混合纤维素酯。相对较强的二氯乙酸可以作为纤维素溶剂来使用。因此这种酸和相应的酸酐能够与纤维素发生缓慢的反应而生成二氯乙酸酯（DS 从 1.6 变化到 1.9），C_6 位置被完全官能化（C_6 位置改性可以提高纤维素衍生物的吸附程度）。得到的产品易溶于 DMF、DMSO、Py 和 THF，且在低于 280℃ 范围内具有热稳定性，但是当温度高于150℃ 时，它们不再溶解[342]。

总之纤维素也能够在衍生溶剂中溶解，还能避免严重的分解[343-360]。这个方案的重要性在于，如果使用特别的反应条件，如通过区域选择性改性，则能够形成逆模式的官能化。即仲羟基首先被官能化而不是伯羟基[361-388]。这主要是由于在纤维素溶解时，存在的阻塞基团（亚硝酸盐、羟甲基、活泼的酰基基团）把伯羟基保护起来了。例如为了提高仲羟基的反应活性，可以将氨基引入到纤维素的 6 位。通过叠氮化钠和 6 位完全取代的纤维素对甲苯磺酸酯的亲核取代反应可以得到 6 位完全取代的 6-叠氮基–脱氧纤维素对甲苯磺酸酯，再经还原制得 6-氨基–脱氧纤维素。从而利用肝素化学改性和壳聚糖化学改性中的一些针对氨基的选择性反应可以不使用保护基团而将某些 ES-HS 类似官能团区域选择性地引入到纤维素的 6 位[389]。

在非衍生溶剂中讨论过的去晶化的问题在实验中并不是非常重要，这是因为溶剂的最初衍生化已经破坏了分子内的氢键，从而导致纤维素结晶度下降[390-399]。

1.12.3　纤维素的酯化

要获得功能材料，必须进行功能设计。功能设计就是赋予高分子材料以功能特性的科学方法。其主要途径有化学方法、物理方法、表面和界面化学修饰方法等[400,401]。

通过特殊加工，使纤维素的物理形态发生变化，如薄膜化、球状化、微粉化等，赋予纤维素新的性能，称为物理方法。例如，纤维素及其衍生物通过薄膜化，可制得各种分离膜，这些分离膜广泛应用于反渗透、超滤、气体分离等膜分离工艺中。又如，纤维素粉体通过调整结晶度，可得到粉状或针状的微纤化纤维素（microfibrillated cellulose，MFC）或微晶纤维素，具有巨大的比表面积和特殊的性能，广泛应用于医疗、食品、日用化学品、陶瓷、涂料、建筑等领域。物理方法主要是相对化学改性方法而言，没有引进新的基团使纤维素或其衍生物的化学结构单元发生变化，而仅仅是物理形态发生了变化。

球状纤维素（bead cellulose）由于具有良好的亲水性网络、大的比表面积和通透性以及很低的非特异性吸附，而且来源广泛，价格低廉，被广泛用作吸附剂、离子交换剂、催化剂和氧化还原剂，也用于处理含金属、有机物、色素废水，还可用于从海水中回收铀、金、铜等贵重金属。并且可通过交联、接枝、制备复合材料等手段进一步改善珠（球）状纤维素的性能，使其在生物大分子分离、纯化、药物释放等方面得到更广泛的应用。

近年来，磁性高分子微球（magnetic polymer microspheres）因巨大的应用潜力，特别是在生物医学、生物工程等领域的应用引起各国研究者的高度重视，成为生物医学材料研究领域中的一个热门课题。磁性高分子微球是一类能稳定地分散在介质中，在外加磁场作用下又能从介质中分离出来的一类功能高分子微球，它除具有高分子微粒子的特性，还可通过共聚、表面改性，赋予其表面多种反应性功能基，如—OH、—COOH、—COH、—NH₂等，还因具有磁性，可在外加磁场的作用下方便地分离，被形象地称为动力粒子。纤维素磁性微球的制备一般通过包埋法和共混法，方法简单，但所得粒子粒径分布宽，形状不规则，粒径不易控制。

通过分子设计，包括结构设计和官能团设计，是使高分子材料获得具有化学结构本征性功能团特征的主要方法，因而又称为化学方法。纤维素的化学反应主要分为两大类，纤维素的降解反应和与纤维素羟基有关的衍生化反应，前者指纤维素的氧化降解、酸降解、碱降解、机械降解、光降解、离子辐射和生物降解等，而后者包括纤维素的酯化、醚化、亲核取代、接枝共聚和交联等化学反应。纤维素化学反应是纤维素化学改性和功能材料合成的基础，它既与有机化学反应和高分子化学反应颇为相似，但作为多糖类反应，又具有其特色。

由于实行新的合成，纤维素领域经历了爆炸式的增长。人们设计生产并获得了一系列产品，并从这些产品中进一步获得中间体。如果使用 HRC 反应，就会避免许多关于两个阶段（工业）反应的问题（如原料制备能耗、化学药品消耗都很大），因此，在原则上，整个纤维素链可以获得衍生物（虽然可以看到溶液中聚合物的聚集体）。HRC 反应的一些优点包括：对 DS 和区域选择性的重复性控制；生产的衍生产品能够取代骨干的天然高分子；在反应过程中天然高分子几乎不降解；能够生成多相反应难以或无法合成的产品，如长链羧酸酯；能够合成中间体，如亚硝酸盐、磺酸盐和能转变成其他官能团的三氟乙酸盐（如通过亲核取代反应）。

1. 在非衍生溶剂中的酯化

在 LiCl/DMAc 中，纤维素溶剂的相图表明了在纤维素含量相对较高（10% ~ 15%，质量分数）的情况下，能够形成不稳定的中间相[402,403]，因此高浓度的纤维素溶液并不适用。因此人们使用低浓度的纤维素溶液来制备纤维素酯，最典型的浓度是 2% ~ 3%（质量分数）。

在 HRC 下，第一批实验是用酰氯和羧酸酐进行官能化。在使用酰氯时，叔碱经常作为催化剂[406,407]。叔碱有两方面的作用：进一步激活酰基化合物（通过形成相应的酰基离子）；阻止 HCL 的形成，避免在反应中初期形成的化合物或产物过度分解。叔碱包括嘧啶、4-N，N-二甲基氨基吡啶、三乙胺和 N，N-二甲基苯胺。其中 N，N-二甲基苯胺比 Py 的碱性高大约 23 倍，并且以高氯酸盐形式沉淀，使用后可以回收再利用[408]。由于三乙胺碱性较强，其在此反应中的性能优于 Py，也就是说三乙胺相应的铵离子是弱酸性的，能减少聚合体的分解[409]。

酰基基团包括 4-苯基苯甲酰基、苯乙酰基、4-甲氧基苯甲酰基、2，4-二氯苯氧乙酰基、2，2-二氯丙酰氯。由于最后一对酰基基团具有生物活性（杀虫剂），所以该产品可用于制造缓释制剂[410]。通过 FTIR 和 NMR 可以测定这些酯的结构[411]。当链烷酸酯的 DS

（RCO 在 $C_{16} \sim C_{18}$）降至 1 时，较低溶解度再加上复杂的取代信号能够妨碍 ^{1}H NMR 分析。在这种情况下，纤维素酯就会在吡咯的作用下氨解。通过使用权威酰基 Py 标准的气相色谱仪能够分析（稳定的）氨基化合物[412]。最近通过乙酰氯制得的乙酰化微晶纤维素实验表明，在相同的反应条件下，若存在吡啶催化剂，则生成物的 DS 比不存在的情况下要低，它们的差值随着嘧啶/纤维素摩尔比的增加而增加。这表明以嘧啶为介质的酯能够水解[172]。这些酯经过紫外线诱导进行交联，最后形成凝胶。

酸酐既可以与碱催化剂一起使用，也可以单独使用。例如通过活性纤维素与相应的酸酐或两个酸酐的反应（体积小的先反应），可以获得乙酸酯、丙酸酯及它们的混合酯（DS 从 1 到 3）。在所有的反应中两个酯基团基本呈统计学分布。天然纤维素（甘蔗渣等）或丝光处理后的纤维素（棉短绒）的热活化作用的具体步骤：首先蒸馏部分溶剂，再加热活化，减压。若没有使用催化剂，微晶纤维素的酸酐/AGU 的比例是固定的。作为另一个方案，纤维状纤维素中使用了超过 50% 的酸酐（相对于目标 DS）后，聚合物的分解率降至最低，并且首先在 C_6 上官能化（^{13}C NMR 分光镜分析[412]）。

在 LiCl/DMAc 和 LiCl/正甲基-2-吡咯烷酮作用下，纤维素生成纤维素乙酰乙酸（30mins），进一步引进取代基，例如通过它的亚甲基基团与二醛进行羟醛缩合，再与二丙烯酸酯进行 Michael 加成反应，另一方面，CO 基团与二胺或硫酸二联氨酯发生缩合反应。产物的 T_g 相对较低，在 DS = 2.7 时的温度是 136℃，T_g 与原始纤维素的 DP 没有关系，但与它的 DS 高度相关。这个双烯酮和酸酐的混合物的反应产生了混合酯，如乙酰乙酸和乙酸盐，丙酸酯和丁酸盐。依靠最终的 DS 和两个取代基的反应速率，所得的酯由只可以溶于水变化到了可以溶于四氢呋喃（THF）[412]。然而这个取代是非统计分布的，其中乙酰乙酰基团取代得较多[412]。这主要是因为：在反应的温度 110℃下，双烯酮迅速分解生成活性中间体二酮，并在固体基质中进行离散和表征[412]。没有可用的动力学数据能够显示纤维素与乙酰基及与其他亲核试剂的反应情况。因此正丁基（尽管较少使用乙酰基）和水可以作为一个较好的亲核试剂。正丁基、乙酸酐、丙酸酐和酪酸酐与水反应的相对速率常数之比为 81 475：2.2：1.2：1 [412]。也就是说即使考虑了乙酰乙酰和羧基基团的体积的不同（乙酰基、丙酰氯、丁酰和乙酰乙酰的体积比例是 1：1.37：1.73：1.77，体积通过 Abraham 方法计算[182]），纤维素和乙酰基的反应（产生乙酰乙酯）也比它与脂肪族酸酐反应快得多。

近来人们对纤维素乙酰化的溶剂系统 LiCl/DMAc，LiCl/1,3-二甲基-2-咪唑啉酮与乙酸酐/吡啶作了比较。前者能够获得 DS = 1.4 的产物，两个溶剂合成的取代分布情况基本一致，其反应活性为 $C_6 > C_2 > C_3$，因此至少对于这个反应后面的溶剂体系并不比较便宜的 LiCl/DMAc 好多少，然而对于醚化作用，后面的特别有效[400]。然而纤维素缔合对与（较低活性）卤化物反应的影响比与酸酐反应更重要；这就解释了在醚的形成过程中乙酸酐/吡啶溶剂体系更好，即它可以使纤维素更有效地分解。

最近推出的 TBAF/DMSO 溶剂体系的初步实验发现，当使用 2.9%（质量分数）的纤维素和 16.5%（质量分数）的 TBAF（三水合四丁基氟化铵）及过量的乙酸酐，在水介质中酸酐的水解，可以获得相对较低的 DS（0.83）[401]。在后来的实验中，人们在加入酸酐之前，蒸馏 30% 的溶剂使纤维素溶液部分脱水，这个过程可以获得更高的 DS，如丝光剑麻的 DS = 1.4[385]。上述阴离子-OH—Cell 氢键的溶液化的重要性及与氟离子的碱性比氯离子（LiCl/DMAc）更强等事实，使得此溶剂体系具有一定的趣味性。此外为了避免再附着，众多的阳离子在各个独立的纤维素链中作为"隔离者"存在[385]。以上两个因素均可以解释为什么不同的纤维素都易于溶解在这种溶剂中。室温下可以在 15min 内获得微晶纤维素澄清溶液，然而需 30min 获得纤维剑麻，在 60℃ 时，则需增加 60min[385]。而且这种电解液非常吸湿，其吸水性远远超过三水合物。因此为了加入恰当量的衍生剂，应该周期性检测 DMSO 溶液中的水分。然而当溶液中存在高吸湿性电解质如 LiCl/DMAc 时，使用 Karl Fischer 滴定法不一定能够测出其中的水的浓度[413]。因此需向溶液中加入已知量的水分，然后用 Karl Fischer 滴定法测定水的含量，在 TBAF/DMSO 中也可以得到类似的结论。然而当加入的水的量在 0.23 ~ 1.19mol/L 之间浮动时，滴定结果在 0.21 ~ 0.48mol/L 之间变化。通过使用溶液指示剂 2，6-二氯-4-（2，4，6-三苯-1-吡啶基）苯酚（在水中 pK_a = 4.78，很低，因此其变色带一般不会受其他酸性杂质影响），可以测定水的浓度[413]。为了测定在 TBAF 中的水的浓度，人们设计了一个标准曲线，首先测定在 DMSO（没有电解质）中极性水的浓度。然而这个实验并没有成功测出水的浓度≤1.2mol/L 时的情况，因为在 15min 内溶液从紫罗兰色（变色带的特有颜色）变成了暗黄色，然而人们还没有调查出引起这个副反应的原因。去溶剂后氟离子的亲核性大大加强[187]，因此不应排除氟离子原位取代氯原子的可能性[413]。

人们已经开始在离子液体、氯化 1-烯丙基-3-甲基咪唑等不同条件下生产乙酰化纤维素（DP 为 650）。在下述条件下：80℃；，4%（质量分数）纤维素，摩尔比为 5：1 的乙酸酐/AGU，反应随着反应时间的增加而缓慢进行。与设想一样，DS 随着时间增加而增加，在 0.25h、1.0h、4.0h、8.0h 和 23h 后分别为 0.94、1.61、2.21、2.49 和 2.74。在 100℃ 下，使用相同的条件，3h 就可得到 DS 为 2.3 的产物，但是当试剂/AGU 摩尔比增加到 6.5，其 DS 从 2.43 下降到 2.38，其原因是多余的酸酐能够影响离子液体的结构。其 C 上的反应顺序（DS 全部为 0.94）为 $C_6 > C_3 > C_2$，在 LiCl/DMAc 中的乙酰化也可以观察到相似的结论。但 LiCl/1，3-二甲基-2-咪唑啉酮并非如此，它依旧符合 $C_6 > C_2 > C_3$ 的反应顺序[413]。

功能性羧酸衍生物在使用上仍存在一些问题，如长链酸酐不适于商业使用，一半的酰化试剂不能被利用等。酰氯化物采用叔碱催化。一些反应生产的中间产物如酰胺混合物不能溶解在溶剂系统内，例如在 LiCl/DMAc 中的 RCO-N+Et$_3$Cl-，RCO 分别代表丙酰、己酰及一部分硬脂酰，己酰氯化物和硬脂酰吡啶氯化物都不溶于相同的溶剂体系[401]。

原则上，如果在纤维素酯化反应中使用适当的羧酸，那么这些问题应该可以避免。但是由于产量低及聚合物降解等，这种途径毫无吸引力。究其原因主要是非醇类物质（如纤维素）酯化反应平衡时，不利于产物生成，为了使反应速率正常，需要加入（强）酸作为催化剂[189]，而使用这种催化剂无疑会导致聚合物降解。现在人们已经尝试制造出了能够被羧酸直接酰化的纤维素。纤维素在乙醇水溶液中均质化，然后与由脂肪酸和碱性催化剂（一些肥皂、NaOH、K$_2$CO$_3$）组成的混合物反应，然后蒸发掉溶剂，余下的组分被加热到 195℃。DS 随着时间的增加而增加，但是当反应 5h 后，其值保持在 0.23 左右。除了 DS 较低，在反应 1h 后，DP 也降至原来的大约 40%[401]。

游离的羧基再加上一个"催化剂"就能够使反应进行。二环己基二亚胺（DCC）已经广泛应用于酯化反应和蛋白质化学中[392]。尽管试剂有毒，其使用量必须控制在一定的化学计量浓度下，但这种方法特别是设计生产新的衍生物的时候非常有用。反应通常在室温下进行，不易受位阻影响，条件温和，因此在反应中可以使用各种类型的官能团，如不饱和的酸敏酰基组。通过与4-吡咯烷基吡啶结合并与羧酸反应，该试剂已经应用于制备长链纤维素脂肪酸酯，如图1-51所示[371,390,393]：

首先游离的酸与DCC反应生成了酸酐。酸酐上的4-吡咯吡啶的亲核进攻导致了相应的高活性酰基吡啶羧酸化物的生成；加上一个羧酸阴离子，就能够形成纤维素酯。后者与一分子酸在DCC催化下缩合产生了一分子其他酸酐。在活化酸时，可以用N,N-羰酰二咪唑（CDI）代替DCC，其中间产物是N-酰基咪唑，它可以迅速与纤维素反应生成酯和咪唑（图1-52）。在纤维素衍生物脱氧核苷酸反应中，酯是对碱敏感的官能团，混合以后能使聚合体派生出抗癌或者抗菌活性[395,396]。这些酯可以用几种试剂制备，例如，在LiCl/DMAc中用CDI活化酸制备DS高达1.4的产品[397]。它与相应的酰氯和/或活化酸CDI或者Tos-Cl可以制备可溶解的纤维素，获得物的DS从0.24变化到2.12，并显示消炎的特性[412]。

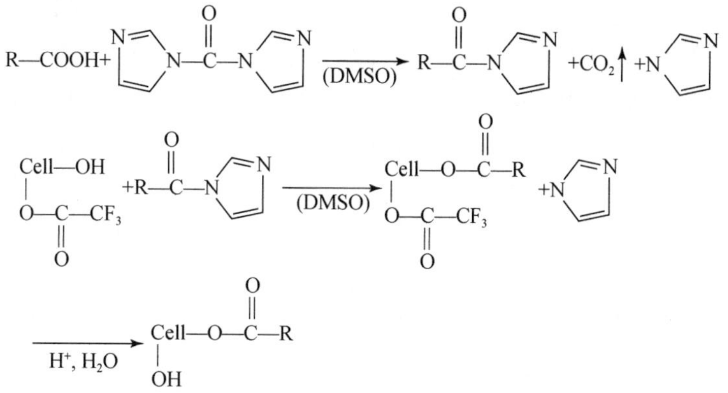

图 1-52 CDI-催化剂合成三氟纤维素酯

通过Tos-Cl/三乙胺可以对羧酸进行原位活化。如图1-53所示，形成了非对称羧酸磺酸酐；但是对纤维素攻击却发生在C=O基团上；由于甲苯磺酸盐对硫的亲核攻击比较缓慢，因此与羧酸基团相比它是更好的离去基团[414]。类似于其他酰化反应，本反应也是在C_6位置上最容易甲苯磺酰化，得到的纤维素甲苯磺酰的DS从0.4变化至1.4，并且可溶于偶极非质子溶剂[414]。长链的纤维素酯不饱和脂肪酸如花生酸，与活化剂作用后，在LiCl/DMAc中几乎能被完全功能化，其DS从2.8变化到2.9[414]。最近人们的研究发现，羧酸/Tos-Cl/Py的摩尔比能够影响DS和酯在有机溶剂中的溶解度。在相同的反应条件下，DS随着羧酸链长度的增长而增大，对于纤维素碘苯腈辛酸酯和十二烷酸盐，其DS分别为1.40、1.76（无吡啶催化剂）和1.76、1.92（使用吡啶）。溶剂的链长和DS之间的关系似乎具有普遍性。

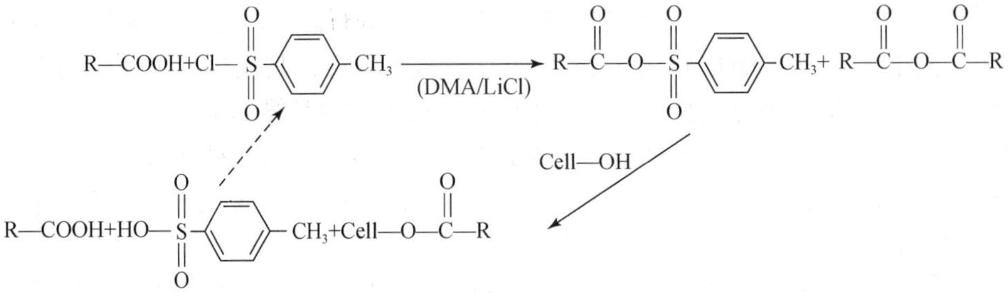

图 1-53　用磺酰氯作为一种"活化"酸合成纤维素酯[412]

　　人们用同样的方法增加纤维素的疏水性，比如通过引入含氟基团。为了增加聚合物与其他材料的兼容性，人们向纤维素中加入疏水基如人工合成的聚合物。纤维素的高亲水性导致其与其他有机溶剂不相容，而降低这一特性又能够影响衍生物的 T_g，如纤维素卡松/乙酸（总的 DS 为 3，每个基团的部分 DS=1.5），它的 T_g 只有 53℃，引入含氟基团得到的产品比加入游离的氟得到的产品更稳定，CF_2—H 基团端基对于 T_g 的影响没有含八氟戊氧基的纤维素衍生物的羟基取代对其的影响大[414]。

　　为了引进荧光探针即蒽-9-羧酸到纤维素的结构中，人们使用了 Tos—Cl/羧酸活化方案。有趣的是纤维素结合酯和游离酸的荧光光谱一样[403]。水溶性纤维素酯（其 DS 从 0.4 到 3.0）可通过类似的方法制得，纤维素甲苯磺酸盐通过与 3，6-二氧杂己酸和/或 3，6，9-三氧杂己酸在无碱性催化剂的条件下反应，能够分别得到 Cell—O—CO—CH_2（OCH_2CH_2）$_2$ OCH_3 和 Cell—O—CO—CH_2（OCH_2CH_2）$_3OCH_3$。虽然这些酯能够溶解在水中（其 DS 低至 0.4），但也能溶解在一般的有机溶剂中，如丙酮、乙醇，其在 325℃ 以下具有热稳定性[404]。这些产物的结构与非离子表面活性剂相似，但不同之处在于纤维素衍生物携带一些单个的含氧单元[347]。

　　草酰氯与二甲基甲酰胺反应形成的 Vilsmeier-Haack 类型的加合物，也可以用在活化羧酸上[405]，如图 1-54 所示。

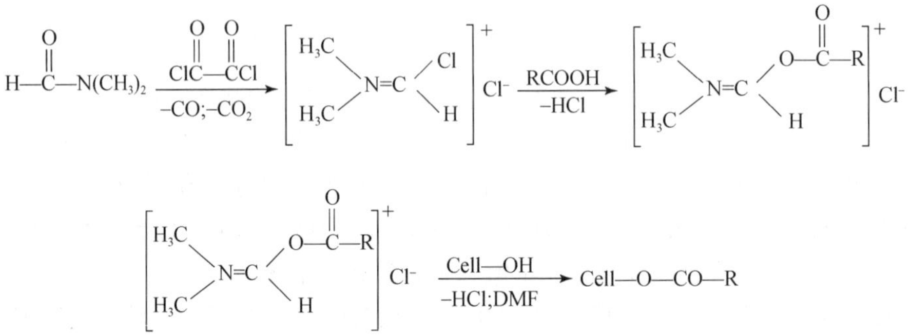

图 1-54　在 LiCl/DMAc 中使用草酰氯合成纤维素酯

　　形成的亚胺氯化物可以原位转变成相应的羧酸衍生物。现已应用的羧酸衍生物有棕榈酸、硬脂酸、金刚烷-1-羧酸和 4-硝基氨基酸。生成的相应酯的 DS 随着草酰氯/纤维素的比例的增加而增加；在非质子溶剂中能够测出产物的溶解度；GPC 结果也显示了聚合物几乎不降解[405]。

　　另一种获得酯的方法是酯交换反应。它是一个平衡反应，是酯与醇在酸或碱的催化下生成一个新酯和一个新醇的反应。对于纤维素，反应时可以使用乙烯羧酸，它能够生成不稳定的乙醛（b. p. 21℃）。因此通过此法，如在 40℃，与 10mol 乙酸乙烯/AGU 反应 70h，可以获得乙酸纤维素（DS=2.7）。同样的反应条件也可以用来生产十二酸盐（DS=2.6），这个反应的明显的现象是产生了大量的酰基基团。结果显示，通过调整乙烯基酯/AGU 的比例可以控制 DS 的变化，如在比值等于 2.3 时，乙酸纤维素、丁酸和苯甲酸的 DS 分别为 1.04、0.86 和 0.95[379]。在 TBAF/DMSO 中，已应用此法制备天然纤维素和丝光剑麻纤维素溶液。有趣的是，在类似的实验条件下，通过后者生成的纤维素衍生物中，十二酸盐的DS 比乙酸的高[385]。如上所述，在 Tos-Cl 活化下，TBAF/DMSO-溶解的微晶纤维素与羧酸反应能够得到同样的结论。这是由于大量酰基能够导致聚集的纤维素链解离成长链，如图 1-55 所示[385]。

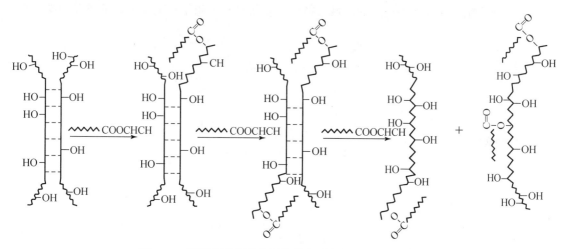

图 1-55　解释衍生剂的长链结构与所得的 DS 之间的关系

　　酰基的链长随着 DS 的增大而增长，这主要是由于纤维素表面的疏水相的相互作用，随着 DS 的增大其疏水性增大。由于进入的物质的分解，这种正相关有助于活化焓，如图 1-56 所示。由于在限速步骤前，纤维素上的分子链和进入的溶剂的分子链达到了预平衡，才有可能影响焓的活化。此类疏水相的相互作用将按顺序予以叙述：

　　（1）疏水性的增加能够影响反应基质上离子和/或非离子胶束聚集体的疏水度[406,407]；

　　（2）非离子混合物的表面活性剂（乙氧基醇类）和疏水改性的乙酸乙酯（羟乙基）纤维素（通过加入摩尔分数为 1.7% 的辛基苯基基团）都处于平衡相态[408]；

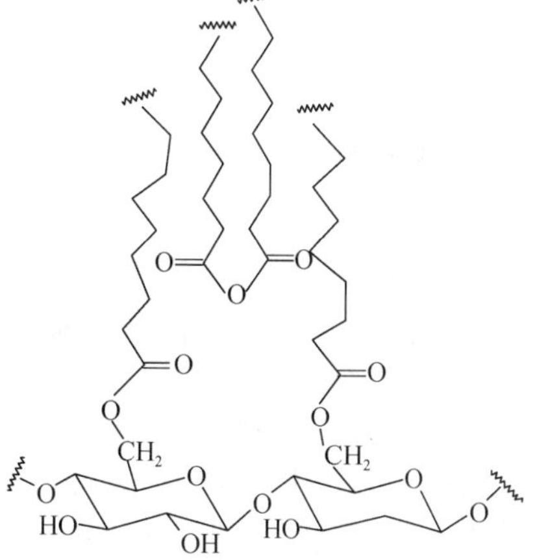

图 1-56　纤维素疏水性对 DS 的影响

（3）具有阴阳离子混合的表面活性剂的 HEC 溶液的性能（黏度、表面张力和 LS）；而 HEC 的改良是通过引进（中性的）氟烷和/或（阳离子）三甲铵或椰肉乾羟基二甲基胺。

通过以下几个步骤，HRC 反应方案使得控制区域选择性具有可行性：有针对性地保护 Cell—羟基/官能化余下的 Cell—OH 基团/减少引进保护基团。酯和混合酯替代的区域选择性控制对化合物很重要，如光谱技术的结构鉴定；使用均相和多相反应过程能够比较不同的产品；用于 DSC 分析；用于原子力显微镜的单一晶体直接成像[311-314]。例如在 LiCl/DMAc 中，当纤维素与乙酸酐/吡啶发生部分乙酰化反应时，优先反应的位置是 O_6。通过处理 DMSO 中的联胺让其仅能在某位置（在 ^{13}C 核磁共振谱中测出 DS＝6）官能化，能够控制脱乙酰作用[315]。其他氨基的脱乙酰作用发生在 O_2 位置，如二甲胺和己二胺。图 1-57 显示了一个重要的无机纤维素衍生物硫酸的几个合成途径。在合成物方案中相对重要的是：中产物酯和/或醚的适当的区域选择性是获得具有理想结构的硫酸盐的重要因素。

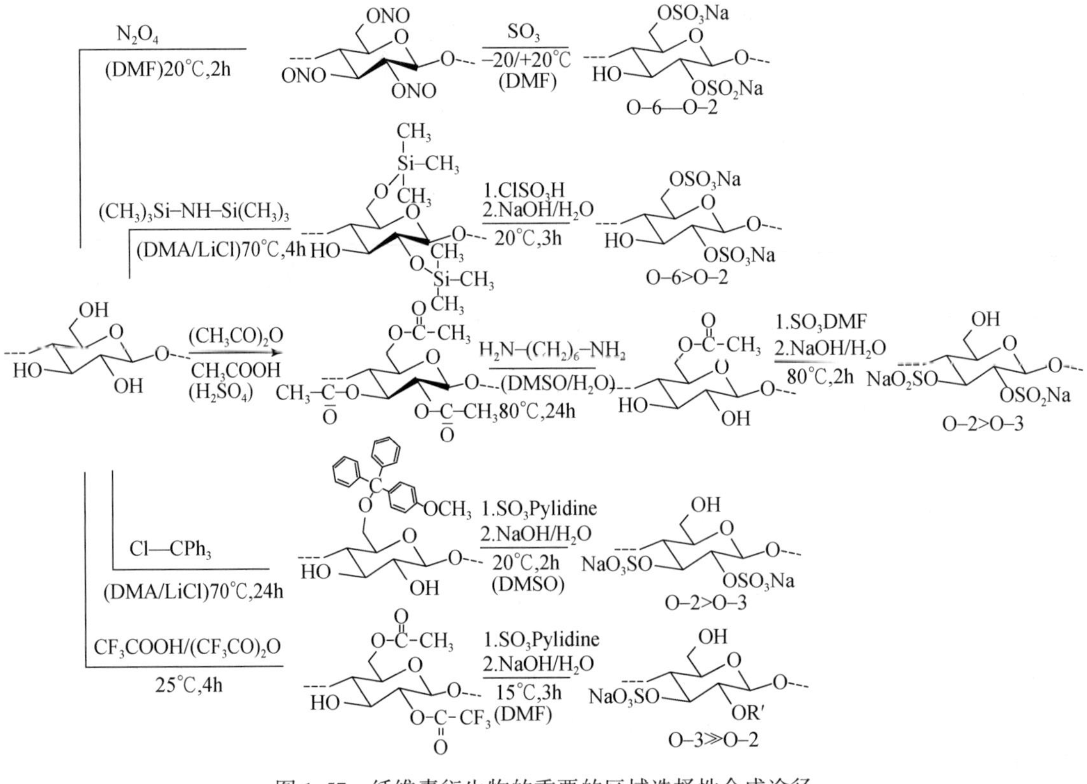

图 1-57 纤维素衍生物的重要的区域选择性合成途径

伯羟基能够选择性地阻止三苯甲基的反应，然后在仲羟基上酯化，消除受保护的三苯甲基，通过这个过程能够合成 2，3-二-O-乙酰纤维素。此外区域选择性替代的混合纤维素酯、乙酸酯/丙酸盐也能够通过随后的游离羟基基团制备[311-315]。伯羟基的另一个保护基团是二硫化硫胺基团（TDS）[316]。保护基团在 C_6 位置上被引进，伯羟基能够转变成相应的甲苯磺酸盐，后者能够被荧光基团所替代[403]。使用相同的合成方法，用 6-O-乙酰基-2，3-

二-O-甲基纤维素能够合成 3-O-功能化纤维素衍生物[317,318]。因此纤维素溶解在 LiCl/DMAc 中，然后与二甲基氯硅烷（TDSCl）反应，在咪唑存在的情况下生成相应的 2-O-硅烷纤维素二醚和 6-O-硅烷纤维素二醚。对于后者的处理是与烷基和烯丙基卤反应生成纤维素衍生物，在 O_3 位置完成功能化。在 THF 中可以生成 3-O-烯丙基-纤维素和 3-O-甲基纤维素醚纤维素（DS = 1.06），这些产物在余下的位置上进一步衍生，可以生成相应的 3-O-取代-2，6-二-O-乙酰纤维素[319]。

2. 在衍生溶剂中的酯化

纤维素衍生物能够在溶剂中进一步衍生，如发生酯化反应。因此，纤维素能够溶解在甲醛/DMSO 中，然后酯化，如存在吡啶或者醋酸催化剂的情况下，通过与乙酸、丁酸、邻苯二甲酸酐以及不饱和甲基和顺丁烯二酸酐作用，能够得到 DS 从 0.2 变化到 2.0 或者更高为 2.5 的乙酸纤维素。^{1}H 和 ^{13}C 核磁共振光谱表明，当与酸酐发生酯化时羟甲基链上的羟基基团最先反应。在 90℃、乙酸钾存在的情况下，纤维素与甲基乙酸或乙烯乙酸作用，能够生成 DS = 1.5 的乙酸纤维素。有趣的是当其与乙酰氯或活化酸反应时，反应并不是特别剧烈；DMSO 能够替代 DMAc 或 DMF[403]。在吡啶催化剂的作用下，α-纤维素与三甲基丁烯二酸酐、偏苯三酸酐和邻苯二甲酸酐发生酯化反应。在 80~100℃下反应 8h 或者在室温下反应 1h（偏苯三酸酐）后，离散生成酯或具有热塑性和弹性的多功能化合物，能够被做成薄膜或细胞膜[403]。

N_2O_4/DMF 溶剂系统被用来制备无机酸酯如磷酸盐和硫酸盐[326] 及有机酸酯。聚合物通过与酰氯反应或者在吡啶碱存在的情况下与酸的酸酐反应，能够得到有机酸酯。通过与 RCOCl 作用，生成的亚硝酸酯能够成功转酯化，可以生成 C_6、C_8、C_{12}、C_{16} 和 C_{18} 的酰基链。而与乙酸酐反应能够生成 DS = 2.0 的乙酸纤维素（DS = 2.0）。^{13}C 核磁共振光谱表明当 DS 很低，在 0.5 附近时，酯化反应在 O_2 处进行[403]。在 Cl/DMF/Py 存在时，与乙酰和乙酰氯和/或酸酐反应，也能得到类似的结论，虽然其产物的 DS 高达 2.5[403]。

三氟乙酸（TFA）是一个单组分衍生溶剂，在溶解过程中，纤维素进行部分三氟乙酰化，其 DS 为 1.0~1.5，生成的三氟乙酰化酯能够与理想酰基化合物反应。用酰氯丙烯酰、肉桂、苯甲酰或 4-硝基苯甲酰处理溶解的纤维素溶液，红外光谱表明部分物质发生了转酯化反应，也就是说引入的一些 CF_3CO 基团被（碱性更强的）RCO 基团所替代。反应几小时后对产品进行离散得到三氟乙酰的 DS 为 1.4，而其他基团的 DS 从 0.5 变化至 1.6[403]。60℃在 TFA 中，纤维素与酸酐（C_2~C_{10}）反应，得到的酯的 DS 在 2.9 到 3.0 之间，并且人们能够测出长链酰基的黏度和 T_g[356]。溶解的聚合物通过与乙酸酐和其他脂肪酸的混合液反应能够制备混合脂肪族酯类[403]。

更好的控制方法是隔离中间产物（通常用惰性有机溶剂），然后进行进一步的反应。这能降低与聚合物衍生剂长期接触导致的链降解和羟甲基缩合等副反应。此外这种做法能够加强对区域选择性的控制[403]。溶剂基团通常附着在聚合物的支架结构上，然后在随后的官能化反应中，如酸或碱的水解或氟离子的亲核取代（针对三甲硅烷基衍生物）中被反应掉[400,401,403]。

通过光谱和色谱技术的结合，人们可以轻易得知反应的进程、产品的 DS、所得的酯和混合酯的取代基分布及反应的区域选择性。与核磁共振光谱技术类似，色谱技术也可以测试聚合物。例如通过气相色谱研究能够检测出部分取代的 CA 与甲基乙烯基醚反应的进一步的衍生单体[400,401,403]。高性能液相色谱法适用于测定 CA（DS 变化范围从 0.8 至 3.0）的取代类型，采用类似的方法，即通过与三氟甲基作用，部分衍生聚合物进一步衍生、再解聚。从所得结果可知，色谱技术比核磁共振技术更具优势[400,401,403]。

1.12.4　一些新的纤维素功能衍生物

1. 泡沫纤维素

在对生物医学材料进行分离时，通常采用色谱柱分离方法。色谱柱的填充物多采用离子交换树脂，但有些大分子化合物不易被树脂所吸附而使其分离受到限制。纤维素是多孔性结构，大分子化合物可以通过，也易被吸附。但因其呈纤维素状或粉末状，做色谱柱中的载体时，纤维状或粉末状易使色谱柱洗脱时的速度减慢。为了解决上述问题，人们研制了一种泡沫状结构的纤维素，并通过以下 3 种方法获得：一是在酸浴中浇注纤维素而获得再生纤维素；二是在有机溶剂中分散其黏度，使纤维素滴固化，即通过热的溶胶-凝胶传导，或用还原法分解黄原酸酯；三是将以二氯甲烷为溶剂的纤维素乙酸酯溶液注入明胶溶液中，或者使聚乙烯醇和酯基部分皂化。在第三种方法中，将明胶、聚乙烯醇和水抽提后，得到的是球状多孔、直径小于 1.0mm 的纤维素微粒，可作为凝胶渗透色谱分析中的胶体、离子交换基团和酶的载体[400,401,403]。

2. 离子交换纤维素

在纤维素分子结构中引入氨基使其具有碱性，就可以作为阳离子交换纤维素。如AE-纤维素、DEAE-纤维素、ECTEOLA-纤维素是通过纤维素分别与有关试剂进行醚化反应制备的；TEAE-纤维素、OAE-纤维素、BD-纤维素则先通过用溴乙烷、丙烯氧化物和苯甲酰氯反应制得。此外，还可在纤维素分子中引入脂肪族氨基。方法有[400,401,403]：

（1）通过 Huffman 降解将聚丙烯酰胺接枝在纤维素分子上；

（2）还原肟或还原胺化的羟基；

（3）将氰乙基纤维素还原为 3-氨基-丙基纤维素，得率为 1.2 ~ 6.4mg/g。

芳香的氨基通常是以醚化的氯代甲苯或酯化的苯甲酰氯引入纤维素分子中的。另一类阳离子交换纤维素是一些含胶的非水溶性物质。已作为商品的主要有：羟甲基纤维素、纤维素磷酸酯、硫代乙基纤维素。纤维素同邻苯二甲酸、琥珀酸、柠檬酸等进行接枝所获得的衍生物也可作为阴离子交换纤维素。

3. 吸附重金属的纤维素

人类生存环境的保护，已引起世人普遍关注，尤其是重金属污染的防治。研究证明，有些纤维素衍生物可同重金属吸附结合，有些则可以螯合。这样就可以有效地从环境污染体中将重金属分离去除。例如，氨基乙基纤维素和纤维素磷酸酯，可以作为重金属和过渡金属离子的吸附剂；由氨基酸与氯代脱氧纤维素制备的氨基脱氧纤维素，纤维素异氰酸酯与氨基酸在二甲亚砜溶液中进行低温条件下的反应，得到含氨基酸的纤维素衍生物，可在酸性条件下吸附各种金属离子，其中含有半胱氨酸的衍生物对 Hg^{2+} 的吸附效果尤为显著。

联氨基纤维素、纤维素与丙烯亚硫酸盐接枝产物、2，3-二醛纤维素衍生物等，也对部分重金属离子有吸附作用。Kahovec 和他的合作者[400,401,403]用 EDTA 二酸酐与泡沫状纤维素交联，制备了 EDTA-纤维素，这种物质能够非常迅速地吸附 Ca^{2+}，其螯合物在高酸度下表现了极高的稳定性。Bunba 和 Lieser 以酚类化合物与二氯化纤维素衍生物进行偶联，其产物可选择性吸附重金属，如萘酚类偶联产物对 Ca^{2+}、Fe^{3+}、U^{2+} 的选择性吸收；此外，如含硅酸的螯合纤维素衍生物，对 Th^{4+} 和 Fe^{3+} 的吸附尤其显著[400,401,403]。

4. 生物纤维素

Matsuzaki 从纤维素乙酸酯开始，制备了一系列含有 D-葡萄糖酐单位的多聚糖，这类物质具有高效的抗肿瘤活性[400,401,403]。

5. 抗凝血纤维素

氨基脱氧纤维素，如 6-氨基-6-脱氧纤维素和 2-氨基-2-脱氧纤维素，被 N，N-二甲基甲酰氨-SO_3 磺化，所得产物具有抗凝血作用。除价格昂贵的肝素钠以外，此类产物优于目前所有的抗凝血剂。另外，Migamoto 等用纤维素与聚酯接枝共聚，所得产物的抗凝血效果更好[400,401,403]。

6. 纤维素与抗菌素偶联

将抗生素在纤维素分子结构上偶联固定，可获得具有优良的抗微生物活性的衍生物。如卡那霉素、新霉素等均是含羟基的纤维素；青霉素、红霉素、竹桃霉素等同氯代酰基-甲基-纤维素反应，也可制得具有生物活性的衍生物[400,401,403]。

7. 纤维素的酶衍生物

纤维素是一种理想的固定酶的基体。一般通过物理吸附、在晶格中物理截留、离子键合和共价键合等途径来实现。研究证明，共价键合优于其他键合方式，其方法是首先将纤维素转化为活性衍生物，再与酶进行交联，这种交联作用是参加反应的官能团通过共价键的形式键合的[400,401,403]。

8. 液相色谱手性填充材料

Okamoto 等研究发现，在微孔硅胶上吸附纤维素三乙酸酯，用作高效液相色谱柱的填料，可以分辨各种对映体。纤维素三苯甲酸酯、纤维素三肉桂酸酯、纤维素三异氰酸苯酸酯和三苯甲基纤维素涂布于硅胶上，能分辨各种外消旋化合物[400,401,403]。

9. 液晶

自从 1976 年首次发现羟丙基纤维素（HPC）-水体系液晶中间相以来，相继在适合的有机溶液中发现许多纤维素衍生物，在高浓度下可形成各向异性溶液，如 HPC 和它的乙酸盐、丙酸盐、苯甲酸盐、邻苯二甲酸盐、乙酰氧乙基纤维素、羟乙基纤维素等。除形成感胶离子液晶溶液外，HPC 的一些酯类物质也显示了这种特性[400,401,403]。

1.12.5　新溶剂引出的新思考

人们对 HRC 反应方案的兴趣与日俱增，帮助人们在研究纤维素化学上开辟了新的道路。为了使反应便于控制，即易于控制 DS，沿聚合物主链的规律性替代、区域选择性的替代等，人们制定了新的、简洁的合成路线。新产品把其特性与实际生产相结合，使其具有低 T_m、高热稳定性、生物活性、形成膜和薄膜能力、能够溶于不同溶剂。人们做了多种努力来研究聚合物的不同纤维素的不同取代类型以求解决复杂的解析问题。然而这一问题并没有完全解决，但可以确定的是人们现在已把研究重点移至新的溶剂和合成物。但是不管怎样，新的纤维素溶剂系统必须符合绿色化学原则。

现在人们集中了部分注意力在纤维素溶剂潜在的工业应用上，这涉及原料应该是可再生或者可生物降解产品。为此，应该对下列事项进行考虑：

（1）在很多反应步骤中，为了后续反应的快捷性，溶解和加入其他衍生剂后，通常需要隔夜后，再与其他试剂反应。在动力学的不同步骤中，反应条件不同，反应的速率常数和活化参数也不同。应用这一结论在原则上可以节省一定的时间、能源消耗并减少副反应、高分子链的降解和产物的脱酰作用。几个可用的动力学数据表明，黏胶纤维素与酸酐/Tos-Cl/吡啶氯化锂/DMAc（乙酸和/或戊酸酐）反应的最佳温度是 50～70℃，最佳的反应时间是 8～10h[416,417]。

（2）在实际反应中，考虑聚合物的活性。例如，溶剂交换反应的关键是时间和材料消耗量，当决定使用丝光作为预处理时，需考虑水的消耗。一些溶剂系统能够直接溶解纤维素，微波辐射似乎也能加快这一过程。

（3）考虑溶剂经济性。只要条件允许，应该定量考虑试剂/纤维素的比例，在使用催化剂时也应该考虑其是否可以再次使用，应该回收溶剂和过剩的试剂，在此方面酸酐是一个成功的例子。虽然反应循环使用并没有得到优化，但是通过蒸馏，DMAc 和乙酸酐能够被回收再利用[415-417]。即使大规模生产离子液体，室温下 IL 如 DMF 或 DMAc 也会比传统溶剂贵很多。因此工业用的离子液体在提高其效率和回收上仍有待改进。由于即使小浓度的水也会对纤维素溶液的溶解能力有不利的影响，因此人们应该重视并予以实施从 IL 中分离水。在这方面，高纯度 1-烯丙基-3-甲基氯化物可通过乙酰化反应然后混合蒸馏来实现再生，而对比新鲜和/或回收的溶剂中的乙酰化纤维素的 DS，能够得到同样的数据，这一事实令人鼓舞[413]。

（4）另一个问题应该是把溶剂的消耗和副反应如系统中外来的水使酸酐水解，抑制或者降到最低限度，通过蒸馏来干燥溶剂[415]。

总之，HRC 反应方案的前景是光明的，可以合成某些特殊的产品和结构特殊、性能重要的纤维素，如新的纳米纤维素复合材料、新的智能聚合物，在性能上可以进行可逆的改变（pH、温度、离子强度、存在的某些物质、光和电场）[418]。

1.13　小　　结

生物技术与材料的结合是当今材料界研究的热点，而对于其他技术如物理、数学等与材料技术的结合研究尚少。聚氨酯、聚脲和聚酰亚胺等聚合物具有良好的透明性，而且易于分子设计和合成易加工的高 T_g 聚合物材料，因此通过键合双官能团化的二维生色团分子就可以具有良好的器件化前景，做成侧链型非线性光学聚合物材料。纤维素在做成非线性光学聚合物材料方面还缺少研究。

将由液晶纺制的三醋酸纤维素皂化所得的材料模量和性能较高，可用于做防弹衣，由此可以设想，将来用于工程的材料都可被纤维素及其衍生物这些产量大、来源广、环境友好的材料所代替。然而生物可降解性对于纤维素作为工程材料的持久性和抗腐蚀性必然有巨大的影响，因此对于提高纤维素及其衍生物的强度和模量以及生物可降解性之间的协调关系必然有巨大的研究价值。

材料与溶剂的研究在材料界一直是不息的话题，因此寻找适合纤维素的溶剂对于纤维素及其衍生物的发展有着重要的意义。催化剂、添加剂、油剂等各种其他助剂在当今化工产业中也有着举足轻重的作用，这些助剂与纤维素的作用和发展也同样有着密不可分的联系。

纤维素的来源大都是植物，而最近的研究发现，细菌也能够产生纤维素，这种细菌纤维素的产业用途正在被渐渐开发出来。由此可以设想纤维素是否也可以由各种细菌、真菌以及其他菌类产生。

总而言之，纤维素这种天然高分子以其环境友好的特性在当今世界有历史的优势，它的研究价值和应用价值必将经久不衰。

参 考 文 献

［1］Shen Q. In：Roman M. Model Cellulosic Surfaces. Oxford：Oxford University Press 2009.

［2］方月娥，方向东，包德强 . 中国科学技术大学学报，1999，29（3）：326-329.

［3］宋贤良，温其标，郭桦 . 高分子通报，2002，4：47.

［4］顾立基 . 化工新型材料，1999，27（2）：17-18.

［5］刘海洋，王乐军，李琳，等 . 纤维技术，2006，4：58.

［6］Orlando U S，Baes A U，Nishijima W，et al. Bioresource Technology，2002，83：195-198.

［7］Sannino A，Pappada S，Madaghiele M，et al. Polymer，2005，46：11206-11212.

［8］Lim K，Yoon K，Kim B. Euro Polym J，2003，39：2115-2120.

［9］Rodryguez R，Alvarez-Lorenzo C，Concheiro A. J Control Release，2003，86：253-265.

［10］Esposito A，Sannino A，Cozzolino A，et al. Biomaterials，2005，26：4101-4110.

［11］温和瑞 . 赣南师范学院学报，2001，3：40.

［12］潘松汉，宋荣钊，曾梅珍 . 纤维素科学与技术，1999，7（1）：24.

［13］李建法，宋湛谦 . 林产化学与工业，2002，22（2）：1.

［14］余志成，陈文兴，凌荣根 . 功能高分子学报，2002，15（4）：461.

［15］Karlsson O J，Gatenholm P. Polymer，1999，40：379.

［16］Vigo T L. J Text Inst，1999，90（3）：1.

［17］蒲宗耀，胡志强，陈松，等 . 四川纺织科技，2002，1：7-10.

［18］沈新元 . 先进高分子材料，上海：中国纺织出版社，2006.

［19］Wang Z X，Shen Q，Gu Q F. Carbohydrate Polym，2004，57：415-418.

［20］丁宏贵，李岚，沈晓，等 . 纤维素科学与技术，2004，12（3）：31-35.

［21］丁宏贵，王志鑫，刘佃森，等 . 纤维素科学与技术，2005，13（3）：25-28.

［22］刘佃森，沈青，王志鑫，等 . 纤维素科学与技术，2004，12（3）：25-30.

［23］Mauck C，Weiner D H，Ballagh S，et al. Contraception，2001，64：383-391.

［24］Kumar V，Bhardwaj Y K，Rawat K P，et al. Radiation Phys Chem，2005，73：175-182.

[25] 贺连萍，胡开堂. 纤维素科学与技术，2006，14（1）：41.

[26] 庄旭品，李治，刘晓非，等. 化工进展，2002，21（5）：310.

[27] Son W K，Youk J H，Park W H. Carbohydrate Polym，2006，58：21.

[28] Daoud W A，Xin J H，Zhang Y H. Surf Sci，2005，599：69-75.

[29] 程博闻. 天津工业大学学报，2005，24（1）：1.

[30] 张元琴，黄勇. 高分子材料科学与工程，1999，15（5）：1.

[31] 文章军，钱生球. 过程工程学报，2001，1（3）：312.

[32] Park H M，Misra M，Drzal L T，et al. Biomacromolecules，2004，5：2281-2288.

[33] 胡雪敏，张海燕. 毛纺科技，2006，4：30.

[34] 吕洪，吴江蛟. 合成技术及应用，2001，16（2）：48.

[35] Greil P J Euro Ceramic Soc，2001，21：105-118.

[36] Klemm D，Schumann D，Kzxmer F，et al. J Polym Sci 2006，205：49-96.

[37] 黎国康，丁恩勇，李小芳，等，纤维素科学与技术，2002，10（2）：12-19.

[38] Grunert M. Cellulose Nanocrystsls：Preparation，Surface Modification，and Application in Nanocomposites. NewYork：Dissertation of State University of New York，2002.

[39] 沈青. 分子酸碱化学. 上海：上海科技文献出版社，2012.

[40] Yan Q，Wang M Y，Wu Y H，et al. J Phys Chem B，2016，120：1121-1125.

[41] 叶代勇，黄洪，傅和青，等. 化工学报，2006，57（8）：1782.

[42] Klemm D，Heublein B，Fink H P，et al. Angew Chem Int Ed，2005，44：3358-3393.

[43] Phisalaphong M，Jatupaiboon N. Carbohydrate Polym：2008，74：482-488.

[44] Lonnberg H. Euro Polym J 2008，44：2991-2997.

[45] Samir M A S A，Alloin F，Dufresne A. Biomacromolecules，2005，6：612-626.

[46] Nakagaito A N，Yano H. Appl Phys A，2004，80（1）：155-159.

[47] Hashimoto T，Tanaka H，Koizumi S，et al. Biomacromolecules，2006，7：2479-2482.

[48] 丁振，刘建龙，王瑞明. 中国酿造，2006，（9）：19-23.

[49] Tabuchi M，Kobayashi K，Fujimoto M，et al. Lab on a Chip，2005，5：1412-1415.

[50] Wu S C，Lia Y K. J Molecular Catalysis B，2008，54（3-4）：103-108.

[51] Chen H Z，Liu Y，Feng X M，et al. CN 10109205，2005.

[52] Klemm D O，Schumann D A，Kramer F，et al. Am Chem Soc，AN 290274，2007.

[53] Millon L E，Guhados G，Wan W. J Biomed Materials Res B，2008，86：444-452.

[54] Millon L E，Wan W K. J Biomed Materials Res B，2006，79：245-253.

[55] Klemm D O，Kramer F，Wesarg F，et al. Am Chem Soc，AN 384647，2008.

[56] Schumann D A，Klemm D O，Kramer F，et al. Am Chem Soc，AN 384531，2008.

[57] 马霞，王瑞明，关凤梅，等. 中国，CN10015537.5，2007.

[58] 钟春燕. 中国，CN10075040.8，2006.

[59] Murayama M，Tabuchi M. Bio Industry，2007，24（11）：80-86.

[60] Gisela H，Hentik B，Aase B，et al. Wiley InterScience，2005，8：431-438

[61] Jiang H J，Wang Y L，Jia S R，et al. Key Engi Mater，2007：330-332.

[62] Bodin A，Backdahl H，Risberg B，et al. Am Chem Soc，AN 290254，2007.

[63] Bodin A，Backdahl H，Risberg B，et al. Am Chem Soc，AN 384529，2008.

[64] Rambo C R，Recouvreux D O S，Carminatti C A，et al. Materials Sci Eng C，2008，28：549.

[65] Zhou J D，Dong M S，Jiang H H. Sci Technol Food Ind，2003，11：25-29.

[66] Xue L, Yang Q, Li X D. Food Fermentation Ind, 2004, 30 (6): 122-124.

[67] Fu L, Chi Y J. Sci Technol, Food Ind, 2008, 3: 194-195.

[68] Shao W, Li Z H, Tang M, et al. J China Three Gorges Univ (Nat Sci), 2002, 24: 360-362.

[69] 薛璐, 杨谦, 李晓东. 食品科学, 2005, 26 (3): 272-274.

[70] Zuluaga R, Castro C, Velez J M, et al. Am Chem Soc, AN 384573, 2008.

[71] Pommet M, Juntaro J, Bismarck A. Am Institute Chem Eng, AN 1371415, 2007.

[72] Roman M, Winter W T. Am Chem Soc, AN 187039, 2005.

[73] Roman M, Winter W T. Am Chem Soc, AN 799107, 2006.

[74] Pommet M, Juntaro J, Heng J Y Y, et al. Biomacromolecules, 2008, 9: 1643-1651.

[75] Mosiewicki M A, Auad M L, Richardson T, et al. Am Chem Soc, AN 384585, 2008.

[76] Svagan A J, Samir M A S A, Berglund L A. Adv Mater, 2008, 20: 1263-1269.

[77] Yano H, Nogi M, Ifuku S, et al. WO Patent, JP321322, 2006.

[78] Yano H, Nogi M, Ifuku S, et al. Am Chem Soc, AN384543, 2008.

[79] Yano H, Sugiyama J, Nakagaito A N, et al. Adv Mater, 2005, 17: 153-155.

[80] Nogi M, Ifuku S, Abe K, et al. Appl Phy Lett, 2006, 88: 133124.

[81] Ifuku S, Nogi M, Abe K, et al. Am Chem Soc, AN 290249, 2007.

[82] Nogi M, Handa K, Nakagaito A N, et al. Appl Phy Lett, 2005, 87: 243110.

[83] Ifuku S, Nogi M, Abe K, et al. Biomacromolecules, 2007, 8: 1973-1978.

[84] Yano H, Nogi M, Abe K, et al. WO Patent, JP55882, 2008.

[85] Li J B, Xiu H J, Wang Z J. J Shanxi Univ Sci Technol, 2007, 25 (3): 9-12.

[86] Jia S, Zhang K, Hu H, et al. Zhongguo Zaozhi Xuebao, 2002, 17 (2): 74-77.

[87] Song H N, Zhang Y Q, Guo H Q. J Guangxi Univ, 2004, 29 (1): 73-76.

[88] Gisela H, Henrik B, Aase B, et al. Wiley InterScience, 2005: 431-438.

[89] Jung R, Kim H S, Kim Y, et al. J Polym Sci, Part B, 2008, 46: 1235-1242.

[90] Yano H, Handa K, Miyadera T. Jidosha Gijutsu, 2006, 60 (5): 102-105.

[91] Nogi M, Yano H. Adv Materials, 2008, 20: 1849-1852.

[92] Yongsoon S, Gregory J E. Cellulose, 2007, 14: 269-279.

[93] Yano H, Maeda H, Nakajima M, et al. Cellulose, 2008, 15: 111-120.

[94] Zhang A Y, Qi L M. Chem Comm, 2005: 2735-2737.

[95] Barud H, Assuncao R M N, Martines M A U, et al. J Sol-Gel Sci Technol, 2008, 46: 363-367.

[96] Wan Y Z, Huang Y, Yuan C D, et al. Mater Sci Eng C, 2007, 27: 855-864.

[97] Wan Y Z, Hong L, Jia S R, et al. Composites Sci Technol, 2006, 66: 1825-1832.

[98] Hutchens S A, Evans B R, O' Neill H M, et al. Am Chem Soc, AN 1224989, 2005.

[99] Brown R M, Czaja W, Jeschke M, et al. WO Patent, US33968, 2006.

[100] Maneerung T, Tokura S, Ruijiravanit R. Carbohydrate Polym, 2008, 72 (1): 43-51.

[101] Wang H P, Hu W L, Chen S Y, et al. CN 10037074, 2008.

[102] Barud H S, Barrios C, Regiani T, et al. Materials Sci Eng C, 2008, 28: 515-518.

[103] Daoud W A, Xin J H, Zhang Y H. Surf Sci, 2005, 599 (1-3): 69-75.

[104] Kato T, Inoue T, Ikeda T, et al. Seibutsu Butsuri Kagaku, 2008, 52 (3): 123-126.

[105] Tabuchi M, Baba Y. Analy Chem 2005, 77: 7090-7093.

[106] Xu C Y, Sun D P. CN10018657, 2008.

[107] Zou Y, Chen S Y, Wang J Y, et al. J Material Sci Eng, 2008, 26: 426-429.

［108］ Suetsugu A, Oshima T, Ohe K, et al. J Ion Exchange, 2007, 18（4）：186-189.

［109］ Chen S Y, Zou Y, Yan Z Y, et al. J Hazardous Mater, 2009, 161：1355-1359.

［110］ Krystynowicz A, Bielecki S, Czaja W, et al. Prog. Biotechnology, 2000, 17：323-327.

［111］ Olsson R T, Azizi M A S S, Berglund L, et al. WO Patent, SE50366, 2008.

［112］ Tang A M, Zhang H W, Chen G, et al. Trans of China Pulp and Paper, 2006, 21（4）：66-70.

［113］ Yan L F, Tan L, Yang F, et al. Chinese J Chem Phys, 2004, 17（6）：762-766.

［114］ Yan X P, Ding E Y. Chem Ind Forest Prod, 2007, 27（2）：67-70.

［115］ 王东山, 黎国康, 黄勇. 中国, CN1491976, 2004.

［116］ Yu B, Zhou H L. Biotechnology Bull, 2007, 2：87-97.

［117］ Takahashi N, Okubo K, Fujii T. Bamboo J, 2005, 22：81-83.

［118］ Song H N, Zhang Y Q, Guo H Q. J Guangxi Univ, 2004, 29（1）：73-76.

［119］ 丁恩勇, 原小平. 中国, CN10035527.9, 2005.

［120］ 沈青. 高分子表面化学. 北京：科学出版社, 2014.

［121］ Choi Y J, Ahn Y, Kang M S, et al. J Chem Technol Biotechnology, 2004, 79：79-84.

［122］ Peppas N A, Mikos A G. Hydrogels in Medicine and Pharmacy. Boca Raton：CRC Press, 1986.

［123］ Brannon-Peppas L. Absorbent Polymer Technology. Asterdam：Elsevier, 1990.

［124］ 何天白, 胡汉杰. 功能高分子与新技术. 北京：化学工业出版社, 1997.

［125］ Wach R A, Mitomo H, Yoshii F, et al. Macromolecular Mater Eng, 2002, 287：285-295.

［126］ 肖君, 崔英德, 范会强, 等. 河南化工, 2003, 8（1）：5-7.

［127］ 刘峰, 卓仁禧. 高分子通报, 1995, 4：205.

［128］ Nagaok N, Safgeay A, Yoshida M, et al. Macromolecules, 1993, 26：7386-7388.

［129］ 翟茂林, 伊敏. 辐射技术, 1995, 18（2）：124-128.

［130］ Sarkar N. J Appl Polym Sci, 1979, 24：1073-1087.

［131］ Kundu P P, Kundu M. Polym, 2001, 42：2015-2020.

［132］ Xu Y, Li L, Zheng P. Langmuir, 2004, 20：6134-6138.

［133］ Kundu P P, Kundu M, Sinha M, et al. Carbohydrate Polym, 2003, 51：57-61.

［134］ Harsh D C, Gehrke S H. J Control Release, 1991, 17（2）：175-185.

［135］ O'Connor S M, Gehrke S H. J Appl Polym Sci, 1997, 66：1279-1290.

［136］ Fei B, Wach R A, Mitomo H, et al. J Appl Polym Sci, 2000, 78：278-283.

［137］ WachR, Mitimo H, Yoshii F, et al. J Appl Polym Sci, 2001, 81：3030-3037.

［138］ Wach R A, Mitomo H, Yoshii F, et al. Macromol Matter Eng, 2002, 287：285-295.

［139］ Richardson J C, Foster C S, Doughty S W, et al. Carbohydrate Polym, 2006, 65：22-27.

［140］ Banks S R, Sammon C, Melia C D, et al. Appl Spectroscopy, 2005, 59（4）：452-459.

［141］ Kita R, Kaku T, Kubota K, et al. Phys Lett A, 1999, 259：302-307.

［142］ Ford J L, Rubinstein M H, Hogan J E. Int J Pharm, 1985, 24：327-338.

［143］ 董志超, 蒋雪涛. 药学学报, 1994, 29：920-924.

［144］ 程紫骅, 康保国, 朱家璧, 等. 中国药科大学学报, 1998, 29：418-421.

［145］ 林莹, 蒋国强, 昝佳, 等. 清华大学学报（自然科学版）, 2006, 46（6）：836-838.

［146］ 林莹, 朱德权, 昝佳, 等. 清华大学学报（自然科学版）, 2006, 46（6）：839-842.

［147］ Vinatiera C, Magnea D, Weiss P, et al. Biomaterials, 2005, 26：6643-6651.

［148］ Trojani C, Weiss P, Michiels J F, et al. Biomaterials, 2005, 26：5509-5517.

［149］ Heymann H. Tran Faraday Soc, 1935, 31：846-851.

[150] Sarkar N. J Appl Polym Sci, 1979, 24: 1073-1087.

[151] Haque A, Morris E R. Carbohydrate Polym, 1993, 22: 161-173.

[152] Haque A, Richardson R K, Morris E R. Carbohydrate Polym, 1993, 22: 175-186.

[153] Kato T, Yokoyama M, TakahashiA. Coll Polym Sci, 1978, 266: 15-21.

[154] Kobayashi K, Huang C, Lodge T P. Macromolecules, 1999, 32: 7070-7077.

[155] Wang Q Q, Li L. Carbohydrate Polymers, 2005, 62: 232-238.

[156] Sarkar N, Walker L C. Carbohydrate Polym, 1995, 27: 177-185.

[157] Hussaina S, Kearyb C, Craiga D Q M. Polymer, 2002, 43: 5623-5628.

[158] Li L, Thangamathesvaran P M. Langmuir, 2001, 17: 8062-8068.

[159] Li L, Shan H, Yue C Y, et al. Langmuir, 2002, 18: 7291-7298.

[160] 邝清林. 温敏甲基纤维素凝胶的转变及性质研究. 天津: 天津大学, 硕士学位论文, 2004.

[161] Ferry J K. Viscoelastic Properties of Polymers. 3rd ed. Wiley, 1980.

[162] 刘鹏飞, 彭静, 吴季兰. 高分子学报, 2002, 6: 756-759.

[163] 周树华, 杨建国, 吴承佩. 高分子学报, 2003, 3: 326-329.

[164] 白渝平, 杨荣杰, 李建民, 等. 高分子材料科学与工程, 2002, 1 (18): 98-101.

[165] Franson N M, Peppas N A. J Appl Polym Sci, 1983, 28: 1299-1310.

[166] Korsemeyer N M, Merrwall E M, Peppas N A. J Polym Sci B, 1986, 24: 409-434.

[167] Andreopulos A G, Polyzolis G L. J Appl Polym Sci, 1993, 50 (4): 729-733.

[168] 童真, 刘新星. 高分子通报, 1999, (3): 1-8.

[169] 杨少华. PVP/壳聚糖接枝共聚水凝胶的合成与性能研究. 广州: 广东工业大学硕士学位论文, 2004.

[170] 曾少娟. 聚丙烯酰胺/木质素磺酸盐水凝胶的制备与性能研究, 上海: 东华大学硕士学位论文, 2006.

[171] Hofmeister F. Arch Exp Pathol Pharmakol, 1888, 24: 247.

[172] 殷以华, 杨亚江, 徐辉碧. 高分子学报, 2001, 5: 650-655.

[173] Amass W, Amass A, Tighe B. Polym Int'l. 1998, 47: 89.

[174] Anastas P T, Warner J C. Green Chemistry: Theory and Practice. New York: Oxford University Press, 1998.

[175] Tundo P, Anastas P, Black D S, et al. Pure Appl Chem, 2000, 72: 1207.

[176] Anastas P T, Zimmerman J B. Environ Sci Technol, 2003: 95.

[177] Lorcks J. Polym Degrad Stab, 1998, 59: 245.

[178] Yoshioka M, Shiraishi N. Mol Cryst Liq Cryst Sci Technol A, 2000, 353: 59.

[179] Braunegg G, Lefebvre G, Genser K. J Biotechnol, 1998, 65: 127.

[180] Riedel U, Nickel J. Angew Makromol Chem, 1999, 272: 34.

[181] Kaplan D L. Biopolymers from Renewable Resources: Macromolecular Systems- Materials Approach. New York: Springer, 1998.

[182] Chiellini E, Gil H, Braunegg G, et al. Biorelated Polymers: Sustainable Polymer Science and Tecnology. New York: Kluwer, 2001.

[183] Chiellini E, Solaro R. Recent Advances in Biodegradable Polymers and Plastics. Weinheim: Wiley-VCH, 2003.

[184] Carollo P. In: Rustemeyer P. Cellulose Acetates: Properties and Applications. Weinheim: Wiley-VCH, 2004.

[185] Rustemeyer P. In: Rustemeyer P. Cellulose Acetates: Properties and Applications. Weinheim: Wiley-VCH, 2004.

[186] Buchanan C M, Edgar K J, Wilson A K. Macromolcules, 1991, 24: 3060.

[187] Puls J, Altaner C, Saake B. In: Rustemeyer P. Cellulose Acetates: Properties and Applications. Weinheim: Wiley-VCH, 2004.

[188] Samios E, Dart R K, Dawkins J V. Polym, 1997, 12: 3045.

[189] O'Sullivan A C. Cellulose, 1997, 4: 173.

[190] Klemm D, Phillip B, Heinze T, et al. Comprehensive Cellulose Chemistry Weinheim: Wiley-VCH, 1998.

[191] Heinze T, Liebert T. Prog Polym Sci, 2001, 26: 1689.

[192] Gardner K H, Blackwell J. Biopolymers, 1974, 13: 1975.

[193] Kroon-Batenburg L M J, Kroon J, Nordholt M G. Polym Commun, 1986, 27: 290.

[194] Kondo T, Sawatari C. Polym, 1996, 37: 393.

[195] Hinterstoisser B, Salmén L. Vibrational Spectroscop, 2000, 22: 111.

[196] Jeffries R, Jones D M, Roberts J G, et al. Cellul Chem Technol, 1969, 3: 255.

[197] Glasser W G, Samaranayake G, Dumay M, et al. J Polym Sci B, 1995, 33: 2045.

[198] Samios E, Dart R K, Dawkins J V. Polym, 1997, 12: 3045.

[199] Krässig H. In: Campbell F T, Pfefferkorn R, Rousaville J F. Ullman's Encyclopedia of Industrial Chemistry. 5th ed. Weinheim: VCH, 1986.

[200] Toyoshima I. In: Kennedy J F, Phillips G O, Williams P A. Cellulosics: Chemical, Biochemical and Material Aspects. Chichester: Ellis Horwood, 1993.

[201] Hermans P H, Heicken D, Weidinger A. J Polym Sci, 1959, 35: 145.

[202] Tang L G, Hon D N S, Zhu Y Q. J Appl Polym Sci, 1997, 64: 1953.

[203] Rowland S P. In: Arthur J C Jr Textile and Paper Chemistry and Technology, ACS Ser No. 49. Washington: Am Chem Soc, 1977.

[204] Krässig H A. In: Cellulose: Structure, Accessibilityand Reactivity. Yverdon: Gordon and Breach, 1993.

[205] Callais P A. Derivatization and Characterization of Cellulose in Lithium Chloride and N, N-Dimethylacetamide Solutions. Ph. D. Thesis, Mississippi: University of Southern Mississippi, USA, 1986.

[206] Marson G A. Acylation of Cellulose in Homogeneous Medium. MSc Thesis, Brazil: University of Säo Paulo, 1999.

[207] Sefain M Z, Nada A M A, El-kalyoubi S F. Cellul Chem Technol, 1980, 14: 139.

[208] Sefain M Z, Nada A M A. Cellul Chem Technol, 1985, 19: 257.

[209] Youssef M A M, Nada A M A, Ibrahim A A. Cellul Chem Technol, 1989, 23: 505.

[210] Shimizu Y, Kimura K, Masuda S, et al. Cellulosics: Chemical, Biochemical and Material Aspects. Chichester: Ellis Horwood, 1993.

[211] Kamide K, Okajima K, Matsui T, et al. Polym J, 1984, 16: 857.

[212] Isogai A, Ishizu A, Nakano J, et al. In: Atalla R H. The Structure of Cellulose 1: Characterization of the Solid State, ACS Ser No 340. Washington: Am Chem Soc, 1985.

[213] McCormick C L, Callais P A, Huchinson B H. Macromolecules, 1985, 18: 2394.

[214] McCormick C L, Callais P A. Polym Prepr, 1986, 27: 91.

[215] McCormick C L, Callais P A. Polym, 1987, 28: 2317.

[216] Kurata S, Suzuki I, Ikeda I. Polym Internat, 1992, 29: 1.

[217] Dupont A L. Polym, 2003, 44: 4117.

[218] Ekmanis J L. Am Lab News, 1987, 10.

[219] Edgar K J, Arnold K M, Blount W W, et al. Macromolecules, 1995, 28: 4122.

[220] Regiani A M, Frollini E, Marson G A, et al. J Polym Sci A, 1999, 37: 1357.

[221] Hatakeyama T, Nakamura K, Hatakeyama H. Thermochim Acta, 2000, 352: 233.

[222] Dawsey T R, McCormick C L. JMS-Rev Macromol Chem Phys, 1990, C30: 405.

[223] Potthast A, Rosenau S T, Sixta J H, et al. Polym, 2003, 44: 7.

[224] Marson G A, El Seoud O A. J Appl Polym Sci, 1999, 74: 1355.

[225] El Seoud O A, Marson G A, Ciacco G T, et al. Macromol Chem Phys, 2000, 201: 882.

[226] Zhou J, Zhang L. Polym J, 2000, 32: 866.

[227] Petropavlovskii G A, Zimina T R. Russ J Appl Chem, 1994, 67: 629.

[228] Heinze T, Liebert T, Klüfers P, et al. Cellulose, 1999, 6: 153.

[229] Liebert T, Heinze T. Macromol Symp, 1998, 130: 271.

[230] Saalwächter K, Burchard W, Klüfers P. et al. Macromolecules, 2000, 33: 4094.

[231] Feddersen R L, Thorp S N. In: Whistler R L, BeMiller J N. Polysaccharides and their Derivatives. 3rd Ed. New York: Academic Press, 1993.

[232] Heinze T, Pfeiffer K. Angew Makromol Chem, 1999, 266: 37.

[233] Fischer S, Voigt W, Fischer K. Cellulose, 1999, 6: 213.

[234] Fischer S, Leipner H, Brendler E, et al. In: El-Nokaly M A, Soini H A. Polysaccharide Applications, Cosmetics and Pharmaceuticals. ACS Symposium Series, 2000.

[235] Leipner H, Fischer S, Brendler E, et al. Macromol Chem Phys, 2000, 201: 2041.

[236] Striegel A M, Timpa J D, Piotrowiak P, et al. Int J Mass Spectrom Ion Proc, 1997, 162: 45.

[237] Woodings C R. Int J Macromol, 1995, 17: 305.

[238] O'Driscoll C. Chemistry in Britain, 1996, 32: 27.

[239] Holbrey J D, Reichert W M, Nieuwenhuyzen M, et al. Chem Commun, 2003: 1636.

[240] Swatloski R P, Spear S K, Holbrey J D, et al. J Am Chem Soc, 2002, 124: 4974.

[241] Wu J, Zhang J, Zhang H, et al. Biomacromolecules, 2004, 5: 266.

[242] Turner M B, Spear S K, Holbrey J D, et al. Macromolecules, 2004, 5: 1379.

[243] Ngo H L, LeCompte K, Hargens L, et al. Thermochim Acta, 2000, 357: 97.

[244] Ren Q, Wu J, Zhang J, et al. Acta Polym Sin, 2003, 3: 448.

[245] Wasserscheid P, Welton T. Ionic liquids in Synthesis. Weinheim: Wiley-VCH, 2002.

[246] 邵丽, 谢文磊. 河南工业大学学报 (自然科学版), 2007, 28 (6): 84-88.

[247] 王荣荣, 傅师申. 纺织科技进展, 2008, 1: 11-13.

[248] Dawsey T R. In: Gilbert R D. Cellulosic Polymers, Blends and Composites. New York: Carl Hanser Verlag, 1994.

[249] Striegel A M, Timpa J D. Carbohydr Res, 1995, 267: 271.

[250] Silva A A, Laver M L. Tappi J, 1997, 80: 173.

[251] Kvernheim A L, Lystad E. Acta Chem Scand, 1989, 43: 209.

[252] Hasegawa M, Isogai A, Onabe F. J Chromatogr, 1993, 635: 334.

[253] Striegel A M, Timpa J D. In: Potschka M, Dubin P L. Strategies in Size Exclusion Chromatography. Washington: ACS Symposium Series, DC, 1996.

[254] Sjoholm E, Gustafsson K, Eriksson B. et al. Carbohydr Polym, 2000, 41: 153.

[255] Striegel A. Carbohydr Polym, 1997, 34: 267.

[256] El Seoud O A, Regiani A M, Frollini E. In: Frollini E, Leao A L, Mattoso L. Natural Polymers and Agrofibers Composites. Brazil: Sāo Carlos, 2000.

[257] Pionteck H, Berger W, Morgenstern B, et al. Cellulose, 1996, 3: 127.

[258] El-Kafrawi A. J Appl Polym Sci, 1982, 27: 2435.

[259] Turbak A S. Tappi J, 1994, 64: 94.

[260] Vincendon M. Macromol Chem, 1985, 186: 1787.

[261] Petrus L, Gray D G, BeMiller J N. Carbohydr Res, 1995, 268: 319.

[262] Fersht A R. J Am Chem Soc, 1971, 93: 3504.

[263] Kresge J A, Fitzgerald P H, Chiang Y. J Am Chem Soc, 1974, 96: 4698.

[264] Cary F A, Sundberg R J. Advanced Organic Chemistry. 3rd ed. Plenum Press, 1990.

[265] Morgenstern B, Kammer H. Trip J, 1996, 4: 87.

[266] Spange S, Reuter A, Vilsmeier E, et al. J Polym Sci A, 1998, 36: 1945.

[267] Kamlet M J, Abboud J L M, Taft R W. Prog Phys Org Chem, 1981, 13: 485.

[268] Reichardt C. Solvents and Solvent Effects in Organic Chemistry. 3rd ed. Weinheim: VCH, 2003.

[269] Spange S, Fischer K, Prause S, et al T. Cellulose, 2003, 10: 201.

[270] Berger W, Philipp B. Cellul Chem Technol, 1988, 22: 387.

[271] Morgenstern B, Berger W. Acta Polym, 1993, 44: 100.

[272] Furuhata K, Koganei K, Chang H S, et al. Carbohydr Res, 1992, 230: 165.

[273] Satgé C, Verneuil B, Branland P, et al. Carbohydr Polym, 2002, 49: 373.

[274] Satgé C, Granet R, Verneuil B, et al. Comp Rend Chim, 2004, 7: 135.

[275] 张春红, 陈秋玲, 孙可伟. 高分子通报, 2008, 12: 4-7.

[276] Varma R S, Namboordiri V V. Chem Commun, 2001: 643.

[277] Marson G, El Seoud O A. J Polym Sci A, 1999, 37: 3738.

[278] Buchard W. Trip J, 1993, 1: 192.

[279] Schulz L, Burchard W, Dönges R. In: Heinze T, Glasser W G. Cellulose Derivatives, Modification, Characterization, and Nanostructures. ACS Symp. Series 688, USA, 1998.

[280] Morgenstern B, Kammer H W. Polym, 1999, 40: 1299

[281] Menger F M. Acc Chem Res, 1993, 26: 206

[282] Rȍder T, Morgenstern B, Glatter O. Lenzinger Berichte, 2000, 79: 97

[283] Gustafsson K, Pettersson B, Colmsj A. Carbohydr Polym, 1997, 32: 57

[284] Rȍder T, Morgenstern B. Polym, 1999, 40: 4143.

[285] Ruiz N. Acylation of cellulose under homogeneous reaction conditions. MSc Thesis, Brazil: University of Paulo, 2004.

[286] Westermark U, Gustafsson K. Holzforschung, 1994, 48: 146

[287] Yanagisawa M, Shibata I, Isogai A. Cellulose, 2004, 11: 169

[288] Strlic M, Kolenc J, Kolar J, et al. J Chromatogr A, 2002, 964: 47

[289] Röder T, Morgenstern B, Glatter O. Macromol Symp, 2000, 162: 87

[290] Potthast A, Rosenau T, Buchner R. et al. Cellulose, 2002, 9: 41.

[291] Röder T, Morgenstern B, Schelosky N, et al. Polym, 2001, 42: 6765.

[292] Zimm B H. J Chem Phys, 1948, 16: 1093.

[293] Kamide K, Miyazaki Y, Abe T. Polym J, 1979, 11: 523.

[294] Brandrup J, Immergut E H. Polymer Handbook. 3rd ed. New York: Wiley, 1988.

[295] Evans R, Wearne R H, Wallis A F A. J Appl Polym Sci, 1989, 37: 3291.

[296] Nilsson S, Sundelöf L O, Porsch B. Carbohydr Res, 1995, 28: 265

[297] Terbojevich M, Cosani A, Camilot M. et al. J Appl Polym Sci, 1995, 55: 1663

[298] Basedow M, Ebert K H, Feigenbutz W. Makromol Chem, 1980, 181: 1071

[299] Myasoedova V V, Pokrovskii S A, Zavyalov N A, et al. Russ Chem Rev, 1991, 60: 954

[300] Paul R C, Banait J S, Narula S P. J Electroanal Chem, 1975, 66: 111

[301] Taniewska-Osinska S, Wozincka J. Thermochim Acta, 1981, 47: 57

[302] Mason T J, Lorimer J P. Computers Chem, 1983, 7: 159

[303] Maskill H. Educ Chem, 1990, 27: 111.

[304] Ramos L A, Ciacco G T, Assaf J M, et al. Fourth International Symposium on Natural Polymers and Composites—ISNaPol, 2002.

[305] Hefter G, Marcus Y, Waghorne W E. Chem Rev, 2002, 102: 2773

[306] Mark J E, Eisenberg A, Graessley W W, et al. Physical Properties of Polymers. 2nd ed. Washington: ACS, 1992.

[307] Klemm D, Heinze T, Philipp B, et al. Acta Polymerica, 1997, 48: 277.

[308] Golova L K, Kulichikhin V S, Papkov S P. Vysokomol Soedin, 1986, A28: 1795.

[309] Wagenknecht W, Philipp B, Schleicher H, et al. Faserforsch Textiltech, 1977, 28: 421.

[310] Johnson D C, Nicholson M D, Haigh F G. J Appl Polym Sci, 1976, 28: 931.

[311] Fujimoto T, Takahashi S, Tsuji M, et al. J Polym Sci Polym Lett, 1986, 24: 495.

[312] Schnabelrauch M, Vogt S, Klemm D, et al. Angew Makromol Chem, 1992, 198: 155.

[313] Philipp B, Wagenknecht W, Nehls I, et al. Cellul Technol Chem, 1990, 24: 667.

[314] Liebert T, Klemm D, Heinze T. JMS-Pure Appl Chem A, 1996, 33: 613.

[315] Hiemenz P C, Rajagopalan C. Principles of Colloid and Surface Chemistry. 3rd ed. New York: Marcel Dekker, 1997.

[316] Jutz C. Adv Org Chem, 1976, 9: 225.

[317] Vigo T L, Daighly B J, Welch C M. J Polym Sci B, 1972, 10: 397.

[318] McCormick C L, Dawsey T R, Newman J K. Carbohydr Res, 1990, 208: 183.

[319] Leo A J, Hansch C. Perspect Drug Discov, 1999, 17: 1.

[320] Demhlow E V, Demhlow S S. Phase Transfer Catalysis. Weinheim: Verlag-Chemie, 1983.

[321] Salin B N, Cemeris M, Mironov D P, et al. Khim Drev, 1991, 3: 65.

[322] Salin B N, Cemeris M, Malikova O L. Khim Drev, 1993, 5: 3.

[323] Hawkinson D E, Kohout E, Fornes R E, et al. J Polym Sci B, 1991, 29: 1599.

[324] Liebert T, Schnabelrauch M, Klemm D, et al. Cellulose, 1994, 1: 249.

[325] Liebert T, Klemm D. Acta Polymerica, 1998, 49: 124.

[326] Conio G, Corazza P, Bianchi E, et al. Mol Cryst Liq Cryst, 1981, 69: 273.

[327] 刘春. 生物加工过程, 2008, 6 (1): 65-68.

[328] 唐爱民, 梁文芷. 高分子通报, 2000, 4: 1-9.

[329] Guo J X, Gray D G. In: Gilbert R D. Cellulosic Polymers, Blends and Composites. New York: Hanser Publ, 1994.

[330] McCormick C L, Dawsey T R. Macromolecules, 1990, 23: 3606.

[331] McCormick C L, Lichatowich D K. J Polym Sci Polym Lett Ed, 1979, 17: 479.

[332] McCormick C L, Chen T S. In: Symor R B, Stahl G A. Macromolecular Solutions, Solvent-Property Relationships in Polymers. New York: Pergamon Press, 1982.

[333] Ibrahim A A, Nada A M A, Hagemann U, et al. Holzforschung, 1996, 50: 221.

[334] Diamantoglou M, Kundinger E F. In: Kennedy J F, Phillips G O, Williams P A, et al. Cellulose and Cellulose Derivatives, Physicochemical Aspects and Industrial Applications. Cambridge: Woodhead Publishing, 1995.

[335] Terbojevich M, Cosani A, Focher B, et al. Cellulose, 1999, 6: 71.

[336] Pawlowski W P, Sanakar S S, Gilbert R D. J Polym Sci A, 1987, 25: 3355.

[337] Pawlowski W P, Gilbert R D, Fornes R, et al. J Polym Sci B, 1988, 26: 1101.

[338] Samaranayake G, Glasser W G. Carbohydr Res, 1993, 22: 79.

[339] Heinze T, Liebert T, Pfeiffer K, et al. Cellulose, 2003, 10: 283.

[340] Marsano E, De Paz L, Tambuscio E, et al. Polym, 1998, 39: 4289.

[341] Sun R C, Fang J M, Tomkinson J, et al. J Wood Chem Technol, 1999, 19: 287.

[342] Witzemann J S, Nottingham W D, Rector F D. J Coating Technol, 1990, 62: 101.

[343] Witzemann J S, Nottingham W D. J Org Chem, 1991, 56: 1713.

[344] Clemens R C. Chem Rev, 1986, 86: 241.

[345] Wentrup C, Heilmayer W, Kollenz G. Synthesis, 1994: 1219.

[346] Larsson L, Hansen B. Svensk Kem Tidskr, 1956, 68: 521.

[347] Robertson R E, Rossall B, Redmond W A. Can J Chem, 1971, 49: 3665.

[348] Allen A D, Kresge A J, Schepp N P, et al. Can J Chem, 1987, 65: 1719.

[349] Abraham M H. Chem Soc Rev, 1990: 73.

[350] Takaragi A, Minoda M, Miyamoto T, et al. Cellulose, 1999, 6: 93.

[351] Heinze T, Dicke R, Koschella A, et al. Macromol Chem Phys, 2002, 201: 627.

[352] Ciacco G T, Liebert T F, Frollini E, et al. Cellulose, 2002, 10: 125.

[353] Tada E B, El Seoud O A. J Phys Org Chem, 2002, 15: 403.

[354] Hefter G T. Pure Appl Chem, 1991, 63: 1749.

[355] March J. Advanced Organic Chemistry. 4th ed. New York: Wiley, 1992.

[356] Samaranayake G, Glasser W G. Carbohydr Res, 1993, 22: 1.

[357] Gerardeau S, Aburto J, Vaca-Garcia C, et al. In: Biorelated Polymers, Sustainable Polymer Science and Tecnology. New York: Kluwer, 2001.

[358] Oera J. Esterification. Weinheim: Wiley, 2003

[359] Glasser W G, McCartney B K, Samaranayake G. Biotechnol Prog, 1994, 10: 214.

[360] Greene T W, Wuts P G M. Protective Groups in Organic Synthesis. New York: Wiley, 1991.

[361] Gerzon K, Kau D. J Med Chem, 1967, 10: 189

[362] Orzeszko A, Gralewska R, Starosciak B J, et al. Acta Biochim Pol, 2000, 47: 87

[363] Vaca-Garcia C, Thiebaud S, Borredon M W, et al. JAOCS, 1998, 75: 315

[364] Shimizu Y, Hayashi J. Sen-i Gakkaishi, 1988, 44: 451.

[365] Siegmund G, Klemm D. Polym News, 2002, 27: 84.

[366] Sealey J E, Samaranayake G, Todd J G, et al. J Polym Sci B, 1996, 34: 1613.

[367] Sealey J E, Frazier C E, Samaranayake G, et al. J Polym Sci B, 2000, 38: 486.

[368] Glasser W G, Becker U, Todd J G. Carbohydr Polym, 2000, 42: 393.

[369] Koschella A, Haucke G, Heinze T. Polym Bull, 1997, 39: 597.

[370] Heinze T, Schaller J. Macromol Chem Phys, 2000, 201: 1214.

[371] Hussain M A, Liebert T, Heinze T. Polym News, 2004, 29: 14.

[372] Tascioglu S. Tetrahedron, 1996, 34: 11113.

[373] Bunton C A. J Mol Liq, 1997, 72: 231.

[374] Thuresson K, Lindman B. J Phys Chem B, 1997, 101: 6460.

[375] Kastner U, Hoffmann H, Donges R, et al. Colloids Surf A, 1994, 82: 279.

[376] Kastner U, Hoffmann H, Donges R, et al. Colloids Surf A, 1996, 112: 209.

[377] Iwata T, Azuma J, Okamura K, et al. Carbohydr Res, 1992, 244: 277.

[378] Iwata T, Okamura K, Azuma J, et al. Cellulose, 1996, 3: 107.

[379] Iwata T, Fukushima A, Okamura K, et al. J Appl Polym Sci, 1997, 65: 151.

[380] Iwata T, Doi Y, Azuma J. Macromolecules, 1997, 30: 6683.

[381] Kamide K, Saito M. Macromol Symp, 1994, 83: 233.

[382] Koschella A. Use of regioselective synthesis for obtaining new functionalized polymers, and use of NMR spectroscopy for the characterization of unconventional substitution patterns. Ph. D. Thesis, Germany: University of Jena, 2000.

[383] Stein A, Klemm D. Papier, 1997, 49: 723

[384] Koschella A, Klemm D. Macromol Symp, 1997, 120: 115.

[385] Koschella A, Heinze T, Klemm D. Macromol Biosci, 2001, 1: 49.

[386] Arai K, Ogiwara Y. Sen-i Gakkaishi, 1980, 36: T82-T84.

[387] Morooka T, Norimoto M, Yamada T, et al. J Appl Polym Sci, 1982, 127: 4409.

[388] Miyagi Y, Shiraishi N, Yokota T, et al. J Wood Chem Technol, 1983, 3: 59.

[389] Seymour R B, Johnson E L. J Polym Sci Polym Chem Ed, 1978, 16: 1.

[390] Leoni R, Baldini A. Carbohydr Polym, 1982, 2: 298.

[391] Saikia C N, Dutta N N, Borah M. Thermochim Acta, 1993, 219: 191.

[392] Wagenknecht W, Nehls I, Philipp B. Carbohydr Res, 1992, 237: 211.

[393] Mansson P, Westfeld L. Cellul Chem Technol, 1980, 14: 13.

[394] Shimizu Y, Nakayama A, Hayashi J. Sen-i Gakkaishi, 1993, 49: 352.

[395] Emelyanov Y G, Grinshpan D D, Kaputskii F N. Khim Drev, 1988, 1: 23.

[396] Schempp W, Krause T, Seifried U, et al. Papier, 1984, 38: 607.

[397] Klemm D, Schnabelrauch M, Stein A, et al. Papier, 1990, 44: 624.

[398] Mormann W, Demeter J. Macromolecules, 1999, 32: 1706.

[399] Klemm D, Heinze T, Stein A, et al. Macromol Symp, 1995, 99: 129.

[400] Liebert T. Cellulose esters as hydrolytically instable intermediates and pH sensitive carriers. Ph. D. Thesis, Germany: University of Jena, 1995.

[401] Liebert T, Heinze T. ACS Symposium Series 688. USA, American Chemical Society, 1998.

[402] Stein A, Klemm D. Macromol Rapid Commun, 1988, 9: 569.

[403] Heinze T, Liebert T. In: Rustemeyer P. Cellulose Acetates, Properties and Applications. Weinheim: Wiley-VCH, 2004.

[404] Krasovskii A N, Polyakov D N, Mnatsakanov S S. Russ J Appl Chem, 1993, 66: 918.

[405] Krasovskii A N, Polyakov D N. Russ J Appl Chem, 1996, 69: 1049.

[406] Hikichi K, Kakuta Y, Katoh T. Polym J, 1995, 7: 659.

［407］Buchanan C M, Hyatt J A, Lowman D W. J Am Chem Soc, 1989, 111：7312.

［408］Deus C, Friebolin H, Siefert E. Makromol Chem, 1991, 192：75.

［409］Braun S, Kalinowski H O, Berger S. 100 and More Basic NMR Experiments. Weinheim：VCH, 1996.

［410］Kowasaka K, Okajima K, Kamide K. Polym J, 1988, 20：827.

［411］Iijima H, Kowasaka K, Kamide K. Polym J, 1992, 24：1077.

［412］Bjorndal H, Lindberg B, Rosell K G. J Polym Sci Polym Symp, 1971, 36：523.

［413］Lee C K, Gray G R. Carbohydr Res, 1995, 269：167.

［414］王渊龙, 程博闻, 赵家森. 天津工业大学学报, 2010, 21（2）：83-86.

［415］Tosh B, Saikia C N. Trends in Carbohydrate Chem, 2000, 6：143

［416］Tosh B, Saikia C N, Dass N N. Carbohydr Res, 2000, 327：345.

［417］Galaev I Y. Russian Chem Rev, 1999, 64：471.

［418］Roder T, Morgenstern B, Schelosky N et al. Polymer, 2001, 42：6765-6773.

第 2 章　基于木质素的先进材料

2.1　引　言

1838 年，法国农学家 P. Payen 在从木材中分离出纤维素的同时，发现还存在一种含碳量更高的化合物，他称之为木质素。后来，F. Schulze 仔细分离出了这种化合物[1-3]。

木质素是针叶树类、阔叶树类和草类植物的基本化学组成之一，还存在于所有的维管植物中；是植物细胞中一类复杂的芳香聚合物，是纤维素的黏合剂，可以增加植物体的机械强度。

木质素、纤维素和半纤维素是构成植物骨架的主要成分，就总量而言，地球上木质素的数量仅次于纤维素，估计每年全世界植物生长可产生 1500 亿 t 木质素。我国森林资源不是很丰富，但农作物秸秆每年有 5 亿~6 亿 t。

人类利用纤维素已有几千年的历史，而木质素真正开始研究是 1930 年以后，而且至今没有很好地利用，大自然提供给人类的大宗资源，每年被白白浪费了。木质素作为木材水解工业和造纸工业的副产物，由于得不到充分利用，变成了环境污染物，严重地污染了环境。

2.1.1　木质素的结构

木质素是聚酚类的三维网状高分子化合物，不同于蛋白质、多糖、核糖等天然高分子，后者的有规结构可用化学式来表示，而木质素只能用结构模型来表示，这种结构模型所描述的也是木质素大分子被切出的可代表平均分子的一部分，或只是按测定结果平均出来的一种假定结构[1-3]。

由于木质素的结构非常复杂，因而虽然人们从 19 世纪后期就开始对其进行研究，但至今还没有研究清楚各种木质素。19 世纪 60 年代初，Freudenberg 根据生物合成实验的结果提出了针叶材木质素结构的模型图，得到了木质素基本单元是苯丙烷，同时确认了在苯环上具有甲氧基[1,2]。随着高分辨的核磁共振技术和计算机模拟技术的发展，研究者在 Freudenberg 提出的基本概念基础上，除对针叶材木质素结构完善以外，又对阔叶材和某些草类原料（如芦苇、蔗渣等）提出了新的结构模型[3]。这些模型的出现，极大地促进了木质素研究的发展。

1. 元素组成

木质素的元素组成随着植物品种和分离方法的不同而不同，不同植物纤维中的木质素各元素的含量略有不同，但主要是由碳、氢、氧三种元素组成。

2. 结构主体

作为木质素的主体结构，目前认为以苯丙烷为结构主体，共有三种基本结构，如图 2-1 所示（非缩合型结构），即愈创木基结构、紫丁香基结构和对羟苯基结构：

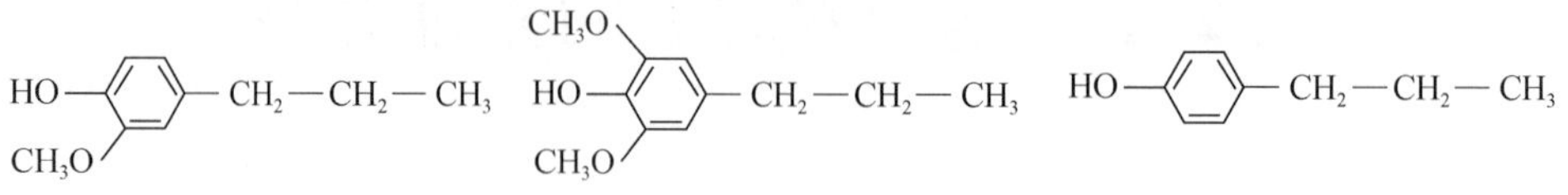

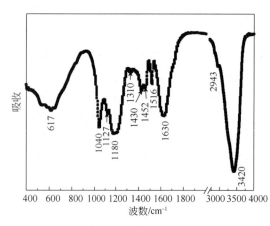

愈创木基结构　　　　　　　　紫丁香基结构　　　　　　　对羟苯基结构

图 2-1　木质素的三种基本结构[1,2]

从生物合成的过程研究得知，这三种基本结构单元首先由葡萄糖发生芳环化反应而形成莽草酸（shikimic acid），然后由莽草酸合成三种木质素的基本结构[1,2]。结构主体之间的联结方式主要是醚键，约占 2/3 ~ 3/4，还有碳键，约占 1/4 ~ 1/3。

虽然木质素大分子结构异常复杂，形成过程中随机性很大，但是可以确定木质素大分子具有以下特点：

（1）木质素分子的基本单元绝大多数通过碳–氧芳基醚键连接，小部分经碳–碳键连接；

（2）绝大多数丙基支链在 α 位置被氧化，连接着羟基或者以醚键互相连接；

（3）分子中存在相当数量的酚羟基[3]。

3. 官能团

木质素结构中有复杂的官能团，其分布与种类有关，也与提取分离方法有关。正是由于许多官能团存在，所以木质素能发生多种化学反应。

木质素结构中存在较多的羟基，以醇羟基和酚羟基两种形式存在。木质素结构中的酚羟基是一个十分重要的结构参数，酚羟基的多少会直接影响木质素的物理和化学性质，如能反映出木质素的醚化和缩合程度，同时也能衡量木质素的溶解性能及反应能力。木质素结构中羰基通常是以芳香环共轭的形式存在。

木质素的侧链结构直接关系到木质素的化学反应性。在木质素的侧链上，有对羟基安息香酸、香草酸、紫丁香酸、对羟基肉桂酸、阿魏酸等酯型结构存在，这些酯型结构存在于侧链的 α 位或 γ 位。在侧链 α 位除了酯型结构外，还有醚型连接，或作为联苯型结构的碳–碳连接。

测得的木质素的红外光谱如图 2-2 所示。

其相应的峰位见表 2-1。

木质素分子结构中的特征基集团，在红外光谱上有明确的特征峰，由图 2-2 可

图 2-2　木质素的红外光谱[4-8]

知木质素的结构：在 $3420cm^{-1}$ 附近是羟基伸缩振动强的吸收峰，在 $1630cm^{-1}$ 和 $1510cm^{-1}$ 两处是苯环的特征吸收，是典型的 C—C 和 C =C 的共轭体系伸缩振动的特征吸收；而 $1100 \sim 1300\ cm^{-1}$ 出现的群峰是醚类的吸收[1-8]。

表 2-1　木质素红外光谱分析

波数/cm⁻¹	特征基团
3420	—OH（伸缩振动）
2943	甲基、亚甲基和次甲基（伸缩振动）
1631	芳环中 C =C
1516	芳环（骨架振动）
1452	芳环中 C—H（非对称弯曲振动）
1425	甲基、亚甲基和次甲基（非对称弯曲振动）
1330	—OH（弯曲振动）
1182	紫丁香环（C—O）
1127	紫丁香环（C—O）
1044	S =O（伸缩振动）

2.1.2　木质素的性质

1. 物理性质

理论上的木质素是一种白色或接近无色的物质，相对密度大约在 1.35 ~ 1.50 之间，没有光学活性，是一种聚集体，结构中存在许多极性基团，尤其是较多的羟基，造成了很强的分子内和分子间的氢键，因而不溶于任何溶剂。但实际得到的木质素大都呈褐色或黑色，其颜色取决于制造过程。

木质素为一种热塑性高分子物质，无确定的熔点，具有较高的玻璃化转变温度。

木质素的物理性质与其来源有关，随着植物种类、部分和植物组织的不同而异，也与不同的分离过程和方法有关。

（1）分子量和分子形状

木质素的理论分子量可以达到几十万，但分离得到的木质素的相对分子量要低得多，一般在几百到几百万。木质素的分子量受分离方法和分离条件的影响，其分布具有多分散性的特征。

木质素在细胞壁中呈层状结构存在，在制浆过程中以厚 2nm、不同宽度的碎片形式溶出。大的片状碎片在溶液中呈不规则折叠，类似球状。在电子显微镜下，可以直接观察到木质素大分子的形状近似于球状或块状。在扩散和沉降过程中，木质素的流体力学性质则界于球形刚体和胶体之间[4-8]。

（2）热性质和溶解性

木质素具有热塑性，这是木材加工成纸浆的一个重要性质。各种分离木质素的软化点随树种、分离方法和分子量而异。木质素的软化温度为 127 ~ 193℃。含水试料的软化点明显下降。另外，分子量增加，软化点和玻璃化转变温度也增加。木质素的杨氏模量和摩擦弹性等也随含水率增加而直线下降。

原木质素和各种分离木质素是一种热塑性高分子物质，无确定的熔点，具有玻璃化转变温度，而且较高，通常为127～193℃，当然它们的玻璃化转变温度与植物的种类、木质素的分离方法以及木质素的相对分子量有关，在湿态和干态条件下，其玻璃化转变温度也有很大差别，合成木质素的玻璃化转变温度明显下降。另外随着木质素分子量的增加，其玻璃化转变温度增加。图2-3是木质素样品的DSC图。

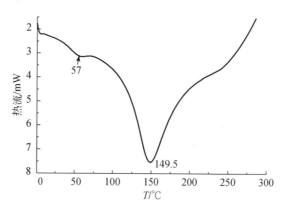

图2-3　木质素样品的DSC图[5,6]

测量木质素的玻璃化转变温度对于木质素的改性研究有十分重要的意义，因为在木质素的改性过程中必须升温到木质素的玻璃化转变温度以上，才可以使得木质素的改性程度较好。从图2-3可知：该木质素的玻璃化转变温度是149.5℃。

植物体中的原本木质素不溶于水和多种溶剂。而分离木质素在溶剂中是否溶解，则受溶剂溶解性参数和氢键形成能力影响。据报道，如果溶解参数为10～11（cal/mL）$^{1/2}$，氢键形成能力越大，相应溶解性越好。

（3）胶体性质

可溶性木质素衍生物如木质素磺酸盐在工业中可作各种胶体使用。木质素磺酸是从几百到几百万的高分子，它同时具有如C_6～C_3的疏水性骨架和磺酸等其他亲水性基团的表面活性剂结构，因而具有良好分散性。

（4）电化学性能

木质素磺酸为高分子电解质，在电泳中向阳极移动，因而可用电泳法和电渗析法来分离制浆废液中的木质素磺酸。

（5）表面性能

根据Lifshitz-van der Waals力和Lewis酸碱反应力所组成的表面能观点[9-11]，Van Oss[11]提出，表面自由能为一个非极性的Lifishitz-van der Waals力γ^{LW}和极性的Lewis酸碱力γ^{AB}的总和。其中极性力包括色散效应（london）、诱导效应（debye）和取向效应（keesom）。而极性酸碱效应则包括氢键的贡献，可以由电子给出体γ^-和电子接受体γ^+的相互作用表述[12-15]。

根据毛细管上升方法得到的木质素的表面能 γ_S 约为 21.89 mJ/m^2，其构成见表 2-2（其中，γ_S^{LW} 为非极性力，γ_S^{AB} 为极性力，γ_S^+ 为 Lewis 酸性力，γ_S^- 为 Lewis 碱性力）。

表 2-2　木质素的表面性能[6-8]

样品	γ_S /(mJ/m^2)	γ_S^{LW} /(mJ/m^2)	γ_S^{AB} /(mJ/m^2)	γ_S^+ /(mJ/m^2)	γ_S^- /(mJ/m^2)
木质素	21.89	21.09	0.80	0.20	0.81

将木质素溶解在液体中制备膜，然后测试其液体接触角，Lee 和 Luner 曾报道了硬木木质素的临界表面能 γ_c 约为 36mJ/m^2[16]。

而 Mohamed 用 IGC 测试得到的粉末状木质素的 London 力 γ_S^d（色散力）在 45 ~ 49 mJ/m^2 之间[17]。

（6）溶解性能

将木质素分别溶解在 NaOH 和 HCl 溶液中经历不同的时间后测试其直径发现木质素的粒径在 HCl 环境中的表现行为是其直径首先随放置时间的增加而增大，但不管浓度如何变化，最后木质素的直径都快速减小（图 2-4），意味着木质素在酸液中溶胀。由于木质素可以溶解在酸液中早已被许多文献报道[4]，所以由图 2-4 所显示的现象可以进一步知道木质素在酸液中的溶解是在溶胀后进行的，即首先是木质素溶胀，其次是木质素的溶解。由图 2-4 还可知道，酸液浓度大有利于木质素溶胀。尤其是溶解动力学显示当酸液浓度大于 0.4mol/L 后，木质素的溶解极有可能无初期的如图 2-4 中出现的平台曲线。此外，图 2-4 还显示在室温条件下，如 25℃，80min 是一个固定的木质素溶胀时间，因为三条曲线均一致显示该时间节点是木质素溶胀和溶解的分水岭，而且该点与酸液的浓度无关。

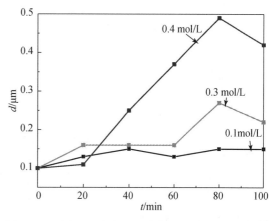

图 2-4　不同 HCl 浓度下木质素粒径随时间的变化[4]

为了证实木质素在 HCl 溶液中是否先是溶胀，然后才溶解，应用扫描电镜对上述两种分别反应了 60min 和 100min（0.4mol/L）的木质素样品进行了观察[4]，如图 2-5、图 2-6 所示。

由 SEM 图可以看出：当木质素溶解在 0.4mol/L 的 HCL 过程约 60min 后，其平均粒径增加到约 400nm，较原始木质素的直径大约 4 倍。木质素在 HCl 溶液中反应约 100min 后明显溶解，因为其平均直径在此时约在 200 ~ 300nm 之间。

上图还揭示了木质素在溶胀过程中为球状，而溶解过程中明显变成有规则的长方体。这意味着 HCl 溶液对木质素表面有一定的修饰作用。

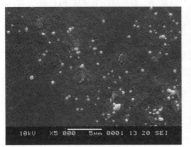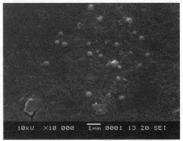

图 2-5　木质素在 0.4mol/L 的 HCl 溶液中静置 60min 后的 SEM

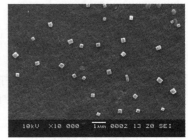

图 2-6　木质素在 0.4mol/L 的 HCl 溶液中静置 100min 后的 SEM

2. 化学性质

木质素可发生在苯环上的卤化、硝化、氧化以及发生在侧链的苯甲醇基、芳醚键和烷醚键上的反应，还有木质素的改性反应等[18-26]。

（1）显色反应

由于木质素的结构复杂，不同结构可以用不同的试剂进行定量分析，如木质素中的对羟基苯甲醇及醚型结构，可用溴化氢的三氯甲烷溶液进行溴化，再将它们用吡啶或碳酸氢钠处理，即生成黄色的醌甲基化物。木质素的显色反应可用于木质素的定性分析[27-32]。

（2）氧化

木质素的结构可以受氧化分解，且分解产物十分复杂。木质素被高锰酸钾氧化，生成一系列芳香酸；在碱液中以金属化物为催化剂时，得到的产物更复杂，除了碱性硝基苯氧化的产物，还有许多二聚的酮和酸；臭氧具有很强的反应性，能与酚型和非酚型结构的木质素发生亲电取代反应[30]。

（3）还原

木质素的还原反应主要是通过对还原产物的分析、鉴定来推断木质素的结构以及通过控制还原条件生产苯酚或环己丙烷等有价值的化学品，主要是通过催氢化和在液氮中用金属钠还原等方法[30]。

（4）水解

木质素的水解，在造纸制浆过程中，是一个重要的反应，通过各种方式的碱性水解，可以使木质素的结构单元间的连接断裂，并使之溶解出来，从而实现与纤维素的分离。主要包括下列水解：①酚型 α-芳基醚的水解；②非酚型 α-芳基醚的水解；③酚型 β-芳基醚的水解；④非酚型 α-芳基醚的水解；⑤烷基与烷基之间和烷基与芳基之间的碳-碳键的断裂[31]。

（5）醇解和酸解

用乙醇-盐酸加热回流木质素，从水解产物中分离了 10% 的苯丙烷型化合物和紫丁香基衍生物，这对确定木质素的结构中存在苯丙烷型单元是有说服力的反应[18]。

（6）光降解

木质素对光不是很稳定，在波长<200nm、200～480nm 以及波长>480nm 的光线照射时，木质素都会发生分解或聚合形成新的高分子化合物，在外观上的表现是木质素的颜色变化[19,20]。

（7）生物降解

根据卢雪梅等[33]和马登波等[34]对木质素生物降解的化学反应机制的归纳，一般认为木质素的生物降解有以下几种机制：①木质素模型化合物的 C_α—C_β 断裂；②C_α 氧化机制；③氧的活化；④藜芦酸及其衍生物的氧化；⑤醌/氢醌的形成；⑥芳香环开环；⑦单甲氧基芳香物的氧化。在木质素降解过程中，氧化反应占主要地位，但同时需要还原反应进行辅助。

（8）酰化

木质素的结构中含有醇羟基和酚羟基，可与酚化试剂发生酚化反应。该反应主要是研究木质素结构中所含羟基的类型及数量。常用的酰基化试剂有乙酸酐-吡啶、乙酸酐-硫酸、乙酰溴等。

（9）烷基化

与酰化有所不同，不但羟基可以发生烷基化反应，羧基、羰基也可以进行烷基化，选择不同的烷基化方案可以与甲基、羧基、羰基进行烷基化反应，从而确定羟基的种类和数量。

（10）磺化

木质素的磺化反应在制浆中有非常重要的作用，木质素结构中引入磺酸基，增加了亲水性，这种木质素磺酸盐在酸性蒸煮液中进一步发生水解反应，使与木质素结合的半纤维素发生解聚，从而使木质素磺酸盐析出[3]。

（11）卤化

木质素的卤化主要发生在其苯环上，在室温或室温以下可以进行。在温和条件下，卤素主要在芳环上发生取代反应，如 C_5、C_6 位的氯取代。在较强烈的条件下，侧链上结合氯的比例较高。木质素磺酸盐进行氯化时，可以脱去 75% 的甲基，硫木质素则可以脱去 90% 的甲基[19]。

（12）硝化

木质素可与硝酸反应，生成硝化木质素。在木质素的硝化反应中，除了亲电的取代反应外，还发生甲氧基的脱落氧化开裂反应。

（13）缩合反应

缩合反应是木质素的重要化学性质之一，也是研究其应用的重要途径。①在碱法制浆中发生的缩合反应有两种类型：C_α—Ar 的缩合和 C_α—C_β 缩合；②在亚硫酸盐制浆过程的

缩合反应有 C_α—Ar；③木质素的酚型结构与甲醛的缩合反应[3]；④木质素与酚类的酸性催化缩合；⑤木质素与异氰酸酯的缩合反应。

（14）接枝共聚

木质素的酚羟基能与环氧烷或氯化醇反应，产物具有较高的胶合强度和优良的耐水煮性。木质素与烯类单体在催化剂的作用下，发生接枝共聚反应，这也是木质素的重要化学性质。现已经研究了木质素磺酸盐与丙烯酰胺、丙烯酸、苯乙烯、甲基丙烯酸甲酯、丙烯氢的接枝共聚反应[25-39]。

2.2　基于木质素的反应性功能材料

2.2.1　乳化剂

采用较温和的 Mannich 反应途径[40]可制得二乙烯三胺/甲醛改性木质素胺，木质素胺的制备条件为反应温度 90℃，反应时间 3h，n（甲醛）：n（二乙烯三胺）：n（木质素）＝ 1~2：1：1，反应 pH 为 11.5。加料方式为将甲醛缓慢滴入木质素与二乙烯三胺的混合溶液中。FTIR、NMR 的测试结果表明，木质素愈创木核的 C_5 位引入了相应的胺甲基。二乙烯三胺/甲醛改性木质素胺的表面活性较低，不能单独用作沥青乳化剂，但由于以其制备的乳化沥青有极佳的黏附性和蒸发残余物残留延度，因而是一种优良的助乳化剂。

2.2.2　交联剂

HBS 木质素[40]可以直接和 TDI、聚乙二醇等多元醇反应生成木质素改性聚氨酯。高沸醇木质素的引入可以明显改善聚氨酯的耐溶剂性能，这种聚氨酯特别适用于制备耐溶剂性要求较高的制品，如印刷或纺织印染轧辊等。增加木质素用量导致交联程度增大，降低了聚氨酯网络结构的溶胀程度，因此 HBS 木质素在聚氨酯中可以同时看作交联剂。

2.2.3　热稳定剂

HBS 木质素改性[40]能够提高环氧树脂的热稳定性，与传统的木质素基环氧树脂的合成相比，高沸醇木质素环氧树脂不仅合成工艺简化，成本降低，而且提高了环氧树脂的性能。

2.2.4　橡胶补强剂

高沸醇木质素[40-49]还适合作为橡胶的改性剂，氯丁橡胶添加环氧化改性的 HBS 木质素后，扯断伸长率得到明显改善。在两种不同的硫化条件下，随着环氧氯丙烷用量的增加，橡胶的扯断伸长率均有显著提高。

目前，通过适当的改性方法和加工工艺，木质素在丁腈橡胶、天然橡胶、丁苯橡胶和溴化丁基橡胶等许多橡胶中，已达到或明显超过炭黑的补强水平[50-57]。

2.2.5　载体

以木质素为模板合成多孔材料[58]：通过曼尼希反应在木质素分子中引入含氮原子的基团，改性的木质素分子能够溶于酸性溶液中。而杂多酸负载型多孔材料的制备需在酸性条件下进行，以避免杂多酸降解。选择在酸性条件下水解正硅酸乙酯制备溶胶，焙烧除去模板剂后所形成的一种氧化硅粒子集聚而形成大孔结构，从而制成孔径在 $0.24 \sim 5.23\mu m$ 之间，平均厚度在 $2.4\mu m$ 左右的大孔材料。

2.2.6　溶剂

目前二甲亚砜（DMSO）[59]的工业规模制造用木质素磺酸盐和硫酸盐法，DMSO 主要作为合成纤维中的溶剂。木质素可以通过溶剂分解作用裂解为低分子量化学物质如香兰素、二甲基硫醚（DMS）、二甲亚砜（DMSO）、苯和苯酚以及它们的同系物。

2.2.7　堵水剂

用丙烯酰胺、木质素磺酸钠作为成胶剂[60]，使其与交联剂、引发剂和稳定剂在 120℃ 下共聚成一种堵水剂。该堵水剂抗温、抗盐性能好，封堵强度也很高，对不同渗透率的岩心封堵率在 98% 以上。

2.2.8　防降解稳定剂

木质素和 PE、PP 共混物可作为防降解稳定剂[61-74]。

2.2.9　结晶成核剂

木质素可以作为结晶成核的辅助剂[75-79]。Kai 等[80]对木质素 PHB 做了研究，发现木质素的加入导致 PHB 机械性能改善。PHB，聚 3-羟基丁酸酯具有密度大，光学活性好，透氧性低，抗紫外线辐射，生物降解性、生物相容性、压电性、抗凝血性均较好，是一种很好的材料，但是脆性较大，并且在熔融状态易分解，它的应用受到限制。与木质素共混大大改善了其结晶性能，成核密度增加，球晶尺寸降低，从而改善了其机械性能。Avrami 方程对其等温结晶的研究表明，在木质素的共混体系中，木质素和 PHB 间产生大量的分子间氢键，从而诱导了异相成核，使其内部的晶形发生了改变，同时还诱导了二次结晶，使得结晶完整性大大增加。

Li 等[81,82]对 PET 木质素体系的研究同样符合以上趋势，这也是分子间氢键的作用结果。

Canetti 等[83]对全同 PP-木质素体系的结晶性能进行了全面研究，他们通过 OPM、DSC、光学显微镜、XRD 全面地对此共混体系的等温结晶及非等温结晶的结晶状态进行了研究，发现木质素的加入使得 PP 的晶形发生了改变，此种改变随着木质素与 PP 含量的变化而变化，这点值得我们加以利用和借鉴。

2.2.10　抗氧剂

Pouteau 等[84,85]对木质素–聚烯烃混合体系进行抗氧化性能的研究，将共混样品在空气及氮的作用下的 T_g 曲线进行分析，在氮气流的作用下分解温度较高，失重率较低。可见木质素在空气流的作用下比较容易分解，通过结构分析发现，这些残渣多为木质素超分子高交联结构，此结构抗氧性强，不易分解。

Fernandes 等[86,87]对 KLD 及 KLD-PVA 共混膜在空气流和氮气流下的 T_g 曲线进行分析，发现了同样的趋势。他们通过活化能的估计及比较说明了在不同的保护气流下的抗热降解和热稳定的机理是不同的。

2.2.11　表面活性剂

木质素作为表面活性剂主要是因为它具有非常低的表面张力[88]。

2.3　基于木质素的光敏型材料

Fernandes 等[86,87]将 KLD 与 PVA 共混并研究了其光化学稳定性能。通过比较原始 PVA 膜及共混膜及他们经紫外线照射后的共混膜的 FTIR 和 1H-NMR 曲线及 SEM 图片，均表明木质素加入 PVA 后辐射前后热稳定性、光稳定性均优于 PVA 膜，这是由于 PVA 膜与 KLD 间存在一定的分子作用。木质素可以作光稳定剂[88]。

2.4　基于木质素的电性能材料

由于木质素是高度交联的多酚羟基的聚合物，在造纸工业中的副产物多带有磺酸基团，每年的木质素磺酸盐的产量很大，但仅有1%得到了应用，这种物质对环境有一定的危害。据 Zhang 等[89,90]报道，将木质素磺酸盐和聚醚砜（PSU）复合膜作为燃料电池的分离膜，并将此制品与杜邦公司的产品 Nafion117 和 Nafion1135 进行性能比较。由于磺化基团的存在，其各种性能均与以上杜邦产品相当。通过阻抗谱测得的电阻和等效电容均在一定程度上优于此产品。从经济角度和环保角度来考虑，此产品有望作为燃料电池中分离膜的又一大类。

2.5　基于木质素的吸附材料

利用高沸醇木质素进行了酚化和胺化试验[91]，制得了高沸醇木质素酚和高沸醇木质素胺，在研究了它们对菠萝蛋白酶的吸附作用时，发现高沸醇木质素胺和高沸醇木质素酚具有良好的吸附性能，而且菠萝蛋白酶被吸附后仍具有较高的活性，高沸醇木质素及其衍生物有望成为菠萝蛋白酶新型浓缩吸附剂或固定化菠萝蛋白酶的新型载体。

对于高沸醇木质素直接吸附含酚污水中苯酚的特性[91]，它比焦木素有更好的脱酚效果，有望成为含酚污水的处理剂。高沸醇木质素吸附苯酚后可以成为合成酚醛树脂的原料而得到综合利用。

木质纤维素转化为乙醇的副产物，是吸水性材料的原材料。这些残渣对苯酚和含氮的芳香化合物有很好的吸水性。含有四价铵离子的改性水解产物吸水性更好。

含有环氧胺结构的木质纤维素对金属离子有很好的吸附作用。氨基木质素对胆汁和胆固醇有很好的吸附作用，吸附量分别为 140mg/g 和 80mg/g[92]。

混凝土减水剂是一类阴离子表面活性剂，在水泥颗粒的表面形成一层具有一定机械强度的介面膜，起到颗粒之间减少阻力和润滑作用。可减少混凝土拌和时的用水量，降低水的灰比，改善混凝土的和易性，提高混凝土的强度和密实性，具有早强效应。减水剂已成为建筑行业备受关注的材料。

木质素来源丰富，价格低廉，可作为生产油田化学品的原料，事实上，木质素被大量用于生产油田化学品，在我国石油工业中所用的 16 大类 262 个品种的油田化学品中，现在已能用木质素生产 5 大类 24 个品种的油田化学品[92]。包括：钻油泥浆添加剂，1962 年美国出现了用碱木质素制备钻井泥浆稀释剂的专利[92]，该稀释剂中含有碱木质素、碱、柴油、瓜尔胶和表面活性剂；稠油降黏剂，稠油的黏度高，流动阻力大，不易开采，用三元相图研究造纸黑液、石油磺酸盐（PS）和部分水解聚丙烯酰胺（HPAM）组成的三元复合体系乳化稠油的可行性，结果表明造纸黑液可用于稠油降黏，在 50℃ 时使用浓度为 10% ~ 30% 黑液，可使稠油的黏度由 1300mPs·s 降至 180 ~ 300mPs·s，三元复合驱油的优越性在于聚合物、表面活性剂和碱有协同效应[93]。

2.6　基于木质素的智能材料

2.6.1　形状可控木质素微粒

我们曾[4]研究了木质素颗粒在酸碱溶液中的溶解行为，发现木质素颗粒在氢氧化钠和盐酸溶液中均呈现微纳米尺寸，其中在酸液中溶解引起颗粒外形由球形变为长方形，同时引起了分子量降低。可控形状的粒子具有特别的应用场合，这为木质素的扩大应用提供了一个新的途径。

Vainio 等[93]列出了近十几年来在不同的溶剂下木质素及其衍生物形状变化的报道，并对不同来源的木质素进行了 SAXS、WAXS、USXS 及流体力学半径随浓度的变化的研究，也发现了同样的效果。

2.6.2　具有开关性能的木质素凝胶

近来，我们应用木质素制备了木质素聚电解质凝胶[94,95]，并通过木质素对聚电解质凝胶的电导和溶胀行为进行调控，获得了较理想的结果。在合成聚丙烯酰胺的过程中分别加入木质素磺酸钠（Na+-LGS）、木质素磺酸镁（Mg2+-LGS）和木质素磺酸钙（Ca2+-LGS），图 2-7 显示了凝胶过程中电导率与时间的关系，PAAm 空白凝胶作为 LGS 对聚合物凝胶影响的对比参考。从电导率曲线图可看出：所有的曲线上都出现一个峰。在峰的左侧，电导迅速增大；右侧的电导突然下降。整条曲线反映的是凝胶过程包括溶胶-凝胶的转化，而上述峰可能为凝胶点，由此峰左侧体系是溶液态向凝胶态的转变过程；峰右侧则为凝胶成型的稳定状态。

对于纯 PAAm 水凝胶，温度、交联剂、催化剂和引发剂的改变会影响凝胶平衡时的电导率，即改变了凝胶的电学性质。温度上升和交联剂用量增加都会使电导率减小；催化剂与引发剂的用量增加分别使电导率上升。但与 LGS 相比，这些改变是微量的。PAAm-Na^+-LGS 的凝胶平衡电导率为 13.5mS/cm，纯 PAAm 水凝胶中的最大平衡电导为 9mS/cm，前者比后者高 50%。由此可见，LGS 的加入在很大程度上改变了 PAAm 凝胶的电学性质，这种变化可以通过 LGS 的离子选择进行调控。加入 Na^+-LGS 和 Mg^{2+}-LGS 可以使电导率增加，而加入 Ca^{2+}-LGS 却压抑其电导率。其原因可能是 Ca^{2+} 吸附能力强于 Mg^{2+} 和 Na^+，从而使得进入凝胶结构中吸附层的离子数增多，并使凝胶的网络结构间排斥力降低，以致整个系统的电导率降低[94,95]。

LGS 的加入不仅改变了电导率和凝胶体系的黏度，改变了开始反应时间的快慢，还延迟了凝胶点时间，LGS 的表面能越小则延迟时间越长。这是由于 LGS 具有苯-丙烷骨架结构，且在水溶液的表面不能形成致密的疏水链排列，所以加入 LGS 可以起到改善凝胶孔隙结构，如大小及其分布的作用，使凝胶生长速度延缓，并形成互穿网络结构，而 LGS 的表面性能和相对黏度的大小都会影响它们在凝胶中的互穿程度。为了更好地理解 LGS 的表面活性对凝胶过程所起的作用，图 2-8 描述了 LGS 的表面能与凝胶点时间的关系。虽然图中只体现出三个点，但从图中可看出拟合曲线具有更高的线性度[94,95]。

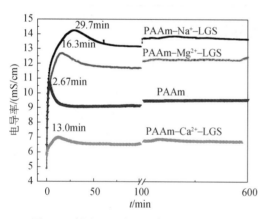

图 2-7　凝胶过程中电导率与时间的关系

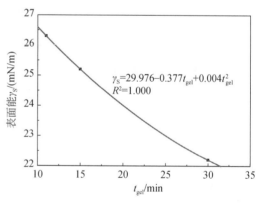

图 2-8　LGS 的表面能与凝胶时间的关系

LGS 作为一种阴离子表面活性剂，表面张力是其基本物理化学性质之一[96,97]。结合表 2-2 中 LGS 的表面能与电导率数值可知，LGS 的表面能大小与所形成的复合聚电解质凝胶所显示的电导率变化趋势有一定的规律，即 LGS 的表面能越大，复合聚电解质凝胶的电导率越低。这进一步说明在溶胶向凝胶转变的过程中表面张力可能起着非常重要的作用，如发生收缩时的表面张力大有利于减小聚电解质凝胶分子间的距离，降低凝胶网络结构的孔隙率，使凝胶的网络结构致密。同时，LGS 溶液的自由离子被束缚于三维网络中或凝胶表面，从而影响凝胶体系的电导率值。所引入官能团的表面性质能对聚合物凝胶的电学性质有影响，这对聚合物凝胶的应用是有意义的[94,95]。

　　PAAm/LGS 水凝胶与 PAAm 水凝胶均为丙烯酰胺通过自由基聚合交联形成的三维网络结构，聚合过程中木质素磺酸盐与丙烯酰胺单体并不发生反应，而与 PAAm 形成半互穿网络结构。

　　从图 2-9 可看出，在 PAAm/LGS 凝胶的红外光谱中，3420cm^{-1} 处的叔胺 N—H 不对称伸缩振动、3200cm^{-1} 处的叔胺 N—H 对称伸缩振动与 1660cm^{-1} 酰胺基上 C=O 伸缩振动都是 PAAm 凝胶的特征吸收谱带[94,95]。另外，谱图上还出现了在 PAAm 凝胶谱图中未出现的弱峰，这是由 LGS 中 1600cm^{-1} 处芳环上的 C=C 伸缩振动、1510cm^{-1} 处的芳环骨架振动和 1040cm^{-1} 处的 S=O 不对称伸缩振动特征吸收峰造成，说明体系中有 LGS。与 PAAm 凝胶和 LGS 的红外光谱相比，PAAm/LGS 复合凝胶的谱图中没有出现新的特征吸收峰，说明复合凝胶中丙烯酰胺与 LGS 之间没有发生化学反应，即在水凝胶的形成过程中，由于丙烯酰胺与交联剂中的烯键较活泼，在自由基的引发下会发生链反应，并发生交联聚合，而 LGS 是穿插或填充在 PAAm 凝胶的立体网络中或凝胶的表面，各自保持了相对独立的化学稳定性，二者形成了半互穿网络结构[94,95]。

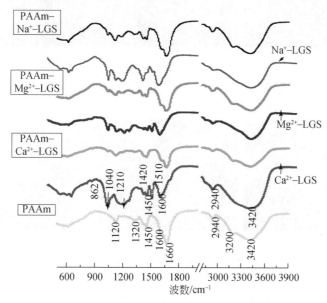

图 2-9　LGS、PAAm 凝胶与 PAAm/LGS 凝胶的红外谱图

　　虽然 LGS 与 PAAm 只是物理混合，但 LGS 的加入在一定程度上会改变 PAAm 凝胶网络结构。比较图 2-9 各特征峰的峰值变化，发现 PAAm/LGS 凝胶上 1510 cm^{-1} 与 1600 cm^{-1} 处峰值骤减，这可能是因为 LGS 中芳环被包裹在凝胶网格中，芳环上的基团振动被掩盖。体积较大的芳环基团扩大了网格体积，从而改善了 PAAm 凝胶原先的网络结构，在宏观上 LGS 对 PAAm/LGS 凝胶表现出致孔作用，这一特点对于 PAAm/LGS 水凝胶在溶胀性能上有很好的体现。仔细比较复合凝胶与空白凝胶的红外谱图发现，前者在 3420cm^{-1} 处的 ν_{asNH_2}、1660cm^{-1} 处的 $\nu_{C=O}$ 处与 1620 cm^{-1} 的 δ_{NH_2} 的吸收谱带都比后者窄，即吸收峰强度比后者小。这说明 LGS 的引入可能在一定程度上影响了 PAAm 凝胶分子间的氢键作用[94,95]。

　　聚丙烯酰胺凝胶和聚丙烯酰胺/木质素磺酸钙和钠水凝胶溶胀后进行冷冻干燥处理后

的扫描电镜的结构形貌分别如图2-10～图2-12所示。

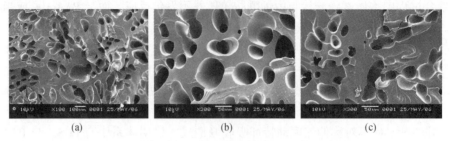

图 2-10　PAAm 凝胶的 SEM 照片

图 2-11　PAAm/Ca²⁺-LGS 凝胶的 SEM 照片

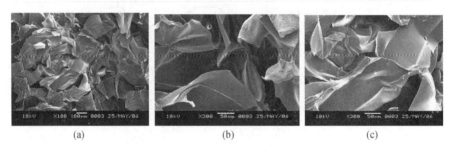

图 2-12　PAAm/Na⁺-LGS 凝胶的 SEM 照片

　　从不同放大倍数的扫描电镜图中可以看出，3 种水凝胶的断面均不规整且形成一种开放式的孔洞结构，其中聚丙烯酰胺凝胶有较小尺寸的孔洞，分子链段之间的距离较小，但半互穿网络的聚丙烯酰胺/木质素磺酸钙和钠凝胶存在明显的孔洞结构，且孔洞大小有所增大。这是由于木质素磺酸钙和木质素磺酸钠作为一种阴离子表面活性剂，有较强的亲水能力，亲水基团与丙烯酰胺中的碳链相互作用改善了半互穿网络水凝胶分子链与水分子间的亲和性。同时木质素磺酸盐的引入使凝胶结构内部具有一定的体积排斥效应，这样在凝胶制备过程中，网络之间就会形成一定的空间[98]，起到了致孔剂的作用。所以木质素磺酸盐的加入，在凝胶中就会产生大的孔洞，从而为水分子的进入提供通道，有利于水分子的扩散，这个现象也能说明半互穿网络凝胶在水中的溶胀度大于聚丙烯酰胺水凝胶的溶胀度[94,95]。

　　同时比较图还可以看出，由于木质素磺酸钠比木质素磺酸钙具有更大的分子量，其分散性和亲水性更强，所以在聚丙烯酰胺/木质素磺酸钠水凝胶中形成更大尺寸的孔洞结构，因而具有更好的溶胀性能。

图 2-13 和图 2-14 分别为 PAAm 水凝胶和 PAAm/LGS 水凝胶在甲酰胺与水和乙醇与水交替刺激的消溶胀–溶胀曲线。从图中可发现，在相同时间内（600min）PAAm 和 PAAm/LGS 水凝胶中的含水量变化随着溶剂的改变而发生响应，并且该响应具有较好的可逆性。在室温下 PAAm 凝胶和 PAAm/LGS 凝胶在水和甲酰胺中都发生溶胀行为，但在乙醇中不溶胀，而且在相同条件下，3 种水凝胶在水中不发生收缩行为，而在甲酰胺和乙醇中发生消溶胀行为，并且在乙醇中的消溶胀更明显，这在比较凝胶在甲酰胺–水和乙醇–水的交替刺激响应性的结果中就可发现，其在乙醇–水中的响应速率更快。这主要由溶剂的极性及其与凝胶相互之间作用力导致。从图中还发现，3 种水凝胶在有机溶剂中的缩溶胀过程时间较短（25min），而在水中的溶胀过程非常慢，大约需要 180min。这说明水凝胶的消溶胀的速率远大于其在室温下的再溶胀速率，因此，每循环一次，水凝胶的溶胀过程中含水量峰值都会有不同程度的降低[94,95]。

比较图中 3 条曲线，可知 PAAm/LGS 水凝胶对溶剂交替刺激表现出较快的响应性。这是由于木质素磺酸盐的加入会在水凝胶网络中形成较大的通道，从而有利于溶剂进出。同时从图中很明显地发现，由于木质素磺酸钠具有更好的亲水性，PAAm/Na$^+$-LGS 水凝胶比 PAAm/Ca$^+$-LGS 水凝胶表现出更快的刺激响应性。由此可见可以通过改变木质素磺酸盐的种类，来使 PAAm/LGS 水凝胶在溶剂变换时表现出不同程度的刺激响应性，达到应用所需的效果[94,95]。

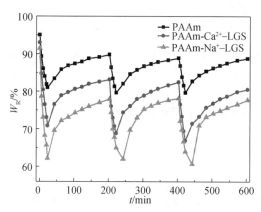

图 2-13　PAAm 凝胶和 PAAm/LGS 凝胶在甲酰胺–水中的消溶胀–溶胀行为

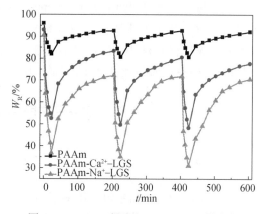

图 2-14　PAAm 凝胶和 PAAm/LGS 凝胶在乙醇–水中的消溶胀–溶胀行为

2.7　基于木质素的医用材料

木质素可以通过溶剂分解作用裂解为低分子量化学物质如香兰素、二甲基硫醚（DMS）、二甲亚砜（DMSO）、苯和苯酚以及它们的同系物。香兰素不仅是香料，而且可用于药物合成，目前以木质素为原料制造的香兰素仍供不应求[99]。

其在生理生化领域中的应用包括：酶的保存稳定剂，诱导肿瘤坏死因子，抗逆转录病毒，木质素对基质转移蛋白酶 MMPs 的抑制，木质素的抗癌抗诱变在农业领域中的应用，迟效缓释作用，微量元素肥，农药杀虫剂载体与缓释，水土保持剂，动物饲料添加剂[100]。

2.7.1　诱导肿瘤坏死因子

Sorimachi 等[49]研究发现木质素和多糖脂相结合，可以有效地诱导肿瘤坏死因子TNT-α 的产生。多种木质素的活性成分已被证明有抑制肿瘤的作用。

2.7.2　用作抗癌剂和抗诱变剂

也有报道[50]介绍了几种不同方式分离得到的木质素对 4-氮喹啉-N-氧化物（4NQO）、3-(5-硝基-2-呋喃) 丙烯酸（5NFAA）、H_2O_2 等诱变试剂的吸附作用研究，借助在微生物体系 Eschericha coli 菌种的 SOS 显色反应，得出木质素对上述诱变剂有很好的吸附作用。

Slamenva 等[51]报道了亚洲鼠 V79 和人类的 VH10 以及 Caco$_2$ 等细胞被 5-甲基-N'-硝基-亚硝基胍（MNNG）处理后，细胞中 DNA 分子均被损伤，然而利用木质素的强吸附亲和性，能约束亚硝基混合物的诱变性能，使得 DNA 的损伤大大减少，减少了 DNA 的烃化。在这个过程中，木质素充当了有氧化特性的 DNA 的抗氧剂，显示出对 DNA 的保护作用。

2.7.3　抗逆转录病毒

对 NDV（Newcastle 病毒是一种副粒病毒）以及 RSV（病毒）感染宿主动物细胞的实验发现，制浆分离得到的磺化木质素能有效地保护宿主细胞免受病毒的感染[51-53]。Mizuno 等[54]报道了单宁酸与木质素能有效地抑制 HIV 病毒的表达；Nakashima 等[55]报道了单宁及木质素等具有抑制 HIV 病毒对宿主细胞靶向定位作用；Ichimura 等[56,57]也报道了木质素及其衍生物对免疫缺陷性病毒的抑制作用。

2.8　基于木质素的高性能工程材料

2.8.1　阻燃剂

造纸废液中的木质素可与甲醛反应，生成木质素酚醛树脂[58]。加入 NBR 中则可以形成有阻燃性的 NBR/甲醛改性木质素体系。结果表明：随木质素用量的增加，氧指数（IO）相应增大，但生烟系数（SL）增多。加入 Al(OH)$_3$ 后，由于 Al(OH)$_3$ 受热产生的水蒸气在熔融木质素中膨胀，而水蒸气逸出则可以使得残渣表面形成疏松的结构，更有利于隔绝火焰产生的高温，从而延缓有机物的分解，使 IO 提高而 SL 下降[59]。

2.8.2　木质素/合成高分子共混

利用木质素具有的高度交联的超分子结构和分子间的强氢键作用，与不同高聚物共混以得到单一高聚物所不具有的性能，便形成了一种利用木质素的方法。事实上，与合适的共混体系共混后，也可消除木质素单组分性能上的弱点，取长补短，发挥各自组分的优点。从而获得良好的综合性能和加工性能[101-105]。

共混体系的各种性质是共混体系研究的关注点。这些性质主要是力学性质、热力学性质、和电学性质。而这些性质与共混体系和共混过程，尤其和体系相容性有着密切的关系[106-124]。其中，各组分间必须存在特殊的作用，如：分子间可以形成氢键，具有强的偶极–偶极作用、离子–偶极作用、电荷转移络合和 Lewis 酸碱作用等[88-92]。对于木质素共混体系而言，其含有较多的芳香族和脂肪族羟基，与另一组分的一些官能团极易形成氢键作用。即使在单组分木质素的复杂超分子结构中也存在相当数量的分子内和分子间氢键[80]。

高分子共混的途径主要有熔融共混、乳液共混和溶液共混[3,105,124]。

木质素是一种多羟基聚合体，存在高度交联的复杂超分子结构。由于其羟基的含量较大，分子内和分子间存在大量的氢键作用，所以为共混提供了有利的条件。羟基可与醚基、酯基、羟基、氨基基团结合成分子间氢键作用，改善了共混体系相容性。良好的相容性为共混体系优良的物理机械性能的形成提供了条件。除了可以改善木质素的力学性能和加工性能，还可将木质素应用于共混体系中[1,3,124]。

1. 木质素/聚氧化乙烯共混体系

聚氧化乙烯（PEO）是一种耐菌侵蚀的结晶性高聚物。其属热塑性树脂类，以高强度和高柔性而著称[105,106]。而木质素由于其复杂而且高度交联的超分子结构，使得自身脆性较大，在纺丝过程中成纤性非常差。两者的共混搭配可以起到互补的作用，共混后明显改善了成纤性和力学性能。在一定的比例下还可进行高速纺丝。例如，Kubo 等[61-73]主要通过进行热力学和 FTIR 的测试比较，不仅对共混体系的相容性和分子间作用力进行了深入探讨，还对不同类型木质素在此体系中的表现作了详细比较。

由于木质素/PEO 共混体系成纤性能优良，作者采用熔融机械共混纺丝的方法制得木质素/PEO 共混纤维，并从 DSC 测试发现所有比例的共混纤维都只有一个 T_g，说明两者具有良好的纳米尺度范围内的相容性[68-73]。而其无定形区可表现为均相体系，相容性比结晶区更佳。原因在于木质素对 PEO 晶区和非晶区的分子间作用不同。在 PEO 与木质素的复杂超分子结构的相互作用的同时，木质素也在打断 PEO 间的相互作用，形成新的相互作用，从而达到良好的相容性。作为结晶性高聚物的 PEO，在某些比例下共混时可能存在晶区，而这些晶区较无定形区而言，排列规整且具有一定的晶格能。所以木质素与此区域的PEO 分子链相互作用相对较困难，不能形成均相体系。当 PEO 含量较小时，结晶区不能形成，此时的相容性十分好。

图 2-15 通过 DSC 方法得到的阔叶木硫酸盐木质素（HKL）及其甲基化的木质素（M-HKL）与聚氧化乙烯（PEO）不同共混比例下的结晶度的表现。从图中可以明显看到共混体系这一结晶性的变化。在木质素含量较小时，共混体系的结晶性与纯的 PEO 体系相当。这是木质素作为成核剂应用的贡献。在一定的比例下，木质素有利于共混物异相成核生长[61-73]，使共混体系的结晶性能比 PEO 还要优良。但是，随着木质素含量的大量增加，结晶度大幅降低。很快就成了完全非晶态的共混体系。

对共混纤维的力学分析也同样说明了这一点。在 PEO 含量较小时（5%～10%），随其含量的增加，杨氏模量、应力和应变都有所增加。而当 PEO 含量大于 10% 时，杨氏模量和应力有所下降，并在 25%～50% PEO 处大幅下降。PEO 含量的比例增加后相容性明

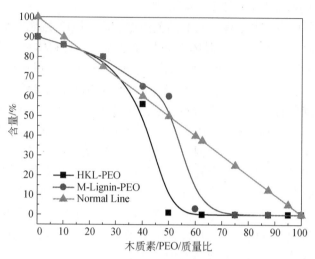

图 2-15　木质素/PEO 共混体系结晶度随含量的变化[61-73]

显变差说明，共混体系的相容性决定了物理性能。但尽管如此，木质素/PEO 共混体系在任何共混比例下还能保持链段水平的相容性。

Kubo 等[61-73]认为相容性好的主要原因是共混体系中存在强大分子间氢键作用。随 PEO 含量增加而体系的 T_g 减小，T_m 增加，由这一变化趋势可知共混体系中存在分子间作用。用 Lu-Weiss 经验方程[108,109]利用不同比例下 T_g 的变化计算分子间相互作用参数，说明了体系确实具有强的分子间作用，而 Kwei 因子表征了共混体系中形成氢键的倾向性较大[112,113]。根据 Nishi-Wang 提出的通过平衡熔点估算分子间相互作用和相容性的方法[114]，Kubo 等[61-73]在排除不完全结晶和无定形的木质素结构对熔点降低的影响后，同样得到负的分子间相互作用参数 χ，证实了共混体系间有强的分子间作用。而他们的 FTIR 分析也同样说明了这一点。Kubo 等[61-73]发现，这一共混体系中的—OH 和 C—O—C 的伸缩振动有明显变化，而这种变化与两者的比例有关系，这证实了有强的氢键作用。随着 PEO 含量的增加，对应于分子间氢键作用的宽峰向低场移动并且变得更宽。在—OH 的伸缩振动区域还出现了继分子间作用的宽峰和分子内作用的肩峰外的第 3 个峰，峰强随 PEO 含量的增加而增大。这是 PEO 的醚键和木质素的羟基间形成的分子间作用所对应的峰。不仅如此，共混体系的其他分子间作用也随 PEO 增加而变大。

为了明确了解在共混体系中不同羟基形成氢键的强度和倾向，Kubo 等[61-73]将无芳香族羟基的甲基化木质素（M-lignin）和 PEO 进行了共混。与木质素/PEO 体系的比较发现，甲基木质素/PEO 共混体系的相容性和形成氢键的倾向以及分子间氢键的强度远不及木质素-PEO 共混体系。这说明此共混体系中，芳香族羟基的分子间和分子内相互作用比脂肪族羟基强得多。并且脂肪族羟基的分子间和分子内作用与其于木质素中的作用相当。可见，在纯的木质素中，脂肪族羟基的分子间和分子内的相互作用也是较小的[61-73]。

阔叶木硫酸盐木质素（HKL）和针叶木硫酸盐木质素（SKL）为木质素中的两大常规产品[3]。当这两种木质素分别与 PEO 形成共混体系后，Kubo 等[61-73]发现，与 SKL 比较，HKL 有刚性小、柔性大、T_g 较小和热活性大等特点。而高的热活性可以加速共混体系中由 PEO 的加入导致的木质素的分裂，所以此体系混合和相容性都较 SKL 体系好，也更易形成氢键。这可以应用 Gordon-Taylor[104]、Couchman[104]、Kwei[104]、Lu-Weiss[104] 和 Nishi-Wang[104] 经验公式说明。通过计算，Kubo 等[61-73] 得出了 HKL/PEO 共混体系具有分子间作用力较强和易形成分子间作用的结论，并进一步推出 HKL/PEO 体系具有相容性较好的结论。而通过对氢键的结构分析发现 SKL 具有含量较多的 5，5′-联苯结构，更易形成氢键。利用 FTIR 通过 Δv_{OH} 来估算氢键作用的大小，也同样证实了这一结构分析的结果。由此可见，分子间氢键并不是使得木质素共混体系相容性改善的唯一因素。超分子结构的不同和分散性的不同也起到了一定的作用[99-113]。

从表 2-3 可以看出，不同的经验方程对木质素–聚氧化乙烯共混体系通过 DSC 得出的不同比例下的 T_g 值的实验数据的符合情况是不同的。尽管由于木质素类型不同，与各种经验方程匹配的精度系数有所差异，但总的趋势是相近的。总体来说，与 Fox 和 Couchman 的经验方程符合得较不好。其对应的是分子间作用力非常弱或是没有分子间作用力的双组分共混物[110-113]。对于 Gordon-Taylor、Kwei、Lu-Weiss 经验方程符合得较好，其对应的是相对较强或较弱的分子间作用[114]。可见，木质素/聚氧化乙烯共混体系内具有一定的分子间作用力。

与普通木质素相比，Alcell（organosolv lignin）为一种有机溶剂提取的木质素，具有较强的芳香族羟基和氧化结构，因而形成氢键的倾向和分子间作用力比 SKL、HKL 强一些。由于该木质素有更多的羟基和羰基参与形成氢键，Kubo 等[61-73] 发现，PEO 含量增加至 75% 时，Alcell 木质素内部的分子内和分子间作用力全部被 PEO 和木质素间的作用力所取代，但此作用非常小。而这种现象却没有在 SKL/PEO 和 HKL/PEO 体系中被发现。这进一步说明了含大量芳香族羟基的 Alcell 木质素和 PEO 共混体系的氢键作用十分强。另外，通过 Hoffman-Week 曲线分析[104,114] 可知，Alcell 木质素通过与 PEO 结晶层间的相互作用，较大尺度地影响了平行区域的晶体生长[116]。

表 2-3　木质素/聚氧化乙烯（PEO）共混体系与经验方程的关系[61-73]

经验方程	木质素/合成高分子共混体系		
	Alcell/PEO	SKL/PEO	HKL/PEO
	拟合系数	拟合系数	拟合系数
Fox	$R^2 = 0.866$	$R^2 = 0.812$	$R^2 = 0.927$
Couchman	$R^2 = 0.827$	$R^2 = 0.950$	$R^2 = 0.936$
Gordon-Taylor	$R^2 = 0.971$	$R^2 = 0.990$	$R^2 = 0.982$
Kwei	$R^2 = 0.987$	$R^2 = 0.990$	$R^2 = 0.996$
Lu-Weiss	—	—	$R^2 = 0.997$

作者在对 HKL/PEO、Alcell 木质素/PEO 纤维碳化过程的研究中还发现 HKL/PEO 中 PEO 含量大于 5% 和所有共混比例的 Alcell/PEO 纤维的热稳定性不佳，在碳化过程中会溶结在一起[68-73]。

2. 木质素/聚酯共混体系

聚酯具有优良的机械性能和耐化学性的优点，是工程塑料的一个大类[106]。它的酯基官能团可与木质素中的羟基形成氢键，弥补木质素力学性能上的不足和改善其加工性能。

　　Kubo 等[61-73]通过对木质素/PET 共混体系的研究发现，此体系的分子间作用的氢键强度远没有想象中的大，以致于 FTIR 由于分析精度的限制无法察觉到氢键的存在。但通过 DSC 分析，并借助 Gordon-Taylor、Kwei 和 Lu-Weiss 等经验公式，他们发现此体系中存在较弱的氢键作用。但出乎意料的是该体系尽管分子间的氢键作用十分弱，但相容性还是非常好，并达到了链段水平的相容。

　　Li 等[81,82]对烷基木质素和脂肪族聚酯的相容性和分子间的作用力进行了分析，并据此找出了增强脂肪族聚酯增塑烷基化木质素程度的方法。例如，作者考虑到了聚酯中 CH_2/COO 的比例对相容性和分子间作用有影响。将甲基化木质素（MKL）与不同 CH_2/COO 比例的脂肪族聚酯溶于 DMSO 中，压制成膜。进行 DSC 扫描后，用 Lu-Weiss、Gordon-Taylor 和 Kwei 经验公式对共混体系的 T_g 进行分析，得到了聚酯中 CH_2/COO 比例与共混体系相容性的关系。当 CH_2/COO 在 2.0～4.0 之间，相容性较好。进一步研究发现，CH_2/COO 在 2.5～3.0 之间时相容性最佳，Gordon-Taylor 公式中表示分子间相互作用力大小的 K 及 Kwei 因子都同时存在最大值。这说明在此范围内，聚酯的酯基和甲基化木质素的羟基的分子间相互作用力较强，使得共混体系的相容性得到很大程度的改善[117-121]。

　　由于木质素进行甲基化处理后其超分子结构中只存在少量的芳香族羟基，所以甲基木质素/PEO 共混体系的分析中发现：PEO 醚键与脂肪族羟基的作用较其与芳香族羟基的作用弱得多，但与其他共混体系的分子间作用相比较大[81,82]。将其与此体系比较发现，聚酯的 CH_2/COO 在 2.5～3.0 之间时，与甲基木质素共混的分子间的作用力与此体系相当。在较强的分子间作用力的作用下，随着木质素含量的增加，T_g 快速增加，T_m 下降。脂肪族聚酯的酯基和甲基化木质素的羟基间存在较强并且广泛的分子间相互作用，使得甲基木质素的超分子结构开始分裂。同时聚酯的晶区也开始减少。通过 DSC 和 WAXD 共同探测发现：甲基化硫酸盐木质素/聚己二酸丁二醇酯（MKL-PTMA）体系中，MKL 含量增至 20%，甲基化硫酸盐木质素/多酚并咪唑酰胺（MKL-PBA）体系中，MKL 含量增至 60% 时，共混体系的晶区部分完全消失。这也从侧面反映了分子间作用力的不同对聚酯结晶性的影响。Kai 等[80]在对木质素/聚对羟基苯甲酸（PHB）共混体系和 Chaudhari 等[122]在对木质素/聚对苯二甲酸乙二醇酯（PET）共混体系的研究中也同样发现了这一点。这说明由于木质素的极性基团与聚酯的酯基之间存在着氢键作用，所以可以据此并通过改变木质素含量来控制结晶时的成核机理，增加结晶速率、结晶活化能和成核密度。

　　较强的分子间所用力对提高脂肪族聚酯的增塑效率是不利的。因为分子间作用力加强的同时也增强了聚酯与木质素超分子结构外围以及内部的联系，加速木质素复杂超分子结构的分裂。所以这不仅不利于可塑性的增加，也将对力学性能有所损害。对不同分散程度的甲基化硫酸盐木质素/多酚并咪唑酰胺（MKL-PBA）和单分散 MKL/PBA 共混体系的可塑性和力学性能的比较发现，多分散性的 MKL 对可塑性和力学性能的贡献较大。用 DSC 和 WAXD 分析发现，将小分子量的 MKL 片段填充于复杂的 MKL 超分子结构中，减小了分子链的间距和超分子结构中的间隙，从而减小了 MKL 和聚酯间的相互作用，起到了更好的增塑作用[122]。

　　Kubo 等[61-73]曾对木质素/PET 的共混纤维进行了碳化研究。他们发现：PET 的加入提高了共混纤维碳化的热稳定性，可以加快碳化时的升温速率。而且由于此共混体系的相容性较好，所以碳化制得的纤维表面也非常光滑。显然，这对基于木质素的高性能产品开发是有指导意义的。

近来，许园等[123]对木质素/聚对苯二甲酸丁二酯（PBT）体系进行了研究。与聚对苯二甲酸乙二醇酯（PET）作用相同，PBT 的加入改善了木质素的加工性能[123]。但与聚对苯二甲酸乙二醇酯（PET）/木质素体系不同的是后者可用 FTIR 进行分析。例如，随着木质素含量的变化，发现木质素中的羟基所对应的伸缩振动峰发生了较小的位移，说明存在相当弱的分子间氢键作用，从而改善 PBT 的亲水性和木质素的力学性能及加工性能。DSC 分析发现，随着木质素含量的增加，T_g 增加，T_m 下降。这也进一步说明了 PBT 与木质素间存在分子间作用[100,101]。根据 T_g-木质素含量曲线和 Fox、Gordon-Taylor、Kwei 经验公式，对此 T_g 的变化拟合处理发现：当 PBT 共混比例<50% 时，与 Fox 和 Gordon-Taylor 公式拟合得较好，说明体系中存在较弱的分子间氢键作用，但当 PBT 含量>50% 时，T_g 大幅下降似乎与 Kwei 方程拟合得较好，这又说明体系中存在着较强的分子间氢键作用使 PBT 晶区快速瓦解，T_m 快速下降。由此可知，该体系中两者的比例之间有一个明显的临界点，而在此点两端的体系分子间氢键作用变化明显。临界点的出现是由于结晶核内部形态的变化。在临界点附近热能主要为这些变化提供能量，使得 T_g 的变化较小，而分子间的氢键作用也受到了一定的影响[121]。

3. 木质素/聚乙烯醇共混体系

聚乙二醇（PVA）为生物可降解的结晶性高分子，以高极性、水溶性成为了与生物高分子共混的一大选择。PVA 和木质素醚、碱性竹木质素的共混已有报道，共混相容性较好[96]。

Kubo 等[61-73]用热挤出机械共混纺丝的方法对木质素/PVA 体系进行了研究，并着重考察了该体系的力学性能和相容性。通过对 DSC 曲线的分析，他们发现在所有共混比例下都存在两个 T_g，说明此共混体系的相容性并不理想。但是 T_g 的变化还是存在一定的规律性。例如，在已知 PVA 比木质素的 T_g 低的情况下，随着木质素含量的增加，体系 T_g 有所增加、而 T_m 略有下降。这说明此共混体系具有一定的相容性[103]。用低分子量的聚乙烯醇（LPVA）时，体系的比热容变化也说明了同样的问题。当木质素含量增加时，LPVA 在 T_g 处的比热容有所增加，这进一步说明了木质素存在于 PVA 的片段中，从而使得体系具有一定的相容性。即使是应用和木质素相容性不佳的高分子量的聚乙烯醇（HPVA）时，作者发现：虽然在晶区 PVA 与木质素完全相分离，但在无定形区与 PVA 和木质素的相容性比较好。通过加入木质素后熔融峰变宽可知，HPVA 区与共混区的晶型完全不同，这说明木质素与 PVA 在晶区和非晶区的相容性是不同的。这在共混体系结晶度的观察过程中也得到了其他实验的证实[105]。随着无定形的木质素含量增加，体系的结晶度减小，尤其是只含 PVA5% 的情况下，体系的结晶峰完全消失。由此可知：木质素在 PVA 的晶区和非晶区的相容性是不同的，而通过它们在非晶区进行良好的相容从而使得共混体系具有一定的相容性，则可能是这类木质素/晶型高聚物共混体系的一个相容特征[124]。

通过 DSC 图中求得不同共混比例下的共混物的结晶度，从而得到了图 2-16。可以看出木质素/PVA 共混体系与木质素/PEO 共混体系在结晶形态受木质素含量的影响的变化上明显不同。在木质素含量较小时，共混体系的结晶能力也远不如单组分 PVA 好。可能是由于木质素与 PVA 间的作用力较弱，不能有效地进入 PVA 晶区，从而导致 PVA 结晶度几乎没有增加的趋势。与此同时，木质素的加入对 PVA 间的分子间作用起了一定的阻隔作用，从而引起了 PVA 结晶度降低。随着木质素含量的增加和 PVA 晶区的部分瓦解，木质素与 PVA 间的距离大大减小。这时，木质素起到了异相成核剂的作用、使得此时的结晶能力与单组分 PVA 相当。在木质素比例大量增加的情况下，共混体系也存在完全非晶态的体系。同样，由于分子间氢键作用较弱，此体系的木质素含量较木质素/PEO 体系而言大得多[124]。

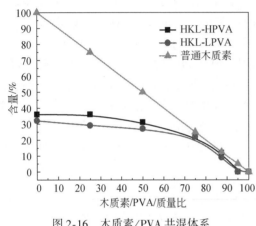

图 2-16　木质素/PVA 共混体系
结晶度随含量的变化[124]

由于造成相容性改善的原因是木质素/PVA 间存在较弱的分子间作用力，所以可以由 Gordon-Taylor 经验公式对 T_g-PVA（%）之间的关系进行进一步分析并估计其间存在的较弱的分子间作用力。此类估算可以应用 Nishi-Wang、Fox 和 Couchman 等的方程[120-124]。在此体系中，前者反映分子间相互作用的平均水平，后两者反映的是 PVA 富集区域存在的分子间相互作用。FTIR 是分析分子间相互作用的有效方法。随着木质素含量的增加，υ（OH）向低场移动，而位移量与木质素/PEO 体系相近，与形成氢键的热焓对应。对共混物立构规整性的分析发现分子间氢键的含量较大[124]。

必须指出：上述分子间相互作用主要是指分子间的氢键作用。

Fernandes 等将硫酸盐木质素（KL）和 PVA 溶于 DMSO 中，压制成膜，进而对硫酸盐木质素/聚乙烯醇（KL/PVA）共混体系及其光化学稳定性、热稳定性进行了研究[86,87]。在该例中，他们只选取了 0%~25% 的 KL。这是因为他们发现当 KL 大于 25% 时，共混体系会发生相分离，不能成膜。事实上，通过 SEM 分析，他们发现当 KL 在 25% 时共混膜的部分区域已经存在相分离现象。

通过 DSC 分析发现，随着 KL 含量的增加，体系 T_m 大幅度减小。这说明共混体系中存在分子间的相互作用。NMR 分析进一步表明：体系中 PVA 的羟基氢的变化会随 KL 含量的变化而位移。这说明 PVA 的羟基与 KL 的极性基团（氨基、羰基、羧基等）之间发生了强的氢键作用。

值得关注的是，在这例研究中，研究人员对体系的光化学稳定性，也就是抗辐射性能进行了研究。作者对 PVA、KL/PVA 共混膜进行辐射处理后，用 FTIR 对 C＝C、C＝O 的伸缩振动峰进行观察，发现 PVA 膜发生了强烈的光氧化反应，而在 KL/PVA 共混膜中，由于 KL 的加入有效地防止了 PVA 的光氧化，使得体系维持了 PVA 的原有性能[86,87]。

热稳定性是一个十分重要的特性，关系到材料的使用寿命及其热降解行为。作者将

PVA 与硫酸盐木质素/聚乙烯醇（KL/PVA）共混膜进行了 TG 和 DSC 的比较分析。研究表明两者的 TG 和 DSC 曲线是完全不同的，这说明两者氢键的相互作用和热降解机理完全不同。换言之，这说明 KL 的存在在一定程度上防止了 PVA 的大幅度热降解，提高了热稳定性。

此外，这些研究者还通过改变气氛的方法来表征硫酸盐木质素/聚乙烯醇（KL/PVA）共混膜在惰性的 N_2 和类似空气的环境下的热稳定性和光稳定性。FTIR 研究显示体系中的官能团含量和 TG 中的反应或活化能因子 E_a 都说明了在 N_2 环境下的降解反应较慢，在此环境下两者的稳定性都较高[86,87]。

4. 木质素/聚乙烯共混体系

木质素和聚烯烃共混，主要是聚乙烯（PE）和聚丙烯（PP），可产生很多新的性能[125]。木质素/聚乙烯共混体系中，木质素主要起到了加工稳定剂、抗短波长紫外光剂、降解引发剂和其他稳定剂的作用。木质素/聚丙烯共混体系中，木质素主要起到了加工稳定剂、光稳定剂和降解引发剂等的作用。但随着木质素含量的增加，相容性变差，会导致力学性能有所下降[125]。

非极性的聚烯烃类聚合物链与木质素的极性结构参加共混体系相容性不佳，导致各种性能发挥出的余地较小[126,127]。因此为发挥木质素在其相容性不佳的共混体中的其特殊的抗氧化性、光稳定性、热稳定性及增加力学性能等性能，对木质素的分子量、分子量分布及其结构本身改变来进可能地增加木质素在共混体系中的相容性。

罗继红等[101]用熔融共混的方法将高密度聚乙烯（HDPE）/木质素复合膜和羟甲基化的木质素/高密度聚乙烯（HDPE）共混膜的相态结构和机械性能进行了比较。通过 SEM 对两种共混膜的微观相态分析发现，羟甲基化后的木质素和 HDPE 的相容性和两相间的结合力有所提高。这是因为羟甲基木质素的加入在增加高分子的极性和活性的同时，还增加了活性基团和支链。这对相容性的改善和力学性能的提高有一定的帮助[101]。随着木质素含量的增加，形成的网状结构也较为紧密和均匀。这使得羟甲基木质素参与的共混体系的力学性能优于木质素/HDPE 共混膜。随着羟甲基木质素含量的增加，弯曲强度、弯曲模量上升明显。断裂拉伸强度、断裂伸长率提高较大[128-129]。

黎先发等[130-132]通过生物显微镜也同样观察到了木质素/PE 共混膜在木质素含量较高时的相分离行为。这导致了力学性能明显下降。同时，相容性较差使得 PE 树脂的连续相中存在相对较为独立的木质素分散相。分散相对光有散射作用，会影响共混膜的透光性。黎先发等[128-130]为改善木质素与 PE 的相容性，开发出了增容剂低密度聚乙烯（LDPE）-g-低密度聚乙烯与马来酸酐（MAH）的接枝共聚物应用于木质素/LDPE 共混体系中。通过 SEM 对共混体系的微观形态的观察发现，增容剂主要分布在界面区域，降低了分散相和基体间的界面张力。从而使得原先的木质素分散相的粗大颗粒变细，并使得分散变得更为均匀。另外，增溶剂的加入使得木质素和聚乙烯间的界面层加厚，在木质素分散相中存在部分聚乙烯连续相，充分地改善了此共混体系的相容性。同时，也发现增容剂加入后共混温度明显上升，可能是由于增容剂中的马来酸酐的羰基和木质素的羟基之间形成了一定程度的氢键缔合，这也是导致相容性改善的又一原因。并且通过 DSC 重复验证了相容性改善这一现象。通过 TG 和共混膜的力学测试发现，相容性的改善使得热稳定性和力学性能都有了一定程度的提高。当然，值得指出的是增容剂的加入量存在一个最佳值，这是由增容剂的价格、增容剂的分散和其对各种性能的改善程度等多种因素来权衡的[131-135]。

Alexy 等[127,128]报道了用乙烯-乙烯酸酯共聚物（EVA）来修饰聚乙烯，从而改进木质素/LDPE 的相容性。这与黎先发等[128-130]报道的用第三组分增塑剂来改善此共混体系的相容性的方法相类似。在木质素含量达 30% 时，可以达到相对较好的力学性能。而在 EVA（乙烯-乙烯酸酯共聚物）加入 10% 后，可使相容性大大改善，从而提高了力学性能，使得拉伸性能上升 1 倍，断裂伸长率增加了 13 倍。

Sailaja[134]将木质素以焦磷酸锰作为引发剂，用甲基苯烯酸酯形成木质素接枝共聚物，在少量增溶剂聚乙烯共聚甲基丙烯酸缩水甘油酯（PEGMA）的存在下，和低密度聚乙烯（LDPE）的共混相容性有所改善。在力学性能保证的情况下，木质素的含量可达到 50% 以上。通过 DSC 对不同共混比例下低密度聚乙烯（LDPE）的结晶度变化进行分析，发现共混体系内分子间的分子间作用力。TG 分析发现共混形式的热稳定性是由相容性决定的[134]。

5. 木质素与聚丙烯共混体系

聚丙烯（PP）的机械性能优良、耐热性好、化学稳定性好、耐水性好、电绝缘性优良，是最常用的通用塑料之一[129]。每年全世界的 PP 产量达 3 亿 t。由于其易老化，所以每年也有 7% 的 PP 制品失去使用性能。虽然再生 PP 可以缓解其大量废弃所产生的影响，但其使用性能远不及原始 PP 的优良。一些研究表明，PP 的老化主要由于空气中的氧化作用，因此希望加入氧化剂来改善其使用寿命。但传统的抗氧化剂在增加 PP 使用寿命的同时也减小了其降解能力，这对环境的负荷较大。木质素作为一种天然大分子，是一种可降解的天然抗氧化剂[3]。与对 PP 的其他抗氧化剂要求相同，需要有一定的活性、低挥发性、稳定性和与 PP 基体间的相容性。达到了以上要求，木质素才可表现出良好的抗氧化性能。

在以上的要求中，与 PP 有良好的相容性是木质素/PP 共混体系所期望的。Kubo 等[61-73]对木质素/PP 共混体系进行了研究，发现在所有木质素和 PP 共混比例下都存在两个 T_g，说明两者的性容性不好。即使在对此共混纤维进行碳化后依然发现其具有明显的多孔结构，这意味着其相容性不佳[115]。Pouteau 等[84,85]对木质素和全同 PP 进行共混后也发现存在相分离现象，说明两者相容性确实较差。根据这些研究人员的分析，造成相容性较差的原因是两组分的极性不同，因为全同 PP 为非极性的分子链，而木质素虽有非极性的苯环和烃类长链结构，但其羟基含量很高，起了主导作用，使其具有较高的极性。所以两组分极性相差较大导致了两者之间几乎不存在分子间作用，从而导致相容性较差。由于 Li 等[81,82]曾报道过用小分子量的木质素在共混体系中起增塑的作用，所以 Pouteau 等[84,85]也采用小分子量的木质素与 PP 进行共混，并期望其可以进入 PP 分子链的间隙和孔隙中以减小与 PP 间的距离，以增加两者分子间的联系。与此同时，他们还希望小分子量的木质素起到润滑的作用，增加 PP 链段间的活性，进一步改善与 PP 的相容性。结果表明，降低木质素极性基团的比例确实可以改善相容性。应注意到，这些作者的研究还指出不同类型木质素在此体系中对相容性的贡献是不同的，含羟基较少的 KL 在 1% 时才可与全同 PP 完全相容。

相容性的大小可以决定抗氧化性能，与不同种类的木质素的抗氧化活性有关。

Pouteau 等[84,85]发现，加入一定比例大分子量的木质素可以降低共混体系的抗氧化性能。尽管这类大分子量的木质素本身也存在一定的抗氧化活性，但它的存在会与小分子量的木质素形成竞争，使其与全同 PP 间的联系减弱，从而达不到理想的相容性，减弱了体系的抗氧化性能。研究还证实，通过应用单分散性的小分子量的木质素可增加此体系的相容性，提高体系的抗氧化性能；而在考虑经济附加值的条件下，在共混前对小分子量的木质素进行分馏，可以使其表现出更好的抗氧化性能。显然，这对实际应用是一个非常好的启示。

木质素的加入对 PP 抗氧化性能的改善起到了非常重要的作用。Gregorová 等[135]用 DSC 对共混体系的等温结晶过程进行了分析，并应用 Arrhenius 经验公式对实验数据进行了处理。发现木质素含量的增加对体系开始热氧化的温度和热稳定性的提高有帮助。同时，还用保护因子 PF 和抗氧化效率 AEX 共同表征了这一特点。TG 分析进一步说明了木质素加入此共混体系后的抗热氧化的机理[129]是少量木质素的存在可以使得最大热失重速度所对性的温度、开始热降解的温度和热降解后的残留率都有所增加。在 SEM 照片中这些作者观察到木质素均匀地黏附于 PP 基体的表面，形成了保护层。这说明热降解后的残渣的碳化结构和热稳定性较好，意味着木质素为 PP 的抗热氧化起到了一定的作用。

与木质素/聚酯体系相似[124]，木质素加入全同 PP 体系形成一定相容的共混物后，体系的结晶性能也有明显改变。这是因为在一定的结晶温度下，木质素的存在促进了 PP 的成核和生长，提高了结晶速率。所得的 Avrami 指数与木质素-聚酯体系相同，属异相成核机理。进一步研究发现，木质素的存在使得 PP 在保持原有的 α 晶型的同时，由于木质素和 PP 间的联系，产生了新的 β 晶型的 PP，并且其含量随木质素含量的增加而增加。这也是 PP 结晶速率迅速增加的原因[129]。

6. 总体评价

以上几个体系相容性依次变差。这是由于分子间的氢键作用不同而引起的。由此可见，醚基、酯基、羟基与木质素的羟基的分子间氢键作用依次下降会导致相容性变差。非极性的 PP 链段与木质素的极性基团无类似于氢键的作用，因此相容性更差。

图 2-17 是由不同共混比例下 DSC 图得到的 T_g-组分曲线。可以看出醚基、酯基、羟基与木质素羟基形成的共混体系间存在明显差异。含醚基基团的 PEO 对共混相容性的贡献优于后两者。在后两者中，酯基的表现优于羟基。同时，Canetti 等[136,137]报道了非极性的 PP 链段在木质素共混体系中的热力学表现。由于木质素极性基团与非极性 PP 链之间的联系非常小，在所用共混比例下都表现为几乎不变的两个 T_g。为了不引起误会，图中没有指出。由此可以推

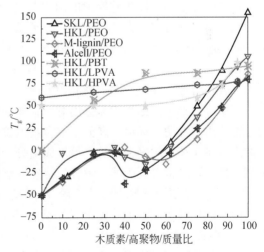

图 2-17　木质素/高聚物共混体系的玻璃化转变温度随含量的变化

断：木质素共混体系中，木质素的羟基与以上三者的氢键作用大小依次是：醚基>酯基>羟基>非极性基团。

在图 2-17 中也可看到相同官能团不同共混体系间的差异。值得指出的是，与高聚物的官能团对木质素共混体系相容性的影响相比较，这种化学环境变化对相容性的作用相对较弱。同样的结论还可以从表 2-4 中得出。

表 2-4　用经验公式估算的各木质素共混体系分子间相互作用参数[125]

共混体系的参数	HKL/PEO	SKL/PEO	Alcell/PEO	HKL/PVA
Gordon-Taylor 公式中的 K'	0.37	0.27	0.37	0.123
Kwei 因子 A	−170	−269	−147	—
Flory-Huggins 相互作用参数 χ	−0.34	—	—	−0.16
相互作用能 $B/(\text{J}/\text{cm}^3)$	−23.02	−20.09	−32.24	−4.06

从表 2-4 可以看出，木质素共混体系中高聚物官能团的改变对分子间作用力的改变影响较大。而在共混体系中形成的分子间氢键类型不变的情况下，改变化学环境对分子间氢键作用的影响要小得多。这与图 2-17 的结论是相同的。

即使木质素的羟基与相同的官能团形成分子间氢键，共混体系的相容性还是存在一定的差异。这主要是由于分子结构的不同引起化学环境变化，从而导致共混体系间相互联系的变化，引起相容性变化。

共混时，木质素进入大分子的晶区和非晶区的难易程度是不同的。大分子的晶区链段排列规整，且存在一定的晶格能。因此进入此区较困难。若分子间的作用力足够强，也可进入此区。一定量的木质素的进入可以使得分子结晶瓦解，晶区相应地消失，只存在非晶区。以上 4 个体系中木质素都通过溶入大分子的非晶区来改善相容性。只有分子间作用力较强的木质素/PEO 和木质素/聚酯体系，才可大量地溶入晶区，使结晶瓦解。

而对于分子间极性相差较大的两组分来说，从热力学角度分析[104]，由高分子共混体系的混合热力学可知，在没有氢键、离子相互作用等特殊相互作用存在的体系中，由于高分子间的摩尔体积大，而其混合熵很小，因此不利于混合的熵起决定性的影响。因此在仅有 van der Waals 力存在的体系中，混合自由能总是大于零，体系不相容。只有存在较为有利的混合热时才可改善共混体系的相容性。

正是认识到了氢键等相互作用对相容性的特殊推动力这一作用，为了尽量提高分子间的氢键作用，江明等提出了高分子络合物的概念[138-140]。在原先不相容的双组分共混组分中加入含相互作用的聚合物对，可形成高分子间络合物，引进一些特殊的相互作用，改善了相容性。同时也有利于某一组分的特殊性能的发挥，使得某些性能由此成倍改善。江明等[138-140]报道了嵌段离聚物与苯乙烯/乙烯基吡啶共聚物（SVP）和甲基丙烯酸甲酯/乙烯基吡啶共聚物（MVP）共混物间的络合行为。江明等[138-140]将酚氧树脂-聚（甲基丙烯酸丁酯-co-4-乙烯基吡啶）（BVPy）共混体系中的酚氧树脂做了不同程度的乙酰化处理。用黏度法、激光光散射法和 DSC 对其相容性进行了分析，得到了从不相容到相容的转变。通过 XPS 分析，发现这与大分子间的络合作用有一定的联系。

因此，在相容不佳的木质素基共混体系中可通过改变木质素的种类、分子量、分子量分布来改善共混体系的相容性。也可少量加入第 3 组分添加剂或是对共混体系中的某一组分进行化学修饰，从而改善相容性，提高了木质素的特殊优异性能在共混物中的发挥。Banu 等[113]和 Raghi 等[141]对聚氯乙烯（PVC）/木质素共混体系的热力学和机械性能进行了分析对比，发现小分子添加剂（增塑剂）的加入明显改善了 PVC/木质素共混体系的热力学和机械性能。这是因为小分子增塑剂同时与 PVC 和木质素的分子链产生了一定的作用，增加了 PVC 和木质素链段间的联系，从而改善了相容性。

2.8.3　无机填料替代物

Pucciariello 等[40]曾经介绍了一种木质素代替无机填料的设想。他们认为木质素具有低密度、低碾磨和低成本的特点，可以代替一些有毒的无机填料，并应用于橡胶的增强过程中，使得其整体模量增加，这是由于木质素本身的结构是刚性的、三维稳定的[40]。

2.9　基于木质素的碳材料

木质素是以苯丙烷单体为骨架，具有网状结构的无定形高聚物，以 20% ~ 30% 的质量比广泛存在于天然木材中，是自然界较为丰富的资源之一。

木质素的分子链中具有大量苯环结构，含碳量高达 50%，因此被认为是碳素材料的合适原料。日本化药公司于 20 世纪 70 年代初首先以木质素为原料进行了碳纤维的工业化生产，因其性能和成本难以与其他方法竞争，故从 1973 年 7 月起全面停产。但最近几年木质素基碳纤维的研制工作又在日本兴起，无论制备工艺还是产品性能都有所突破。

以天然状态存在于植物体中的木质素称为原本木质素，用各种方法从植物中分离出来的木质素称为分离木质素。原本木质素不仅结构非常复杂，而且相当活泼，分离木质素在分离过程中已经发生了不同程度的变化，并且随着分离提取方法的不同，最终木质素分子量及结构也不完全一样，这将影响纺丝后的木质素纤维和最后碳纤维的性能。

2.9.1　木质素碳纤维

最早研制木质素基碳纤维的是日本 Kayaku 公司，其方法是用干法纺丝。首先把木质素溶解在碱溶剂中，再加入一定量的 PVA 作为增塑剂，然后以湿法纺丝的方法放出木质素原丝。最后碳化得到木质素基碳纤维[58]。

用亚硫酸盐在 130 ~ 140℃下蒸煮木材提取木质素，其中木质素溶解速度取决于磺化程度，磺化程度越大越易溶解。将溶出液加热和化学处理，得到降解的小分子木质素，其分子量在 1000 ~ 20000 之间、含木质素分子碎片和相当比例的钠、钙离子。然后与其他合成高分子共混，如 150 ~ 170℃熔融后，以 5 ~ 10m/min 的速度进行熔融纺丝，可以制得直径为 20 ~ 30mm 的木质素纤维。但这种方法得到的碳纤维强度不高，主要原因是引入的无机杂质较多，且不易在后处理过程中除去，使得碳纤维结构中存在缺陷[55]。

采用高压水蒸气处理木材，用有机溶剂或碱溶液提取其中木质素，再在减压条件下加氢裂化，然后通氯气熔融纺丝，制得木质素纤维。由于制造原丝的工艺路线克服了过去引入较多杂质的缺点，因此最终碳纤维的抗张强度由 1.25kg/mm² 提高到 30 ~ 80kg/mm²，并且粗木质素经减压加氢裂化后具有良好的可纺性，使得木质素基碳纤维重新获得世人的重视。接着，周藤健一等又尝试了用苯酚在2%（相对于木质素质量）对甲苯磺酸存在下处理木质素，最后碳纤维拉伸强度达到（52.8 ± 11.6）kg/mm^2[56]。

采用含三甲苯酚的溶液蒸煮木片，提取的木质素经100m/min的速度熔融纺丝后，再以3℃/min的升温速率从室温到200℃热处理1h，制得的木质素基预氧化丝抗张强度高达3.1 kg/mm^2，比早期的木质素基碳纤维的强度还要高[57,58]。

Kubo等[61-73]通过大气醋酸纸浆法除去木质素分子上的不可熔融的高分子量片段，从而把不可熔融的软木醋酸木质素（SAL）转化成为可熔融物质，作为碳纤维的原料。得到的低分子量软木醋酸木质素（SAL-L）被熔融纺丝，然后不经过热稳定的步骤直接碳化，由此来降低生产成本。SAL-L碳纤维的拉伸强度随着纤维直径的变小而增加。其中，较好的SAL-L碳纤维性能可与其他种类的木质素基，如酚化的木质素碳纤维相比拟。

Sudo和Shimizu发明了一种制备木质素碳纤维的方法。这种方法的重点是加热木质素与酚溶剂的混合物，并在溶剂的沸点回流来获得有热流动性的酚化木质素。然后在不含氧气的反应釜中加热。最后纺丝碳化。这种方法得到的木质素基碳纤维产率可达30%，比沥青基碳纤维的产量更高[59]。

Kubo等用熔融纺丝的方法制备的有机溶剂木质素（organosolv lignin）碳纤维也比较有特点。这种木质素是用醋酸制浆法从白桦树中提取的，而且不需要进行任何化学改性。有机溶剂木质素的可纺性与它的分子量分布以及在制浆过程中羟基的乙酰化有关。有机溶剂木质素连续纺丝速度可达400m/min。原丝预氧化是在氧气气氛中以0.5℃/min的速率升温到250℃。碳化是将预氧化丝在氮气保护下加热到1000℃得到。他们发现制得的碳纤维的力学强度与纤维直径相关。其力学强度如下：纤维直径（14 ± 1.0）μm，伸长率（0.98 ± 0.25）%，拉伸强度（355 ± 53）MPa，弹性模量（39.1 ± 13.3）GPa。这种性能的有机溶剂木质素可以被归类为普通用途级别[61-73]。

Kubo和Kadla等将硬木木质素与不同合成高分子共混制备了一系列碳纤维。他们用热共混的方法制备了硬木木质素与PET和PP两种物质的共混物。这两个共混体系很容易纺丝。碳化之前的预氧化同样重要，这时必须小心控制加热速率。PET/木质素共混物的预氧化升温速率要比纯木质素纤维升温速率高。碳纤维的产率随着合成高分子的增加而降低。但是，25%的产率仍然比一般报道的沥青基碳纤维产率高。共混物的组分不同也影响着碳纤维的表面形态学。互不相容的PP/木质素纤维得到的是空心的和多孔的碳纤维；而相容的PET/木质素纤维的碳纤维表面是光滑的。合成高分子的加入提高了木质素碳纤维的机械性能，特别是弹性模量，PET对碳纤维性能的提高作用很大[70]。

最初认为木质素纤维和纤维素一样，在分子结构内结合氧原子，碳化前不必进行特殊处理，加热至1000℃时，纤维基本上由碳原子组成，碳化时间为0.5~8h就可得到实用的产品。但近年来的工作改进了这一过程，碳化前在200℃左右对木质素纤维进行预氧化，然后在高于1000℃温度下进行碳化。

Braun和Kadla研究了在空气中以不同的预氧化加热速率加热木质素原丝到340℃对碳纤维性能的影响。热处理过后木质素的玻璃化转变温度与物质含氢量呈相反的方向变化，并且与加热速率以及氧化温度无关。他们用动力学参数绘制连续加热转变图并依靠它预测了预氧化的最佳加热速率：0.06℃/min，来保证在预氧化过程中 $T_g > T$。元素分析表明，C 和 H 含量在空气环境中随着预氧化的进行而下降。H 原子的损失呈 S 形曲线，这与自身催化过程相符合。在 200～250℃时 O 原子的含量增加。然而当温度更高时 O 开始损失。分光镜分析得出，O 原子的增加可能是由于木质素原丝中羰基的加入。O 原子通过 CO_2 和水的形式损失，它们是原丝自动氧化的副产物。FTIR、XPS 和固相 NMR 的测试发现：原丝氧化过程中，在低温时伴随着羰基和羧基的产生。温度稍高时这些基团组成酯基和酐基，从而在木质素大分子中产生交联。在更高的温度，形成芳香族 C—C 键。NMR 分析表明质子化的 C 大量减少，XPS 发现 C＝C 和 C—C 的含量增加了[73]。

Yokoyama[74]研究了碳化温度对木质素基碳纤维各种性能的影响。他们得出木质素基碳纤维的抗张强度与其碳化温度之间的关系。在 1000℃左右抗张强度最大，随着温度升高逐渐下降，2000℃达到最低值，然后随着碳化温度的继续上升，抗张强度又慢慢增加。表观密度随碳化温度的变化情况表现出同样的趋势。他们还得出了碳化温度与碳纤维电阻率之间的关系。随着碳化温度的升高，木质素基碳纤维的电阻率下降，1500℃以上趋于平缓，总的来说，其电阻率是沥青基碳纤维的两倍。元素分析结果证明，经 1000℃以上温度碳化处理制得的木质素基碳纤维含碳量高于 90%，而氢、氧含量不到 1%。用 X 射线衍射分析技术观察木质素基碳纤维的微观结构并与沥青基碳纤维比较发现，经 2800℃碳化处理的木质素基碳纤维的晶格常数为 6.87 左右，晶粒尺寸小于 100Å，结果还表明木质素碳纤维比沥青基碳纤维硬度高，晶粒难以生长[74]。

2.9.2　木质素碳膜

1. 碳膜的发展历史及现状

汉书就记载了膜技术运用于人们的日常生活的实例，如在制豆腐中运用了此项技术。在随后漫长的历史进程中，人们还运用膜技术进行酿造、制药等。从 1864 年人类第一个人造膜——亚铁氰化铜膜问世到如今，膜技术已经普遍应用于研究和各种工业生产中[142-149]。

目前有机膜已经成功地应用于化工、生物化工、冶金、环保、食品等工业领域。有机膜由于其耐高温、耐酸碱、耐化学溶剂等性能但其机械性能较差而限制了它的广泛应用。人们对于无机膜的研究比有机膜起步晚，但是无机膜以其优异的性能，能够在有机膜无法涉足的分离领域充分发挥其优势，有着更广阔的应用前景。与有机高聚物膜相比，它更耐高温，可以在低于 1000℃下稳定使用，适用于处理高温、高黏度流体。对于不适于化学清洗的情况，如食品、乳业、制药等，无机膜可用于高温蒸汽清洗和消毒。无机膜的机械强度很高，因为它具有较高的结构稳定性，在高压或大的压差下使用不会变形，而且表现出良好的耐磨耐冲刷等性能。无机膜的化学稳定性也很好，能抗微生物降解，对于有机溶剂、腐蚀性气体和微生物侵蚀都表现出良好的稳定性。无机膜的使用寿命更长。在许多方面，无机膜还存在着潜在的应用优势，尤其在气相分离的应用中，体现了操作简单、节省能源、成本低廉等多项优点。

无机膜的研究始于 20 世纪 40 年代，当时主要用于分离轴的同位素；在石油危机的影响下，70 年代，法国、意大利和西班牙等欧洲国家相继建成了大型的分离工厂，为无机膜的工业应用奠定了基础；80 年代是无机膜迅速发展的时代，相继开发出液体分离微滤膜和超滤膜及其组件，但由于无机膜具有耐腐蚀、耐高温的特点，仍有许多工作集中在气体分离无机膜的研制开发和分离过程的研究中[142,143]。

碳膜作为一种新型的无机膜，是由含碳物质经高温热解炭化制成的，它不仅具有较高的耐高温、耐酸碱、耐化学溶剂的能力，以及较高的机械强度，还具有比较均一的孔径分布和较高的渗透性和分离性能[150-155]。碳膜由于具有许多优异的性能，近年来迅速发展，已经成为无机膜领域的重要组成部分。因此，碳膜也由于其良好的性能引起了广大科学工作者的关注。

碳膜这个术语的出现可以追溯到 20 世纪 60 年代。最初对碳膜的研究仅限于气体通过碳膜的吸附和表面扩散过程，发现气体通过碳膜的表面扩散过程的渗透速率与碳膜的等温吸附量无关，而与纯气体与混合气体的结果一致[143]。

20 世纪的 70 年代，以高比表面的石墨为原料，在不锈钢锅中加压成型，制得了碳膜，并将其应用于对氢气、二氧化碳、二氧化硫等气体的吸附和渗透性测试。80 年代初，以纤维素中空纤维膜为原料，经炭化和活化制成了中空纤维分子筛碳膜。其对 O_2/N_2 和 CO_2/N_2 的分离系数分别达到 8.0 和 9.0，且渗透能力远大于合成高分子膜。这在气体分离碳膜的发展中是一次飞跃。研究结果还表明，其膜的孔径可通过简单的热化学调节，只是在实际应用中机械性能还不足[156-167]。

此后，以丙烯腈和甲基丙烯酸的共聚物经纺丝、预氧化、炭化、活化处理制备了微孔碳膜，此碳膜对 O_2/N_2 和 H_2/N_2 有较好的分离效果[167]。

1991 年 Hatori 等分别以 Kapton 型聚酰亚胺和自己合成的聚酰亚胺为原料，于 800℃ 炭化制得了碳膜。气体渗透性的测试表明，该碳膜可以按分子筛分机理分离气体，并具有均匀的孔径，缺陷和大孔很少[155]。1992 年，他们将聚酰亚胺的 N,N-二甲基乙酰胺溶液浇铸在玻璃板上成膜，然后浸在 N,N-二甲基乙酰胺溶液凝胶的水溶液中凝胶化，取出干燥、炭化后制得了碳膜，并考察了碳膜的孔容及气体渗透性质[156,157]。

同年，Linkov 等[154]以丙烯腈-甲基丙烯酸甲酯的共聚物为原料制备了碳膜，先得到中空纤维前驱体，然后在空气中或氮气中 265℃ 预处理，再于 600℃ 和 900℃ 炭化，制得了高度非对称的中空纤维碳膜，然后又用四氯化钛和甲烷，以化学气相沉积的方法对碳膜进行改性，改性后的碳膜的孔径有所减少。

1994 年，Jones 和 Koros[159]在低温下炭化聚酰亚胺原膜制得了分子筛碳膜，它对 O_2/N_2 和 H_2/CH_4 均有良好的分离效果。随后他们[160]分别在 500℃ 和 550℃ 时热解炭化了聚酰亚胺中空纤维有机膜，500℃ 时得到的碳膜对 O_2/N_2 的选择性为 8.5～10.5，550℃ 时得到的碳膜对 O_2/N_2 的选择性为 11.0～14.0。这些膜对其他二元混合气体也表现出了好的选择性，同时，这些膜具有一定的稳定性。同时，Chen 等[158]用聚糠醇为涂层液对支撑膜改性，制备了用于 CH_4 和 C_2H_6 的分离碳膜。

1995 年 Hayashi 等[161]用深度涂覆的方法，制成了聚酰亚胺膜。并在此实验的基础上于 650℃ 时热解丙烯，对制得的碳膜进行改性，结果表明此碳膜对 O_2/N_2 和 CO_2/N_2 的选择性为 14 和 73。他们还研究了活化对碳膜性能的影响[161]。

1998 年 Fuertes 和 Centeno[162]以聚酰亚胺为原料，用旋转涂覆法将聚酰亚胺溶液涂覆在由石墨粉和酚醛树脂凝聚后炭化制成的碳板支撑体上，然后在异丙醇溶液中凝胶，干燥后在真空中于 800℃ 炭化，得到了无缺陷的碳膜。在 25℃ 时，该膜对 O_2/N_2 的选择性为 7.4。用同样的方法，他们[163]还分别以 BPDA-ppODA 聚酰亚胺、Kapton 型聚酰亚胺为原料制得了分子筛碳膜、酚醛树脂基碳膜。发现这些样品在 25℃ 时对 O_2/N_2 的选择性为 14。

Miura 等[164]在研究用裂解煤、有机添加剂如沥青、苯酚和甲醛的混合物制备碳膜的过程中发现其孔径可以由添加剂的含量来控制，其特征是沥青含量的增加可使微孔直径从 0.43nm 减小到 0.37nm，且孔径可精确控制。

1999 年 Acharya 等[165]用喷涂法将聚糠醇溶液喷涂在多孔不锈钢板上，干燥后在惰性气体气氛中于 600℃ 炭化，制得的碳膜对 O_2/N_2 的选择性为 4，O_2 的渗透性为 10^{-9} $mol/(m^2 \cdot s \cdot Pa)$。若将碳膜继续热解活化后再次喷涂，结果表明并不能提高对 O_2/N_2 的选择性。

2003 年，Kishore 等[166]在真空下炭化酚醛树脂，制成了碳膜，并测试了其机械性能和分离性能。他们将其在 500℃ 下炭化 30min，发现碳膜孔径可小于 15nm，BET 吸附面积为 29.6 m^2/g。

梁长海等[167]分别以碳粉和石油沥青为原料，加入黏结剂或自黏结成型，经过预处理，炭化制成了炭支撑膜，并分别用化学气相沉积法、聚合物溶液涂层法和浸渍法对碳膜支撑体进行改性，但效果不是很好。他们[168]还分别利用酚醛树脂和煤沥青为原料制备了碳膜以及炭/炭复合膜，研究表明该膜对气体的分离机理为努森扩散机理，并伴有黏性流动甚至表面扩散。

1995 年北京工业大学的 Wang 等[169]以自制的热固性酚醛树脂为原料制得了平板碳膜。又以陶瓷为支撑体，制得了炭/陶瓷复合膜。几种不同孔径的碳膜对 O_2/N_2 的分离性能的测试表明，孔径 3.7~270nm 时，碳膜对 O_2/N_2 的分离机理由努森扩散过渡到分子筛分机理，他们还对分子筛碳膜的形态以及孔径分布进行了研究，提出了气体临界尺寸的概念。

2000 年大连理工大学的魏微等[151,152]以热固性酚醛树脂为原料，利用浸渍法制备了气体分离用管状碳膜，并考察了涂膜液浓度和涂膜次数对碳膜气体透过性和选择性的影响。结果表明：随着涂膜液浓度和涂膜次数的增加，H_2、N_2、CH_4、CO_2 的渗透速率下降，H_2/N_2 的分离因数增加。扫描电镜还表明碳膜由多孔结构的支撑体和其上覆盖的致密分离层组成，气体在碳膜内主要以努森扩散方式通过，伴随着黏性流存在。他们又以酚醛压塑粉为原料，用炭化法制备了平均孔径为 0.3~3.3pm、孔径分布窄、孔隙率为 40%~55% 的管状碳膜，研究了原料粒度、成型压力、添加剂种类及含量等对碳膜的平均孔径和孔径分布的影响，测定了碳膜的 H_2O 和 N_2 通量，并用扫描电镜观察碳膜的形态结构。结果表明，随着原料粒度的增加和成型压力的减小，碳膜的平均孔径增大，孔径分布变宽，气体通量和水通量增大。添加剂对碳膜性能也有影响。将所制得的碳膜用于染料水处理取得良好的效果。

2004 年朱桂茹等[147,148]研究了聚醚砜酮碳膜炭化过程中炭结构的形成情况。他们根据 FTIR 谱带的变化规律，提出了样品在炭化时会沿着二氮杂萘环的 N—N 键断裂，形成共轭腈基及异氰基的苯环化合物，异氰基化合物进一步二聚成二苯基碳化二亚胺，后者又聚合生成含氮杂环的多环芳烃。继续炭化会导致芳杂环的合并和 HCN 等气态小分子的脱除，生成连续巨大的含氮杂芳环多环化合物。

目前，碳膜的研究正处于起步阶段和技术研发阶段。现在，世界上有 20 多家公司在生产无机膜，多数已投入市场 5 ~ 10 年。无机膜市场被多孔陶瓷膜统治着，仅有几家生产商生产碳膜。碳膜技术面临着很多挑战，如碳膜的制备成本比较昂贵、制备技术不成熟等。但碳膜与聚合物膜及其他无机膜相比，具有能分离分子尺寸相近的气体混合物，能在很苛刻的环境下进行分离等优异的性能，因此，碳膜有着极大的应用前景和发展潜力，很有可能在市场上取代有机膜及其他的无机膜[143]。

2. 碳膜的分类

从碳膜产品制备形式上来分，主要有四种：平板膜、管状膜、中空纤维膜和毛细管膜[142-144]。

根据膜的物态可以分为固膜、液膜和气膜。目前在大规模应用中的多为固膜，液膜现在处于中试阶段，而气膜还处于实验室阶段。

碳膜按结构可以分为对称膜和非对称膜。对称膜的横断面的形态结构是均一的，如大多数的微孔滤膜和核孔膜属于此类。而断面的形态呈不同的层次结构，是不对称膜[142-144]。

根据膜中高分子的排布状态及膜的结构紧密疏松的程度可以分为多孔膜与致密膜。多孔膜是结构较疏松的膜，膜中的高分子绝大多数是以聚集的胶束存在和排布，如大多数超滤膜是多孔膜。结构紧密的膜是致密膜[142-144]。

根据碳膜的分离目的，可以分为微滤、超滤、反渗透、电渗析、气体分离和渗透气化等几种膜。微滤膜孔径在 0.02 ~ 10μm，通常范围在 0.1 ~ 1μm 之间，通常用于冶金工业，在盐酸浴中移除二氧化硅，并且可以用于除去加工过程中空气中的铝以及排出的二氧化锑。

超滤膜孔径在 1 ~ 100 nm 之间，气体气相分离膜孔径小于 1 nm。其中微滤、超滤、反渗透、电渗析是四大已经开发的膜分离技术，其技术比较成熟，已经有一定的工业应用和市场。气体分离和渗透气化是两种正处于开发中的技术[142-144]。

3. 碳膜的性能

与聚合物膜相比，碳膜的优点主要体现在以下方面[142-144]：碳膜的孔的尺寸和孔径分布可通过热化学处理进行控制，以满足不同的分离要求。对特殊的气体而言，具有优异的吸附性能，该性能有利于提高气体的分离能力。化学稳定性好，耐酸、碱和耐有机溶剂，抗化学侵蚀和抗微生物降解，易清洗，能用在一些聚合物材料不能用的地方。耐高温，可以在 400 ~ 700℃ 的氢气等高温气体中暴露几天仍不改性。而聚合物膜在高温下可能会分解或与气体反应。碳膜没有紧缩和膨胀问题，故渗透性几乎不受物流压力的影响。机械稳定性好，随着厚度的不同可经受不同的高压。碳膜具有较高的弹性系数和较低的抗拉伸系数。具有吸附性能。炭材料（活性炭、炭分子筛等）的吸附性能已经广泛应用于化工、轻工、食品、医药及国防等各个领域。吸附性能在碳膜上主要有两个方面的应用：其一是气体在碳膜上吸附，使得表面扩散发生，从而进行气体分离；其二是吸附分离膜，提高膜分离性能。

除了上述优点外，碳膜还存在一些不足，如较脆、易碎，制造成本高，因而限制了它在大组件中的应用和工业化大规模生产。碳膜的主要成分是碳，因而不宜在氧化气氛中应用，这限制了它的应用范围。气体分离用碳膜对纯净、干燥的原料气分离效果好，但由于碳具有亲水性，暴露在含水蒸气的气体中，尤其是相对湿度较大的气体中，会使碳膜的选择性和渗透性大大降低。

4. 碳膜的分离机理

碳膜主要应用于液体和气体分离。其液相分离透过机理主要是微孔过滤和超过滤。

碳膜的气体透过机理更为复杂，其机理的研究也一直是人们关注的重点。目前有以下四种解释：努森扩散、毛细冷凝、表面扩散、分子筛分。实际过程中分离用碳膜的分离机理往往是上述几种机理的混合[142-144]。

5. 木质素碳膜的制备

(1) 原料

原料是决定碳膜的制备工艺及最终产品性能的首要因素，碳膜的制备原料必须具有良好的不熔融或是经过预处理后具有不熔融的性质，以保证膜在炭化工程中不出现软化、变形现象，除此之外，原料还必须有较高的含碳率。

目前制备碳膜的原料主要有纤维类、聚酰亚胺类、聚砜、聚丙烯腈及酚醛树脂、煤以及煤衍生物如煤沥青和石油沥青等。聚酰亚胺是一种抗化学性、耐高温及机械性能良好的高分子聚合物，是制备有机膜的重要原料，也是近年来用于制备碳膜最多的原料。

酚醛树脂是由酚类化合物（苯酚、甲醛和二甲酚）和醛类化合物（甲醛和糠醛）缩聚而成的，分为热塑性和热固性两种。其价格低廉，原料来源广泛，合成方便，是制备碳膜的理想材料[151,152]。除此之外，其他原料经过适当的处理也可制得碳膜[150]。

(2) 制备工艺

碳膜的制备工艺流程一般为：首先将有机聚合物涂覆在支撑体表面，然后选定适当的炭化条件如炭化环境、炭化终温、炭化恒温时间和炭化升温速率等进行炭化。炭化时，有机聚合物发生热分解，释放气体小分子，从而形成碳膜的孔隙结构。在此过程中可能会产生封闭和不适合气体分离的极小孔以及大孔。为了得到孔径合适、孔径分布均一的膜孔孔径，还需要对得到的碳膜进行进一步的孔径调节[170]。

碳膜的形状是由其前驱体聚合物膜的形状所决定的，聚合物膜的成型方法有：浸涂法（dip-coating method）、旋转涂覆（spin-coating method）、喷涂法（spray-coating method）、气相沉积聚合法（vapor deposition polymerization）以及超声波沉积法（ultrasonic deposition method）[170]。

如果支撑体为管状，一般采用浸涂法，即在室温下将管状支撑体的一端用硅树脂橡胶封口，另一端浸在有机聚合物溶液里，几分钟后以一定速度取出，然后在空气中干燥。这样，在管状支撑体表面就形成了有机聚合物膜[170]。

如果是平板状支撑体，则一般采用旋转涂覆法或喷涂法，即将有机聚合物溶液装在以 N_2 为载气的喷雾器里，支撑板上安装一个可以使其水平转动的电动轴。控制支撑板的转速和载气的速度以得到比较均匀的有机聚合物膜[170]。

气相沉积法是一种采用超声波自动喷涂系统喷涂的方法，提供了接近于零的喷涂速度、直径为 $10 \sim 100 \mu m$ 的液滴以及精确的支撑体传递速度，同时还降低了喷溅程度[170]。

炭化法就是将含碳支撑体放在真空或惰性气氛中，以适当的加热条件进行热分解[170]。在加热过程中，含碳支撑体结构的各基团、桥键、自由基以及芳核等发生聚合反应，其中热不稳定性物质以挥发分形式脱除，其中一部分以气体小分子形式等析出，表现为孔隙的发展、孔径的扩大和缩小。这样就形成了富含碳的多孔热分解产物。炭化条件不同，形成的孔径以及孔径分布也就不同。炭化条件主要有炭化气氛、炭化终温、炭化升温速率以及恒温时间等。炭化可在真空中进行，也可在惰性气体的保护下进行，如 N_2、CO_2、Ar 等，Geizler 和 Koros 研究了不同热解炭化条件对碳膜性能的影响。结果表明在真空中炭化的碳膜的选择性较高，但渗透率较低，在惰性气氛中炭化得到的碳膜的渗透性较大，但选择性较低。若保护气体流速较高，如 200mL/min 时，比流速较低（如 20mL/min）制得的碳膜有较大的渗透速率，但选择性降低。

炭化终温是决定碳膜孔径结构的主要因素，一般在 500~1000℃左右，若炭化终温低，则含碳物质热解不彻底，高分子链未完全裂解，因此不能完全形成发达的孔结构，炭化终温偏高，则热解生成的孔结构又会发生收缩，降低孔隙率，影响孔径分布。因此，对于具有不同结构的含碳物质应该选用不同的炭化终温[170]。

炭化升温速率决定着支撑体炭化时生成的气体的析出速率。当升温速率缓慢时，有利于易挥发组分和反应生成的气体缓慢均匀地逸出，从而使生成的膜孔的孔径分布较窄。因此为了得到孔径均一的碳膜，需选用合适的炭化升温速率[170]。

炭化恒温时间过短，缩聚反应进行不充分，小物质挥发不完全；炭化时间过长，又会引起膜孔的收缩，孔径变小，孔径分布变窄。因此需要根据分离介质分子的大小来选择合适的恒温时间，以获得理想的孔径分布[170]。

（3）孔径调节

碳膜的功能与应用，与它们的微结构面貌，即孔径、孔径分布、孔形、孔隙率等关联紧密。因此，碳膜孔径的大小与控制是决定其运用范围的重要因素，碳膜的孔径大小及其分布是研究碳膜的重要参数之一[170]。所以研究碳膜孔径的控制方法是很有必要的，如世界卫生组织建议采用 N95 型口罩防非典就是因为其具有纳米孔径。

碳膜的膜孔主要是由许许多多粒子团聚后，在粒子之间形成的空隙，也就是说，膜孔是由离子或宏观上某一尺度的集合体堆积留下的集合空间。膜孔的一个重要特征是，孔结构（孔径大小、孔隙率）受颗粒三维空间的集合分布或颗粒自身的几何尺寸的影响。大颗粒的粉体团聚形成大孔，小颗粒的粉体团聚形成小孔。膜孔根据不同模式要求，应有一定的孔径大小且孔径分布要均匀，孔径分布过宽并不理想。大多数对于碳膜微孔的控制研究都是针对碳分子筛的。碳分子筛的多孔性基本都是均一的、直径为几埃米的小孔，这种性能使得碳膜具有了筛分不同形状大小分子的性能。众所周知，沸石结构中由于具有三维孔道的结构，因而具有了分子筛分性能。与沸石相比，碳分子筛不仅具备了沸石的分子筛分性能，而且在疏水吸附性能、耐热性、抗腐蚀性能上有出色的表现。然而，沸石的孔道可以由结构拓扑严格控制，几乎每种沸石都有其独特的孔道大小。碳膜孔径大小的控制还有待研究，如何能够更好地严格控制其孔径结构显得尤为重要。

碳膜孔径的调节可以从碳膜的制备原料和制备工艺中调节。

应用制备碳膜的原料（如加入添加剂、改变含量）去调节碳膜的孔径，对于这方面的研究报道，纵观国内外却并不是很多。应用经过筛选的颗粒细致的煤、煤焦炭和矿物煤来制得平均微粒直径大小为 0.02~3.0μm 的碳过滤膜，其孔径的大小就可以通过不同材料在高温分解后的不同收缩程度来控制。以聚丙烯腈为原料应用相转变技术制备有机毛细管膜，平均微孔直径控制在 0.16μm。用苯酚甲醛作为原料，四氮六甲环作为固化剂，通过控制固化剂的含量来控制微孔的孔径大小。应用裂解煤、有机添加剂，如沥青、苯酚和甲醛的混合物制得的碳膜的孔径可以由添加剂的剂量来控制。例如，他们对比几种添加了不同剂量沥青的碳膜，在 900℃时炭化，发现随着沥青含量的增加，微孔直径从 0.43nm 上升到 0.37nm，可见，这种方法可以精确控制埃米级的孔径大小。一些纯的有机化合物也用来合成碳膜，使用已知的化合物的结构可以更好地帮助形成和控制碳膜的孔径大小。

碳膜的孔径也可以从碳膜的制备工艺过程中去调节，如炭化、炭沉积和活化过程[170]。

炭化过程一般是在惰性气氛或真空条件下进行。随着炭化温度的升高，前驱体中的各种基团、自由基和苯环等发生分离聚合反应，表现为孔隙率发展、孔径扩大和收缩。炭化过程中 H_2 等小分子物质的析出，使得基体具有适用于气体分离的微孔结构。升温速率、炭化终温及恒温时间对碳膜的分离性能有较大的影响。

炭沉积法主要是为了调节孔径，可分为气相沉积和液相沉积。气相沉积法原理主要是根据含碳原料组成和结构的不均匀性，得到的炭化产物的孔径分布并不均匀，其中有许多孔的孔径大于适用于气体分离的孔径要求，从而降低了选择性，因此将膜在一定温度下加热，并与含烃气体的惰性气体接触一定时间，这样由烃类受热分解生成的碳就附在膜孔的内表面，使碳膜的孔径变小，从而达到调节孔径的目的。而液相沉积法是将多孔碳材料浸渍在含有合成树脂等聚合物的溶液中，再进行热处理，合成树脂等聚合物就发生热分解反应，生成的碳覆盖在多孔炭材料的内表面，使孔道变窄，从而达到调节孔径的作用。

活化过程是为了提高碳膜的渗透性能，有必要对其进行活化处理，打开其封闭孔。因为有机聚合物原膜在炭化时，有一部分孔被热解所产生的固体物质无定形碳所堵塞，形成封闭孔，因此降低了气体渗透速率。如果在炭化后，将膜放在氧气气氛如空气、氧气或二氧化碳中一段时间，无定形碳与氧化介质发生反应，这些封闭孔就会被打开。同时，一些小膜孔的尺寸还会变大，使用不同的活化剂，控制活化温度和活化时间，将会得到不同活化程度的炭分子筛膜。有研究表明，将聚酰胺原膜炭化后，置于空气或纯氧气中于 300℃活化，结果发现气体的渗透率有所提高，而气体的分离选择性并未降低。

一般单纯采用某一过程或方法难于制备性能良好的碳膜，因此制备中常采用多种方法或步骤来控制碳膜的孔径和分离性能。

6. 碳膜的应用

碳膜分离技术具有高效、节能、无相变等优点，远远优越于蒸馏、吸附和深冷等传统方法。碳膜在许多领域已得到了广泛应用[170]。

总的来说，碳膜的用途主要包括以下方面[170]：液体分离、空气中氧气和氮气的分离、氢气的回收利用、CO_2 的富集、低碳烃分离。

7. 木质素碳膜的结构与性能

由于木质素的结构单元上既有酚羟基又有醛基，因此在合成木质素-酚醛树脂时，木质素既可用作酚与甲醛反应，又可用作醛与苯酚反应，根据美国制桶公司提出的方法，在制得的树脂中，木质素代替了 25% 的苯酚。而原本在碱性介质中，苯酚与甲醛以摩尔比

6∶7混合，以氢氧化钠或者氨水作为催化剂反应。

我们用苯酚为固体，首先将苯酚放入干燥箱中液化，然后在烧杯中分别称取苯酚和甲醛溶液倒入三口烧瓶中，再加入氢氧化钠溶液为催化剂，最后在三口烧瓶中分别加入木质素8%、14%和20%进行缩聚反应。通过涂膜、室温固化成膜。然后将其在炭化炉中抽真空，通入氮气保护，并在氮气的保护下进行炭化，得到木质素碳膜[8,170]。

考虑到膜的厚度是一个重要参数，而且实验所制备的碳膜分别含有不同的木质素含量，所以首先对所制备的碳膜厚度进行了测试。表2-5说明碳膜的厚度是随着木质素含量的增加而增加的，且大致上每增加6%木质素，膜厚度增加0.1mm左右。

表 2-5　木质素碳膜的厚度及与木质素含量之间的关系

试样编号	1	2	3
木质素含量/%	8.00	14.00	20.00
膜厚/mm	0.59±0.05	0.68±0.05	0.81±0.07

图2-18是1号样品被分别放大了5000和20000倍的扫描电镜照片。由这两张照片可以发现该碳膜的孔径具有明显的微纳米尺寸，其微米尺寸约在1.1~2.6μm之间，而纳米尺寸则似乎在120~320nm左右。

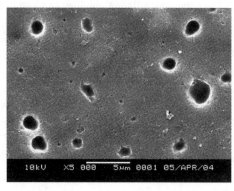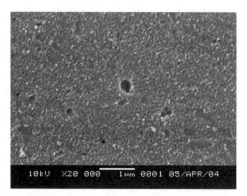

图 2-18　木质素碳膜样品1

图2-19是2号样品分别放大5000和20 000倍的扫描电镜结果。发现该碳膜明显较1

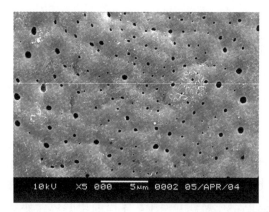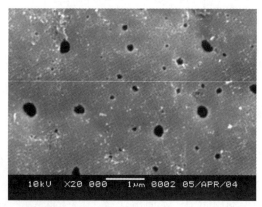

图 2-19　木质素碳膜样品2

号样品致密，所有孔的尺寸都在 80～830nm 范围内。由于该样品 2 较样品 1 多了 6% 的木质素，膜的厚度有了明显的增加，所以 2 号碳膜样品出现致密的纳米孔意味着木质素起了调节孔径的作用，即木质素在碳膜中有致孔剂的作用[170-173]。

　　与前两个样品比较，图 2-20 显示了 3 号碳膜样品的孔径大小呈明显的两极分化。例如，其大孔孔径约在 1.88～3.33μm，较 1 号样品的大孔孔径还要大；而小孔的孔径则在 2 号样品的范围之内，如 660～840nm。由于该碳膜较 2 号样品又多了 6% 的木质素，所以图 2-18～图 2-20 的结果似乎说明木质素的致孔作用是有条件的，或受到其他因素影响[8]。

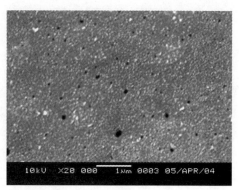

图 2-20　木质素碳膜样品 3

　　事实上，我们还发现 3 号碳膜存在许多更微小的孔，其孔径约在 60～250nm 范围内。这进一步说明该碳膜的孔径是两极分化的。这可能是因为木质素的增加使膜的密度增加。

　　由图 2-18～图 2-20 比较还可以清晰地发现木质素碳膜的孔径是根据木质素的增减而进行控制的。

　　3 种不同木质素含量碳膜的 CP/MAS ^{13}C NMR 波谱图如图 2-21 所示，其中 1、2、3 分别代表木质素含量为 8%、14% 和 20%[8]。

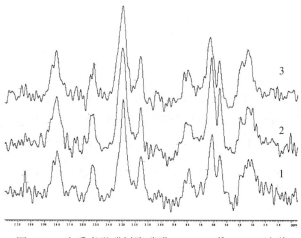

图 2-21　木质素酚醛树脂碳膜 CP/MAS ^{13}C NMR 波谱

　　由图 2-21 可知：随着木质素含量的变化，三种碳膜主要峰的化学位移变化并不明显，这说明三种碳膜的主要结构是相同的，区别可能仅在于木质素对碳膜空间结构的影响。由于图 2-21 中酚醛树脂的特征峰非常明显，意味着碳膜中还保留有酚醛树脂，即酚醛树脂制备过程的配比还有可能优化，或者碳膜的炭化过程可以进一步延长。但由于所制备的酚醛树脂含有木质素，所以这些峰也有可能始终体现木质素基团的贡献[170]。

表 2-6 进一步描述了碳膜 CP /MAS ^{13}C NMR 谱图主要峰的归属。

表 2-6　木质素酚醛树脂碳膜 CP/MAS ^{13}C NMR 波谱峰归属

化学位移/ppm	归属
33 ~ 35	酚醛树脂的 CH$_2$ 及木质素的侧链烷基碳
55 ~ 56	木质素的甲氧基碳
63	酚醛树脂中未反应的羟甲基碳
79 ~ 81	木质素 β-O-4 型结构中的 Cβ 结构
116	愈创木基 C$_5$
130	取代或未被取代的芳香碳芳香族非质子碳
152 ~ 153	酚羟基碳及木质素的非酚型紫丁香基的 C$_3$ 和 C$_5$ 共振吸收
180	羰基碳

比较图 2-21 给出的 3 条谱线，值得关注的还有两点：一是位于 33 ~ 35ppm 的峰是随着木质素含量的增加而逐渐由不明显的多峰变为明显的肩峰形状的；二是位于 152 ~ 153 ppm 的峰是随着木质素含量的增加从单峰发展到肩峰的。由于这两个现象都揭示了木质素含量的增加使碳膜峰形进一步完整，这可能预示着木质素的增加，如从 10% 到 30%，是有利于酚醛树脂制备与碳膜结构（如木质素的侧链烷基碳和非酚型紫丁香基结构）完善的。而这也可以从 152 ~ 153 ppm 峰的峰宽随着木质素含量的增加而增宽这一事实得到进一步的证实，例如，当木质素含量从 8% 分别增加到 14% 和 20% 时，图 2-21 显示该峰宽度也从 100% 增加到 111% 和 122%，与此类似的还有位于 180ppm 的羰基峰。

此外，比较图 2-21 中 3 条谱线还发现，虽然位于 63ppm 的峰高变化似乎无规律，但其峰宽随着木质素含量的增加而减小呈现规律，例如，当木质素含量从 8% 分别增加到 14% 和 20% 时，其峰宽从 100% 分别减小到 85% 和 62%。这说明炭化过程中碳膜的羟甲基碳结构与木质素含量有关[170]。

电阻是无机材料的基本参数，影响膜的电阻可以有许多种方法，其中膜的厚度与膜的电阻直接有关。测试发现所制备的 3 种碳膜的电阻随着膜的厚度增加而降低（表 2-7）。这说明木质素的含量不仅调控了碳膜的孔隙率，也调控了碳膜的导电性能[8]。

表 2-7　木质素碳膜的电阻与木质素含量之间的关系

试样编号	1	2	3
电阻值/Ω	16. 83	11. 34	6. 41

根据分光光度计测试上述 3 个碳膜样品的结果发现，随着木质素含量的增加，碳膜的吸附能力增加（表 2-8）。

表 2-8　木质素碳膜的吸光值与木质素含量之间的关系

试样编号	1	2	3
吸光值	0.200	0.226	0.635

由此可知，木质素的用量影响碳膜的几何尺寸、分子结构和性能，通过调控木质素的含量可以制备微纳米孔径的碳膜。显然，这对木质素碳膜的制备和应用是有意义的[170]。

2.9.3　木质素纳米碳纤维

1. 研究进展

虽然基于木质素的碳纤维已经有不少报道[58,171-174]，但木质素纳米碳纤维方面的报道还非常少。最近，我们通过将碱性木质素与聚酯首先进行熔融混合，然后熔融纺丝、碳化得到了木质素纳米碳纤维[123,175]。

2. 制备

（1）木质素与聚酯熔融共混

采用日本东京化成工业株式会社提供的碱性木质素颗粒，重均分子量 M_w 为 28000，黏均分子量 M_n 为 5000。聚酯采用聚对苯二甲酸丁二醇酯（PBT），其主要参数如下：特性黏度（0.82±0.02）dL/g，端羧基 ≤30 mmol/kg，熔点 ≥225℃，色值 L ≥88，色值 b ≥5.5，密度 1.30~1.32 g/cm³，熔融指数 60~75 g/10min，拉伸强度 50~60 MPa，断裂伸长率 ≥100%，冲击强度 ≥40 J/m，介电强度 ≥20 kV/mm。

熔融共混采用美国 DACA 公司的微型双螺杆共混仪，螺杆转速为 70 r/min、温度为 230℃。

图 2-22 给出了木质素/PBT 共混物的红外光谱，发现 PBT 在 3100~3700 cm⁻¹ 范围内没有任何吸收峰，而木质素和所有共混物却显示了非常明显的峰，说明木质素的加入使得 PBT 结构中增加了亲水基团。由于木质素的—OH 伸缩振动吸收峰在 3420cm⁻¹ 左右，而该峰在共混物中明显位移，如随着木质素含量的减少而向低频方向进行，说明可以通过增加或减少木质素的比例来调控 PBT 共混物中的氢键成分[175]。

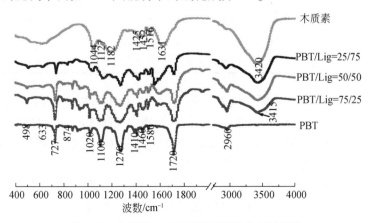

图 2-22　木质素、PBT 及其共混物的红外光谱

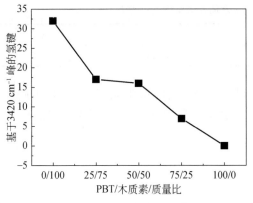

图 2-23　PBT/木质素比例与 3420 cm⁻¹ 峰的变化关系

事实上，图 2-22 说明了木质素量的含量变化不改变共混物的结构，但其加入导致氢键的引入从而改变了 PBT 的亲水性能。

图 2-23 用直观的方法描述了木质素/PBT 比例与共混物的 3420 cm⁻¹ 峰的变化关系。进一步揭示了木质素与 PBT 共混物的比例与共混物氢键之间的关系。

表 2-9 归纳了木质素、PBT 及其共混物的红外光谱图主要峰的归属[8]。

表 2-9　木质素、PBT 及其共混物红外光谱特征峰归属

波数/cm⁻¹	归属	说明
727	亚甲基（摇摆振动）	PBT、共混物
874	芳环对位双取代	PBT、共混物
1020	C—O（伸缩振动）	PBT、木质素、共混物
1044	S＝O（伸缩振动）	木质素
1127	紫丁香环（C—O）	木质素
1182	紫丁香环（C—O）	木质素
1330	—OH（弯曲振动）	木质素
1410	甲基、亚甲基和次甲基（非对称弯曲振动）	PBT、共混物
1425	甲基、亚甲基和次甲基（非对称弯曲振动）	木质素
1452	芳环中 C—H（非对称弯曲振动）	木质素
1460	芳环中 C—H（非对称弯曲振动）	PBT、共混物
1516	芳环（骨架振动）	木质素
1580	芳环（骨架振动）	PBT、木质素、共混物
1631	芳环中 C＝C	木质素
1720	酮 C＝O	PBT、共混物
2960	饱和 C—H（伸缩振动）	PBT、木质素、共混物
3420	—OH（伸缩振动）	木质素、共混物

由于 PBT/木质素共混物之间形成大量的氢键，理论上可以导致两者的分子之间产生良好的相容性。但由于分子交联，也有可能使共混物中结晶区内缺陷增多，从而引起结晶在较低的温度就被破坏，使共混物的相变温度降低，所以认识木质素/PBT 共混物的玻璃化转变温度 T_g 及其变化规律也就显得非常有必要。

图 2-24 显示了 PBT 及其 PBT/木质素共混物的 DSC 升温曲线图。从图中可以看到 PBT 的 T_g 在 50℃，而共混物只有一个 T_g，且明显随着两者的比例变化而呈规律性变化，说明木质素和 PBT 共混物有非常好的相容性且随木质素的含量而改善。

　　由图 2-24 可知，PBT/木质素熔融峰较 PBT 明显变窄，随共混物中木质素比例的增加，熔融峰宽度逐渐变窄，熔点也逐渐变小，但不同比例共混物熔点的变化幅度并不是很大。这说明木质素/PBT 共混物含有几乎相同的结晶结构[175]。

　　图 2-25 对共混物的 T_g 与共混物中两者的比例关系进行了专门描述，发现共混物的 T_g 随着木质素比例增加而增大，但木质素含量为 50% 似乎是一个临界点，因为木质素小于该点时共混物的 T_g 急剧下降，而大于此点时上升并不是很快。

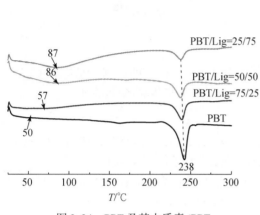

图 2-24　PBT 及其木质素/PBT
共混产物 DSC 图

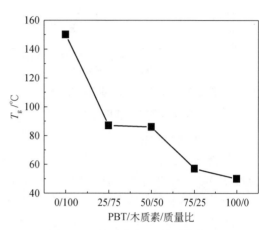

图 2-25　木质素/PBT 共混物的 T_g
与共混物比例之间的关系

　　鉴于文献曾报道了许多关于共混物 T_g 的估算公式[104]，我们也应用文献介绍的一些被认为影响较大的、经典的经验方程来估算木质素/PBT 共混物的 T_g，并研究这两种组分的变化对共混物 T_g 的影响。这些主要的经验公式为 Fox 方程、Gordon-Taylor 方程和 Kwei 方程[104]。

　　根据图 2-24 和上述给出的经验方程分别得到的 T_g 值，并在表 2-10 中给出以作比较。

表 2-10　实验测试得到的共混物的 T_g 与 3 种经验方程推出的 T_g 比较（T_g 的单位为 K）[175]

PBT/木质素/%	25/75	50/50	75/25
DSC 测试	360.2	359.2	330.2
Fox	343.7	366.3	392.1
Gordon-Taylor	369.5	394.2	411.2
Kwei	320.4	338.8	370.4

　　图 2-26 和图 2-27 分别描述了木质素/PBT 共混物的熔融温度 T_r 和熔变 H 与共混物比例之间的关系。可以发现：共混物比例对共混物 T_r 的影响非常大，且出现非常明显的两种可能性，即或者为 500 ~ 520K，或者在 360 ~ 370K 左右（图 2-25）。而此图似乎还进一步指出临界比例是在 PBT 含量为 25% ~ 50%，而木质素比例则在 50% ~ 75% 之间。

　　图 2-26 说明木质素/PBT 共混物的熔变与共混物比例之间是一种非线性关系，而临界共混比例非常明确的为 75/25（PBT/木质素）。这说明不同热力学参数与共混物比例之间的关系还需要进行进一步的研究，尤其是应用其他方法。

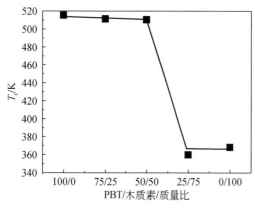

图 2-26　木质素/PBT 共混物的 T_r
与共混物比例之间的关系

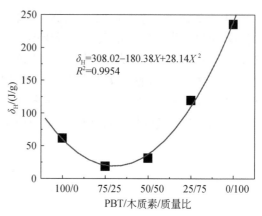

$$\delta_H = 308.02 - 180.38X + 28.14X^2$$
$$R^2 = 0.9954$$

图 2-27　木质素/PBT 共混物的熔变与
共混物比例之间的关系

（2）纺丝与碳化

熔融纺丝在德国哈克公司的型号为 RC90 哈克转矩流变仪进行，螺杆转速为 40n/min，温度 230℃。升温速率分别为 2℃/min 和 3℃/min，在 250℃ 条件下保温 1h。

纤维的预氧化在炭化炉中氮气气氛下分别以 180℃/h 升温到 800℃ 和 1000℃。后者即碳化温度。表 2-11 是制备木质素纳米碳纤维的预氧化和碳化温度[175]。

表 2-11　木质素纳米碳纤维的预氧化和炭化条件

碳纤维样品	预氧化升温速率/(℃/min)	炭化温度/℃
1	2	800
2	2	1000
3	3	800
4	3	1000

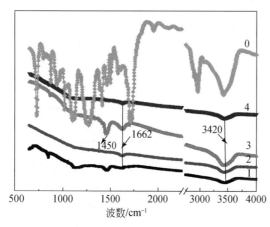

图 2-28　木质素/PBT 共混纤维（0 号）和其碳
纤维样品（1-4）的红外光谱

从图 2-28 可以清楚知道预氧化和炭化的处理使得共混纤维结构中大量基团被破坏，如位于 1410 cm⁻¹ 的非对称弯曲振动甲基、亚甲基和次甲基基团，1720 cm⁻¹ 的 C＝O 基团和 1020 cm⁻¹ 的伸缩振动 C—O 基团都在这一系列过程中转变成气体而消失。由于四个碳纤维样品都基本上保存了位于 1660 cm⁻¹ 的芳环中 C＝C 基团，以及位于 3420 cm⁻¹ 的—OH 伸缩振动峰，尤其是 3 号样品，说明木质素纳米碳纤维的主要成分是碳元素，但依然具有氢键结构[175]。

比较 1 和 3 样品以及 2 和 4 样品发现，其共同拥有位于 1450 cm⁻¹ 的芳环中 C—H 非对称弯曲振动峰，这说明 800℃ 的炭化温度没有破坏这一基团，即此时的碳纤维依然具有氢键结构，而这一基团在 1000℃ 条件下被完全破坏，说明高温也将破坏碳纤维中的氢键。

图 2-29、图 2-30 反映了 4 个木质素纳米碳纤维的 DSC 图。可以发现相同升温预氧化条件下高的炭化温度使得样品的吸收峰温度比低炭化温度的样品要高。而相同的炭化温度和不同预氧化条件对样品的吸收峰温度没有影响，说明碳化温度是碳纤维成型的关键。

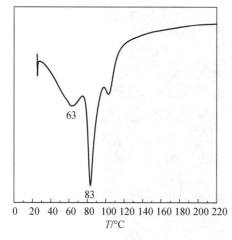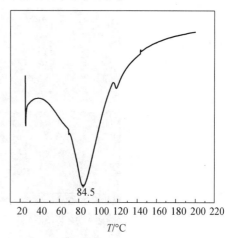

图 2-29　1（左）和 3 号样品（右）的 DSC 图

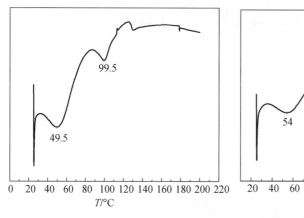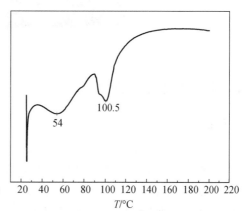

图 2-30　2 和 4 号样品的 DSC 图

图 2-31 反映了 4 个木质素纳米碳纤维的形貌，其中 2 号和 4 号样品都出现了纤维形貌，但 4 号样品的直径在纳米尺度范围，而长度约 180μm。这说明 4 个样品的氧化和碳化条件中仅有 4 号样品的条件适合制备木质素纳米碳纤维。比较 4 个样品的 SEM 图也可以发现，纳米碳纤维是从炭块中进一步高温碳化形成的。结合这些样品的形成条件（表 2-11）、红外光谱（图 2-28）和 DSC 图（图 2-29、图 2-30），可以初步得出结论：碳化温度至少应该达到 1000℃ 才可以形成纤维形貌，而这个碳化温度加上高的氧化速率才可以形成纳米结构[175]。

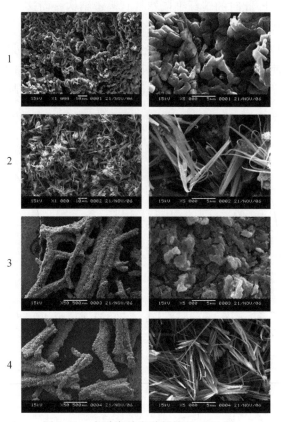

图 2-31　木质素纳米碳纤维的 SEM 图

2.9.4　木质素活性碳纤维

1. 简介

活性碳纤维（activated carbon fiber，ACF）是 20 世纪 70 年代发展起来的一种新型高效吸附功能材料，它具有与传统活性炭等吸附材料所不同的化学结构、物理结构和因此而产生的优异的吸附性能[173-176]。自问世以来，其受到了国内外科学家和企业家的重视，成为当今国际上多孔吸附材料研究的热点方向。目前 ACF 在化学化工、环境保护、资源能源、医疗卫生、电器军工等领域的应用前景已显示出良好势态，成功地被应用于溶剂回收，废水废气净化，毒气、毒液、放射性物质及微生物的吸附处理，贵金属的回收，电极制造等方面。每年关于活性碳纤维的制备、结构、性能和应用成果方面的研究论文和专利的报道方兴未艾、层出不穷。活性碳纤维被认为是 21 世纪最优秀的环保材料之一。

活性碳纤维是以高聚物为原料，经高温碳化和活化而制成的一种纤维状高效吸附分离材料。依据原料的不同，人们将活性碳纤维分为黏胶基、聚丙烯腈基、沥青基、酚醛基等活性碳纤维，它们各有独特之处。黏胶纤维是最早被制备成活性碳纤维的主要原料，由于其价格低廉、资源丰富，制成产品性能优异，生产成本降低而潜力较大。在相同碳化-活化时间下，ACF 比其他原料的活性碳纤维容易获得更大的比表面积和吸附容量，性能价格比高。所以，黏胶基活性碳纤维也是至今为止被研究最多、应用最广泛的活性碳纤维之一。但是目前市售的 ACF 大多数为孔径为 2nm 以下的微孔型产品，特别适于气体和小分子量液体分子的吸附，因为孔径的不匹配，如水中的腐殖酸、致癌物质三氯甲烷、生物大分子（如病毒蛋白质、肌酸酐、VB_{12}）、有机电解质等大分子物质的吸附效果极差，因此限制了它在催化、医药、电子及液相吸附等领域的广泛应用[177]。为了解决这一难题，近几年人们开始研制中孔 ACF，并取得了一定的进展。市场上常见的是微孔型活性碳纤维，孔径基本上呈单分散型，集中在 1 ~ 2nm，中孔率（中孔体积与总孔体积之比）一般 < 5%。从研究报道分析，中孔活性碳纤维的中孔比例为 200% ~ 600%。市面上还没见到中孔活性碳纤维的批量产品出售。大孔活性碳纤维的研究也有一些报道[176-181]。

碳作为一种材料其使用有悠久的历史，碳纤维的发明也可追溯到爱迪生发明电灯丝的时代，而活性碳纤维则是 20 世纪 60 年代初才研制成功的一种新型碳材料，它是在高性能碳纤维研究的基础之上得以实现的[182]。

1962 年 Abbott[39] 研制成功了黏胶基的 ACF，70 年代初日本东洋纺织公司率先推出了以黏胶纤维为原料的 ACF，并在 1974 年推出了溶剂回收装置[183]。同期日本东邦培斯伦公司首先开发出聚丙烯腈基 ACF[182,183]。1976 年，日本工业技术学院北海道工业研究所以及东京工业研究所，分别以不同的工艺路线，使聚丙烯腈基活性碳纤维投产成功[182,183]。70 年代初，Arons 和 Macnair[182,183] 报道了酚醛基的 ACF。1982 年日本可乐丽公司开始生产和销售酚醛基 ACF 系列产品。东邦公司则在造水促进中心的协助下，于 1984 年开始，利用东京理科大学研制成功的适用于水处理的活性碳纤维成果制造实用装置，该装置吸附速度比粒状活性炭快十倍，在处理同量废水时，ACF 用量仅为颗粒状活性炭（GAC）的1/50 ~ 1/40，处理装置的体积大为缩小。此外，它对有机物的脱附较容易，再生时间大幅度缩短。该公司还同可乐丽公司合作，开发研制了用于净水厂和制糖厂水处理的具有脱臭、脱色和去除有机物等多种功能的活性碳纤维吸附装置[182,183]。1989 年大阪煤气公司与尤尼吉卡继联合开发研究出煤焦油沥青基活性碳纤维之后，又共同新组建了 Adoll 公司，开始生产沥青基 ACF，它是一种根据沥青性质并通过对原料沥青的分子设计而制成的高性能低成本的吸附剂。此后不久美国阿什兰石油公司在推出熔喷法沥青碳纤维的同时，也生产出了沥青基超细 ACF[182,183]。1992 年日本仁村化学工业煤沥青系 ACF 生产获得成功[182,183]。至此，国外 4 种原丝路线生产的 ACF 产品相继问世。

2. 活性碳纤维的孔径与吸附的关系

按照国际纯粹与应用化学联合会（IUPAC）[176] 根据各类孔在吸附等温线上的特征吸附效应对孔径的分类标准，孔直径 < 2.0nm 为微孔，2.0 ~ 50nm 为中孔，> 50nm 为大孔。

吸附剂的吸附性能主要由孔结构的大小来决定。按照吸附质分子尺寸和细孔直径之间的关系所划分的吸附状态主要有：

（1）细孔直径 < 分子尺寸时，细孔起分子筛作用，分子无法进入孔内，故不起吸附作用；

（2）细孔直径 ≈ 分子尺寸时，分子直径与细孔相当，吸附剂的捕捉力非常强，适于极低浓度下的吸附；

（3）细孔直径>分子尺寸时，在细孔内发生凝聚，吸附量大；

（4）细孔直径≫分子尺寸时，在细孔内容易发生脱附，脱附速度快但低浓度下的吸附量小。

3. 应用

有许多文献综述了活性碳纤维的用途[176,178,182-192]。国内活性碳纤维的应用研究主要集中在溶剂回收和环保方面，从香烟滤嘴、卫生用品到空气、水的净化，研究极为活跃。

（1）有机气体回收处理

活性碳纤维可以应用于有机溶剂回收，具有能耗低、速度快、全自动、占地小的特点，回收率可达98%以上[184,185]。

（2）饮用水净化/废水处理

AFC可以应用于臭氧生物处理、饮用水深度净化[189]。抗菌载银活性碳纤维可以灭菌[193]。此外，活性碳纤维还被应用于处理印染废水[191]。

（3）贵/重金属的富集分离

活性碳纤维能将一些电极电位较高的离子还原，贵金属提取和分离，或检测天然环境水中痕量金属[192]。

（4）其他领域的应用

此外，活性碳纤维还可以应用到香烟滤嘴、催化剂载体、室内及环境空气净化、医疗卫生用品和制冷工质材料等[176-192]。

4. 木质素活性碳纤维的制备

根据木质素的结构单元上既有酚羟基又有醛基的特点，我们首先合成了木质素酚醛树脂，此时木质素既用作酚与甲醛反应，又用作醛与苯酚反应，所以既节约了甲醛，又节约了苯酚[176,177]。在制得的树脂中，木质素代替了25%的苯酚，木质素含量分别为8%、14%、20%。

缩聚反应过程为：将装有配料的三口烧瓶放入油浴锅中，逐步上升反应温度，并最终根据反应情况将温度控制在90℃左右，充分搅拌并使用冷凝器回流，反应2h左右，直到溶液变得比较黏稠，样品完全反应形成木质素酚醛树脂为止（图2-32）。

在苯酚、甲醛与木质素共同存在的环境中，苯酚、甲醛小分子不断渗入木质素大分子的网状结构中。随着反应的进行，苯酚、甲醛在木质素网络中聚合成为大分子，并与木质素形成化学交联。在最后形成的共聚物中，木质素似一张网保护着内部的酚醛结构，同时它也担当着共聚物骨架的作用。

酚醛树脂属于难石墨化碳，如图2-33所示，直线段表示石墨微晶基平面，弯曲的曲线段表示非晶区的无定形碳、它们紊乱排列，彼此间存在空隙。碳带相互缠结，构成无序的空间，碳簇堆叠无序，彼此间存在孔洞。这样的形态结构是制造活性碳纤维的基础。

把制备好的纺丝原液倒入湿法纺丝机的纺丝筒中，以2m/min的纺丝速度纺出原丝。因为整个聚合物是无定形支化交联的，所以聚合物在纺丝后其纤维难以拉伸形成高取向态结构，故把纺得的纤维直接浸入事先制备好的凝固浴中固化制得碳纤维原丝。

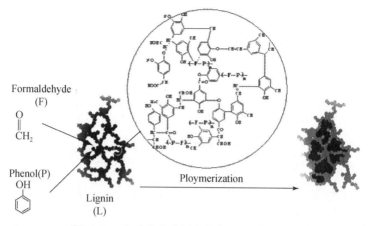

图 2-32　木质素酚醛树脂的合成过程示意图

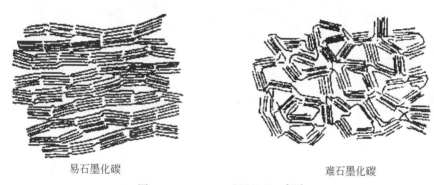

易石墨化碳　　　　　　　　　　　　难石墨化碳

图 2-33　Franklin 碳结构模型[176]

　　凝固浴由甲醛与盐酸的混合溶液组成。酚醛树脂的固化主要是羟甲基的缩合反应，一般是以两种方式进行，其一是羟甲基与酚环上的活泼氢发生缩合反应生成亚甲基；其二是羟甲基之间发生缩合反应生成甲基醚。甲醛为亚甲基供应体，盐酸为催化剂。经尝试，选择 14% （质量分数）盐酸溶液的混合凝固浴。原丝浸泡在室温下的凝固浴中 12h 至固化。

　　空气气氛中，把碳纤维原丝在 XL1 管式炉中以 3℃/min 的加热速率从室温加热到 250℃，并在此温度保温 1.5h，得到预氧化丝。把预氧化丝在 N$_2$ 的保护下，以 3℃/min 的加热速率从室温加热到 800℃，并在此温度保温 0.5h，最后得到木质素活性碳纤维[176,177]。

　　5. 木质素活性碳纤维的结构与性能

　　图 2-34 比较了含不同木质素含量的木质素酚醛树脂原丝和对应的木质素活性碳纤维的红外光谱。从图中可以明显发现木质素活性碳纤维的所有特征基团的峰面积都比原丝的小。如代表 O—H 振动的 3400cm^{-1} 峰，代表 C—H 振动的 2930cm^{-1}、1480cm^{-1}、1100cm^{-1} 和 876cm^{-1} 峰，代表 C—C 芳香环骨架振动的 1620cm^{-1} 和 1480cm^{-1} 峰，代表 C—O 振动的 1216cm^{-1} 峰。这说明氧化和碳化过程中共聚物发生了一些化学反应，使得 H 和 O 原子及相关的官能团大量损失。同时，高温也使一部分的芳香环 C—C 骨架断裂，造成芳香环骨架振动减弱。

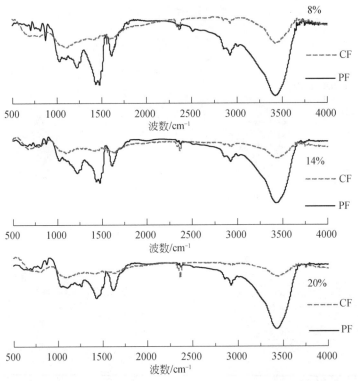

图 2-34　木质素酚醛树脂原丝与木质素活性碳纤维的红外图谱

表 2-12 比较了木质素活性碳纤维的原丝、氧化丝和碳纤维的元素分析。

表 2-12　木质素/酚醛树脂纤维和活性碳纤维的元素分析

木质素活性碳纤维	C/%	H/%	N/%	O/%
原丝	67. 25	5. 774	<0. 100	26. 876
预氧化丝	59. 96	3. 008	<0. 100	36. 932
碳化丝	91. 88	0. 290	0. 290	7. 008

从该表可以发现木质素活性碳纤维的碳元素含量非常高，而预氧化程度也确实如期望的增加了氧元素。由此可知，预氧化过程使得木质素/酚醛树脂的苯环与苯环之间加入了C—O键从而形成了一种稳定结构，并有利于纤维在进一步碳化过程中保持形状。由于碳化过程中使用氮气进行保护，极少量的氮元素与木质素/酚醛树脂发生了发应，使最后的碳纤维中 N 元素含量也相应增加。

图 2-35 反映了木质素活性碳纤维的形貌，该纤维的截面为较扁平的狗骨形。传质不完全而遗留在纤维内部的小分子如水分子在加热阶段会成为活性碳纤维的活化剂，使纤维产生更多的孔洞。

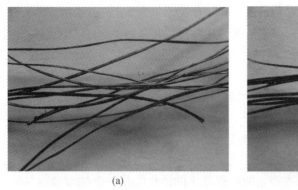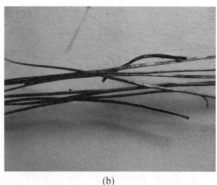

(a)　　　　　　　　　　　　　　　　　　(b)

图 2-35　木质素活性碳纤维

　　图 2-36 是具有不同木质素含量的木质素活性碳纤维的扫描电镜照片。从这些图片可以看出纤维内部是单一相体系，没有发现相分离，这再次说明木质素与苯酚、甲醛形成了均相的共聚物。同时发现，碳纤维的内部有很多的孔隙。对于含木质素 0%，也就是纯酚醛树脂碳纤维来说，通过观察可以看出其内部有大量直径大小分布不均的孔洞，其大小为 0.8~20.0μm 不等。这些孔洞是因为纤维固化、预氧化、碳化过程中的小分子从纤维中溢出。含木质素 8% 的碳纤维的截面与纯酚醛树脂相似，也有孔径分布很大的孔洞，直径范围在 0.4~38.0μm。从图中可以看出，8% 的样品除了有个别非常大的孔洞外，大多数孔洞的

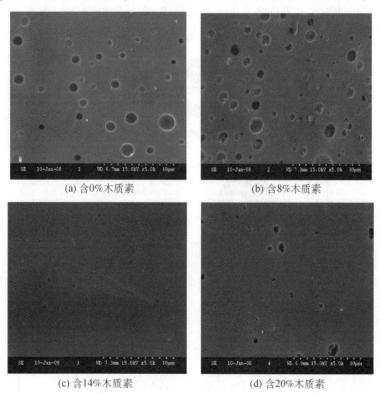

(a) 含0%木质素　　　　　　　　　　　　(b) 含8%木质素

(c) 含14%木质素　　　　　　　　　　　　(d) 含20%木质素

图 2-36　木质素活性碳纤维的 SEM 照片

直径小于 $1\mu m$。含 14% 木质素的样品较前两个样品有较大的改善，其纤维内部的大孔洞消失了，取而代之的是分布均匀的孔径较小的孔洞，其直径主要分布在 $200 \sim 400nm$ 范围内，比 8% 的样品孔径小。观察 20% 样品的电镜照片，发现纤维内部出现了直径在 100nm 以下纳米级孔洞。然而，其纤维内部仍然有少量的直径 $1\mu m$ 左右的空洞不均匀地分布在四周。虽然孔洞随着木质素含量的增加逐渐减小，这种活性碳纤维仍然属于大孔洞活性碳纤维[177]。

　　总的来说，木质素的加入使木质素酚醛碳纤维内部的孔洞均匀化、致密化。孔洞的大小与木质素含量呈反比例关系。这种活性碳纤维属于大孔洞活性碳纤维。

　　由于氧化过程中原丝的化学结构发生变化，形成一种可以承受高温的稳定结构，所以此阶段也是纤维活化的阶段。所以木质素酚醛碳纤维的活化既是一个物理过程又是一个化学过程，即预氧化过程是预活化，使得纤维内部的水分子受热汽化从纤维内部溢出，同时在纤维内部形成孔洞。这个阶段的反应机理如下所示[176]：

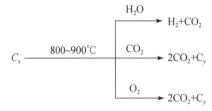

　　氧化性气体与碳原子化合成气体排出炉外，而在碳原子原来的位置上留下空穴。这个空穴随着化学反应的继续而发展为孔洞。最终纤维上布满微孔而形成极大的比表面积。木质素酚醛活性碳纤维具有高度紊乱的石墨微晶结构，表面内部有许多细孔（图 2-37）。

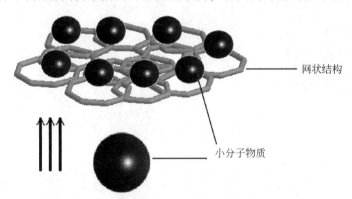

图 2-37　网状结构切割小分子气体球的示意图

　　木质素既是碳原子的提供体，又是活性碳纤维孔洞的调控剂，如图 2-37 所示。纯酚醛树脂纤维在活化时，纤维内部形成的小分子气体在纤维内部聚集，形成较大且直径不均匀的孔洞。随着木质素含量的增加，纤维的网状结构密集。纤维内部的网络结构像筛子一样把形成的较大的小分子气体球切割分裂成为均匀大小的更小的小球，从而形成较小的孔洞。样品的木质素含量越高，纤维内部的网状结构就越填密，小分子气体就会被切割成越小的小球，分布也就越来越均匀。这一点也可以从 SEM 照片（图 2-36）中得到证明。

　　图 2-38 进一步对木质素活性碳纤维的孔径与木质素含量之间的关系进行了总结。孔径的大小与孔径的控制是制备活性碳纤维的一个重要参数[193-199]。一些研究发现不同的酚

醛比例对孔径的影响，而一些化合物起着孔径控制的作用[193-199]。

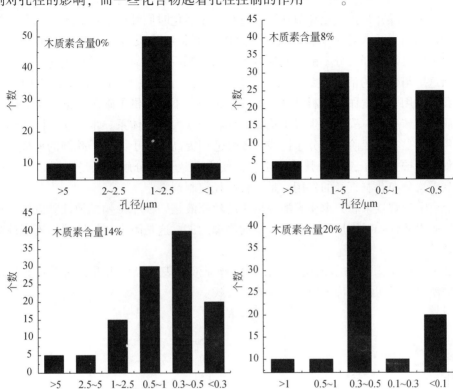

图 2-38　不同木质素含量的活性碳纤维的孔洞直径分布

通过比较我们还发现，我们所采用的方法较传统活性碳纤维的制备方法可以获得大孔活性碳纤维。各种传统活性碳纤维制备工艺共同点如图 2-39 所示。

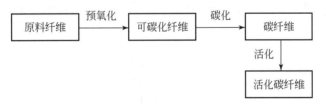

图 2-39　传统活性碳纤维制备工艺

上图说明传统的活性碳纤维必须先制备好碳纤维，再对碳纤维进行活化。其活化的原理是活化剂如水、二氧化碳等对碳纤维进行化学侵蚀，从而形成多孔洞结构。由于活化之前纤维已被碳化，故纤维表面的化学活性相当低。而且碳纤维为类石墨层状结构，力学性能非常好，形成的孔洞难扩张，所以这样的工艺很难得到大孔洞活性碳纤维。

我们制备活性碳纤维的过程如图 2-40 所示。

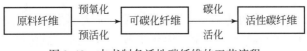

图 2-40　本书制备活性碳纤维的工艺流程

　　通过比较可以发现，我们制备活性碳纤维方法中没有独立的活化步骤，而是分为预活化和活化两个步骤并与预氧化和氧化同时进行。预活化时原纤中的小分子如水分子等汽化从纤维中逃逸出来。这是一个物理过程。这时的原料纤维没有形成坚固的类石墨层状结构，所以气体可以撑开大分子链段而形成大孔洞。然后，预氧化丝进行碳化，发生的是化学反应，这里与传统的活性碳纤维发生的反应一样。此外，传统活性碳纤维中不含木质素，而我们采用木质素作为原料共聚物的一个组分，不仅提供了碳源，也调控了孔径。

　　木质素与苯酚和甲醛反应生成了均相的网状交联大分子体系。木质素的网状结构起到三个作用：一是在低温阶段使分子链段活动性适当提高，利于大分子孔洞的形成；二是在升温过程中保护大分子，提高其热稳定性，使之不致受热分解；三是限制过大的孔洞形成，起到平均分布孔洞直径的作用，是一种孔径控制剂。

　　从流变学的观点来看，木质素酚醛树脂纺丝原液是一种非牛顿黏弹性黏流体。这种性质也对木质素活性碳纤维形成大孔有一定的物理意义。这是因为纺丝原液的流变性对纤维成型非常重要。

　　图 2-41 指出木质素含量的增加，使得纺丝原液的表观黏度上升；而随着剪切速率的升高，原液发生了切力变稀现象，符合幂律公式：

$$\eta = Kr^{n-1} \tag{2-1}$$

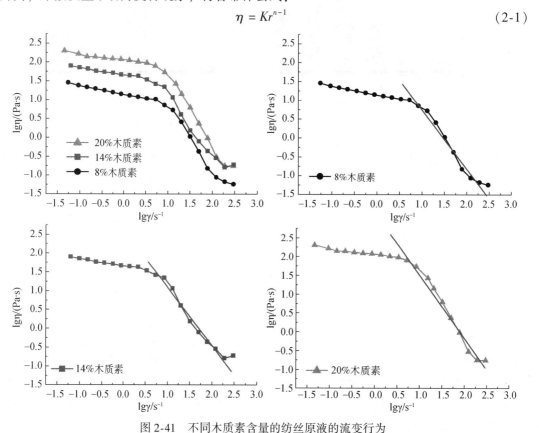

图 2-41　不同木质素含量的纺丝原液的流变行为

式中，η 为表观黏度；r 为剪切速率；K 为黏度系数；n 为非牛顿指数。通过幂律公式可以对假塑性流体的流动性进行描述，其中非牛顿指数 n 可以表示流体的流动性偏离牛顿流体

的程度。通过幂律公式的对数式,即

$$\lg\eta = \lg K + (n - 1)\lg\gamma \tag{2-2}$$

表 2-13 比较了木质素活性碳纤维原液中不同木质素含量对其流变性能的影响。由该表可以看出,非牛顿指数是随着木质素含量的增加而减小的,即增大了非牛顿性。这主要是由于木质素的分子量分布较宽,增加树脂分子量的分散性。当聚合物的分子量相同时,随着分子量分布增宽,高分子溶液的非牛顿性增大。

表 2-13 木质素活性碳纤维纺丝原液的流变性能

样品	$\lg K$	n(非牛顿指数)	R(相关系数)
8%	0.736	0.67	0.9888
14%	3.329	0.57	0.9914
20%	4.189	0.54	0.9885

进一步观察图 2-41 可以发现,在木质素含量 14% 和 20% 的流变曲线的最后部分,即在剪切应力比较大的情况下,出现了黏度随剪切应力变大而变大的现象,即切力变稠。这说明木质素原液是一种相互交叉链接的网状结构[176,200-205]。而这些聚合物特性,使得木质素在低的剪切应力下($\dot\gamma < \dot\gamma_c$,$\dot\gamma_c$ 为临界剪切速率)其原液黏度随着剪切应力增加而减少(切力变稀行为),而剪切应力的增加又使得高分子解开了缠结,分子链随流动方向发生取向[200-205];在高剪切应力作用下($\dot\gamma > \dot\gamma_c$)木质素原液出现切力变稠,是因为流动使得其高分子网络的分子结构发生变形和交联,而解开的高分子链形成了临时的网络结构或者缠结,使得黏度变大[200-205]。

表 2-14 总结了基于 BET 方程的木质素活性碳纤维的吸附性能及木质素含量的影响,其中 V 是单位质量样品表面氮气的实际吸附量,以体积表示(mL),V_m 是单位质量样品形成单分子吸附层所对应的氮气量,以体积表示(mL),P 是氮气压力,P_0 是在液氮的温度下氮的饱和蒸气压,S_g 是样品的比表面积。

表 2-14 3 种不同木质素含量的活性炭纤维吸附参数

木质素含量/%	P/P_0	V/mL	$P/V(P_0-P)$	V_m/mL	$S_g/(m^2/g)$
	0.3142	0.0186	0.0085		
	0.2575	0.0199	0.0069		
8	0.2048	0.0211	0.0054	36.377	634.41
	0.1411	0.0228	0.0038		
	0.0676	0.0237	0.0017		
	0.3142	0.0188	0.0086		
	0.2575	0.0202	0.0070		
14	0.2048	0.0217	0.0056	35.997	627.79
	0.1411	0.0231	0.0038		
	0.0676	0.0241	0.0018		
	0.3142	0.0200	0.0092		
	0.2575	0.0215	0.0075		
20	0.2048	0.0231	0.0060	32.938	574.44
	0.1411	0.0275	0.0045		
	0.0676	0.0199	0.0014		

从表2-14中可以得知，随着木质素含量的增加，样品的比表面积变小。这是因为木质素的含量决定了碳纤维的孔及内部结构。

应用紫外分光光度计对上述3个不同木质素含量的木质素活性碳纤维分别进行吸附亚甲基蓝溶液的测试，结果见表2-15。

表2-15　木质素活性碳纤维的吸光值与木质素含量之间的关系

木质素含量/%	8	14	20
亚甲基蓝溶液浓度/(g/10mL)	0.1005	0.1007	0.1012
吸光值	0.213	0.262	0.488

由表2-15中的吸光值可以知道：随着木质素含量的增加，活性碳纤维的吸光值增加，即吸附亚甲基蓝溶液的能力增加。

6. 温度对吸附性能的影响

考虑到一般蛋白质或者酶等大分子具有活性的温度在25～50℃，因此在25℃、30℃、35℃和40℃4个不同温度下测试了木质素活性碳纤维的蛋白质吸附性能，如图2-42所示。

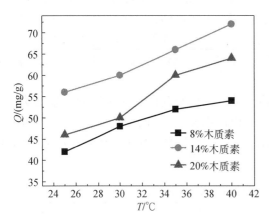

图2-42　不同温度下木质素活性碳纤维对蛋白质大分子的吸附性能

大孔活性碳纤维对大分子的吸附过程基本上可分为3个连续的阶段：第1阶段为大分子溶液扩散到活性炭表面，即表面扩散过程；第2阶段为大分子在活性炭网络内扩散；第3阶段为大分子在活性炭内孔表面上发生吸附。在吸附过程的初期，随着时间的变化，大孔活性炭对大分子的吸附迅速升高，吸附主要发生在活性炭表面和活性炭的孔内表面，而在吸附后期，吸附受到扩散控制，则主要发生在深孔内界面，故吸附速率减缓，吸附过程进行大约48h后，吸附作用基本达到平衡，此时再延长吸附时间对吸附效果影响不明显。

从图2-42中可以清楚地看到，随着温度的升高，活性碳纤维对蛋白质大分子的吸附量呈上升趋势。这主要是因为温度的升高提高了蛋白质大分子的活性，其分子链段活动能力加强，有利于进入活性碳纤维的内孔，增加内孔的吸附，从而提高了整体的吸附量。在3种不同木质素含量的样品中，14%木质素含量的样品的吸附能力较其他两个有了较大的提高。根据之前扫描电子显微镜的分析，14%的样品有着更多的大孔径孔洞，且孔径大小在200～400nm。这样的孔径非常适合大分子的渗入与吸附。这点也符合Dubinin[206]所总结的孔径分布与吸附物质的分子质量关系。

2.10　基于木质素的农用材料

2.10.1　肥料

改性的木质素由于其 C/N 比较高，在 250 左右，所以是一种很好的腐殖物质的先驱体。木质素在土壤中不能立即降解，但能在微生物的作用下，发生降解，变成无机氮，为作物所吸收。为此，利用木质素的这种迟效性，可以将其氧化氨解，制备高含氮量的、缓慢释放的氧化氨解木质素肥料[46]。

2.10.2　农药缓释剂

木质素比表面积大、质轻，能与农药充分混合，尤其是能通过简单的化学反应与农药分子产生化学结合，使农药从木质素的网状结构中缓慢释放出来[3]。

2.10.3　植物生长调节剂

木质素经稀硝酸氧化降解，再用氨水中和，可生产出邻醌类植物生长激素。这种激素能促进植物幼苗根系生长，提高移栽成活率，对水稻有提早成熟的作用，对小麦、棉花、茶叶等作物有一定的增产效果[47]。

2.10.4　地膜

木质素是一种可溶性的天然高分子化合物，只需添加少量碱即可有一定的成膜性，也有一定的强度。如果在木质素溶液中添加甲醛作交联剂，使木质素相对分子量增大，增加其强度和成膜性，此外添加一些表面活性剂和起泡剂，这样制成的液体混合物，用喷雾器喷到土壤表面，形成一厚层均匀的泡沫，消泡后便在土壤表面形成一层均匀的地膜，有很好的浸润性，能把所有的土壤表面全部覆盖上一层膜[47]。

2.10.5　沙土稳定剂

木质素磺酸盐喷洒在沙土表面后，首先与沙土表层的沙土颗粒结合，通过静电引力、氢键、络合等化学作用，在沙土颗粒之间产生架桥作用，促进了沙土颗粒的聚集。干燥后可以在沙土表面形成一层具有一定强度的固结层，从而有效地抵御风蚀，达到控制沙尘暴形成的目的[48]。

2.11　基于木质素的纳米材料

纳米材料是材料领域中最富有活力的一种新材料，其纳米量级所构成的纳米效应具有非常远大的应用前途。将木质素加工到纳米级，可以进一步发挥其天然生物高分子的特性，为木质素的应用提供新的途径[207]。

2.11.1　木质素纳米颗粒

　　与一般的木质素颗粒相比，纳米级木质素颗粒具有了更大的比表面积。这一特点有利于让原来因为其芳香环及高度交联的三维网状结构所包围的一些官能团暴露在表面，增加木质素的活性。大量的酚羟基、羧基及羰基，以及不同含氧基团的存在使得木质素在作为吸附剂、表面活性剂等方面，更具有优越性。

　　木质素纳米颗粒加工不能与金属纳米加工相提并论，如果工艺要求粒度进一步减小，就涉及能耗大、工艺复杂、设备要求更精密等问题，因此常常利用非机械的物理和化学方法使木质素达到纳米级。造成木质素粒子难以分散和尺寸难以减小的主要原因是其分子间强烈的氢键作用，而且粒子越小，表面能越大，氢键的作用越强烈，木质素粒子就越易聚集。如果采用有效的方法将木质素中的羟基加以屏蔽，使木质素分子间的作用力完全或基本上只是范德华力，有利于进一步提高其分散水平。杨等[100]采用丙酮封闭羟甲基化木质素制备纳米木质素，发现该方法可显著降低氢键作用。近来，离子液体也被应用于木质素的溶解以制备纳米木质素[207]。Kilpeläinen 等[208]应用 1-丁基-3-甲基氯（BmimCl）离子液溶解木材以获得纳米级木质素，发现活性的氯离子能够明显破坏木材中的氢键和部分 π-π 键。Norgren 等[209]进一步研究了不同的离子浓度和不同的阴阳离子对木质素溶解过程中自结合的影响。图 2-43 是木质素自结合的一个模型。在碱性条件下，随着离子浓度的增加，形成的木质素自结合颗粒的直径从 300nm 增加到 1600nm。在实验中，当 NaCl 浓度达到 1.5mol/L 的时候，室温下溶液开始相分离，而这一变化与木质素含量无关。通过浊度测试，实验用的各种阳离子引发木质素自结合作用能力的强弱次序是：$Cs^+ > Na^+ > K^+$；阴离子为：$Cl^- > Br^- > NO_3^{-}$[207]。

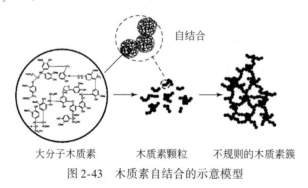

自结合

大分子木质素　　　　木质素颗粒　　　不规则的木质素簇

图 2-43　木质素自结合的示意模型

　　我们[4]曾经研究了微纳米木质素颗粒在酸碱溶液中的溶解行为，发现木质素在碱性溶液中的溶解是无规律的，但在酸性溶液中的溶解首先是溶胀，然后才是溶解，在室温条件下，这两者的分水岭似乎是在 80min，并且与酸液的浓度无关。表 2-16 列出了木质素颗粒大小在酸碱溶液中与溶解时间的关系。进一步的红外光谱分析显示，木质素在酸性溶液中的溶解主要是芳香环的断裂即分子量的降低而无结构变化。

表 2-16　木质素粒径在不同浓度酸碱溶液中随时间的变化[4]

粒径/μm　浓度　时间/min	NaOH 溶液/（mol/L）				HCl 溶液/（mol/L）		
	0.1	0.2	0.3	0.4	0.1	0.2	0.3
0	0.10	0.10	0.10	0.10	0.10	0.10	0.10
20	0.15	0.19	0.17	0.13	0.13	0.15	0.10
40	0.13	0.17	0.21	0.13	0.14	0.15	0.24
60	0.15	0.19	0.17	0.22	0.13	0.15	0.35
80	0.17	0.15	0.13	0.20	0.14	0.25	0.49
100	—	—	—	—	0.14	0.20	0.41

　　木质素纳米颗粒已应用到了许多方面。利用纳米木粉和其他材料，可以形成新的木基材料，并形成纳米木基复合材料及其形成机理的新理论。木质素纳米微粒和高分子材料结构重组，仿生材料研究将开创木材科学研究的新领域。由于木质素结构中既有酚羟基，又有醛基、羧基等[1-3]，因此，可与一些化合物在一定条件下合成树脂如木质素酚醛树脂[8]、木质素聚氨酯树脂[207]，在 20 世纪初就有人利用木质素制备胶黏剂。加工到纳米级的木质素，反应更加完全，可取代诸如含甲醛等的有毒胶，因而可以制得无污染的胶黏剂。将纳米木质素与磁性材料复合成木磁材料和木绝磁材料的研究将使得磁材料和绝磁材料生产成本大大降低。发光木材的开发也依赖木质素纳米技术的开发[207]。有人[207]利用造纸黑液中的木质素与二氧化硅在酸化过程中形成的溶胶-凝胶前驱体，有效地增加了反应物间的接触面积，实现了由二氧化硅向氮化硅的转换，制成纳米氮化硅。

2.11.2　木质素纳米薄膜

　　Jeong 等[210]介绍了利用压电共鸣器来检测木质素纳米薄膜的降解过程。在这项研究中，他们测试了纤维素酶和漆酶在薄纤维素/木质素薄膜上的界面行为，研究了在纳米级木质素基体上酶活性的动力学。该纤维素薄膜/木质素薄膜通过旋涂法制得，厚度为 15nm，$1cm^2$ 的质量小于 1mg，这足以实时检测薄膜降解情况。在检测过程中，他们发现了三个不同的阶段。刚开始的阶段与表面的酶的吸附有关，压电频率和分散数值都符合简单的动力学模型。在第二阶段，传感器共鸣频率的变化指出薄膜降解，斜率表示降解速率。第三阶段，随着膜的不断降解，降解速率变慢。这一研究为木质素纳米薄膜提供了另一个表征方法，丰富了该领域的研究内容。

　　用醇有机溶剂-超临界 CO_2 方法溶解蔗糖渣，从中抽取木质素，并采用 Langmuir-Blodgett 方法制得超薄的薄膜，通过 Π-A 等温线研究了不同重金属离子对纳米结构的木质素薄膜灵敏度的影响[211,212]。研究发现，当在次相中出现重金属离子时，因为金属离子间静电排斥作用，Π-A 等温线向大分子区域移动。应用这一点，他们把 Langmuir 单层移动到固态基体上做成 Langmuir-Blodgett 膜，该膜可以作为"电子舌"系统的传感器来发现水溶液中含量很低的 Cu^{2+}。

　　碳膜作为一种新型的无机膜，不仅具有较高的耐高温、耐酸碱、耐化学溶剂的能力，以及较高的机械强度，还具有比较均一的孔径分布和较高的渗透性和分离性能[8]。碳膜由于具有这些优异的性能，近年来有了迅速发展，已经成为无机膜领域的重要组成部分。我们[8]曾经介绍了应用甲醛、苯酚和木质素制得的酚醛树脂及进一步制膜、炭化得到不同木质素含量的碳膜的过程。通过固体核磁共振分析碳膜，发现碳膜依然有着非常明显的酚醛树脂的特征。SEM扫描发现，随着木质素含量的不同，碳膜中孔洞的大小发生变化。当木质素含量为14%时，碳膜中形成了分布紧凑的纳米级的微孔，直径在80～830nm。这说明，木质素在其中既是碳膜的基体，又是碳膜中形成微孔结构的主要原因。之后对碳膜进行亚甲基蓝溶液吸附性能测试，发现该木质素基碳膜有着良好的吸附性能。

　　近来，我们应用发明的层层电组装方法[213,214]制备了木质素多层纳米膜，其中我们通过改变静电发生器的两个电极与木质素磺酸盐溶液和硅板的连接来控制静电反应力EI，而静电发生器则可以提供不同的电压，如图2-44的左侧示意图所示。图2-44显示了所制备的木质素电场纳米膜的表面（其中的插图是普通的光学显微镜照片）和侧面的扫描电镜照片，可以清楚地发现0～4kV加EI加强所制备的膜表面是透明的，而EI减弱形成了不透明表面。这说明控制EI可以调控木质素纳米膜的表面透明性，而这对木质素纳米膜的应用是有实际意义的。

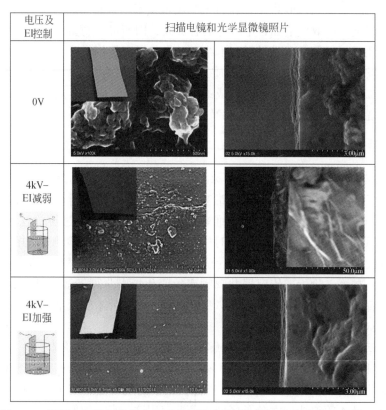

图2-44　层层电组装制备的木质素多层纳米膜的扫描电镜和光学显微镜照片

　　根据图2-44我们还知道0V，即普通的层层自组装所制备的木质素膜的表面是粗糙的、由木质素颗粒堆积而成，但通过层层电组装形成的表面是光滑的，尤其是EI加强所形成的样品表面更显光滑。通过侧面的厚度测试我们发现，每一层膜的平均厚度对 0V 样品、EI 减弱样品和 EI 加强样品分别是 22.5nm、625nm 和 15nm，说明 EI 加强伴随电压增加的方法可以制备木质素多层纳米膜。这也说明 EI 加强可以压实多层膜，而 EI 减弱可以疏松多层膜。

图 2-45 显示了木质素多层纳米膜的表面润湿性与电压、EI 控制之间的关系。其中显示这些膜的表面亲水性将随着电压的增加而增大，而 EI 加强将使得亲水的木质素纳米膜的表面达到超亲水性。到目前为止，具有这种超亲水表面的木质素膜还是第一次被报道。

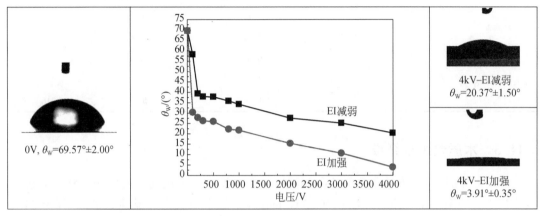

图 2-45　木质素多层纳米膜的表面润湿性与电压、EI 控制之间的关系

应用 ATR 红外光谱方法，我们研究了电压、EI 控制所制备的木质素多层纳米膜的结构，如图 2-46 所示。电压增加到 4kV 加上 EI 加强形成了一个新的峰在 1224 cm^{-1} 对应于 SO_3H 的官能团。由此可以知道这种方法使得木质素纳米膜的表面官能团进行了重组，即将亲水的官能团从木质素内部移到表面，从而使得木质素膜的表面由亲水性转变为超亲水性。层层电组装的这种特点在我们对其他材料表面的改性过程中都得到了论证[213,214]。

基于木质素多层纳米膜的特殊表面性能，我们对它的应用性进行了研究。图 2-47 比较了 3 种样品的铜离子吸附性能。其中超亲水表面的样品显示了明显优越的铜离子吸附性能，进一步说明其具有理想的应用性能。

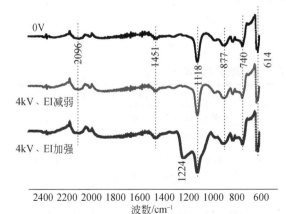

图 2-46　木质素多层纳米膜的 ATR-FTIR 光谱

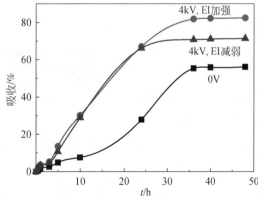

图 2-47　木质素多层纳米膜的铜离子吸附性能

事实上，超亲水表面木质素多层纳米膜的铜离子吸附性能也明显好于其他的吸附膜[215,216]。表 2-17 比较了我们制备的木质素纳米多层膜和文献报道的木质素样品的铜离子吸附性能，可以发现增加电压形成的样品具有明显的铜离子吸附优势，而加上 EI 增强可以进一步提高膜的铜离子吸附性能。

表 2-17　木质素多层纳米膜和木质素颗粒的铜离子吸附性能比较

样品	电压/kV	EI	铜离子吸附量/(mg/g)	铜离子吸附率/%	参考文献
木质素 纳米膜	0		5.13	56.1	
	4	加强	7.52	82.4	
	4	减弱	6.52	71.4	
木质素颗粒	0		4.20		[215]
木质素颗粒	0		1.10	40.7	[216]

2.11.3　木质素纳米纤维

Lallave 等[217]将硬木质素溶在乙醇溶液中，在室温下，采用同轴静电纺丝法，获得了实心和空心的微纳米纤维，然后以 0.25℃/min 在空气中预氧化升温到 200℃，保温 24h，之后以 10℃/min 升温到 900℃进行碳化，获得了纳米碳纤维，其直径约 200nm，通过 N_2、CO_2 吸附实验，发现其吸附可以忽略，这说明这些碳纳米纤维几乎是无孔的，且表面无缺陷。

木质素与合成高分子共混后纺丝，然后碳化获得木质素基碳纤维已有许多研究。我们[175]用聚对苯二甲酸丁二酯（PBT）与木质素进行共混，在研究碳化工艺时发现，当以 3℃/min 升温至 250℃时，保温 1h，再在氮气保护条件下以 3℃升温到 1000℃，得到了纳米级的木质素基碳纤维，所得到的纳米碳纤维的直径为 150～200nm，长度为 5～10μm。

表 2-18 对 Lallave 制备的木质素基纳米碳纤维和我们制备的产品进行了比较。可以看出，虽然 Lallave 方法获得了空心纳米碳纤维，但两种方法所获得的纳米碳纤维外观相差不大。Lallave 没有采用共混方法，纺丝原液制备简单直接，但纺丝设备复杂，要求高。我们的方法之前对原料进行了共混，增加了一步制备步骤，但纺丝设备较为简单，成本低廉。

表 2-18　两种纳米碳纤维制备方法比较

	Xu-CNFs	Lallave-CNFs
基本思路	木质素/PBT 共混	alcell lignin 溶于乙醇静电纺丝
生产设备	一般熔融纺丝机	同轴静电纺丝机
生产工艺	共混造粒再熔融纺丝，获得的纤维进行预氧化，碳化得纳米碳纤维	木质素溶于乙醇得纺丝液进行高压静电纺丝，获得的纤维进行预氧化，碳化得纳米碳纤维
产品性状	实心纳米碳纤维，直径为 150～200nm，长度为 5～10μm	实心和空心纳米碳纤维，直径约 200nm

马晓军等[218]利用木材苯酚液化物加入六次甲基四胺等调制纺丝液，在合适的温度下

高压静电纺丝制得纳米级纤维，然后将这些纤维在盐酸与甲醛混合溶液中加热固化，最终获得强度较高的纳米纤维。该纤维可进一步碳化或活化加工成用途、性能优良的碳纤维和活性碳纤维。Hata 等[219]在研究木材石墨化的时候，TEM 扫描发现洋葱状石墨微粒。其中最大的微粒约 24nm，其他的小微粒约在 6.5~13nm 之间。同时还发现了纳米级纤维，这些纳米纤维的结构可能是基于原始木材不变的微纤维的有序排列，其较低部分的两侧都是尖的，反映出碳化微纤维的原始长度都被保留了下来。石墨微粒在临近碳纳米纤维的区域生长，这说明纳米纤维的无规微观结构与石墨微粒是共存的。他们认为木质素是富勒希碳（Fullerenes）可能的基体来源。纤维素与木质素不同的热力学性质能够解释碳纳米纤维和洋葱状石墨微粒的无规结构，而这一热力学转变还需要进一步的研究。

2.12　小　　结

作为一种天然高分子材料，基于木质素的先进材料正在被人们日益关注和开发。虽然本章已经对这方面进行了不少描述，但这对于其巨大的产量来说还是非常少的，必须加大研究和应用的力度。

参 考 文 献

[1] Brauns F E, Brauns D A. The chemistry of lignin. New York：Academic Press，1960.

[2] Sjostrom E. Wood Chemistry, Fundamentals and Applications. New York：Academic Press，1981.

[3] 蒋挺大. 木质素. 北京：化学工业出版社，2001.

[4] 沈宇斌，王旭，朱颖芝，等. 纤维素科学与技术，2005，13（4）：32-36.

[5] 钟磊，沈青，丁虹，等. 纤维素科学与技术，2004，12（4）：19-22.

[6] 钟磊，王旭，沈青，等. 纤维素科学与技术，2005，13（3）：39-41.

[7] 王志鑫. 上海：东华大学博士论文，2006.

[8] 钟磊. 上海：东华大学硕士论文，2006.

[9] Shen Q, Hu J F, Gu Q F. Chinese J Polymer Sci，2004，22：33-37.

[10] Shen Q. Langmuir，2000，16：4394-4397.

[11] Van Oss C J. Interfacial Forces in Aqueous Media. New York：Marcel Dekker，1994.

[12] Shen Q, Liu D S, Gao Y, et al. Coll Surf B，2004，35：193-195.

[13] Shen Q, Ding H G, Zhong L. Coll Surf B，2004，37：133-136.

[14] Shen Q, Hu J F, Gu Q F, et al. J Coll Interface Sci，2003，267：333-336.

[15] Shen Q, Wang Z X, Hu J F, et al. Coll Surf A，2004，240（1）：107-110.

[16] Lee S B, Luner P. Tappi，1972，（55）：116-121.

[17] Mohamed N B. J Coll Interface Sci，1996，182：431-436.

[18] 任承霞，李忠正. 南京林业大学学报，2001，25（3）：73-75.

[19] 张敏，苏水杰. 纤维素科学与技术，1999，7（4）：34-39.

[20] 宋伟明，王慧敏. 齐齐哈尔大学学报，1998，14（2）：5-7.

[21] Ravindra R, Kameswara R, Krovvide, et al. Carbohudrate Polym，1998，36：121-127.

[22] 张芝兰，陆雍森. 环境科学学报，1997，17（4）：450-454.

[23] Frazier C E, Ni J, Schmidt R G. In：Argyropoulos D S. Advances in Lignocellulosics Characterization.

USA：TAPPI Press，1999.

[24] 李坚. 木材波谱学. 北京：科学出版社，2003.

[25] 汪锰，王湛，李政雄. 膜材料及其制备. 北京：化学工业出版社，2003.

[26] Libby. Pulp and Paper Sci Technol，1964，1：88.

[27] 中野准三，桶口隆昌，住本昌之，等. 木材化学. 鲍禾，李忠正，译，北京：中国林业出版社，1989.

[28] Gierer J. Wood Sci Technol，1982，20（1）：32-38.

[29] Coscla C J，Nord F F. J Organic Chem，1961，26：5085-5091.

[30] Lundquist K. Acta Chem Scand，1964，18：1316-1324.

[31] Hibbert H. J Am Chem Soc，1969，61：509-516.

[32] Sandermann W，Schlumbom F. Holzals Ron-und Werkstoff，1962. 20：45-285.

[33] 卢雪梅，刘紫鹃，高培基. 林产化学与工业，1996，6（2）：114-177.

[34] 马登波，刘紫鹃，高培基，等. 纤维素科学与技术，1996，4（1）：1-12.

[35] 魏建华，宋艳茹. 植物学报，2001，43（8）：771-779.

[36] Sarkanen K，Tappi，1961，44：459-468.

[37] Marton T M，Falkeha S I. Advance Chem Series，1966，59：125-132.

[38] Ogiwara H K. J Appl Polym Sci，1969，13：1569-1978.

[39] Meister J. Modification of Lignin. Science-Polymer Review，2002，42（2）：196-218.

[40] Wolfgang G G. Lignin：Historical，Biological and Materials Perspectives. Washington D C：American Chemical Society，1999.

[41] Tatiana D，Kizima A，et al. Bioresources Technol，2001，79：221-228.

[42] Naae D G，Kieke W L E，Edward D. US6207808，2003.

[43] Kiguchi H，Shunichi K S. US6843937，2005.

[44] 穆环珍，杨问波，黄衍初. 环境污染治理技术与设备，2001，2（3）：26-30.

[45] 蒋挺大，黄文海. 环境科学. 1997，18（4）：81-83.

[46] 曹玲，全金英，李中正. 应用技术环保与节能，1998，2：68-70.

[47] 马宝岐. 农副产品加工指南. 北京：化学工业出版社，1988.

[48] 李健法，宋湛谦. 林业化学与工业. 2002，22（1）：19-20.

[49] Sorimachi K A，Tsuru K，Akimoto K，et al，Cell Biology Intl，1995，19：833-838.

[50] Mikulasova M. Mutation Research，2003，535：171-180.

[51] Slamenova D. Biomass and Bioenergy，2002，23：153-159.

[52] Machidaakoto M Y，Takezawa E，Yashiro M，et al. US 4935239，1990.

[53] Ward J W，US 4185097，1980.

[54] Mizuno T，Uchino K，Toukairin T，et al，Planta Med，1992，58：535-539.

[55] Nakashima H，Sakagami H，Yamamoto N，et al，Antivirus Research，1992，18：91-103.

[56] Ichimura T O，Otake T，Mori H，et al. Biosci Biotechnol Biochem，1999，63：2202-2204.

[57] Ichimura T O. Jpn Chem，1969，5（3）：63.

[58] Nippon Kayaku Co. Ltd.，J.，Kayacarbon. Chem Econ Eng Rev，1973，2（8）：43.

[59] Sudo K，Shimizu K. US Patent 9611494，1994.

[60] Zhang M，Ogale A A. Carbon，2014，69：626-629.

[61] Kubo S，Uraki Y，Sano Y. Carbon，1998，36：1119-1124.

[62] Kadla J F，Kubo S，Venditti R A，et al. Carbon，2002，40：2913-2920.

［63］ Kadla J F, Satoshi K, Venditti R A, et al. J Appl Polym Sci, 2002, 85: 1353-1355.

［64］ Kadla J F, Vendittia R A, Gilberta R D, Carbon, 2002, 40: 2913-2920.

［65］ Kubo S, Kadla J F. Biomacromolecules, 2003, 4: 561-567.

［66］ Kadla J F, Kubo S. Macromolecules, 2003, 36: 7803-7811.

［67］ Kubo S, Kadla J F. Composites A, 2004, 35: 395-400.

［68］ Kubo S, Kadla J F. Macromolecules, 2004, 37: 6904-6911.

［69］ Kubo S, Kadla J F. Biomacromolecules, 2005, 6: 2815-2821.

［70］ Kubo S, Kadla J F. J Appl Polym Sci, 2005, 98: 1437-1444.

［71］ Kubo S, Kadla J F. J Polym Environment, 2005, 13 (2): 97-105.

［72］ Kadla J. J Polym Env, 2005, 13: 2.

［73］ Braun J L, Kadla J. Carbon, 2005, 43: 385-394.

［74］ Yokoyama A. 新型碳材料, 2000, 2: 2.

［75］ 刘祖广, 陈朝晖, 王迪珍. 中国造纸学报, 2005, 220 (2): 75.

［76］ 程贤甦, 陈云平, 吴耿云, 等. 化工进展, 2006, 25 (2): 147.

［77］ 吕晓静, 杨军, 王迪珍, 等. 化工进展, 2001, 5: 10.

［78］ 白青龙, 张春花, 宋娟娟. 内蒙古民族大学学报（自然科学版）, 2005, 20 (5): 510.

［79］ 黄云, 王健, 雷庆虹, 等. 内蒙古石油化工, 2006, 3: 117.

［80］ Kai W, He Y, Naoki A, et al. J Appl Polym Sci, 2004, 94: 2466-2474.

［81］ Li Y, Sarkanen S. Macromolecules, 2002, 35: 9707-9715.

［82］ LiY, Sarkanen S. Macromolecules, 2005, 38: 2296-2306.

［83］ Canetti M, De Chirico A, Audisio G. J Appl Polym Sci, 2004, 91: 1435-1442.

［84］ Pouteau C, Dole P, Cathala B, et al. Polym Degrad Stab, 2003, 81: 9-18.

［85］ Pouteau C, Baumberger S, Cathala B, et al. Biologies, 2004, 327: 935-943.

［86］ Fernandes D M, Winkler A A, Hechenleitner A E. Polym Degrad Stab, 2006, 91: 1192-1201.

［87］ Fernandes D, Winkler A A, Hechenleitner E A, et al. Thermochim Acta, 2006, 441: 101-109.

［88］ 朱颖芝, 钟磊, 许园, 等. 纤维素科学与技术, 2006, 14 (1): 21-27.

［89］ Zhang X, Glusen A, Garcia-Valls R. J Memb Sci, 2006, 276: 301-307.

［90］ ZhangX, Benavente J, Garcia-Valls R. J Power Sources, 2005, 145: 292-297.

［91］ Pucciariello R, Villani V, Bonini C, et al. Polym, 2004, 45: 4159-4169.

［92］ Dizhbite T, Zakis G, Kizima A, et al. Bioresource Technol, 1999, 67: 221-228.

［93］ Vainio U, Maximova N, Hortling B, et al. Langmuir, 2004, 20: 9736-9744.

［94］ 曾少娟, 许园, 周洪峰, 等. 纤维素科学与技术, 2007, 15 (1): 40-43.

［95］ 曾少娟, 汪云燕, 沈青. 纤维素科学与技术, 2007, 15 (2): 45-48.

［96］ 孙勇, 李佐虎, 萧炘, 等. 纤维素科学与技术, 2005, 13 (4): 42.

［97］ 沈青. 高分子表面化学. 北京: 科学出版社, 2014.

［98］ 王迪珍, 林红旗, 罗东山, 等. 高分子材料科学与工程, 1999, 15 (2): 126.

［99］ 王迪珍, 林红旗, 罗东山, 等. 高分子材料科学与工程, 1999, 15: 126-128.

［100］ 王迪珍, 杨军, 张仲伦, 等. 特种橡胶制品, 2000, 21: 1-4.

［101］ 罗继红, 汤志刚, 周继东. 合成树脂及塑料, 2006, 23 (2): 39.

［102］ Wang I, Manley J, Feldman D, et al. Prog Polym Sci, 1992, 17: 611-646.

［103］ Cazacu G, Pascu M C, Profire L, et al. Ind Crops Prod, 2004, 20: 61-273.

［104］ Flory P J. Principles of polymer chemistry. Ithaca. NY: Cornell University Press, 1953.

[105] 江明. 高分子合金物理化学. 成都：四川教育出版社，1988.

[106] 傅旭. 化工产品手册：树脂与塑料. 北京：化学工业出版社，2005.

[107] Paul D R, Bucknall C B. Polym Blends. New York：Wiley，2000.

[108] Lu X Y, Weiss R A. Proceed ACS Division of Polym Mater Sci Eng, 1991, 4：75-76.

[109] Lu X Y, Weiss R A. Macromolecules, 1992, 25：3242-3246.

[110] Ogawa K, Tanaka F, Tamura J J, et al. Macromolecules, 1987, 20：1174-1176.

[111] 张俐娜，薛奇，莫志深，等. 高分子物理近代研究方法. 武汉：武汉大学出版社，2003.

[112] Lin A A, Kwei T K, Reiser A. Macromolecules, 1989, 22：4112-4119.

[113] Banu D, Aghoury A E, Feldman D. J Appl Polym Sci, 2006, 101：2732-2748.

[114] Katkov I I, Levine F. Cryobiology, 2004, 49：62-82.

[115] Couchman P R. Macromolecules, 1987, 20：1712-1717.

[116] Couchman P R. Macromolecules, 1978, 11：1156-1161.

[117] Couchman P R. Karasz F E. Macromolecules, 1978, 11：117-119.

[118] Couchman P R. Macromolecules, 1991, 24：5772-5774.

[119] Couchman P R. Macromolecules, 1983, 16：1924-1925.

[120] Ogawa K, Tanaka F, Tamura J, et al. Macromolecules, 1987, 20：1174-1178.

[121] Nishi T, Wang T T, Kwei T K. Macromolecules, 1975, 2：227-234.

[122] Chaudhari A, Ekhe J D, Deo S. Int I J Polym Analy Characterization, 2006, 11：197-207.

[123] 许园，曾少娟，周洪峰，等. 纤维素科学与技术，2007，15（1）：36-39.

[124] 黄霞芸，沈青. 纤维素科学与技术，2007，15（3）：61-73.

[125] 刘佃森，沈青，丁宏贵，等. 纤维素科学与技术，2006，（2）：40-44.

[126] Serrano B, Pierola I F, Bravo J, et al. J Materiáls Process Technol, 2003, 141：123-126.

[127] Alexy P, Košíková B, Podstránska G. Polymer, 2000, 41：4901-4908.

[128] Alexy P, Košíková B, Crkonová G, et al. J Appl Polym Sci, 2004, 94：1855-1860.

[129] Utracki L A. Polymer Blends Handbook. London：Kluwer Academic Publishers，2002.

[130] 黎先发，罗学刚. 塑料工业，2004，32：60-62.

[131] 黎先发，罗学刚. 化工学报，2005，56：2429-2433.

[132] 黎先发，罗学刚. 中国塑料，2005，19：41-44.

[133] He Y, Zhu B, Inoue Y. Prog Polym Sci, 2004, 29：1021-1051.

[134] Sailaja R. Polym Int' l, 2005, 54：1589-1598.

[135] Gregorová A, Cibulková Z, Košiková B, et al. Polym Degrad Stability, 2005, 89：553-558.

[136] Canetti M, Chirico A D, Audisio G. J Appl Polym Sci, 2004, 91：1435-1442.

[137] Canetti M, Bertini F, Chirico A D, et al. Polym Degradation Stability, 2006, 91：494-498.

[138] 项茂良，江明. 高分子通报，1997，（1）：15-21.

[139] 江明，刘璐. 高分子学报，1997，（4）：480-487.

[140] 柳伟峰，江明. 高等学校化学学报，1997，18：309-312.

[141] Raghi S E, Zahran R R, Gebril B E. Mater Lett, 2000, 46：332-342.

[142] 黄仲涛，曾昭槐，钟邦克，等. 无机膜技术及其应用. 北京：中国石化出版社，1999.

[143] 徐南平，邢卫红，赵宜江. 无机膜分离技术与应用. 北京：化学工业出版社，2003.

[144] 王湛. 膜分离技术. 北京：化学工业出版社，2000.

[145] 袁权，郑领英. 化工进展，1992，（6）：1-10.

[146] 魏微，刘淑琴，王同华，等. 化工进展，2000，（3）：18-22.

［147］朱桂茹，王同华，李家刚，等. 炭素技术，2002，(4)：22-27.

［148］朱桂茹，蹇锡高，张守海，等. 大连理工大学学报，2004，44 (1)：56-59.

［149］Bismarck A，Wuertz C，Springer J. Carbon，1999，37：1019-1027.

［150］晏丽红. 酚醛基炭膜支撑体的制备及其形成过程的研究. 大连：大连理工大学博士学位论文，2002.

［151］魏微. 酚醛树脂基微滤炭膜炭膜及分子筛炭膜的制备. 大连：大连理工大学博士学位论文，2000.

［152］魏微，胡浩权，尤隆渤. 大连理工大学学报，2000 (11)：692-695.

［153］Wei W，Hu H O，Qin G T，et al. Carbon，2004，42：667-691.

［154］Linkov V M，Sanderson R D. Carbon，1992，32：361.

［155］Hatori H，Yamada Y，Shiraishi M. Carbon，1992，30：303.

［156］Hatori H，Yamada Y，Shiraishi M. Carbon，1992，30：719.

［157］Hatori H，Kobayashi T，Hanzawa Y，et al. Appl Polym Sci，2001，79：836-841.

［158］Chen Y D，Yang R T. Ind Eng Chem Res，1994，33：3146-3153.

［159］Jone C W，Koros W J. Carbon，1994，2：1419-1325.

［160］Jone C W，Koros W J. Carbon，1994，2：1326-1431.

［161］Hayashi J，Yamamoto M，Kasakabe K，et al. Ind Eng Chem Res，1995，34：4364-4370.

［162］Fuertes A B，Centeno T A. Microporous Mesoporoues Mater，1998，26：23-26.

［163］Fuertes A B，Centeno T A. Carbon，1999，37：679-684.

［164］Miura K，Hashimoto K. Carbon，1991，29：653-660.

［165］Acharya M，Foley H C. AIChE J，2000，46：911-922.

［166］Kishore N，Sachan S，Rai K N，et al. Carbon，2003，41：2961-2972.

［167］梁长海，李德伏，郭树才. 炭素技术，1997，(1)：1-4.

［168］Liang C H，Sha G Y，Guo S C. Carbon，1999，37：1391-1397.

［169］Wang Y X，Tan S H，Jiang D L，et al. Carbon，2003，41：2065-2072.

［170］Shen Q，Zhong L. Materials Sci & Eng A，2007：445-446，731-735.

［171］Otani S，Fukuoka Y，Igarashi B，et al. US Patent 3461082，1969.

［172］Mansmann M，Winter G，Pampus P，et al. US Patent 3723609，1973.

［173］Kudo S，Uraki Y，Sano Y. Carbon，1998，36：1119-1124.

［174］Iton K. Japanese Patent H1239114，1989.

［175］许园. 上海：东华大学硕士学位论文，2006.

［176］张涛. 上海：东华大学硕士学位论文，2008.

［177］Shen Q，Zhang T，Zhang W X，et al. J Appl Polym Sci，2011，121：989-994.

［178］马建标，李晨曦. 功能高分子材料. 北京：化学工业出版社，2000.

［179］贺福，王茂章. 碳纤维及其复合材料. 北京：科学出版社，1995 年.

［180］钱明娟，潘鼎. 化工新型材料，2004，32 (6)：32.

［181］刘占莲. 中孔粘胶基活性碳纤维的制备及机理的研究. 上海：东华大学硕士学位毕业论文，2003.

［182］汪多仁. 高科技纤维与应用，2001，26 (3)：21.

［183］黄汉生. 高科技纤维与应用. 1999，24 (3)：28.

［184］刘汉杰. 环境保护，2002，5：12.

［185］欧海峰. 环境污染与防治，2002，24 (2)：85.

［186］石玉明. 环境保护科学，1999，25 (3)：16.

［187］陈水狭，刘进荣. 新型碳材料，2002，17 (1)：26.

［188］朱征. 离子交换与吸附, 1995, 11 (3): 200.

［189］李永贵, 张海泉. 产业用纺织品, 2001, 19 (6): 19.

［190］曾汉民. 水处理技术, 1989, 15 (3): 132.

［191］岳中仁, 陆耘. 离子交换与吸附, 1995, 11 (2): 151.

［192］林雍静, 弓振斌. 分析科学学报, 1995, 11 (2): 16.

［193］Sing K S W, Everett D H, Haul R A W, et al, Pure Appl Chem, 1985, 57: 603.

［194］Raymundo-Piñero E, Cazorla-Amorós D, Linares-Solano A. Carbon, 2000, 40: 597-608.

［195］Mamura R, Matsui K, Ozaki J, et al. Carbon, 1998, 36: 1243-1245.

［196］Lenghous K, Qiao G G, Solomon D H, et al. Carbon, 2002, 40: 743-749.

［197］Tennison S R. Appl Catal A, 1998, 173: 289-311.

［198］Mangun C L, Daley M A, Braatz R D, et al. Carbon, 1998, 36: 123-131.

［199］Nakagaw K, Mukai S R, Tamura K, et al. Chem Eng Res Design, 2007, 85: 1331-1337.

［200］Lewandowska K. J Appl Polym Sci, 2007, 103: 2235-2241.

［201］Edwards B J, Keffer D J, Reneau C W. J Appl Polym Sci, 2002, 85: 1714-1735.

［202］Valette L, Pascault J P, Magny B. Macromol Mater Eng, 2002, 287: 1.

［203］Ballard M J. Buscall R, Waite F A. Polymer, 1988, 29: 1287.

［204］Skellard A H P. Non-Newtonian Flow and Heat Transfer. New York: Wiley, 1967.

［205］Ait-Kadi A, Carreau P J, Chauveteau G. J Rheol, 1987, 31: 537.

［206］Dubinin M M. Carbon, 1989, 27: 457.

［207］张文心, 张涛, 沈青. 高分子通报, 2009, 9: 32-37.

［208］Kilpeläinen I, Xie H, King A, et al. J Agric Food Chem, 2007, 55: 9142-9148.

［209］Norgren M, Edlund H, Wagberg L. Langmuir, 2002, 18: 2859-2865.

［210］Jeong C, OrlandoR, Argyropoulos D S. et al. Abstract of 231st ACS National Meeting, Atlanta, GA, USA, 2006 , CELL-103.

［211］Pereira A A, Martins G F, Antunes P A. Langmuir, 2007, 23: 6652-6659.

［212］Martins G F, Pereira A A, Straccalano B A. Sensors and Actuators B, 2008, 129: 525-530.

［213］Ye J R, Chen L, Zhang Y, et al. RSC Adv, 2014, 4: 58200.

［214］Chen L, Ye J R, Shen Q. Mater Sci Eng C, 2015, 56: 518.

［215］Crist R H, Martin J R, Crist D R. Environ Sci Technol, 2002, 36: 1485.

［216］Merdy P, Guillon E, Aplincourt M. J Coll Interface Sci, 2002, 245: 24.

［217］Lallave M, Bedia J, Ruiz-Rosas R, et al. Adv Mater, 2007, 19: 4292-4296.

［218］马晓军, 赵广杰. 西北林学院学报, 2007, 22 (5): 155-158.

［219］Hata T, Imamura Y, Nishimiya K, et al. Wood Sci, 2000, 46: 89-92.

第3章 基于半纤维素的先进材料

3.1 引 言

半纤维素是仅次于纤维素和木质素的另一大植物成分，也被称为聚木糖（hemicellulose）。从结构上看，聚木糖是由一至几种糖基，如 D- 木糖基、D- 甘露糖基与 D- 葡萄糖基或半乳糖基构成的基础链，而其他糖基则作为支链与其相连[1]。由于利用生物工程技术可以将聚木糖分解成人体可吸收的成分，所以聚木糖在食品、医疗保健品行业的应用非常广泛。

3.1.1 半纤维素的结构

图 3-1 是聚木糖（xylan）的 FT-Raman 光谱图。从 Raman 光谱图可以看出，聚木糖在 2988/2897 cm^{-1}处的明显肩峰是亚甲基的振动峰；而在 1092/1127cm^{-1}处的明显肩峰均是 C—O 的振动峰；在波数为 496 cm^{-1} 处有一个强吸收峰是聚木糖分子链中的环状结构的振动峰[2]。

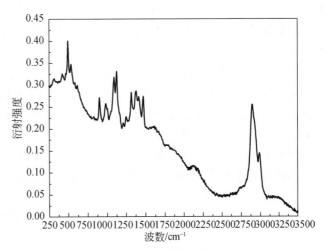

图 3-1 聚木糖的 FT-Raman 光谱

3.1.2 半纤维素的表面性能

我们曾经应用毛细吸附方法，对半纤维素的表面性能进行了测试，并与纤维素的表面性能进行比较（表 3-1），发现其表面能的非极性成分非常大，几乎完全控制了表面能[2]。

表 3-1 半纤维素和纤维素的表面能及成分比较

样品	γ_S/（mJ/m^2）	γ_S^{LW}/（mJ/m^2）	γ_S^{AB}/（mJ/m^2）	γ_S^+/（mJ/m^2）	γ_S^-/（mJ/m^2）
纤维素	56.87	55.07	1.80	0.02	36.00
聚木糖	70.70	69.86	0.84	0.01	19.61

注：γ_S是表面能，γ_S^{LW}是表面能的非极性成分，γ_S^{AB}是表面能的极性成分，γ_S^+是表面能的 Lewis 酸性成分，γ_S^-是表面能的 Lewis 碱性成分。

3.2　基于半纤维素的反应性材料

半纤维素能用作表面施胶剂[3]，使半纤维素能和纤维之间形成结合，将纤维"胶合"在一起，从而达到提高强度的目的。将工业烧碱蔗渣废液（40%固体）在75℃和等体积的甲醇混合后，冷却到室温，将得到的半纤维素沉淀过滤，再用一层50%甲醇水溶液洗涤，得到的半纤维素滤饼进行风干，其得率为32%（对废液绝干固体）。半纤维素表面施胶溶液是在70℃将风干的半纤维素溶解在水中制备的，随后冷却到要求的温度。

陈洪章等[3]对蒸汽爆破碎麦草中的半纤维素水解物抽提进行了研究，发现半纤维素汽爆水解糖主要以可溶性寡糖形式存在。该产物可以与皮状丝孢酵母、黑曲酶及斜卧青霉菌株进行高密度发酵，从而实现单细胞蛋白高密度发酵的清洁生产。

3.3　基于半纤维素的医用材料

以麦草碱法[4]制浆黑液中分离出来的变性半纤维素为超始原料，将变性半纤维素和一氯乙酸、氢氧化钠在乙醇介质中反应制得羧甲基半纤维素粗制品。再将此粗制品经处理后低温真空干燥，即得纯化CMMH。经武汉大学、江苏省肿瘤防治研究所药物研究室以及南京铁道医学院对该羧甲基变性半纤维素进行药理方面的实验证实，其能显著地提高机体的免疫功能，是完全没有毒性的抗癌性物质，具有广阔的药用前景。

木材原料在室温下经氨水处理，其半纤维素水解物只需中和浓缩，便具有良好的木糖醇发酵性能，然后除去半纤维素水解物中对微生物有毒的物质。由于毒物成分复杂，需要结合使用多种处理方法才能达到比较好的脱毒效果，再利用产木糖醇的微生物——酵母对木糖同化，便可制得木糖醇[5]。

木聚糖类半纤维素在自然界大量存在，它被降解成单糖后，不仅可以用作乙醇发酵原料，还可以用来生产各种更易获得的生物制品如单细胞蛋白、木聚糖酶等[6]。

3.4　小　　结

与纤维素和木质素相比，半纤维素的研究与应用都非常缺乏，这有待于研究人员和从事相关工作的工程技术人员继续努力。相信半纤维素作为植物家庭的一员会有其应用价值。

参 考 文 献

[1] 劳嘉葆. 湖北造纸，2005，2：30.
[2] Shen Q，Zhong L，Hu J F. Coll Surf B，2004，39：195-198.
[3] 陈洪章，刘健，李佐虎. 化工冶金，1999，20：428-431.
[4] 全金英，王佩卿. 林产化学与工业，1997，17（4）：25.
[5] 张厚瑞，何成新，梁小燕，等. 生物工程学报，2000，16：304.
[6] 邵蔚蓝，薛业敏. 食品与生物技术，2002，21（1）：88.

第4章 基于壳聚糖的先进材料

4.1 引 言

甲壳素（chitin）首先是由法国研究自然科学史的 H. Braconnot 教授于 1811 年在蘑菇中发现的。1823 年，另一位法国科学家 A. Odier 从甲壳类昆虫的翅鞘中分离出同样的物质，并命名为 chitin；1859 年，法国科学家 C. Rouget 将甲壳素用浓碱煮沸加热处理，得到了脱乙酰基甲壳素，命名为甲壳胺（chitosan），即壳聚糖[1-17]。

4.1.1 壳聚糖的结构

壳聚糖是白色或灰白色无定形、半透明、略有珍珠光泽的固体，分子量因原料和制备方法的不同而有数十万至数百万不等。壳聚糖不溶于水和碱溶液，可溶于稀的盐酸、硝酸等无机酸，以及大多数有机酸。壳聚糖是由 2-氨基-2-脱氧-D-葡萄糖以 β-1，4 糖苷键形式连接而成的多糖，化学结构式见图 4-1。

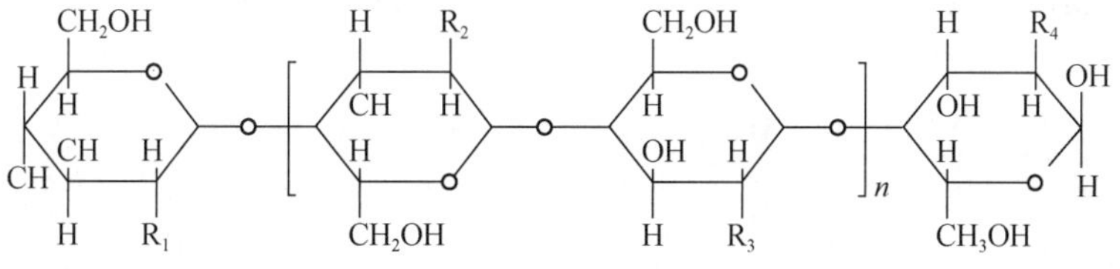

$R_1=R_2=R_3=R_4=$—OH,纤维素

$$\frac{R_1=R_2}{R_3=R_4} = \frac{—NHCOCH_3}{—NH_2} >1,甲壳素$$

$$\frac{R_1=R_2}{R_3=R_4} = \frac{—NHCOCH_3}{—NH_2} <1,壳聚糖$$

图 4-1 壳聚糖 [β-(1，4) 聚-2-乙酰氨基-D-葡萄糖] 化学结构

研究表明[17]，壳聚糖均具有复杂的双螺旋结构（图 4-2），其中微原体在每个螺旋平面中是平行排列的，同时，平面平行于角质层的表面，一个一个平面绕自身的螺旋轴旋转，螺距为 0.515nm，每个螺旋平面由 6 个糖残基组成。

壳聚糖大分子链上分布着许多羟基、N-乙酰氨基和氨基，它们会形成各种分子内和分子间的氢键。由于这些氢键的存在，形成了壳聚糖大分子的二级结构。图 4-3 显示的是壳聚糖以椅式结构表示的氨基葡萄糖残基，其 C_3—OH 与相邻的糖苷基（—O—）形成了一

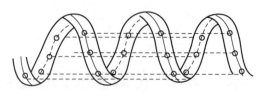

图 4-2　糖类的双螺旋结构（虚线表示氢键）

种分子内氢键，另一种分子内氢键是由一个糖残基的 C_3—OH 与同一条分子链上相邻糖残基的呋喃环上氧原子形成的[17]。

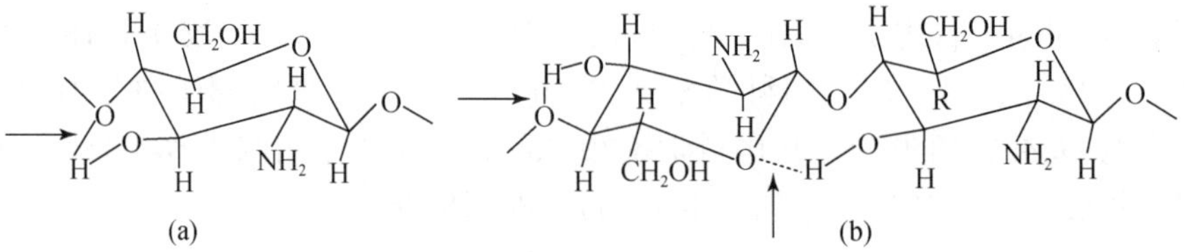

图 4-3　壳聚糖分子内的氢键结构

氨基葡萄糖残基的 C_3—OH 也可以与相邻的另一条壳聚糖分子链的糖苷基形成一种分子间氢键［图 4-4（a）］；同样，C_3—OH 与相邻壳聚糖呋喃环上的氧原子也能形成氢键［图 4-4（b）］。此外，C_2—NH_2、C_6—OH 也可形成分子内和分子间的氢键。同样地，甲壳素也能产生分子内及分子间的氢键。上述氢键的存在以及分子的规整性，使甲壳素和壳聚糖容易形成晶体结构[17]。

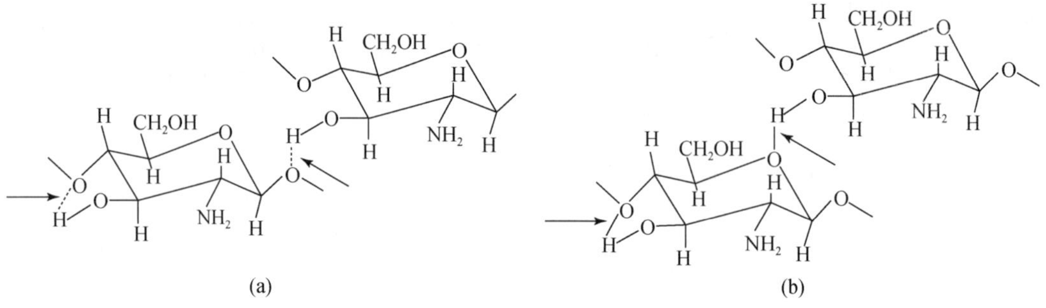

图 4-4　壳聚糖分子间的氢键结构

甲壳素和壳聚糖由于分子链规整性好及分子内和分子间有很强的氢键作用，具有较好的结晶性能。通常认为，甲壳素以一种高结晶微原纤的有序结构存在于动植物组织中，分散在一种无定形多糖或蛋白质的基质内。甲壳素存在着 α、β、γ 三种晶型，α 晶型通常与矿物质沉积在一起，形成坚硬的外壳，β 晶型和 γ 晶型与胶原蛋白相结合，表现出一定的硬度、柔韧性和流动性，还具有与支承体不同的许多生理功能，如电解质的控制和聚阴离子物质的运送等[18]。壳聚糖也存在这样的三种结晶变体。α-甲壳素和壳聚糖具有紧密的组成，是由两条反向平行的糖链排列而组成的 α 晶型；β-甲壳素和壳聚糖则由两条平行的糖链排列组成；而 γ-甲壳素和壳聚糖是由两条同向、一条反向且上下排列的三条糖链所组成。晶型之间是可以转换的，如 β-晶型在 6mol/L 的盐酸中回流转变为 α-晶型，说明 α-晶型在强酸条件下是稳定的[19]。β-晶型经乙酰化处理也可转变成 α-晶型[20]。三种晶型的甲壳素和壳聚糖分子链在晶胞中的排列各不相同，这是分子内和分子间不同的氢键而形成的。有研究根据 X 射线衍射图计算了虾壳壳聚糖膜的晶胞参数，得出 $a = 0.582\text{nm}$，$b = 0.837\text{nm}$，$c = 1.03\text{nm}$，$\beta = 99.2°$ [18-20]。

莫秀梅等[18]从蚕蛹壳壳聚糖纤维的 X 射线反射和透射衍射曲线计算出 $a = 0.518\text{nm}$，$b = 0.924\text{nm}$，$c = 1.031\text{nm}$，$\beta = 83.29°$，为单斜晶系。Yui 等[19]采用 X 射线衍射法对脱水壳聚糖进行了分析，发现此时晶格为正交晶系，$a = 0.828\text{nm}$，$b = 0.862\text{nm}$，$c = 1.043\text{nm}$。此外，样品的处理温度也能影响结晶形态[19]。正是由于甲壳素和壳聚糖的晶型、原料来源以及样品处理的多样性，所以目前尚未有公认的关于甲壳素和壳聚糖晶胞参数的权威数据。

甲壳素和壳聚糖的结晶度与本身的脱乙酰度（DD）有很大关系，纯的甲壳素（DD = 0）和纯的壳聚糖（DD = 100%）分子链比较均匀，规整性好，结晶度高。对甲壳素进行脱乙酰化破坏了分子链的规整性，使结晶度下降，但随着 DD 的增加分子链又趋于均一，结晶度又开始上升，即结晶度随 DD 的变化呈马鞍型变化。莫秀梅等[18]对 DD 从 74% 到 85% 的壳聚糖样品进行了 X 射线衍射测试，结果表明，随着 DD 的增加，XRD 衍射峰也依次变得尖锐，说明壳聚糖的结晶度随之增加。当 DD 从 74% 升到 85%，结晶度从 21.6% 上升到 28.0%。

4.1.2 壳聚糖溶液的构象

壳聚糖溶液的性质与其应用关系极大，相关研究也较多。壳聚糖是高分子化合物，其溶液也具有高分子化合物溶液的通性，同时又有其特性。

王伟等利用静态光散射方法，系统制定了不同脱乙酰度壳聚糖在 0.2mol/L HAc/0.1mol/L NaAc 溶液溶剂中，30℃下的 M-H 方程，定量讨论了 DD 对系数 K 和 α 的影响。他们发现常数 α 值较大表明体系中壳聚糖分子呈伸展的构象，而随着 DD 的增加，α 值降低，说明壳聚糖的刚性降低、柔性增加[21]。他们通过 θ 状态下 M-H 方程和 S-F 方程研究了刚性较低壳聚糖的 K_θ 和热力学参数 B，进而得到无扰因子 A、Flory 特性比 C_∞ 和空间位阻因子 σ [21]。他们还从光散射实验的 Zimm 图得到壳聚糖的均方旋转半径 $\langle R_g^2 \rangle$ 和第二维里系数 A_2 [22]。结果表明：不同 DD 的壳聚糖，随着其分子量的增加，分子尺寸也增大；而分子量相同时，DD 高的分子尺度较 DD 低的分子尺度要大。A_2 是表征高分子和溶剂分子间及高分子链段间相互作用的热力学参数。A_2 随 DD 变化不明显，随 M_w 增加而降低，与一般高聚物的变化一致。

Kjell 等研究了不同 DD（40% ~ 100%）的壳聚糖在溶液中的 θ 条件下的 Kuhn 长度（$A_{m\theta}$）和分子链的刚性参数 B，从而计算特征比率 C_∞ 和 R_G。结果发现，壳聚糖的分子链是刚性的，且随 DD 的增大，其刚性减小[23]。他们还研究了在 0.277mol/L NaOH 溶液中的甲壳素的特性黏度和旋转末端距 R_G，结果表明该碱溶液是甲壳素的良好溶剂，分子链以自由卷绕的形态存在[24]。

Lamarque 等研究了壳聚糖（DD 在 30% ~ 100%）在乙酸缓冲溶液中的特性黏度和旋

转末端距 R_G。在 $[\eta]_0 = K_w M_w^\alpha$ 和 $R_{G,z} = K M_w^v$ 中，α 和 v 是反映壳聚糖的构象的。研究结果表明乙酰度（DA）<25%时，分子以柔性链存在；25%<DA<50%时，壳聚糖的链有点硬；DA>50%时，随着分子量与脱乙酰度的增加，壳聚糖的排斥体积占了主要作用，空间影响和长链分子间的相互作用弥补了链的损耗，从而高分子链刚性更强[25]。

4.1.3　壳聚糖的溶解参数

Ravindra 等在盐酸和水溶液中由计算各基团的摩尔引力常量的方法得到了壳聚糖（DD 为 64%）的溶度参数，发现壳聚糖溶液的表面能先随着溶度参数增大而减小，然后迅速上升。根据他们的研究，壳聚糖的表面能约为 40 mJ/m^2[26]。

4.1.4　壳聚糖的离解平衡常数

Marit 等利用 ^{1}HNMR 技术研究了具有不同 DD 的壳聚糖，发现乙酰度 DA = 0 和 DA = 0.5 的壳聚糖具有相同的 pK_a（6.6 左右）[27]。而 Domard[28] 和 Sorlier 等[29] 利用电位滴定方法分别得到 DA = 0.05 ~ 0.89 的壳聚糖和甲壳素的 pK_a 在 6.3 ~ 7.2 范围。这说明此类多糖物质的离解性能与 DD 的变化关系不是很大。

根据 Strand 等[30] 用电泳光散射技术（ELS）和 ^{1}H NMR 研究具有不同脱乙酰度（DD）壳聚糖的 pK_a 结果，发现它们的化学成分不同但 pK_a 相似，在 6.5 ~ 6.6，再次证明了上述结论。

王志华等也研究了不同离子强度下的壳聚糖的离解常数，发现壳聚糖的 pK_a 与溶液中离子强度和种类有关[31]。

4.1.5　壳聚糖的溶解性能

壳聚糖可以溶解在许多稀的无机酸或某些有机酸中，如稀的盐酸、甲酸、乙酸、乳酸、苹果酸、抗坏血酸等；也能溶解在浓的盐酸、硝酸、磷酸中，但需长时间加热搅拌。

董岸杰等[32] 对壳聚糖在 1% 乙酸水溶液中的水解反应进行了详细的研究，结果表明，壳聚糖在乙酸水溶液中的水解应符合无规降解动力学规律，但在一定温度下，具有两个水解速率常数。并计算出 30 ~ 73℃ 之间五个温度下的水解速率常数，发现随温度升高，水解速率常数呈指数关系递增。同一壳聚糖溶液，在相同水解时间下，水解产物分子量的倒数与温度呈正比关系。

李海涛等[33] 通过荧光分析法研究了壳聚糖在稀溶液中的聚集行为，发现壳聚糖在 0.1mol/L 乙酸溶液中可明显自聚，当壳聚糖质量浓度达 1.0 g/L 时，溶液中的荧光发射显著增强。随着壳聚糖浓度的增加，壳聚糖分子链由舒展链结构转变为单链线团结构，进而转变为相互缠绕的线团结构。Schulz 等[34] 研究了不同脱乙酰度壳聚糖在 0.5mol/L HAc 中的溶解行为，在电子显微镜下他们观察到一根长线里面嵌入一个小球的形态，而线长度及微球半径都和壳聚糖 DD 呈正比关系。

Varum 等[35] 深入研究了壳聚糖在盐酸溶液中的水解过程。结果发现：在 0.1mol/L 稀盐酸中，壳聚糖乙酰基水解速率与壳聚糖的解聚速率基本相等，而在 12.08mol/L 的浓盐酸中，后者是前者的 10 倍以上。因而得出结论：壳聚糖乙酰基水解是 S_N2 反应，而解聚

是 S_N1 反应。

吴迪等[36]研究了壳聚糖在盐酸溶液中的温度敏感性和相分离行为。通过考察溶液浊度随温度的变化，他们发现壳聚糖浓度、HCl 浓度及壳聚糖 DD 的提高，都会使相分离的起始温度升高。

壳聚糖是天然存在的唯一的碱性多糖。许多无机酸、有机酸和酸性化合物，甚至两性化合物，都能被壳聚糖吸附。探讨稀酸溶液中壳聚糖的吸附行为是研究复杂体系的基础。陈炳稔等[37]用电导方法研究了壳聚糖吸附低浓度游离酸的行为。壳聚糖对低浓度硝酸及盐酸吸附实验结果表明，壳聚糖的活性吸附中心是表面自由氨基，吸附游离硝酸的表观活化能是 26.4kJ/mol。壳聚糖吸附低浓度游离酸的过程遵循单分子层机制。他们通过向体系中加入不同体积分数的甲醇来观察静电效应对吸附的影响，结果表明，吸附速率随吸附介质介电常数的减小而减慢，但吸附过程还是遵循单分子层机制进行[38]。此外，他们还研究了壳聚糖从水中吸附有机酸的特性[39]。

一些研究还发现壳聚糖一般不溶于碱。但当甲壳素在均相条件下脱乙酰或者将高度脱乙酰化的壳聚糖在均相介质中进行乙酰化反应，当乙酰化度在 50% 左右时，可获得能溶于碱性条件具有优良溶解性能的产物[40-51]。

我们也在乙酸中制备两个系列的壳聚糖溶液，即 101~104 系列为分子量变化而 DD 不变化，202~204 系列为分子量不变化而 DD 变化，并应用电导方法，研究了壳聚糖在乙酸中的溶解性能，如图 4-5 所示。

由于所有曲线的第一阶段都表现为电导率的下降，所以可以认为壳聚糖在乙酸中的初始溶解行为是一致的。但由于这种电导率下降行为并不意味着壳聚糖的溶解，而是吸附溶液中离子的表现，所以有必要进一步认识这一过程壳聚糖的溶解行为。

从图 4-5 中的局部放大图可看出：到达谷底先后顺序与样品的分子量成正比，即分子量最小的，最先达到谷底，这可能说明了壳聚糖的吸附或自聚集机理。同时发现，分子量越小，谷底处电导率值越低。由此我们认为：在溶解的初期阶段（吸附或自聚集过程），DD 相似，分子量小有利于此过程的进行，而且进行得更充分。

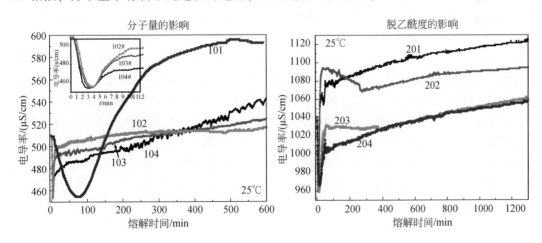

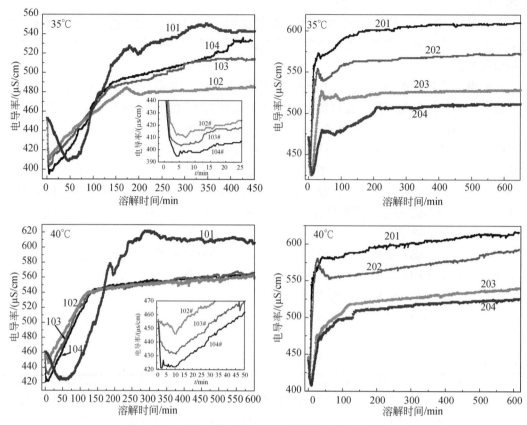

图 4-5　分子量和脱乙酰度对壳聚糖的溶解性能的影响

到了溶解的最后一个阶段，三个温度下样品的溶解曲线中电导率值为 101>104>103>102，这是因为这 4 个样品的 DD 差别很小，即与它们的 DD 关系一致。由此可知，溶解后期，DD 对壳聚糖溶解的影响非常大。因此可以认为：对于 DD 差异很小的壳聚糖样品中，整个溶解过程都受到分子量和 DD 的影响。在溶解初期阶段，分子量的差异起到主要的影响作用，分子量越小越有利于溶解。而到了溶解的后期，脱乙酰度会成为主要的影响因素。这是可以理解的，因为在溶解过程中，分子链逐渐舒展，到一定程度后，不同分子量的壳聚糖样品分子链舒展程度差别会越来越小，则 DD 的不同就成为主要区别。从图 4-5 的 3 幅对比图中可以很明显看出：温度越高，后期由 DD 带来的溶解差异越不明显。

由 3 个样品在 40℃下的粒度值随时间的变化如图 4-6 所示，可以发现在溶解前期样品的粒度先增加，达到最大值后，再慢慢减小，进一步证明了上述对溶解过程的描述。

图 4-5 右侧反映了 DD 对壳聚糖溶解的影响，可以发现分子量相近时，脱乙酰度越大，溶解性越好。在溶解的第一阶段，DD 越大，越快到达最低点；在溶解的第二阶段，DD 越大，斜率越大；在第三阶段，DD 越大，则平衡后的电导率值越高。这充分说明在整个溶解过程，脱乙酰度是主要的影响因素。

由图 4-6 进一步可知，壳聚糖在乙酸中的初期溶解过程中粒度是增大的，即该过程确实是一个吸附过程或是如文献所介绍的自聚集过程[52-54]。在第二阶段，电导率的上升代表着壳聚糖溶解速率加快是可以理解的，因为此时壳聚糖分子逐渐舒展，分子迁移速率加快，使得溶液中的离子浓度增大。在第三阶段，由于此时酸根离子 Ac^- 的浓度远远大于壳聚糖电离出来的—NH_3^+，正负离子之间的距离变小，导致离子之间的吸引力增加，使得离子迁移速率降低[43]，所以此时壳聚糖的溶解是不明显的。

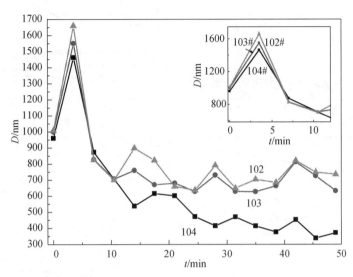

图 4-6　壳聚糖溶解过程的颗粒平均直径 D（40℃，0.1mol/L HAc）与时间的关系

4.1.6　壳聚糖溶液的流变性能

研究壳聚糖溶液的流变性及影响因素是制备的需要，如纺丝。壳聚糖溶液的可纺性、纺丝稳定性、纺丝工艺条件及纤维质量都与原液的流变性能密切相关[1,2]。

根据王伟等[42,43]对壳聚糖浓溶液的流变性能研究，减小溶剂的 pH 和增加盐浓度的，都将使得溶液黏度变小，非牛顿指数 n 增大，表明非牛顿流动性减弱。吴国杰等[44]，李德鹏等[45]及陈碧琼等[46]对这方面也进行了研究，得到与王伟等一致的结论。Domard[47]用流变的方法研究了壳聚糖在水醇介质中的凝胶点。

王伟和徐德时还研究了壳聚糖分子量与流变性能之间的关系，发现不同分子量的流变曲线可以叠加到一条直线上，而零切黏度与分子量 M 之间是非线性关系，且随分子量增加而更加偏离[48]。

我们也分别研究了分子量和 DD 对壳聚糖溶液的流变性能的影响，如图 4-7 所示，其中还涉及温度的影响。从图 4-7 中可以看出，壳聚糖溶液的剪切应力是随着剪切速率增加而增大的。但有意思的是，随着剪切速率增大，4 个样品的表观黏度变化规律并不一致。除 101 样品的黏度随剪切速率增加而减小，其他 3 个样品呈现相反的变化规律。

DD 对壳聚糖溶液流变性能的影响如图 4-7 右侧所示，从 3 个不同温度下的流变曲线可以明显看出：相同剪切速率下，随脱乙酰度增加，溶液的表观黏度降低。4 个样品溶液的剪切应力都随剪切速率的增加而增加。

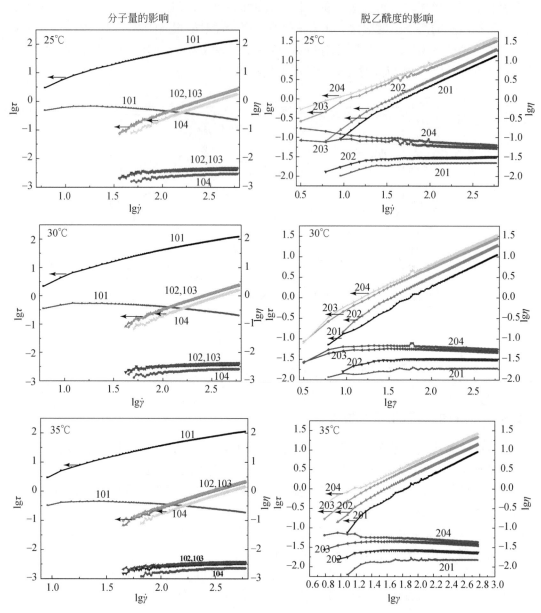

图 4-7　分子量和脱乙酰度对壳聚糖溶液的流变性能的影响

4.1.7　壳聚糖的热力学性能

Miyashita 等[55] 用 DCS 研究甲壳素/聚 2-羟乙基甲基丙烯酸酯的热力学行为及相结构。Guan 等[50] 用 DSC 研究了壳聚糖衍生物的相转变行为。Kittur 等[56] 用 DCS、TGA 对甲壳素、壳聚糖、羟甲基壳聚糖进行表征，得到热力学性能与壳聚糖脱乙酰度及羟甲基程度的关系，而 Dong 等[57] 则用了不同方法研究了壳聚糖的玻璃化转变温度。

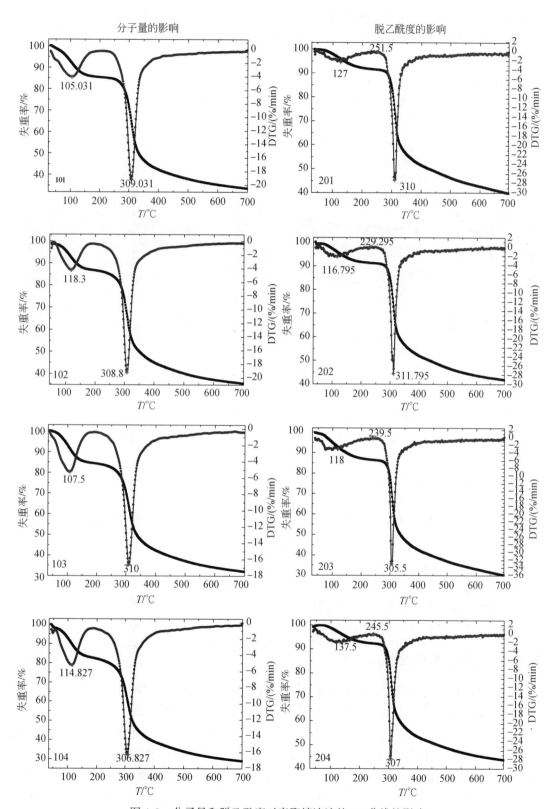

图 4-8　分子量和脱乙酰度对壳聚糖溶液的 TG 曲线的影响

应用 TG 和 DSC 方法，我们对制备的 2 个系列的壳聚糖的热力学性能进行了研究。图 4-8 反映了分子量和脱乙酰度对热重（TG）曲线的影响，而图 4-9 则反映了分子量和脱乙酰度对 DSC 曲线的影响。

根据图 4-8，壳聚糖的热失重过程分成 3 个阶段，大致为<200℃之前、200～450℃ 和 >450℃。而热分解主要发生在 305～310℃，450℃之后热失重很缓慢。这与文献[59-61] 报道是一致的。

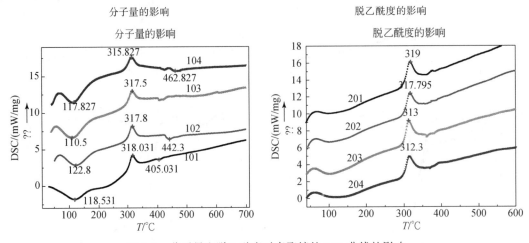

图 4-9　分子量和脱乙酰度对壳聚糖的 DSC 曲线的影响

所有样品在<140℃时都有一个轻微的失重，这是由壳聚糖析出微量水所致。在 305～310℃，DTG 曲线上有一个强烈的失重峰，在峰值所显示温度时，壳聚糖的热分解速率达到最大。

脱乙酰度系列样品的热失重过程也可分为 3 个过程，即<210℃、200～450℃之间和 >450℃。而热分解主要发生在 305～310℃左右。当升温速率为 20℃/min 时，最强失重峰对应温度（T_p）规律不明显。当升温速率为 10℃/min 时，脱乙酰度越高，则 T_p 越高。

图 4-9 中放热峰对应的分解温度都在 315℃以上，与我们另外一篇报道（294℃）[1] 有一定偏差，主要原因是采用了不同的升温速率。升温速率越快，温度滞后就越明显。脱乙酰度越高，放热峰峰尖对应温度越高。此温度为壳聚糖的分解温度，因此壳聚糖没有玻璃化转变温度。这与 Kittur 等[51] 的观点是一致的。

总而言之，壳聚糖的热力学性能主要受制于分子量和脱乙酰度。

4.1.8　壳聚糖的表面性能

壳聚糖的许多物理化学性质和应用都和表面能有着密切的关系，所以也逐渐引起人们的关注。Ravindra 等[26] 在研究壳聚糖溶解性能的同时，还特别研究了壳聚糖溶液的表面性能。根据 Ravindra 等的测试，壳聚糖的表面能约为 $40mJ/m^2$ [16]。此外，Belgacem[58] 和 Rillosi[59] 等也曾分别研究了壳聚糖的表面性能，其给出的数值在 35～56 mJ/m^2 之间。

对壳聚糖表面能研究的报道还不多，而且已知的研究未涉及壳聚糖分子量和脱乙酰度这两个重要参数对表面性能的影响。本课题组已经初步研究并报道了分子量和脱乙酰度对其表面性能影响的规律[3,4]。应用毛细管上升方法测试壳聚糖粉末状样品得到的壳聚糖表面能的数据如表 4-1 所示，其中 101～104 系列为 DD 固定，仅分子量变化的样品，而 201～204 系列的样品为分子量固定、DD 变化。

表 4-1　壳聚糖的表面性能及分子量和脱乙酰度的影响

CS 样品	$\gamma_S^{LW}/(mJ/m^2)$	$\gamma_S^{AB}/(mJ/m^2)$	$\gamma_S^+/(mJ/m^2)$	$\gamma_S^-/(mJ/m^2)$
101	44.71	1.07	0.81	0.36
102	42.99	0.84	0.06	2.81
103	41.09	0.77	0.03	4.42
104	40.36	0.26	0.002	5.92
201	40.26	0.14	0.13	0.04
202	36.53	0.10	0.10	0.03
203	33.32	0.06	0.07	0.02
204	23.94	0.02	0.03	0.01

表 4-1 的数据说明，壳聚糖的 Lifshitz-范德华非极性力 γ_S^{LW} 是表面能的主要部分。对 DD 固定在 90% 的第一系列样品而言，表面能的变化只取决于分子量的变化。可以发现，随着分子量的减小，壳聚糖的非极性力 γ_S^{LW}、Lewis 酸碱反应力 γ_S^{AB} 和 Lewis 酸性力 γ_S^+ 都随之减小，但 Lewis 碱性力 γ_S^- 呈相反的增大趋势。

第二系列的样品具有同样的分子量，但其 DD 从 91% 变化到 78%。可以发现，随着 DD 的增大，表面能的各分量都随之增大。说明 DD 对壳聚糖表面能的影响大于分子量的影响。根据表 4-1，分子量大的壳聚糖是一种 Lewis 酸性较强的电解质，而随着分子量减小，壳聚糖的 Lewis 碱性力会逐渐增大；当分子量减小到一定程度时，壳聚糖将变成 Lewis 碱性较强的电解质。

4.2　基于壳聚糖的药物缓释体系

人体在摄入药物后，药物一次性在人体内释放，导致血清中该药物的浓度在很大范围内波动：在药物刚被释放后，血清中的药物浓度会达到一个峰值，然后药物的浓度迅速下降。对于某些药物，药效的发挥与血清中的药物浓度有很大关系，这样在药物浓度达到峰值时，会给人体带来意想不到的副作用，而在药物浓度迅速降低之后，又会导致药物疗效的匮乏。为了解决上述问题，科学家们致力研究一种可以使药物在人体内发挥最佳作用，同时将副作用减小到最低，并且还可将药效时间延长的技术，药物缓释技术在此时应运而生。药物缓释技术是一门出现于 20 世纪 80 年代的新技术[60]，它旨在药物被患者吞咽后，在一段持续的时间内将该药物释放。这就要求一种可以在人体内逐步降解的，且不会引起人体排异反应的材料作为药物的缓释载体。为实现此目的，科学家们研究了很多天然及人工合成的生物相容性很好的高分子聚合物，而壳聚糖以其良好的性能备受青睐，成为目前药物缓释的一种重要载体。

4.2.1　微球状药物缓释体系

喜树碱是一种良好的抗癌药物，医学证明它在抵抗乳腺癌、子宫癌、肺癌等癌症方面有很好的疗效。但由于喜树碱是一种不溶于水的药物，医学家们曾并不看好它作为抗癌药物的发展前景。而随着科技的进一步发展，科学家们曾把喜树碱制作成一种微滴并将其注射到老鼠的肿瘤中。遗憾的是由于微滴不能够在体内形成连续的膜或者固体，从而无法在动物体内发挥很好的抗癌作用。加拿大的 Berrada 等[61]将超纯的壳聚糖粉末加入 0.1mol/L 的盐酸溶液中，然后将高压灭菌的喜树碱粉末在无菌条件下逐滴滴入壳聚糖溶液中，从而得到壳聚糖/喜树碱溶液。此外还要将灭菌的 β-甘油磷酸粉末溶解到蒸馏水中，待壳聚糖/喜树碱溶液冷却后，将 β-甘油磷酸溶液缓慢滴入壳聚糖/喜树碱溶液中，这样的溶液即为壳聚糖热敏溶液。将热敏溶液倒入事先涂好聚乙二醇的模具中，恒温 37℃1.5h，即可得到以壳聚糖为载体的喜树碱水凝胶。对于缓释作用的研究，Berrada 等[61]将制备好的凝胶放入 pH=7.4 的磷酸缓冲溶液中，通过色谱分析得出结论，不到5%的喜树碱在第一天被释放出来，13%在前3天被释放，而在30天后80%的药物被释放到缓冲溶液中。将该凝胶注射到小鼠的肿瘤中，分析结果也证明它能有效地抑制肿瘤的增长。该实验的成果为更多的不溶于水的药物的缓释提供了理论依据。

儿茶酚是一种优良的抗氧化试剂，它可以在某些水果及饮料，如茶、咖啡中提取。除去它的抗氧化性，它还有抗动脉硬化、抗癌、抗糖尿病等功效，因而被广泛地应用于制药领域，尤其当被注射到人体的血液中后，它的抗氧化作用可以有效地预防心血管疾病的发生。但也有实验证明当儿茶酚被暴露在人体小肠的碱性环境中时，它会迅速减少。为了保护儿茶酚不在肠道的碱性环境中减少并提高其在人体血清中的浓度，Zhang 等[62]利用壳聚糖作机体，与其他化学物质作用制成胶囊，将儿茶酚包裹在其中实现儿茶酚的缓释。制备胶囊膜的具体方法为：将壳聚糖溶解在乙酸溶液中并加入适量 NaOH 调节 pH 至 4.7。然后将 NaP_3O_{10} 溶液逐滴加入壳聚糖溶液中，边加边搅拌，并保持壳聚糖和 NaP_3O_{10} 的比为 2.5:1、5:1、7.5:1 和 10:1。在 NaP_3O_{10} 溶液加入时，壳聚糖微滴就逐步形成了。然后将儿茶酚的纯乙醇溶液以上述同样的方法加入壳聚糖溶液中，即可得到载有儿茶酚的缓释载体。Zhang 等通过研究证明，当壳聚糖和磷酸钠的比分别为 2.5:1、5:1、7.5:1 和 10:1 时，儿茶酚在模拟的无酶作用的胃环境和肠环境中释放比例分别为 15.19%、25.51%、40.24%、37.97%。实验结果还证明在真实的大肠环境中，儿茶酚的释放率还将提高更多[62]。

为了治愈盲肠内发生的各种疾病，科学家们研究了很多将药物运送到盲肠内的技术。但这些技术大部分都依赖于释放环境的 pH，使得它们的运送成功率受到了很大的限制。而解决这种限制的新的缓释技术则需要依附于生物高分子凝胶作为药物载体。Crcarevska 等[63]利用一步喷洒干燥法（one step spray-drying method）制备出了直径在 4~15μm 的壳聚糖–藻酸钙微滴，将药物固定到壳聚糖–藻酸钙微滴上，最后在外面用膜将其包裹，制成了载有药物的壳聚糖缓释体。他们还对这些微滴做了形态学、溶胀性的分析，最后将其应用到模拟的环境中测试其药物缓释性能。实验结果表明，该壳聚糖药物缓释体在 pH 为 6.8 的弱酸性环境中能长时间释放，但在 pH 为 7.4 的肠环境条件下溶解，导致药物释放速率变得较快。

Agnihotri 等[64]采用交联方法制备了载有药物的壳聚糖微滴，避免了油相中的乳化作用及喷射干燥的冗长的实验过程。在制备好缓释微滴后，Agnihotri 等用 FTIR、DSC 及 XRD 等方法分析了附着在壳聚糖微滴上的药物晶体性质，还用 TGA 分析了载药壳聚糖微滴的热分解性质，发现其比纯的壳聚糖微滴的热稳定性好。根据他们在 pH 为 7.4 的磷酸盐缓冲溶液中的缓释性能研究，该缓释体的释放时间可达到 12h。

He 等[65]利用油相乳化溶剂蒸发法制备了壳聚糖/肝磷脂微滴，以牛血清蛋白作为药物制剂，研究了微滴的药物缓释作用。微滴的具体制备方法如下：将 5g Span80 作为乳化剂加入 100mL 矿物油中，将油相持续搅拌直至其变得均一。然后将 3%的壳聚糖溶液逐滴加入油相中，并用搅拌器持续搅拌油相直至水相和油相之间发生乳化作用。在乳化液形成后将 12.5mL 的肝磷脂溶液逐滴加入乳化体系中，接着持续搅拌 3h，之后加入 1.6mL 10%的 NaOH 溶液。待乳化体系中的微滴变成电中性之后，将体系保持 40℃ 15 小时，使水相蒸发。在此之后用离心法将微滴分离出来并洗涤干净，这样就得到了实验用的缓释载体。他们的实验结果表明，壳聚糖/肝磷脂微滴上所承载的牛血清蛋白可以在 120 小时内持续释放，且释放量可以达到总承载量的 55%，该释放在前 48 小时内是相对稳定的，而剩余的牛血清蛋白在短时间内不会被释放，直至壳聚糖/肝磷脂微滴被体内的酶水解掉。这意味着壳聚糖/肝磷脂微滴在药物缓释方面具有很大的发展潜力。

接枝共聚是将两种聚合物联合在一起并获得一种兼具两种高聚物性能的新的聚合物的方法。Guo 等[66]利用接枝共聚的方法制备了壳聚糖-马来酸酐-(2-二甲氨基甲基丙烯酸乙酯) 的微滴，并研究了这种微滴对辅酶 A 的缓释作用。微滴的制备方法为：将 2g 壳聚糖溶解到 0.1mol/L 的乙酸中持续搅拌 24 小时，用微孔玻璃漏斗过滤出不溶物质，然后将溶液倾倒在涂有聚四氟乙烯的模具上静置 2 天至溶剂蒸发完全，从而获得壳聚糖膜，将膜洗涤干净。取 0.5g 壳聚糖膜和 9.13g 马来酸酐溶解，加入 100mL 甲醇和少量水冷凝剂搅拌 24 小时，真空干燥，从而获得壳聚糖-马来酸酐膜。取 0.2g 该膜在 15mL 2%的盐酸中恒温 75℃ 2 小时，向其中加入 0.8mL 2-二甲氨基甲基丙烯酸乙酯和 10mg (NH$_4$)$_2$S$_2$O$_8$，恒温 75℃ 6 小时。最后将产物洗涤干净并离心，即可得到实验用的壳聚糖-马来酸酐-(2-二甲氨基甲基丙烯酸乙酯) 微滴。他们的实验结果表明，随着温度的升高，微滴上所承载的辅酶 A 的释放比例也随之增加；在 pH=7 时，辅酶 A 的吸收峰是最高的，即大部分辅酶 A 是吸附在微滴上的，而在 pH=3.7 时，大部分辅酶 A 被释放到溶液中。上述实验结果表明可以通过控制温度和 pH 等因素控制辅酶 A 的释放，即合成的壳聚糖-马来酸酐-(2-二甲氨基甲基丙烯酸乙酯) 微滴是一种有潜力的药物缓释载体。

相互贯穿的高聚物网络是将两种具有相异性能的高聚物联合在一起的结构。当用这种相互贯穿的方法将两种高聚物联合到一起后，这种新的体系就兼具两种高聚物母体的性能，据报道，这样的方法获得的高聚物体系还有协同作用。基于以上原理，Rokhade 等[67]以戊二醛作交联剂，利用乳化交联的方法制备了相互贯穿的壳聚糖/甲基纤维素凝胶：将壳聚糖溶解在 2%的乙酸溶液中，然后将甲基纤维素溶解到其中，并持续搅拌过夜以获得均一溶液。接着将茶碱溶解到上述溶液中，并将最终混合的溶液溶到含有 Span80 的石蜡液体中，然后以 400r/min 的速度持续搅拌 10min。再将含 1N (当量浓度) HCl 的戊二醛缓慢加入混合液中持续搅拌 3 小时。通过过滤得方法获得微滴后，对其进行洗涤和干燥，即得到了实验用的缓释体系。他们的实验结果表明：随着交联程度的增大，药物释放率也随之增加。在模拟的胃液和小肠环境中，药物的持续释放时间达到了 24h，这也说明该体系可以用于茶碱的缓释。

利用二醛和壳聚糖交联是将水溶性高聚物凝胶变成非水溶性凝胶的常用方法。利用这种交联方法制备的微滴能够准确地控制其上附着的药物缓释的时间，而且共价交联能够增加凝胶微滴的机械强度。但需要特别注意的是，由于乙二醛具有毒性，可以使蛋白质等物质发生变性，因此在将活性药物附着上去之前必须将多余的自由乙二醛除去。基于以上原理，Martinez 等[68]利用以下方法制备了壳聚糖/聚环氧乙烷半贯穿网络体系微滴作为有前景的药物缓释载体：将壳聚糖溶解在 2% 的乙酸溶液中温和搅拌放置过夜，用无灰滤纸过滤溶液，然后将聚环氧乙烷加入到溶液中以形成半贯穿的交联体系。将上述交联后的溶液逐滴滴入 10% 的氢氧化钠水溶液中，并同时用电磁搅拌机温和搅拌。由于在较高 pH 条件下壳聚糖不溶解，滴入的液体很快固化形成微滴。得到的微滴用蒸馏水漂洗以除去附着的多余的氢氧化钠溶液，最后将微滴储存在水中。为了形成共价交联体系，取 20g 溶胀后的微滴，将其悬浮于 250mL 乙二醛溶液中，同时恒温 20℃ 并用电磁搅拌器温和搅拌 24 小时，整个制备过程结束。Martinez 等用 FTIR 及同步加速红外微分光镜对制备的微滴进行了形态和机械强度等方面的分析，证明可以通过控制微滴的溶胀性来控制药物缓释的时间，从而使其成为一种很有前景的药物缓释体系。

同样，Babu 等[69]利用油相乳化的方法制备了壳聚糖–二甲基丙烯酰胺半贯穿网络体系微滴作为氯噻（一种利尿降压的药物）的缓释载体，具体方法如下：将一定量的壳聚糖溶解在 2% 的乙酸溶液中电磁搅拌过夜，然后加入一定量的二甲基丙烯酰胺和硫酸钾，搅拌 24 小时。聚合过程在氮气保护气氛中恒温 70℃ 进行 6 小时，再用丙酮萃取高聚物，将沉淀在氮气气氛中干燥 24 小时。取 0.5g 该高聚物溶解在 2% 的乙酸溶液中并向其中加入适量的氯噻，搅拌至均一。把均一的溶液加入到 100mL 石蜡的烧杯中，电磁高速搅拌 30min 使其乳化。再加入 1mL 0.1mol/L 的 HCl 使微滴呈悬浮状，离心获得微滴。Babu 等研究了影响微滴对氯噻缓释的因素，实验结果表明，随着微滴中二甲基丙烯酰胺比例的增加，氯噻的缓释量降低；随着 pH 从 1.2 增加至 7.4，氯噻的缓释量增加；随着交联剂用量的增加，氯噻的释放速率降低，但缓释量增加；随着微滴上所承载的氯噻量的增加，其释放速率增加。而控制微滴上承载的氯噻的量就能较好地实现缓释，70% 的氯噻在 600min 内可以缓慢释放，而 700min 后 85% 的氯噻被释放出来。以上结果显示，壳聚糖–二甲基丙烯酰胺半贯穿网络体系微滴可以作为氯噻的缓释载体。

Rao 等[70]也利用戊二醛作交联剂，用丙烯酰胺与聚乙烯醇接枝共聚得到的共聚物与壳聚糖共聚，制备出具有半贯穿网络结构的高聚物微滴作为头孢羧氨苄的缓释载体，研究了该体系的缓释性能，实验结果表明，在酸性环境中（pH = 1.2），壳聚糖共聚物载体在 10 小时内将承载的头孢羧氨苄全部释放，而在碱性环境中（pH = 7.4），该载体在前 10 小时内仅释放了所承载药物的 60%。这种共聚得到的高聚物载体比只用壳聚糖做成的载体的缓释性能更优良。

阿昔洛韦是一种良好的抗病毒药物，但由于阿昔洛维的半衰期只有 2 ~ 3h，所以患者在服用该药物时，必须每天摄入 5 次。如此频繁的药物摄入会给患者带来很多麻烦，还会对人体带来一定的副作用，为此，科学家们致力研究一种缓释载体以实现对阿昔洛维的缓释。Rokhade 等[71]以与丙烯酰胺接枝共聚的右旋糖苷和壳聚糖为反应物，以戊二醛作为交联剂，利用乳化交联的方法制备出半贯穿的高聚物微滴，作为阿昔洛维的缓释载体。此外，Rokhade 等还在与人体的胃肠环境相当的 pH 条件下研究了影响药物缓释的因素，实验结果表明：随着交联剂用量的增加，微滴对阿昔洛维的累积释放量也随之增加；随着微滴中壳聚糖比例的降低，阿昔洛维的累积释放量随之增加；随着微滴上所承载的阿昔洛维的量的增加，微滴对阿昔洛维的累积释放量增加。药物的持续释放时间可达到 12h，从而可以在一天内服用两次阿昔洛维，实现了对其的药物缓释。

利用离子交联的方法制备壳聚糖和其他高聚物的凝胶已经被广泛地应用到药物缓释载体的制备中。Xu 等[72]利用壳聚糖藻酸盐与氯化钙和硫酸钠双重交联制备出凝胶微滴作为牛血清蛋白的缓释载体，具体方法如下：首先将一定量的藻酸钠在 40℃ 条件下溶解到 30mL 的蒸馏水中，同时机械搅拌 5min，然后将一定量的壳聚糖粉末加入藻酸钠溶液中，为使壳聚糖溶解，要向藻酸钠溶液中加入一定量乙酸，并用氢氧化钠调节 pH 至 5.0，再将混合液在 40℃ 下持续搅拌 20min 至形成均一溶液。接着用 16# 针管将该溶液逐滴滴入 100mL 2% $CaCl_2$ 溶液中，搅拌 15min 后形成微滴，将微滴取出并洗涤干净。再将微滴浸入 50mL 2% Na_2SO_4 溶液中 15min。这样就得到了壳聚糖藻酸盐与 Ca^{2+} 和 SO_4^{2-} 双重交联的微滴。将其用蒸馏水洗涤三次并恒温 40℃ 真空干燥。用与上述相同的方法把牛血清蛋白加载到微滴上，即可制备出缓释体系。Xu 等的实验结果表明：在模拟的胃环境中，单交联微滴对牛血清蛋白的释放速率更快，且在 4 小时内释放了所承载药物的 80%，而双重交联微滴在 8 小时内仅释放了承载药物量的 3%；在模拟的小肠和盲肠环境中，单交联微滴在与药物结合后很快被破坏，而对于双重交联微滴，在模拟小肠环境中，微滴中藻酸盐与壳聚糖比为 9：1 的体系在前 8 小时内释放了承载药物总量的 81.24%，高于藻酸盐和壳聚糖比为 7：3、5：5 的体系，且在模拟盲肠环境中药物的释放速率比在模拟胃环境中的快。这些结果都表明这种双重交联的壳聚糖/藻酸盐微滴更适合用于药物缓释系统。

Zan 等[73]制备了热敏的壳聚糖/β-甘油磷酸凝胶，并以 5-氟尿嘧啶（一种抗肿瘤抗癌的药物）为研究药物，研究了该凝胶微滴的药物缓释性能。热敏的壳聚糖/β-甘油磷酸凝胶微滴的制备方法如下：将 200mg 壳聚糖粉末溶解到 10mL 0.1mol/L 的乙酸溶液中，再向其中加入 560mg 甘油磷酸，保持在冰水浴中并搅拌 30～60min，并通过加入饱和的磷酸氢二钠溶液调整 pH 至 7.2～7.4。然后将 5-氟尿嘧啶/聚-3-羟基丁酸盐附着到微滴上，即得到了缓释体系。对于普通的 5-氟尿嘧啶释放系统，50%～70% 的 5-氟尿嘧啶会在 1～8 小时内释放，而将聚 3-羟基丁酸盐加入释放系统后，初期的大量释放可从 85% 降低到 29%，而且全部药物的释放时间也可以增加到 10 个月。这对于 5-氟尿嘧啶的抗癌效果有很大的改善。因而该体系可以被用于 5-氟尿嘧啶的缓释。此外，Zheng 等[74]以戊二醛为交联剂，利用聚天门冬氨酸的钠盐与壳聚糖乙酸溶液进行离子共聚，获得聚合高分子电解质微滴，作为 5-氟尿嘧啶的缓释载体。5-氟尿嘧啶通过两种方法被固定到缓释载体上，一是将 5-氟尿嘧啶与壳聚糖的混合溶液逐滴加入聚天门冬氨酸钠盐的溶液中；二是将 5-氟尿嘧啶溶液加入壳聚糖–聚天门冬氨酸钠盐的悬浊液中，电磁搅拌 2 小时，然后室温下再搅拌 3 小时。

Zheng 等研究了在磷酸盐缓冲溶液中壳聚糖–聚天门冬氨酸钠盐微滴对 5-氟尿嘧啶的缓释作用，通过与 5-氟尿嘧啶单独被释放的速率比较，实验结果表明虽然初始阶段 5-氟尿嘧啶的释放速率依然很快，但通过交联后，药物的释放时间可以达到 192 小时，这样不仅大大提高了药效，同时也避免了很多药物所带来的副作用。从而表明，壳聚糖–聚天门冬氨酸钠盐微滴也可作为 5-氟尿嘧啶的缓释载体。Agnihotri 等[75]首先利用自由基聚合的方法制备了聚环氧乙烷和聚丙烯酰胺的共聚物，然后以戊二醛作交联剂，将得到的共聚物和壳聚糖接枝共聚制备出半贯穿网络结构的高聚物，以其作为 5-氟尿嘧啶的缓释载体，研究了该药物缓释体系在模拟胃肠环境（无酶作用）中的缓释性能及影响缓释的因素，实验结果表明，随着交联剂用量的加大，药物的释放速率降低；随着缓释载体中壳聚糖含量比例的增加，药物的释放速率增高。

阿霉素也是一种良好的抗肿瘤药物，但由于其本身的毒性较大，在临床医学上的应用也受到限制。而用胶质载体运载阿霉素不仅可以降低其毒性带来的副作用，还可以提高该药物的疗效。Liu 等[76]将壳聚糖改性，首先将亚油酸基团接到壳聚糖的氨基上形成一个疏水部分，然后将羧甲基连接到壳聚糖的羟基上形成一个亲水部分。然后通过超声波降解的方法获得微滴，作为阿霉素的缓释载体。接着他们测试了不同 pH 条件下该承载着阿霉素的微滴在磷酸缓冲溶液中的缓释性能，实验结果表明，未附着在缓释载体上的阿霉素在初始阶段会迅速释放，并在 6 小时内完成 60% 的释放；缓释载体上的阿霉素释放则十分缓慢，在前 6 小时内仅释放了 19.4%，而在接下来的 72 小时内阿霉素的释放量也只达到 37.8%。对于 pH 影响，阿霉素在酸性环境中的释放速率要高于其在碱性环境中得释放速率。以上结果表明，通过调节 pH 可以调节附着在改性壳聚糖微滴上的阿霉素的释放速率，而通过这种方法改性的壳聚糖也是药物缓释的一个良好载体。

眼部的结膜上皮高度不渗透，这对于维持视觉是十分重要的，同时，这也阻碍了眼部疾病的治愈，因为很多药物都无法进入眼睛内部发挥疗效。因此很多用于眼部疾病的药物都是液体的。虽然这样有助于药物进入眼内，但由于药物被高度稀释，其疗效也不是很理想。壳聚糖有着良好的生物相容性、生物降解性及抗菌作用，并且壳聚糖可以通过某些手段被制成纳米级的微滴，故壳聚糖微滴成为眼部药物的良好载体。Diebold 等[77]利用冷冻干燥的方法制备了壳聚糖–海藻糖的纳米级微滴，并对其进行了表征。实验结果表明，药物在进入眼内后会首先停留在黏膜层，然后进入角膜细胞，进入角膜细胞的药物量会随着药物附着位置的不同而改变。

Prabaharan 等[78]首先将壳聚糖改性获得羟甲基壳聚糖，然后在三聚磷酸钠的溶液中，使其与磷脂酰乙醇胺进行离子交联，从而获得壳聚糖与磷酯酰乙醇胺的接枝共聚物，将其制成微滴，并对其进行了形态学的表征，接着以酮类为研究药物，研究了该微滴在 pH = 1.4 和 pH = 7.4 的环境中对酮基布洛芬的药物缓释作用，实验结果说明，该缓释体系是一个对 pH 敏感的疏水载体，酸性环境中载体对酮基布洛芬的释放速率比在碱性环境中快很多。而且当载体上承载的药物量为 29% 时，缓释时间最长达到 45 小时，随载体上所承载药物量的增加，缓释时间延长，由此说明该微滴可以作为酮类药物的缓释载体。

Zhou 等[79]利用乳化后蒸发溶剂的方法制备了以疏水性的纤维素乙酸酯为包裹层，以壳聚糖为核心的微滴作为药物缓释载体，研究了这种载体对亲水性药物、疏水性药物和两性药物的缓释作用。在该实验中，Zhou 等分别以 盐酸雷尼替丁、6-巯基嘌呤和醋氨酚作为亲水的、疏水的和两性的药物。他们的实验结果表明，承载着三种不同类型药物的缓释体系在 pH=3.8 和 pH=6.8 的环境中，对药物的缓释量并没有很大的变化；随着药物的亲水性降低，体系对药物的缓释速率降低，体系对盐酸雷尼替丁的释放量在 48 小时可达到60%，而对 6-巯基嘌呤的释放量只有不到 30%。

Peng 等[80] 利用环己胺作模板，以戊二醛作交联剂，制备了 N-甲基化的壳聚糖空心微滴，将氧氟沙星（一种抗菌药物）填充到微滴的空心部分，从而得到了一个药物缓释体系。然后他们研究了 pH、分子量和季铵化程度的壳聚糖外壳对药物缓释性能的影响，实验结果表明，在 pH=7.4 的磷酸盐缓冲溶液中，氧氟沙星被很快释放出去，而在 pH=1.2 的盐酸溶液中，氧氟沙星的释放速率则大大降低；随着壳聚糖分子量的增加，对氧氟沙星的释放速率降低。由此说明可以通过控制壳聚糖的分子量和交联密度来控制药物的释放时间，进而达到理想的缓释效果。

由于壳聚糖的高分子量、高黏度及其在生理 pH（7.2~7.4）下的难溶性，限制了它在药物缓释方面的应用。Hu 等[81] 研究了改性的低分子量壳聚糖作为药物缓释载体的性能。他们通过硬脂酸与低分子量壳聚糖上的氨基反应取代氨基，制备了硬脂酸和壳聚糖的接枝共聚物。然后将该共聚物与戊二醛进行交联反应，得到了纳米级的壳聚糖微滴，并研究了该体系对紫杉醇的缓释作用。实验结果表明，在 pH=7.4 的磷酸盐缓冲溶液中，随着载体上所承载的药物量的增加，释放速率降低，且在 8 小时之内，载体上所承载的药物全部释放；壳聚糖上的氨基被硬脂酸取代的比例越高，药物的释放速率随低；随着壳聚糖-硬脂酸共聚物与戊二醛交联比例的增加，药物的释放速率降低。由此说明该改性的低分子量壳聚糖体系在药物缓释方面有很大的应用潜力。

Gupta 等[82] 研究了与戊二醛、乙二醛交联的壳聚糖微滴对苯并吡喃（一种避孕药物）的缓释性能，并研究了影响该体系缓释性能的因素。实验结果表明：随着壳聚糖分子量的增加，在初始阶段释放的壳聚糖的量增加，而此初始阶段的释放是不可用于药物缓释的。为了避免二醛（戊二醛、乙二醛等）作交联剂时对人体产生毒性，很多科学研究者尝试了很多其他的物质作为交联剂。由于壳聚糖主链上有大量的氨基，而氨基在酸溶液中会质子化而使壳聚糖带有正电荷，很多科学研究者利用该机理，寻找带有大量负电荷的阴离子作为交联剂，从而通过静电作用实现交联。Gupta 等[82,83] 以磷酸六钠作为交联剂，利用该盐的阴离子带有的大量负电荷，成功地与壳聚糖进行了交联，得到了壳聚糖的微滴，并研究了它对苯并吡喃的缓释作用。实验证明，微滴上所承载的苯并吡喃在初始阶段会大量释放，这是一个很不稳定的阶段且不能被用于药物缓释，但通过调节 pH 可以降低该阶段对苯并吡喃的释放量，从而更有效地将该药物释放出来，实现壳聚糖微滴的药物缓释作用。

氨苄青霉素是一种低分子量的抗菌药物，它的半生命周期很短，因此不利于其在人体内持续的释放。Anal 等[84] 以质子化的壳聚糖和 Ca^{2+} 作为阳离子体，以多磷酸盐和藻酸盐作为阴离子体，利用两者之间的静电作用使其凝胶化，制备了单层的和多层的凝胶微滴，研究了该体系对氨苄青霉素的缓释作用。实验结果表明，制备凝胶微滴所使用的壳聚糖溶液的浓度越高，体系对氨苄青霉素的吸附率越高，而且在模拟的胃肠环境中，单层的壳聚糖-藻酸盐凝胶微滴在 4 小时内将其吸附的 70% 的氨苄青霉素释放，而多层的凝胶微滴则只会将20% ~30%的药物释放，故而表现出更好的缓释性能。此后，他们又利用乳化和喷洒干燥这两种方法制备了壳聚糖和三聚磷酸钠的交联高聚物微滴，作为氨苄青霉素的缓释载体，并研究了该缓释体系在模拟的胃肠环境中的缓释性能。实验结果表明，交联之后的壳聚糖微滴的稳定性受 pH 的影响，而在模拟的胃肠环境中加入胃蛋白酶或者胰液素都不会影响其稳定性，但溶解酵素则会使壳聚糖微滴变得易溶；壳聚糖微滴对药物的缓释受壳聚糖与三聚磷酸钠盐交联度的影响，氨苄青霉素在模拟胃肠环境中的释放时间可以延迟到8 小时。

以改性的壳聚糖凝胶微滴作为缓释体系，是药物缓释的一个很好的选择。然而微滴的大小往往会影响缓释效果的重复性。因此，制备出具有统一直径的微滴对于药物缓释的稳定性是很有意义的。Wang 等[86]在普通的乳化制备壳聚糖微滴的基础上，让改性的壳聚糖溶液（水相）通过一个具有统一直径的多孔玻璃膜进入油相，从而得到了具有统一直径的壳聚糖微滴，并以牛血清蛋白为研究对象，研究了该体系对蛋白质类和疫苗类药物的缓释效果，实验结果表明，在牛血清蛋白的释放初期，会有一个释放量相当大的阶段，剩余的药物以较慢的速率释放出来，大概 120 小时后，壳聚糖微滴上所承载的药物全部被释放。

口服药物需要克服的一个困难是要对酶和 pH 的梯度变化有一定的抵抗性，这样才能使其经历胃到达肠系统发挥药效。Lin 等[87]以壳聚糖、三聚磷酸钠盐和右旋糖酐盐三者共聚，并将共聚物制备成微滴，研究了其对布洛芬的缓释效果。实验结果表明，在模拟的胃环境（pH = 1.4）中，布洛芬在 3h 内的释放速率一直很慢，而在模拟的肠环境（pH = 6.8）中，几乎在 6h 内就全部被释放，由此表明，壳聚糖/三聚磷酸钠盐/右旋糖酐盐的共聚物微滴可以成功地将疏水性的药物释放到肠内而避免其在胃中损失，因此是一种很好的药物缓释体系。

4.2.2　膜状药物缓释体系

聚乙二醇是一种生物相容性很好的无毒高聚物，它通常用于与其他聚合物混合或复合以制备用于药物缓释系统的膜材料。据报道，聚乙二醇和壳聚糖复合制备的膜材料能促进细胞的增殖，并且不会降低细胞中蛋白质的活性。Wang 等[88]利用浇铸/溶剂蒸发法（casting/solvent evaporation）制备了壳聚糖/聚乙二醇膜作为盐酸环丙沙星的缓释载体，具体方法如下：将壳聚糖及聚乙二醇分别溶解在质量分数为2%的乙酸溶液及蒸馏水中，然后将两种溶液按不同比例混合以获得聚乙二醇质量分数分别为2%、3.5%、5.5%和8%的溶液。再将0.2g盐酸环丙沙星溶解在上述4种溶液中，边溶解边搅拌直至获得均一溶液。接着用超声波降解法除去溶液中的气泡，把溶液倾倒在（20×15）cm²的 Teflon 盘上。将其放入37℃恒温炉中48 小时，这样就得到实验所用的缓释膜。Wang 等对制备出的缓释膜进行了形态学及机械性能分析，并研究了影响药物缓释的各项因素：膜上壳聚糖和聚乙二醇的比重、膜上所承载的盐酸环丙沙星的量、pH、缓释溶液的离子强度、膜的厚度、膜上所涂藻酸钠等。实验结果表明，盐酸环丙沙星的释放量会随缓释膜中聚乙二醇比例的增加而增大，随着缓释膜上所承载的药物量的增加而减少。在模拟的肠环境中，缓释膜的厚度从35μm增加到85μm，同时盐酸环丙沙星的浓度从100%降低到71%。改变藻酸钠溶液的浓度会使肠环境中盐酸环丙沙星的释放量降低16%，胃环境中的释放量降低38%。

根据研究结果，可以通过控制以上各项因素来实现对药物释放速率的控制。

此外，Wang 等[88,89]还研究了壳聚糖/聚乙烯醇膜对牛血清蛋白的缓释作用。他们同样利用浇铸/溶剂蒸发法制备了壳聚糖/聚乙烯醇膜并使其与三聚磷酸盐交联，然后用 FTIR、XRD 和 SEM 表征了膜的特性。接着他们对该药物载体对牛血清蛋白的缓释作用进行了研究，研究结果表明，影响药物缓释的因素有：膜中壳聚糖与聚乙烯醇的比例、膜上所承载的牛血清蛋白的量、pH、缓释溶液的离子浓度及其与三聚磷酸盐交联的时间。当膜中壳聚糖与聚乙烯醇的比为 90∶10、70∶30、50∶50、30∶50 时，牛血清蛋白的释放率分别为 63.3%、72.9%、81.8% 和 91.8%；当膜上所承载的牛血清蛋白的量分别为 0.1g、0.2g、0.3g 时，牛血清蛋白释放率分别为 100%、81.8% 和 59.6%；当 pH 分别为 1.0、3.8、5.4 和 7.4 时，牛血清蛋白释放率分别达到 100%、100%、37.9% 和 7.8%；当释放溶液的离子浓度分别为 0.1mol/L、0.2mol/L、0.3mol/L 和 0.4mol/L 时，释放率分别为 78.4%、82.3%、84.3% 和 91.7%；当膜与三聚磷酸盐的交联时间分别为 0min、5min、15min、30min 和 60min 时，对应的释放率分别为 100%、100%、81.8%、65% 和 43.3%。这些结果说明壳聚糖/聚乙烯醇膜在药物缓释领域中有很好的发展前景。

近年来，应用层层自组装方法（layer-by-layer self-assembly），Wang 等[90]制备了壳聚糖/聚（2-烯丙酰氨基-2-甲基丙烷磺酸）膜，其中载入了消炎药——吲哚美辛，并研究了体内的酶解对该药物缓释的影响。膜的制备方法如下：向 20mL 1% 的壳聚糖溶液中分别加入胃蛋白酶、纤维素酶、脂肪酶和溶解酵酶，然后将混合液在 37℃ 的温度下保存 6 小时，接着用乌氏黏度计测量混合液的黏度。向混合液中加入荧光物质，然后将混合液涂在石英薄片上，向其中加入藻酸钠溶液即可将其沉淀，再在其上涂一层聚乙烯亚胺的水溶液。这样将壳聚糖/聚（2-烯丙酰氨基-2-甲基丙烷磺酸）溶液浸入沉淀溶液中沉淀，再涂上电解质溶液，一层层反复涂上即可得到实验用的缓释膜。然后 Wang 等对膜进行了酶侵蚀作用的研究及其对药物缓释的影响，他们通过测量膜上荧光度的变化来确定酶对膜的降解作用，然后用该膜包裹消炎痛制成微胶囊，实验表明，在 pH 为 4.0 的胃蛋白酶溶液中，膜的降解率最高，并且温度从 20℃ 提高至 60℃ 会加快膜的降解；在 pH 为 4.0 的胃蛋白酶溶液中消炎痛的释放速率是最快的，但延长膜的保温时间可使缓释速率降低，实验证明在胃蛋白酶溶液中存放 6 小时之后膜依然可以包裹在消炎痛的外面，以实现药物缓释的作用。

香精油近年来越来越多地被用作药物使用，它有提高情绪、抵抗抑郁、防虫防臭及除菌的作用。但某些精油是爆炸性的，若其在人体内释放量很少，则不能达到预期的药效；若用量太多则会引起人体的不适感。Hsieh 等[91]研究了通过乳化的方法将壳聚糖制成膜，包裹在香茅精油微滴的外面，从而将其制成胶囊。Hsieh 等研究了壳聚糖膜中壳聚糖的浓度对香茅精油的缓释速率的影响，实验结果表明，随着壳聚糖浓度的增加，制备的壳聚糖膜中壳聚糖分子间的空隙减小，从而对香茅精油的释放速率降低。此外，Hsieh 等还对壳聚糖膜进行了预热处理，结果表明在较高温度下（80℃）对壳聚糖膜进行热处理后，壳聚糖膜收缩，从而使膜上壳聚糖分子间的间隙减小，故对香茅精油的释放速率减慢，且预热处理的时间越久，缓释效果越好。

壳聚糖除了与其他某些物质聚合或被改性之后可用于药物缓释之外，纯的壳聚糖也可以被用于药物的缓释。Saito 等[92]先后用盐酸和氢氧化钠处理壳聚糖的悬浊液，壳聚糖的悬浊液即开始变成凝胶状。然后对其进行冻干处理，得到壳聚糖膜，将其剪成适当大小的碎片，并将阿霉素负载到壳聚糖膜上。为了研究该药物缓释体系的性能，Saito 等将载有阿霉素的壳聚糖碎片放入小鼠的腹腔膜上，通过定期检查小鼠的尿液、肝脏和血浆等来研究壳聚糖膜对阿霉素的缓释效果。实验结果表明，药物放入小鼠体内 1 周后，在小鼠的尿液里发现了阿霉素，而 2 周在小鼠的肝脏中发现了阿霉素，在血液中并没有发现阿霉素，而是在 2 星期之后发现了阿霉素的代谢物。没有代谢掉的壳聚糖膜可以在小鼠体内存在长达 2 个月，从而证明该体系可以将阿霉素的缓释时间大大提高。

除了将壳聚糖改性体系做成微滴外，El-Sherbiny 等[93]研究了膜体系对 5- 氟尿嘧啶的缓释作用。他们以戊二醛为交联剂，以壳聚糖为基体，与丙烯酰氨基乙酸共聚生成具有贯穿网络结构的共聚物水凝胶，并在皮氏培养皿上将其制备成膜。然后以 5- 氟尿嘧啶为研究对象，将其加载到制备好的膜上，研究了该体系的药物缓释效果。实验结果表明，体系对 5- 氟尿嘧啶在酸性环境中的释放速率比在碱性环境中的释放速率更快，且壳聚糖与丙烯酰氨基乙酸的交联程度也是影响缓释速度的因素。此外，Zambito 等[94]用壳聚糖-HCl 膜包裹在 5- 氟尿嘧啶的外部，可避免 5- 氟尿嘧啶在回肠和上盲肠中被水解，然后将 5- 氟尿嘧啶运输到下盲肠中，并缓释出来，从而发挥药效。

紫杉醇是一种治疗卵巢癌的常用药，但由于紫杉醇在人体内的作用部位会引起组织纤维症，给人体带来不利的影响。Ho 等[95]将壳聚糖和卵磷脂利用物理交联的方法制备成凝胶膜，然后将壳聚糖/卵磷脂膜移植到小鼠体内，研究了该凝胶膜对紫杉醇的缓释性能。实验结果表明，壳聚糖/卵磷脂凝胶膜对紫杉醇有很好的缓释性能，是该药物很好的缓释载体，而且该缓释体系不会引起作用部位的组织纤维症。此外，壳聚糖/卵磷脂膜也可以应用到其他抗癌药物的缓释当中去。

Alvarea-Lorenzo 等[96]先后利用双丙烯酰胺和戊二醛作交联剂，使壳聚糖与聚（N-异丙基丙烯酰胺）在无放射条件下进行交联，然后以平板玻璃为模板，制备出具有半贯穿网络体系的膜，作为双氯灭酸钠的缓释载体，并利用高灵敏度差示扫描量热法研究了各热力学参数对该体系的温度引发的相转移反应的影响。此外，实验研究还证明，膜中壳聚糖的含量与交联时所使用的戊二醛的浓度是成比例的，且膜对药物的吸附主要是通过质子化的壳聚糖上的氨基与双氯灭酸钠上的羟基作用实现的。随着离子强度的增加，体系对双氯灭酸钠的释放速率增加；且壳聚糖与戊二醛的后交联程度也对药物缓释有很大的影响。

4.2.3　纤维状药物缓释体系

利用纤维作药物缓释载体，是一种新型的缓释方式。但由于传统的纤维制备技术通常是涉及高温或者有机溶剂的，这就使得该过程不适合蛋白质类药物的附着，因为这些强烈的外界条件会使蛋白质类药物的活性降低甚至变性。为了解决这一问题，Liao 等[97]利用两种带有相反电荷的高分子聚合电解质作用，移出两种电解质溶液交界面处的聚合物，即可得到纤维。于是，他们利用壳聚糖和藻酸盐溶液相互作用，制备了壳聚糖/藻酸盐纤维，并研究了该体系对不同药物的缓释性能。首先以氟美松作为非离子低分子量药物的样品进行缓释性能研究，实验结果表明，对于此药物，虽然壳聚糖/藻酸盐纤维对其加载效率很高，但由于在释放的初始阶段释放量很大，因此不能作为该类药物的缓释载体；以 BSA 作为负电荷性药物的样品进行研究，结果表明壳聚糖/藻酸盐纤维在对 BSA 释放的初始阶段释放量也很大，但总的释放时间可达到 35 天，而且通过控制纤维中壳聚糖与藻酸盐的比例，可控制缓释时间；以抗生物素蛋白作为阳离子型药物的样品，研究结果表明初始阶段的释放量可达到 55%，持续释放时间可达到 22 天，但若向体系中加入肝磷脂，可将初始阶段的释放量降低到 30% 左右，而持续释放时间也可达到 42 天。

Wang 等[98]利用喷丝法制备了壳聚糖/淀粉纤维作为水杨酸的缓释载体，具体方法如下：将壳聚糖溶解到 2% 的乙酸溶液中制备所需的壳聚糖溶液；将淀粉在高温下溶解到蒸馏水中，然后按淀粉溶液质量分数分别为 10%、30%、50% 和 70% 配制成混合物溶液。接着过滤，并将滤出液用超声波降解直至所有气泡都消失。最后用纤维胶喷丝头将混合溶液喷到由三聚磷酸盐和乙醇配制而成的凝结浴中得到纤维。将 2g 水杨酸在蒸馏水中配成溶液，再将其与壳聚糖–淀粉溶液均一混合，用同样的方法得到纤维即可。在制得缓释纤维后，Wang 等利用红外、X 射线等方法对纤维的形态、机械性能进行了表征。研究证明该纤维的缓释性能与壳聚糖和淀粉的比例、纤维上承载的水杨酸的量、pH 及缓释溶液的离子强度等因素有关。纤维中淀粉的相对含量增多可以使水杨酸的缓释量增加；纤维上承载的水杨酸的量增加会使释放速率降低，较低的 pH 和较高的离子强度都可以加快释放的速率。因而我们可以通过控制以上各因素来控制水杨酸的释放速率，进而实现药物缓释。

应用湿法纺丝技术（图 4-10）制备了含草药，如柿叶（PL）和西药，盐酸二甲双胍（MH）的壳聚糖药物纤维，即壳聚糖（CS）/聚乙二醇（PEG）/PL 纤维、壳聚糖/PL 纤维和壳聚糖/MH 纤维，并研究了它们相应的药物缓释行为。

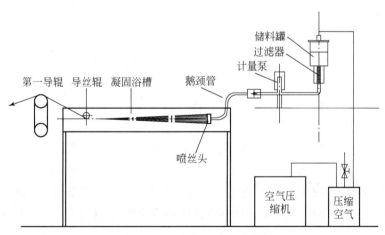

图 4-10　湿法纺丝过程示意图

不同壳聚糖药物纤维和无药物壳聚糖纤维（CS/PEG）的力学性能比较如表 4-2 所示，我们发现壳聚糖纤维在载药后力学性能都下降了，这是因为相对于 CS 来说，所载入的药物的都是小分子，而它们存在于 CS 大分子网络中降低了 CS 的结晶度。但作为一种纤维状的药物缓释系统，壳聚糖药物纤维所具有的力学性能完全可以满足应用的需要。

表 4-2　CS/ PEG、CS/PEG/PL、CS/PL、CS/PEG/MH 纤维的力学性能比较

力学参数	CS/PEG	CS/PEG/PL	CS/PL	CS/PEG/MH
断裂强度/(cN/dtex)	0.69	0.46	0.57	0.48
相对伸长率/%	11.2	4.2	4.9	5.4

图 4-11 记录了在 37℃条件下用电导方法测试得到的药物成分从 CS/PEG 纤维、CS/PEG/PL 纤维、CS/PL 纤维和 CS/PEG/MH 纤维中的动态释放过程。可以发现 PL 的释放明显大于 MH，这说明壳聚糖纤维中的中成药的释放较西药更容易，而 PEG 有助于药物的缓释。

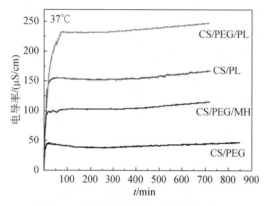

图 4-11　壳聚糖/聚乙二醇纤维、壳聚糖/聚乙二醇柿叶纤维、壳聚糖/柿叶纤维和壳聚糖/聚乙二醇·盐酸双胍纤维在 37℃条件下的缓释曲线

图 4-12 为原始的及经过 12 小时药物释放的壳聚糖/聚乙二醇/柿叶纤维和壳聚糖/聚乙二醇/盐酸二甲双胍纤维的扫描电镜照片。由图 4-12 可知：含柿叶的纤维具有不光滑的表面。这可能来自于壳聚糖纤维，因为我们曾经制备的无药物的壳聚糖纤维也发现类似磷片状的结构现象[1]。含柿叶的壳聚糖纤维的表面存在一些微孔，并随着缓释而增大，说明药物缓释过程是聚乙二醇溶于水留下孔，随后 PL 由此孔洞进行释放。

图 4-12 的含盐酸二甲双胍的壳聚糖纤维表面有不少来自于 MH 的白点，而释放 12h 后，却留下了很多较大的微孔，这与上面的 PL 释放过程类似。这是因为 PL 是大分子而 MH 是小分子，所以两种药物的缓释速率不一样。

图 4-13 是壳聚糖/柿叶纤维（CS/PL）释放 12 h 前后与壳聚糖/聚乙二醇（CS/PEG）共混纤维的红外光谱。在水介质中，柿叶的活性成分释放出来。根据文献 [20]，柿叶的主要成分黄酮类化合物含有两个苯环，CS/PL 共混纤维中表征苯环上的伸缩振动峰（1575cm^{-1}）明显减小了 22%，且转变为两个峰 1643cm^{-1} 与 1599cm^{-1}；同样，对应 C—O—C 伸缩振动的吸收峰 1150cm^{-1} 与 C—H 弯曲振动对应的 1412cm^{-1} 的强度也均减小了 15%。900～650cm^{-1} 出现 3 个峰，说明共混纤维中含有苯环结构。总之，这些变化反映了药物成分的释放。

图 4-14 是壳聚糖/聚乙二醇/柿叶（CS/PEG/PL）纤维和壳聚糖/聚乙二醇纤维（CS/PEG）未释放和释放 12h 时的红外光谱。在水介质中柿叶的活性成分释放出来，例如与 CS/PL 纤维剂型一样表征苯环的吸收峰变化规律，表征苯环上的伸缩振动峰（1573cm^{-1}）明显减小了 29%；此外，对应的 CH$_2$ 弯曲振动的 1467 cm^{-1}、对应 C—O 弯曲振动的 1280cm^{-1} 和 C—N 伸缩振动 1343cm^{-1} 等吸收峰强度减小了约 22%。对应—CH$_3$ 伸缩振动的

吸收峰 2899cm⁻¹ 也具有同样的规律。这说明，红外光谱方法不仅可以反映药物的释放，也能反映到药物成分及其与体系的关系。换言之，这种方法反映了药物缓释体系的微观释放特征。

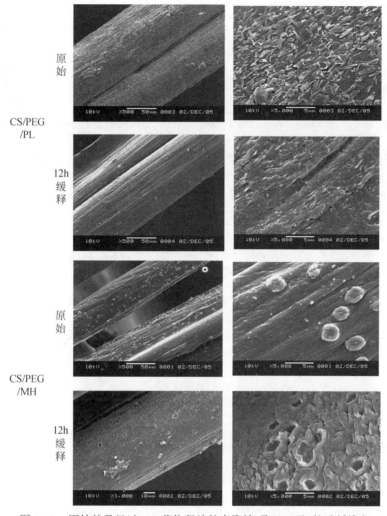

图 4-12　原始的及经过 12h 药物释放的壳聚糖/聚乙二醇/柿叶纤维和
壳聚糖/聚乙二醇/盐酸二甲双胍纤维的扫描电镜照片

　　图 4-15 是壳聚糖/聚乙二醇/盐酸二甲双胍纤维（CS/PEG/MH）释放 12h 前后和壳聚糖/聚乙二醇（CS/PEG）纤维的红外光谱。药物盐酸二甲双胍在 1650cm⁻¹ 位置的 C＝N 键的吸收峰与 1420cm⁻¹ 的 NH 受到壳聚糖的干扰，但是比较 CS/PEG/MH 释放前后的谱图发现，这两个谱带的吸收强度都减小了约 13%，这说明有盐酸二甲双胍被释放了出来；但是比较释放 12h 后 CS/PEG/MH 与释放 12h 后 CS/PEG 谱图指出，此时纤维中的药物成分并未完全释放。这意味着纤维状的药物缓释体系具有反复释放药物的可能性。显然，这对具体应用是有实际意义的。

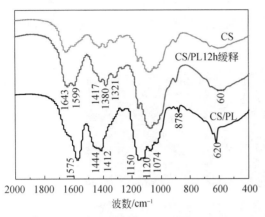

图 4-13　原始壳聚糖纤维、壳聚糖/柿叶纤维及
　　　　释放 12 小时后的红外光谱

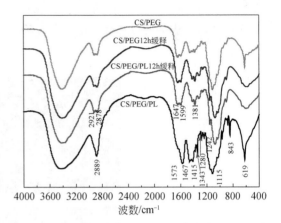

图 4-14　壳聚糖/聚乙二醇纤维、壳聚糖/聚乙二醇/
　　　　柿叶纤维和释放 12 小时后的红外光谱

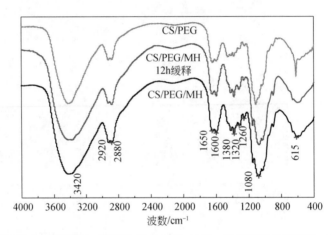

图 4-15　壳聚糖/聚乙二醇纤维、壳聚糖/聚乙二醇/盐酸二甲双胍纤维及释放 12h 后的红外光谱

4.2.4　粉末状药物缓释体系

　　针对肠内炎症的药物缓释系统是当前很多学者在致力研究的。要实现药物的缓释，必须控制药物载体在人体内被降解的速度，但药物经口腔、胃、十二指肠、小肠直至盲肠整个过程的 pH 是不断变化的，而作为药物载体的高聚物往往对 pH 敏感，为了解决这个问题，Nunthanid 等[99]以 5-对氨基水杨酸为研究对象，利用下述方法制备了壳聚糖/羟甲基纤维素膜：为了增加壳聚糖的溶解性，选择低分子量的壳聚糖，将其溶解在质量分数为 3.5% 的乙酸溶液中，然后将溶液喷洒在入口温度为 125℃ 左右的干燥器上，以获得研究所用的粉末。他们用 NMR 对粉末进行了表征。然后用水压冲压机将 100mg 5-对氨基水杨酸粉末压成药片，药片的外层包裹上壳聚糖乙酸盐/羟甲基纤维素粉末，制成内外两层的药片；其中壳聚糖乙酸盐和羟甲基纤维素按照不同的比例混合，实验结果表明，随着包裹层粉末中壳聚糖乙酸盐比例的增加，药物延迟释放的时间缩短。此外，Nunthanid 等分别用

0.1N 的 HCl（pH=6.8）、Tris-HCl（pH=5.0）和乙酸盐缓冲溶液模仿胃、小肠和盲肠的 pH，研究 pH 对药物缓释的影响，实验结果表明，随着 pH 升高，壳聚糖乙酸盐的溶解性降低，从而释放药物的时间也随之增长。因此，可以通过控制壳聚糖和羟甲基纤维素的比例，以使药物到达盲肠而不会提前被释放，以实现其最佳效果。

以壳聚糖为基的很多药物缓释体系的缓释性能受外界的 pH、离子强度及缓冲种等条件的影响，而在人体内，pH 随消化系统的位置而改变。因而研究出一种不依赖于 pH、离子强度、缓冲种的药物缓释体系是很有价值的。Fukuda 等[100]用热熔挤压的方法将壳聚糖和黄原胶的混合粉末制成药片，研究了该体系对扑尔敏的缓释性能。实验结果表明，与直接压缩得到的药片相比较，热熔挤压法所得到的药片在 0.1mol/L 的 HCl 及 pH=6.8 和 pH=7.4 的磷酸盐缓冲溶液中都表现出良好的药物缓释性能，即使在缓冲溶液中的离子强度很大时，体系的缓释性能依然很好。此外，该体系在 40℃的温度下储存一个月后，其药物缓释性能与之前相比并无很大变化。

4.3　基于壳聚糖的生物传感器

4.3.1　用于检测葡萄糖含量的生物传感器

葡萄糖是人体代谢的重要产物，测定人体内葡萄糖的含量具有重要的意义，尤其是对于糖尿病人。Kang 等[101]首先利用壳聚糖与葡萄糖氧化酶交联，并将得到的产物制备成膜。然后将金-铂合金的纳米级颗粒通过电极沉积附着到多层碳纳米颗粒的表面。最后将壳聚糖膜包裹在电极的外部得到了用于测量葡萄糖含量的电极。接着，他们以制备的电极作为工作电极，以铂线作为辅助电极，以 Ag-AgCl 电极作参比电极，组成了工作体系。在此之后，Kang 等利用 SEM、X 射线衍射、EIS 等方法表征了工作电极的性质。实验结果表明，该工作电极在较低的工作电压下即可达到很好的精确度，且具备较快的反应速率和较好的重现性、稳定性及选择性。将该电极用于测定人体血液及尿液中的葡萄糖含量，得到了令人满意的结果。

Yang 等[102]制备了由氧化锆/壳聚糖膜包裹的检测葡萄糖含量的生物传感器，制备方法如下：将表面处理过的纳米级多孔的氧化锆加入壳聚糖溶液中，将混合液搅拌 1 小时后进行 15min 的超声波降解，得到胶状物质。然后将葡萄糖氧化酶溶解到 pH=5.5 的磷酸盐缓冲溶液中，接着把制得的氧化锆/壳聚糖胶状物质加入酶溶液中，从而获得了所需的溶液。把该溶液倾注到铂板电极表面制备得实验用的电极。由于在整个制备过程中避免使用戊二醛作为交联剂，使得酶具有更高的活性。此外，氧化锆/壳聚糖膜具有多孔均一的网状结构，这对于酶在电极上的固定有良好的作用，且电极具有高敏锐性和良好的重现性。

Lu 等[103]首先利用金在富含纳米级微孔的聚碳酸酯膜的表面进行电极沉降，得到了直径约为 250nm、长度约为 10μm 的金线，然后将一定量的金线和葡萄糖氧化酶加入壳聚糖溶液中，再将玻璃电极浸入该溶液中超声波降解 15min，恒温 4℃冷却干燥后即可得到由壳聚糖膜改性的玻璃电极。此后，Lu 等又研究了该电极对葡萄糖的检测性能。实验结果表明，实验制备的葡萄糖传感器有很敏锐的反应，能在小于 8s 的时间内检测出葡萄糖的含量，并且在一定的浓度范围内有很好的线性特征。

Zou 等[104]将一定量的四乙氧基硅烷溶解到壳聚糖溶液中，电磁搅拌直至形成不透明的白色溶液。然后将多层碳纳米管溶解到四氢呋喃中形成黑色悬浊液。将该悬浊液滴到玻璃电极表面并在红外灯光下干燥。洗涤干净后将铂通过电镀的方法附着到电极表面。接着将葡萄糖氧化酶加入壳聚糖/SiO_2溶液中，再将混合液滴到电极表面干燥即可。该电极对葡萄糖的检测也呈现出优良的性能。

Gao 等[105]利用自由基共聚合反应制备了 pH 敏感的聚亚胺酯膜，将其包裹在一个磁致弹性的传感器表面，然后将葡萄糖氧化酶和过氧化氢酶共同固定在传感器表面，并以壳聚糖作为支持底层，利用共振频率的变化测定该传感器对人体尿液样品中葡萄糖含量，因为共振频率与尿样中葡萄糖的浓度在 1 ~ 15mol/L 之间有线性的比例关系。实验结果表明利用该传感器测定的样品中的葡萄糖含量与准确值符合，说明实验中制备的电极传感器可用于尿液中葡萄糖含量的测定。

Kang 等[106]通过以下方法制备了一种具有强化灵敏度的葡萄糖生物传感器：首先将壳聚糖溶液与 H_2PtCl_6 混合，然后用 $NaBH_4$ 还原 H_2PtCl_6 得到澄清的黑色溶液，将其进行超声波降解，并加入一定量的多层碳纳米管，最后将一定量的甲基三甲氧基硅烷和葡萄糖氧化酶先后加入上一步得到的溶液中制备出最终的混合溶液。将混合溶液滴到电极表面并恒温干燥，即得到实验所用的电极。以此电极测试人体血清中的葡萄糖含量，结果表明该电极有极高的灵敏性、较短的反应时间、良好的重现性和长时间的稳定性。故该电极在测试血清中葡萄糖含量方面将有优良的应用前景。

4.3.2　用于检测过氧化氢的生物传感器

Miao 和 Tan[107]制备了以壳聚糖膜为酶固定载体的过氧化氢生物传感器，其制备过程如下：首先将壳聚糖溶液、乙醇、水、NaOH 溶液及四甲氧基硅烷（TMOS）溶液按一定比例混合在一起并剧烈搅拌 5min，得到溶液–凝胶/壳聚糖溶液，该溶液需现配现用。然后将山葵过氧化酶溶液溶解在磷酸盐缓冲溶液中，接着用毛细管将酶溶液涂到预先涂好润滑剂的碳电极表面，最后，将第一步配制的溶液–凝胶/壳聚糖溶液用吸液管涂在酶改性过的碳电极上。电极制备完成后，Miao 和 Tan 在最理想的条件下测试了该电极对过氧化氢的检测能力，实验结果表明，该传感器体系具有很快的反应时间（<10s）、良好的线性标度范围及很高的精度（3μmol/L）。而当电极在恒温（4℃）的磷酸盐缓冲溶液中储存 30 天后重新获得了 85% 的活性。

Wang 等[108]将壳聚糖与（3-氨基乙烯基丙基）-二甲基硅烷进行交联制备出具有网状结构的壳聚糖膜，然后将该膜包裹在金板电极上作为山葵过氧化酶的固定载体，从而获得了检测过氧化氢含量的生物传感器。接着 Wang 等利用 FTIR 等技术对电极表面的壳聚糖/山葵过氧化酶进行了表征。此外，他们还应用荧光技术标记了固定在壳聚糖膜上的蛋白质以测其在膜上的分布密度。最后在理想环境下测试了传感器测定过氧化氢含量过程中的各种性能，实验结果表明，该传感器体系能在小于 2s 的时间内测试到过氧化氢，而测试的极限敏感度达到了 2×10^{-9} mol/L。

Lai 等[109]将碳包裹的磁铁纳米级微粒加入壳聚糖溶液中，在 1500r/min 的电磁搅拌条件下进行悬浊液交联，由此方法得到了磁性壳聚糖微滴。接着通过以戊二醛为交联剂的交联反应将血色素固定在磁性壳聚糖微滴改性的玻璃碳电极表面。在亚甲基蓝存在下，固定在电极表面的血色素对过氧化氢的还原有良好的电催化作用。然后，Lai 等通过改变亚甲基蓝的浓度、溶液 pH 及工作电压等条件，研究了该电极测定过氧化氢含量的最佳工作条件。实验结果表明，在最佳工作条件下，磁性壳聚糖微滴改性的玻璃碳电极在一定的浓度范围内展现出良好的线性关系及较短的反应时间，电极的稳定性、选择性及重现性也表现出令人满意的结果。

Xiong 等[110]以四氟硼酸 1-丁基-3-甲基咪唑鎓作为非水电解液，制备了亲水的四氢呋喃/壳聚糖有机金属凝胶，并将血色素固定到凝胶中制备成膜包裹在电极表面。该电极在无水的四氟硼酸 1-丁基-3-甲基咪唑鎓具备突出的电化学反应特性和催化活性。此外，Xiong 等利用该电极检测 H_2O_2 的含量，实验结果表明该电极具有较高的灵敏度，但所需的反应时间较长，约为 40s；该电极还具有良好的热稳定性。以上研究结果为合成新颖的非水生物传感器提供了可行的方法。

4.3.3　用于检测其他物质的生物传感器

Du 等[111]制备了测定含磷杀虫剂含量的乙酰胆碱酯酶传感器，制备方法如下：将 2.0μL 的多层碳纳米管、壳聚糖和戊二醛混合物涂抹在干净的玻璃电极上，并在 20℃条件下恒温反应 4 小时。最后，将电极清洗干净后再在电极表面涂 4.0μL 乙酰胆碱酯酶溶液，并将电极存储在 4℃环境中。实验以偶氮杀虫剂为例，研究了该电极在最理想条件下对杀虫剂的检测性能，结果表明电极具有良好的精确度、快速的反应速度及良好的重现性和稳定性。

Du 等[112]通过在含壳聚糖和氯金酸的溶液中进行一步电极沉降反应，将金的纳米级颗粒固定到壳聚糖的凝胶中。然后通过将乙酰胆碱酶固定到上述凝胶中制成传感器测试有机磷酸酯杀虫剂的检测仪器。经实验证实，实验制备的生物传感器具有良好的重现性和稳定性，可作为有机含磷杀虫剂的检测设备。

Cui 等[113]制备了具有网状结构的壳聚糖/聚乙烯咪唑-Os/碳纳米管/乳酸盐氧化酶的纳米级合成物，并将其固定到金电极的表面，由此获得了用于检测乳酸盐含量的生物传感器。其中，壳聚糖和聚乙烯咪唑-Os 带正电荷，而乳酸盐氧化酶带负电荷，可以壳聚糖/聚乙烯咪唑-Os 为母体将乳酸盐氧化酶固定在上面。而碳纳米管则是作为形成网状结构的基本元素。通过测试该电极对乳酸盐的检测性能，实验结论表明，该电极具有很高的灵敏度。此外，该方法还可以延伸到其他酶传感器的制备中。

Tsai 等[114]利用多层碳纳米管-壳聚糖的合成物作为固定乳酸盐脱氢酶的母体，将其制备成膜包裹在玻璃电极的表面。通过调整实验过程中的各个影响参数，如实际电压、溶液 pH、酶的加载等确定了该乳酸盐生物传感器的最佳测试条件。接着在这个最佳测试条件下测试了传感器对乳酸盐的检测性能。实验结果表明，该传感器具有优良的灵敏性、小于 3s 的反应时间及较好的存储稳定性。

Fan 等[115]制备了壳聚糖/锂皂石纳米微粒合成物膜，并以其作为固定酶的载体包裹在玻璃碳电极外部。然后将多酚氧化酶固定在壳聚糖/锂皂石膜上，用于检测苯酚的含量。

壳聚糖在膜中的作用是加强和改善纯黏土膜包裹的电极传感器的分析性能。通过实验分析证明，该传感器体系具有一系列的优异性能，如高敏感性及长时间储存的稳定性等。

Tan 等[116]研究制备了一种测试人体血液中游离胆固醇含量的生物电极传感器：首先，将一支玻璃电极清洗干净，以备后用，然后，将 SiO_2 溶于壳聚糖溶液中，通过超声波降解得到均一的溶液，最后，将 1mL 多层碳纳米管的微粒溶到蒸馏水中，通过超声波降解得到黑色悬浊液，接着加入第二步中制得的壳聚糖/ SiO_2 溶液，将混合溶液滴到电极表面，并在冰箱中恒温 4℃，24 小时后即可制备出实验用的壳聚糖/ SiO_2 膜改性的电极。壳聚糖/ SiO_2 膜的作用在于它克服了 SiO_2 膜易碎的缺点及壳聚糖易发生溶胀的不足，可更好地将胆固醇氧化酶固定在电极表面。该实验中选用胆固醇氧化酶检测血液中胆固醇的含量，实验结果表明，实验所制备的电极具有很好的敏感度、反应速度及长时间储存的稳定性。

Wen 等[117]利用下述方法制备了测试乙醇含量的生物传感器：首先制备澄清的壳聚糖溶液，并调整溶液至适当的 pH；然后取一只去除蛋白和蛋黄的鸡蛋，将蛋壳上的膜小心剥下并用去离子水洗涤多次。接着将壳聚糖溶液作为凝胶化试剂滴加到预先涂好乙醇氧化酶的蛋壳膜上，从而将酶固定到膜上，最后将膜包裹在电极上即可。在此实验中，Wen 等用制备的传感器测试了几种酒样品中的酒精含量，所得结果与气体色析法测试的结果相近，从而证明该传感器有良好的精确度。

Shan 等[118]以壳聚糖和 $CaCO_3$ 纳米级微粒为反应物制备了壳聚糖/ $CaCO_3$ 膜，包裹在玻璃电极表面，并将血色素固定到这种生物相容性很好的膜上，在 H_2O_2 的存在下，血色素中的 Fe（Ⅲ）可被还原为 Fe（Ⅱ），故可以用来检测血色素的含量。本实验中，Shan 等除了通过测试证明了生物传感器的优良性能之外，还利用 FTIR、UV 光谱测试了壳聚糖/ $CaCO_3$ 膜的性能，实验结果表明，该体系中壳聚糖/ $CaCO_3$ 膜具有很好的生物相容性，可以将血色素固定在其表面且保持很好的生物活性和结构。

Lu 等[119]制备了壳聚糖、四氟硼酸 1-丁基-3-甲基咪唑鎓和山葵过氧化酶的混合溶液，然后将溶液浇铸在抛光的玻璃电极表面，使其在电极表面成膜。制备混合溶液时要尤其注意控制四氟硼酸 1-丁基-3-甲基咪唑鎓的量，因为加入量过多会影响电极的稳定性，而加入量过少则会使包裹在电极表面的这层膜的导电性降低。接着，他们测试了在 H_2O_2 存在时该电极对山葵过氧化酶的检测能力。实验结果表明，本实验制备的生物传感器展现出良好的敏感性和重现性等诸多优良性能，且对膜的分析表明，该膜具有很好的生物相容性，山葵过氧化酶附着在膜上后可保持良好的生物活性，且膜兼具壳聚糖的生物相容性及四氟硼酸 1-丁基-3-甲基咪唑鎓的导电性。

Bai 等[120]发现了 MnO_2 的纳米级微粒在 H_2O_2 的存在下具有双向催化的特性，并以此为机理制备了复合维生素 B 的生物传感器，其中，复合维生素 B 氧化酶和 MnO_2 以及壳聚糖凝胶微滴通过电极沉淀反应附着在玻璃电极表面，具体方法如下：将抛光的电极浸入含有壳聚糖溶液、MnO_2 纳米微粒和复合维生素 B 氧化酶的溶液中，在一定的电压下，H^+ 在阴极会被还原为 H_2，故而溶液的 pH 会升高。当溶液的 pH 升高到一定程度时，壳聚糖变得不可溶，然后以微滴的形式在电极表面析出。经过实验测试表明，该电极有较高的灵敏性及稳定性，具有很好的应用价值。

Darder 等[121]通过将壳聚糖的纳米微粒插入 Na^+–高岭土这种天然的阳离子聚合物中制

备得到了具有阴离子交换能力的二维材料。当插入到 Na$^+$–高岭土中的壳聚糖的阴离子交换量多于高岭土的阳离子交换量时，这种双层的聚合物即可吸附阴离子并与之发生交换。通过这个原理，Darder 等认为壳聚糖/Na$^+$–高岭土聚合物可以包裹在某些电极的表面用于检测某些阴离子含量，从而其在生物传感器领域将有很大的应用潜力。

Guo 等[122]制备了一种用探测肝炎 B 病毒的 DNA 序列的生物传感器，其方法如下：首先将石墨的粉末溶解到医用润滑剂中得到膏状物质，然后将这种膏状物质与适量的壳聚糖混合，并将该混合物涂到一根玻璃管的表面，最后将铜线插入膏状物中，干燥后得到电极。将电极浸入富含探针 ssDNA 的溶液中持续搅拌 30min，接着用磷酸盐缓冲溶液漂洗 3 次即可。最后将该电极浸入含目标 DNA 的溶液中搅拌 15min，完成后将电极放入含亚甲基蓝的溶液中浸泡 5min。在此基础上通过测量亚甲基蓝的量即可测得肝炎 B 病毒的 DNA 序列的浓度。

Gong 等[123]基于青蒿素对糖基化的金属卟啉的敏感性，以 5，10，15，20-四（2，3，4，6-四-β-D-吡喃型葡萄糖基）-1-氧–苯基金属卟啉［FeT（o-glu）PPCl］作为传感器中的敏感选择性材料，将其附着到纳米基金颗粒–壳聚糖膜上，从而得到了青蒿素的生物传感器。此后，Gong 等利用该电极测试了某些植物样品中青蒿素的含量，所得的测试结果与中国药典测试方法得到的结果相近。

4.4　基于壳聚糖的吸附材料

Sun 等[124]制备了 N-琥珀酰-壳聚糖树脂作为 Cu（Ⅱ）的吸附体，并研究了 pH、吸附温度及时间、N-琥珀酰–壳聚糖的取代度和交联剂的用量等因素对材料吸附性能的影响。实验结果表明，在 pH 达到 6.2 之前，树脂的吸附能力随着 pH 的升高而逐渐增强，达到 6.2 后吸附能力随 pH 的升高急剧减弱；随着温度从 25℃升高到 55℃，树脂对 Cu（Ⅱ）的吸附能力减小；树脂吸附 Cu（Ⅱ）的主要部位是其中含有的羧基，且在一定范围内，树脂的吸附能力随着 N-琥珀酰–壳聚糖取代度的增加而增强，随着交联程度的增大而减小。此外，Sun 等[125]还通过将羧甲基壳聚糖与 Pb（Ⅱ）在戊二醛作交联剂的条件下进行交联反应，得到的聚合物作为 Pb（Ⅱ）的吸附剂。实验结果表明，该聚合物无论在只含有 Pb（Ⅱ）的溶液中或是含有 Pb（Ⅱ）、Cu（Ⅱ）和 Zn（Ⅱ）的混合溶液中都对 Pb（Ⅱ）有良好的吸附效果，且该吸附体系还具有良好的重复使用性和稳定性。除了利用羧甲基壳聚糖作为 Pb（Ⅱ）的吸附机体外，Sun 和 Wang[126]还合成了 N-琥珀酰–壳聚糖树脂作为 Pb（Ⅱ）的吸附体。首先利用戊二醛做交联剂，使 N-琥珀酰–壳聚糖树脂与 Pb（Ⅱ）交联，然后再将 Pb（Ⅱ）除去，从而得到 N-琥珀酰–壳聚糖树脂。在此实验中，Sun 同样研究了吸附时间、pH 及其他因素对体系吸附性能的影响，实验结果表明无论在只含 Pb（Ⅱ）的溶液中或含有多种离子的混合溶液中，吸附剂对 Pb（Ⅱ）都有良好的吸附效果。

Macedo 等[127]制备了壳聚糖/NiFe$_2$O$_4$的亚铁磁性膜，实验证明这种膜具有典型的软亚铁磁材料的磁化作用，故而对 Hg（Ⅱ）、Cu（Ⅱ）、Zn（Ⅱ）等离子有很强的磁性。这证明壳聚糖/NiFe$_2$O$_4$的亚铁磁性膜是很有潜力的吸附重金属离子的材料，而其磁性的恢复可借助磁铁完成。

Wan 等[128]将壳聚糖和沙粒混合在一起，然后加入盐酸使其溶解。在室温下搅拌 5 小时，再加入 NaOH 中和溶液，即可得到壳聚糖包裹的沙粒。由于壳聚糖是一种良好的金属螯合剂，因此这种新型的沙土可以吸收被污染土壤中的重金属离子。在该实验中，Wan 等测试了壳聚糖包裹的沙粒对铜离子的吸附能力，实验结果预示了利用这种壳聚糖包裹的沙粒可以制作成经济的大规模的过滤器，来移除被污染土壤中的重金属离子。

Chassary 等[129]制备了几种壳聚糖的衍生物：戊二醛交联的壳聚糖（GCC），壳聚糖硫脲衍生物（TGC）和壳聚糖硫脲接枝共聚物（TDC）等，并研究了它们对金属阴离子，主要是钼酸盐的吸附能力。这几种壳聚糖衍生物对金属阴离子的吸附是基于质子化的氨基与阴离子之间的静电引力实现的。除此之外，本实验还研究了各种壳聚糖衍生物本身的结构、离子在溶液中的分散程度等因素对壳聚糖衍生物的吸附能力的影响。通过对上述各种因素的研究，可以找出最适宜的实验条件，从而排除共存离子等干扰因素的影响，使壳聚糖衍生物对金属阴离子的吸附能力达到最佳。

Radetic 等[130]通过两种不同的方法处理了壳聚糖，分别记为 CHT A 和 CHT B，并将其与低温血浆（LTP）共混，分别得到不同的样品，记为 CHT A+LTP 和 CHT B+LTP。并研究了各种不同的样品对 Pb^{2+}、Cu^{2+}、Zn^{2+} 和 Co^{2+} 的吸附能力，实验结果表明，上述各种样品对 4 种离子的吸附能力是递减的。

Katarina 等[131]首先制备了含有自由氨基的交联的壳聚糖，然后将其与氯甲基环氧乙烷混合得到悬浊液，将该悬浊液回流 3 小时后冷却得到了乙二胺型的壳聚糖树脂。他们将该树脂装入一毛细管内检测超示踪量的银。然后还可以加入硝酸将吸附到树脂中的银释放出来。实验结果表明，在一定的 pH 等条件下，该树脂对银具有很高的检测精度且反应时间很快。由此预示着该树脂可以用于检测自来水、海水及河水中银的含量。

4.5　基于壳聚糖的生物组织修复

4.5.1　软骨组织修复

通常文献中报道的壳聚糖用于骨组织修复的研究，都是将壳聚糖进行改性或者增加了添加剂之后进行实验而得出的成果，而 Montembault 等[132]研究了具有确定分子量、脱乙酰度和聚合物浓度的纯壳聚糖水凝胶在骨组织修复中的作用机制。实验分别研究了壳聚糖水凝胶的碎片对兔子及人体软骨组织的修复作用，实验结果表明，软骨细胞并不是贯穿在凝胶碎片中，而是紧紧地依附在碎片上自然形成了细胞/壳聚糖的体系。此外，软骨细胞保持显型的时间长达 21 天，继而形成了像软骨一样的结节。因此在此实验中壳聚糖体系并不是作为组织修复的再生骨架。

Hsieh 等[133]利用简单的液体淬水方法制备了壳聚糖凝胶，此过程包括机械搅拌起泡过程和通过壳聚糖与 NaOH 交联的固化过程，然后将其制备成多孔渗水的组织修复骨架。孔的直径和多孔性可通过机械搅拌的强度控制。此外，实验结果还表明，当壳聚糖溶液的浓度为 1% ~3%，NaOH 的浓度为 5% 时，制备得到的样品更完善。加快机械搅拌的速率会使得到的样品上孔直径减小，进而渗水性变差，但当搅拌速率达到 4000r/min 时，孔的大小不随搅拌速率的变化而改变。孔径的减小可以增强壳聚糖凝胶的机械强度。通过酶降解的研究表明，制备壳聚糖凝胶所需要的时间越长，得到的凝胶的降解率越高。上述实验清楚地显示出壳聚糖凝胶骨架的性能，由此，通过改变实验中的各个影响因素，即可得到符合要求的用于组织修复的壳聚糖骨架。

Abarrategi 等[134]以壳聚糖和多层碳纳米管为原料，利用超离心沉降及冻干成型的方法制备了壳聚糖多层碳纳米管，并在重组的人体骨成形素蛋白-2 的存在下，研究了小鼠的成肌细胞在该纳米管骨架上的生长及增殖的情况。实验结果表明，上述组织修复体系能促进肌肉异位骨组织的形成及表达，而且骨架结构在小鼠体内最终可随肾脏的排泄物排出体外，从而不会对身体造成伤害。由此说明壳聚糖多层碳纳米管可以作为良好的生长骨架应用于组织修复。

Chen 和 Cheng[135]以自由基聚合反应制备了聚异丙基丙烯酰胺（PNIPAM），然后将其与壳聚糖溶液在 25℃，180r/min 的高速搅拌下反应 12h，得到了壳聚糖-g-PNIPAM 的共聚物（CPN）。然后他们利用同样的方法制备了 CPN 和透明质酸（HA）的接枝共聚物（HA-CPN），并用 SEM 等方法研究了这两种共聚物对软骨细胞生长的作用。实验结果表明，CPN 和 HA-CPN 接枝共聚物都是热敏性的水凝胶，在室温下该凝胶是可流动的，而当温度至 37℃时，该凝胶则会转变为具有刚性的、不可流动的凝胶。此外，在这两种凝胶体系上培养的软骨细胞和半月板均能很好地生长和增殖，而对于软骨细胞和半月板与凝胶体系的分离，只要将温度降到 37℃以下，凝胶就可自由流动，很容易实现分离。以上的实验结果表明，CPN 和 HA-CPN 凝胶体系是用于组织修复的良好体系。

Guo 等[136]用转变生长因子 β1 转染从兔子骨髓中提取的间质干细胞，并将被转染的间质干细胞培养在壳聚糖骨架上，然后将上述体系移植到兔子的膝盖损伤组织处。经过 12 个星期的培养后，损伤的组织处被一层类似透明质的软骨组织覆盖。以上实验结果表明，受伤的软骨组织可以通过在壳聚糖骨架上进行转变生长因子 β1 改性的组织修复。

作为骨组织修复材料，必须具有与骨骼相近的结构和强度，以及良好的生物相容性等特点。由于磷酸钙具有与骨骼中的无机成分相似的组成，曾被用作损坏组织的替代材料。但这种材料有很大的脆性，使得其在应用中有很多的限制。为了解决这一问题，Ding[137]利用戊二醛作交联剂，将壳聚糖和磷酸钙在溶液中进行交联，然后制备成膜，从而获得了壳聚糖/磷酸钙膜，并研究了它的机械强度。实验结果表明，当磷酸钙的质量分数为 5%时所得到膜的最大弯曲强度可达到 45.7MPa，这证明壳聚糖/磷酸钙的膜是很有潜力的植入材料，并值得进一步研究。

很多作为造骨细胞生长骨架的物质由于具有较差的生物相容性、表面形态缺陷等，大大限制了其作为组织修复材料的应用。Wu 等[138]通过将乳酸和羟基乙酸的共聚物浸入壳聚糖溶液，从而得到了有壳聚糖膜包裹的造骨细胞生长的骨架。通过与胶原质包裹的骨架相比，壳聚糖包裹的骨架能增加造骨细胞的分化，从而降低细胞的附着性和增殖。以上结果提供了一个通过改变小环境来调节造骨细胞的附着、增殖、分化的方法，对骨组织修复很有价值。

Lahiji 等[139]将 4%的壳聚糖乙酸溶液倾倒在准备好的模板上制备成壳聚糖膜，然后分别在有壳聚糖膜的模板和没有壳聚糖膜的模板上培养人体的造骨细胞和软骨细胞，并研究了所培养细胞的发育能力及显型。实验结果表明，在壳聚糖膜包裹的模板上培养出来的造骨细胞和软骨细胞具有球状形态并有折射能力，是能生长下去的；而在五壳聚糖膜包裹的模板上培养的细胞，90% 以上被拉伸了，呈纺锤状。以上结果说明壳聚糖是人体造骨细胞和软骨细胞生长的有利机体，在人体损伤骨组织的修复中是很有发展前景的。

Wu 等[140]利用溶液浇铸和溶剂萃取的方法制备了多孔的聚右旋丙交酯/壳聚糖膜，并将兔子的软骨细胞在膜上进行了为期 4 周的培养。实验结果表明，在聚右旋丙交酯/壳聚糖膜上培养的软骨细胞比在纯聚右旋丙交酯膜上所得到的细胞数目更多，且随着膜中壳聚糖比例的增加，膜上培养得到的细胞数目也会增加。此外，实验结果还证明聚右旋丙交酯/壳聚糖膜对软骨细胞在生长骨架上的附着、增殖及分散生长都有很好的效果。

Abdel-Fattah 等[141]通过改变反应压力及反应过程中所使用的 NaOH 溶液浓度的方法制备了不同脱乙酰度的壳聚糖，然后将其研磨成微滴。接着利用测量黏度、X 射线衍射、SEM 及热力学分析等方法研究了所得到壳聚糖微滴的形态及性能，实验结果表明，微滴具有粗糙的表面形态，微滴表面具有很多小孔，这些小孔的平均直径为 $199.62\mu m$，且微滴的机械强度适合作为人体骨骼的替代物。以上结果表明该实验得到的壳聚糖微滴在骨组织的修复中能发挥优良的作用。

Masuko 等[142]利用选择反应制备了含 2-亚氨基巯基的壳聚糖和 Arg-Gly-Asp-Ser-Gly-Cys（一种缩氨酸，RGDSGGC）的共聚物，并研究了其作为肌骨组织修复的细胞增殖骨架的性能。实验结果表明，壳聚糖-RGDSGGC 共聚物对于软管和纤维原细胞展现出很好的细胞支撑力，促进了细胞增殖活动。这同时说明细胞增殖骨架中的细胞黏着性小分子缩氨酸的加入有利于改善壳聚糖作为骨架材料的性质。

Zhang 等[143]利用湿法纺丝和干–湿法纺丝的技术分别制得了壳聚糖纤维和聚乳酸纤维，然后将两者共混得到聚乳酸/壳聚糖纤维，并研究了该纤维和造骨细胞的相容性。在纤维上恒温培养造骨细胞的初期所得到的细胞有良好的黏着能力，同时还具有良好的生物相容性，是作为造骨细胞培养的优良基体。

Yamane 等[144]利用湿纺法将壳聚糖和透明质酸的共聚物制备成纤维，以其作为软骨纤维细胞的增殖骨架。然后在兔子体内测试了该合成纤维和壳聚糖纤维作为软骨细胞生长骨架的性能。实验结果表明，与壳聚糖纤维相比，壳聚糖和透明质酸共聚物的纤维骨架更有利于生成细胞的附着性和细胞增殖。此外，在壳聚糖/透明质酸的共聚物纤维骨架生长的软骨细胞能够保持它们的显型形态，且在细胞外母体上的合成量也比较大。基于以上实验，Yamane 等[145]此后继续进行实验，研究了骨架的不同多孔结构对细胞生长的影响。实验结果表明，当孔径为 $400\mu m$ 时，与 $100\mu m$ 和 $200\mu m$ 的孔径结构相比，大大加强了细胞外母体上的合成，且其机械强度比凝胶或液体材料的强度大很多。从本实验得到的数据还说明利用本实验所述方法合成的纤维是用于治愈软骨损伤很有潜力的材料。

4.5.2　神经组织修复

Freier 等[146]利用注塑成型的方法，将甲壳素凝胶制备成了凝胶管，然后将其干燥并通过脱乙酰化作用得到了壳聚糖管，作为神经系统的导管。其后将合成的壳聚糖导管植入雏鸡体内，实验结果表明导管支持雏鸡背根神经细胞的分化，故甲壳素和壳聚糖在神经系统的组织修复中有很好的发展前景。

Gerentes 等[147]通过将壳聚糖溶液注入模具的方法制备了壳聚糖膜，并在该膜上培养了神经中枢干细胞。实验结果表明，神经中枢干细胞在壳聚糖膜上能够很好地生长、增殖。而在 4 天的培养后，大部分干细胞都分化成了像神经元的细胞。此外，王等还将壳聚糖通过编织和注塑成型的方法制成了导管，通过测试，编织法制成的壳聚糖导管具有较高的机械强度，而通过注塑成型法制备的导管则具有较好的柔韧性。这表明可以根据不同的需要分别应用两种不同的壳聚糖导管，也表明壳聚糖在神经组织损伤的修复中有很重要的作用。

4.5.3　牙周组织修复

Gerentes 等[147]通过将壳聚糖在水醇溶液中与乙酸酐作用制备了可注射的壳聚糖凝胶，研究了该凝胶用于修复牙齿周围组织损伤的性能。实验结果表明，影响凝胶性能的参数很多，如凝胶中乙酸酐和氨基葡萄糖的比例、聚合物溶液的浓度及温度等。此外，Gerentes 等还将壳聚糖粉末加入所制备的凝胶中，以此方法实现延长凝胶生物活性时间的目的。故而可以通过改变以上参数使所得到的凝胶最大程度地符合组织修复对其性能的要求，进而广泛应用于组织修复领域。

Richardson 等[148]研究了由壳聚糖涂层的活性炭对血浆中有毒物质的吸附作用，实验证明有无壳聚糖涂层的活性炭在吸附速率上没有明显差别，但有壳聚糖涂层的活性炭对于血浆中有毒的尿酸、肌氨酸酐和胆红素等小分子物质有很好的吸附作用。此外，壳聚糖/羟磷灰石快速淬水膏可以用作牙科治疗中骨的替代材料。

4.5.4　椎间盘组织修复

椎间盘损坏是引起后背疼痛的主要原因。Richardson 等[148]制备了壳聚糖-甘油磷酸共聚的热敏凝胶（C/Gp），将其制备成细胞增殖的骨架，并在骨架上培养人体的间质干细胞。实验结果表明，间质干细胞可以分化成软骨细胞一样的椎间盘细胞。此外，Richardson 等还进一步研究了凝胶的性质，以使得凝胶的植入对人体的椎间盘产生最小的损伤。以上结果说明，壳聚糖-甘油磷酸共聚得到的热敏凝胶是椎间盘组织修复的良好骨架。

4.5.5　真皮组织修复

Kellouche 等[149]制备了胶原质-黏多糖-壳聚糖凝胶，以其作为包皮纤维原细胞的生长基体。实验表明在该基体上实验者培养出很多原纤维和弹性蛋白原。故而证明该基体在烧伤表皮组织的修复中可以发挥很重要的作用。

Silva 等[150]将大豆蛋白颗粒加入壳聚糖的乙酸溶液中得到悬浊液，通过搅拌等方法将其制备为均一溶液，并浇注到 Petri 盘上，然后室温下干燥，从而得到了壳聚糖/大豆蛋白膜。接着 Silva 等通过改变所使用的壳聚糖和大豆蛋白的量，制备了具有不同比例的壳聚糖/大豆蛋白膜，并利用 FTIR、NMR 等方法分析了膜的性质。实验结果表明，膜中所含壳聚糖比例越少，膜越易碎裂；而从形态学上看，壳聚糖/大豆蛋白膜拥有比壳聚糖膜更粗糙的表面，且随着膜中大豆蛋白含量的增加，粗糙度随之增加，粗糙度的增加表示壳聚糖和大豆蛋白颗粒的混合并不完全。故而通过控制膜中壳聚糖和大豆蛋白的含量比例，即可控制膜的性质。该膜体系是用于皮肤组织修复的潜力骨架。

4.5.6 其他组织修复

Gravel 等[151]将珊瑚粉末加入壳聚糖溶液中，配成具有不同珊瑚粉末比例的溶液，再将溶液倒在平板上，冷冻干燥得到珊瑚/壳聚糖膜。接着他们在该膜上培养了间质干细胞，通过研究发现，随着珊瑚/壳聚糖膜中珊瑚比例的增加，膜上生成的细胞总数增加，具有较高的碱性磷酸酶活性，且间质干细胞具有清晰的形态和显型。故珊瑚粉末的加入大大改善了壳聚糖作为细胞增殖骨架的性能。

Zheng 等[152]以戊二醛作交联剂，通过插入壳聚糖和高岭石的聚合物，然后将该聚合物倾注到 Petri 盘中，利用冻干的方法制得了壳聚糖–高岭石的聚合物膜。接着他们用 SEM 等方法研究了膜的孔结构、吸水性、拉伸强度及其在体内的降解等性能。实验结果表明，插入的组织赋予了该膜良好的机械性能及可控制的降解速率。由于该膜具多孔结构，它很适合植入细胞的吸附及生长。以上实验结果表明该膜也是组织修复的良好骨架材料。

通常情况下，作为人体组织损伤的修复材料的羟磷灰石颗粒在与盐溶液或人体的血液混合后，其稳定性会受到影响，进而从损伤组织处迁移到健康组织处，给人体正常的组织带来不利的影响。而将壳聚糖作为机体与羟磷灰石混合后所得到的产物则可解决这个问题。除此之外，壳聚糖还有良好的生物相容性、止血等功效，使得这种新型材料更适合用于组织修复。Murugan 和 Ramakrishna[153]利用壳聚糖溶液和羟磷灰石的纳米级颗粒反应，再通过沉淀、搅拌及微波辐射等方法制备了壳聚糖/羟磷灰石的糊状膏体。由于壳聚糖的存在增大了合成物的黏弹性，从而使其可固定在组织损伤处，而该合成物的光滑形态保证了它在体内不会对其他柔软组织造成损伤。综上所述，壳聚糖/羟磷灰石的合成物可作为组织修复和替代的良好材料。

Shen 等[154]以柠檬酸作反应溶剂，用沉淀反应制备了壳聚糖、碳酸磷灰石的纳米级颗粒。形态学上的分析表明，该颗粒的平均直径在 50 ~ 100nm，且可通过控制壳聚糖的交联度控制颗粒的大小。此外，实验结果还表明每个颗粒都是由直径在 2 ~ 5nm 的小颗粒聚集在一起形成的。然后，Shen 等利用在不同真空度条件下多步冻干的方法制备了多级可渗水的三维骨架作为生物细胞的生长基体。

4.6 基于壳聚糖的角膜接触镜

4.6.1 角膜接触镜的发展史与研究现状

早在 1508 年，文艺复兴时期的著名人物达·芬奇在他所写的一本 *Codex of the Eye* 手册中介绍了将眼睛浸泡到盛水容器中时，可以中和角膜屈光率的实验，表达了角膜接触镜的基本原理。

1636 年，Descartes 介绍了一种充水玻璃管装置，该玻璃管的一端直接与角膜接触，另一端为一透明玻璃，玻璃的形状可产生光学矫正作用。

1801 年，Thomas Young 制作了一种眼杯的装置，该装置充满水，并直接贴于眶缘，显微镜的目镜装在眼杯的前端，形成与 Descartes 相似的系统，此装置允许瞬目而更实用。

1845 年，Herschel 在他有关光学的论文中提到，视力很差的不规则散光角膜可以采用两种矫正方法：一是应用球面玻璃盖，在角膜面充盈动物胶；二是作角膜模子，然后注入一些透明的物质，用来矫正视力[155-157]。

按角膜接触镜材料的发展历史来划分，可以将接触镜分为硬性不透气接触镜、软性亲水性角膜接触镜、软性非亲水性角膜接触镜、硬性透气性角膜接触镜[158-160]。

1. 硬性不透气接触镜

19 世纪 80 年代，出现了以玻璃为材料的巩膜镜片。1888 年，德国眼科医师 Fick 设计了一种前后表面平行的镜片，为变形的角膜提供规则的前表面，他认为巩膜镜片的巩膜缘能提供较好的支撑，将镜片的重量均匀分布于眼表面。

20 世纪 30 年代，出现了以 PMMA 为材料应用车床技术切削而成的巩膜接触镜。PMMA 材料具有良好的光学性能和生理惰性，相对密度比玻璃小，能被设计并加工成更薄的接触镜，耐用、参数稳定、表面润湿性好、能矫正角膜散光，是优良的接触镜材料，但是 PMMA 材料的角膜接触镜不能透过氧气。在配戴过程中，只能通过眨眼所产生的泵吸效应，将新鲜泪液输送到角膜表面，使角膜表面保持湿润，而这对于角膜的正常代谢远远不够。如果角膜没有得到充足的氧气供应，则角膜的缺氧代谢增加，糖原分解为乳酸，会导致角膜肿胀，视线模糊。另外，硬性不透气角膜接触镜材料比较坚硬，配戴不舒适，眼中有异物感，人眼难以适应[160-162]。

2. 软性亲水性角膜接触镜

（1）含 HEMA（甲基丙烯酸羟乙酯）的水凝胶

软性亲水性角膜接触镜又称为水凝胶角膜接触镜。最早的软性亲水性角膜接触镜材料为 HEMA（甲基丙烯酸-β-羟乙酯），是 20 世纪 60 年代由捷克斯洛伐克科学院的 Wichterle 在研究人体植入的合成生物医学材料时意外发现的，并发明了水凝胶材料角膜接触镜的离心浇铸成型工艺，使角膜接触镜工业在 20 世纪 70 年代出现繁荣局面。Poly-HEMA（聚甲基丙烯酸-β-羟乙酯）是 HEMA 单体聚合形成的有交联侧联的聚合物，这种接触镜材料比较柔软，力学强度也比较高，含水量为 38%，具有一定的透氧性和弹性。但是，Poly-HEMA 水凝胶材料的透氧性能不很理想，因此，人们设法在该聚合物中引进其他单体，借以改善其性能，一些含有 HEMA 成分的水凝胶角膜接触镜材料如表 4-3 所示[163]。

表 4-3　含有 HEMA 的接触镜片材料

商品名称	化学成分	含水量/%
bufilcon-A	HEMA、DOMA、MA 无规共聚物	45.55
dimefilcon-A	HEMA、MA 共聚物	36
droxifilcon-A	HEMA、MA 无规共聚物	47
etafilcon-A	HEMA、MA-Na、MA 共聚物	58
ocufilcon-A	HEMA、MA、EGDA 交联共聚物	46
phemfilcon-A	HEMA、MA、EEMA 共聚物	30
polymacon	HEMA、EGDA 交联共聚物	38

注：MA 为甲基丙烯酸，DOMA 为 N-（1，1-二甲基-3-丁氧基）丙烯酰胺，MA-Na 为甲基丙烯酸纳，EEMA 为甲基丙烯酸-2-乙氧基乙酯，EGDA 为双甲基丙烯酸乙二醇酯。

（2）含 NVP（*N*-乙烯吡咯烷酮）的水凝胶

N-乙烯基吡咯烷酮是一种水溶性单体，NVP 分子上有一个类似蛋白质分子结构的氨基基团，如图 4-16 所示。

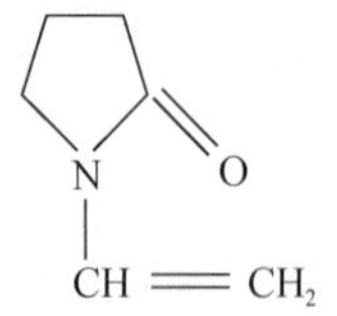

NVP 具有很好的生物相容性，由于分子结构中含有亲水性的 N 原子和 O 原子，故水溶性良好。NVP 可以与其他亲水性或者非亲水性单体共聚得到水凝胶，制得的水凝胶具有较好的透光性和生物相容性，含水量比较高，透氧性也比较好，适合制造角膜接触镜，但是，含 NVP 的水凝胶角膜接触镜材料强度均不高，一些含有 NVP 的水凝胶角膜接触镜如表 4-4 所示[163,164]。

图 4-16　NVP 的分子结构

表 4-4　含有 NVP 的接触镜片材料

商品名称	化学成分	含水量/%
Lidofilcon-B	MMA、NVP 共聚物	79
Surfilcon-A	MMA、NVP 及其他甲基丙烯酸酯共聚物	74
Tetrafilcon-A	HEMA、NVP、MMA、DVB（二乙烯基苯）共聚物	43
Vifilcon-A	HEMA、MA、NVP、EGDA 交联共聚物	55

（3）含 PVA（聚乙烯醇）的水凝胶

聚乙烯醇（PVA）水凝胶与人体组织具有高度的相容性，无毒，无副作用，无降解现象，化学性质稳定，具有良好的弹性，含水量高，容易成型加工，可以用于制造角膜接触镜[165-167]。Kita 等[168]用 PVA 溶液在水和甘油、乙烯乙二醇、二甲基亚砜有机溶剂组成的混合溶液中冷却得到一种透明的 PVA 水凝胶，在 50～60℃下浇铸成直径 14mm、曲率 8mm、厚度 0.17mm 的接触镜，含水量达 80%，且抗张强度是 PHEMA 水凝胶的 5 倍左右，是 MMA 和 NVP 共聚物角膜接触镜的 2.5 倍，并且这种接触镜具有良好的透光性能，在白兔眼配戴实验中未发现角膜异常和镜片污染情况。PVA 水凝胶角膜接触镜材料能够抵抗人眼泪液中蛋白质和类酯物质在角膜接触镜上的沉积，但难以加工。

（4）仿生材料水凝胶

Yong 等[169]发明了一种添加有磷酸胆碱衍生物的仿生材料 Omafilcon A，这种材料含有两性离子基团，含水量达 58%，氧渗透性（Dk）值达到 33，采用这种材料制造的角膜接触镜具有较好的保湿性，能够抵抗泪液中的蛋白质沉淀，不需要使用蛋白酶片消毒。

3. 软性非亲水性角膜接触镜

在角膜接触镜材料中，硅橡胶形成一个独特的种类，根据它的物理特性，应属于软镜，但是与其他软镜材料不同的是，硅胶弹性体不含水，而这个特点又与硬性镜片材料相似，所以把硅橡胶称为软性非亲水性角膜接触镜。硅胶弹性体角膜接触镜产生于 20 世纪 60 年代，这类镜片能够高度透过氧气和二氧化碳，对角膜的正常代谢不会产生太大阻碍，但是，由于硅胶材料是一种非亲水的材料，疏水特性使得其配戴不舒适，人眼难以适应。为了提高硅胶材料的亲水性、改善配戴舒适程度而进行的硅胶材料表面改性又降低了镜片的透氧性能，因此，硅胶接触镜片的应用也不广泛。

4. 硬性透气性角膜接触镜

20 世纪 80 年代出现了硬性透气性角膜接触镜（rigid gas permeable contact lens，RGPCL），在临床上称为 RGP 镜片。这类镜片是由透气性较好的高分子制成的，主要材料有聚 4-甲基-1-戊烯（TPX）、醋酸丁酸纤维素（cellulose acetate butyrate，CAB）、硅氧烷甲基丙烯酸酯（siloxanyl methacrylate copolymers，SiMA）、氟硅丙烯酸酯（fluorosilicone acrylates，FSA）及氟多聚体（fluoropolymers）等。

醋酸丁酸纤维素透气性能较差，性能与规格稳定性欠佳，表面易受损，所以不常使用。硅氧烷甲基丙烯酸酯和氟多聚体最为常用，硅氧键具有较大的键长，分子结构蓬松，氧气容易扩散，使硅氧烷对氧气的透过性能比较高，采用硅氧烷与丙烯酸酯共聚，丙烯酸酯共聚单体可以使材料具有良好的尺寸稳定性，并使材料具有一定的力学强度，有时也采用其他共聚单体，如苯乙烯等，以改善材料的加工性能和折光指数。硅氧烷甲基丙烯酸酯和氟多聚体的结构式和性能如图 4-17 和表 4-5 所示[157]。

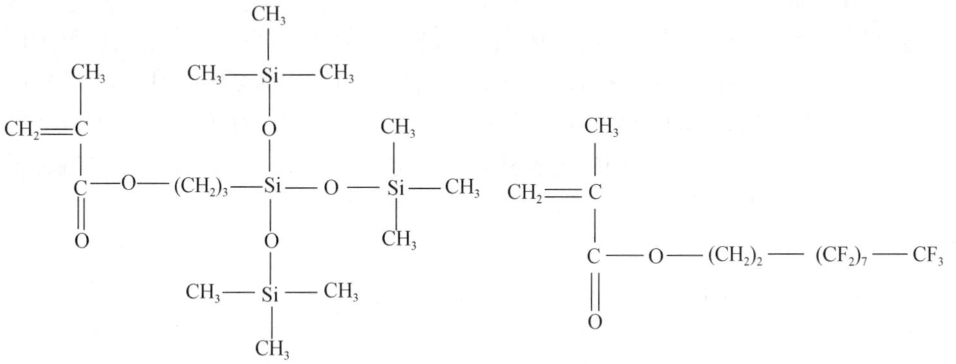

硅氧烷甲基丙烯酸酯(分子量为422.82)　　　　氟多聚体(分子量为532.18)

图 4-17　RGP 镜片材料

表 4-5　RGP 镜片材料的物理特性

项目	单位（条件）	数值
透氧系数	$(cm^2/s) \cdot mL (O_2)/(mL \cdot mmHg)$	低：$8×10^{-11}$ ~ $30×10^{-11}$
		中：$31×10^{-11}$ ~ $60×10^{-11}$
	35℃电极法	高：$61×10^{-11}$ ~ $90×10^{-11}$
光透过率	%	>92
折射率	Nd 25℃	1.45 ~ 1.47
比重	水中置换法25℃	1.06 ~ 1.13
维克斯硬度	维克斯硬度计25℃	7.5 ~ 13.0
亲水性	接触镜25℃气泡法	56 ~ 63

RGP 镜片具有良好的光学性能和高硬度，不易损坏，稳定，耐用，没有软镜易致沉淀物的特性，且有很高的透氧率，又能定做各种参数的眼镜片，加工性良好，容易操作，矫正效果佳，特别能矫正中、高度散光。软性角膜接触镜片不能矫正角膜散光，因为它的弹性模量低于 $150×10^{-9}Pa$，紧贴角膜，与角膜形状相吻合，在这种情况下，角膜

散光的度数传递给软性接触镜，导致戴镜后仍残留散光，RGPCL 前后表面呈圆形或椭圆行，有相当大的矫正范围，球性 RGPCL 可以矫正轻、中度角膜散光，前环曲面镜片用于矫正中度晶状体散光，后环曲面镜片用于矫正中、高度角膜散光和角膜晶状体共有散光。

RGP 镜片的缺点是配戴不及软镜舒适，需要一定的适应时间，须将镜片制成多种规格的内曲面弯度，以适应不同的配戴者，增加了验配的技术难度，且价格较昂贵。基于上述原因，RGP 镜片的应用不如软镜普及[170,171]。

4.6.2　角膜接触镜材料的性能要求

（1）生物相容性

在医学上，角膜接触镜被认为是一种"非植入性人工器官"，因此，对角膜接触镜材料的基本要求是具有良好的生物相容性。

（2）光学性能

制造角膜接触镜的材料具有一定的透光率和透光均匀性，如果制造角膜接触镜的材料是水凝胶，则要求水凝胶材料从未水合状态到水合状态时，能够保持其形状和表面连续性，而不发生扭曲，透光率和分辨率应该保持连续。在配戴时，角膜接触镜不改变其外形及其在角膜表面上的位置。根据中华人民共和国国家标准，不着色硬性角膜接触镜透光率不低于 88%，不着色软性角膜接触镜的透光率不低于 92%[172]。

（3）透氧性能

角膜缺氧是隐形眼镜佩戴者最常出现的不适反应，是由眼角膜无法得到足够的氧气引起的。角膜原本是靠直接从空气中摄取氧气来呼吸的，由于隐形眼镜贴在眼球表面，虽然氧气还能通过镜片，但透过量明显减少，因此眼角膜缺氧而引起的角膜新生血管增多，出现"红丝"，并增加眼睛感染的机会[173-175]。

对于水凝胶角膜接触镜，由于氧气是靠水凝胶中的水来传送的，所以镜片的透氧性能与镜片的含水量高低以及镜片的厚薄有关。ISO 专为隐形眼镜透氧性的检测制定了检测标准[176]。其中 ISO 9913-2 适用于硬质镜片材料以及非水凝胶软质镜片材料（rigid and non-hydrogel flexible contact lens materials），测试量有氧气流量（oxygen flux）——j、氧渗透性（oxygen permeability）——Dk、氧透过率（oxygen transmissibility）——Dk/t、试样的厚度（thickness）——t。一般用 Dk 值评价隐形眼镜氧渗透性指标。

另外，角膜的获氧状态还与隐形眼镜与佩戴者眼角膜是否匹配（配适状态是否完美）有关，镜片与眼角膜相匹配，它们之间存在的泪膜不断流动，将氧气带给角膜，将废物带走，这样佩戴的隐形眼镜不会改变眼睛的正常生理状况，不会损伤佩戴者的眼角膜。如果配戴的隐形眼镜与眼角膜不匹配，即使佩戴的是高含水量、超薄的眼镜，镜片也会紧紧贴在角膜上，使得氧气的流动只能依靠镜片的含水量和镜片的厚度[176]。

（4）含水量

水是氧通过接触镜到达角膜的载体，空气中的氧气溶解于水凝胶的自由水中，再传输到角膜，所以水凝胶角膜接触镜的透氧性能与含水量成正比，提高接触镜的含水量可以增加透氧性能。水凝胶角膜接触镜的含水量在 30%～80%，含水量小于 50% 的称为低含水量镜片，含水量大于 50% 的称为高含水量镜片。软镜的含水量 =（镜片中水的质量/镜片总质量）×100%[177,178]。

（5）离子电荷及抗蛋白质沉淀性能

美国食品和药品监督管理局（FDA）将含水量低于 50% 的接触镜定为低含水量镜片，含水量高于 50% 的接触镜定为高含水量镜片，并根据含水量和离子化程度将角膜接触镜材料分为 4 类：Ⅰ 类：低含水非离子性材料；Ⅱ 类：高含水非离子性材料；Ⅲ 类：低含水离子性材料；Ⅳ 类：高含水离子性材料。大多离子性接触镜材料都带有负电荷，易于吸收泪液中带正电荷的物质，形成沉淀物。上述 4 类材料中，Ⅰ 类的吸附性最低，Ⅳ 类的吸附性最高，Ⅱ 类与Ⅲ类介于两者之间。

溶菌酶在镜片沉淀物中所占的比例高，其原因是：在生理的 pH 条件下，泪液中溶菌酶带有较多的正电荷，因此，它与带负电荷的镜片材料亲合力较大。带负电荷的接触镜材料活性强，在酸性溶液中会使镜片尺寸改变甚至降解。非离子性接触镜材料惰性大，与泪液成分反应性小，具有较强的抗沉淀性能[179]。

（6）弹性模量

弹性模量反映某种材料在受到力的作用时能够保持其形状的能力，弹性模量低的镜片对压力抵抗能力弱，而弹性模量高的镜片则能更好地抵抗压力，保持原形态，从而可以提供更好的视光效果。另外，弹性模量越大，制成的镜片越硬，越不容易弯曲，该参数是确定材料生产时最小厚度的关键指标。

（7）抗张强度

接触镜在日常使用过程中会受到清洗、揉搓、拉伸等机械作用力，所以接触镜需要具有较好的抗张强度。抗张强度是表示材料在拉伸断裂之前所承受的最大拉力值。抗张强度越高，接触镜材料的耐久性越好；对于水凝胶角膜接触镜，含水量越高，则抗张强度越低。

（8）折射率

一种透镜材料的折射率是光在空气中的传输速度与光通过该接触镜材料的传输速度之比，软镜材料的折射率与含水量有关，通常含水量越高，折射率越低。

（9）润湿性

角膜接触镜的表面润湿性越大，所形成的泪膜也越均匀稳定，而均匀稳定的泪膜是配戴舒适、视力理想和防止沉淀物形成所必需的条件。

润湿性的测量有两种方法：实验室测量方法和在眼实验方法。实验室测量方法主要是液滴黏附实验、Wilhelmy 板法和气泡法[180]。在眼实验方法主要是直接检测人眼配戴镜片时的泪液覆盖情况，以覆盖是否完整和均匀作为镜片润湿性高低的评估标准。还可以使用裂隙灯显微镜，评价镜前泪膜破裂时间，评估镜片保持完整泪膜的能力，如果完整的泪膜形成并且保持，泪液水分蒸发使得泪液脂质层弥散进入水质层，最后，脂质层侵入黏液层使镜片表面出现干燥斑，于是泪膜出现局部破裂点。测试瞬目到泪膜破裂的时间，时间短则说明接触镜材料的润湿性差。

4.6.3　角膜接触镜材料的结构和特点

目前市场上的隐形眼镜，无论是软性镜片还是硬性镜片，都直接与角膜接触。镜片分为前后两个表面和边缘三个区域。前表面与空气接触，后表面处于眼表的泪膜中，边缘部分与眼结膜接触。边缘部分的设计非常重要，因为它直接关系到配戴的舒适性并与镜片配适有关。大多数软镜仍采用球面镜片的中央光学区设计，因为角膜的中央区为球面。散光镜片的柱镜设计在前表面，以保证良好的配适。

与传统的框架眼镜相比，隐形眼镜具有以下优点：①隐形眼镜的放大率小。对于趋光参差和无晶体眼患者，配戴隐形眼镜矫正视力可使所见物像的大小与物体的实际大小相当，能获得真实的感觉，对于幼儿视觉的发育和成年患者视功能和手眼配合能力的恢复极有好处。②隐形眼镜的视野宽。由于镜眼距几乎为零，隐形眼镜不会明显影响戴镜时的视野，戴镜时的视野与未戴镜时的视野几乎相同。配戴框架眼镜时，受镜架的影响，视野缩小；同时对于正透镜在镜片边缘会产生盲区，而负透镜会产生复视区[157]。

亲水性软性接触镜是指水凝胶类接触镜。这类镜片材料亲水性能好，吸水率高，镜片柔软，可以防止角膜干燥，减少对角膜的刺激，戴镜者感觉舒适，是市场的主流。另外，水凝胶在吸水溶胀过程中可以吸附溶解于水中的药物，然后再缓慢释放出来，使药物的效果持续下去。水凝胶的性质和它的组成和含水量有关，一般来说，含水量越高，它的透氧性和吸附性就越好，但机械强度会相应有所降低[181-185]。

4.6.4　角膜接触镜的应用

（1）矫正屈光不正

角膜接触镜的主要用途和眼镜相同，即矫正屈光不正，但在光学上用角膜接触镜比用普通眼镜矫正优越。角膜接触镜无镜架，直接贴于角膜表面，和眼球形成一体，几乎不会出现戴框架眼镜时所出现的光学缺欠，外观也较好。由于角膜接触镜和眼球表面接触紧密，视野要比戴框架眼镜广阔，而且视网膜像的扩大或缩小率也小得多，对高度屈光不正矫正效果良好，近乎于全矫正，对伴有由角膜表面变形造成的不规则散光，用角膜接触镜矫正则是唯一的手段[185]。

（2）治疗眼疾病

角膜接触镜的治疗性应用已广泛地投入临床。最初曾用硬性角膜接触镜来治疗角膜溃疡，现在几乎完全利用软性角膜接触镜对角膜表面的保护来治疗角膜溃疡和大疱性角膜病变，也可以利用软性角膜接触镜防止角膜干燥来治疗兔眼性角膜炎等。对于角膜碱烧伤，用角膜接触镜治疗可以减轻角膜水肿，防止溃疡和睑球黏结，并可减轻疼痛、畏光、流泪，从而获得较好的视力。角膜接触镜还可以用于矫正红绿色盲，郑荣领和周电根给实验者配戴红色接触镜，结果发现实验者对色觉检查谱图的辩识正确率有较大的提高[160,161]。

（3）药物释放载体

亲水性软性角膜接触镜具有一定的吸水性，水化时具有吸附某些物质的性质，因此，将角膜接触镜泡浸于药液中，药液可被吸附于镜片内，佩戴后再缓慢地释放出来，使药液的效果持续，具有缓释作用。例如，治疗青光眼时，可在戴镜时滴用毛果芸香碱，或将镜片浸泡于毛果芸香碱溶液后再戴，可以获得良好的效果[186]。

（4）美容矫形

配戴着色角膜接触镜，可以改变眼睛颜色，满足人们美容的需要。利用加虹膜色彩接触镜，可防止羞明。适用于虹膜缺损、无虹膜、眼部变形等症[186]。

4.6.5　目前存在的问题与角膜接触镜的发展趋势

水凝胶角膜接触镜仍是当今接触镜市场的主流，水凝胶角膜接触镜纵然有诸多优点，但也存在以下缺陷：传统用的角膜接触镜材料聚甲基丙烯酸羟乙酯（HEMA）、N-乙烯基吡咯烷酮（NVP）等单体都是合成的非天然高分子聚合物，在聚合过程中残留而又未完全被去除的单体会对角膜等眼部组织造成潜在毒性。

当今，水凝胶角膜接触镜的透氧性能远不能达到角膜正常代谢所需的氧气量，为了提高其透氧性，必须提高含水量，这会导致水凝胶的强度下降，需要增大角膜接触镜的厚度，这又将导致透氧性的下降；另外，含水量高、带有电荷的角膜接触镜，易使泪液中的蛋白质和类脂沉积，在角膜接触镜日常的清洁保养过程中，如果不能彻底清除沉积在镜片上的蛋白质，则蛋白质既可作为致敏源使过敏体质者眼局部发生过敏反应，又有利于微生物的生长繁殖，实验表明，日戴 SCL 结膜囊中共生的细菌增多，多为非致病菌；自 SCL 长戴者分离出的致病菌较日戴者多，RGP 长戴亦可使结膜囊中潜在致病性微生物增多，若角膜划伤使致病微生物更容易侵入角膜组织。戴镜以后接触镜对角膜产生的异物作用、阻隔空气和泪液与角膜的直接接触、压迫角膜缘的血液循环，戴摘镜片时不慎对角膜的机械性损伤等因素都会增加角膜病变发生的机会。

环境污染的增加及大气中臭氧层破坏导致的紫外线强度增加，使得人类患角膜病变的概率增加，另外，随着人类自我防护意识的增加，眼部的紫外线辐射防护和皮肤的防晒一样受到关注。

基于上述原因，角膜接触镜的研究方向，是开发天然高分子材料制备的角膜接触镜以及具有抗紫外线、可药物缓释等多种功效的角膜接触镜。

4.6.6　壳聚糖角膜接触镜的制备及特点

壳聚糖溶于 0.1mol/L 乙酸溶液，制得 2% 的壳聚糖溶液。将该溶液减压脱泡后于模具中在不同温度下蒸发，待膜干燥后再浸入 2%（质量分数）的 NaOH 凝固液中以中和残留酸，取膜，用水洗涤至中性，产物用不同浓度的柠檬酸钠溶液浸泡交联。以接触镜的透光率和表面光滑性能为指标设计一组正交实验，实验选取壳聚糖溶液的蒸发时间、交联剂柠檬酸钠溶液的浓度、浸泡交联时间、浸泡交联温度为 4 个因素，每个因素有 4 个水平。

角膜接触镜最重要的指标是具有良好的光学性能，即具有较高的透光率。上述方法制备的所有样品的透光率都在 92% 以上，根据 GB 11417.2-1989 以及 GB 11417.1-1989 可以知道，壳聚糖角膜接触镜达到了软性亲水性角膜接触镜透光率不低于 92% 的要求。其中我们制备的最佳样品的透光率达到 96.9%。

角膜接触镜表面的光滑性能对于佩戴的舒适性非常重要，通过测定样品在干湿状态下对角膜接触镜标准盐溶液的接触角来表征它的表面光滑性能及其与泪液的附着能力。样品在干燥的状态下，接触角越大表明样品越光滑，对角膜的机械刺激越小。对于溶胀饱和状态下的角膜接触镜样品，则其与角膜接触镜标准盐溶液的接触角越小，越有利于泪液在角膜接触镜表面附着。泪膜是覆盖于角膜前表面的泪液膜，在眼表面构成重要的屈光表面–

泪膜–空气界面。泪膜的稳定性和质量对于视力、眼舒适度、防止感染有着非常重要的作用[187,188]。如果泪液不能在角膜接触镜表面均匀附着则会使佩戴不舒适。

图4-18是壳聚糖角膜接触镜在可见光范围内的紫外吸收光谱，可以看出其可见光范围内的平均透光率为93.2%，超过了国家标准对不着色软性亲水角膜接触镜的透光率的要求。用阿贝折射仪在25℃下测得的壳聚糖角膜接触镜样品的折射率在1.377左右，这说明本实验制备的角膜接触镜样品满足接触镜材料的光学要求。

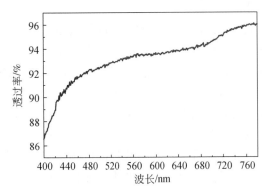

图4-18　壳聚糖角膜接触镜在可见光
范围内的紫外吸收光谱

壳聚糖角膜接触镜样品的平均含水量为53.74%，高于HEMA材料制备的角膜接触镜38%的含水量，可以保证接触镜具有良好的透氧性能。

壳聚糖角膜接触镜的抗拉强度为10～23MPa，大于标准所要求的抗张强度，同时也大于HEMA-NVP水凝胶角膜接触镜的抗张强度（400～1000kPa）和有机硅水凝胶角膜接触镜的抗张强度是（700～1100kPa)[163]。

角膜接触镜护理液与人眼泪液是等渗液，所以我们选择了OPTI-FREE杀菌全护理液与空白样做对比，发现角膜接触镜样品在经过杀菌护理液处理后的透光率与未处理处理之前没有太大变化，且透光率都在90%左右，说明壳聚糖角膜接触镜在护理液中具有相对的稳定性。

透氧系数（Dk）为O_2在材料中的扩散系数D和O_2在材料中的溶解系数k的乘积，是指在规定条件和压力差作用下，氧分子通过单位面积、单位厚度镜片材料的速率，反映在特定压力下，则为单位体积材料中溶解氧在材料中的弥散速率，是描述镜片材料对氧通透的物理指标，是接触镜材料的一个非常重要的属性，是材料本身固有的性质，和镜片厚度、后顶点度数（BVP）无关，Dk值越高，材料的氧通透性越好。Dk的单位是Barrer，$1Barrer = 1 (cm^2/s)[mL (O_2)/(mL \cdot mmHg)] \times 10^{-11}$[189]。我们制备的壳聚糖隐形眼镜的Dk值在$15.57 \times 10^{-11}$，可以满足安全性和佩戴的舒适性[172]。

经过一系列的脱水实验证明，我们制备的壳聚糖隐形眼镜符合标准[10]。

4.7　基于壳聚糖的纳米材料

4.7.1　壳聚糖纳米粒的制备方法

1. 凝聚法或沉淀法

Tian等[190]使用硫酸钠为沉淀剂制备了壳聚糖微粒。在壳聚糖乙酸溶液中，加入吐温280作为分散剂，将硫酸钠溶液滴入搅拌的壳聚糖溶液中，超声处理，通过溶液的浊度来判定微粒的形成，所得微粒界于微球与纳米粒之间，平均粒径为（0.9±0.2）μm。对这种技术加以改进，获得 600~800nm 粒径的壳聚糖纳米粒。壳聚糖纳米粒也可以通过羧甲基纤维素钠（CMC）与壳聚糖起复凝聚作用而制备[191]。

2. 共价交联法

1994 年，Ohya 等[192]首次进行了载药壳聚糖纳米粒的研究。采用水/油（W/O）型乳化剂进行乳化，以戊二醛为交联剂对壳聚糖的游离氨基进行交联，制备了 52 氟尿嘧啶（52FU）壳聚糖纳米粒［平均粒径（0.8±0.1）μm］。由于制备过程中所采用的 52FU 衍生物也含有氨基，因此交联后药物被固定而不是被包裹。这种先驱性的探索为制备具有良好稳定性、重现性的壳聚糖纳米粒提供了思路。但是，戊二醛的细胞毒性及其对大分子药物的灭活作用使人们致力于采用更温和的方法来制备纳米粒。

3. 离子交联法

1989 年，Bodmeier 等[193]首次报道了用离子交联法制备壳聚糖纳米粒的实验研究。在壳聚糖溶液中，加入三聚磷酸盐（TPP）阴离子，利用壳聚糖的游离氨基与 TPP 阴离子发生分子间或分子内交联反应，从而制备壳聚糖珠球状凝胶。由于该实验反应条件温和，不使用有机溶剂，易于得到均一、可调整粒径范围的纳米粒（120~1000nm），因此其在壳聚糖纳米粒的制备中得到广泛应用[194,195]。

4. 乳滴聚结法

Tokumitsu 等[196,197]报道，将壳聚糖溶液加入药物的溶液中，再加入乳化剂，经高速搅拌制备成乳剂 A；同样将 NaOH 溶液加入乳化剂，经高速搅拌制备成乳剂 B；然后将 A 和 B 两种乳剂混合，经搅拌、离心而发生乳滴聚结，从而得到粒径为（426±28）nm 的壳聚糖纳米粒。他们还发现，随着壳聚糖脱乙酰程度的降低，粒径有增大的趋势，而所包载药物对粒径影响很小。

4.7.2　壳聚糖纳米粒的作用特点及应用

1. 药物缓释和控释作用

药物包封于壳聚糖纳米粒后，其释放主要取决于壳聚糖的生物降解和溶蚀，因此药物的释放时间明显延长。Janes 等[198]制备了多柔比星壳聚糖纳米粒，体外药物释放实验表明，在前 2h 内药物释放达 17%，随后 2 天药物释放仅增加 4.5%。Calvo 等[195]用聚环氧乙烷-2 聚环氧丙烷共聚物等交联的壳聚糖纳米粒，用于破伤风类毒素的口服给药载体，抗原释放缓慢，18 天后有 20% 的破伤风类毒素被释放。

2. 增加药物的吸收作用

壳聚糖纳米粒已被证实能有效地增强药物通过鼻腔和肠道黏膜上皮的吸收。Urrusuno 等[196]对糖尿病兔进行鼻腔给药，结果表明在同样的给药剂量下，胰岛素壳聚糖纳米粒组比对照组的降血糖作用更加强烈和持久。Mooren 等[199]研究了泼尼松龙磷酸钠壳聚糖纳米粒通过小肠上皮黏膜的情况，结果表明，壳聚糖纳米粒能提高药物通过上皮细胞的通过率。这是因为壳聚糖本身是一种安全有效的吸收促进剂，且能够黏附于黏膜上皮，增加药物与上皮组织的接触时间，减少药物清除，从而提高药物的生物利用度。

3. 增加药物靶向性和降低药物的副作用

早在 1979 年，Sugibayashi 等[179]就提出，静脉注射粒径小于 1.4μm 的微粒可全部通过肺循环，90% 可被肝、脾的网状内皮细胞所吞噬。随后的研究证实，注射粒径为 100 ~ 200 nm 的微粒系统，很快被网状内皮系统的巨噬细胞从血液中清除，最终到达肝脏枯否（Kupffer）细胞的溶酶体中。50 ~ 100nm 的纳米粒能进入肝实质细胞中。研究表明，肿瘤细胞具有比正常细胞表面更多的负电荷，因此壳聚糖所带的正电荷对肿瘤细胞表面具有选择性吸附和电中和作用。此外，壳聚糖还具有直接抑制肿瘤细胞的作用，并通过活化免疫系统促进人体抗肿瘤作用，从而与抗肿瘤药发挥协同作用。对多柔比星壳聚糖纳米粒的研究表明，肿瘤细胞对纳米粒具有选择性吞噬作用，从而增强疗效，降低药物外周毒副作用。Mitra 等[200]将右旋糖酐 2 多柔比星壳聚糖纳米粒用于肿瘤靶向释放研究，发现该壳聚糖纳米粒不但可以减少外周毒副作用，还能大大提高对实体瘤的治疗效果。

4. 提高药物稳定性

随着重组 DNA 技术的发展，基因工程蛋白质和多肽类药物的大规模生产已成为现实，与传统的化学合成药物相比，肽类药物具有毒副作用小的特点。但此类药物在胃肠道中极易被蛋白水解酶水解，仅限于注射给药；且肽类药物在循环系统中生物半衰期较短，需多次注射；另外多数肽类药物通过生物屏障的能力较差。这类药物制成壳聚糖纳米粒后，由于药物外面包覆壳聚糖而不容易被破坏，因此可用于鼻腔、眼部及胃肠道给药，显著提高药物的稳定性[201]。

5. 基因运载工具

利用壳聚糖可浓缩 DNA，且形成小的分散颗粒（最大粒径为 100nm），将壳聚糖 DNA 纳米粒复合物用于基因运载，经验证纳米粒复合物能有效转染 HeLa 细胞。Mao 等[202]的研究结果表明，壳聚糖 DNA 纳米粒能够转染 HEK293、IB3 及 THE 细胞。Mao 等[202]将氯喹包封于壳聚糖 DNA 纳米粒中，进一步提高了 DNA 的转染效率。

6. 纳米壳聚糖对桑蚕丝的处理

将一定质量壳聚糖溶解于质量分数为 2% 的乙酸溶液中，恒温搅拌使其充分溶解，然后处理桑蚕熟丝，发现处理时间和真丝纤维增/失重有关。真丝纤维经质量分数为 0.2% 的纳米壳聚糖分散液处理后，增重率随处理时间的延长先增大后减小，处理时间为 90 min 时，增重率达到最大。由于纳米壳聚糖分散液中含有乙酸，呈弱酸性，这一方面有利于丝纤维的膨润溶胀，有效实现纳米壳聚糖微粒对真丝纤维的渗透；另一方面酸性条件对丝素也存在一定的溶解作用[203]。

经纳米壳聚糖处理后的真丝纤维，表面也出现了较为明显的纵向条纹和少量附着物。这是由于纳米壳聚糖分散液中有乙酸存在，对真丝有侵蚀和剥损作用，另外纳米壳聚糖微粒比较容易进入真丝纤维的内部。由于纳米壳聚糖比表面积较非纳米壳聚糖大，更易与真丝纤维上的基团形成盐键、氢键、范德华力等次价键，而且在真丝纤维表面和内部的吸附作用加强，所以纳米壳聚糖通过浸渍、干燥后，在真丝纤维表面易形成均匀的吸附。

经纳米壳聚糖分散液处理和壳聚糖溶液处理后的真丝纤维，断裂强度和伸长率都获得了不同程度的提高。这主要是因为壳聚糖大分子中含有大量的羟基和氨基等活性基团，纳米壳聚糖由于比表面积增大，表面活性增强，这两者在酸性条件下对真丝纤维具有较强的亲合力，使处理后的真丝纤维丝素分子间以及丝素与壳聚糖大分子间结合力增强，从而导致强度和伸长率增大。同时，经纳米壳聚糖分散液处理的真丝纤维，断裂强度和伸长率要比壳聚糖溶液处理的大。这是因为纳米壳聚糖有纳米材料的小尺寸效应和表面效应，与非纳米化壳聚糖相比，更容易渗透和填埋于丝纤维中，与丝素分子形成交联。

4.8　小　　结

通过各国科学研究者近几年的不懈努力，基于壳聚糖的先进材料制备方面已经有了很多突破性的进展。但鉴于壳聚糖所具有的巨大生物潜能，其还有许多方面有待开发。相信随着时间的累积，科学研究者会开发出更多基于壳聚糖的先进材料，并应用于人类的生活的方方面面。

参 考 文 献

[1] Yang Q, Dou F, Liang B, et al. Carbohydrate Polym, 2005, 59：205-210.

[2] Yang Q, Dou F, Liang B, et al. Carbohydrate Polym, 2005, 61：393-398.

[3] 邵伟，王旭，丁宏贵，等. 纤维素科学与技术，2006，14（1）：35-40.

[4] 邵伟，沈青. 纤维素科学与技术，2007，15（2）：30-33.

[5] 唐文琼，周天韦，沈青. 纤维素科学与技术，2008，16（3）：64-78.

[6] 唐文琼，周天韦，沈青. 纤维素科学与技术，2008，16（4）：61-68.

[7] 唐文琼，周天韦，沈青. 纤维素科学与技术，2009，17（1）：70-78.

[8] 周天韦，唐文琼，沈青. 高分子通报，2008，11：55-66.

[9] 周天韦，唐文琼，沈青. 高分子通报，2008，12：53-67.

[10] 张蕾，张紫东，沈青. 纤维素科学与技术，2008，16（2）：37-42.

[11] 徐伟男，沈青. 纤维素科学与技术，2010，18（2）：74-85.

[12] Luo H, Shen Q, Ye F, et al. Materials Sci & Eng C, 2012, 32：2001-2006.

[13] Ye J R, Chen L, Zhang Y, et al. RSC Adv, 2014, 4：58200-58203.

[14] Chen L, Ye J R, Shen Q. Mater Sci Eng C, 2015, 56：518-521.

[15] Yan Q, Wang M Y, Wu Y H. et al. J Phys Chem B, 2016, 120：1121-1125.

[16] 蒋挺大. 甲壳素. 北京：化学工业出版社，2001.

[17] 杨建红，杜予民，覃彩芹. 分析化学学报，2003，19：282-288.

[18] 莫秀梅，王鹏，周贵恩，等，高等学校化学学报，1998，6：989-993.

[19] Yui T, Imada K, Okuyama K, et al. Macromolecules, 1994, 27：7601-7605.

[20] Kawada J, Yui T, Abe Y, et al. Biosci Biotechnol Biochem, 1998, 62：700-704.

[21] 王伟，薄淑琴，秦汶. 中国科学 B 辑，1990，11：1126.

[22] 王伟，薄淑琴，秦汶. 高分子学报，1992，2：202.

[23] Anthonsen M W, Kjell M. Carbohydr Polymers, 1993, 22：193-201.

[24] Einbu A, Naess S N, Elgsaeter A, et al. Biomacromolecules, 2004, 5：2048-2054.

[25] Lamarque G, Lucas J, Viton C, et al. Biomacromolecules, 2005, 6：131-142.

[26] Ravindra R, Kameswara R, Khan A A. Carbohydrate Polymers, 1998, 36：121-127.

[27] Marit W, Smidsred A. Carbohydr Polymers, 1995, 26: 303-305.

[28] Domard A. Int J Biological Macromol, 1987, 9: 98-104.

[29] Sorlier P. et al. Biomacromolecules, 2001, 2: 764-772.

[30] Strand S P, Tommeraas K, Kjell M, et al. Biomacromolecules, 2001, 2: 1310-1314.

[31] 王志华, 缪茜, 黄毓礼. 北京化工大学学报, 2002, 29 (1): 85-87.

[32] 董岸杰, 孙多先. 高分子材料科学与工程, 2000, 16 (2): 41-43.

[33] 李海涛, 王美玲, 张友玉, 等. 应用化学, 2004, 21: 159-163.

[34] Pedroni V I, Schulz P C, Gschaider M E, et al. Colloid Polym Sci, 2003, 282: 100-102.

[35] Varum K M, Ottoy M H, Smidsrod O. Carbohydrate Polym, 2001, 46: 89-98.

[36] 吴迪, 蔡伟民. 物理化学学报, 2002, 18: 554-557.

[37] 陈炳稔, 李国明, 万春华, 等. 华南师范大学学报 (自然科学版), 1998, 2: 48-51.

[38] 陈炳稔, 何广平, 凌莫育. 应用化学, 1997, 14 (6): 75.

[39] 陈炳稔, 李国明, 张力, 等. 离子交换与吸附, 1999, 15: 182-185.

[40] 多英全, 陈煜, 梁彩仪, 等, 高分子材料科学与工程, 2003, 19 (2): 69.

[41] Kurita K, Yoshida A, Koyama Y. Macromolecules, 1988, 21: 1579.

[42] 王伟, 徐德时, 李素清, 等. 高分子学报, 1994, 3: 328.

[43] 王伟, 徐德时. 化学学报, 1994, 52: 243-247.

[44] 吴国杰, 姚汝华. 华南理工大学学报 (自然科学版), 1997, 25 (10): 62.

[45] 李德鹏等. 大连大学学报, 2002, 23 (6): 5-8.

[46] 陈碧琼, 孙康, 范永忠, 等. 功能高分子学报, 2002, 15: 311-314.

[47] Montembault A, Viton C, Domard A. Biomaterials, 2005, 26: 1633-1643.

[48] 王伟, 徐德时. 高分子学报, 1995, 5: 596-600.

[49] MiyashitaY, Kobayashi R, Kimura N, et al. Carbohydrate Polymers, 1997, 34: 212-228.

[50] GuanY, Liu X, Fu Q, et al. Carbohydrate Polymers, 1998, 36: 61-66.

[51] Kittur F S, Harish K V, Prashanth K, et al. Carbohydrate Polymers, 2002, 49: 185-193.

[52] Cross M M. Euro Polym J, 1966, 2: 298.

[53] Balauff M K H, Wolf B A. J Polym Sci B, 1983, 21: 1205.

[54] Spencer R S, Dillon R E. J Colloid Sci, 1948, 3: 163.

[55] Miyashita Y, Kobayashi R, Kimura N, et al. Carbohydrate Polym, 1997, 34: 212-228.

[56] Kittur F S, Harish K V, Prashanth K, et al. Carbohydrate Polymers, 2002, 49: 185-193.

[57] Dong Y, Ruan Y, Wang H, et al. J Appl Polym Sci, 2004, 93: 1553-1558.

[58] Belgacem M N, Blayo A, Gandini A. J Coll Interface Sci, 1996, 182: 431-436.

[59] Rillosi M, Buckton G. Pharmaceutical Res, 1995, 12: 669-675.

[60] Majeti N V, Ravi Kumar. Reactive & Funct Polym, 2000, 46: 1-27.

[61] Berrada M, Serreqia A, Dabbarha F, et al. Biomaterials, 2004, 6: 13.

[62] Zhang L, Kosaraju S L, Eurpolym J. 2007, 4: 33.

[63] Crcarevska M. S. et al. Eur J Pharm Biopharm, 2007, 6: 7.

[64] Agnihotri S A, Aminabhavi T M. The 30th International Symposium on Controlled Release of Bioactive Materials, Glasgow, Scotland, July 2003.

[65] He Q, Ao Q, Wang A, et al. Tsinghua Sci Technol, 2007, 12: 361-365.

[66] Guo B L, Yuan J F, Gao Q Y. Coll Surf B, 2007, 58: 151-156.

[67] Rokhade A P, Shelke N B, Patil S A, et al. Carbohydrate Polym, 2007, 69: 678-687.

［68］ Martinez L, Agnely F, Leclerc B, et al. Euro J Pharm Biopharma, 2007, 67: 339-348.

［69］ Babu V R, Hosamani K M, Aminabhavi T M. Carbohydrate Polym, 2007, 69: 241-250.

［70］ Rao K S, Naidu B V, Subha M C, et al. Carbohydrate Polym, 2006, 66: 333-344.

［71］ Rokhade A P, Patil S A, Aminabhavi T M. Carbohydrate Polym, 2007, 67: 605-613.

［72］ Xu Y, Zhan C, Fan L, et al. Int l J Pharmaceutics, 2007, 336: 329-337.

［73］ Zan J, Zhu D, Tan F, et al. Chin J Chem Eng, 2006, 14 (2): 235-241.

［74］ Zheng Y, Yang W, Wang C, et al. Euro J Pharm Biopharm, 2007, 117: 273-280.

［75］ Agnihotri S A, Aminabhavi T M. Int l J Pharmaceutics, 2006, 324: 103-115.

［76］ Liu C, Fan W, Chen X, et al. Curr Appl Phys, 2007, 7S1: e125-e129.

［77］ Diebold Y, JarrIna M, Saeza V, et al. Biomaterials, 2007, 28: 1553-1564.

［78］ Prabaharan M, Reis R L, Mano J F. Reactive & Funct Polym, 2007, 67: 43-52.

［79］ Zhou H Y, Chen X G, Liu C S, et al. Biochemical Eng J, 2006, 31: 228-233.

［80］ Peng X, Zhang L, Kennedy J F. Carbohydrate Polymers, 2006, 65: 288-295.

［81］ Hu F Q, Ren G F, Yuan H, et al. Coll Surf B, 2006, 50: 97-103.

［82］ Gupta K C, Jabrail F H. Carbohydrate Res, 2006, 341: 744-756.

［83］ Gupta K C, Jabrail F H. Int l J Biological Macromolecules, 2006, 38: 272-283.

［84］ Anal A K, Stevens W F. Int l J Pharmaceutics, 2005, 290: 45-54.

［85］ Anal A K, Stevens W F, Remunan-Lopez C. Int l J Pharmaceutics, 2006, 312: 166-173.

［86］ Wang L Y, Ma G H, Su Z G. J Control Release, 2005, 106: 62-75.

［87］ Lin W C, Yu D G, Yang M C. Coll Surf B, 2005, 44: 143-151.

［88］ Wang Q, Dong Z, Du Y, et al. Carbohydrate Polym, 2007, 69: 336-343.

［89］ Wang Q, Du Y M, Fan L H. J Appl Polym Sci, 2005, 96: 808-813.

［90］ Wang C, Ye S, Dai L, et al. Carbohydrate Res, 2007, 342: 2237-2243.

［91］ Hsieh W C, Chang C P, Gao Y L. Coll Surf B, 2006, 53: 209-214.

［92］ Saito K, Fujieda T, Yoshioka H. Euro J Pharm Biopharm, 2006, 64: 161-166.

［93］ El-Sherbiny I M, Lins R J, Abdel-Bary E M, et al. Euro Polym J, 2005, 41: 2584-2591.

［94］ Zambito Y, Baggiani A, Carelli V, et al. J Control Release, 2005, 102: 669-677.

［95］ Ho E. A, Vassileva V, Allen C, et al. J Control Release, 2005, 104: 181-191.

［96］ Alvarez-Lorenzo C, Concheiro A, Dubovik A S, et al. J Control Release, 2005, 102: 629-641.

［97］ Liao I C, Wan A C A, Yim E K F, et al. J Control Release, 2005, 104: 347-358.

［98］ Wang Q, Zhang N, Hu X, et al. Euro J Pharm Biopharm, 2007, 66: 398-404.

［99］ Nunthanid J, Huanbutta K, Luangtana-anan M, et al. Euro J Pharm Biopharm, 2007.

［100］ Fukuda M, Peppas N A, McGinity J W. Int l J Pharmaceutics, 2006, 310: 90-100.

［101］ Kang X, Mai Z, Zou X, et al. Analy Biochem, 2007, 369: 71-79.

［102］ Yang Y, Yang H, Yang M, et al. Analy Chimica Acta, 2004, 525: 213-220.

［103］ Lu Y, Yang M, Qu F, et al. Bioelectrochemistry, 2007, 71: 211-216.

［104］ Zou Y, Xiang C, Sun L X, et al. Biosensors and Bioelectronics, 2007, 10: 9.

［105］ Gao X, Yang W, Pang P, et al. Sensors and Actuators B, 2007, 128: 161-167.

［106］ Kang X, Mai Z, Zou X, et al. Talanta, 2009, 78: 717-722.

［107］ Miao Y, Tan S N. Analytica Chimica Acta, 2001, 437: 87-93.

［108］ Wang G, Xu J J, Chen H Y, et al. Biosensors and Bioelectronics, 2003, 18: 335-343.

［109］ Lai G S, Zhang H L, Han D Y. Sensors and Actuators B, 2008, 129: 497-503.

[110] Xiong H Y, Chen T, Zhang X H, et al. Electrochemy Comm, 2007, 9: 2671-2675.

[111] Du D, Huang X, Cai J, et al. Sensors and Actuators B, 2007, 127: 531-535.

[112] Du D, Ding J, Cai J, et al. J Electroanalyt Chem, 2007, 605: 53-60.

[113] Cui X, Li C M, Zang J, et al. Biosensors and Bioelectronics, 2007, 22: 3288-3292.

[114] Tsai Y C, Chen S Y, Liaw H W. Sensors and Actuators B, 2007, 125: 474-481.

[115] Fan Q, Shan D, Xue H, et al. Biosensors and Bioelectronics, 2007, 22: 816-821.

[116] Tan X, Li M, Cai P, et al. Analy Biochem, 2005, 337: 111-120.

[117] Wen G, Zhang Y, Shuang S, et al. Biosensors and Bioelectronics, 2007, 23: 121-129.

[118] Shan D, Wang S, Xue H, et al. Electrochem Comm, 2007, 9: 529-534.

[119] Lu X, Zhang Q, Zhang L, et al. Electrochem Comm, 2006, 8: 874-878.

[120] Bai Y H, Du Y, Xu J J, et al. Electrochem Comm, 2007, 9: 2611-2616.

[121] Darder M, Colilla M, Ruiz-Hitzky E. Appl Clay Sci, 2005, 28: 199- 208.

[122] Guo M, Li Y, Guo H, et al. Bioelectrochem, 2007, 70: 245-249.

[123] Gong F C, Xiao Z D, Cao Z, et al. Talanta, 2007, 72: 1453-1457.

[124] Sun S, Wang Q, Wang A. Biochemical Eng J, 2007, 36: 131-138.

[125] Sun S, Wang L, Wang A. J Hazardous Materials B, 2006, 136: 930-937.

[126] Sun S, Wang A. Separation and Purification Technol, 2006, 51: 409-415.

[127] Macedo M A, Silva M N B, Cestari A R, et al. Physica B, 2004, 354: 171-173.

[128] Wan M W, Petrisor I G, Lai H T, et al. Carbohydrate Polymers, 2004, 55: 249-254.

[129] Chassary P, Vincent T, Guibal E. Reactive Funct Polym, 2004, 60: 137-149.

[130] Radetic M, Radojevi D, Ili V, et al. J Serb Chem Soc, 2007, 72: 6, 605-614.

[131] Katarina R K, Takayanagi T, Oshima M, et al. Analyt Chim Acta, 2006, 558: 246-253.

[132] Montembault A, Tahiri K, Korwin-Zmijowska C, et al. Biochimie, 2006, 88: 551-564.

[133] Hsieh W C, Chang C P, Lin S M. Coll Surf B, 2007, 57: 250-255.

[134] Abarrategi A, Gutierrez M C, Moreno-Vicente C, et al. Biomaterials, 2008, 29: 94-102.

[135] Chen J P, Cheng T H. Coll Surf A, 2008, 313: 183-188.

[136] Guo C A, Liu X G, Huo J Z, et al. J Biosce Bioeng, 2007, 103: 547-556.

[137] Ding S J. J Non-Crystalline Solids, 2007, 353: 2367-2373.

[138] Wu Y C, Shaw S Y, Lin H R, et al. Biomaterials, 2006, 27: 896-904.

[139] Lahiji A, Sohrabi A, Hungerford D S, et al. Chitosan supports the expression of extracellular matrix proteins in human osteoblasts and chondrocytes. New York: John Wiley & Sons, 2000.

[140] Wu H, Wan Y, Cao X, et al. Acta Biomaterialia, 2007.

[141] Abdel-Fattah W I, Jiang T, El-Bassyouni G E T, et al. Acta Biomater, 2007, 3: 503-514.

[142] Masuko T, Iwasaki N, Yamane S, et al. Biomaterials, 2005, 26: 5339-5347.

[143] Zhang X F, Hua H, Shen X Y, et al. Polymer, 2007, 48: 1005-1011.

[144] Yamane S, Iwasaki N, Majima T, et al. Biomaterials, 2005, 26: 611-619.

[145] Yamane S, Iwasaki N, Kasahara Y, et al. J. Biomedical Mater. Res. A., 2007, 81: 586-593.

[146] Freier T, Montenegro R, Koh H S, et al. Biomaterials, 2005, 26: 4624-4632.

[147] Gerentes P, Vachoud L, Doury J, et al. Biomaterials, 2002, 23: 1295-1302.

[148] Richardson S M, Hughes N, Hunt J A, et al. Biomaterials, 2008, 29: 85-93.

[149] Kellouche S, Martin C, Korb G, et al. Biochem Biophys Res Comm, 2007, 363: 472-478.

[150] Silva S S, Goodfellow B J, Benesch J, et al. Carbohydrate Polymers, 2007, 70: 25-31.

[151] Gravel M, Gross T, Vago R, et al. Biomaterials, 2006, 27: 1899-1906.

[152] Zheng J P, Wang C Z, Wang X X, et al. Reactive Funct Polym, 2007, 67: 780-788.

[153] Murugan R, Ramakrishna S. Biomaterials, 2004, 25: 3829-3835.

[154] Shen X, Tong H, Jiang T, et al. Comp Sci Technol, 2007, 67: 2238-2245.

[155] Guan H M, Cheng X S. Polym Adv Technol, 2004, 15: 89-92.

[156] Caseli L, dos Santos D S, Foschini M, et al. Mater Sci Eng C, 2007, 27: 1108-1110.

[157] 吕凡, 谢培英. 角膜接触镜学. 北京: 人民卫生出版社, 2004.

[158] 艾立坤, 成娟娟, 李东辉, 等. 眼科, 2005, 14: 295-299.

[159] 崔亦华, 崔英德, 黎新明, 等. 广州化工, 2002, 30: 2, 16-19.

[160] 郑荣领, 周电根. 国外医学眼科学分册, 1999, 23: 225-230.

[161] 郑荣领. 眼外伤职业眼病杂志, 2002, 24: 237-239.

[162] 杨真龙, 李培红. 西藏医药杂志, 2006, 27 (2): 22-25.

[163] 蔡立彬. 有机硅改性水凝胶角膜接触镜材料的研究, 西安: 西北工业大学博士学位论文, 2006.

[164] 黎新明, 崔英德. 化工进展, 2002, 21: 758-761.

[165] Morgan P B, Efron N. Contact Lens & Anterior Eye, 2006, 29: 59-68.

[166] 赵德仁, 张慰盛. 高聚物合成工艺学. 2 版. 北京: 化学工业出版, 1997.

[167] Li N, Liu Z, Xu S. J Membr Sci, 2000, 169: 17-28.

[168] 刘文. 国外医学眼科学分册, 1995, 19: 2, 80-84.

[169] 王小红, 马建标, 何炳林. 功能高分子学报, 1999, 12: 197-202.

[170] Fred A G J, Eggink W, Houdijn B. Clinical Investigation, 2001, 239: 361-366.

[171] 李童燕. 眼镜百科, 2006, 1: 91-92.

[172] GB 11417. 2-1989. 软性亲水接触镜.

[173] 魏小燕, 毛亦巧. 中国校医, 2006, 20: l97.

[174] 于立波. 实用医药杂志, 2006, 23: 717.

[175] Willcox M D P, Holden B A. Biosci Rep, 2001, 21: 445-461.

[176] 赵江. 中国眼镜科技杂志, 2006, 7: 113-116.

[177] 谢培英, 迟惠. 中国眼镜科技杂志, 2006, 4: 53-54.

[178] 谭帼馨, 崔英德, 易国斌. 膜科学与技术, 2005, 25: 2, 16-20.

[179] 刘毅. 国外医学眼科学分册, 1998, 22: 333-338.

[180] 沈青. 分子酸碱化学. 上海: 上海科技文献出版社, 2012.

[181] 黎新明, 崔英德, 尹国强, 等. 仲恺农业技术学院学报, 2005, 18: 2, 15-20.

[182] Ioannis T, Nathan E. Contact Lens & Anterior Eye, 2004, 27: 177-191.

[183] 沈伟锋. 中国眼镜科技杂志, 2004, 9: 84.

[184] 丁欣, 龙琴, 李莹, 等. 国际眼科杂志, 2006, 6: 947-948.

[185] 郑晓萍, 荆艳书. 中国社区医师, 2006, 8: 35-36.

[186] 刑玉琴, 王洪峰, 王恩荣. 吉林医学, 1996, 17: 3, 138-139.

[187] 侯莹, 曾庆广, 黄玲. 武警医学, 2004, 15: 848-849.

[188] 许琛琛, 王勤, 美余野. 眼视光学志, 1999, 1: 4, 219-221.

[189] Cavanagh H D. The cornea: transactions of the world congress on the cornea III. New York: Raven, 1988.

[190] Tian X X, Groves M J. J Pharm Pharmacol, 1999, 51: 151-157.

[191] Cui Z, Mumper R J. J Control Release, 2001, 75: 409-419.

[192] Ohya Y, Shiratani M, Kobayashi H, et al. Pure Appl Chem, 1994, A31: 629-642.

[193] Bodmeier R, Chen H G, Paeratakul O. Pharm Res, 1989, 6: 413-417.

[194] Janes K A, Fresneau M P, Marazuela A, et al. J Control Release, 2001, 73: 255-267.

[195] Calvo P, Remunan Lopez C, Vila Jato J L, et al. J Appl Polym Sci, 1997, 63: 125-132.

[196] Tokumitsu H, Hiratsuka J, Sakurai Y, et al. Cancer Lett, 2000, 150: 177-182.

[197] Shikata F, Tokumitsu H, Ichikawa H, et al. Euro J Pharm Biopharm, 2002, 53: 57-63.

[198] Janes K A, Fresneau M P, Marazuela A, et al. J Control Release, 2001, 73: 255-267.

[199] Mooren F C, Berthold A, Domschke W, et al. Pharm Res, 1998, 15: 58-65.

[200] Mitra S, Gaur U, Ghosh P C, et al. J Control Release, 2001, 74: 317-323.

[201] Erbacher P, Zou S, Bettingger T, et al. Pharm Res, 1998, 15: 1332-1339.

[202] Mao H Q, Roy K, TroungLe V L, et al. J Control Release, 2001, 70: 399-421.

[203] McNeela E A, Jabbal-Gill I, Illum L, et al. Vaccine, 2004, 22: 909-914.

第5章　基于植物多酚的先进材料

5.1　引　言

植物多酚（plant polyphenol）是一类广泛存在于植物中的多羟基酚类化合物，主要存在于植物的皮、根、木、叶和果中[1]。植物多酚在自然界的储量非常丰富，含多酚较多的植物如谷物种子、茶、葡萄、树皮等常见植物超过 600 种，在植物中的含量仅次于纤维素、半纤维素和木质素[1,2]。

多酚类化合物又称单宁（tannin），分子量一般在 500~3000。根据单宁的化学结构特征，Frendenberg 于 1920 年将单宁分为水解单宁（hydrolysable tannin）和缩合单宁（condensed tannin）两大类。而 Haslam 相应地将植物多酚分为聚棓酸酯类多酚（含水解单宁及其相关化合物）和聚黄烷醇类多酚（含缩合单宁及其水解化合物）两大基本类型[2,3]。聚棓酸酯类多酚即水解单宁，分子内具有酯键，通常是以一个单元醇为核心，通过酯键与多个酚羧酸相连接而成，在酸、碱、酶的作用下不稳定，易于水解，如五倍子单宁、橡椀单宁、鞣花单宁等。聚黄烷醇类多酚即缩合单宁，是黄烷醇的聚合物，包括黄烷-3-醇、黄烷-4-醇等，分子中的芳香环均以 C—C 键相连，不易水解，在强酸性条件下缩合成不溶于水的物质，如儿茶素、黑荆树、落叶松、杨梅树等树皮中含有的单宁均为缩合单宁。

由于多元酚结构赋予植物多酚类化合物一系列独特的化学性质，如具有抗氧化、清除体内自由基、降血脂、吸收紫外线、抗癌抗肿瘤、消毒杀菌、除臭等多种生理活性，能与蛋白质、生物碱、多糖结合，能与多种金属离子发生络合等[3-11]，使其在食品、医药、日用化学品、皮革、化妆品以及保健品等方面已经得到一定应用。近年来，基于植物多酚中都含有丰富的酚羟基，可以通过氢键、疏水键或共价键与高分子化合物接枝、共聚或共混，所以其在高分子材料中的应用也屡有报道。

5.2　茶　多　酚

20 世纪 60 年代初，日本科学家发现茶叶提取物中含有一种抗氧化活性成分，各国科学家相继开展深入研究，证明它是一种多酚类化合物，即茶多酚（tea polyphenol, TP）。

5.2.1　茶多酚的结构

茶多酚是一类多羟基酚类化合物，儿茶素类化合物是茶多酚的主要成分，约占茶多酚含量的 65%~80%[4]。儿茶素类化合物主要包括儿茶素（+）-C（catechin），表儿茶素（-）-EC（epicatechin），表没食子儿茶素（-）-EGC（epigallocatechin），表儿茶素没食子酸酯（−）-ECG（epicatechin gallate），没食子儿茶素没食子酸酯（+）-GCG（gallocatechin gallate）和表没食子儿茶素没食子酸酯（−）-EGCG（epigallocatechin gallate），其化学结构如图 5-1 所示[5]。

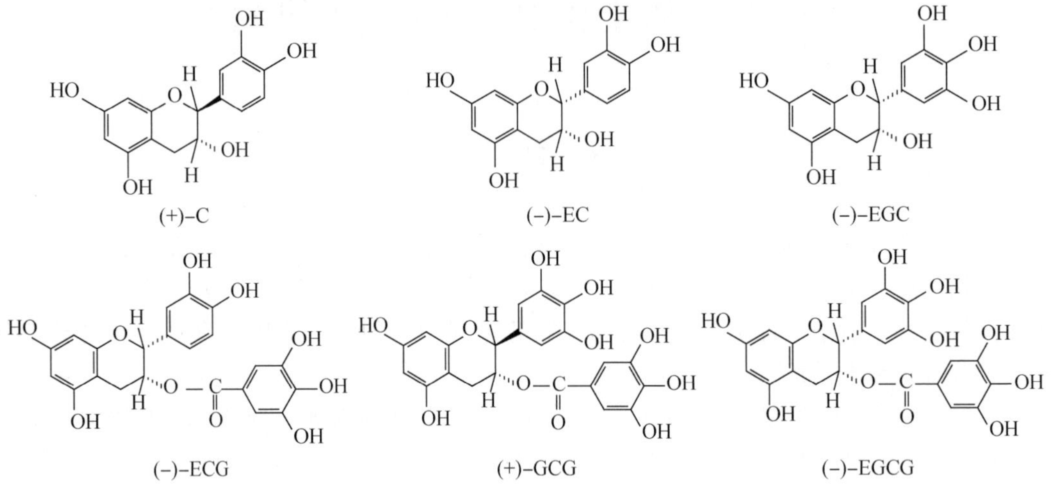

图 5-1　儿茶素类物质的化学结构

5.2.2　茶多酚的性能

（1）抗氧化性

茶多酚是一种新型的天然高效抗氧化剂，早在 1990 年，我国食品添加剂标准化技术委员会就将其列入国家食品添加剂抗氧化剂[6]。茶多酚的抗氧化作用主要是因其结构中富含酚羟基，可提供活泼氢使自由基灭活，其本身被氧化形成含有邻苯二酚结构的自由基而具有较高稳定性，因此茶多酚是一种能提供氢的自由清除剂[7,8]。茶多酚对无机自由基 ·OH、$^1O_2$（单线态氧）和 H_2O_2 等活性氧及有机自由基（包括多元不饱和脂肪酸的氧化产物）有较强抗氧化作用[9]。

（2）抗癌抗肿瘤

对防癌、抗癌、抗突变的大量研究证实，茶叶不仅可抑制多种化学致癌物诱致的突变，还能够抑制一些混合致癌物（烟草雾浓缩药、煤焦油、熏鱼提取物，X 射线）的致突变作用。因此茶叶对于多种癌症，如食道癌、胃癌、肝癌、肠癌、肺癌、皮肤癌、乳腺癌、克隆癌等均有不同程度的预防和治疗作用[10-12]。

（3）消毒杀菌

茶多酚含有 α-苯并吡喃的苯基骨架，具有很强的广普、抑菌、消毒性能，对自然界的多种细菌如普通变形杆菌、金黄色葡萄球菌、表皮葡萄球菌、乳酸杆菌、肉毒杆菌、变形链球菌、口腔变形链球菌等均有优异的抑菌和杀菌活性，显示出抗菌的广普性[13-15]；将茶多酚添加到牙膏中，制成抗龋齿牙膏或做成漱口水，能起到杀灭、抑制口腔细菌的作用；将茶多酚添加到口香糖、清凉糖中使用，具有去除口臭功能，且效果明显。目前日本已有多家公司生产和销售茶叶提取物，用作化妆品消臭和抗菌剂等，如日本矿业株式会社/日进香料株式会社生产的以乙醇提取的茶提取物，商品名为德奥孔 13189-B，溶剂是水和乙醇，供食品、化妆品消臭用。以绿茶多酚为原料，将茶叶提取液用于化妆水、膏、霜中，防止化妆品中的油脂酸败坏，并有收敛、抗氧化、消臭、消炎作用，对表皮和头发中的蛋白质、角蛋白以及附在它们表面的细菌蛋白有极大的亲和性和凝固性，并对角质层有洗涤、抑制细菌繁殖及黑色素形成的作用，且有防止体臭的效果。

（4）抗紫外线

茶多酚中的儿茶素类化合物在 270~280nm 处有较强的吸收峰，使其具有抗紫外线、抗辐射功能，并对辐射损伤有一定的修复、治疗作用[16,17]。在化妆品领域，茶多酚被誉为"紫外线过滤器"，并广泛用作防紫外线化妆品，可有效预防和减轻紫外线照射对皮肤的损伤，对皮肤细胞有保护作用。

5.3　基于植物多酚的抗菌材料

众多高分子材料制品在使用和存放过程中，在适宜的温度和湿度条件下极易生长和繁殖细菌，但在材料中加入何种抗菌剂以及使用抗菌加工方法，一直是科学家研究的课题。抗菌剂主要分为无机类、有机类和天然生物类。无机类抗菌、除臭剂是利用金属离子的抗菌作用来抑制细菌繁殖，使恶臭分子分解或吸附，耐热性较好（>600℃），因此倍受重视，但在实际应用中几种金属无机类抑菌剂多属重金属离子，仅限特殊场合使用；有机类抗菌剂、除臭剂的药性好，一般用于加工温度较低（小于 200℃）的塑料（纤维、泡沫等），但存在对人体的安全性隐患且使用寿命短。近年来，人们将目光投向天然抗菌剂的研究与开发，已发现壳聚糖以及荷叶中的抑菌成分具有较好的抗菌作用[12]。

聚氨酯（Polyurethane，PU）以其卓越的性能和低廉的价格广泛应用于食品加工、包装工业和医疗卫生等各个领域它是由二元或多元的异氰酸酯中的异氰酸根与多元醇的羟基相互作用而成。由于普通聚氨酯生物降解性和抗菌性很差，开发绿色聚氨酯已成为越来越迫切的课题之一[13]。多酚类化合物是一种含有多个羟基的酚类化合物，它的化学结构与多元醇相似，并可与多元异氰酸酯反应形成分子结合[14]，赋予聚氨酯等材料抗菌除臭的功能。

戈进杰等[15]进行了单宁聚氨酯弹性体的合成研究，并对反应条件、生成聚氨酯弹性体的强度及生物降解性进行了初步的研究。研究结果表示，随着单宁含量的增加，聚氨酯弹性体的密度呈线性缓慢上升，而其强度和弹性模量却呈指数上升。这一现象说明单宁在聚氨酯中起交联作用。按用途的需要，选择合适的二异氰酸酯和单宁，改性后的产物具有了微生物降解性[16]。Ge 等[17,18]也利用黑荆树皮单宁制备出单宁聚氨酯材料，通过抑菌实验发现，该材料对下列细菌均具有一定的抑制作用：金黄色葡萄球菌、白色葡萄球菌、普通变形杆菌、伤寒沙门氏杆菌、铜绿色假单孢杆菌、大肠埃希氏杆菌、志贺氏痢疾杆菌、蜡状芽孢杆菌、沙门氏鼠伤寒杆菌、枯草杆菌及黄曲霉。材料中随着单宁含量的增加，抑菌效果有所增加，但当单宁含量增加到一定程度，抑菌效果趋于稳定，这可能是因为单宁含量的增加会提高聚氨酯交联密度，从而导致有效抑菌表面积减少。而对比实验制备的三羟甲基丙烷聚氨酯材料未显示抑菌效果，并且随着单宁的加入，聚氨酯的生物降解性提高。

日本爱知技术研究所同 HERBE 有限公司井上真一等共同合作，将茶多酚的抗菌、除臭功能应用于聚氨酯泡沫（PUF）上，在技术上已获得成功[19]。其反应式为：

$$\underset{\text{二异氰酸酯}}{OCN—R_1—NCO} + \underset{\text{多元醇}}{R_2—(OH)_n} \longrightarrow \underset{\text{聚氨酯泡沫}}{PUF} \xrightarrow{R_3—(OH)_n\ \text{茶多酚}}$$

$$\left.\begin{array}{c}(OH)_{n-1}—R_2OOCHN—R_1—NHCOOR_3—(OH)_{n-1}\\ +\\ (OH)_{n-1}—R_3OOCHN—R_1—NHCOOR_3—(OH)_{n-1}\end{array}\right\}\text{抗菌聚氨酯泡沫}$$

5.4　基于植物多酚的酚醛树脂

单宁特别是缩合单宁化合物，从其化学结构来看，A 环多为间苯三酚结构，其 C6 和 C8 具有很强的亲电性，可以与醛类物质发生酚醛缩合反应[20-23]。得到的单宁-醛树脂具有单宁的某些性质，如能与多种金属离子发生络合作用。Akira 等[21]制备的柿子单宁树脂对溶液中的铀、钼和金都有很强的吸附能力，尤其对 $HuCl_4$ 的吸附率可达 100%。

Saucier 等[24-26]研究了儿茶素与乙醛和乙醛酸的缩合反应动力学，并对反应机理进行了探讨。儿茶素与乙醛或乙醛酸反应的速率不同，乙醛酸的反应速率比乙醛快，在 35℃ 条件下 $t_{1/2}$ 分别为（6.7±0.2）h（乙醛）和（2.3±0.2）h（乙醛酸）；而当两者都存在的情况下，反应进一步加快，$t_{1/2}$ 为（2.2±0.5）h，这可能是因为形成了烯醇，且均为一级反应。其反应式如图 5-2 所示。

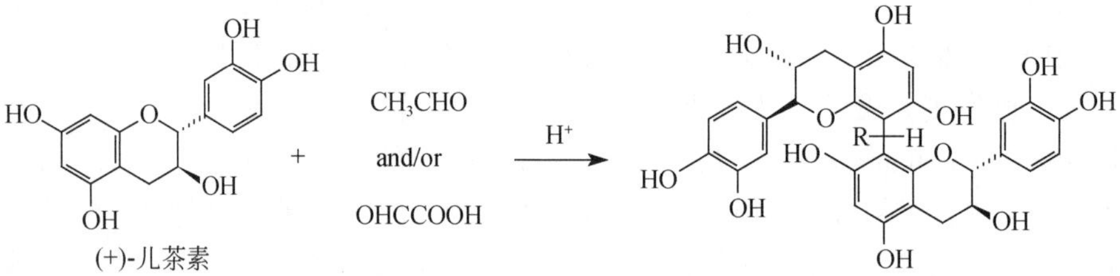

(+)-儿茶素-CRH-(+)聚儿茶素
(R=COOH 或 CH_3)

图 5-2　儿茶素与乙醛和乙醛酸的缩合反应动力学

Sekaran 等[27]研究了利用回收制革工业的单宁改性酚醛树脂得到单宁-酚醛树脂，经过红外光谱、热重分析以及溶解性、抗腐蚀性能等的测试，结果表明改性后的单宁-醛树脂具有较好的抗腐蚀性能，力学性能也有所提高，但热稳定性有一定程度的降低。

由于聚儿茶素比单体儿茶素显示出更强的抗氧化性、抗癌性、清除自由基以及调节血脂尤其是降低 LDL-C（低密度脂蛋白胆固醇）的含量等生物活性和药理学性质，以及在体内存在活性时间长，并且这些性质都与分子量成正比[28-30]。Uyama 等[31]利用单体儿茶素与乙醛反应得到聚儿茶素，合成方法是将儿茶素溶解在乙酸、乙醇和水形成的混合溶液中，反应开始后逐滴加入乙醛，反应温度为 35℃。反应产物离心分离，沉淀用水和乙醇混合液洗涤三次[30]。反应式如图 5-3 所示。

反应合成了平均分子量为 $M_n=2760$（$M_w/M_n=2.1$）和 $M_n=890$（$M_w/M_n=1.2$）的聚儿茶素（单体儿茶素分子量为 290），相关性能测试结果表明：聚儿茶素比单体儿茶素具

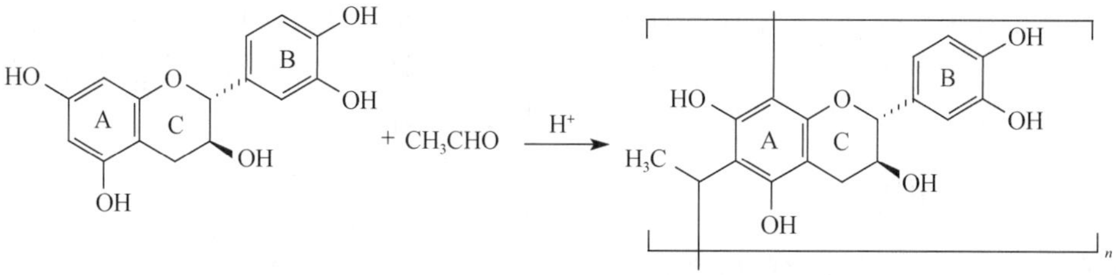

图 5-3 单体儿茶素与乙醛反应得到聚儿茶素的过程

有更强的抗氧化性、清除过氧化自由基能力，且降低 LDL 的能力也有所提高，并且这些性质随着聚儿茶素平均分子量的增大而增强。

5.5 基于植物多酚的功能材料

聚酯类高分子由于具有良好的生物降解潜力，已成为世界范围内开发的热点[13]，而植物多酚类化合物本身作为一种生物高分子，具有良好的生物相容性和可降解性[32-37]。从化学结构的角度分析，聚酯类物质分子中一般都含有羰基，而多酚类化合物的分子中含有丰富的羟基，它们之间可以通过氢键相互作用而形成具有优良性能的高分子材料[32]。

5.5.1 聚-3-羟基丁酸–儿茶素共混

聚-3-羟基丁酸（polyhydroxybutyric acid 或 polyhydroxybutyrate，PHB）是一种由微生物产生的典型微生物聚酯，是以 3-羟基丁酯（3HB）作为基本单元的高聚合度热塑性聚合物[33]；在常温下硬而脆，其熔融温度（170~180℃）与分解温度（205℃）接近，加工成型只能在190℃附近很窄的温度区间内进行，并且其抗冲击强度低，断裂伸长率几乎比聚丙烯低两个数量级，尽管它具有很好的生物相容性以及生物降解性，但由于以上缺点，其用途受到较大的限制[34]。Inoue 等[35]研究了聚合物 P（3HB-co-3HH）与儿茶素形成的二元共混物之间的相互作用以及共混物的一些力学性能。研究结果表明：二元共混系统只出现一个玻璃化转变温度，说明相容性良好；共混物的分子间作用力是通过氢键形成的；与 P（3HB-co-3HH）相比，共混物的熔点降低而玻璃化转变温度升高；晶相的结构没有发生变化，但其含量随着儿茶素的含量增加而降低；强度和模量随儿茶素含量的升高而降低，而伸长率变化不大。所以通过共混，聚合物 P（3HB-co-3HH）的热力学性质和机械性质得到较好的改性，且生物降解性没有损坏。

5.5.2 聚 ε-己内酯–儿茶素共混

聚 ε-己内酯（PCL）是脂肪族聚酯中应用较为广泛的一种，是一种生物相容性很好的可降解材料，同时也具有优良的药物通过性，可以用于体内植入材料及药物缓释胶囊，来源广泛、可靠，而且常可用其他材料进行一些改性或共混，以满足不同用途的要求，克服熔点低（60℃）的缺陷[36]。Inoue 等[37]研究了 PCL 与儿茶素形成的二元共混系统，通过 FTIR 和 DSC 研究发现，两种物质相溶性很好；PCL 分子中的羰基与儿茶素分子中羟基形成氢键，且 PCL 中的羰基参与形成氢键率随着儿茶素含量增加而增加，但儿茶素中的羟基形成氢键率随着儿茶素的含量增加反而减少；形成的二元共混物较 PCL 玻璃化转变温度有所增加，并且在整个共混比例中只出现一个玻璃化转变温度；PCL 的结晶度随着儿茶素的含量增加而降低；共混物具有较好的生物相容性和可降解性。

5.5.3　聚乳酸-儿茶素共混

聚乳酸（PLA）具有很好的生物降解性，同时也具有良好的生物相容性和生物可吸收性，在降解后不会遗留任何环保问题，在医用领域已被认为是最有前途的可降解高分子材料[13]，如在手术缝合线、骨骼固定材料、药物缓释和组织培养等方面已有一定的利用[38]。乳酸分子含有一个手性碳原子，因而有 L- 和 D- 两种旋光异构体，其合成的聚乳酸有聚-D-乳酸（PDLA）、聚-L-乳酸（PLLA）和聚-D, L-乳酸（PDLLA）3 种旋光异构体。3 种旋光异构体在物理性质方面存在较大的差异，PDLA 和 PLLA 有结晶性，而 PDLLA 是非晶的。由于聚乳酸的性质较脆，抗冲击性也较差，所以对聚乳酸进行改性是非常必要的。Inoue 等[39]利用 3- 羟基丙酸 PHP［poly（3- hydroxypropionate）］、PLLA［poly（L-lactide）］、PDLA［poly（D- lactide）］、PDLLA［poly（D, L-lactide）］与儿茶素共混，讨论原子空间位阻对氢键形成是否有影响，结果发现原子的空间位阻对氢键的形成有较大的影响，PHP 分子中的羰基与儿茶素分子中的羟基形成的作用力比聚乳酸中的羰基与儿茶素分子中的羟基形成的作用力强，但 PDLA、PLLA、PDLLA 与儿茶素形成的分子作用力相互间并没有太大的区别，说明分子的构象对氢键的形成影响不大。而且测试结果显示 PHP 与儿茶素相容性很好，其他三种聚酯当儿茶素含量超过 40% 时，出现两个玻璃化转变温度。

多酚类化合物由于具有多个羟基，可以与 Fe^{3+}、Pb^{2+}、Cu^{2+}、Ca^{2+}、Mg^{2+}、Al^{3+}、Zn^{2+} 等离子发生络合而生成沉淀，该方法是提取纯化多酚类物质的方法之一。利用该性质，将多酚固化在纤维素、壳聚糖、蛋白质等生物高分子中可以制备出新型的功能高分子材料。陈笳鸿等[40]研究了以没食子酰基为功能性基团、纤维素为分子骨架的功能高分子材料的合成。将没食子酸先用乙酐进行乙酰化保护酚羟基，后与酰氯化剂 $SOCl_2$ 或 PCl_5 反应，制得三乙酰基没食子酰氯；再以吡啶为催化剂与纤维素进行酯化反应制得三乙酰基没食子酰纤维素；然后脱去乙酰基制得功能高分子化合物没食子酰纤维素。功能特性实验表明，该产物具有吸附结合明胶和络合 Fe^{3+} 的能力，在稀酸、醇和热水中稳定并可再生。1g 干产物可结合明胶 65.5 mg，解吸率约 98%；可络合 Fe^{3+} 76.5mg，解吸率约 98%。

Tang 等[41]研究了包括 12 种没食子单宁和 12 种鞣花单宁在内的 24 种植物多酚与纤维素和胶原质通过疏水键相互形成的共混物。多酚分子量、分子中的酰基数以及多酚的疏水性等因素决定了多酚分子与纤维素及胶原质分子间相互作用力的强弱；在多酚-胶原质系统中，随着多酚的加入，其对胶原质热溶液的稳定性有所提高；在相同的酰基数、相似的分子量以及相同的疏水性条件下，在与纤维素、胶原质等生物大分子作用中，没食子单宁显示出比鞣花单宁更强的作用力。Spagna 等[42]研究结果也显示，壳聚糖对植物多酚类物质也具有一定的吸附作用。

另外多酚能与蛋白质、纤维素等结合，其在离子交换剂中也具有特殊的作用和地位。目前的研究表明：植物多酚与蛋白质结合反应是两者间多以疏水键和氢键共同作用的结果。它们之间形成的相互作用力与多酚和蛋白质本身的性质有关，如分子量、等电点、两者的相容性等[43]，而疏水作用是多酚与蛋白质反应的驱动力，疏水作用强，多酚分子才能以疏水形式进入蛋白质的疏水袋。然后多酚的酚羟基与蛋白质的极性基（主要是肽基，此外还有胍基、羟基、羧基等）以氢键形式结合，此后多酚以多点结合的方式在蛋白质分子间形成疏水层，使蛋白质分子聚集导致沉淀。多酚与蛋白质反应属于"手–手套"的模型[1]。要求匹配的配体和受体有可变形性，以利于两者之间形成稳定的多点结合。这种结合应该遵循互补匹配原则，即氢键相互作用互补匹配（氢键供体对应氢键受体）和疏水相互作用互补匹配（疏水区对应疏水区）。而这些性质可用分子的表面性质来表示，可通过分子模拟方法计算[1]。

洪贤良[44]将茶多酚或 L-EGCG（表没食子儿茶素没食子酸酯）与 PP 等树脂熔融共混纺丝织网，抗菌实验结果显示，当茶多酚含量为 1.68%、L-EGCG 含量为 0.32% 时，滤网对大肠杆菌、金黄色葡萄球菌的抗菌率分别达到 96.26% 和 95.33%。当 PP 滤网中的茶多酚含量均为 0.42%，但 L-EGCG 含量分别为 0.08%、0.16% 和 0.24% 时，对大肠杆菌的抗菌率分别为 16.93%、32.31% 和 60.87%，对金色葡萄球菌的抗菌率分别为 11.90%、35.28%、67.22%，得出茶多酚中 L-EGCG 含量越高，抗菌效果越强的结论。

Akira 等[45]以重氮偶合的方法将单宁固定于氨基酸多酚乙烯底物上。Kim 等用辐射的方法将甲基丙烯酸缩水甘油酯接枝在多孔聚乙烯中空纤维上，再将单宁偶合上去，得到含单宁共混物。Strumia 等[46]将单宁酸以酯键与丁二烯–丙烯酸共聚物结合，再用甲基丙烯酸-2-羟基乙酯接枝以加强单宁的固定，所得到的部分交联的固化单宁兼具疏水性和亲水性，能在水溶液和有机溶剂中有效地吸附重金属离子。

林种玉等[47]用傅里叶变换红外光谱研究了室温下聚酰胺/硅胶吸附剂（PA/SiO$_2$）对茶叶中茶多酚的分离提取原理。红外光谱表明，PA/SiO$_2$ 中 PA 分子的酰胺基通过氢键吸附茶多酚分子的活性基团，而酰胺基对咖啡因分子没有吸附作用。PA/SiO$_2$ 中 SiO$_2$ 表面羟基是吸附咖啡因及茶多酚分子的活性基团。由于氢键的作用，茶多酚和咖啡因分子之间也能相互吸附。

黎新明等[48]研究了交联聚乙烯吡咯烷酮（PVP）对茶多酚的吸附作用，认为交联 PVP 分子结构中的 N 原子和 O 原子上含有孤对电子，能够与活泼氢形成氢键。因此，交联 PVP 对茶多酚的吸附活性点是内酰胺结构中的 N 原子和 O 原子。交联 PVP 对茶多酚具有吸附性是由于形成氢键的化学吸附，与此同时，在与茶多酚的吸附过程中，交联 PVP 的状态为水凝胶结构，其三维网络结构中同时存在自由水和结合水，其吸附活性点与水凝胶中的结合水达到饱和吸附。在吸附过程中，溶解有茶多酚的茶水，与交联 PVP 水凝胶三维网络结构中的自由水发生交换，溶解有茶多酚的茶水进入交联 PVP 水凝胶的三维网络中。然后，茶多酚与交联 PVP 吸附活性点上的结合水发生交换，茶多酚顶替水分子与交联 PVP 吸附活性点形成氢键，从而完成对茶多酚的吸附。Gray[49]研究了 PVP 对植物多酚的吸附，发现 PVP 对多酚有较好的吸附作用。Silanikove 等[50]也研究得出 PVP 和 PVPP（polyvinyl polypyrrolidone）的分子可以与多酚类物质分子相互间形成氢键。对于水溶性高聚物如聚乙二醇 PEG，由于分子中也含有很多氧原子，可以和植物多酚类物质以氢键的形式结合[50-52]。

此外，Freddi 等[53]用单宁酸（TA）或乙二胺四乙酸二酐（EDTA）与羊毛发生酰化反应进行改性，然后螯合银（铜）离子，制备得到有抗菌活性的材料。实验表明，在酸性溶液中，羊毛以及改性后的羊毛对银离子都有较强的配位作用，离子流失较少。抗菌测试表明，络合了银离子的羊毛具有良好的抗菌性能。

5.6　茶多酚改性聚乙烯醇

5.6.1　结构

图 5-4 是 PVA/TP 不同添加比例时的 X 射线衍射图。聚乙烯醇的晶胞属于单斜晶系，其晶胞参数：a 为 0.781nm，b 为 0.252nm，c 为 0.511nm，$\beta=91°42'$ [54,55]。峰的主要位置在 2θ 为 11.3°、19.7°、23.1°、28.0°、31.8° 和 40.8°，分别可归为晶体中（100）、（101）、（200）、（201）、（002）和（111）晶面的贡献[56]。对于共混膜其主要结晶峰 2θ 为 19.7°，在纯 PVA 中，其强度为 40625；随着 TP 的加入，强度变小，对于 PVA/TP 质量比为 100/10 和 100/20 时，该结晶峰的强度变为：35133 和 27617；随着 TP 含量的增加，强度进一步变小，PVA/TP 比为 100/40 时，该结晶峰强度减小到 11650，这主要是因为 TP 的加入破坏了 PVA 的线性规整结构，使它的整体结晶性能和结晶度下降，表现在 XRD 图谱中结晶峰强度减弱。利用聚丙烯酸 PAA 改性 PVA 时也得出相同的结论，其研究结果也表明共混膜中的主要结晶峰 2θ 的强度有所减少，PVA 结晶性能和结晶度下降[57,58]。

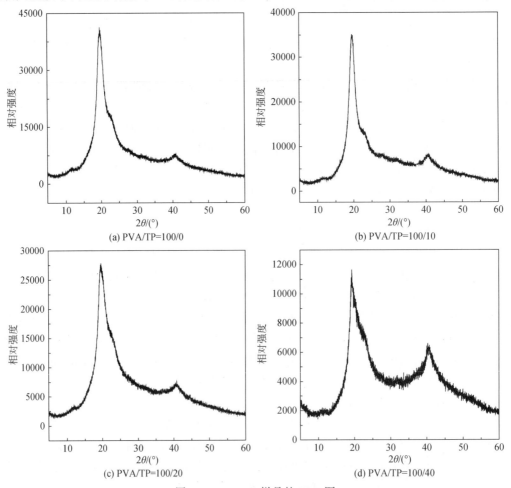

图 5-4　PVA/TP 样品的 XRD 图

聚乙烯醇是一种半结晶性高聚物，分子中有晶区和非晶区两个部分。利用 XRD 分析可以得出样品的结晶度，根据图 5-4 中 PVA 及 PVA/TP 的 X 射线衍射峰，结合软件对衍射峰图像进行分峰处理，即可算出结晶度。结果为：纯 PVA 的结晶度为 68.47%，PVA/TP 质量比为 100/10、100/20 和 100/40 时其结晶度分别为 66.68、59.75 和 54.69%。结果表明，随着 TP 的加入，PVA 的结晶度有所降低，主要是因为 TP 的加入破坏了原 PVA 分子的规整性，降低了结晶度。Zhu 等[37,39]研究了利用戊二醛交联对壳聚糖/PVA 共混膜的结晶行为，结果表明，随着 PVA 中共混加入壳聚糖后，共混膜中壳聚糖和 PVA 在溶液形成凝胶过程中发生了新的分子排列组合，壳聚糖与 PVA 分子间形成了新的相互作用，并且这种作用力的存在扰乱了 PVA 和壳聚糖原有的晶体结构。同样在文献［60］中也指出，PLA 与 PVA 共混以后，XRD 测试结果表明 PLA 和 PVA 的衍射峰依然存在，但强度均随其在共混膜中的含量下降而减弱，说明 PLA 和 PVA 在共混过程中，虽然未完全改变 PLA/PVA 的结晶性，但使其结晶受到一定的破坏，结晶度比纯 PLA 和 PVA 下降。

5.6.2　热失重

由于 PVA 是一种在熔点温度附近容易发生分解的高聚物[61]，在进行结晶过程研究之前，利用 TGA 分析其熔化和分解过程显得尤为必要。图 5-5（a）是 PVA/TP 以及 PVA 在温度为 40~500℃过程内的热失重 TG 图，经过微分处理得到图 5-5（b）的 DTG 图。从图中可以看出 PVA 和 PVA/TP 的热失重过程主要表现为两个阶段，其一是从室温到 150℃左右阶段，这主要是因为样品中水的蒸发等引起样品质量的减小；其二是 150~500℃阶段样品的质量变化，这主要是因为样品被氧化分解而引起质量减少。

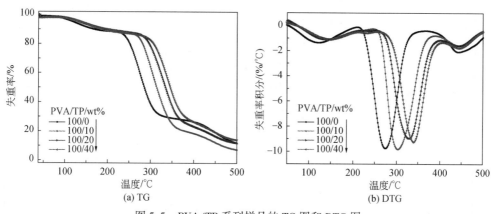

图 5-5　PVA/TP 系列样品的 TG 图和 DTG 图

表 5-1 列出了 PVA 及 PVA/TP 的热分解温度。从表中可以看出，纯 PVA 的热分解的起始温度为 248.4℃，氧化分解峰值温度为 274.8℃；随着 TP 的加入，PVA/TP 的分解起始温度及峰值温度均提高，当 PVA/TP 质量比为 100/40 时，两者温度分别为 308.8℃和 340.0℃。结果表明利用 DSC 方法研究 PVA/TP 的非等温结晶动力学采取的实验温度为室温至 240℃，该温度范围内 PVA 及 PVA/TP 没有发生分解。另外该结果还显示，TP 加入后，PVA 的热分解温度随 TP 含量的升高而升高。这说明利用 TP 改性 PVA，使 PVA 的热塑性加工成为可能。

表 5-1 PVA/TP 样品的热分解温度

PVA/TP/wt%	T_{onset}/℃	T_{peak}/℃	失重率/时间/(%/min)
100/0	248.4	274.8	−9.76
100/10	278.5	303.1	−9.83
100/20	294.8	329.4	−8.98
100/40	308.8	340.0	−9.25

5.6.3 非等温结晶动力学

图 5-6 是 PVA/TP 在不同的冷却速率时降温得到的 DSC 曲线。根据图 5-6 可以得出 PVA/TP 在非等温结晶时的相对非结晶度与温度和时间的关系，分别如图 5-7 和图 5-8 所示。图 5-7 结果显示，纯 PVA 以及 PVA/TP 的共混物，在不同结晶速率下均表现出一个单结晶峰，并随着降温速率的升高，结晶放热峰逐渐由窄变宽，这表明结晶温度范围在加大，主要是因为随着冷却速率的提高，结晶时间变短，致使高聚物链段的有序排列变得更加困难，在短时间内来不及完成结晶，使得高聚物的结晶温度范围加大，结晶峰变宽。另外随着 TP 在 PVA 中的含量升高，结晶逐渐变得不完全，如图 5-7（d）所示。表 5-2 列出了 PVA/TP 非等温结晶参数，T_0 为结晶起始温度、T_p 为结晶峰值温度、D 为结晶温度范围、ΔH 为熔变、$t_{1/2}$ 为结晶完成 50% 时的时间即半结晶时间，X_c 为结晶度。

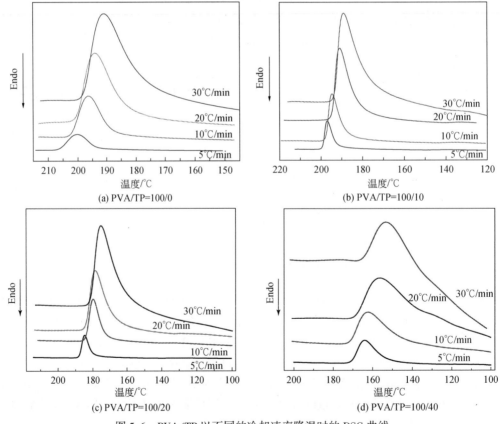

图 5-6 PVA/TP 以不同的冷却速率降温时的 DSC 曲线

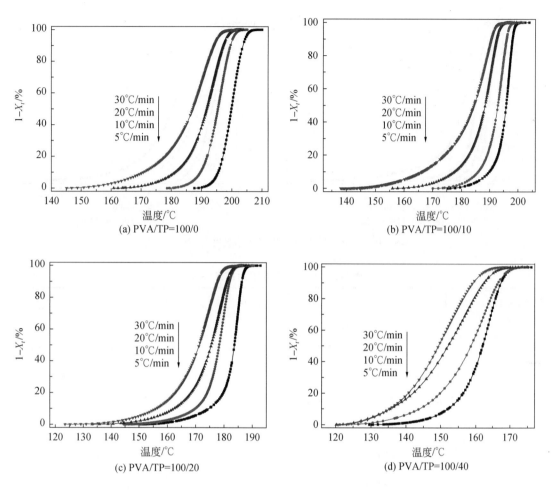

图 5-7 PVA/TP 非等温结晶相对非结晶度与温度的关系图

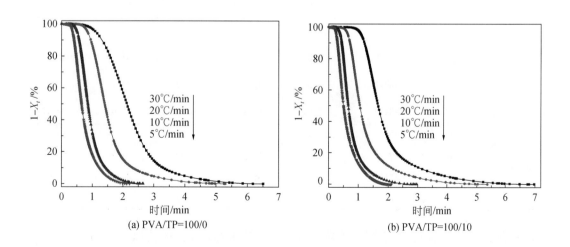

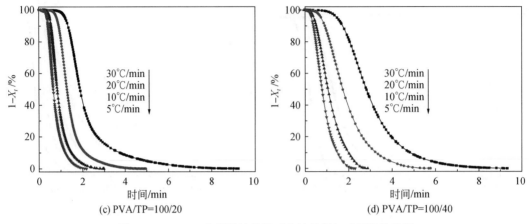

图 5-8　PVA/TP 非等温结晶相对非结晶度与时间的关系图

表 5-2　PVA/TP 非等温结晶参数

PVA/TP/ wt%	β/ (℃/min)	T_0/ ℃	T_p/ ℃	D/ ℃	$t_{1/2}$/ min	ΔH/ (J/g)	X_c/ %
100/0	5	207.8	200.3	18.5	2.13	46.65	29.88
	10	204.3	196.3	26.0	1.41	60.39	38.69
	20	203.4	194.0	40.9	0.85	68.42	43.83
	30	200.9	190.8	53.9	0.65	78.42	50.24
100/10	5	201.1	197.0	17.6	1.65	45.21	28.96
	10	200.3	194.7	24.6	1.04	55.38	35.48
	20	197.9	190.9	37.6	0.65	57.42	36.78
	30	196.0	189.0	51.6	0.51	66.53	42.62
100/20	5	190.7	184.8	19.1	1.87	39.78	25.48
	10	188.0	179.7	27.1	1.29	41.09	26.32
	20	187.3	178.5	47.4	0.82	44.17	28.30
	30	184.7	175.0	63.4	0.64	57.09	36.57
100/40	5	173.3	164.1	30.9	2.80	26.18	16.77
	10	172.9	162.6	36.3	1.73	33.68	21.58
	20	171.8	156.1	55.2	1.04	42.21	27.04
	30	168.2	153.1	—	0.78	—	—

　　从表 5-2 可以看出，对于同一试样，结晶起始温度 T_0 和结晶峰值温度 T_p 随着结晶速率的升高而降低，结晶温度范围 D 随着结晶速率的升高而变大，这是因为当降温速率较小

时，冷却缓慢，温度保持时间较长，高分子链有较长时间来进行有规则的排列，致密度高，高聚物可以在较高温度下结晶，并且可以在较窄的温度范围内进行结晶。当降温速率增加时，冷却较快，高分子链在高温下结晶时间短，来不及作规则排列，高分子链在较短时间内活动能力大幅度下降，其结晶效应在较低温度下才能显现，并且需要在较宽的温度范围内才能达到结晶平衡[62]。

而在相同的降温速率下，PVA/TP 的结晶起始温度 T_0、结晶峰值温度 T_p 以及结晶温度范围 D 均随着 TP 含量的升高而降低。结晶热也随着 TP 含量的升高而降低，在 TP 加入后，半结晶时间 $t_{1/2}$ 变短，说明 TP 的加入有利于加快 PVA 的结晶，TP 起到异相成核的作用，但当 TP 在系统中超过某一含量时，半结晶时间 $t_{1/2}$ 变长，这是因为系统中大量的 TP 分子有阻碍 PVA 形成晶粒的作用，使结晶时间变长。

根据高聚物在熔化或结晶过程中的热焓变化，可以计算高聚物的结晶度 X_c，计算公式为

$$X_c = \frac{\Delta H_f}{\Delta H_f^0} \times 100\% \tag{5-1}$$

式中，ΔH_f 为样品的熔融热焓；ΔH_f^0 为 100% 结晶的聚乙烯醇的熔融热焓。

根据文献 [63]，ΔH_f^0 的值为 156.1J/g。由此计算出样品的结晶度如表 5-2 所示。结果表明，PVA 的结晶度 X_c 随着 TP 含量的升高而降低，这一点与 XRD 测试结果一致；另外样品的结晶度随着降温速率的升高而增大，在文献[64,65]研究聚合物结晶过程中也得出了相同的结论。

比较样品 DSC 曲线熔融峰热焓计算所得结晶度和 XRD 分峰计算所得结晶度可知，尽管两者的变化趋势一致，但是由 XRD 计算所得的结晶度远高于由 DSC 热焓计算所得的结晶度。这是因为 XRD 分析结晶度是基于晶区与非晶区电子云密度差，晶区电子云密度大于非晶区，相应产生的结晶衍射峰及非晶区弥散峰的倒易空间积分强度的计算结果。而 DSC 测得的结晶度是以试样晶区熔融热吸收与完全结晶试样熔融热相对比得出的结果，此法仅考虑了晶区的贡献，所测得的结晶度比 XRD 所测得的结晶度低[66]。

（1）Ozawa 法处理 PVA/TP 的非等温结晶动力学

在等温条件下，根据 Avrami 方程[60,61]：

$$X_t = 1 - \exp\ (-Z_t t^n) \tag{5-2}$$

式中，n 为 Avrami 指数，取决于结晶的生长方式和成核机理；Z_t 为 Avrami 结晶速率常数，与成核速率和结晶速率有关；X_t 为 t 时刻的相对结晶度，是 t 时间的结晶热 Q_t 与整个结晶过程的结晶热 Q_∞ 的比值：

$$X_t = Q_t / Q_\infty = \int_0^t (\mathrm{d}H/\mathrm{d}t)\,\mathrm{d}t \Big/ \int_0^\infty (\mathrm{d}H/\mathrm{d}t)\,\mathrm{d}t \tag{5-3}$$

式中，$\mathrm{d}H/\mathrm{d}t$ 为热流速率。

考虑到降温速率对非等温结晶过程的影响，Ozawa[67]假设非等温结晶过程是由许多无限小的等温结晶步骤构成，将 Avrami 方程用于处理非等温结晶过程，推导出方程为

$$1 - X_t = \exp[-K(T)/\beta^m] \tag{5-4}$$

式中，$K\ (T)$ 为降温函数，与成核方式、成核速率以及晶核的生长速率有关；β 为降温速

率；m 为 Ozawa 指数，反映结晶维数。对等式两边取对数，则有

$$\ln[-\ln(1-X_t)]=\ln K(T)-m\ln\beta \qquad (5\text{-}5)$$

以 $\ln[-\ln(1-X_t)]$ 对 $\ln\beta$ 作图得一直线，其中斜率为 Ozawa 指数 m，从直线的截距计算出动力学参数值 $K(T)$。

根据 Owaza 方法，以 $\ln[-\ln(1-X_t)]$ 对 $\ln\beta$ 作图，其结果如图5-9所示。说明 Ozawa 方法对纯 PVA 在较低降温速率时适用，这一结果与文献［68］报道相同。对于 PVA/TP 质量比为 100/10 和 100/20 时，由 Ozawa 方法得到的图线性关系并不好，主要是因为非等温结晶过程是一个动态过程，结晶速率随着时间和降温速率变化，结晶过程变得复杂。但是对于 PVA/TP=100/40 时，得出较满意的直线，在温度 149.3℃、150.0℃、151.1℃、152.1℃和153.1℃时所得的线性度分别为 0.999、0.999、0.999、0.998 和 0.997。

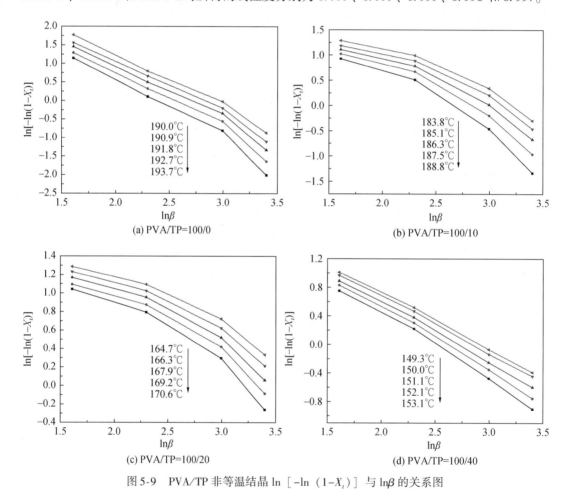

图5-9　PVA/TP 非等温结晶 $\ln[-\ln(1-X_t)]$ 与 $\ln\beta$ 的关系图

（2）Jeziorny 方法处理 PVA/TP 的非等温结晶动力学

对 Avrami 方程取对数，可得

$$\ln[-\ln(1-X_t)]=n\cdot\ln t+\ln Z_t \qquad (5\text{-}6)$$

Jeziorny[68]通过时间与温度之间的关系将 Avrami 方程推广应用于解析非等温结晶过

程。在非等温结晶过程中温度与时间和降温速率之间有如下关系：

$$t = \frac{|T_0 - T_t|}{\beta} \tag{5-7}$$

式中，T_t 为结晶时刻 t 对应的温度；T_0 为开始结晶时的温度；β 为降温速率。

考虑到冷却速率 β 的影响，Jeziorny 引入了降温速率 β 对 Z_t 进行校正：

$$\ln Z_c = \ln Z_t / \beta \tag{5-8}$$

式中，Z_c 为修正后的结晶速率常数。

根据式（5-6）可以得出 $\ln[-\ln(1-X_t)]$ 与 $\ln t$ 的关系，如图 5-10 所示。从图 5-10 可以得出，$\ln[-\ln(1-X_t)]$-$\ln t$ 曲线基本呈现为三段，成 S 形或反 S 形，并在结晶后期有拖尾现象出现，这是因为球晶生长后期，球晶之间可能会产生碰撞，使得晶体增长速率减缓，另外大球晶或晶片之间存在的无定形部分也可能重新结晶[69]。

分析图 5-10 相对结晶度为 10%~80% 段，可以发现所有结果基本上均有较好的线性度，根据直线斜率和截距可分别求出 n 和 $\ln Z_t$。取结晶度为 10%~80% 段进行线性拟合，得到表 5-3 结果。结果表明结晶速率常数 Z_c 随冷却速率 β 的增大而增大，说明冷却速率越大，体系的结晶速率越大，这是由于当冷却速率较小时，由熔融态向结晶转变的过程较慢，冷却速率对结晶的影响较弱，随冷却速率增加，结晶起始温度 T_0 降低，结晶受冷却速率影响较大，使 Z_c 变大，这意味着冷却速率对体系结晶有明显的影响。

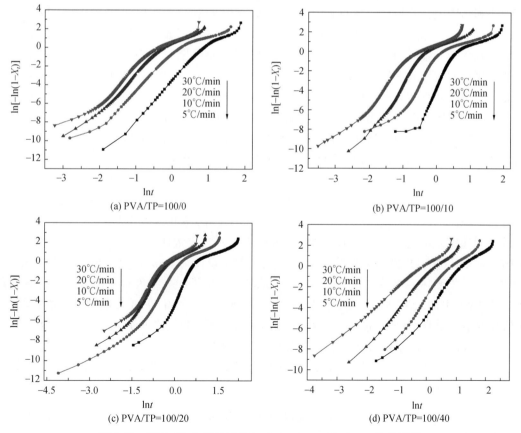

(a) PVA/TP=100/0　　　　(b) PVA/TP=100/10

(c) PVA/TP=100/20　　　　(d) PVA/TP=100/40

图 5-10　PVA/TP 非等温结晶 $\ln[-\ln(1-X_t)]$ 与 $\ln t$ 的关系图

表 5-3　利用 Jeziorny 法处理 PVA/TP 非等温结晶动力学参数

PVA/TP/ wt%	参数	β（℃/min）			
		5	10	20	30
100/0	n	3.60	3.10	3.09	2.79
	Z_t	0.045	0.488	1.956	2.763
	Z_c	0.537	0.931	1.034	1.034
100/10	n	4.07	3.46	3.32	2.45
	Z_t	0.074	0.487	2.347	3.282
	Z_c	0.594	0.931	1.044	1.040
100/20	n	3.82	3.67	3.13	3.31
	Z_t	0.052	0.424	1.603	2.511
	Z_c	0.553	0.918	1.0234	1.031
100/40	n	3.20	2.94	2.67	2.24
	Z_t	0.023	0.087	0.427	1.297
	Z_c	0.470	0.783	0.958	1.009

Avrami 指数 n 值的大小代表不同成核和晶体生长类型[60,61]。高分子结晶过程分为晶核形成和晶体生长两步，结晶的成核方式分为均相成核和异相成核两类。均相成核是以熔体中高分子链段靠热运动形成有序排列的链束为晶核；异相成核则是以外来杂质、未完全熔融的残余结晶聚合物、分散的小颗粒固体物质或容器的壁为中心，吸附熔体中的高分子链作有序排列而形成晶核。因而均相成核有时间依赖性，时间维数为 1，而异相成核与时间无关，其时间维数为零。根据结晶成核和生长机理，理论上 n 应该为整数，但是由于高分子结晶过程的复杂性，成核过程不可能完全按一种方式进行，晶体形态也不一定按一种均一形态生长。因此通常情况下 Avrami 指数 n 都为小数。这也与 Avrami 方程导出过程中所做的假设有关，如二次结晶、两种成核方式并存，甚至实验过程中的因素均对 n 有影响[60,61]。从表 5-3 可以看出，Avrami 指数 n 随着降温速率的升高而减小，这是因为随着降温速率的升高，冷却较快，高分子链在高温下结晶时间短，来不及作规则排列，高分子链在较短时间内活动能力大幅度下降，晶体变得更不完善，n 值变小[60,61]。对于纯 PVA，在实验降温速率范围内，其 n 值为 2.79～3.60，PVA/TP 质量比为 100/10 时 n 值为 2.45～4.07，质量比为 100/20 时 n 值为 3.31～3.82，而质量比为 100/40 时 n 值为 2.24～3.20。所以可大致推测体系中晶体的生长方式是以球晶三维生长和二维盘状生长为主。结果还表明，在 PVA 中加入 TP 后，结晶过程变得更加复杂，但是随着 TP 在共混物中含量的增加，n 值却变小，说明 TP 含量过高，使 PVA 晶体变得更不成熟，降低了 Avrami 指数值[60,61]。

（3）Mo 方法处理 PVA/TP 的非等温结晶动力学

Mo 等[70]把 Avrami 方程和 Ozawa 方程联合起来，用以处理非等温结晶过程。根据式（5-2）和式（5-5）可得

$$\ln Z_t + n\ln t = \ln K（T）- m\ln\beta \tag{5-9}$$

重新整理得

$$\ln\beta = \ln F(T) - \alpha \ln t \qquad (5\text{-}10)$$

其中，

$$F(T) = \left(\frac{K(T)}{Z_t}\right)^{1/m}, \quad \alpha = n/m \qquad (5\text{-}11)$$

式中，$F(T)$ 表示单位结晶时间内达到一定结晶度所需要的降温速率；α 为 Avrami 指数与 Ozawa 指数之比。根据式（5-9），$\ln\beta$ 对 $\ln t$ 作图可得一直线，由直线的斜率和截距可分别求出 α 和 $F(T)$。

由 Mo[70] 方法得到图 5-11 是 PVA/TP 的 $\ln\beta$-$\ln t$ 曲线。可以看出，$\ln\beta$ 与 $\ln t$ 有较好的线性关系，这说明用 Mo 方法处理 PVA/TP 体系的非等温结晶过程也是可行的，由直线的斜率和截距可分别求出 α 和 $F(T)$，结果见表5-4。

由表5-4 的数据可知 $F(T)$ 随结晶度的增加而增大，而 $F(T)$ 表示的是单位结晶时间内达到一定结晶度所需的降温速率，这表明在单位结晶时间内达到一定结晶度所需要的降温速率在增加。同时可以发现，相同结晶度下，随着 TP 含量的增加，$F(T)$ 值增大，这说明 PVA/TP 的结晶速率随着体系内 TP 含量的增加，所需的降温速率变大。

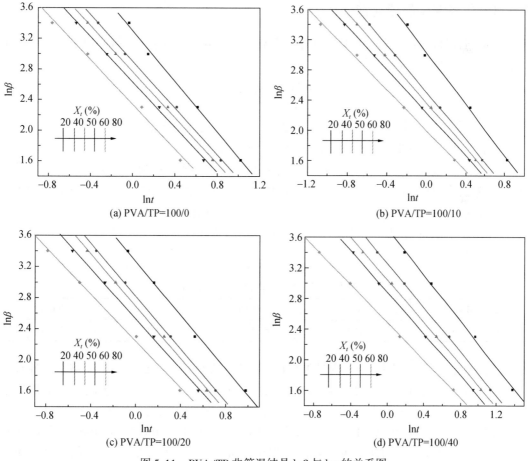

图 5-11　PVA/TP 非等温结晶 $\ln\beta$ 与 $\ln t$ 的关系图

表 5-4　利用 Mo 法[70] 处理 PVA/TP 非等温结晶动力学参数

PVA/TP (wt%)	参数	X_t（%）				
		20	40	50	60	80
100/0	α	1.455	1.474	1.499	1.525	1.635
	$F(T)$	10.371	13.888	15.879	18.192	27.138
100/10	α	1.342	1.419	1.480	1.545	1.703
	$F(T)$	7.382	9.346	10.644	12.244	20.656
100/20	α	1.497	1.598	1.674	1.690	1.721
	$F(T)$	9.440	12.554	14.761	16.777	26.180
100/40	α	1.231	1.354	1.377	1.433	1.496
	$F(T)$	12.001	17.796	20.884	25.816	40.447

5.6.4　非等温结晶活化能

考虑到各种降温速率 β 对 DSC 曲线峰值温度的影响，Kissinger[71] 推导出了一个求解非等温结晶活化能的公式：

$$\frac{\mathrm{d}\left[\ln(\beta/T_p^2)\right]}{\mathrm{d}(1/T_p)} = -\frac{\Delta E}{R} \tag{5-12}$$

式中，R 为摩尔气体常量；ΔE 为总的结晶活化能；T_p 为结晶峰值温度。以 $\ln(\beta/T_p^2)$ 对 $1/T_p$ 作图，可得一直线，该直线的斜率即为 $-\Delta E/R$。

图 5-12 是以 $\ln(\beta/T_p^2)$ 对 $1/T_p$ 作图并对其进行线性拟合得到的结果，结果表明，线性关系较好，线性度 R 均在 0.99 以上。根据该图并结合式（5-12）可计算出 PVA/TP 非等温结晶活化能如表 5-5 所示。纯 PVA 的非等温结晶活化能为 –65.325kJ/mol，在 PVA 中共混 TP 以后，其非等温结晶活化能有所降低。这说明 PVA/TP 在非等温条件下，其结晶所需的能量比 PVA 少，PVA/TP 较纯的 PVA 容易结晶。

表 5-5　PVA/TP 非等温结晶活化能

PVA/TP/wt%	100/0	100/10	100/20	100/40
$-\Delta E/(\mathrm{kJ/mol})$	65.325	63.868	64.148	64.019

不同的分子间或相同的分子内是否存在一定的相互作用，测试其红外光谱是一种有效的手段。对于 PVA/TP 共混物来说，红外光谱图中有两个光谱带是敏感的，一个是位于 4000~3000 cm^{-1} 的羟基伸缩振动区，另一个是位于 1200~950 cm^{-1} 的 PVA 分子中 C—O 伸缩振动区。图 5-13 为 PVA/TP 质量比分别为 100/0、100/10、100/20 和 100/40 的红外光谱图，图 5-14 是波长为 1200~950 cm^{-1} 和 3900~3000 cm^{-1} 的 PVA/TP 共混物的红外光谱图。在纯的聚乙烯醇中，3332cm^{-1}、1336cm^{-1} 和 1094cm^{-1} 处的吸收峰分别是由 O—H 伸缩

振动、CH—OH 弯曲振动以及 C—O 的伸缩振动引起的特征峰；2943cm^{-1} 和 1431cm^{-1} 处分别是 C—H 的伸缩振动和弯曲振动引起的吸收峰。这些吸收峰与文献［72］报道的基本一致。

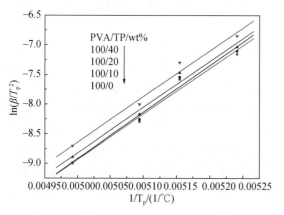

图 5-12　ln（β/T_p^2）与 $1/T_p$ 的关系图

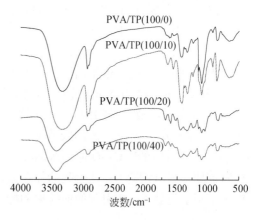

图 5-13　PVA/TP 红外光谱图

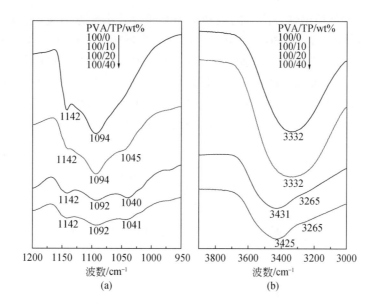

图 5-14　PVA/TP 在波数为 1200～950 cm^{-1}（a）和 3900～3000 cm^{-1}（b）的红外光谱图

对于 PVA/TP 共混物的红外光谱如图 5-14 所示，在图 5-14（b）中表示的是，在波数 3900～3000cm^{-1} 范围内，随着茶多酚含量增加，O—H 伸缩振动的波数的变化。对于游离的 O—H，其伸缩振动峰在 3640～3610 cm$^{-1[72]}$，而在纯的 PVA 中，由于分子内和分子间氢键的形成，使吸收峰位移至 3332cm^{-1}；当 TP 加入后，吸收峰带变宽，并向高波数位移；当 TP 含量增加至 PVA 的 40% 时，吸收峰位移至 3425cm^{-1}，说明 TP 加入后，削弱了 PVA 分子内和分子间氢键的形成，而 TP 分子与 PVA 分子间同时也形成了氢键，即在 3265cm^{-1} 处形成一新的伸缩振动峰。同样在 1200～950cm^{-1} 范围内，随着 TP 含量的增加，C—O 伸缩振动峰也明显加宽，如图 5-14（a）所示，说明 PVA 分子与 TP 分子间产生了相互作用。

Kubo 等[73]在研究 PVA 与木质素的相容性时也指出，木质素分子与 PVA 分子间形成了相互作用的氢键。

　　Li 等[74]分析了在 PMMA 和 PVPh 共混系统中分子间相互作用形成的氢键，在纯的 PMMA 中，羰基是"自由的"，在加入 PVPh 后，PMMA 分子中的羰基与 PVPh 分子中的羟基形成了氢键，C═O 分为两部分，即"自由的"和形成氢键部分。Iriondo 等[75]在研究 PHB 与 PVPh 系统时，也给出了相同的解释。在图 5-14（a）中，纯的 PVA 中 C—O 伸缩振动峰 1141cm⁻¹ 和 1094cm⁻¹ 分别表示的是"自由的" C—O 伸缩振动峰和由于 C—O 官能团与 PVA 分子内或分子间的 O—H 官能团形成氢键后 C—O 引起的伸缩振动峰[74-76]。而在 PVA/TP 系统中，该波数段的吸收峰分为 3 部分：1142cm⁻¹、1094cm⁻¹ 和 1045cm⁻¹，它们分别属于"自由的" C—O 伸缩振动峰，由于 C—O 官能团与 PVA 分子内或分子间的 O—H 官能团形成氢键后 C—O 引起的伸缩振动峰，以及 C—O 官能团与 TP 分子内的 O—H 官能团形成氢键后 C—O 引起的伸缩振动峰。

5.6.5　分子间的氢键

　　图 5-15 表示的是根据红外测试结果和利用非线性最小平方曲线拟合得到的 PVA/TP 质量比为 100/10（wt%）在 950～1200 cm⁻¹ 的红外光谱图，其中曲线 A（Expt.）是实验曲线，曲线 B（Fitt.）为拟合后得到的总曲线，曲线 C（Non-H-bond）表示没有形成氢键的（"自由的"）C—O 伸缩振动谱图，其吸收峰为 1142 cm⁻¹，曲线 D（H-bond-1）表示 PVA 分子自身形成氢键后 C—O 伸缩振动谱图，其吸收峰为 1094 cm⁻¹，曲线 E（H-bond-2）表示 PVA 与 TP 分子形成氢键后 C—O 伸缩振动谱图，其吸收峰位为 1045cm⁻¹。

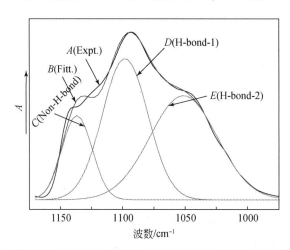

图 5-15　PVA/TP 质量比为 100/10 在波数为 1200～950cm⁻¹时的 C—O 伸缩振动峰拟合图

　　根据 Beer–Lambert 定律，曲线 C、D 以及 E 的积分面积可表示为

$$A_i = DC_i \int_0^{+\infty} \varepsilon_i(\nu)\,\mathrm{d}\nu \tag{5-13}$$

式中，下标 i 分别用 Non、H_1 和 H_2 表示，代表的是没有形成氢键的 C—O 吸收峰（"自由

的"）、PVA 分子自身形成氢键的 C—O 吸收峰、PVA 和 TP 分子间形成氢键的 C—O 吸收峰；$\varepsilon_i(\nu)$ 为吸收系数；D 为测试样品的厚度；ν 为波数；C_i 为 C—O 吸收峰所占的分数。

由于 C—O 振动包括没有形成氢键、与自身分子形成氢键以及与 TP 分子形成氢键三部分，所以有

$$C = C_{\mathrm{Non}} + C_{\mathrm{H_1}} + C_{\mathrm{H_2}} \tag{5-14}$$

即有各部分所占分数为

$$F_i = C_i / C \tag{5-15}$$

$$\gamma_{i/j} = \int_0^{+\infty} \varepsilon_i(\nu)\,\mathrm{d}\nu \Big/ \int_0^{+\infty} \varepsilon_j(\nu)\,\mathrm{d}\nu \tag{5-16}$$

根据式（5-13）～式（5-16），并由文献 [39, 75-78] 得出 $\gamma_{\mathrm{Non/H_1}}$ 和 $\gamma_{\mathrm{Non/H_2}}$ 均为 0.667。所以没有形成氢键部分 F_{Non}、与自身分子形成氢键部分 $F_{\mathrm{H_1}}$ 以及与 TP 分子形成氢键部分 $F_{\mathrm{H_2}}$ 分别可由式（5-17）、式（5-18）和式（5-19）计算得出，所得结果如表 5-6 所示。

$$F_{\mathrm{Non}} = A_{\mathrm{Non}} / (A_{\mathrm{Non}} + \gamma_{\mathrm{Non/H_1}} A_{\mathrm{H_1}} + \gamma_{\mathrm{Non/H_2}} A_{\mathrm{H_2}}) \tag{5-17}$$

$$F_{\mathrm{H_1}} = A_{\mathrm{H_1}} / (A_{\mathrm{H_1}} + A_{\mathrm{H_2}} + A_{\mathrm{Non}} / \gamma_{\mathrm{Non/H_1}}) \tag{5-18}$$

$$F_{\mathrm{H_2}} = A_{\mathrm{H_2}} / (A_{\mathrm{H_1}} + A_{\mathrm{H_2}} + A_{\mathrm{Non}} / \gamma_{\mathrm{Non/H_2}}) \tag{5-19}$$

表 5-6 不同含量的 PVA/TP 共混物 C—O 伸缩振动峰的拟合结果

PVA/TP/ wt%	未形成氢键		自身形成氢键		分子间氢键	
	$A_{\mathrm{Non}}/\%$	$F_{\mathrm{Non}}/\%$	$A_{\mathrm{H_1}}/\%$	$F_{\mathrm{H_1}}/\%$	$A_{\mathrm{H_2}}/\%$	$F_{\mathrm{H_2}}/\%$
100/0	27.0	35.7	73.0	64.3	—	—
100/10	16.0	22.2	43.8	40.6	40.2	37.2
100/20	11.4	16.1	47.7	38.8	40.9	45.1
100/40	11.2	15.8	52.7	34.3	36.1	49.9

根据表 5-6 可以看出，即使在纯的 PVA 中，本身分子间或分子内形成的氢键数也较大，达到 64.3%。在文献 [79] 中也报道，纯的 PVA 中，PVA 分子间和分子内形成的氢键率可以达到 70%。随着 TP 的加入，相互作用的分子间形成的氢键数进一步增加；TP 在共混物中的含量越大，其与 PVA 形成的氢键数也越多，而 PVA 分子本身之间形成的氢键数则有所下降。这一结果表明，随着 TP 的加入，TP 分子破坏了 PVA 分子原来形成的部分氢键，而 TP 分子中的 OH 同时也和 PVA 分子中的 C—O 形成新的氢键，并且其量随着 TP 含量的增加而增加。这一结果也说明，PVA 分子与 TP 分子之间形成的相互作用力强于 PVA 分子间本身形成的相互作用力。

5.6.6 热性能

研究共混物的 DSC 可以较好地说明各组分之间的相容性。将 PVA/TP 共混物先以 10℃/min 从室温升至 240℃并保温 5min 后，再以 10℃/min 降温至 40℃，然后再以 10℃/min 升温至 240℃。图 5-16 表示的第二次升温过程中的 DSC 曲线，其中图 5-16 （a）是 50～240℃范围内的热熔温度曲线，（b）是 50～150℃范围内的热熔温度曲线。从图 5-16

中可以看出，纯的 PVA 的玻璃化转变温度 T_g 为 68.9℃，随着 TP 的加入，T_g 逐渐升高，当 TP 含量为 PVA 的 40% 时，T_g 达到 99.4℃，并且在整个过程各组分中只出现一个玻璃化转变温度，说明 PVA 与 TP 两相的相容性良好，这与红外光谱得出的结论是一致的。Inoue 等[32-35]在分析儿茶素与 PCL 和 PHP 共混时也指出，在 PCL 或 PHP 中添加儿茶素后，系统在所有组分范围内只出现一个玻璃化转变温度，并且该玻璃化转变温度随着儿茶素在系统中的含量升高而升高。

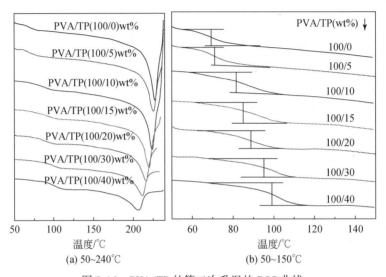

图 5-16　PVA/TP 的第二次升温的 DSC 曲线

玻璃化转变温度 T_g 是描述高聚物性质的重要物理量之一。对于两组分组成的高聚物的共混物的玻璃化转变温度，也可由一些理论或经验的公式计算得到，如 Fox 方程、Gordon-Taylor 方程、Kwei 方程以及 Couchman 方程等[80]。

根据实验得到两共混组分的玻璃化转变温度 T_g，并根据 Kwei（其中 $k=1$ 和 $q=76$）和 Couchman 方程（其中 $K=4.2$）计算所得的结果如表 5-7 所示。从表 5-7 可以得出，Kwei 和 Couchman 方程的计算结果与实验数据很好地吻合，说明 Kwei 和 Couchman 方程都能较好地描述该系统的玻璃化转变温度的变化趋势。在 Kwei 方程中，参数 q 值大小取决于系统中各组分形成氢键等分子间相互作用时的熵变[81]，对于 PVA 与 TP 共混系统，相应 q 值的大小也定性地表示 PVA 分子内或分子间氢键的断裂与 PVA 分子和 TP 分子间氢键形成之间的平衡值[82]。而 q 为正数值 76，即说明 PVA 分子与 TP 分子间形成了较为强烈的相互作用。

上述 Kwei 和 Couchman 等方程主要从两组分含量以及组分之间相互作用的参数等计算出共混物的玻璃化转变温度，为了进一步说明共混物的玻璃化转变温度，图 5-17 反映了实验所得的各共混物的玻璃化转变温度 T_g 与 $\ln(W_{PVA}/W_{TP})$ 的关系。从图中可以看出，共混物的 T_g 与 PVA 和 TP 质量比的自然对数值存在很好的线性关系，满足方程 $T_g = 111.17 - 13.43 \ln(W_{PVA}/W_{TP})$，线性度 $R=0.998$。

表 5-7 实验以及由 Kwei 和 Couchman 公式计算得到的 PVA/TP 的 T_g/(℃)

PVA/TP/wt%	实验	Kwei	Couchman
100/0	68.9	—	—
100/5	70.8	74.9	76.2
100/10	81.1	80.1	81.7
100/15	85.2	84.5	86.0
100/20	88.4	88.4	89.6
100/30	95.1	94.8	94.9
100/40	99.4	99.7	98.8
0/100	122.4	—	—

图 5-18 是 PVA 和 PVA/TP 共混物在第一次降温过程的 DCS 曲线，从图中可以看出，各组分的样品均只有一个结晶峰值温度 T_c，亦说明 PVA 和 TP 之间的相容性非常好。根据图 5-17 以及 5-18 可以得出 PVA/TP 的熔化峰值温度 T_m 和结晶峰值温度 T_c，如表 5-8 所示。结果显示，TP 的加入降低了 PVA 的熔点和结晶温度，并且随着 TP 含量的增加，熔点和结晶温度变得越低。这说明 TP 起到增塑剂的作用，TP 改性 PVA 使其有利于热塑性加工。

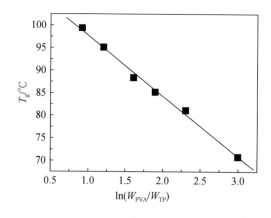

图 5-17 PVA/TP 的 T_g 与 ln（W_{PVA}/W_{TP}）的关系　　图 5-18 PVA/TP 的第一次降温过程的 DSC 曲线

表 5-8 PVA/TP 的熔化峰值温度 T_m 和结晶峰值温度 T_c

PVA/TP/wt%	100/0	100/5	100/10	100/15	100/20	100/30	100/40
T_m/℃	228.1	226.0	224.7	220.4	216.5	212.0	206.8
T_c/℃	195.9	193.9	184.4	177.8	171.3	158.3	133.8

5.6.7 亲疏水性能

PVA 是一种水溶性的高聚物，分子内含有大量亲水性基团—OH，使其表面具有强亲水性，PVA 的这种强亲水吸水性限制了其某些应用[83]。液体在固体表面的接触角是表征该固体是否被该液体润湿的重要物理量，一般情况下，$\theta > 90°$时，液体与固体表面之间不润湿，液体趋于缩小固–液界面；当$\theta < 90°$时，液体趋于自动扩大固–液界面，液体与固体表面润湿；当$\theta = 0°$时，液体与固体表面完全润湿。图 5-19 是水在 PVA/TP 表面形成的接触角的变化过程，表 5-9 列出了 0 时刻时的接触角θ_1和接近平衡时（5s 时）的接触角θ_2。结果显示，随着 TP 含量的增加，接触角值变大，这是由于 TP 中含有疏水性基团苯环，致使共混物的亲水性下降而疏水性增强。对于纯的 PVA，θ_1为 53.7°，θ_2为 19.1°，显示出较强的亲水性；当 TP 含量增加到 PVA 的 40% 时，θ_1已增加为 94.8°，表现为具有一定的疏水性。即 TP 的加入，有利于改性 PVA 的疏水性，使材料的亲水性能减弱。

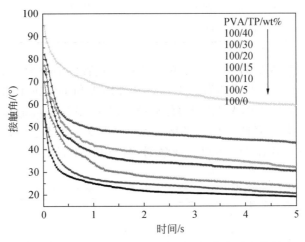

图 5-19　水在 PVA/TP 表面形成的接触角与时间的关系

表 5-9　水在 PVA /TP 表面的接触角

PVA/TP/wt%	100/0	100/5	100/10	100/15	100/20	100/30	100/40
$\theta_1/(°)$	53.7	55.8	69.8	74.5	77.2	82.0	94.8
$\theta_2/(°)$	19.1	20.5	23.5	30.5	32.0	42.8	59.2

注：θ_1为 0 时刻的接触角，θ_2为平衡以后的接触角。

5.6.8　吸水性能

表 5-10 是 PVA/TP 在去离子水，以及 pH 为 5 和 8 的磷酸盐缓冲溶液中的吸水率的变化值。在这 3 种溶液中，吸水率均随着 TP 含量的增加而降低，主要是由于 TP 含量的增加，整个共混物分子内所含有的苯环基团增加，使疏水性变强，该结果与水在 PVA/TP 表面所形成接触角实验结果一致。从表中可以看出，在去离子水中，其吸水率基本是浸渍 24h 后达到最大值，其后主要是因为固体在水中的溶解大于吸收，导致吸水率下降；然而由于 PVA 于室温下在水中的溶解度较小，所以溶解的 PVA/TP 质量较小。在弱酸性溶液中，其吸水率较相同时间后水中的吸水率小，而在弱碱性溶液中，其吸水率则变大。

表 5-10　PVA/TP 在不同溶液中的吸水率（%）

溶液	浸渍时间/h	PVA/TP（wt%）						
		100/0	100/5	100/10	100/15	100/20	100/30	100/40
去离子水	12	123.09	105.73	100.51	94.33	83.08	70.03	58.35
	24	124.26	106.65	101.02	95.27	83.99	72.63	60.41
	48	122.82	105.00	98.19	92.22	80.84	68.78	56.18
pH=5	24	120.00	103.96	92.46	89.75	76.38	66.55	56.90
pH=8	24	132.89	129.29	111.54	101.91	95.16	84.93	73.95

注：pH 为 5 和 8 的溶液均为磷酸盐缓冲溶液。

5.6.9　溶解过程

图 5-20 是 PVA/TP 在水中溶解时电导率与时间的变化关系图。由于在室温条件下，PVA 在水中基本不溶解，所以即使溶解平衡以后，电导率值也较小。实验结果显示，随着 TP 含量的增加，PVA/TP 在水中的电导率下降，说明 PVA/TP 在水中的溶解度下降，这一方面是因为 TP 增塑剂的作用；另一方面由于 TP 与 PVA 分子间形成氢键而相互作用。

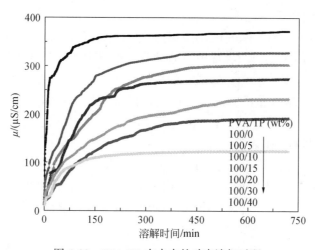

图 5-20　PVA/TP 在水中的动态溶解过程

5.6.10　力学性能

图 5-21 反映了 PVA/TP 复合膜在干态和湿态条件下的抗拉强度和断裂伸长率与不同 TP 含量之间的关系。结果显示，在干态条件下，随着共混膜中 TP 含量的增加，断裂伸长率下降，而抗拉强度先有所上升后逐渐下降，当 TP 含量达到 PVA 的 10% 时，其抗拉强度达到最大值。这是因为随着 TP 的加入，PVA 高分子链的柔性有所下降，断裂伸长率下降；而由于 TP 与 PVA 分子间进一步形成分子间相互作用，使抗拉强度有所上升。但随着 TP 含量进一步提高，系统中 TP 分子化合物使抗拉强度下降，TP 分子把 PVA 分子聚拢在一起的作用中心遮蔽起来，减少了聚合物大分子间的次价力，同时使聚合物的松弛过程变快，

TP起到增塑剂的作用。在湿态条件下的结果与干态相似，但相对于干态来说，各组分的抗拉强度变化不大，这是因为在湿态条件下，水浸入高分子链中，整个共混膜处于溶胀的状态下，水对其抗拉强度有较大影响。

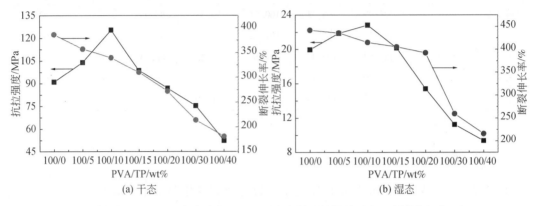

(a) 干态　　　　　　　　　　　　　　(b) 湿态

图 5-21　　PVA/TP 复合膜在干态和湿态条件下的抗拉强度和断裂伸长率

5.6.11　降解性能

（1）降解前后的质量变化率

聚乙烯醇只有在特定酶的存在下，才具有较好的生物降解性，自然条件下降解性仍然较差[84]。纯的 PVA 与 PVA/TP 共混物利用土埋法降解 60 天后的质量变化率测试结果显示：纯的 PVA 在自然条件下，降解性差，60 天后的失重率为 5.20%；在添加 TP 以后，失重率明显增加，当 TP 含量为 PVA 含量的 5% 时，60 天后的失重率则为 6.94%；随着 PVA 中 TP 含量的增加，失重率 Δm 有明显提高，当 TP 含量是 PVA 的 40% 时，其失重率增为 38.53%。

（2）降解前后材料的形貌特征

图 5-22 分别是所测试样降解前后的 SEM 照片。从图中可以看出，在降解前，所有含量的样品中两相之间没有出现明显的相分离，两相间的相容性良好。通过土埋法后进行 SEM 测试，所有的样品表面显示出不同程度的凹凸缺陷以及裂纹，即发生了不同程度的降解。PVA 中 TP 含量越多，样品表面的缺陷越多，并且产生的裂纹也越大，说明降解程度越大，通过以上失重率的讨论也说明了这一点。这主要是因为 TP 本身是一种天然生物材料，容易发生降解。在 PVA 中添加 TP 以后，TP 的降解可能进一步引发 PVA 中高分子链的损坏，使其发生降解。

降解前　　　　　　　　　　　　降解后

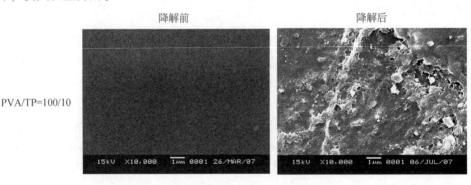

PVA/TP=100/10

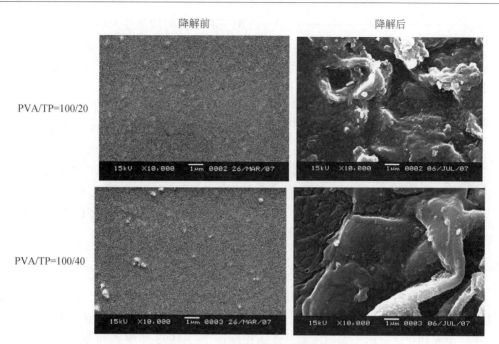

图 5-22　PVA/TP 降解前后的 SEM 照片

（3）降解前后材料的力学性能变化

测试材料降解前后的力学性能，是表征材料降解程度的有效手段之一。表 5-11 显示了 PVA/TP 降解前后的抗拉强度和断裂伸长率。从表中可以看出，经过自然降解的 PVA/TP 共混物，其抗拉强度和断裂伸长率均有不同程度的降低，当 TP 含量为 PVA 的 20% 时，降解后的抗拉强度降低至 41.99MPa，断裂伸长率降低至 189.88%，而降解前两者分别为 86.89MPa 和 272.09%。说明 PVA/TP 经过土埋法 60 天后亦有一定程度的降解。

表 5-11　PVA/TP 降解前后的力学性能比较

PVA/TP/ wt%	降解前		降解后	
	抗拉强度/MPa	断裂伸长率/%	抗拉强度/MPa	断裂伸长率/%
100/0	91.00	386.54	55.83	276.25
100/5	104.04	357.34	61.02	248.04
100/10	125.43	339.81	73.23	203.14
100/15	98.71	310.28	41.99	189.88
100/20	86.89	272.09	38.43	142.01

5.6.12　抗菌性能

图 5-23 表示不同含量的 PVA/TP 对金黄色葡萄球菌（*Staphylcoccus aures*）、大肠杆菌（*Escherichia coli*）以及普通变形杆菌（*Proteus valgaris*）产生的抑菌环大小。结果表明，纯的 PVA 对所测试三种菌种均没有明显的抑菌性，即没有明显的抑菌环出现。在 PVA 中加入 TP 后，材料均表现有一定的抗菌性能，出现明显的抑菌环。从图中可以看出，PVA/TP

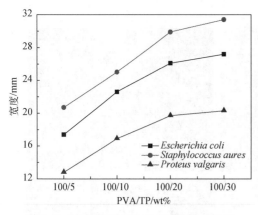

图 5-23　不同含量的 PVA/TP 的抗菌性能

对三种细菌的抑菌性大小为：对金黄色葡萄球菌抗菌性最好，其次是大肠杆菌，对普通变形杆菌的抗菌性稍差；并且随着 TP 在共混物中含量的升高，对三种细菌的抑菌性也逐渐增强，这说明 PVA/TP 中抑菌的有效成分即为茶多酚，但是当 TP 含量增加到一定程度后，其抑菌性均趋于稳定，这可能是因为在测试过程中，PVA/TP 测试样品与琼脂表面接触时，由于有效接触面积一定，TP 含量的增加不足以使更多的茶多酚产生抑菌性。

5.6.13　抗紫外线性能

目前国内外有多个国家已制定出相应标准，测试织物等的抗紫外线性能，由于澳大利亚和新西兰受紫外线的辐射较为强烈，人们对紫外线辐射造成的危害也更为关注，早在 1990 年，澳大利亚就提出了太阳镜紫外线防护标准[85]，1993 年澳大利亚和新西兰提出了防晒霜的相关标准[86]，1996 年，澳大利亚和新西兰提出织物服装抗紫外线防护标准[86]。我国在 1997 年制定了织物抗紫外线测试方法[87]。另外有关纺织品的抗紫外线测试标准还有美国 AATCC 183 标准[88]和欧洲 CEN PREN 13758[89]等标准。

根据澳大利亚/新西兰 AS/NZS 4399—1996 标准，对 PVA/TP 共混膜进行了抗紫外线性能评价。

表 5-12 是 AS/NZS 4399—1996 的测试结果评价标准，根据该评价标准，紫外线防护系数 UPF 大于 50 即该测试材料具有非常优异的抗紫外线性能。

表 5-12　AS/NZS 4399—1996 评价标准

UPF 范围	UV 辐射保护评价	有效的 UV 辐射透过率/%	UPF 等级
15 ~ 24	好	6.7 ~ 4.2	15，20
25 ~ 30	非常好	4.1 ~ 2.6	25，30，35
40 ~ 50，>50	极好	≤ 2.5	40，45，50，50+

图 5-24 是表示 PVA/TP 共混膜紫外透过率与波长的关系，图 5-25 和图 5-26 分别是 PVA/TP 共混膜浸泡 24h 和 72h 后紫外透过率与波长的关系图。表 5-13 列出了 PVA/TP 的抗紫外线性能测试结果。从表中可以看出，PVA/TP 具有极其优异的抗紫外线性能，即使 TP 含量为 PVA 的 5% 时，其 UPF 为 310.51，T_{UVA} 和 T_{UVB} 分别为 1.54% 和 0.30%，根据 AS/NZS 4399-1996 标准，UPF 大于 50 即具有优异的抗紫外线性能。而纯的 PVA，其紫外线透过率非常大，T_{UVA} 和 T_{UVB} 分别为 90.62% 和 87.46%，UPF 为 1.13，基本上不具有抗紫外线的功能。随着 TP 在 PVA 中的含量升高，UPF 逐渐增大，即抗紫外线性能变得越加卓越，但是当 TP 含量增加到一定程度后，UPF 趋于稳定。根据图 5-25 和图 5-26 以及表 5-13 的结果可以看出，即使利用水浸泡 24h 和 72h 后，所有样品的 UPF 值均大于 50，即 PVA/TP 共混膜抗紫外性能仍然非常优异。

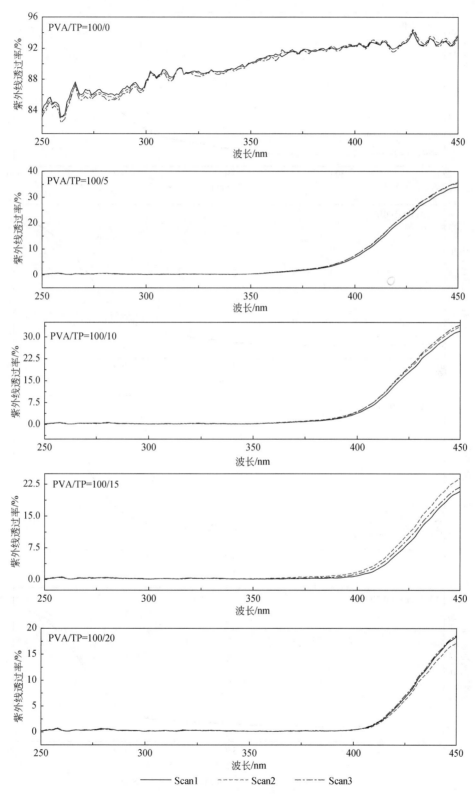

图 5-24　PVA/TP 共混膜紫外透过率与波长的关系

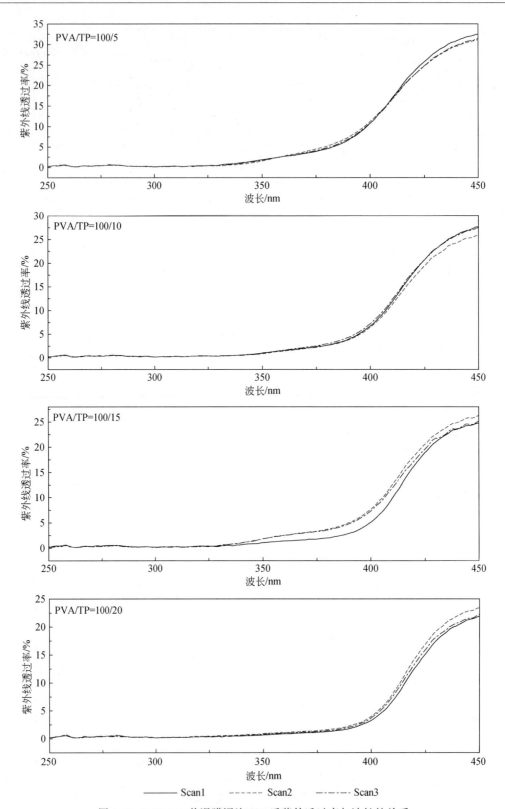

图 5-25　PVA/TP 共混膜浸泡 24h 后紫外透过率与波长的关系

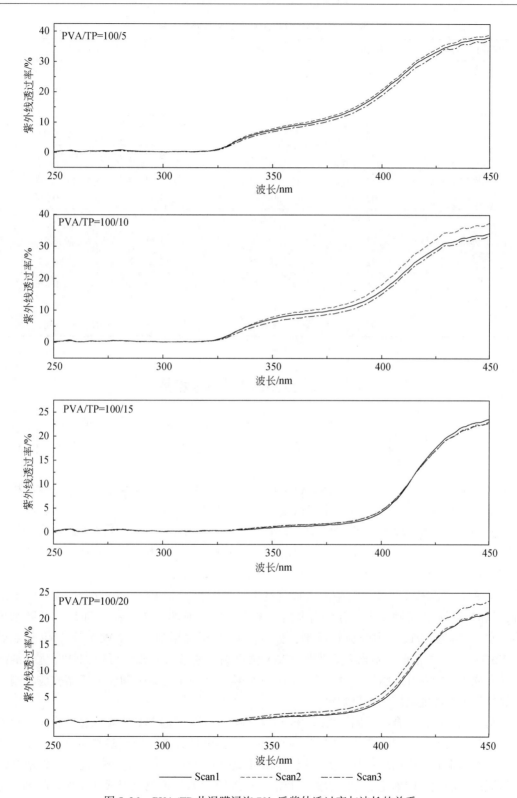

图 5-26 PVA/TP 共混膜浸泡 72h 后紫外透过率与波长的关系

表 5-13　PVA/TP 共混膜的抗紫外线性能

PVA/TP/wt%	浸泡时间/h	UPF	T_{UVA}/%	T_{UVB}/%
100/0	0	1.13	90.62	87.46
100/5	0	310.51	1.54	0.30
	24	198.30	3.82	0.30
	72	94.49	8.88	0.32
100/10	0	378.86	0.82	0.28
	24	319.31	1.51	0.29
	72	107.69	7.47	0.28
100/15	0	414.14	0.39	0.28
	24	345.56	1.08	0.28
	72	269.25	2.23	0.27
100/20	0	415.61	0.33	0.29
	24	361.66	0.74	0.29
	72	276.88	1.70	0.29

5.7　茶多酚改性聚丙烯腈

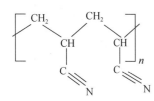

图 5-27　PAN 的结构式

聚丙烯腈（PAN）是由丙烯腈单体连续溶液自由基聚合而成，由悬浮聚合法可制得白色粉末。PAN 的结构式如图 5-27 所示。

在 PAN 结构中，存在头–头、头–尾、尾–尾三种结构形式，主要以头–尾形式存在。PAN 密度为 $1.14 \sim 1.15 g/cm^3$。由于结构中有极性较强、体积较大的侧基存在，在同一个大分子与相邻的分子之间产生斥力和引力，使大分子运动受到抑制而存在不规则的曲折和扭转，因此在空间呈现不规则螺旋状空间立构。

从 PAN 结构式中可知，其中的氰基具有很强的极性，分子间作用力大，加热时不熔融，只能分解；丙烯腈在水中有相当大的溶解度（25℃时约为 7.3%），而聚丙烯腈则不溶于水，只有少数的集中强极性溶剂，如 N, N–二甲基甲酰胺（DMF）和二甲基亚砜（DMSO）能使之溶解，易于成膜[90,91]。PAN 强度高，通过对其改性可得到性能优良的产品。主要用于制备纤维腈纶，进一步可制得碳纤维；或与丁二烯一起制备丁腈橡胶，与苯乙烯共聚可得性能良好的工程塑料。

与其他热塑性聚合物不同，PAN 纤维因结构特殊不能通过热熔融重新造粒再生，也不能用热裂解的方法来回收单体，但聚丙烯腈分子支链上带有极性的氰基基团，在一定的条件下易水解生成聚丙烯酸及其盐类、聚丙烯酰胺等复合产物。利用这个特性，可以把 PAN 纤维通过碱催化、酸催化等方法水解。目前，PAN 纤维水解产物已经成功用作絮凝剂、土壤改良剂、黏合剂、印染助剂、堵水剂、高吸水性树脂等，近年又在膜材料表面改性、离子交换纤维及新型功能纤维材料制备等领域获得应用[90,91]。

5.7.1　制备

将 PAN 置于干燥箱中 2 小时，然后在室温下冷却，在 DMF 中于 80℃下搅拌溶解，搅拌两小时使之充分溶解，分别配制成质量浓度为 5%、10%、15% 和 20% 的溶液，溶液呈深黄色透明液体；而后按 PAN/TP 比例为 100/2、100/5、100/10、100/15 和 100/20 分别配制溶液，继续搅拌 2 小时直至溶液呈深色后，在烘箱中静置，得到固体或胶体状两种样品形态。其中 TP 为 2%、5% 和 10% 的样品为胶状固体，颜色加深，而其硬度随 TP 加入量增加。TP 为 15% 的样品为深褐色块状固体，很硬。TP 为 20% 样品呈黑色，变脆。纯 PAN 呈黄色胶体。

胶状体在室温下放置一段时间后，体积缩小，硬度变大，颜色变深，呈透明玻璃状，这是由于胶状体中的溶剂析出所形成的。

5.7.2　结构

图 5-28 中所显示 1695cm^{-1} 处的 C ═O 伸缩振动吸收峰随着 TP 含量的降低而逐渐变小，在 PAN/TP 为 100/5 时，此峰消失；在 2244cm^{-1} 左右有一个很强的氰基吸收峰，这是聚丙烯腈的特征峰，1050～1300cm^{-1} 处为 C—O 伸缩振动峰，也随着 PAN/TP 比例变化而变化，1410cm^{-1} 为 PAN 中亚甲基吸收振动峰；3431cm^{-1} 左右为羟基吸收峰，是茶多酚的特征峰。在 1050～1300cm^{-1} 处为 C—O 伸缩振动峰并随着 TP 含量的增加而增强，峰数变多而且峰变宽变大；3000～3600cm^{-1} 处的羟基峰面积随着 TP 含量增加而变大。对比纯 PAN 和 TP 的红外谱可知，共混物在 3301cm^{-1} 处多出了一个峰，而且这个峰逐渐变大。比较发现位于 2244cm^{-1} 左右处氰基的峰未发生明显改变，只是面积随 TP 量变大，同时宽度变大，说明 PAN 与 TP 之间的氢键随 TP 量增强。

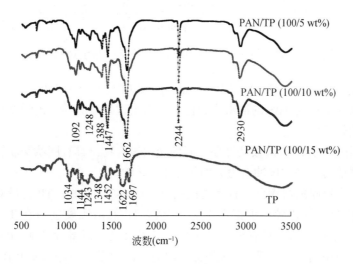

图 5-28　PAN/TP 的红外光谱及 TP 含量的影响

5.7.3　力学性能

考虑到 ABS 是一种由丙烯腈、丁二烯、苯乙烯三者与一系列添加剂通过混合聚合而成的经典工程材料，而 PAN 也含有丙烯腈，为此，我们将所制备的 PAN/TP 复合材料与应用于汽车的商业 ABS 进行了性能对比。

图 5-29 反映了 TP 含量对 PAN/TP 耐磨性的影响并与商用 ABS 的耐磨性进行了比较，其中的插图进一步描述了不同 TP 比例与 TP 含量之间的关系。由图可知，试样的磨损量随着摩擦时间而逐渐增加且增幅加速，说明试样表面的耐磨性能非常好，而内部的耐磨性差于表面。由于试样的磨损量是随着 PAN/TP 中 TP 含量的增多而减少的，说明 TP 含量可以提高和控制 PAN 的耐磨损性能。值得关注的是与 ABS 对比后发现，当 PAN/TP 为 100/2 和 100/5 时，试样耐磨性能不如 ABS 好，而当比例提升至 100/10 时，试样的耐磨性能明显好于 ABS。根据拟合曲线推测出，当 PAN/TP 比例为 100/6.63 时，它与 ABS 的耐磨性基本一致，但继续增加 TP 含量其耐磨性将优于 ABS。

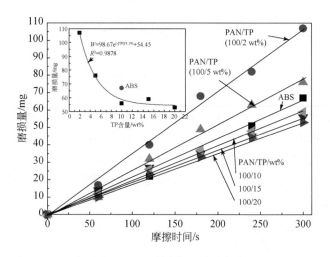

图 5-29　TP 含量对 PAN/TP 的磨损影响及与商用 ABS 的比较

图 5-30 描述了 TP 含量对 PAN/TP 耐冲击力的影响及与商用 ABS 的比较。虽然图中所有 PAN/TP 都显示出不及 ABS 的冲击力，但必须指出这些样品的冲击强度相对于一般的工程塑料而言依然较好。

由于 ABS 是由 3 种原料接枝共混在一起的交联聚合物，具有网状交联结构，故具有明显的抗裂纹扩展能力，并在抗冲击力方面优于 PAN/TP。

硬度是另一个反映材料表面工程性能的指标。图 5-31 描述了 TP 含量对 PAN/TP 硬度的影响及与商用 ABS 的比较。根据图 5-31，PAN/TP 的洛氏硬度值在 TP 含量增加到约 12.51% 时达到一个极大值，具有至少与 ABS 一致的硬度，但继续增加 TP 将降低 PAN/TP 的硬度。这个结果说明聚丙烯腈-茶多酚分子间的氢键加强在一定程度上有利于提高 PAN/TP 表面的硬度，但 TP 过大时其过大的增塑作用会降低氢键的作用。

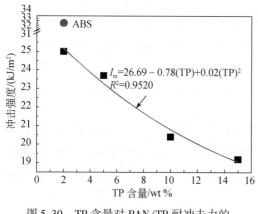

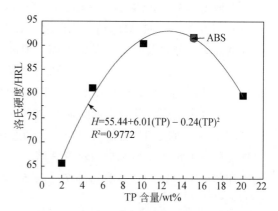

图 5-30　TP 含量对 PAN/TP 耐冲击力的
影响及与商用 ABS 的比较

图 5-31　TP 含量对 PAN/TP 硬度的影响
及与商用 ABS 的比较

5.7.4　热力学性能

　　热重分析法是考察材料热稳定性的一种基本方法。由于 PAN 是一种在熔点前就发生分解的高分子材料，所以利用热重分析其分解温度及热稳定性很重要。图 5-32 描述了升温过程 TP 含量对 PAN/TP 热稳定性的影响。其中的插图为经过一次微分的 DTG 图。可以看出，PAN/TP 的热失重分为两个阶段，其一为室温到 170℃ 左右，主要是由于样品中残留的溶剂挥发及少量杂质的损失；其二是在 170~400℃，此时主要是样品被氧化分解而引起质量减少，到最后所剩下的是炭化后的物质。根据图 5-32，TP 含量增加有利于提高 PAN/TP 的热稳定性。

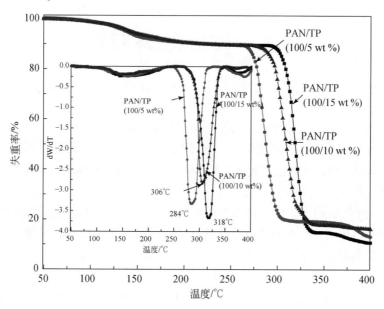

图 5-32　TP 含量对 PAN/TP 热稳定性的影响

根据图 5-33，PAN/TP 试样只有一个结晶温度，表明两者共混性较好，而结晶峰主要是由 PAN 引起的，TP 只起到干扰作用。对于纯 PAN，由于其分子力大、极性强，所以结晶温度高，且分解温度发生在熔点前。但随着 TP 的加入，共混物的结晶温度明显下降，主要原因是加入的相对小分子 TP 降低了两者之间的作用力，而增强的氢键也使得 PAN 的结构规整性得到破坏。根据图 5-33，PAN 的结晶温度 T_c 为 274.2℃，所有 PAN/TP 试样的 T_c 都小于这个温度，且减少程度随着 TP 含量的增加而增加。

图 5-34 反映了 TP 含量对 PAN/TP 动态热力学性能的影响。我们发现所有 PAN/TP 共混物都存在主转变 α 峰和次级转变 β 峰。由于前者代表了 T_g，通过比较可以知道 TP 含量的增加降低了 PAN/TP 共混物的 T_g。图 5-34 插图说明 β 峰也是随着 TP 含量的增加而减少的。

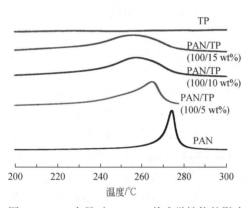

图 5-33　TP 含量对 PAN/TP 热力学性能的影响

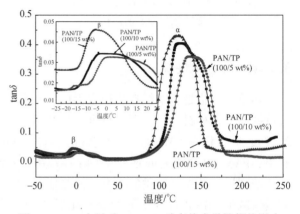

图 5-34　TP 含量对 PAN/TP 动态热力学性能的影响

5.8　茶多酚改性聚苯胺

聚苯胺（polyaniline，PANI）一种重要的导电聚合物，其主链上含有交替的苯环和氮原子，具有优良的环境稳定性，可用于制备传感器、电池、电容器等。聚苯胺随氧化程度的不同呈现出不同的颜色。完全还原的聚苯胺（Leucoemeraldine 碱）不导电，为白色，主链中各重复单元间不共轭；经氧化掺杂，得到 Emeraldine 碱，呈蓝色，不导电；再经酸掺杂，得到 Emeraldine 盐，呈绿色，导电；如果 Emeraldine 碱完全氧化，则得到 Pernigraniline 碱，不能导电[92-105]。

20 世纪 70 年代后期由于聚乙炔的发现而迅速产生了以共轭高分子为基础的导电聚合物，聚苯胺就是其中之一。相对于其他共轭高分子而言，聚苯胺原料易得、合成简单、具有较高的导电性和潜在的溶液、熔融加工可能性，同时还有良好的环境稳定性，在金属防腐涂料、人工肌肉、可充电电池、导电涂料和导电膜、电磁屏蔽、传感器、抗静电保护、电子仪器和电致发光材料等方面有着广泛的应用前景。因此，聚苯胺一直是导电高分子研究的热点和最受关注的导电聚合物品种之一。但聚苯胺也存在一些缺点，如应用范围狭小、很难进行加工等。为了提高聚苯胺的加工性能，除了应用不同的聚合方法以外[92]，采用不同的参杂剂进行参杂是一种有效而简单的方法[93-105]。

5.8.1　合成

在制备 TP/PANI 过程中，我们首先制备了 ANI/TP 乳液，其粒径如图 5-35 所示。

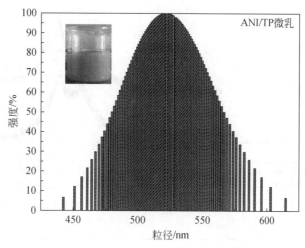

图 5-35　ANI/TP 乳液中的颗粒直径及分布

5.8.2　结构

图 5-36 是 PANI/TP 和 PANI 的紫外光谱图，可以发现 PANI/TP 在 308nm 处出现了明显的吸收峰，说明这个本征态聚苯胺的吸收峰在惨杂 TP 后得到加强，即对应于苯环上 $\pi-\pi^*$ 跃迁和醌环的 $\pi-\pi^*$ 跃迁吸收峰在掺杂 TP 后降低了链结构的共轭度，并同时由于空间位阻效应降低了环之间的共平面性和整个链的共轭程度[105]。

在图 5-36 中，PANI/TP 在 444nm 处出现的吸收峰对应的是分子链内从苯环向苯醌的电子跃迁，该峰较普通的 PANI 明显右移，这也说明了上述的原因。

图 5-37 是 PANI 和 PANI/TP 的 X 射线衍射图。后者出现明显的多峰特征，说明 TP 惨杂改变了 PANI 的结构，并表明 PANI 的苯环结构由于 TP 的隔离作用而存在层状结构。这意味着 TP 的存在阻挡了 PANI 的链结构紧密排列，从而有利于聚合物链的规整重排。由于 PANI 主链和 TP 的主链在空间排列是平面的，所以惨杂使得 PANI 分子链和 TP 分子链之间都通过静电力和氢键的作用紧密排列在一起。由于 TP 分子量比 PANI 小许多，所以 TP 惨杂导致两者的分子链相互作用力更强，有利于加强分子紧密排列和分子取向。

5.8.3　性能

图 5-38 反映了 PANI 和 PANI/TP 的 TG 图。在降解的第一阶段，如温度在 60 ~ 170℃时两者都有一小部分的质量损失，说明两者在此温度范围的热稳定性是一致的。在温度为 170~315 ℃时发生了第二阶段的失重，此时 PANI 显示的热稳定性明显好于 TP 惨杂的 PANI，说明游离态的乳化剂和掺杂剂在此阶段的降解不利于保持 PANI 的热稳定性。从大

约 450℃ 起，PANI/TP 显示出良好的热稳定性，大大优于普通的 PANI，这说明 TP 惨杂有利于提高 PANI 的热稳定性，尤其是在高温阶段。

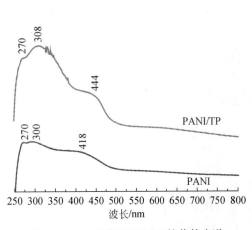

图 5-36　PANI 和 PANI/TP 的紫外光谱

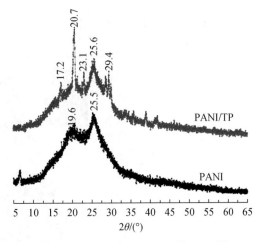

图 5-37　PANI 和 PANI/TP 的 XRD 图

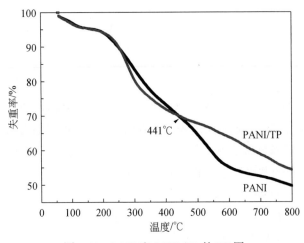

图 5-38　PANI 和 PANI/TP 的 TG 图

表5-14 比较了 PANI/TP 和 PANI 的电导率和溶解性能，其中前者的电导率远远高于后者，说明 TP 惨杂不仅可以提高 PANI 的热稳定性，也非常有利于提高其电导性能。事实上，使用 TP 作为乳化剂和掺杂剂也使得所制备的 PANI/TP 显示出明显的可溶解性能，而这是普通的 PANI 所不具备的。由此可知，TP 惨杂聚苯胺可以明显提高其性能。比较 PANI/TP 在 3 种溶剂中的溶解性能可以发现，它在 DMSO 中的溶解性能最好。

表 5-14　PANI 和 PANI/TP 的电导及溶解性比较

样品	电导率/(S/cm)	DMF	DMSO/(mg/L)	NMP
PANI	$1.28×10^{-4}$	0	0	0
PANI/TP	$8.79×10^{-1}$	5.1	8.4	2.8

5.9　茶多酚还原氧化石墨烯

石墨烯是由碳原子通过 sp^2 杂化组成的具有六角蜂巢状二维网格结构的一种新型碳材料，其厚度仅为 0.335nm，被认为是目前世界上最薄的纳米材料。2004 年，英国曼彻斯特大学的两位科学家 Andre Geim 和 Konstantin Novoselov 通过机械剥离石墨晶体的方法首次获得了单层石墨烯[106]，从此石墨烯的结构和性质引起了人们的广泛关注。因其特殊的结构，石墨烯具有一系列优良的性质，如巨大的比表面积（2630 m^2/g）[107]、极高的弹性模量（1100 GPa）和杨氏模量（125GPa）[108,109]、优异的导电性（506 S/cm）与导热性 [5000 W/(m·K)][110,111] 和极高的室温载流子本征迁移率 [200000 $cm^2/(V·s)$][112]，这些优异的性能使得石墨烯在各个领域得到了广泛的应用。例如，石墨烯在光催化降解、电化学传感器、储能材料、超级电容器、导热塑料、单电子器件等方面[113-116]都发挥了重要作用。

实现石墨烯广泛工业化应用的前提条件取决于石墨烯的制备方法。目前，制备石墨烯的主要方法可以分为物理方法和化学方法两大类。其中，物理法包括机械剥离法[115,116]、外延生长法、取向附生法[117]和纵向切割碳纳米管法[118]、电弧法[119]等，化学方法包括化学气相沉积（CVD）法[120-126]、氧化还原法、有机合成法[127]以及电化学还原法[128-132]等。相对于化学方法而言，物理方法操作简便，制备出来的石墨烯缺陷较少，纯度相对较高。但是这类方法的缺点在于耗费大量的时间，并且无法实现批量化生产。在目前制备石墨烯的众多方法中，氧化还原法制备石墨烯具有成本低、产率高和可批量生产等特点，成为实现规模化制备石墨烯的有效途径之一。

由于 TP 的主链分子主要由刚性的芳香环组成，因此可以应用于还原氧化石墨烯（GO）。在此过程中，氧化石墨烯对茶多酚来说可以被认为是一种特殊的氧化剂。根据廖瑞娟等[133]的研究，经过 80℃恒温氧化反应，茶多酚可以还原氧化石墨烯成石墨烯，其原理如图 5-39 所示。首先，TP 离解出两个氢原子，成为亲核试剂。GO 主要含有各种不同含氧基团，如环氧基、羟基、羧基等。其中分布在 GO 面内的大部分环氧基在还原过程中都已反应。环氧基在 TP 的氧阴离子在 SN_2 亲核取代攻击下发生开环反应。然后，苯环背部再次发生 SN_2 亲核反应形成中间体并伴随着水的释放。此时生成的中间体经热处理分离得到还原石墨烯及邻醌类结构没食子酸衍生物。从图 5-39 中可以看出，GO 是浅褐色溶液，经过还原后变为黑色溶液，即被还原成石墨烯，且这种石墨烯在水中具有很好的分散性。

TP 对 GO 不仅是一种高效的还原剂，而且还是石墨烯的稳定剂。通过 π-π 相互作用附在石墨烯表面的氧化茶多酚为石墨烯片层之间提供了空间位阻，使石墨烯片层能稳定地分散在水及某些有机溶剂当中。

Abdullah 等[134]将 GO 悬浮液离心处理 30min（4000r/min）使氧化石墨剥离成氧化石墨烯片层，并将 TP 与离心后的 GO 按质量比 1∶1 放入 50mL 的密闭反应器中。随后，在 90℃条件下持续反应 8h，同时以 200r/min 的速度持续不断搅拌。反应完成后用尼龙膜（0.22μm）过滤生成物，再用去离子水冲洗 3~5 次收集得到还原的石墨烯片层。他们认

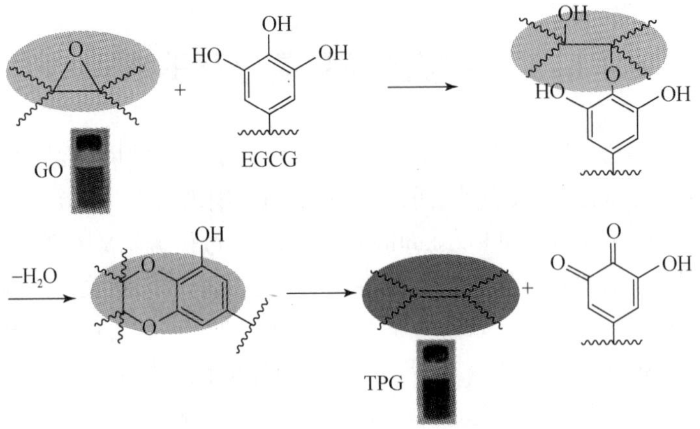

图 5-39　TP 还原氧化石墨烯的原理示意图

为该过程的反应机理可以解释为茶多酚分子的氢原子打开了环氧基团上的环氧环，导致环氧基团从 GO 上脱离下来。

5.10　小　　结

植物多酚作为一类储量丰富、可再生的绿色资源，随着其他一次性资源的逐渐消耗以及环保要求的提高，必将成为人类利用的最重要的资源之一。但我们也注意到植物多酚在高分子材料中的应用以及相应的基础研究还报道得不多。由于植物多酚分子中含有多种官能团，可以通过共价键、氢键等形式与其他高分子化合物结合，这使得高分子的选择可以是合成的或天然的；且由于植物多酚不仅具有很好的生物相容性和降解性，其本身也具有多种生理活性，所以充分利用其生理活性而制备出新型的先进材料，也应该是一个重要的研究方向。总之，植物多酚在高分子化合物中的应用、合成和制备方法应更加多样化，而高分子材料的选择也应更加多样化、功能化。

参 考 文 献

[1] 石碧，狄莹. 植物多酚. 北京：科学出版社，2000.

[2] Krause D O, Smith W J, Brooker J D, et al. Anim Feed Sci Tech, 2005, 121：59-75.

[3] Handique J G, Baruah J B. React Funct Polym, 2002, 52：163-188.

[4] Jerzy J, Selman S H, Swiercz R, et al. Nature, 1997, 387：561-561.

[5] Zdunczyk Z, Frejnagel S, Estrella I, et al. Food Res Int, 2002, 35：183-186.

[6] Nakagawa T, Yokozawa T, Terasawa K, et al. J Agric Food Chem, 2002, 50：2418-2422.

[7] Heim K E, Tagliaferro A R, et al. J Nutr Biochem, 2002, 13：572-584.

[8] Bordoni A, Hrelia S, Angeloni C, et al. J Nutr Biochem, 2002, 3：103-111.

[9] Nakagawa K, Ninomiya M, Okubo T, et al. J Agric Food Chem, 1999, 47：3967-3973.

[10] Editorial. Phytochemistry, 2005, 66：2124-2126.

[11] Rice-Evans C A, et al. Free Radical Biol Med, 1996, 20：933-956.

[12] 何乃普，宋鹏飞，王荣民，等. 高分子通报，2004, 6：14-18.

［13］戈进杰. 生物降解高分子材料及其应用. 北京：化学工业出版社，2002.

［14］Tonami H, Uyama H, Kobayashi S, et al. Biomacromolecules, 2000, 1：149-151.

［15］戈进杰，吴睿，施兴海，等. 高分子学报，2003，6：809-815.

［16］魏玉萍，程发，李厚萍，等. 高分子通报，2004，4：22-29.

［17］Ge J, Shi X, Cai M, et al. J Appl Polym Sci, 2003, 90：2756-2763.

［18］Ge J, Zhong W, Guo Z, et al. J Appl Polym Sci, 2000, 77：2575-2580.

［19］徐炽焕. 江苏化工，2000，9：27-28.

［20］Merlin A, Pizziz A. J Appl Polym Sci, 1996, 59：945-952.

［21］Akira N, Takashi S. J Chem Tech Biotechnol, 1993, 57：322.

［22］EsSafi N, Fulcrand H, Cheynier V, et al. J Agric Food Chem, 1999, 47：2088-2095.

［23］Fulcrand H, Cheynier V, Oszmianski J, et al. Phytochemistry, 1997, 46：233-227.

［24］Drinkine J, Glories Y, Saucier C. J Agric Food Chem, 2005, 53：7552-7558.

［25］Saucier C, Bourgeois G, Vitry C, et al. J Agric Food Chem, 1997, 45：1045-1049.

［26］Saucier C, Bourgeois G, Vitry C, et al. J Agric Food Chem, 1997, 45：1045-1049.

［27］Sekaran G, Thamizharasi S, Ramasami T. J Appl Polym Sci, 2001, 81：1567-1571.

［28］Saito M, Hosoyama H, Ariga T, et al. J Agric Food Chem, 1998, 46：1460-1464.

［29］Hagerman A E, Riedl K M, Jones G A, et al. J Agric Food Chem, 1998, 46：1887-1892.

［30］Fulcrand H, Doco T, EsSafi N E, et al. J Chromatogr A, 1996, 752：85.

［31］Chung J E, Kurisawa M, Uyama H, et al. Biomacromolecules, 2004, 5：113-118.

［32］He Y, Zhu B, Inoue Y. Prog Polym Sci, 2004, 29：1021-1051.

［33］Ikejima T, Inoue Y. Macromol Chem Phys, 2000, 201：1598-1604.

［34］Li J, Fukuoka T, Inoue Y, et al. J Appl Polym Sci, 2005, 97：2439-2449.

［35］Zhu B, Li J, Inoue Y, et al. Macromol Biosci, 2003, 3：258-267.

［36］杨安乐，孙康，吴人洁. 高分子通报，2000，6：52-58.

［37］Zhu B, Li J, Inoue Y, et al. Macromol Biosci, 2003, 3：684-693.

［38］白雁斌，黄晓琴，雷自强. 高分子通报，2006，3：46-51.

［39］Zhu B, Li J, Inoue Y, et al. J Appl Polym Sci, 2004, 91：3565-3573.

［40］陈笳鸿，汪咏梅，吴冬梅，等. 林产化学与工业，2005，25：6-10.

［41］Tang H R, Covington A D, Hancock R A. Biopolymers, 2003, 70：403-413.

［42］Spagna G, Pifferi P G, Rangoni C, et al. Food Res Int, 1996, 29：241-248.

［43］Makkar H P S, Blummel M, Becker K, et al. J Sci Food Agric, 1993, 61：161-165.

［44］洪贤良. 制冷与空调，2005，5：93-95.

［45］Akira N, Takashi S. J Chem Tech Biotechnol, 1990, 47：36.

［46］Strumia M, Bertiello H, Grassino S. Macromolecules, 1991, 24：5468-5469.

［47］林种玉，傅锦坤，杨茹，等. 厦门大学学报（自然科学版），1999，38：716-720.

［48］黎新明，崔英德. 食品与发酵工业，2002，28：7-10.

［49］Gray C J. Phytochemistry, 1978, 17：495-497.

［50］Silanikove N, Perevolosky A, Provenza F D. Anim Feed Sci Technol, 2001, 91：69-81.

［51］Silanikove N, Shinder D, Giboa N, et al. J Agric Chem Food Sci, 1996, 44：3230-3234.

［52］Palmer B, Jones RJ. Anim Feed Sci Technol, 2000, 85：259-268.

［53］Freddi G, Arai T, Colonna G M, et al. J Appl Polym Sci, 2001, 82：3513-3519.

［54］Pavol A, Igor L, Barbora S, et al. Polym Degrad Stab, 2004, 85：823-830.

［55］何曼君，陈维孝，董西侠. 高分子物理（修订版）. 上海：复旦大学出版社，1990.

［56］Mandelkern L. Crystallization of Polymers, 2st Ed, Volume 1, Euqilibrium concepts. Cambridge：Cambridge University Press, 2002.

［57］Wu Q J, Liu X H, Berglund L A. Macromol Rapid Commun, 2001, 17：1438-1440.

［58］An Y X, Dong L S, Mo Z S, et al. J Polym Sci B, 1998, 36：1305-1312.

［59］殷敬华，莫志深. 现代高分子物理学（下册）. 北京：科学出版社，2001.

［60］Avrami M. J Chem Phys, 1939, 7：1103-1112.

［61］Avrami M. J Chem Phys, 1940, 8：212-224.

［62］Liu X H, Wu Q J. Eur Polym J, 2002, 38：1383-1389.

［63］Wang J L, Dong C M. Polymer, 2006, 47：3218-3228.

［64］Liu S Y, Yu Y N, Cui Y, et al. J Appl Polym Sci, 1998, 70：2371-2380.

［65］Xue M, Sheng J, Yu Y, et al. Eur Polym J, 2004, 40：811-818.

［66］丁会利，吕建英，瞿雄伟，等. 高分子材料科学与工程, 2003, 19：190-193.

［67］Ozawa T. Polymer, 1971, 12：150-158.

［68］Jeziorny A. Polymer, 1978, 19：1142-1144.

［69］Vyazovkin S, Sbirrazzuoli N. J Therm Anal Calorim, 2003, 72：681-686.

［70］Liu T X, Mo Z S, Wang S G, et al. Polym Eng Sci, 1997, 37：568-575.

［71］Kissinger H E. J Res Natl Stand, 1956, 57：217-221.

［72］Brandrup J, Immergut E H. Polymer Handbook. 3rd ed. New York：John Wiley and Sons, USA. 1989,

［73］Kadla J F, Kubo S. Comp A, 2004, 35：395-400.

［74］Li D, Brisson J. Polymer, 1998, 39：793-800.

［75］Iriondo P, Iruin J J, Fernandez-Berridi M J. Macromolecules, 1996, 29：5605-5610.

［76］Coleman M M, Painter P C. Prog Polym Sci, 1995, 20：1-59.

［77］Fox T G. Bull Amer Phys Soc, 1956, 1：123-127.

［78］Gordon M, Taylor J S. J Appl Chem, 1952, 2：493-500.

［79］Kwei T K, Pearce E M, Pennacchia J R, et al. Macromolecules, 1987, 20：1174-1176.

［80］沈青. 高分子物理化学 I. 北京：科学出版社，2016.

［81］Painter P C, Graf J F, Coleman M M. Macromolecules, 1991, 24：5630-5638.

［82］Lin A A, Kwei T K, Reister A. Macromolecules, 1989, 22：4112-4119.

［83］Ramaraj B, Poomalai P. J Appl Polym Sci, 2005, 98：2339-2346.

［84］Ray S S, Bousmina M. Prog Materials Sci, 2005, 50：962-1079.

［85］AS 1067, Sunglass and Fashion Spectacles, Australian Standards, 1999.

［86］AS/NZS 2064, Sunscreen Products- Evaluation and Classification, Standards of Australian and New Zealand, 1993.

［87］GB/T 17032-1997. 纺织品织物紫外线透过率的试验方法, 中国标准出版社, 1998.

［88］AATCC 183. Transmittance of Blocking of Erythemally Weighted Ultraviolet Radiation though Fabrics, AATCC Technical Manual, 1998.

［89］CEN PREN 13758. Textiles- Solar UV Protective Properties- Method of Test for Apparel Fabrics, European Committee for Standardization, 1999.

［90］ShenQ, Gu Q F, Hu J F, et al. J Coll Interface Sci, 2003, 267：333-336.

［91］Feng L, Li J F, Ye J R, et al. J Appl Polym Sci, 2014, 131：40411.

［92］董金桥，张文心，沈青. 高分子通报, 2009, 10：53-63.

［93］ Dong J Q, Shen Q. J Polym Sci B, 2009, 47: 2036-2046.

［94］ Dong J Q, Shen Q. J Appl Polym Sci, 2012, 126: S1, E10-E16.

［95］ Gu Z J, Wang J T, Li L L, et al. Mater Lett, 2014, 117: 66-68.

［96］ Gu Z J, Ye J R, Song W, et al. Mater Lett, 2014, 121: 12-14.

［97］ Ye J R, Zhai S, Gu Z J, et al. Mater Lett, 2014, 132: 377-379.

［98］ Wang N, Li H, Chen T Y, et al. Mater Lett, 2014, 137: 203-205.

［99］ Gu Z J, Zhang Q C, Shen Q. J Polym Res, 2015, 22 (2): 1-4.

［100］ Zhang Q C, Zhi Y Y, Hu E J, et al. J Polym Res, 2015, 22 (93): 1-7.

［101］ Li L L, Gu Z J, Chen L, et al. Mater Sci in Semicond Processing, 2015, 35: 34-37.

［102］ Gu Z J, Shen Q. Superlattices and Microstructure, 2016, 89: 53-58.

［103］ Yan Q, Wang M Y, Wu Y H, et al. Mater Lett, 2016, 170: 202-204.

［104］ Wang M Y, Wu Y H, Yan Q, et al. Mater Lett, 2016, 172: 99-101.

［105］ Wu Y H, Guo Y, Wang N, et al. Synthetic Metals, 2016, 220: 263-268.

［106］ Novoselov K S, Geim A K, Morozov S V, et al. Science, 2004, 306: 666-669.

［107］ Chae H K, Siberio-Pérez D Y, Kim J, et al. Nature, 2004, 427: 523-527.

［108］ Lee C, Wei X, Kysar J W, et al. Science, 2008, 321: 385-388.

［109］ Van den Brink. J Nat Nanotechnol, 2007, 2: 199-201.

［110］ Balandin A A, Ghosh S, Bao W Z, et al. Nano Lett, 2008, 8: 902-907.

［111］ Schadler L S, Giannris S C, Ajayan P M. Appl Phys Lett, 1998, 73: 3842-3847.

［112］ Lin Q H, Ling Y Z, Wei Y, et al. ActaPhys Sin, 2014, 64: 380-383.

［113］ Geim A K, Novoselov K S. Nat Mater, 2007, 6: 183-191.

［114］ Stankovich S, Dikin D A, Dommett G H B, et al. Nature, 2006, 442: 282-286.

［115］ Tung V C, Allen M J, Yang Y, et al. Nat Nanotechnol, 2009, 4: 25-29.

［116］ Huang P, Jing L, Zhu H R, et al. AccChem Res, 2013, 46: 43-52.

［117］ Bai S, Shen X. RSC Adv, 2012, 2: 64-98.

［118］ Qu J Y, Li Y J, Li C P, et al. New Carbon Materials, 2014, 29: 186-192.

［119］ 段淼, 李四忠, 陈国华. 材料工程, 2013, 85: 89-90.

［120］ Bunch J S, Zande A M, Verbridge S S, et al. Science, 2007, 315: 490-493.

［121］ Sutter P W, Flege J I, Sutter E A. Nature Mater, 2008, 7: 406-411.

［122］ Kosynkin D, Higginbotham A, Sinitskii A, et al. Nature, 2009, 458: 872-877.

［123］ Subrahmanyam K S, Panchakarla L S, Govindaraj A, et al. J Phys Chem C, 2009, 113: 4257.

［124］ Li X S, Cai W, An J, et al. Science, 2009, 324: 1312-1314.

［125］ Bae S, Kim H, Lee Y, et al. NatNanotechnol, 2010, 5: 574-578.

［126］ Li X S, Zhu Y, Cai W, et al. Nano Lett, 2009, 9: 4359-4360.

［127］ Stankovich S, Piner R D, Chen X Q, et al. J Mater Chem, 2006, 16: 155-158.

［128］ An S J, Zhu Y, Lee S H, et al. J Phys Chem Lett, 2010, 1: 1259.

［129］ Tong H, Zhu J, Chen J, et al. J Solid State Electrochem, 2013, 17: 2857-2863.

［130］ Toh S Y, Loh K S, Kamarudin S K, et al. Chem Eng J, 2014, 251: 422-34.

［131］ Guo H L, Wang X F, Qian Q Y, et al. ACS Nano, 2009, 3: 2653-2659.

［132］ Zhou M, Wang Y, Zhai Y, et al. Chem Eur J, 2009, 15: 6116-6120.

［133］ 廖瑞娟. 广州: 华南理工大学博士学位论文, 2013.

［134］ Abdullah F, Zakaria R, Zein S H S. RSC Adv, 2014, 4: 34510-34518.

第6章 基于动植物油的先进材料

6.1 引　言

随着世界科技的迅速发展，工业所需原材料日益增多。而石油资源日益枯竭，寻找优质、廉价的石油代用品是聚合物工业存在和发展的关键[1]。出于对资源和环境的考虑，天然可再生的绿色高分子材料的利用受到了人们广泛关注[2]。天然植物油被看做是众多天然可再生材料中最为重要的一类，它们是最有希望合成聚合物材料的石油替代原料之一，因其具备原料易得、廉价和生物可降解等众多优秀性质而成为近年来的研究热点[1]。

天然植物油可以从向日葵籽、棉花籽、亚麻籽等自然植物中提取，它的主要成分是甘油三酸酯。甘油三酸酯是一种十分重要的物质，它可以合成不同的单体，这些单体在经过诸如加聚、缩聚等一系列的化学反应之后，可以形成具有优秀性能的高聚体，用以制造满足工业需求的各种原材料。近年来的研究主要着力于用天然植物油合成聚合物的各种途径[2]。

6.2　基于甘油三酸酯的高分子材料

6.2.1　甘油三酸酯的结构

甘油三酸酯在常温下呈液态，不能溶于水。其结构见图6-1。实际上，天然油脂的结构要复杂得多，因为在主链上会连有很多官能团，如羟基和含氧基团。结构中的3个酰基通常来源于碳原子数为14～22的脂肪酸。多数植物脂肪酸为不饱和脂肪酸，它们的双键位置通常在9或10位碳，亚油酸和亚麻酸另外有12或13位双键，亚麻酸在15或16位碳上还有双键，这些双键多为非共轭，聚合活性较低[3]。

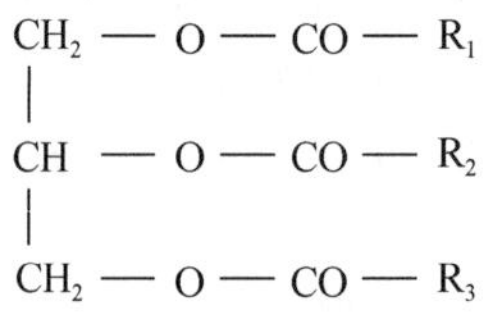

$$
\begin{array}{l}
CH_2 - O - CO - R_1 \\
| \\
CH - O - CO - R_2 \\
| \\
CH_2 - O - CO - R_3
\end{array}
$$

图6-1　甘油三酸酯结构示意图

含有不饱和键的脂肪酸称为不饱和脂肪酸。不饱和度是影响脂肪酸性质的最重要因素，通常用碘值法衡量。表6-1～表6-5分别介绍了一些常见脂肪酸和植物油的物理化学性能[2]。

表 6-1　一些天然植物油中所含的甘油三酸酯

名称	分子式	结构式
肉豆蔻酸	$C_{14}H_{28}O_2$	$CH_3(CH_2)_{12}COOH$
棕榈油酸	$C_{16}H_{32}O_2$	$CH_3(CH_2)_{14}COOH$
硬脂酸	$C_{18}H_{36}O_2$	$CH_3(CH_2)_5CH=CH(CH_2)_7COOH$
油酸	$C_{18}H_{34}O_2$	$CH_3(CH_2)_{16}COOH$
亚油酸	$C_{18}H_{32}O_2$	$CH_3(CH_2)_7CH=CH(CH_2)_7COOH$
亚麻油酸	$C_{18}H_{30}O_2$	$CH_3(CH_2)_4CH=CH-CH_2-CH=CH(CH_2)_7COOH$
桐树油酸	$C_{18}H_{30}O_2$	$CH_3-CH_2-CH=CH_2-CH=CH-CH_2-CH=CH(CH_2)_7COOH$
蓖麻油酸	$C_{18}H_{33}O_3$	$CH_3(CH_2)_4\underset{\underset{OH}{\vert}}{CH}-CH-CH_2-CH=\!=CH(CH_2)_7COOH$
十八碳-9，11，13-三烯-4-酮酸	$C_{18}H_{28}O_3$	$CH_3(CH_2)_3CH=\!=CH-CH=\!=CH-CH=\!=CH(CH_2)_4\underset{\underset{O}{\Vert}}{C}-(CH_2)_2COOH$

表 6-2　脂肪酸的一些物理性质

名称	黏性/(cP^a，110℃)	密度/(g/cm^3，80℃)	熔点/℃	折射指数（n_D^{70}）
肉豆蔻酸	2.78	0.8439	54.4	1.4237
棕榈酸	3.47	0.8414	62.9	1.4209
硬脂酸	4.24	0.8390	69.6	1.4337
油酸	3.41	0.850	16.3	1.4449

a. cp，厘泊，$1p=10^{-1}Pa\cdot s$。

表 6-3　一些天然油脂的脂肪酸组成（%）

天然油脂	蓖麻油	亚麻仁油	奥蒂油	棕榈油	菜子油	精炼妥尔油	豆油	向日葵油
棕榈酸	1.5	5	6	39	4	4	12	6
硬脂酸	0.5	4	4	5	2	3	46	4
油酸	5	22	8	45	56	46	24	42
亚油酸	4	17	8	9	26	35	53	47
亚麻酸	0.5	52			10	12	7	1
蓖麻油酸	87.5							
十八碳-9，11，13-三烯-4-酮酸			74					
其他				2	2			

表 6-4　甘油三酸酯的一些物理性质

名称	黏度 (37.8℃时 cp)	密度		折射指数（n_D^{20}）		熔点/℃
		20℃	4℃			
蓖麻油	293.4	0.951	0.966	1.473	1.480	−20 ~ 10
亚麻籽油	29.6	0.925	0.932	1.480	1.483	−20
棕榈油	30.92	0.890	0.893	1.453	1.456	33 ~ 40
豆油	28.49	0.917	0.924	1.473	1.477	−23 ~ −20
向日葵油	33.31	0.916	0.923	1.473	1.477	−18 ~ −16

表 6-5　不饱和脂肪酸及其甘油三酸酯的碘值

脂肪酸	碳原子数	双键数目	酸的碘值	甘油三酸酯的碘值
棕榈烯酸	16	1	99.8	95.0
油酸	18	1	89.9	86.0
亚油酸	18	2	181.0	173.2
亚麻酸	18	3	273.5	261.6
蓖麻油酸	18	1	85.1	81.6
十八碳-9，11，13-三烯-4-酮酸	18	3	261.0	258.6

由以上数据可以看到，脂肪酸的结构使得其对应酯的物理性质相差很大。因此，在制备不同性能的聚合物时，甘油三酸酯的选择尤为重要[2]。

6.2.2　植物油基聚合体的合成

（1）植物油基结构对聚合物性质的影响

植物油分子结构对聚合产物理化性质的影响主要表现在：①植物油分子的柔性很强，多数植物油官能度较低，聚合后的交联密度低，机械强度与耐热性较差，必须经化学改性引入反应活性更强的基团或与刚性石油产品单体共聚才能获得高强度的高分子材料。②植物油双键是主要的改性与聚合基团，因此，它的不饱和度越大，改性后官能度越高，聚合物交联度越高，强度越大。桐油、亚麻油等高不饱和度植物油往往能制备出具有较高玻璃化转变温度和较高机械强度的聚合物。③隔离不饱和双键活性低，通常只有少部分参与聚合反应，因此，共轭双键含量高有利于改善聚合物性能，含共轭三烯的桐油是植物油中最佳的聚合单体。④双键与链端之间有一段饱和分子链，在植物油参与聚合后成为悬吊链，它对聚合物的强度没有贡献，但具有增塑作用，而且对聚合反应过程有明显的影响。⑤植物油脂肪酸长碳链的极性低，表现出很强的憎水性，因此，植物油基聚合物往往有吸水率低的特点，水解稳定性好[1]。

（2）植物油基聚合体的改性反应

常用的改性方法包括环氧化、环氧基酯化、环氧基羟基化、双键异构化、三酸甘油酯醇解等[4,5]。Guner 等[2]研究表明植物油的主要成分甘油三酸酯中含有对应各种改性反应的活性基团。这些活性基团有双键、烯丙位碳、酯基和酯基 α-碳原子，它们可以引入聚合能力更强的基团，提高官能度和共轭程度，采用传统的聚合反应就可以制备出各种性能较好的植物油基聚合材料。合成的关键是达到较高的分子量和较大的交联密度，同时合并具有硬化聚合体功能的基团（如芳基或环状结构）。图 6-2 所示的各种聚合体的化学合成路径均能达到上述目的。

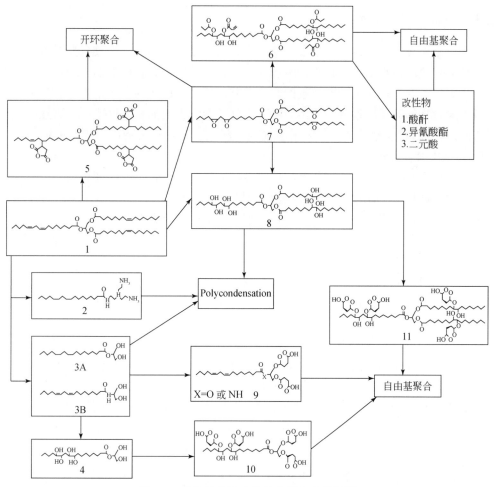

图 6-2　植物油基聚合物的化学合成路径[1]

在结构 5、6、7、8 和 11 中，甘油三酸酯中的双键是聚合反应的官能团。双键可以与马来酸酐反应（5）[6,7]，也可以环氧化（7）[8-10] 或变为羟基（8）[11,12]。Guner 等[2] 发现诸如此类的转化使甘油三酸酯能通过开环或缩聚反应聚合。本身就有环氧基和羟基的甘油三酸酯也可以发生上述反应来进行聚合[13-15]，而且可以与有烯丙基官能团的物质反应——环氧甘油三酸酯与丙烯酸反应（6），羟基甘油三酸酯与马来酸酐反应（11）——形成单体。这些单体可与类似于常规乙烯基酯树脂的活性稀释剂混合，通过自由基反应聚合。

另一种甘油三酸酯合成单体的方法是通过酯交换反应（3A）和酰胺化反应（2，3B）[16-21] 将甘油三酸酯转化为甘油一酸酯。因原料价格低廉且功能多样，甘油一酸酯常用于服装工业中作为制造外衣的材料。甘油一酸酯上的醇羟基可与二酸、环氧化合物或酸酐等共聚发生缩聚反应。马来酸半酯可以加在上述反应的产物上发生自由基聚合（9）[22]。

Guner 等[2]在双键上加入不同的官能团，如羟基，同时把甘油三酸酯转化为甘油一酸酯。醇化后的不饱和甘油三酸酯或本身带有羟基的甘油三酸酯可作为反应物（4）。生成的单体与马来酸酐混合可以发生自由基聚合反应形成新的有聚合能力的单体（10）。

6.2.3 植物油基聚合物

植物油是人类历史上最早用于聚合物生产的原料之一。涂料、橡胶代用品和聚酰胺树脂等最初都是使用植物油为原料进行生产的。以天然油脂为原料制取的聚合物一直以来主要运用于服装产业。近年来随着科技的快速发展，这些合成物的应用范围已扩展到各个领域。以下聚合物的制备原料就是天然油脂：①氧化聚合天然油；②聚酯；③聚亚胺酯（氨基甲酸酯改性油）；④聚酰胺；⑤丙烯酸（类）树脂；⑥环氧树脂；⑦聚酰胺酯[2]。

（1）氧化聚合天然油

氧化聚合天然油是使甘油三酸酯改性的常用方法之一。甘油三酸酯中的双键一旦被氧化，即发生交联反应。此过程中双键被消耗[2]。

近年来一些科学家把研究的重点放在脱水植物油的氧化聚合机理上，也取得了很大的成就[23-25]。氧化聚合天然油的终产物有较高的黏性，易于成膜，从而被广泛地应用于工业生产中[26-28]。

Mercangoz 和 Kusefoglu 等[29]在制取氧化聚合天然油时，采用高锰酸钾与低能态/超临界二氧化碳的混合物作氧化剂。

（2）聚酯

Slivniak 和 Domb[30]发现聚酯可以通过许多途径合成：羟基酸分子间的缩聚作用、二酸与二醇间的缩聚作用及内酯的开环聚合（图 6-3）。过去的十年中，生物可降解聚酯的合成与应用十分广泛，特别是在医药卫生领域[31-40]。这其中最突出成果的应当是基于蓖麻油的共聚体。常见的聚酯有如下几类：醇酸树脂（alkyd resins）、液晶醇酸树脂（liquid crystalline alkyd resins）、高固体分醇酸树脂（high-solid content alkyd resin）、水溶性醇酸树脂（water-soluble alkyd resins）、多羟基酯（polyhydroxyal kanoates）[2]。

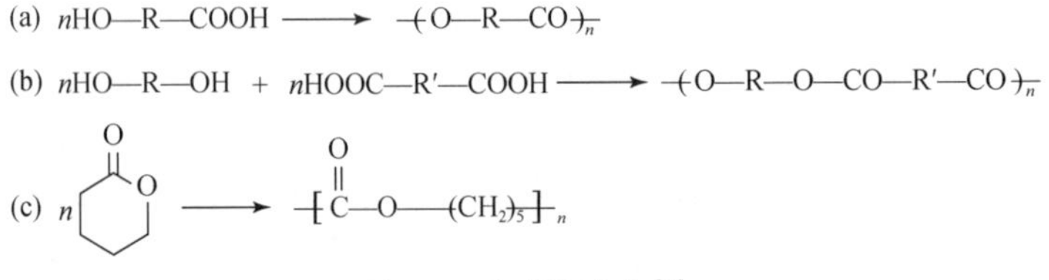

(a) nHO—R—COOH $\longrightarrow$ $+$(O—R—CO$)_n$

(b) nHO—R—OH + nHOOC—R′—COOH $\longrightarrow$ $+$(O—R—O—CO—R′—CO$)_n$

(c) n [结构式] $\longrightarrow$ $+$C—O—(CH$_2$)$_5$$)_n$

图 6-3 合成聚合体[2]

（a）羟基酸缩聚；（b）二酸与二醇的缩聚；（c）内酯的开环聚合

（3）聚亚胺酯

二异氰酸盐（芳香族和脂肪族）与羟基化合物反应的产物即为聚亚胺酯。反应过程见图 6-4。所用单体的不同导致聚合体性质不同。聚亚胺酯可分为可溶于有机溶剂的聚亚胺酯、可溶于水的聚亚胺酯、聚合体网状交联、氨基甲酸乙酯醇酸树脂等。植物油多元醇与异氰酸

共聚可生成植物油基聚亚胺酯，植物油多元醇是由植物油双键经化学改性引入羟基制备获得，它的价格便宜，官能度高，聚合产品的理化性能优异。植物油基聚亚氨酯材料不但机械性能可与相应石油基材料媲美，而且耐热分解与热氧化性更佳，生产成本更低[2]。Kim 等[41]在实验过程中发现聚亚胺酯具有形状记忆效应，可广泛应用于各种热敏元件的加工。

$$OCN—R—NCO \ + \ HO—R'—OH \longrightarrow \ \text{—}(O—R'—O—CO—NH—R—NH—CO)_n$$

图 6-4 聚亚胺酯的生成[2]

（4）聚酰胺

改性油制备的聚酰胺常用来做涂料。从大豆油中提取的二聚酸与胺反应可生成改进涂料流动性的触变胶[30]。触变胶能有效阻止涂料的固化和松垂，使用起来较为方便，同时涂层的外观也美化不少[2]。

（5）丙烯酸（类）树脂

甘油三酸酯改性方法中较为原始的一种即为干性和半干性油与乙烯（型）单体（如苯乙烯、α-甲基苯乙烯）的共聚。亚麻油、桐树油、大豆油、葵花籽油、奥蒂树油和脱水蓖麻油（DCO）被广泛应用于制备丙烯酸化树脂产品[2]。DCO、桐油和奥蒂树油的不饱和度很高，是工业生产丙烯酸类树脂的理想天然原料。其他的油脂则需要一定程度的改性[1]。

两种或两种以上互不相融聚合体的混合成为开发具有优秀性能的新材料的重要方法。但简单的混合是不行的，必须加入一些增溶剂。混合的聚合体之间发生嫁接反应时，共聚物随之生成。丙烯酸、马来酸等是合成功能性聚合物常用的共聚单体，他们与聚合体间的反应即接枝共聚反应。用亚麻油、大豆油与甲基丙烯酸甲酯、苯乙烯或正丁基甲基丙烯酸酯制备的接枝共聚物可用于生物医药方面[31,32]。

（6）环氧树脂

环氧树脂是制造聚乙烯（PVC）的重要增塑剂和稳定剂[33]。Baile[34]用单、双不饱和脂肪酸及其酯经氧化反应后，双键即变为环氧基。环氧树脂可与羟基、胺和羧酸上的活泼氢反应制备各种类型的聚合体，因此天然油脂中不饱和度高的油脂，如亚麻油、桐油等可以制造环氧树脂[2]。

（7）聚酰胺酯

交互聚酰胺酯是常规的聚合体，它兼有聚酯和聚酰胺的优秀性能[34]。很多天然油脂可用来制备聚酰胺酯，如亚麻油、大豆油、Nahar 籽油等[35-37]。亚麻油基聚酰胺酯是服装材料，而大豆油基聚酰胺酯填充硼后有抗菌作用，因此可用于制造生物医药用品[2]。

6.3 基于大豆油的高分子材料

6.3.1 未改性的大豆油聚合物

天然的大豆油是可生物降解的，而且原料很容易大量得到。天然大豆油中含有侧链不饱和度非常高的甘油三酸酯，这些大量的不饱和键使其成为制造各种聚合体的理想单体[22]。

常规大豆油、低饱和度大豆油（表 6-6）、共轭低饱和度大豆油与苯乙烯和二乙烯基苯的阳离子共聚和作用可得到许多共聚物，它们可由动态力学分析（DMA）、热解重量分析法（TGA）、差示扫描量热法（DSC）、扫描电镜（SEM）和热力学分析法（TMA）定性测量。Sharma 等[22]用三氟化硼二乙基醚配合物（$BF_3 \cdot OEt_2$）引发的大豆油与二乙烯基苯共聚单用体的阳离子催化聚合作用可使聚合体由原来的软橡胶转变为硬的热固树脂，产物因原料油和化学计量法的不同而有所差异。实验中发现引发剂 $BF_3 \cdot OEt_2$ 与原料油是互不相溶的，但是若用一种乙酯型挪威鱼油来改善引发剂，互溶性将会大大提高。用 $BF_3 \cdot OEt_2$ 引发的大豆油与苯乙烯和降冰片二烯（或二环戊二烯）的聚合反应可使聚合物拥有良好的力学性质和高的热稳定性。

表 6-6　制备聚合体的大豆油的成分

大豆油	C═C 类型	脂肪酸				
		C 16：0	C 18：0	C 18：1	C 18：2	C 18：3
常规大豆油	非共轭	10.5	3.2	22.3	54.4	8.3
低饱和度大豆油	非共轭	5.0	3.0	20.0	63.0	9.0
低饱和度大豆油	共轭	5.0	3.0	20.0	64.0	9.0

注：C18：2 代表此脂肪酸（酯）有 18 个碳原子和两个碳碳双键。

在实验中可观察到大豆油与其他共聚用单体的聚合往往可发生交联作用，凝胶时间依赖于所使用的剂量和原料油，相应的数据参见表 6-7。其中 SOY 指常规大豆油（regular soybean oil），LSS 指低饱和度大豆油（lowsat soybean oil），CLS 指共轭低饱和度大豆油（conjugated Lowsat soybean oil）。交联产物的产量由交联物的交联官能团中心决定，如二乙烯基苯、二环戊二烯等。通常情况下，交联过程会使聚合体的玻璃化转变温度提高。用不同大豆油制取的聚合体的性质大为不同，高分子聚合物的交联密度对其热稳定性影响很大。一些由大豆油与二乙烯基苯发生共聚反应制得的共聚物可以由 DMA、TGA 和索氏提取法来定性，相关数据见表 6-8 和表 6-9[22]。

表 6-7　不同改性引发剂的配比、共聚体凝胶时间和产量

甘油三酸酯	原始组成/wt% 共聚用单体	引发剂	胶凝时间/s	交联聚合物萃取后产量/%
45% LSS	32% ST+15% DVB	5% SG-Ⅰ+3% BFE	3.0×10^2	83
45% LSS	32% ST+15% DVB	5% SG-Ⅱ+3% BFE	3.0×10^2	82
45% LSS	32% ST+15% DVB	5% SG-Ⅲ+3% BFE	3.0×10^2	83
45% LSS	32% ST+15% DVB	5% NFO+3% BFE	3.0×10^2	84
45% SOY	32% ST+15% DVB	5% NFO+3% BFE	2.4×10^2	80
45% LSS	32% ST+15% DVB	5% NFO+3% BFE	3.0×10^2	84
45% CLS	32% ST+15% DVB	5% NFO+3% BFE	6.6×10^2	92
45% CLS	32% ST+15% DVB	5% NFO+3% BFE	6.6×10^2	92
45% CLS	32% ST+15% NBD	5% NFO+3% BFE	3.5×10^2	89
45% CLS	32% ST+15% DCP	5% NFO+3% BFE	2.1×10^2	80

注：SOY 为常规大豆油（regular soybean oil）；LSS 为低饱和度大豆油（lowsat soybean oil）；CLS 为共轭低饱和度大豆油（conjugated lowsat soybean oil）。

表 6-8　DMA、TGA 和索氏提取法用于测定在二乙烯基苯作为改性

引发剂条件下由大豆油进行缩聚制得的样品

聚合体样品	$E_{room}/$	$\nu_e/$	$T_g/℃$		结构/wt%			TG/℃	
	（Pa×10^8）	（mol/m^3×10^3）	α_1	α_2	交联	游离油	Inc. oil	T_{10}	T_{50}
SOY60-DVB35-BFE5	4.0	7.6	27	—	69	31	29	415	490
SOY50-DVB35-（NFO10-BFE5）	5.0	11.6	70	10	77	23	37	425	491
SOY55-DVB30-（NFO10-BFE5）	2.5	6.51	15	5	75	25	40	380	475
SOY60-DVB25-（NFO10-BFE5）	1.7	4.18	20	0	73	27	43	360	470
LSS60-DVB35-BFE5	6.0	10.4	37	—	82	18	42	423	485
LSS50-DVB35-（NFO10-BFE5）	7.0	13.0	70	0	84	16	44	425	486
LSS55-DVB30-（NFO10-BFE5）	3.8	8.35	30	8	80	20	45	405	486
LSS60-DVB25-（NFO10-BFE5）	1.9	4.18	17	0	77	23	47	395	485
CLS50-DVB35-（NFO10-BFE5）	12	18.9	90	—	88	22	48	440	485
CLS55-DVB30-（NFO10-BFE5）	10	11.4	80	—	86	14	51	436	486
CLS60-DVB25-（NFO10-BFE5）	7.8	7.21	68	—	86	14	56	433	483

注：E_{room} 为室温下的杨氏弹性模量；ν_e 为交联密度。

表 6-9　对不同原料油的拉伸实验结果

聚合体样品	$T_g/℃$	$V_e/$（mol/m^3×10^3）	E/MPa	σ/MPa	ε/%
SOY45st32-DVB15-（NFO5-BFE3）	68	1.8	71	4.1	57.1
LSS45st32-DVB15-（NFO5-BFE3）	61	5.3	90	6.0	64.1
CLS45st32-DVB15-（NFO5-BFE3）	76	22	225	11.5	40.5

　　图 6-5 和图 6-6 显示了用常规大豆油制取的不同共聚体的储能模量（E_0）和正切值（tanδ）随温度的变化曲线。图 6-5 中我们可以看到，对于 E_0，常规大豆油最小，共轭低饱和度大豆油最大。图 6-6 中，不同种油的峰值不同，如 SOY 峰值为 68℃，LSS 为 61℃，而 CLS 为 76℃。这个单峰值表明聚合体是均相的。从实验结果可以得出结论：CLS 有最高的交联密度、玻璃化转变温度和储能模量[23,24]。BF$_3$·OEt$_2$ 引发的大豆油与二乙烯基苯的反应可以制取异类的聚合材料[22,25-28]。

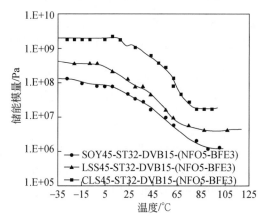

图 6-5　储能模量与温度的关系[22]

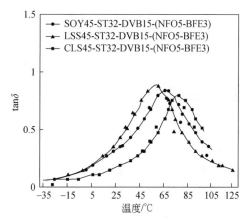

图 6-6　正切值与温度的关系[22]

Mercangoz 和 Kusefoglu 等[29]发现大豆油聚合物的拉伸性质变化范围很广，有的富有弹性，有的却很硬。通常情况下，交联程度的增大会引起终态抗张强度的增加和断裂时伸长量的减少。应变较小的情况下（10%），拉力的增长很快。应变较大的情况下（41%），常规大豆油（SOY）与低饱和大豆油（LSS）聚合体的拉力增长很慢，而共轭低饱和大豆油（CLS）表现为屈服点[30-38]。

图 6-7 显示了大豆油的玻璃化转变温度与交联密度的关系。3 种大豆油聚合体显示出相同的玻璃化转变温度，但它们的最大正切值却不同。大范围的衰减区域归因于交联时引起的部分相分离。然而聚合体的交联也降低了衰减的剧烈程度，因为它限制了同类聚合材料的部分运动。因此，可以用大豆油制取一些有效的隔音或防震材料[22]。

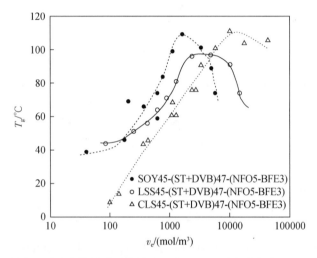

图 6-7　不同大豆油聚合体的玻璃化转变温度（T_g）随交联密度（ν_e）的变化[22]

Li 和 Hou 等[39]发现一些由阳离子共聚合作用制备的大豆油聚合物表现出较好的"形状记忆"效果。"形状记忆"即材料受到外力产生变形（有时甚至是非常严重的变形），移去外力后恢复原来形状的能力。这种材料基本由两相组成，其中一相由冰点固定，另一相则是可逆的[35-38]。目前"形状记忆"材料被广泛应用于公共建筑、制造业、电子学、通信工程、印刷业及包装、医学设备、娱乐体育业和普通家庭中[22]，而"形状记忆"高分子材料具有在稍高温度下像人造橡胶一样的恢复形变的力学性能[39-42]（表 6-10）。

6.3.2　改性大豆油

（1）环氧大豆油

环氧化的油类，尤其是大豆油已被用作添加剂来提高热塑性塑料的稳定性和弹性。在制备热塑性塑料的过程中，对氧化性油类的固化可能性已经得到了证实。Boquillon 和 Fringant[34]用酐来固化氧化性的油类。反应由不同类型的三元胺和 2-甲基咪唑催化，产生了很有趣的性能。

表 6-10 基于大豆油的高分子材料的形状记忆性质

样品	$T_g/℃$	$\nu_e/$ (mol/m^3)	形状记忆/%		
			D	FD	R
SOY45ST32-DVB15-(NFO5-BFE3)	68	$1.8×10^2$	100	80	100
LSS45ST32-DVB15-(NFO5-BFE3)	61	$5.3×10^2$	86	96	100
CLS45ST32-DVB15-(NFO5-BFE3)	76	$2.2×10^3$	77	98	100
SOY45ST32-(DVB5-NBD5-DCP5)-(NFO5-BFE3)	42	$9.8×10$	100	63	100
(SOY22.5-LSS22.5)-ST32-(DVB5-NBD5-DCP5)-(NFO5-BFE3)	43	$1.3×10^2$	100	74	100
(SOY15-LSS15-CLS15)-ST32-(DVB5-NBD5-DCP5)-(NFO5-BFE3)	44	$2.7×10^2$	100	75	100
SOY45ST20-(DVB9-NBD9-DCP9)-(NFO5-BFE3)	68	$3.1×10^2$	100	97	100
(SOY22.5-LSS22.5)-ST20-(DVB9-NBD9-DCP9)-(NFO5-BFE3)	70	$3.7×10^2$	100	98	100
(SOY15-LSS15-CLS15)-ST20-(DVB9-NBD9-DCP9)-(NFO5-BFE3)	74	$5.2×10^2$	100	99	100

注：ν_e 代表交联密度；D 代表温度高于 T_g 时材料的可塑性；FD 代表在环境温度下的变形程度；R 代表最终的形状恢复程度。

资源丰富、价廉无毒、环境友好、热稳定性、光稳定性、耐溶剂性好的环氧大豆油（ESO），被越来越广泛地应用于各种生产活动当中，其主要原因是工业正面临着日益提高的节省资源、能源和减少污染要求，而环氧大豆油恰恰以其特有性能适应比需求，引起了国内外科研人员的兴趣。据中国环氧树脂行业协会专家介绍，目前国内涂料用环氧大豆油的研究主要集中在紫外光（UV）自由基固化环氧豆油丙烯酸酯体系、阳离子固化体系；但不止这两方面，将环氧大豆油或它的提取物和一些常用涂料体系混合使用，也是国外研究开发环氧大豆油体系的热点。环氧大豆油的黏度较低、分子链柔性好，将其混入一些常用的涂料体系中作为改性剂使用，可有效地改善原有体系的性能，降低生产成本。此外环氧大豆油的提取物或者将环氧大豆油转化后制得的一系列涂料也表现出良好的使用性，开发前景十分诱人。

（2）丙烯酸酯环氧大豆油

丙烯酸和环氧甘油三酸酯反应，可以得到丙烯酸酯环氧大豆油 [acrylated epoxidized soybean oil（AESO）][43]。环氧甘油三酸酯存在于天然植物油中，也可以用更普通的不饱和植物油（如大豆油或亚麻油）通过标准的环氧化反应合成[22]。

Sharma 和 Kundu[22] 发现 AESO 可与活性稀释剂（如苯乙烯）混合加快反应进程，同时可控制聚合体性质到一定范围以便工业应用。通过改变苯乙烯的用量，可以制造出模量和玻璃化转变温度均不相同的聚合体。改变单体的分子量和甘油丙烯酸三酯上的官能团即可改变聚合体的性质，从而将其应用于各种不同的化学反应中。与丙烯酸的反应进行完后，甘油三酸酯上便包含了未反应的环氧基和新形成的羟基，这两种基团均可用于进一步的改性反应，如甘油三酸酯与二酸、二胺、酸酐、异氰酸酯的反应。

甘油三酸酯与一些反应物反应，可使得到的聚合体硬化。这些反应物的结构中往往含有有益于硬化聚合体的基团，如环状结构或芳基。AESO 与环己胺二酸反应形成低聚体，增强了交联密度，同时为结构中引入了环状结构使其硬化。AESO 与马来酸的反应也形成低聚体，同时引入了更多的双键。尽管希望最大限度地转换羟基和环氧基使聚合体发生交联，但随着转换比例的提高，聚合体的黏性也戏剧性地增大了。黏性的不断增大将最终导致凝胶化，因此应密切关注反应的进行情况。低聚反应发生后，改良的AESO树脂可与苯乙烯混合，随后的反应步骤与未改良的相同。丙烯酸环氧大豆油（AESO）、马来酸化大豆油甘油一酸酯（SOMG/MA）、马来酸化羟基大豆油（HSO/MA）在合成聚合物方面都很有前景，它们是合成树脂的主要组成部分。用新型原料合成的树脂的性质与用传统石化原料合成的不相上下，但新型原料以其环保和低廉的价格正逐步占据市场[22]。

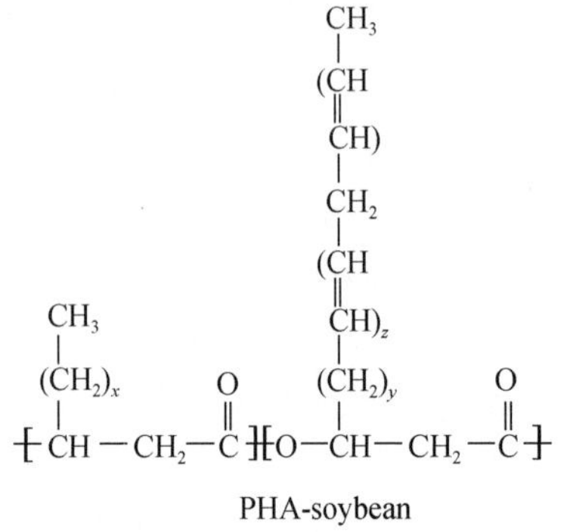

（3）PHA 大豆油

PHA 大豆油是由 C、H、O 三种元素组成的光学性质活泼、生物可降解且不溶于水的聚酯。大部分的 PHA 是脂肪族聚酯，其结构见图 6-8[35]。

PHA 是由多种细菌天然合成的。第一次在植物中制取的 PHA 是均聚的多羟基酯。但它的性能不理想——硬且易碎。而在聚合体中加入少量的较长链单体可使其中的晶状体球蛋白减少，从而增加聚合体的韧性和弹性。为了找到能将 PHA 成功改性的天然油，橄榄油、牛油[30,31]、大豆油、葵花籽油（高

图 6-8　PHA 大豆油的结构示意图[35]

含油量）和椰油[32]、亚麻籽油、高油量脂肪油[33,34]及其他脂肪油脂都被纳入考虑的范围。

Sharma 和 Kundu[22]在常温常压或 60℃温度下，用 365nm 波长的紫外线照射大豆油和 PHA 的混合物，两种物质即发生交联。实验证明这个反应的机理为自由基加成。交联反应进行完全之后，原来的纤维胶和黏性较大的生物聚酯变为光滑和黏性较小的弹性薄膜。表 6-11 为 PHA-大豆油发生交联反应的条件、反应时间和产量。若过氧化苯甲酰参与反应，则交联的时间将会大大缩短。用上述方法，可以非常容易地把原来质软、黏性大的聚合物改性为光滑的膜状物。使用短波紫外光可以增加交联密度。同时，还可以得出结论：虽然大豆油的聚合较为困难，但是经由自由基反应，它的聚合速率是相关油脂中最快的[44-49]。

表 6-11　不同条件下 PHA-大豆油反应的各种数据

PHA	苯甲酮/g	过氧化苯甲酰/g	EGDM/g	时间/d	反应条件	交产量/wt%
PHA 大豆油	—	—	—	2.4	UV	93
PHA 大豆油	0.006	—	—	1.5	UV	81
PHA 大豆油	—	—	0.010	1.3	UV	84
PHA 大豆油	—	0.005	0.010	1.0	UV	89
PHA 大豆油	—	0.050	—	0.1	60℃	87
PHA 大豆油	—	—	—	120	25℃	85

6.4　基于鱼油的高分子材料

鱼油是一种生物可分解的，并且可在烹饪过程中利用的副产物。尤其要注意的是鱼油

有一种甘油三酸酯结构，这种结构有高度多不饱和的 ω-3 脂肪酸侧链，每个酯的支链可以容纳多达 5～6 个未成对的 C—C 双键[50]。Li 和 Marks 等[51]用[1]H NMR，^{13}C NMR，DSC，DMA 方法测试鱼油聚合物的结构和物理性能，结果发现它是典型的热固性聚合物，有密度很大的交联结构。它们很有可能成为以石油为来源的高聚物的替代资源，就像建筑材料[52]。目前鱼油应用于工业化生产防护服、润滑剂、密封剂、墨水、动物饲料和表面活性剂。鱼油中高度不饱和结构促使研究人员把鱼油作为潜在的单体合成更有用的聚合物。在碳碳双键的推动下，鱼油可以在 300℃惰性或真空气氛的密闭容器中发生均聚，由此生成的黏性的油可用于清漆、清洁剂和罐头材料的工业生产。同时，鱼油和马来酸酐共聚生成马来酸盐鱼油，这种产品用于干漆、耐高温的清漆和可塑剂。鱼油也可通过与二烯烃（如丁二烯、橡胶基质）反应完成改性，这样就可以生成工业上很感兴趣的 Diels-Alder 的加成产物。同时可以从天然的和共轭的鱼油中得到新型的聚合物。它们是成本低及可再生的天然鱼油资源，这些优势将会促进对鱼油和其他天然油类和脂肪聚合的研究[50]。

Li 等[51]报道了由鱼油（FO）和共轭鱼油（CFO）等单体共聚制备的新型聚合物的蠕变行为和应变回复力，将实验结果和经典的线性黏弹性模型进行比较，同时也对蠕变行为进行了研究。这些模型成功地预测了在静载荷下蠕变行为的范围是 0.03～0.07MPa，说明这种材料在测试环境下具有线性黏弹性。实验结果和理论预测的偏差是因为结构的影响，由鱼油中天然的和共轭的双键控制，同时也受未反应的鱼油和交联成网状的聚合物相互作用的影响。在高温下，共轭鱼油（CFO）和二乙烯基苯的共聚物较鱼油（FO）的聚合物有更好的抗蠕变性和应变回复能力。

共轭鱼油（CFO）的 T_g 大约在 110℃，这比多酚乙烯的 T_g 还高。与热塑性塑料相比，鱼油聚合物的热塑性提高了它在高温时（200℃）的热稳定性。同时，共轭鱼油比一般鱼油有更好的热稳定性和力学性能。然而，一般的鱼油有相对比较好的抗蠕变性能[51]。

Li 等[52]以三氟化硼二乙基醚（$BF_3 \cdot OEt_2$）为引发剂，通过鱼油乙烷基酯（NFO）、共轭鱼油乙烷基酯（CFO）、甘油三酸酯鱼油（TFO）和苯乙烯、二乙烯基苯的阳离子聚合形成一种新的高分子材料，呈热固型，交联密度为 $1.1 \times 10^2 \sim 2.5 \times 10^3 mol/m^3$。他们通过对新型鱼油高聚物的热重分析发现三个明显的分解阶段，分别是 200～340℃，340～500℃和大于 500℃，在大约 450℃时失重率最大。它们的应力-应变从橡胶的柔软到塑料的脆性，杨氏模量为 2～870 MPa，最终的可拉伸强度（σ_b）为 0.4～42.6 MPa，断裂伸长比为 2%～160%。这种新型的鱼油聚合物有良好的阻尼和形状记忆能力，这些都是基于石油的聚合物所没有的。鱼油高聚物的可拉伸断裂表面的 SEM 显微照片表明，在高放大率下，挪威鱼油高聚物的表面是光滑的，然而甘油三酸酯油高聚物是粗糙的表面[53]。

6.5　基于玉米油的高分子材料

玉米油（COR）是一种比较廉价的商业可用菜油，是生物可分解且可再生的自然资源，具有较高的不饱和度。大多数菜油已经用于食用，如烹饪用油、人造黄油和牲畜饲料。玉米油有甘油三酸酯的结构，在每个脂肪酸支链分子中大约有 4.1 个 C—C 双键。玉米油中的高不饱和度使它能够与其他单体共聚。另外，玉米油和大豆油有相似的化学结构，有三种脂肪酸链，包括油酸、亚油酸和亚麻酸[41]。因此，发现玉米油的新用途（尤其是非食用方面）已经迫在眉睫[54]。

Li 和 Hasjim 等[55]认为新型的热固性高分子材料可以以 BF$_3$·OEt$_2$ 为引发剂，通过玉米油、共轭玉米油和苯乙烯、二乙烯基苯的阳离子共聚得到。凝胶时间从几分钟、几小时到几天不等。玉米油、共轭玉米油和其他的单体有效的聚合，是因为共轭玉米油的共聚物的力学性能和热稳定性比单一玉米油聚合物要好。这种聚合物有多种力学性能，如抗拉强度、柔性和耐压强度，范围从弹性体到坚硬的塑料。

图 6-9 表现了交联聚合物的质量比对固化时间的依赖性以及玉米油共聚物的组成，其中图 6-9（a）反映了温度对共轭玉米油和普通玉米高分子材料的影响，而（b）则反映了玉米油含量对共轭和普通玉米油交联聚合物的影响。共轭和一般玉米油共聚物的形状恢复能力如图 6-10 所示。可以发现，共轭和一般的玉米油共聚物 50%的变形恢复是在 42~44℃范围内达到的，其中共轭玉米油共聚物在 75℃可以完全恢复，而一般玉米油共聚物仅能恢复 96%。但一般玉米油共聚物具有更好的阻尼特性，这使共轭玉米油更容易反应生成高度交联的聚合物[54]。

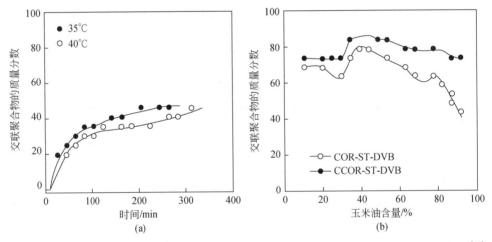

图 6-9　温度对交联的影响（a）及玉米油含量对共轭和普通玉米油交联聚合物的影响（b）[54]

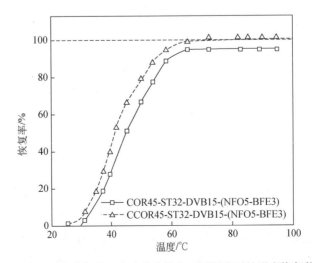

图 6-10　共轭和非共轭的玉米油聚合物在不同温度下的形变恢复能力[54]

6.6　基于桐油的高分子材料

桐油来自于油桐树的种子,已经成为一种重要产品。在自然状态下桐油是没有颜色的,但其商业产品是黄色,有种泥土的气味。桐油是非常好的来自于蔬菜的干性油,用于制备油漆、清漆等相关材料。它的主要成分是不饱和酸的甘油酯,是一种共轭的三烯结构,它高度不饱和,共轭体系对快速聚合和干燥性能有重要作用。桐油的高度不饱和性使它成为自由基聚合和共聚合合成本体聚合物的潜在单体。桐油由过氧化苯甲酰引发,与苯乙烯共聚可以合成热稳定性好、自动灭火,尤其是不会收缩的低密度泡沫塑料。理论上,桐油的共聚合不仅能由自由基引发,还能由阳离子引发。然而,人们更关注桐油自由基聚合的产物[55]。

Li 和 Larock 等[55]用桐油与二乙烯基苯单体发生阳离子聚合,以 BF$_3$·OEt$_2$ 为引发剂合成塑料。凝胶时间从几秒钟到一小时,很大程度上依赖于相对成分和反应条件。可以通过降低反应温度、减少引发剂浓度到 1 wt% 以下或者加入一定的不活泼油类来控制反应,这些油类可以是大豆油、低饱和度的大豆油（LSS）或者共轭低饱和度的大豆油（CLS）。产物是刚性的、深褐色的,交联聚合物对初始材料的质量分数为 85%~98%,由用二氯甲烷的索氏提取决定。聚合产物的结构是交联网状的,由低分子量的油增塑。它的化学成分因桐油体系的成分而不同。力学研究表明,桐油是一种典型的热固性聚合物,有较高的交联度。在室温下,这种塑料的模量为 $2.0×10^9$ Pa,在大约 100℃ 时有较宽的玻璃化转变区。热重分析显示桐油聚合物 200℃ 以下热稳定性较好。

桐油也可以与苯乙烯和二乙烯基苯发生热聚合[56]。当聚合温度很高（200~300℃）时,产品的范围从黏稠的油到不耐用的橡胶薄膜,芳香共聚体已被用于制备高聚物材料。通过桐油、苯乙烯和二乙烯基苯的热聚合,可以制备各种透明高分子材料,其范围从弹性体到坚硬的塑料。化学计量和加入催化剂可以很大程度上影响聚合物的热物理和力学性能。如果加入金属催化剂,能很有效地加速热聚合,生成交联度很高、性能很好的聚合物。但是,吸收氧和加入过氧化物对聚合物没有影响[57]。

Trumbo 和 Mote[58]研究了桐油和 1,6-己二醇丙烯酸二酯或 1,4-丁二醇丙烯酸二酯的 Diels-Alder 反应。发现该共聚体在普通的实验溶剂中能够完全溶解,并且有很宽的分子量。该共聚物可制薄膜,该膜有很好的抗溶解性及光泽。

6.7　基于亚麻籽油的高分子材料

6.7.1　天然亚麻籽油聚合物

亚麻籽油来自于亚麻种子,是一种脂肪甘油三酸酯,由 53% 亚麻酸、18% 油酸,15% 亚油酸、6% 棕榈酸和 6% 硬脂酸组成,是一种应用很广的干性油[44]。以前它作为干性油用于表面覆盖。不同的烯类单体,如苯乙烯可与亚麻油共聚[59-61]。

Meneghetti 和 Souza 等[63]把亚麻籽油作为氧化醇酸树脂涂料系统的模型,研究亚麻籽油的氧化聚合，其中以钴、铅和辛酸锆作为催化剂，发现反应分为钴盐催化氧化阶段、铅和辛酸锆催化聚合阶段。在同样的反应条件下辛酸锆的催化能力比铅强。因为铅的混合物有毒，他们建议使用辛酸锆作为催化剂。亚麻籽油自动氧化固化的起始、增长和终止过程如图6-11所示。研究发现，起始过程自发地发生氢氧化物分解形成自由基，这个过程可以通过加热或者加干燥剂（色素）催化。自由基先和抗氧化剂反应，待抗氧化剂消耗后再与干性油的脂肪酸链反应。增长阶段，氢原子从亚甲基的双键中游离出来，形成了自由基（1），自由基（1）不稳定，与氧反应生成自由基（2）。终止反应后，发生交联，结果形成像（3）、（4）、（5）这样的结构。

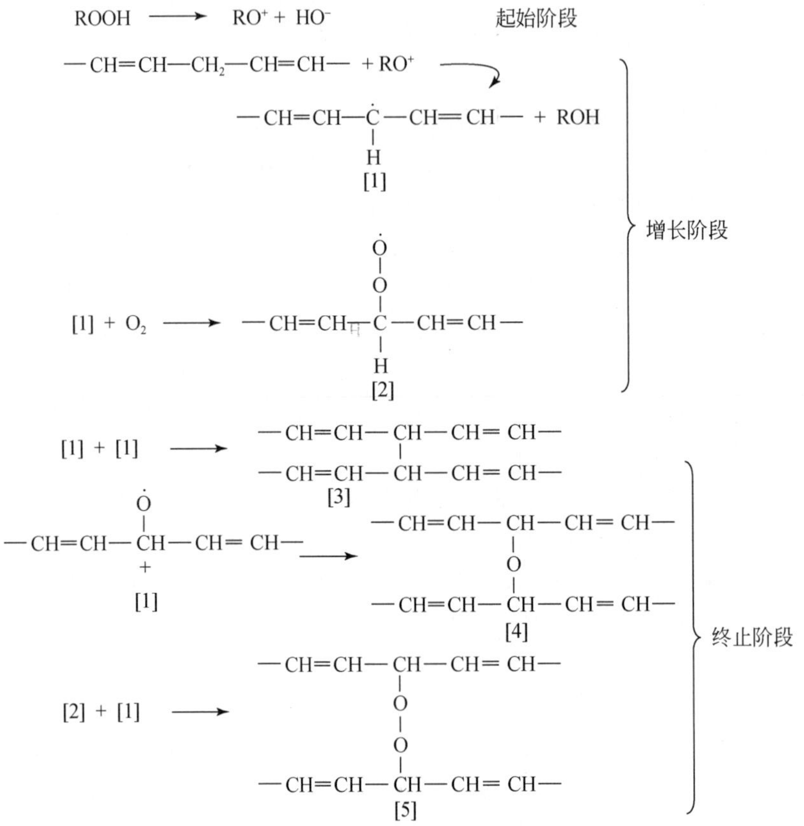

图6-11　亚麻籽油固化的自动氧化过程[62]

氧化时间对亚麻籽油的影响的红外光谱如图6-12所示。

Tuman 和 Chamberlain 等[64]在多种金属催化剂催化下用 DSC 研究亚麻籽油的自动氧化固化，锰干燥剂催化表面，锆干燥剂催化整个薄膜。把表面和整体催化剂混合是常用的方法。

干性油和半干性油，如向日葵和亚麻籽油的苯乙烯化已通过大分子单体技术进行研究。Akbas 和 Beker 等[65]用甲基丙烯酸甲酯（MMA）和相应甘油酯发生酯交换反应制得了亚麻籽油的大分子单体。随后的苯乙烯化反应是单体和苯乙烯的自由基共聚，由过氧化苯甲酰引发。

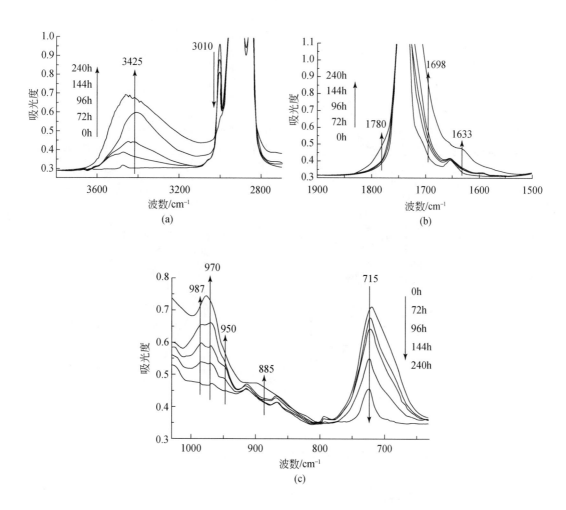

图 6-12　亚麻籽油氧化的红外光谱图[63]

　　用红外光谱的傅里叶转变研究在 2-乙烷已酸钴存在下的亚麻籽油的氧化聚合。钴干燥剂的加入促进了所有的反应的进行，包括氧化和表面固体膜的形成。Mallegol 和 Lemaire 等[66]在 25℃氧化反应中用红外光谱研究了干燥剂的影响，比较了比较纯的亚麻籽油（PLO）和含钴干燥剂的亚麻籽油（LOCD）的红外谱图如图 6-13 所示。

　　Bassas 和 Marque[66]用亚麻籽油生产多不饱和多羟基链烷酸酯。这种聚合物的不饱和侧链中含 36.5% 的 PHA-亚麻籽（PHA-L），16% 的单体是多不饱和的，有 2~3 个不饱和度，而饱和的部分主要为聚 3-羟基辛酸和聚 3-羟基癸酸。他们发现 PHA-亚麻籽烯族侧链的稳定性受自然氧化时间的影响，它们可以在室温下与其他聚合物链发生交联反应。为了加速反应，聚合物用紫外光处理，并且在不同的反应时间下变化。因为发生了交联反应，用紫外光照射过的多羟基链烷酸酯的玻璃化转变温度升高了。

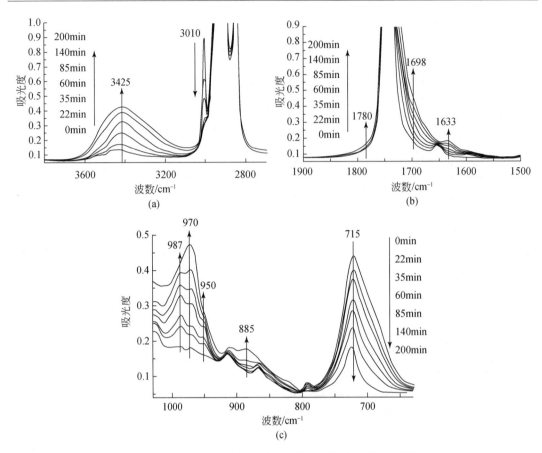

图 6-13　亚麻籽油和钴干燥剂混合物氧化的红外谱图[65]

6.7.2　环氧化的亚麻籽油

新的环氧降莰烷亚麻籽油（ENLOs）作为降冰片烯的内含物而制备。Zong 和 Souce 等[68]发现稀释剂可以降低反应的黏度，显著提高 ENLOs 的聚合速率和最后的转化率。体系的黏度比环氧乙烷的反应程度更重要，所以他们认为 ENLOs 的阳离子光聚是由扩散控制的。加入反应型和非反应型的稀释剂会降低反应的黏度，而且对环氧化和氧化降莰烷亚麻籽油的反应速率有重大影响，据报道环氧化物的光聚作用加速是因为乙烯醚的存在[69,70]。

Zong 和 He 等[71]用原碳酸四己酯的方法制备了基于环氧降冰片稀亚麻籽油的紫外硫化混合薄膜。它们的拉伸实验、动力学、热力学（DMTA）和断裂韧性研究表明在混合 TEOS 低聚物后，薄膜的分子量、T_g 和交联密度都有提高，然而断裂伸长性、断裂韧性有所下降。四乙基原硅酸盐低聚物也提高了被覆性能，如铅笔硬度、抗冲击性、抗溶解性和表面张力。ENLO 作为一种来源于可再生资源新的环氧化物，可替代合成的环氧树脂，如衣服、黏合剂和墨水。

Turri 和 Vicini 等[72]研究了亚麻籽油的聚合，证明了一些无机物的接触反应。

Kundu 和 Larock[73]从共轭亚麻籽油中制备了多种聚合物，由苯乙烯和二乙烯基苯热聚合。最终的聚合产物不透明，含有 35%～85% 交联聚合物。共聚物在 493～500℃ 时，有

72%～90% 的质量下降。这些样品在 100℃ 以上时有较好的稳定性，在 350℃ 左右开始有热量失重，500℃ 时大量下降至烧焦，650℃ 完全燃烧。

6.8　基于蓖麻油的高分子材料

蓖麻油（CO）是一种含双活性基团（羟基和双键）且相对廉价的可再生资源，是制备互穿网络型聚合物（IPN）的一种重要原料。利用蓖麻油制备的 IPN 具有十分优良的力学性能、耐热性能和绝缘性能，已被广泛地用作带锈金属黏接剂、高性能涂料、弹性体等[74]。Yenwo 和 MaRson 等[75]最早利用蓖麻油与甲苯二异氰酸酯（TDI）生成网络，在苯乙烯（St）和二乙烯基苯中膨胀后引发聚合生成 IPN，对所得到 IPN 材料的应力-应变曲线研究发现，随着多酚乙烯含量的变化，材料性能呈现由弹性体到橡塑体的变化；过和张等[76]研究了二元聚氨酯/聚取代乙烯 IPN 的合成及性能，结果表明由二元聚氨酯与聚取代乙烯组成的 IPN，其力学性能较由单纯蓖麻油聚氨酯与聚取代乙烯组成的 IPN 好；Siddaramaiah 和 Mallu 等[77]用二苯基甲烷二异氰酸酯（MDI）制备出蓖麻油聚氨酯/多酚乙烯 IPN，并研究了其耐化学品性能、热学性能和力学性能等，结果表明其热分解行为及相态结构与其组成有关，其抗拉强度随着多酚乙烯含量的增加而增大。Yin 和 Yao 等[78]用 DMS 研究了聚合物的力学行为。共聚物和 IPN 的鞣温度出现了单个峰，表现出很好的兼容性。它们代表了一种阻尼材料，在很大的温度范围中有很好的鞣价值。因此成为一种新的方法通过农业产品生产阻尼材料。

胡和谭等[79]分别用甲苯二异氰酸酯（TDI）和六亚甲基二异氰酸酯（HDI）与蓖麻油（CO）反应制备出两种聚氨酯预聚体，再用预聚体与苯乙烯、丙烯腈、甲基丙烯酸甲酯、环氧树脂（E-44 或 E-51）等单体制备出蓖麻油聚氨酯互穿网络型聚合物（CO-Pu IPN），研究了体系组成对该聚合物拉伸强度的影响。结果表明，随着固化时间的延长，CO-Pu IPN 的拉伸强度逐渐增大，TDI 型 CO-Pu IPN 比 HDI 型的拉伸强度大；烯类单体比环氧树脂单体所制 CO-Pu IPN 的拉伸强度大，不同烯类单体之间的差别不大；增加预聚体中 NCO/OH 的摩尔比，CO-Pu IPN 的拉伸强度都是先增加后减小，在摩尔比为 2.25 时出现最大值；添加抗氧化剂 1010、紫外光吸收剂 UV-327 和光稳定剂 292 等对 CO-Pu IPN 的拉伸强度基本没有影响。

胡和谭等[79]研究了蓖麻油聚氨酯的黄变性能，得出 TDI 制备的 IPN 的黄色指数比 HDI 制备的大，并且耐黄性能较差；环氧树脂作为交联剂制备的 IPN 的耐黄变性能比烯类单体制备的要好；增加预聚体中 HDI 的含量可以有效地降低 IPN 的黄色指数，提高其耐黄性能。

Kumar 和 Venkatachalam[80]在硅酸铝的催化下，用氧化钼对蓖麻油低聚。他们直接把甲基蓖麻醇酸酯转换成二聚物和低聚物的脂肪酸。甲基蓖麻醇酸酯脱水形成相关的共轭和非共轭石蜡，低聚反应在固定的反应器中进行，反应产物用红外，核磁和质谱分析。在质谱分析中，从混合物蒸馏出来的二聚物的碎片形态表明产物包含循环和非循环同质异构结构。

Cassidy 和 Schwank[81]用脱水的蓖麻油（DCO）和苯乙烯作为共聚单体研究反应比例。这是一个在苯中的自由基聚合过程，产物被反应混合物的蒸发和在石油醚中的两种沉淀物所隔离。共聚物的组成由皂化反应过程决定。DCO 的链转移常数较高，但与苯乙烯相比，反应比例较低。在 DCO 摩尔分数大于 20% 时，共聚合较难发生。

Ashraf 和 Ahmad 等[82]用脱水的环氧蓖麻油（DCOE）和聚合物混合提高聚甲基丙烯酸（PMAA）的物理和力学性能。DCOE 和 PMAA 在质量比为 80/20、60/40 和 20/80 下和二甲基亚砜通过溶夜混合，然后用黏度和超声方法测试两种成分的混合性。结果表明两种物质在溶液中呈半相容性。而在固态时，用差示扫描量热法和扫描电镜法测试相容性，结果表明 DCOE-PMAA 在固态时不能相容。

6.9　基于其他油类的高分子材料

Eren 和 Kusefoglu 等[83]研究了高含油量的向日葵油和不同单体的聚合，也研究了在甘油三酸酯中同时加入溴和丙烯酸酯的效果。向日葵油的溴代丙烯酸酯的产量为 55%。溴代丙烯酸化的向日葵油和苯乙烯共聚体表现出半刚性。也在不同的溶液中研究了共聚物的交联网状结构，其在不同溶液中有不同的胀大表现。基于向日葵油聚合物的玻璃化转变温度为 20~30℃，它在室温下的储能模量为 $1.1×10^8$ Pa。他们也研究了丙烯酰胺的脂肪酸衍生物的聚合反应[83]并发现了 Ritter 反应引出丙烯酰胺对向日葵油的甘油三酸酯的作用[84]。

用棕榈油酯和甲醇在 Mg-Al 水滑石的存在下可以进行了酯交换反应制得生物柴油[85]。并将得到的柴油（10% 生物柴油）和 6 种橡胶（NBR、HNBR、NBR/PVC、丙烯酸橡胶、FKM 共聚物和 FKM 三元共聚物）分别进行混合，研究了它们的相容性。他们发现其中一些橡胶对生物柴油的吸收和溶解都比较好，其中 FKM 共聚物和 FKM 三元共聚物属于氟橡胶，变化比较小。

Tanaka 等[86]用以棕榈油为基的多羟基化合物制得聚亚安酯（PU）泡沫。他们首先将棕榈油转化为甘油一酸酯，在 90℃下用碱作催化剂和溶剂，产率达到了 70%；然后将 PU 泡沫由多羟基化合物和聚乙二醇（PEG）混合物或者二甘醇-3,4-（DEG）和异氰酸盐的混合物制得。研究表明，棕榈油转化的甘油-酸酯含量较高时，聚亚安酯的链运动柔性更大，这说明甘油一酸酯的分子作用是柔性片段。这个结果将使用棕榈油制成的聚亚安酯的研究更进了一步。

Andjelkovic 等[87]以 $BF_3·OEt_2$ 作催化剂，用二乙烯基苯和橄榄油、花生油、玉米油、葡萄籽油、大豆油、向日葵油、低饱和度大豆油、红花油、胡桃油和亚麻籽油分别共聚制得一系列热固性塑料。他们发现植物油的种类对所合成的高分子材料的性能有直接的影响，因此强调通过筛选植物油及其用量来预测和控制高分子材料的结构和性能。

6.10　小　结

植物油基聚合物是一种很有前途的绿色聚合物，其原料来源、生产过程与产品应用三方面均能实现可持续发展和对环境友好。在我国树脂工业中，各厂家都已经充分意识到使用可再生原料的优越性，原料来源绿色化发展迅速。但是现有植物油基聚合物产品在生产过程和产品应用环节中，仍然存在以下问题：①产品品种陈旧单一；②生产技术水平落后，产品多为污染严重、附加值低的低档产品；③国外植物油基聚合物在一些领域已经开始逐步替代传统石油产品聚合物，而我国植物油基聚合物的质量和相应石油产品相比，仍然有较大差距，缺乏竞争力；④国内植物油基结构高分子材料的研发严重落后于欧美国家，很多领域仍然是空白；⑤用于食品药物包装、药品缓释、医疗设备等领域的高附加值无毒植物油聚合物功能材料，在欧美市场需求量很大，而该产业的发展在我国未能受到广泛重视。

我国植物油聚合物研发应着重进行以下几方面的工作：①加强植物油改性新产品的开发力度，研究方向应集中于提高植物油官能度，引入聚合能力强的活性基团；②优先开展植物油聚合物生物安全材料的研究，开发植物油高分子食物包装材料、医疗用品等高附加值产品；③在结构材料研究方面，应优先发展大豆油、菜籽油等廉价植物油的改性技术，降低聚合物成本，改善材料的理化性能，替代石油产品；④优先发展树脂光敏固化技术，降低生产和使用过程中的环境污染；⑤提高植物油基聚合物中可再生组分的含量，逐步减少石油产品的使用量，直至完全不用石油原料，促进整个聚合物产业链的绿色化与可持续发展。

植物油基聚合物未来的发展方向是：①利用价格更低的非干性油制备性能更加优越的聚合物，进一步降低产品的生产成本，提高植物油基聚合物的市场竞争力；②开发植物油基聚合物新品种，开拓新的应用领域；③利用无机刚性与热稳定材料，开发高性能聚合物–无机纳米复合材料，制备出高性能工程材料。石油危机将聚合物工业推到历史发展的转折点，可再生资源替代石油产品是社会发展的必然趋势，加强植物油合成聚合物的研究，是相关科技工作者责无旁贷的任务[1]。

参 考 文 献

[1] 司徒粤，黄洪，胡剑峰，等. 精细化工，2006，11：23：1041-1047.

[2] Guner F, Seniha, Y, Yusuf, et al. Tuncer Prog Polym Sci, 2006, 31：633-670.

[3] O'Donnell A, Dweib M A, Wool R P. Comp Sci Technol, 2004, 64：1135-1145.

[4] Khot S N, Lascala J J, Can E, et al. J Appl Polym Sci, 2001, 82：703-723.

[5] Zlatanic A, Lava C, Zhang W, et al. J Polym Sci Part B, 2004, 42：809-819.

[6] Bussell G W. US P, 3855163. 1974.

[7] Force C G, Starr F S. US P, 4740367. 1988.

[8] Meffert A, Kluth H. Denmark, 4886893. 1989.

[9] Rangarajan B, Havey A, Grulke E A, et al. J Am Oil Chem Soc, 1995, 72：1161-1169.

[10] Zaher F A, El-Malla M H, El-Hefnawy M M. J Am Oil Chem Soc, 1989, 66：698-700.

[11] Friedman A, Polovsky S B, Pavlichko J P. USA, 5576027. 1996.

[12] Swern D, Billen G N, Findley T W, et al. J Am Chem Soc, 1945, 67：786-791.

[13] Barrett L W, Sperling L H, Murphy C J. J Am Oil Chem Soc, 1993, 70：523-534.

[14] Devia N, Manson J A, Sperling L H, et al. Polym Eng Sci, 1979, 19：878-882.

[15] Devia N, Manson J A, Sperling L H, et al. Macromolecules, 1979, 12：360-369.

[16] Sonntag N O V. J Am Oil Chem Soc, 1982, 59：795-770.

[17] Solomon D H. J Franklin Institute, 1968, 286：95-96.

[18] Can E, Thesis M S. Turkey：Bogazici University, 1999.

［19］ Bailey A E. InBailey's Industrial Oil and Fat Products. New York：Wiley, 1985.

［20］ Hellsten M, Harwigsson I, Brink C. USA, 5911236. 1999.

［21］ Cain F W, Kuin A J, Cynthia P A, et al. USA, 5912042. 1995.

［22］ Sharma V, Kundu P P. Prog Polym Sci, 2006, 31：983-1008.

［23］ Li F, Larock R C. J Appl Polym Sci, 2001, 80：658-670.

［24］ Mallegol J, Lemaire J, Gardette J L. Prog Org Coat, 2000, 39：107-113.

［25］ Hess P S, O' Hare G A. Ind Eng Chem, 1950, 42：1424-1431.

［26］ Taylor W L. J Am Oil Chem Soc, 1950：472-476.

［27］ Bailey A E, Trends Food Sci Technol, 1996, 7：379-380.

［28］ Guner F S, Erciyes A T, Kabasakal O S, et al. Recent Res Develop Oil Chem, 1998, 2：31-51.

［29］ Mercangoz M, Kusefoglu S, Akman U, et al. Chem Eng Process, 2004, 43：1015-1027.

［30］ Slivniak R, Domb A J. Macromolecules, 2005, 38：5545-5553.

［31］ Oldring P K T, Turk N. Resins for Surf Coat, 2000, 3：131-197.

［32］ Cakmakl B, Hazer B, Tekin I O, et al. Biomacromolecules, 2005, 6：1750-1758.

［33］ Cakmakl B, Hazer B, Tekin I O, et al. Macromol Biosci, 2004, 4：649-665.

［34］ Bailey A E. Bailey's industrial oil and fat products. New York：Wiley, 1996.

［35］ Guang L, Gaymans R J. Polym, 1997, 38：4891-4896.

［36］ Ahmad S, Haque M M, Ashraf S M, et al. Eur Polym J, 2004, 4：2097-2104.

［37］ Mahapatra S S, Karak N. Prog Org Coat, 2004, 51：103-108.

［38］ Ahmad S, Ashraf S M, Naqvi F, et al. Prog Org Coat, 2003, 47：95-102.

［39］ Li F, Hanson M V, Larock R C. Polymer, 2001, 42：1567-1579.

［40］ Li F, Hou J, Zhu W, et al. J Appl Polym Sci, 1996, 62：631-638.

［41］ Kim B K, Lee S Y, Xu M. Polymer, 1996, 37：5781-5793.

［42］ Li F, Zhang X, Hou J, et al. J Appl Polym Sci, 1997, 64：1511-1516.

［43］ Kim B K, Lee S Y, Lee J S, et al. Polymer, 1998, 39：2803-2808.

［44］ http：//info. china. alibaba. com/news/detail/v4-d1001761430. html

［45］ Ashby R D, Cromwick A, Foglia T A. Int J Biol Macromol, 1998, 23：61-72.

［46］ Cromwick A M, Foglia T, Lenz R W. Appl Microbiol Biotechnol, 1996, 46：464-469.

［47］ Ashby R D, Foglia T A. Appl Microbial Biotechnol, 1998, 49：431-437.

［48］ Gerardus A M V, Godfried J H B, Ruud A W, et al. Int J of Biol Macromol, 1999, 25：123-128.

［49］ Hazer B, Demirel S I, Borcakli M, et al. Polym Bull, 2001, 46：394-398.

［50］ Hazer B, Demirel S I, Borcakli M, et al. Polym Bull, 2001, 46：389-394.

［51］ Li F, Larock R C, Marks D W, et al. Polymer, 2000, 41：7925-7939.

［52］ Li F, Larock R C, Otaigbe J U. Polymer, 2000, 41：4849-4862.

［53］ Li F, Perrenoud A, Larock R C. Polymer, 2001, 42：10133-10145.

［54］ Marks D W, Li F, Pacha C M, et al. J Appl Polym Sci, 2001, 81：2001-2012.

［55］ Li F, Hasjim J, Larock R C. J Appl Polym Sci, 2003, 90：1830-1838.

［56］ Li F, Larock R C. J Appl Polym Sci, 2000, 78：1044-1056.

［57］ Li F, Larock R C. Biomacromolecules, 2003, 4：1018-1025.

［58］ Trumbo D L, Mote B E. J Appl Polym Sci, 2001, 80：2369-2375.

［59］ Conte L S, Lerekar G, Capella P, et al. Riv Ital Sost Gras, 1979, 56：339-342.

［60］ Thames S F, Wang Z, Brister E H, et al. USA, 6624223, 2003.

［61］ Tortorello A J, Montgomery E, Chawla C P. USA, 6638616, 2003.

［62］ Motawie A M, Hassan F A, Manich A, et al. J Appl Polym Sci, 1995, 55: 1725-1732.

［63］ Meneghetti S M P, de Souza R F, Monteiro A L, et al. Prog Org Coat, 1998, 33: 219-224.

［64］ Tuman S J, Chamberlain D, Scholsky K M, et al. Prog Org Coat, 1996, 28: 251-258.

［65］ Akbas T, Beker U G, Guner F S, et al. J Appl Polym Sci, 2003, 88: 2373-2376.

［66］ Mallegol J, Lemaire J, Gardette J L. Prog Org Coat, 2000, 39: 107-113.

［67］ Bassas M, Marques A, Manresa A. Biochem Eng J, 2008, 40: 275-283

［68］ Zong Z, Soucek M D, Liu Y, et al. J Polym Sci A, 2003, 41: 3440-3456.

［69］ Rajaraman S K, Powers W A, Crivello J V. J Polym Sci A, 1999, 37: 4007-4018.

［70］ Rajaraman S K, Powers W A, Crivello J V. Macromolecules, 1999, 32: 36-47.

［71］ Zong Z, He J, Soucek M D. Prog Org Coat, 2005, 53: 83-90.

［72］ Turri B, Vicini S, Margutti S, et al. J Thermal Anal Calorim, 2001, 66: 343-348.

［73］ Kundu P P, Larock R C. Biomacromolecules, 2005, 6: 797-806

［74］ 石红娥, 谭晓明, 陈丽, 等. 聚氨酯工业, 2007, 22: 2, 8-11.

［75］ Yenwo G M, MaRson J A, Pulido J, et al. J Appl Polym Sci, 1977, 21: 1531-1541.

［76］ 过俊石, 张署, 戴蜀娟, 等. 合成橡胶工业, 1993, 16: 275-278.

［77］ Siddaramaiah, Mallu P, Varadarajulu A. Polym Degrad Stab, 1999, 63: 305-309.

［78］ Yin Y, Yao S, Zhou X. J Appl Polym Sci, 2003, 88: 1840-1842.

［79］ 胡远强, 谭晓明, 邱晓炽. China Coatings, 2007, 22 (12): 22-24.

［80］ Kumar V G, Venkatachalam S, Rao K V C. J Polym Sci Polym Chem, 1984, 22: 2317-2327.

［81］ Cassidy P E, Schwank. J Appl Polym Sci, 1974, 18: 2517-2526.

［82］ Ashraf S M, Ahmad S, Riaz U, et al. J Macromol Sci A, 2005, 42: 1409-1421.

［83］ Eren T, Kusefoglu S H. J Appl Polym Sci, 2004, 91: 2700-2710.

［84］ Eren T, Kusefoglu S H. J Appl Polym Sci, 2005, 97: 2264-2272.

［85］ Wimonrat T, Suriya P. Renewable Energy, 2008, 33: 1558-1563.

［86］ Tanaka R, Hirose S, Hyoe H. Bioresource Technol, 2008, 99: 3810-3816.

［87］ Dejan D, Andjelkovic, Marlen V, et al. Polymer, 2005, 46: 9674-9685

第7章 基于加拿大一枝黄花的先进材料

7.1 引　言

加拿大一枝黄花（Solidago Canadensis L.，SCL），又称黄花草、蛇头王、满山草或百根草，原产于北美，又被称为"粗糙一枝黄花"，是菊科多年生草本植物。它具有瘦长的茎秆、细长的叶子，头顶有金黄色小花，地下具有横走的根状茎，茎秆粗壮，下部一般无分枝，常呈紫黑色；叶长12～20cm，宽1～3.5m，大都呈三出脉，边缘具不明显锯齿，纸质，两面具短糙毛；蝎尾状圆锥花序，长10～50cm，具向外伸展的分支，分支上侧密生黄色头状花序。SCL每年3月开始萌发，4～9月为营养生长，7月初，植株通常高达1m以上，10月中下旬开花，平均每株有近1500个头状花序，每个头状花序中又能平均长出14枚种子，11月底到12月中旬果实成熟，一株植株可形成2万多粒种子，种子具有较高的发芽率，能萌发成近万株小苗。

SCL外观美丽，其金黄色的花朵尤为夺目，令人赏心悦目，因此在瑞士、以色列、俄罗斯等国被作为花卉植物。据记载[1]，加拿大一枝黄花1935年作为观赏植物引进我国，最初作为庭园花卉栽培于上海、南京一带，后逸生野外。20世纪80年代开始蔓延到我国江浙一带，在秋天会出现在江浙地区的花店里作为类似于满天星一样的配花出售。近些年加拿大一枝黄花开始扩散蔓延并对我国生态环境造成了危害，被认为是一种入侵性很强的恶性杂草。

加拿大一枝黄花于1996年入侵宁波，在2004年开始显示出它惊人的扩散能力，长势旺、分布快。近两年这个"温柔杀手"逐步开始显现它破坏植被生态平衡的能力。在上海郊区，被加拿大一枝黄花入侵而消失的地表覆盖植物品种不少于30种[2]。

由于加拿大一枝黄花在原生地属于自然生态环境中的一环，有各种天敌，如微生物、昆虫或其他植物，适当控制或遏制它的生长，而它脱离原生环境之后，就同时脱离了生物链中的天敌，从而失去了控制，造成了疯长的情况。

但作为一种植物，SCL的生物成分和材料成分若能得到及时充分应用，这种疯长的植物也是一种可迅速再生的宝贵资源。

7.1.1 加拿大一枝黄花的化学成分

研究发现，SCL在我国有4个品种，即毛果一枝黄花（Solidago virgaurea），一枝黄花（Solidago decurrens），钝包一枝黄花（Solidago pacifica）和加拿大一枝黄花（Solidago Canadensis）[3]。

加拿大一枝黄花的化学成分主要是全草含芸香苷（rutin）、山柰酚-3-芸香糖苷

（kaemferol-3-3rutinoside）、一枝黄花酚苷（leiocarposide）、2，6-二甲氧基苯甲酸苄酯（benzyl-2，6-dimethoxybenzoate）、当归酸-3，5-二甲氧基-4-乙酰氧基肉桂酯（3，5-dimethoxy-4-acetoxycinnamyl angelate）及 2-顺、8-顺-母菊酯（matricaria ester）[4]。

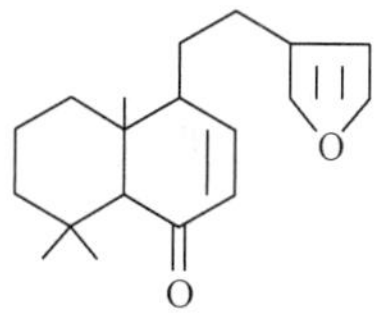

图 7-1　加拿大一枝黄花的根部提取的双萜类物质结构

1947 年，有人从 SCL 的根部提取出了一种双萜类物质。这种物质的第一次结晶温度为 89～90℃，再结晶温度为 131～132℃。他们推断这种物质的分子式为 $C_{20}H_{28}O_3$，且不能形成羰基衍生物。通过红外、核磁共振和电磁波等方法检验出这种物质的立体化学结构如图 7-1 所示，命名为 Solidagenone。这种物质中的羟基和呋喃环与夏至草苦素中的是一样的[5]。

研究者还认为这种物质是可以人工制造的，从 SCL 中提取的浓度很小的烯烃类物质可以形成熔点为 108～110℃ 的沉淀物。沉淀物通过在醇类溶液中加热回流或溶解在氯仿中或氧化铝色谱法分离出一种混合醚类的差向异构体，其熔点为 108～110℃[5]。

SCL 和氢化铅锂（LAH）反应的产物具有立体选择性，这是因为反应物和轴心上的三级羟基反应生成了络合物，络合物把自身内部的氢离子传递给 α 面上的另一个碳。SCL 还可以在催化氢的作用下得到还原产物 SCL-6β-o[5]。

另外，在 SCL 中羟基、呋喃环和烯酮的立体位置是唯一的，但其通过与 p-对甲苯磺酸共同在甲醇的水溶液中加热回流数小时可以得到重排的产物[6]。如图 7-2 所示，加热 1 小时后，85% 的反应物未发生反应，只有一种脱水产物（12）。在 18 小时后，一半的反应物（1）参加了反应，主要生成了（12）和（13）两种产物，还有少量的副产物。90 小时后反应物反应完全，至少得到十种含有呋喃的物质，其中（14）、（13）是主要的产物（含量大约为 65%）[6]。

通过色谱法在 SCL 的茎的细胞组织中检测到了 18 种氨基酸，在树瘿的细胞组织中检测到了 15 种氨基酸。而且存在于植物细胞中的氨基酸一直呈持续增长状态或稳定不变的状态[7]。

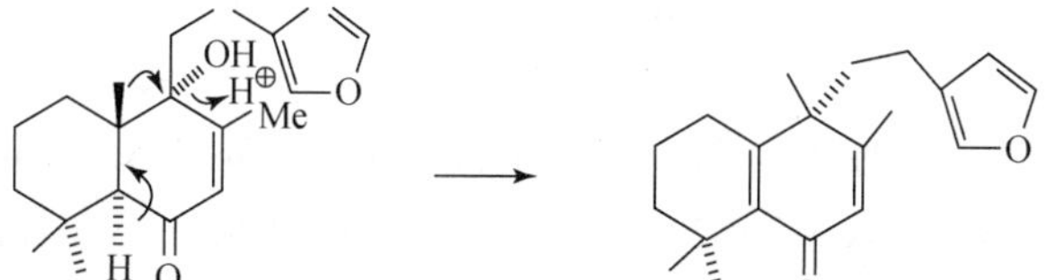

1　　　　　　　　　　12

反应 Ⅰ

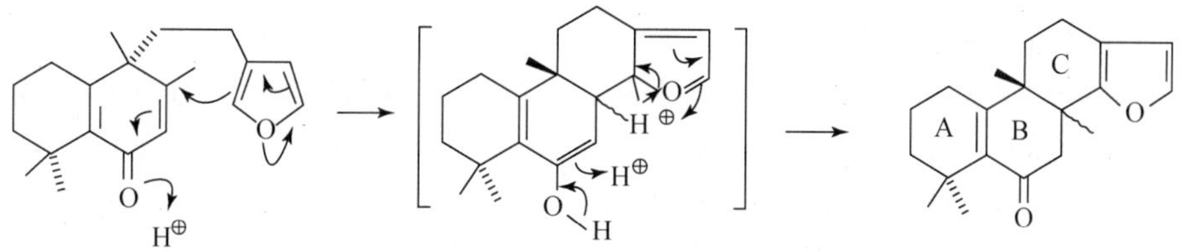

12　　　　　　　　　　　　　　　　　　　　13

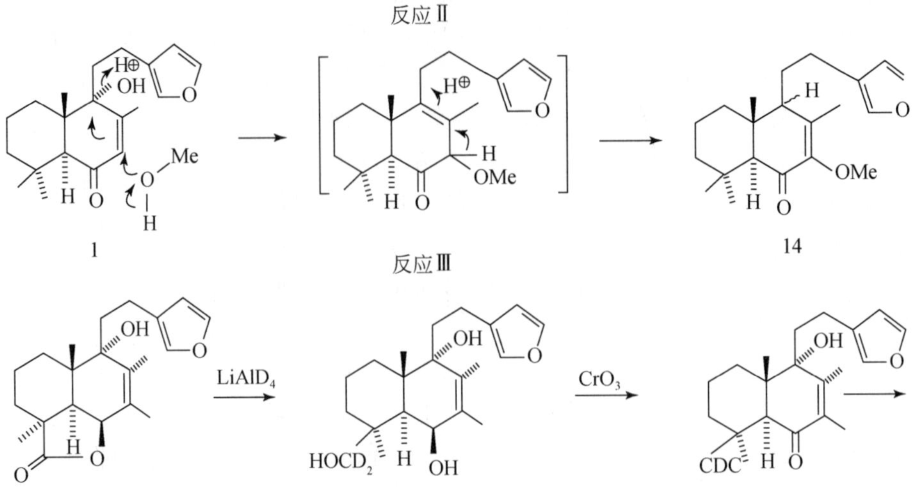

反应Ⅱ

反应Ⅲ

图 7-2　一枝黄花与甲醇水溶液的反应

通过气相色谱法从茶树精油中提取出容易分解的倍半萜烯——（1R，7S，10R）-cadina-3，5-diene[8]。它的结构和构型可以通过核磁共振和旋光选择性的色谱法检测出来。而且在催化酸的作用下，它可以经过重排转化成一系列已知立体结构的物质。另外，这种倍半萜烯的旋光异构体在自然物中没有发现过，它们可以由从 SCL 中提取的具有旋光性的混合物大根香叶烯 D 经过重排后得到。

Apati[9]利用高效液相色谱、二极管阵列检测及质谱分析、分离和定量测定从草本黄菊植物中提取苯酚、氯原酸、咖啡酸、山奈酸-3-氧-α-L-芸香糖苷（眼花苷）、栎精-3-O-β-D-葡萄糖苷（异槲皮苷）、栎精-3-O-β-D-鼠李糖苷（栎精），山奈酸-3-氧-α-L-鼠李糖苷（阿福豆苷）和醇类物质。利用其他技术也可以得到这些提取物。提取物中有 3 种含水物质和 3 种醇类物质被单独研究。以乙腈/乙酸为 2.5/1（体积比）的溶液作为洗出液，在附有十八烷的海波斯尔铁基磁性合金上利用反相高效液相色谱法可以分离出多酚类物质。这些结果更加证实了上述类黄酮化合物的存在。

Chaturvedula 等[10]通过分析检测 DNA 聚合酶的活性，由直接生物法利用甲基乙基酮从SCL 中提取出 11 种物质。其中有 4 种新物质：3β-（3R-acetoxyhexadecanoyloxy）-lup-20（29）-ene，3β-（3-ketohexadecanoyloxy）-lup-20（29）-ene，3β-（3R-acetoxyhexadecanoyloxy）-29-nor-lupan-20-one 和 3β-(3-hetohexadecanoyloxy)-29-nor-lupan-20-one，这 4 种物质分别通过 1D 和2D 的核磁共振波谱法和化学改性进行研究。7 种已知的物质是羽扇醇、含羽扇豆醇乙酸酯、熊果酸、环木菠萝烯醇、环木菠萝烯醇棕榈酸酯、α-香树脂醇乙酸酯和豆甾醇。这 11种物质均抑制 β 聚合酶的活性。

用 GC-MS 法对 SCL 挥发油进行鉴定分析，共分析出 28 种物质，已鉴定化学成分的总含量约占全油的 85.88%[11]。其中单萜 6 种，质量分数为挥发油总量的 24.06%；单萜含氧化合物 3 种，质量分数为 0.67%；倍半萜 13 种，质量分数为 56.45%；倍半萜含氧化合物 3 种，质量分数为 1.08%；二萜 1 种，质量分数为 0.15%；其他化合物共 2 种，质量分数为 3.37%。其主要成分为大香叶烯 D、D2 柠檬烯、α2 蒎烯，质量分数分别为

48.08%、13.82%和6.25%。从波兰产SCL挥发油中鉴定出18种成分，主要成分是γ22杜松烯，质量分数为27.1%[11]。从杭州产加拿大一枝黄花挥发油中鉴定出40种成分，主要为异大香叶烯D（质量分数为34.59%），柠檬烯（质量分数为18.52%）[11]。

用GC-MS法对SCL进行测试，一共检出62种成分，其中50种成分占精油色谱峰总面积的91.08%，单萜含氧化物8种，占12.90%，倍半萜类成分18种，占29.03%，倍半萜含氧化物10种，占16.13%，其他成分3种，占4.84%，未鉴定成分12种，占19.36%[12]。

此外，还从SCL的甲醇提取物中分离鉴定出9种黄酮类化合物（图7-3），分别鉴定为：槲皮素（1）、3-甲氧基槲皮素（2）、槲皮素-3-*O*-*β*-D-葡萄糖苷（3）、槲皮素-3-*O*-a-L-鼠李糖苷（4）、芦丁（5）、山萘酚（6）、山萘酚-3-*O*-*β*-D-葡萄糖苷（7）、山萘酚-3-*O*-a-L-鼠李糖苷（8）、山萘酚-3-*O*-芦丁糖苷（9），见图7-3；化合物2，4，8和9首次从该植物中得到，SCL中的黄酮类成分具有较强的抗氧化性和自由基消除活性，其活性强弱与分子结构相关[13]。

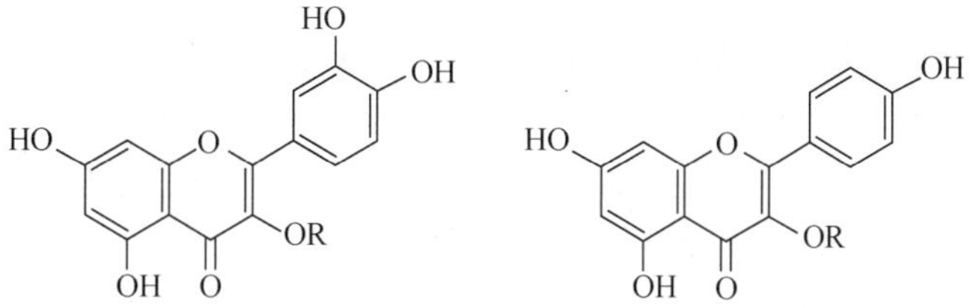

1 R=H　4 R=Rha
2 R=Me　5 R=Glc-Rhz
3R=Glc

6 R=H　8 R=Rha
7 R=Glc　9 R=Glc-Rha

图 7-3　加拿大一枝黄花甲醇提取物的结构

自由基消除实验发现，化合物1的自由基消除与抗氧化活性远远强于阳性对照维生素C；2，3略低于维生素C，显示中等活性；4、9的活性远低于维生素C。进一步分析可知槲皮素类的活性比山萘酚类的强；同类型化合物中，活性顺序为：1>2>3>4>5（槲皮素类），6>7>8>9（山萘酚类）；表明化合物的自由基清除、抗氧化活性与C-3位羟基是否取代相关，取代基越大，活性越低。

7.1.2　加拿大一枝黄花的生物性能

SCL具有超强的繁殖能力，既可以通过种子有性繁殖，也可以通过根系无性繁殖；根系极发达，横向生长，又粗又长。SCL具有传播、扩散迅速的特点。由于种子轻而小，且带有绒毛，可以随风飘移，也可以黏附于动物体迁移。SCL具有压倒性的竞争力，适应性强、生长环境十分广泛，植株高大、群聚出现，具有很强的生长优势，极易排斥其他植物。

SCL喜好生长在偏酸性、低盐碱的砂壤土中，在水分和阳光充足的地方长势最佳，但它同时又有耐荫、耐旱和耐瘠薄的特性，所以具有广泛的适应性[14]。

SCL不能直接在农田或者水田里存活，但是通常情况下，它的一棵独立的植株可以形成大量种子，且根部发达，连接成片，极易和其他作物争光、争肥，形成强大的生长优势，从而把其他植物排挤出同一生长地区，如进一步蔓延侵入农田，会造成农作物大幅减产。

Tomkins 和 Grant[14] 发现除草剂对 SCL 有丝分裂时的染色体突变发挥着重要作用。在自然界中，有丝分裂的染色体突变概率为 0.4%，这主要是由生长在植物周围的杂草所致。在已经发现的染色体突变中，植物生长素类除草剂对恒温下的染色体有较大的诱导作用，而对于染色体片段作用很小。研究还发现，在较成熟的植物中，染色体突变的概率在花芽中比较高。

通过一个可以发展的循环来研究 SCL 根茎中两种芽的数量发现，在春天长出的有共同属性的芽在这两种芽中占优势；后来新长的芽数量很少。芽的死亡率在七月最高，并且死亡的大部分是形状小的芽。在生长周期中两种芽都呈双峰结构。随着生长的进行，芽的相对生长率呈下降趋势，形状小的芽生长率最低。芽的大小决定了花期[15]。

Potvin 和 Werner[16] 发现水的利用模式和季节性的官能叶面积的发展是由 SCL 中的 scabra 和 S. juncea Ait 决定的，scabra 和 S. juncea Ait 是两种花期相同的菊科植物，它们在不同湿度的土壤中竞争力和分散不同。这两种物种的不同点是通过每日丈量气孔的导电性和叶子中的水分得到的。在实验中，两物种的气体吸收交换率 [13.15 ~ 13.25 mol CO_2/($m^2 \cdot s$)]、气孔导电性 [31.53 ~ 38.44 mol H_2O/($m^2 \cdot s$)]、水分利用率 (8.10 ~ 9.66 mg CO_2/g H_2O) 和气孔在叶子低水分时的反应（如当水分在 -16 ~ -20 bars 时气孔会自动闭合）都是相似的。它们的不同之处在于官能叶的最大面积不同。

Weber 等[17] 发现在欧洲一共有 23 种 SCL 的物种，这些物种都是从外地引进的，并且在欧洲进行了长期的繁殖传播。这些物种在实验中被检测的 19 种特性上有很大的差异。在与生长有关的特性中，变异率和物种间的关联性很高。物种中的有些特性与纬度和气候有关。

Rebek 等[18] 曾研究了寄生虫对 SCL 数量的影响。浙江师范大学化学与生命科学学院的研究[19] 表明 SCL 对较高温度的耐受力比对低温的耐受力大。可溶性糖是温度胁迫下细胞内的保护物质，其含量与多数植物的抗冷性呈正相关性。早春，SCL 体内可溶性糖含量较高，有助于植物抵御不良的环境。4 月下旬随着光照强度的增强，电导率降低，由此可见高温干燥的气候极为适合 SCL 的生长。总之，SCL 是喜阳耐旱植物，对不良环境的适应性较强。

7.1.3　加拿大一枝黄花的防治方法

到目前为止，对于 SCL 的防治主要有两种方法[20]：人工防治和化学防治。人工防除方法为从 SCL 出苗至开花结实之前，对 SCL 进行人工拔除，在拔除时必须将根系全部清除，但是 SCL 的根茎十分发达，斩草未必能除"根"，留在土壤里的根状茎在一定条件下能重新繁殖。因此，这个方法只适用于小面积的清除。化学防治就是喷洒除草剂。这种方式适用于大面积清除，目前，有效的除草剂正在测试当中。但大量使用除草剂既不经济又污染环境，而且可能对人体造成伤害。在 SCL 刚发芽时喷洒灭生性除草剂来减少除草剂的用量，从而减少成本，同时也可减少化学污染，提高根除效率。对于化学防治所用的试剂还在研究中，有报道表明[21-23]，在 4 月底之前杂草刚萌芽时进行 10% 草甘膦水剂喷雾能有效防止幼芽的生长；40% 正达可湿性粉剂做茎叶喷雾时有良好的效果；在幼苗期（4 月中旬）用 88.8% 的飞达红可溶性粉剂能够有效抑制其根茎的生长；还有一些除草剂对 SCL 防除效果优异[24]。

生物防治的方法是引进 SCL 的天敌。有种昆虫专门寄生在 SCL 属植物中，雌性成虫将卵排放在 SCL 的茎干或芽里，幼虫孵化后就在茎干皮层下取食，由于它分泌的唾液中含有某种化学物质，这种物质会引起 SCL 的畸形生长，形成虫瘿，并且虫瘿不断扩大，使得 SCL 的芽叶萎缩，生长停滞甚至死亡[25]。它同样原产于北美，目前尚未在我国发现这种生物。对天敌引进方法在学术界有一定的争论，因为可能外来的天敌将再次成为一个新的有害外来物种，所以引进天敌是要相当慎重。

7.2　基于一枝黄花的先进材料

在研究如何有效控制 SCL 危害的同时，对它的利用研究也已展开[26]。例如，在北美和克罗地亚东北部，SCL 是重要的蜜源之一。在加拿大，每到夏末秋初花期刚过时，白色无尾驯鹿就会以 SCL 的蘸叶为食引。在美国的科罗拉多、犹他等州，SCL 也是那里牛、羊、马的优良草料，而种子则是金翅雀、麻雀等鸟类的可口食物。在澳大利亚，SCL 甚至被视为一种新的有用农作物。

利用其天然色彩，SCL 可用于部分颜料的生产，也可以用于提炼精油。近几年在利用方面国外研究较多的是 SCL 萃取物中的倍半萜，如大根香叶烯 D 的合成机制与相关实验，大根香叶烯 A 合酶的 CDNA 分离等相关研究，因为这些倍半萜被发现具有类似于抗生素、性诱剂、外激素等化学制剂的作用机理[26]。

SCL 的药用部位主要是枝叶和花序，包含的主要成分有皂苷、挥发油和黄酮等，临床应用主要是治疗尿路感染，并兼有治疗外伤感染、抗疲劳、利尿、促进循环和辅助治疗糖尿病的作用[13]。Mccune 等的研究发现[26]，SCL 乙醇提取物具有很强的抗氧化和自由基消除能力，而活性氧与自由基的产生被认为与人类的众多疾病的发生密切相关，在诸多类型天然抗氧化剂中，黄酮类成分能有效减轻细胞的过氧化胁迫，阻止低密度脂质的过氧化，预防和治疗多种疾病[26]。

SCL 被用来治疗泌尿和消炎方面的疾病在欧洲已经有几个世纪的历史[26]。有报道称，上海产 SCL 与波兰和中国杭州所产的 SCL，在挥发油的主要成分和含量上有着明显不同[11]。另有研究报道 SCL 的挥发油的主要抗菌成分是大香叶烯 D，对大肠杆菌和枯草芽孢杆菌具有显著的抑制作用[11]。SCL 中黄酮类成分的 DPPH 自由基消除活性也被文献所报道[14]。裘等[28]通过实验初步验证了 SCL 煎剂对消炎痛所致的大鼠试验性胃溃疡的影响，发现能够抑制大鼠正常胃黏膜中前列腺素的合成，从而引发胃黏膜的严重损伤。在实验中，研究人员预先给大鼠腹腔注射一支一枝黄花煎剂，结果防止了胃溃疡的发生。研究人员推测，SCL 煎剂可能阻止了消炎痛对还氧化酶的抑制作用，或者直接促进了前列腺素的合成，不对胃黏膜造成损伤。其确切机理还有待进一步研究。

7.3　加拿大一枝黄花改性的纤维素

7.3.1　加拿大一枝黄花/纤维素混合溶液的特征

考虑到 SCL 的植物性能，其主要材料成分一定含有纤维素，为此我们应用离子液体对

SCL 进行溶解，并继续加入纤维素形成 SCL/纤维素离子溶液，最后制备成 SCL/纤维素复合膜[27]。

图 7-4（a）比较了 SCL 在离子液体中的溶解行为并比较了纤维素在离子液体中的溶解行为。根据图 7-4 给出的偏光显微镜照片，可以看出纯的纤维素在离子液体中的溶解情况比较好，在溶解形成的溶液中仅有少量没有完全溶解的纤维素。而在溶解有 SCL 和纤维素混合物的溶液中，在溶解实验完成后仍然含有一些没有能够以分子分散状态溶解在溶剂中的杂质。在图 7-4 中，小的白色颗粒可能是没有完全溶解的纤维素，较大的彩色杂质可能是没有溶解的 SCL 粉末。虽然 SCL 中大部分成分是可以溶解在离子液体中的综纤维素和木质素，但是还含有少量无法溶解的其他成分，所以在形成的溶液中还有少量的肉眼可见的加拿大一枝黄花粉末，这些不溶的粉末在偏光显微镜下呈彩色。比较说明纤维素在离子液体中的溶解非常好，而 SCL 也是可以溶解在离子液体中的，但溶解程度不及纤维素。SCL 不能完全溶解在离子液体中的理由是很显然的，因为其材料成分除了纤维素以外，还有木质素、半纤维素及一些不溶物。但 SCL 所反映出的可溶解行为意味着可以据此进行加工制备成膜、纤维等成型材料。

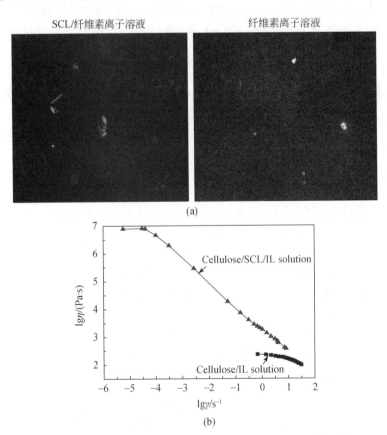

图 7-4　SCL/纤维素离子溶液和纤维素离子溶液的偏光显微镜比较（a），及两者的流变行为比较（b）

图 7-4（b）比较了 SCL/纤维素溶液和纤维素溶液的流变行为，可以明显发现前者的

黏度较后者大了许多，说明其可成型的材料特征。比较也可发现，前者的黏度随着剪切速率增加而明显下降，意味着必须注意和控制其加工过程的剪切速率来控制其流变行为。

7.3.2　加拿大一枝黄花/纤维素混合膜

通过铸膜方法得到的 SCL/纤维素复合膜具有明显强度的手感，为此对其分子结构进行了红外光谱表征，如图 7-5 所示。

比较上述红外光谱（图 7-5 和表 7-1）可发现 SCL/纤维素复合膜中还含有木质素，证实了离子液体在溶解 SCL 中纤维素的同时也溶解了木质素，此外复合膜中的氢键较纤维素膜也明显增多，说明 SCL 与纤维素形成复合膜的过程主要基于氢键的连接。

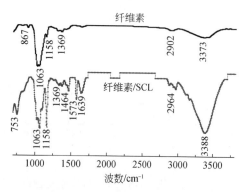

图 7-5　SCL/纤维素复合膜和纤维素膜的红外光谱比较

表 7-1　SCL/纤维素复合膜和纤维素膜的红外光谱解析

波数/cm^{-1}	解析结果	
	纤维素膜	SCL/纤维素复合膜
753		C—H 弯曲
867	CH$_2$，C—OH 伸缩	
1026	C—H 弯曲	
1068	C—C，C—O 伸缩	
1158	CH$_2$，C—OH 弯曲	
1168		C—O—C 伸缩
1374	C—H 弯曲	
1464		C—H 弯曲
1573		C=O 伸缩
1639		带环拉伸
2902	C—H 伸缩	
2964		C—H 伸缩
3388	O—H 伸缩	

图 7-6（a）比较了纤维素膜和 SCL/纤维素复合膜的热失重曲线，其中同时包括了 TG 和 DTG 图。比较发现复合膜的热分解温度在 335℃左右，而纤维素膜的热分解温度在 260℃左右，复合膜前者稳定性较纤维素膜大有提高，说明该复合膜具有更广泛的应用前景。由于木质素是一种复杂的、非结晶性的三维网状酚类高分子聚合物，以苯丙烷为主体，有丰富的羟基和甲氧基支链，所以 SCL 溶解在离子液体过程含有的木质素会不经意的使得所形成的复合膜具有明显优于纯纤维素膜的热力学性能。

由图 7-6（b）的曲线还发现，在含有 SCL 的曲线中只出现了一个吸收峰，说明 SCL 与纤维素和木质素之间有很好的相容性。

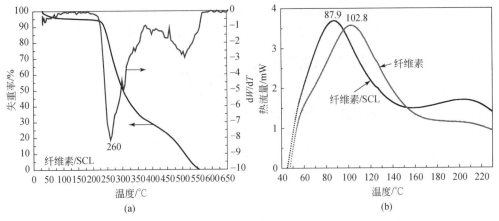

图 7-6　SCL/纤维素复合膜和纤维素膜的 TG 图（a）及 DSC 图（b）

为了进一步研究两种薄膜的热性能，了解其玻璃化转变情况，图 7-7 给出了他们的 DSC 曲线。比较发现纯纤维素膜的玻璃化转变温度为 102.8℃，而 SCL 复合膜的玻璃化转变温度为 87.9℃。这个结果是可以理解的，因为后者含有来源于 SCL 的小分子物质。

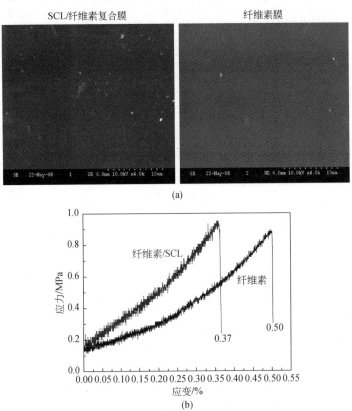

图 7-7　SCL/纤维素复合膜和纤维素膜的 SEM 照片（a）及力学性能比较（b）

通过扫描电镜，图 7-7（a）比较了纤维素膜和含有 SCL 的纤维素膜的的表面形态。

可以发现纤维素膜的表面平滑光洁，而含 SCL 的纤维素膜的表面有少量的白色斑点及纵向的褶皱。这说明 SCL 溶解过程的一些小分子物质的存在会影响其成膜的表面。

图 7-7（b）比较了纤维素膜和含有 SCL 的纤维素膜的力学性能。可以发现，两者的断裂强度基本一样，但含有 SCL 的纤维素膜的断裂伸长率小于纤维素膜。

7.4　小　　结

综上所述，关于 SCL 的研究目前还存在不少问题和巨大的应用开发潜力。浙江省农业科学研究院植物保护与微生物研究所认为应利用组织解剖学、细胞学、分子生物学等手段，结合形态学上的差异对其进行种间与种内的分类鉴定，对其重新定位，如研究它对经济、生态等的潜在危害性，但另一方面应该加强其开发利用前景。事实上，我们所制备的基于 SCL 的纤维素膜已经显示出 SCL 是完全可以应用于制备新型生物材料的。

参 考 文 献

[1] 周明华，冉俊祥，陆军，等. 植物检疫，2005，19：254-255.

[2] 黄勇. 农民日报，2004，12：13.

[3] 李扬汉. 中国杂草志. 北京：中国农业出版社，1998.

[4] McCabe P H，Mccrindle R，Hurray R D H. Tetrahedron，1969，25：2233-2239.

[5] McCabe P H，Mccrindle R，Hurray R D H，et al. Tetrahedron，1970，26：3091-3097.

[6] Heady S E，Lambert R G，Covell C V. Comparative Biochem Phys B，1982，73：3.

[7] Melching S，Bülow N，Wihstutz K，et al. Phytochem，1997，44：1291-1296.

[8] Apati P，Szentmihályi K，Balázs A，et al. Chromatographia，2002，56：1.

[9] Chaturvedula V S P，Zhou B N，Gao Z，et al. Bioorg Medicinal Chem，2004，23：6271-6275.

[10] 张劲松，李博，陈家宽，等. 复旦学报（自然科学版），2006，45：412-416.

[11] 王开金，李宁，陈列忠，等. 植物资源与环境学报，2006，15（1）：32-36.

[12] 王开金，陈列忠，李宁，等. 中国药学杂志，2006，41（7）：493-497.

[13] 董梅，陆建忠，张文驹，等. 植物分类学报，2006，44（1）：72-85.

[14] Tomkins J，Grant W F. Fundamental and Molecular Mechanisms of Mutagenesis，1976，36（1）：73-83.

[15] Bradbury I K. Oecologia，1981，48：217-276.

[16] Potvin M A，Werner P A. Oecologia，1983，56：148-152.

[17] Weber E. Botanical J Linnean Soc，1997，123：197-210.

[18] Rebek E J，Sadof C S，Hanks L M. Biological Control，2005，33：203-216.

[19] 黄华，郭水良. 浙江师范大学学报（自然科学版），2005，28：201-205.

[20] 陈燕. 科技信息，2010，（37）：264.

[21] 卞觉时，唐卫平，高锦凤. 杂草科学，2005，3：54-55.

[22] 陆建明，倪奇峰，石磊，等. 现代农药，2006，5（4）：45-49.

[23] 姚红梅，管丽琴，钱振官，等. 上海农业学报，2005，21（2）：1-4.

[24] 董梅，陆建忠，张文驹，等. 植物分类学报，2006，44（1）：72-85.

[25] 印丽萍，谭永彬，沈国辉，等. 杂草科学，2004，4：8-11.

[26] 裴明宜，李晓岚，刘素朋，等. 时珍国医国药，2005，16：1267.

[27] Ye J R，Wang N，Wang H，et al. Cellulose Chem Technol，2015，49：275-280.

第8章 基于右旋糖酐的先进材料

8.1 引　言

多聚糖（如只包括糖重复单元的聚合物）各种结构的出现是由 C-原子结构的立体化学、糖苷连接的区域性化学和分支模式导致的。除了从不同的植物中分离出多聚糖[1,2]，各种真菌和细菌也可以合成多聚糖，比如凝胶［连着 β-(1→3)］，葡聚糖、裂褶多糖[β-(1→3) 连着主链，β-(1→6) 连着支链] 和支链淀粉［α-(1→4) 与 α-(1→6) 相连］。

通过菌链产生的最重要的多聚糖是右旋糖酐，这是一系列中性聚合物，包括一个 α-(1→6) 连接的 d-多聚糖主链，菌种不同，主链上的各种支链也不同。图 8-1 显示了在2-，3- 和 4-位置有支点右旋糖酐的 α-(1→6)-连接的部分葡萄糖主链。右旋糖酐中，α-(1→6)

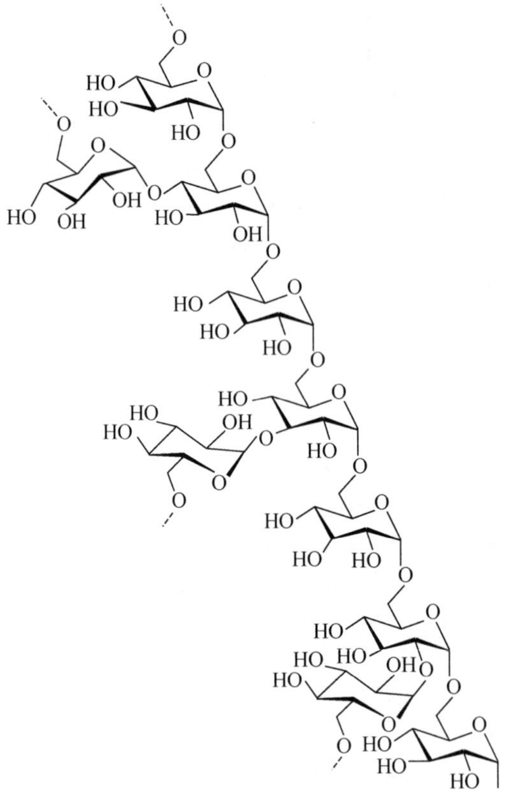

图 8-1　α-(1→6)-联接的右旋糖酐主链及位于2-，3- 和 4-位置的支链

的结合可能从占总糖苷链的 97% 变化到 50%。α-(1→2)，α-(1→3) 和α-(1→4) 连接时表现出平衡，这通常限定为支链[3]。不同的菌链能够合成主要来自蔗糖的右旋糖酐。1861 年，Pasteur 发现黏性细菌[4]；1878 年，被 van Tieghem[5] 命名为肠系膜明串珠菌。Scheiblerm 命名这种孤立的碳水化合物为"右旋糖酐"。调查显示，右旋糖酐可以由大多只有几克的几种细菌链形成，这些菌链是一种功能性的厌氧生物，如明串珠菌和链球菌链[6]。

全球每年生产商业性右旋糖酐约 2000t[7]。由于右旋糖酐可溶解在水和许多溶剂中，如二甲基亚砜、甲酰胺等，并具有生物可降解能力，它已成功地应用于医疗和生物医疗领域[8-10]。

作为合成生物聚合物的起始物，右旋糖酐是一种有趣的多聚物，因为它可以通过聚合反应来设计结构和改善特性。

8.2 右旋糖酐的来源、结构和性质

8.2.1 来源

右旋糖酐通过从来自蔗糖中的微生物，如链球菌、乳酸菌和明串珠菌产生的右旋糖酐蔗糖酶合成得到。右旋糖酐有变化的支链主要在 α (1, 3)、α (1, 2) 或 α (1, 4)[11]，但 α (1, 6) 的右旋糖酐单体占主导地位[12]。右旋糖酐的制备存在操作上的难题，因为其在一些食品工业过程中容易损坏，如糖果、巧克力、酒类和软饮料的生产[13-15]。

由于可溶的右旋糖酐[16,17] 表现出增长的黏性，这对菌类产生及筛选是一个难题。右旋糖酐会抑制蔗糖结晶的速率，不利于晶体形成。而一些链球菌链可在牙斑基质中产生右旋糖酐[18]。链球菌基因突变也可以使蔗糖产生水溶性糖（右旋糖酐）和水不溶性糖（突变体）[19-22]。

8.2.2 结构

右旋糖酐是一种糖酐同聚合物，其中 50%~97% α-(1→6) 链占主导地位[16]。图 8-1 中显示带支点的一部分右旋糖酐主链在 2-、3-和 4-位置，它的分支单元的性质取决于产生右旋糖酐的菌链[6]。

可以应用红外光谱和周期性的氧化反应初步检测右旋糖酐的结构[19]。图 8-2 说明了利用 GLC-MS 方法分析右旋糖酐 α-(1→6) 连接的葡萄糖单元的甲基化过程。右旋糖酐的甲基被水解形成相应的甲基单体，并逐一乙酰化，最终气相色谱分离，然后由质谱鉴定。色谱法是一种有效的测定右旋糖酐结构的方法[20,21]，也可用核磁共振法测定[16,20]。

此外，通过测试右旋糖酐侧链的长度测定其结构也是一种有效的方法[23-26]。

（1）右旋糖酐的核磁共振特性

表 8-1 显示了在二甲基亚砜-d6 中右旋糖酐的化学位移[27-32]。除了环质子、羟基的质子位于 4.10~4.12 ppm（OH_2），4.51~4.52ppm（OH_3）和 4.63~4.64ppm（OH_4）处，不规则质子的共振对于 α-异构是一种 β-异构的转变[29]。在 ^{13}C 的核磁共振光谱中，右旋糖酐主链上的相应碳原子的六个标号已被发现。

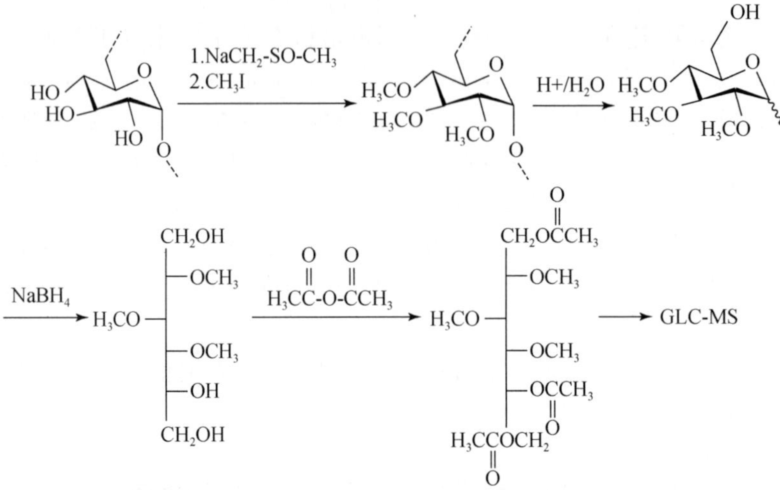

图 8-2　GLC-MS 方法分析右旋糖酐的甲基化

表 8-1　右旋糖酐的氢、碳核磁共振谱位置[27-32]

NMR	位置/ppm						
	1	2	3	4	5	6	6′
^{1}H	4.7～4.69	3.1～3.28	3.4～3.47	3.1～3.28	3.63～3.65	3.73～3.77	3.55～3.59
^{13}C	98.9	72.5	74.1	71	71.1	67.1	67.1

　　图 8-3 是摩尔质量为 60 000g/mol 的右旋糖酐的核磁共振碳谱, 其中出峰都非常尖锐, 说明该方法可以对右旋糖酐进行结构分析。

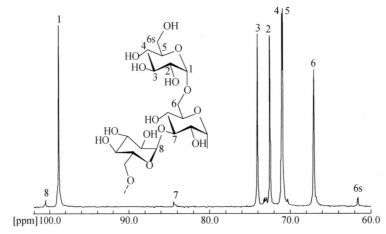

图 8-3　右旋糖酐（M_w 60 000g/mol）的 ^{13}C 核磁共振谱图

（2）摩尔质量

　　右旋糖酐的平均摩尔质量可通过光散射、超高速离心、小角度中子分散和黏度方法测试得到[33]。天然右旋糖酐的平均摩尔质量一般较高, 在 $9 \times 10^6 \sim 5 \times 10^8$ g/mol, 且具有较高的多分散性[34-36]。随着摩尔质量增加，右旋糖酐的分支密度也增大，导致其多分散性也随之增加[37-40]。

根据摩尔质量的不同，右旋糖酐可分为下列几种类型：右旋糖酐-10，即微分子右旋糖酐，分子量 1.0 万以下，特性黏度 8.0~10.5，比旋度+187°以上；右旋糖酐-20，即小分子右旋糖酐，摩尔质量 1.0 万~2.5 万，特性黏度 10.6~15.9，比旋度+190°以上；右旋糖酐-40，即低摩尔质量右旋糖酐，摩尔质量为 2.5 万~5.0 万，特性黏度 16.0~19.0，比旋度+190°~+200°；右旋糖酐-70，摩尔质量为 5.0 万~9.0 万，特性黏度 19.1~26.0，比旋度+190°~+200°；大分子右旋糖酐，摩尔质量为 9.0 万以上，特性黏度 26.1 以上，比旋度+190°以上[37,39]。

（3）物理化学性质

平均摩尔质量 2000g/mol 以下的右旋糖酐分子呈棒状，在低浓度水溶液中像自由线圈，可通过小角 X 光散射方法测定[41-44]。该方法还可以测试右旋糖酐的回转半径[45-47]。

天然右旋糖酐基本是非结晶体。然而当温度控制在 120~200℃范围，并在水/聚乙烯乙二醇混合溶剂中右旋糖酐会形成条状单晶体[50,51]。其中的单个分子包含两条不平行的右旋糖酐链，每条有两个吡喃葡萄糖残基[51]。

关于右旋糖酐结晶沉淀形成的机理，有理论认为是由于右旋糖酐分子中含有较多的羟基，使得右旋糖酐分子之间、右旋糖酐分子和水分子之间都有强烈的亲和力，而当右旋糖酐分子之间的亲和力大于右旋糖酐分子和水分子之间的亲和力时，右旋糖酐分子就以氢键的方式结合形成沉淀物[52]。

一般认为，右旋糖酐在乙醇溶液中的溶解度很大程度上取决于其分子量，并随着乙醇浓度的增加而降低[53-60]。

8.2.3　性质

右旋糖酐为白色的无定形粉末固体，无臭无味，易溶于水，不溶于乙醇。在常温下或中性溶液中可稳定存在，遇强酸可分解，在碱性溶液中其端基易被氧化，受热时可逐渐变色或分解。在 100℃真空中加热可发生轻微的解聚；在 150℃加热会失水变色，得部分溶于水的易脆产物；在 210℃加热 3~4h 则会完全分解。右旋糖酐溶于水能形成具有一定黏度的胶体，在生理盐水中，6%的右旋糖酐液体与血浆的渗透压及黏度均相同；中分子右旋糖酐分子的线性大小约为 $40×10^{-10}$，与血浆蛋白及球蛋白分子的大小相近，在人体内会水解生成葡萄糖而具有营养作用。中分子右旋糖酐在人体内的排出作用较慢，作用时间较持久，达 6h；而低份子及小分子的右旋糖酐的作用时间持续较短[37 39]。

由于菌链多样性，右旋糖酐也具有结构多样性。一般来说，α-（1→6）糖链使链增长，会影响其在水、二甲基亚砜、离子液体、甲酰胺、乙基糖化剂、甘油、水合尿素、水合糖胶和 4-甲基吗啉-4-氧化物一系列溶剂中的溶解度[18,47,52]。右旋糖酐的溶解是不稳定的[44,61]，在气液界面右旋糖酐分子会因为吸附而发生沉淀，但此沉淀物能在沸水或二甲基亚砜中溶解[62]。

图 8-4 反映了右旋糖酐水溶液的浓度与黏度之间的关系[63,64]。

由于右旋糖酐具有生物活性、生物可降解性，且无免疫性和抗原性，所以是一种生物高分子材料。在肝脏、脾、肾脏和产生气体的低级器官中，右旋糖酐能发生生物降解[65,66]。

右旋糖酐的特性黏度 [η] 可通过毛细管黏度计测试得到[67-71]。

图 8-5 反映了右旋糖酐溶液的流变行为[72]。

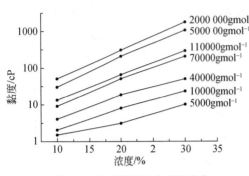

图 8-4　右旋糖酐的水溶液浓度
与黏度之间的关系，25℃[63]

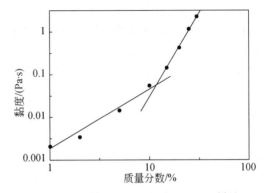

图 8-5　右旋糖酐的流变行为（T2000 样品）

图 8-6 反映了分子量对右旋糖酐流变行为的影响，其中分子量与黏度之间呈线性关系[73,74]。

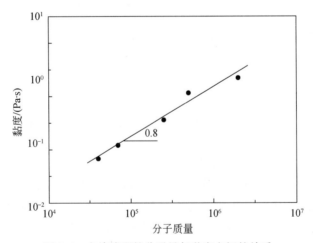

图 8-6　右旋糖酐的分子量与黏度之间的关系

8.3　右旋糖酐的制备与应用

8.3.1　生物合成

自然界中的右旋糖酐大部分是由明串珠菌和链球菌类合成的[53]。但右旋糖酐也可利用不同葡萄糖酸菌种的糊精酶合成得到[66]。葡聚糖蔗糖酶是一种活性酶，催化从蔗糖到右旋糖酐的 d- 吡喃葡萄糖残基的转移，因此被称为 1，6- α- d- 葡聚糖- 6- α- 糖基转移酶[47,77]。除了蔗糖，还有一些天然合成物可在右旋糖酐蔗糖酶的存在下产生右旋糖酐，其中乳糖[78]、α- d- 葡萄糖荧光物[79]、p- 硝基苯- α- d- 葡萄糖酐[80]，甚至右旋糖酐[81,82]都可作为基体而起作用。通过对标有^{14}C 的蔗糖进行脉冲跟踪发现[83]，两种处在活泼位置的亲核试剂会进攻蔗糖并取代果糖[84]产生两个 β- 糖基中间产物，其中一个糖基残滓的羟基亲核进攻可以使得第二个糖基中间产物形成 C1，而另一自由酶亲核试剂产生 α-（1→6）连接。同时，未利用的亲核试剂会进攻另一个蔗糖分子，形成一个新的 β- 糖基中间产物。右旋糖酐链增长的同时，糖基和葡聚糖基团在亲核试剂之间被选择性转移。

在串珠菌产酶制备右旋糖酐的工艺中，右旋糖酐酶的介入可以控制产物的分子量。右旋糖酐酶在最初的 2h 能使右旋糖酐的质均分子量从 $8.52×10^5$ 降至 $2.00×10^5$，随后作用减缓；右旋糖酐的质均分子量随右旋糖酐酶用量的增加而减小，但是呈非线性关系；在 10mL 蔗糖质量浓度为 10g/L 的底物溶液中，加入右旋糖酐蔗糖酶液，同时加入 0.19 ~ 0.75 U 右旋糖酐酶，反应 24h 可以得到分子量为 $1.0×10^5$ ~ $2.0×10^5$ 的右旋糖酐。右旋糖酐蔗糖酶与右旋糖酐同时进入反应体系所得右旋糖酐的百分数最高可达 86.8%[85-87]。

8.3.2　化学合成

除了自然发酵过程，右旋糖酐也可通过左旋葡聚糖（1，6- 苷-β- d- 葡萄糖）的阳离子开环聚合反应进行化学合成。用含五氟化磷的 1，6- 脱水-2，3，4- 三-O- 苄基-β- d- 葡萄糖的聚合物作为催化剂，在高真空和苯甲基乙醚连接键断裂的 Birch 还原反应中，可以产生平均分子量 41800 ~ 75750g/mol 的右旋糖酐[88-91]。此外，可利用 3-O- 甲基–葡萄糖和 3-O- 乙基–葡萄糖的单体制备右旋糖酐，但同时会产生低分子量或多分散性的多聚物[92]。

8.3.3　工业生产

目前的右旋糖酐工业化生产大都采用微生物发酵方法，其中蔗糖既为微生物提供了能量，又促进了右旋糖酐蔗糖酶的产生。

影响右旋糖酐生产的主要因素有温度、蔗糖的浓度、发酵媒介的 pH 及反应时间。25℃时可以获得高分子量的右旋糖酐，低温容易产生低分子量的右旋糖酐，一旦超过 25℃就会产生支链。随着蔗糖增加量，右旋糖酐的分支程度和分子量均下降。经 24 ~ 48h 发酵后，右旋糖酐的平均分子量可达 $5×10^8$g/mol。

8.3.4　应用

右旋糖酐在医药中的应用非常普遍。右旋糖酐胶体液具有扩充血容量、维持血压的功效，供出血及外伤休克时急救用。右旋糖酐在人体内水解后会转变成较低分子量的化合物，与血浆具有相同的胶体特性，可迅速代谢成葡萄糖，作为血浆代用品。中分子量右旋糖酐的排出较慢，作用时间可达 6h，是外伤、大量失血时的急救用药；小分子及低分子右旋糖酐还能改善微循环，消除血管内红细胞聚集，防止血栓形成及渗透利尿，可用于治疗急性失血性休克、心肌梗塞、脑血栓、脑供血不足、周围血管病及防止弥散性血管内凝血和肾功能衰竭等功效。右旋糖酐常与氯化钠、葡萄糖、氨基酸配制成一定浓度的复方制剂，供患者静脉滴注。《中华人民共和国药典》1990 版将右旋糖酐及其复方制剂列入。在食品工业上，右旋糖酐可用于浓糖浆或糖果的制造，能阻碍蔗糖结晶；在石油工业中，右旋糖酐可作为油井钻泥添加剂，加 2% 左右的右旋糖酐能阻止水分的损失，有利于在井壁上形成薄层。

在 6%～10% 水溶液中，目前可得到分子量 40 000g/mol、60 000g/mol 和 70 000g/mol 的临床用右旋糖酐（标明的右旋糖酐 40、60 和 70），可用于代替适当的血液损耗[17,47]。高含量的 α-(1→6) 糖酐连接对于人体血液中的生物稳定性是重要的。部分临床右旋糖酐对抗血栓剂有影响，为静脉血栓和手术后的肺梗塞提供了一种预防疗法。右旋糖酐 40 有促进血液流动的特点，可能是由血液黏度降低和红细胞集合的抑制引起的。预注射一种仅能抵抗某种病菌的半抗原低分子量右旋糖酐（平均分子量为 1000g/mol）可限制过敏反应。

右旋糖酐在许多领域中都有应用[85,88]，如作为化妆品的一种配料，由于其较好的保湿性能也被用于生产面包[45]。水溶液可为右旋糖酐提供有利的生理环境，可应用于眼科试剂作为人工眼泪的一种配料。由于右旋糖酐可抑制蛋白质的调理，所以其被应用于生物材料的表面改性[93-96]。此外，右旋糖酐还被应用在催化酶条件下的缩氨酸合成中[97,98]。

在低分子右旋糖酐的应用中，必须注意不良反应的发生。

8.4　右旋糖酐的酯化

8.4.1　无机酯化

右旋糖酐的无机酯化主要在硫酸半酯（硫酸盐类）和磷酸酯（磷酸盐类）方面有报道。无机酯化的右旋糖酐可产生水溶性增大的聚电解质，从而成为具有生物活性的黏度调节剂。这类右旋糖酐具有抗凝特性[99]。

（1）右旋糖酐磷酸盐

通过甲酰胺生产的含多聚磷酸的右旋糖酐磷酸盐可促进鼠科脾脏细胞的有丝分裂[100]，提高感染流行性 A2 病毒（H_2N_2）的小鼠成活率。右旋糖酐磷酸盐也是一种干扰素诱导剂[101]。

（2）右旋糖酐硫酸半酯（右旋糖酐硫酸酯）

与有科学价值的右旋糖酐磷酸盐相比，右旋糖酐硫酸半酯和它的钠盐常作为一种右旋糖酐硫酸盐，用于分子生物学和卫生保健领域。

右旋糖酐硫酸盐有不同的合成方法[102-106]。一般采用多聚磷酸制备右旋糖酐磷酸盐。

8.4.2　有机酯化

在吡啶中使用羧酸酐的多相反应中，容易制备右旋糖酐丙酸盐和铬酸盐[107-109]。右旋糖酐的酰化可产生疏水性的衍生物。因此，右旋糖酐酯在水中的溶解性和取代程度与取代物的链长度有关。有水溶性时，右旋糖酐 C6 羧酸酯的最大取代度值是 2.6，右旋糖酐 C4 羧酸酯为 0.50[110]。水合双相体系疏水改性的右旋糖酐衍生物与右旋糖酐和聚乙二醇结合，可用于分离生物材料[111-113]。利用各种疏水改性的右旋糖酐的性质，用含 C3，C4 和

C6 酸性基团的右旋糖酐酯，可得到一系列双相体系。这种方法可控制相界，抑制双相形成和疏水阶段的溶解性。脂肪族羧酸右旋糖酐酯也可用于配药涂层[114-116]。

8.5　右旋糖酐的醚化

右旋糖酐的醚化可以产生理化性质的变化，如溶解性、亲水–亲油平衡等[117-135]。两性的醚基有乳化性质，可在水中形成微胶粒，所以能够作为表面活性剂对右旋糖酐进行醚化。但醚基引入过多会引起右旋糖酐分解[136-139]。醚化的右旋糖酐可以控制药物释放[120]。

8.5.1　非离子醚化

（1）烷基右旋糖酐

应用三苯甲基可以制备右旋糖酐的芳醚。通过在甲酸胺中溶解右旋糖酐，并在吡啶中添加三苯基氯甲烷，在 120℃ 条件下反应 2h，完成右旋糖酐的甲基化[121]。

（2）作为乳化反应物的右旋糖酐的羟基和羟基芳醚

利用含 1，2-环氧-3-苯氧基丙烷、环氧辛烷或环氧十二烷对右旋糖酐进行转化，可制备两性右旋糖酐衍生物[140-144]。

40℃ 时，在脂肪族环氧（环氧辛烷或环氧十二烷）的四丁基氢氧化铵水溶液中存在二甲基亚砜时，可制备得到两性 2-羟基辛和 2-羟基烷基右旋糖酐醚[145-147]。上述过程可通过改变反应时间和环氧化物的浓度控制[148]。

95℃ 时，通过 2-羟基-3 苯氧丙基右旋糖酐酯，可制备 2-羟基-3 苯氧丙基右旋糖酐醚[146-149]。

（3）用于药物转移的聚乙二醇–烷基右旋糖酐醚（DexPEG$_{10}$Cn）

由于两性聚乙二醇–烷基右旋糖酐醚在水溶液中形成低结合浓度和纳米胶态离子[134,151,152]，所以可以将其应用于制备亲油性的口服药，在胃肠道内保护药物，延长药物迁移时间，改善药物的吸附作用[153-162]。

8.5.2　离子醚化

（1）磺酸丙基化

通过磺酸丙基化可把阴离子基引入右旋糖酐中，改善其亲疏水性。增加磺酸基会降低右旋糖酐溶液的表面张力，影响油滴之间的静电排斥力，从而有利于乳化作用[163]。

（2）羧甲基右旋糖酐

在强碱性条件下使用氯乙酸对右旋糖酐羧甲基化，可得到羧甲基右旋糖酐。

（3）2-（二乙氨基）乙基（DEAE）右旋糖酐

在 85~90℃ 的 NaBH$_4$ 碱性溶液中将右旋糖酐和（2-氯乙基）-乙基氯化铵进行合成，可以得到 2-（二乙氨基）乙基右旋糖酐。该产品具有药理学和治疗特性[164]，会影响胆固醇酯[165,166]和甘油三酯[167]。它可以透过细胞增强蛋白质和核酸的吸收，其培养的人体淋巴细胞也可用于合成 DNA[168]，应用于治疗结肠疾病[169-172]和保护真空干燥的甘油激酶的活性[173]。该产品还可以作为膜在生物医疗中应用[174-177]。

8.6　右旋糖酐衍生物

8.6.1　右旋糖酐偶联物

有许多研究报道了右旋糖酐偶联物的制备方法。主要是应用含酶、蛋白质和激素等生物活性分子的右旋糖酐或者荧光染色的右旋糖酐,通过与碳酸盐和氨基甲酸酯基进行结合,利用右旋糖酐溴化氰的活性,结合过碘酸盐氧化的右旋糖酐作为 Schiff 基底[47,117,118]。右旋糖酐偶联物可以应用于骨科手术中,是一种有生物活性的骨介质[178,179]。

8.6.2　甲苯磺酰化右旋糖酐

通过引入甲苯磺酰基基团,并利用右旋糖酐的脱水糖单元中的 C 原子发生亲核转移反应(SN),可以实现右旋糖酐的甲苯磺酰化[180]。甲苯磺酰化右旋糖酐可用于制备巯基载衍生物[181,182]。

8.6.3　硫醇化右旋糖酐

由于通过 SN 反应得到的右旋糖酐甲苯磺酸酯可抑制引入硫醇功能,所以可以应用乙酰硫代琥珀酸酐对右旋糖酐硫代化,产生右旋糖酐巯琥珀衍生物[182]。此外,通过形成一种硝基苯基碳酸盐也可以合成硫醇化右旋糖酐[183]。

硫醇化右旋糖酐可用作一种非特异性蛋白质吸附作用的抑制剂[183-186]。使含硫桥的硼取代右旋糖酐衍生物,可以应用于肿瘤定位[187]、治疗破伤风类毒素[188]。

8.6.4　甲硅烷基右旋糖酐

对右旋糖酐进行甲硅烷基化后会改变其亲-疏水性能,这是因为该过程产生了疏水的硅醚键[189]。但硅烷化反应可保护右旋糖酐的羟基基团,从而改变其溶解性[190]。Ydens 和 Nouvel[122-124]详细研究了右旋糖酐的部分和完全硅烷化,发现随着硅烷化程度加深,右旋糖酐在许多溶剂中的溶解度下降。

有研究报道甲硅烷基化过程将影响右旋糖酐的取代程度[191,192]。

8.7　小　　结

右旋糖酐的结构、纯度取决于微生物来源,是一种独一无二的多糖。如今,用明串珠菌合成的右旋糖酐,已广泛商业化生产。

在生物和药用产品中,右旋糖酐的显著特点使得它成为一种可再生的、生物相容的生物材料。此外,由于其 1→6 连接的多聚物主干的灵活性超分子结构,右旋糖酐及其衍生物适用于与其他材料一起形成有生物活性的复合物。

右旋糖酐多糖特征使得它易酯化、醚化形成衍生物,这进一步拓展了右旋糖酐的应用。在生物医学领域,右旋糖酐的硫酸半酯(右旋糖酐硫酸盐)是人们最期望的多糖衍生物之一。大量高性能的右旋糖酐硫酸盐已经是一种商业产品，它们显示出的优秀的抗凝、抗癌、抗病毒甚至抗朊病毒活性是其他多糖产品所不具备的。但大多数右旋糖酐硫酸盐产品的生物活性方面的研究还非常欠缺，而对右旋糖酐衍生物产品的改性和研究也存在许多不足，有待于进一步开发和加强。

参 考 文 献

［1］ Klemm D, Schmauder H P, Heinze T. Cellulose, 2002, 6: 275.

［2］ Shogren R L. Biopolymers from renewable resources: properties and material applications. Berlin: Springer, 1998.

［3］ Taylor C, Cheetham N W H, Walker G J. Carbohydr Res, 1985, 1: 137.

［4］ Pasteur L. Bull Soc Chim Paris, 1861: 30.

［5］ VanTieghem P. Ann Sci Nature Bot Biol Veg, 1878, 7: 180.

［6］ Jeanes A, Haynes W C, Wilham C A. et al. Chem Soc, 1954, 76: 5041.

［7］ Vandamme E J, Bruggeman G, DeBaets S, et al. Agro Food Ind Hi-Tech, 1996, 7: 21.

［8］ Dimitriu S. Polysaccharides in medicinal applications, New York: Marcel Dekker. 1996.

［9］ ElSeoud O, Heinze T. Adv Polym Sci, 2005, 186: 103.

［10］ Heinze T, Dumitriu S. Chemical functionalization of cellulose, New York: Marcel Dekker. 2004.

［11］ Naessens M, Cerdobbel A, Soetaert W, et al. J Chem Technol Biotechnol, 2005, 80: 845-860.

［12］ Jiménez E R. Biotecnología Aplicada, 2005, 22 (1): 20-27.

［13］ Edye L A, Shahidi F, Spanier A M, et al. Adv Exper Med Biology, 2004, 542: 317-326.

［14］ Chmelík J, Chmelíková J, Novotny M V. J Chromatography A, 1997, 790 (1): 93-100.

［15］ Holzapfel W H, Schillinger U, Ballows A, et al. The genus leuconostoc, 1992, 2: 1508.

［16］ Naessens M, Cerdobbel A, Soetaert W, et al. J Chem Technol Biotechnol, 2005, 80: 845.

［17］ DeBaets S, Steinbüchel A. Biopolymers: polysaccharides from prokaryotes. New York: Wiley, 2002.

［18］ Hamada S, Slade D H. Microbiol Rev, 1980, 44: 3319.

［19］ Leach S A, Hayes M L. Caries Res, 1968, 2: 38.

［20］ Hare M D, Svensson S, Walker G J. Carbohydr Res, 1978, 66: 245.

［21］ Marotta M, Martino A, DeRosa A, et al. Process Biochem, 2002, 38: 101.

［22］ Khalikova E, Susi P, Korpela T. Microbiol Mol Biol Rev, 2005, 69: 306.

［23］ Harris P J, Henry R J, Blakeney A B, et al. Carbohydr Res, 1984, 127: 59.

［24］ Seymour F R, Slodki M E, Plattner R D, et al. Carbohydr Res, 1977, 53: 153.

［25］ Slodki M E, England R E, Plattner R D, et al. Carbohydr Res, 1986, 156: 199.

［26］ Larm O, Lindberg B, Svensson S. Carbohydr Res, 1971, 20: 39.

［27］ Usui T, Kobayashi M, Yamaoka N, et al. Tetrahedron Lett, 1973, 36: 3397.

［28］ Gagnaire D, Vignon M. Makromol Chem, 1977, 178: 2321.

［29］ Cheetham N W H, Fiala-Beer E. Carbohydr Polym, 1991, 14: 149.

［30］ Seymour F R, Knapp R D, Bishop S H. Carbohydr Res, 1976, 51: 179.

［31］ Heinze T, Liebert T. Macromol Symp, 2004, 208: 167.

［32］ Hornig S. Thesis. Germany: University of Jena, 2005.

［33］ Alsop R M, Byrne G A, Done J N, et al. Process Biochem, 1977, 12: 15.

［34］ Bovey F A. J Polym Sci, 1959, 35: 167.

［35］ Senti F R, Hellmann N N, Ludwig N H. et al. J Polym Sci, 1955, 17: 527.

[36] Antonini E, Bellelli L, Bruzzesi M R. et al. Biopolymers, 1964, 2：27.

[37] 章思规. 精细有机化学品技术手册（上册）. 北京：科学出版社，1992.

[38] 原正平，王汝龙. 化工产品手册. 北京：化学工业出版社，1987.

[39] 张力田. 碳水化合物化学，北京：轻工业出版社，1988.

[40] Ioan C E, Aberle T, Burchard W. Macromolecules, 2000, 33：5.

[41] Gekko K. Makromol Chem, 1971, 148：229.

[42] Hirata Y, Sano Y, Aoki M, et al. Carbohydr Polym, 2003, 53：331.

[43] 陈明，高炜，朱国英，等. 中华内科杂志，1999，38（1）：27.

[44] Hirata Y, Sano Y, Aoki M, et al. J Coll Interface Sci, 1999, 212：530.

[45] McCurdy R D, Goff H D, Stanley D W, et al. Food Hydrocolloids, 1994, 8：609.

[46] Ioan C E, Aberle T, Burchard W. Macromolecules, 2001, 34：326.

[47] DeBelder. Amersham bioscience, 2003, 18：1166.

[48] 吴配熙，张留城. 聚合物共混改性. 北京：中国轻工业出版社，1996.

[49] Granath K A. J Colloid Sci, 1958, 13：308.

[50] Chanzy H, Excoffier G, Guizard C. Carbohydr Polym, 1981, 1：67.

[51] Guizard C, Chanzy H, Sarko A. Macromolecules, 1984, 17：100.

[52] Shingel K I. Carbohydr Res, 2002, 337：1445.

[53] Robyt J F, Kin D, Yu L. Carbohydr Res, 1995, 266：293-299.

[54] Oliveira A S, Rinaldi D A, Tamanini C, et al. Semina- Ciências Exatase Tecnológicas, 2000, 23：1, 99-104.

[55] Brown C F, Inkerman P A. J Agri Food Chem, 1992, 40：227-233.

[56] Choplin J S L, Moan M, Doublier J L, et al. Carbohydr Polym, 1988, 9：87-101.

[57] Alsop R M, Vlachogiannis R M. J Chromatography A, 1982, 246：227-240.

[58] Ravno A B, Purchase B S. Int Sugar J, 2006, 108：255-269.

[59] Leite Neto A F, Aquino F W B, Plepis A M G, et al. Química Nova, 2007, 30：1115-1118.

[60] Aquino F W B, Franco D W. Dextranas em ahcares do estado de Se. New York：Marcel, 2008.

[61] Hirata Y, Aoki M, Kobatake H, et al. Biomaterials, 1999, 20：303.

[62] Stenekes R J H, Talsma H, Hennink W E. Biomaterials, 2001, 22：1891.

[63] http：// www. Pharmacomoz. com.

[64] Carrasco F, Chornet E, Overend R P, et al. J Appl Polym Sci, 1989, 37：2087.

[65] DeGroot C J, VanLuyn M J A, VanDiek-Wolthuis W N E, et al. Biomaterials, 2001, 22：1197.

[66] Cadee J A, VanLuyn M J A, Brouwer L A, et al. J Biomed Mater Res, 2000, 50：397.

[67] Flory P J, Fox Jr T G. J Am Chem Soc, 1951, 73：1904.

[68] Fox Jr T G, Flory P. J Chem Soc, 1951, 73：1915.

[69] Granath K A. Colloids Sci, 1958, 13：308.

[70] Wales M, Marshall P A, Weisberg S G. Polym Sci, 1953, 10：229.

[71] Senti F R, Hellman N N, Ludwig N H, et al. Polym Sci, 1956, 17：527.

[72] Morris E R, Cutler A N, Ross-Murphy S B, et al. Carbohydrate Polym, 1981, 1：5.

[73] Carrasco E F, Chornet R P, OverendJ. Polym Sci, 1989, 37：2087.

[74] Berry G C, Fox T G. Adv Polym Sci, 1968, 15：481.

[75] Stokes R J. Swirling flow of viscoelastic fluids, Ph. D. thesis, 1998.

[76] Hehre E J, Hamilton D M. J Biol Chem, 1951, 192：161.

［77］ Vedyashkina T A, Revin V V, Gogotov I N. Appl Biochem Microbiol, 2005, 41: 631.

［78］ Hehre E J, Suzuki H. Arch Biochem Biophys, 1966, 113: 675.

［79］ Genghof D S, Hehre E J. Proc Soc Exp Biol Med, 1972, 140: 1298.

［80］ Binder T P, Robyt J F. Carbohydr Res, 1983, 124: 287.

［81］ Tsuchiya H M. Bull Soc Chim Biol, 1960, 42: 1777.

［82］ Binder T P, Cote G L, Robyt J F. Carbohydr Res, 1983, 124: 275.

［83］ Robyt J F, Kimble B K, Walseth T F. Arch Biochem Biophys, 1974, 165: 634.

［84］ Robyt J F, Eklund S H. Bioorg Chem, 1982, 11: 115.

［85］ Robyt J F, Eklund S H. Carbohydr Res, 1983, 121: 279.

［86］ 姚日生, 高文该, 邓胜松, 等. 精细化工, 2005, 22: 205-208.

［87］ Robyt J F, Taniguchi H. Arch Biochem Biophys, 1976, 174: 129.

［88］ Koepsell H J, Tsuchiya H M. J Bacteriol, 1952, 63: 293.

［89］ Ruckel E R, Schuerch C. J Org Chem, 1966, 31: 2233.

［90］ Kakuchi T, Kusuno A, Miura M, et al. Macromol Rapid Commun, 2000, 21: 1003.

［91］ Ruckel E R, Schuerch C. Biopolymers, 1967, 5: 515.

［92］ Ruckel E R, Schuerch C. J Am Chem Soc, 1966, 88: 2605.

［93］ Lemarchand C, Gref R, Couvreur P. Eur J Pharm Biopharm, 2004, 58: 327.

［94］ Jordan A, Scholz R, Wust P, et al. J Magn Mater, 1999, 194: 185.

［95］ Berry C C, Wells S, Charles S, et al. Biomaterials, 2003, 24: 4551.

［96］ Sinha J, Dey P K, Panda T. Appl Microbiol Biotechnol, 2000, 54: 476.

［97］ Matsumoto U, Ban M, Shibusawa Y. J Chromatogr A, 1984, 285: 69.

［98］ Maeda Y, Ito H, Izumida R, et al. Polymer Bull, 1997, 38: 49.

［99］ Grgwall A, Ingelman B, Mosimann H. Uppsala Learfjening Forh, 1945, 51: 397.

［100］ Sato T, Nishimura-Uemura J, Shimosato T, et al. J Food Prot, 2004, 67: 1719.

［101］ Suzuki F, Ishida N, Suzuki M, et al. Proc Soc Exp Biol Med, 1975, 149: 1069

［102］ Whistler R L, Spencer W W. Arch Biochem Biophys, 1961, 95: 36.

［103］ Mauzac J M, Jozefonvicz J. Biomaterials, 1984, 5: 301.

［104］ Chaubet F, Champion J, Maiga O, et al. Carbohydr Polym, 1995, 28: 145.

［105］ Chaubet F, Huynh R, Champion J, et al. Polym Int, 1999, 48: 313.

［106］ Garcia D, Barbier-Chassefiere V, Rouet V, et al. Macromolecules, 2005, 38: 4647.

［107］ Heinze T T, Liebert T, Koschella A. Esterification of polysaccharides. New York: Marcel, 2006.

［108］ Liebert T, Hornig S, Hesse S, et al. J. Am Chem Soc, 2005, 127: 10484.

［109］ Sanchez-Chaves M, Arranz F. Angew Makromol Chem, 1983, 118: 53.

［110］ Zhang J, Pelton R, Wagberg L. Colloid Polym Sci, 1998, 276: 476.

［111］ Sanchez-Chaves M, Arranz F. Makromol Chem, 1985, 186: 17.

［112］ Lu M, Albertson P A, Johansson G, et al. J Chromatography A, 1994, 668: 215.

［113］ Lu M, Johansson G, Albertson P A, et al. Bioseparation, 1995, 5: 351.

［114］ Lee K, Na K, Kim Y. Polym Prepr, 1999, 40: 359.

［115］ Usmanov T I, Karimova U G. Vysokomol Soedin A, 1990, 32: 1871.

［116］ Novak L J, Tyree J T.

［117］ Larsen C. Adv Drug Delivery Rev, 1989, 3: 103.

［118］ Mehvar R. J Control Release, 2000, 69: 1.

［119］Norman B. Acta Chem Scand, 1968, 22: 1381.

［120］Norman B. Acta Chem Scand, 1968, 22: 1623.

［121］Hollo J, Laszlo E, Hoschke A. Periodica Polytech Chem Eng, 1968, 12: 277.

［122］Ydens I, Rutot D, Degee P, et al. Macromolecules, 2000, 33: 6713.

［123］Nouvel C, Ydens I, Degee P, et al. Polymer, 2002, 43: 1735.

［124］Nouvel C, Dubois P, Dellacherie E, et al. Biomacromolecules, 2003, 4: 1443.

［125］Nagy J, Borebely-Kuszmann A, Becker-Palossy K, et al. Makromol Chem, 1973, 165: 335.

［126］Huynh R, Chaubet F, Jozefovicz J. Angew Makromol Chem, 1998, 254: 61.

［127］Krentsel L, Chaubet F, Rebrov A, et al. Carbohydr Polym, 1997, 33: 63.

［128］Krentsel L, Ermakov I, Yashin V, et al. Jozefonvicz J Vysokomol soedin, 1997, 39: 83.

［129］Rotureau E, Leonard M, Dellacherie E, et al. Phys Chem, 2004, 6: 1430.

［130］Rotureau E, Dellacherie E, Durand A. Macromolecules, 2005, 38: 4940.

［131］Rotureau E, Chassenieux Ch, Dellacherie E, et al. Macromol Chem Phys, 2005, 206: 2038.

［132］Kikuchi Y, Kubota N. Makromol Chem Rapid Commun, 1988, 9: 731.

［133］Gubensek F, Lapange S J. Macromol Sci Chem A, 1968, 2: 1045.

［134］Francis M, Piredda M, Cristea M, et al. Polym Mater Sci Eng, 2003, 89: 55.

［135］Francis M F, Lavoie L, Winnik F M, et al. Eur J Pharm Biopharm, 2003, 56: 337.

［136］Parkinson T M. Nature, 1967, 215: 415.

［137］Rosemeyer H, Seela F. Makromol Chem, 1984, 185: 687.

［138］Ceska M. Experientia, 1971, 27: 1263.

［139］Ceska M. Experientia, 1972, 28: 146.

［140］Hodge J E, Karjala S A, Hilbert G E. J. Am Chem Soc, 1951, 73: 3312.

［141］Klemm D, Philipp B, Heinze T, et al. Comprehensive cellulose chemistry, functionalization of cellulose. New York: Marcel, 1998.

［142］Croon J. Acta Chem Scand, 1959, 13: 1235.

［143］DeBelder A N, Lindberg B, Theander O. Acta Chem Scand, 1962, 16: 2005.

［144］Landoll L M. J Polym Sci A, 1982, 20: 443.

［145］Rouzes C, Gref R, Leonard M, et al. J Biomed Mat Res, 2000, 50: 557.

［146］Delgado A, Leonard M, Dellacherie E. Langmuir, 2001, 17: 4386.

［147］Fournier C, Leonard M, LeCoq-Leonard I, et al. Langmuir, 1995, 11: 2344.

［148］Fournier C, Leonard M, Dellacherie E, et al. J Coll Interface Sci, 1998, 198: 27.

［149］Rouzes C, Leonard M, Durand A, et al. Coll Surf B, 2003, 32: 125.

［150］Lewis M, Chasin M. Biodegradable polymers as drug delivery systems. New York: Marcel, 1990.

［151］Francis M F, Cristea M, Winnik F M. Pure Appl Chem, 2004, 76: 1321.

［152］Francis M F, Cristea M, Yang Y, et al. Pharm Res, 2005, 22: 209.

［153］Horter D, Dressman J B. Adv Drug Deliv Rev, 2001, 46: 75.

［154］Wiedemann T S. J Pharm Sci, 2002, 91: 1743.

［155］Lasic D D. Nature, 1992, 355: 279.

［156］Kwon G S, Okano T. Adv Drug Deliv Rev, 1996, 21: 107.

［157］Kataoka K, Harada A, Nagasaki Y. Adv Drug Deliv Rev, 2001, 47: 113.

［158］Zhao C L, Winnik M A, Riess G, et al. Langmuir, 1990, 6: 514.

［159］Winnik F M. Polymer-surfactant systems. New York: Marcel, 1998.

[160] Kalyanasundaram K, Thomas J K. J Am Chem Soc, 1977, 99: 2039.

[161] Nagarajan R, Ganesh K. Macromolecules, 1998, 22: 4312.

[162] Francis M F, Cristea M, Winnik F M. Biomacromolecules, 2005, 6: 2462.

[163] Khalil MI, Hashem A, Hebeish A. Starch/Staerke, 1990, 42: 60.

[164] Soldani G, Maccheroni M, Martelli F, et al. Internat J Obesti, 1987, 11: 201.

[165] Montanari G, Gianfranceschi G, Franceschini G, et al. Symp Atherosclerosis, 1985, 7: 141.

[166] DiLuigi L, DalLago A, Vita F, et al. Clin Ther, 1986, 117: 37.

[167] Bandini S, Comparini L, Mancini G, et al. Clin Trial J, 1990, 27: 30.

[168] Fiala M, Satzman B. Appl Microbiol, 1969, 17: 190.

[169] Liptay S, Weidenbach H, Adler G, et al. Digestion, 1998, 59: 142.

[170] Schenborn E T. Methods Mol Biol, 2000, 130: 91.

[171] Schenborn E T, Goiffon V. Methods Mol Biol, 2000, 130: 147.

[172] Mack K D, Wei R, Elbagarri A, et al. Immunol Methods, 1998, 211: 79.

[173] Gibson P D, Higgins J, Woodward J R. Analyst, 1992, 117: 1293.

[174] Kikuchi Y, Koda T. Bull Chem Soc, 1979, 52: 880.

[175] Miyazaki Y, Yakou S, Nagai T, et al. Drug Develop Ind Pharm, 2003, 29: 795

[176] Kikuchi Y, Sasayama S. Makromol Chem, 1982, 183: 2153.

[177] Kikuchi Y, Kubota N. J Appl Polym Sci, 1985, 30: 2565.

[178] Kikuchi Y, Kubota N, Maru K, et al. Makromol Chem, 1987, 188: 263.

[179] Soyez H, Schacht E, Vanderkerken S. Adv Drug Delivery Rev, 1996, 21: 81.

[180] Koschella A, Leermann T, Brackhagen M, et al. J. Appl Polym Sci, 2006, 100: 2142.

[181] Kolova A F, Komar V P, Skornyakov I V, et al. Cellul Chem Technol, 1978, 12: 553.

[182] Klotz I M, Stryker V H. Biochem Biophys Res Commun, 1959, 1: 119.

[183] Frazier R A, Matthijs G, Davies MC, et al. Biomaterials, 2000, 21: 957.

[184] Frazier R A, Davies M C, Matthijs G, et al. Surface modification of polymeric biomaterials. New York: Marcel, 1996.

[185] Frazier R A, Davies M C, Matthijs G, et al. Langmuir, 1997, 13: 7115.

[186] Frazier R A, Davies M C, Matthijs G, et al. Langmuir, 1997, 13: 4795.

[187] Holmberg A, Meurling L. Bioconjugate Chem, 1993, 4: 570.

[188] Pawlowski A, Kallenius G, Svenson S B. Vaccine, 1999, 17: 1474.

[189] Schuyten H A, Weaver J W, Reid J D, et al. J Am Chem Soc, 1948, 70: 1919.

[190] Sweeley C C, Bentley R, Makita M, et al. J Am. Chem Soc, 1963, 85: 2497.

[191] Shibata M, Asahina M, Teramoto N, et al. Polymer, 2001, 42: 59.

[192] DeVos R, Goethals E J. Polym Bull, 1986, 15: 547.

第9章 基于柿叶的先进材料

9.1 引　言

9.1.1 柿树的分布及应用状况

柿树叶为柿树科（Ebenceae）柿树属（Dispryosl）植物柿树的叶[1-5]。柿树为一种常绿或落叶乔木或灌木，生长在热带或温带，约有 6 属 450 种。我国有柿树 2 属 50 多种，栽培面积约 $2.0 \times 10^5 m^2$，主要分布在陕西、河南、山东和河北，年产柿子约 $5.0 \times 10^5 t$，占世界总产量 50% 以上[1-5]。

柿树是我国的重要经济树种之一，全身皆是宝。例如，其木心材带黑色，为乌木，质硬纹细，是雕刻佳材；果子味甜、营养丰富，主要用于食品和发酵饮料，并被认为具有消食健脾的功能；果皮可制做果胶及高纤维粉，具有防肠癌和冠心病的作用；柿霜、柿蒂及柿漆可药用[2-5]。无核柿树是临安市昌北山区特有的优良柿种，世代相传已逾二百余年，全区最高年产量可达 50 余吨，株产可达 500~1000kg。昌北无核方柿经济价值很高，全身是宝。柿果色泽美丽，甜美爽口，涩味极轻，有降压止血、清热滑肠之功效，其维生素 A、C 的含量比苹果、梨高。焙制的柿霜，治咽喉干痛、口舌生疮、肺热咳嗽、咯血等症。刘取此柿汁用米汤或牛奶调服可作高血压中风倾向时之急救。柿蒂可治因寒凉引起的打嗝不止。柿叶中维生素 C 含量丰富，每 100g 鲜叶含 2700mg，比枣、柑橘、猕猴桃高 10~50 倍，经加工制成柿叶茶，可防止动脉硬化，治疗神经衰弱失眠。柿皮烧成炭用植物油调和治烫伤有奇效。柿花还是良好的蜜源，柿木细而坚硬，可制优质家俱。夏日，柿树叶大茂密，可遮阴纳凉，是绿化的理想树种。柿树繁殖方法是以丁香树为砧木进行嫁接，3~5 年即可见果。

近几年国内外已开始开发利用柿叶制饮料，如国内已制出"灵芝柿叶茶"，具有抗氧化、降血脂保健作用[6-12]；日本人则认为其有延年益寿、防病抗衰的奇效。这是因为柿叶中含有黄酮苷、类脂、香豆素、有机酸和丰富的维生素 C[6]。每百克干柿叶含维生素 C 3.5g，比柑橘、猕猴桃等多 10~20 倍。被公认维生素 C 含量多的柠檬，也只有柿叶含量的 5%。据报道柿树叶中含有机酸、挥发油、生物碱、还原糖、多糖、鞣质、酚类、香脂精和丰富的维生素 C 等多种有效成分，还有治疗癌症的"黄酮苷类"化合物[13-15]。考虑到将柿树叶加工成不同的产品以满足人民日益提高的生活水平对植物类产品的需求，需要了解其不同性能。我们测试了柿树叶中的材料成分[16]，结果表明，柿树叶中富含纤维素，可开发一些材料产品。

9.1.2　柿叶的药理特征

柿树叶味苦，性寒。具有下气平喘、止渴生津、止血疗疮等功效[17]。现代药理研究归纳表明它主要具有以下作用：①对于心血管系统的作用：柿树叶提取物能使麻醉狗冠脉血流量平均增加 78.3%，冠脉阻力下降 49.3%；可以抑制大动脉的收缩，还可以降低心肌耗氧量，故有活血化瘀的作用[18]。②止血作用：柿树叶能使小鼠出血时间缩短 44.7%，凝血时间缩短 34.3%。内服柿树叶粉可显著增强毛细血管的弹性。临床上已用柿叶治疗多种出血症[19]。③抗菌作用：对金黄色葡萄球菌、白葡萄球菌、肺炎球菌、卡他球菌、大肠杆菌、流感球菌均有抑制作用。动物实验无毒，也不引起溶血，不影响末梢血象[19]。④抗癌作用：柿叶茶对亚硝胺类所诱发的上皮增生和癌变有一定阻止作用。⑤增强免疫功能：柿叶提取物具有抑制体液免疫及保护羊红细胞膜下不致溶血的作用，大剂量时有抑制细胞免疫的作用[16]。⑥其他作用：预防贫血、减肥、软化血管和清血利尿[19]。

从化学成分来讲，柿叶中的有效成分主要是黄酮，还有三萜类、有机酸、香豆素类、植物柿树叶，含有大量维生素 C、胡萝卜素、维生素 P 和胆碱，以及黄甾醇类等[20]。其中黄酮苷最为宝贵[20]。黄酮苷有很好的抗菌解毒作用，对手术外伤感染疗效极为明显，对冠心病和中心性视网膜炎患者，可作血管扩张药使用。柿树叶泡水代茶饮，可辅助治疗高血压、动脉硬化、脂肪肝等疾病，并能利尿消肿，改善或消除肢体麻木，增进食欲，促进睡眠，还能抑制黑色素的产生，消除面部云斑，长期饮用可治疗黄褐斑和妇女妊娠反应。

柿树叶黄酮苷可作为临床药用制剂。它是将采集的柿树叶除去杂质后，加水，经二次煎煮后，合并滤液，并将滤液浓缩成浸膏，加入乙醇沉淀，再经冷藏后，取上清液，同时回收乙醇，即得柿树叶黄酮苷临床药用制剂。该制剂的抑菌试验表明它同青霉素和甲硝唑作用基本一致，苷中的药用成分具有明显的扩张血管的作用，同时，它对血小板的减少以及神经性失眠有一定疗效。

柿叶的止血功能已在我国得到了应用[21,22]，如粉末状的止血 4 号、血净片、复方血立停等，但这些均为口服药。

9.1.3　以柿叶为原料制备止血材料的可行性

因为柿叶是一种既含有药理成分又含有材料成分的植物，所以具有可加工性。由文献[23-29]知，其中的纤维素可在 DMSO/PF、DMAC/LiCl 和 NMMO 等有机溶剂或多元溶剂体系中溶解。而通过化学方法可提取柿叶中止血功能的有效成分[30]。由于文献记载[31]柿叶具有抗氧化作用，不宜直接成膜，所以可以将提取得到的成分与纤维素及其衍生物[32-34]一起制备成止血材料。

9.2　柿叶的材料及物理化学性能

9.2.1　材料成分

一般来说，植物的主要材料成分是纤维素、半纤维素和木质素，也含有一些金属、无机物等物质[20,35-42]。其中纤维素是天然高分子化合物，其结构是许多 D-吡喃葡萄糖（1-5）彼此以 β（1-4）苷键连接而成的线性大分子。半纤维素是来源于植物的聚糖类，它们分别含有一种或几种糖基构成基础链，其他糖基作为支链连接在基础链上。木质素是一类由苯丙烷单元通过醚键和碳-碳键连接的复杂的无定性高聚物。一般在植物纤维原料中，纤维素、半纤维素、木质素占原料总量的 80%~95%（棉纤维的纤维素含量高达 95%~97%）。

从表 9-1 可以看出：柿叶的纤维素含量（68.28%）很高，高于木材（43%~53%）、禾本科植物（37%~61%）及一些韧皮纤维原料（40%~54%），与麻类的纤维素含量（67%~82%）基本一致[16]。

表 9-1　柿叶中各种材料组分的含量

水分	纤维素	半纤维素	灰分	木质素	金属
4.36%	68.28%	7.54%	8.11%	11.70%	0.008%

注：以上实验结果均为 3 次测定的平均值。

图 9-1 是柿叶的拉曼光谱，其中 1156 cm⁻¹ 是纤维素的特征峰，而 1607 cm⁻¹ 是木质素的苯环的特征峰[43,44]。

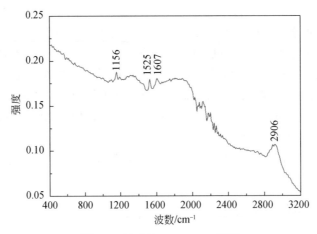

图 9-1　柿叶的 FT-Raman 光谱

9.2.2　热力学性能

图 9-2 是柿叶的 DSC 曲线，其中第一个峰说明了脱水的过程，而第二个峰则是柿叶的玻璃化转变温度，约 182.92℃。比较可知柿叶的玻璃化转变温度比纤维素的高，说明柿叶的热稳定性较高[4,5]。

9.2.3　溶解性能

以 DMAc 和 DMSO 为溶剂及在 25℃、40℃和 60℃三个不同温度条件下分别溶解柿叶，图 9-3 显示了柿叶的动态溶解过程。由于电导率与植物类材料的溶解度之间呈正比例关系[45-48]，所以图 9-3 中的电导率即表示柿叶在有机溶剂中的溶解度。

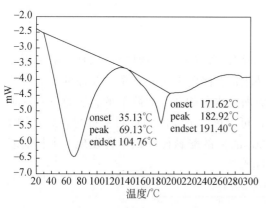

图 9-2 柿叶的 DSC 曲线

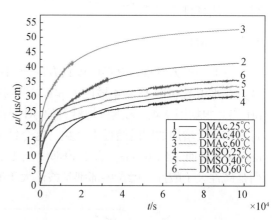

图 9-3 柿叶在不同溶剂不同温度下的溶解过程

由图 9-3 可知，溶液和温度都对柿叶溶解过程有影响。例如，对同一种溶剂而言，溶解温度越高不仅使溶解度增加，也使初始溶解速率增大。显然，这意味着温度高是有利于柿叶溶解的。但由于温度过高（如超过 100℃）将影响柿叶的一些药理性能，所以本章仅研究 60℃以下温度对柿叶溶解过程的影响。由图 9-3 也可知，柿叶在 DMAC 溶剂中的溶解度明显好于 DMSO，尤其在较高温度时更为明显。这说明在提高温度时溶剂的选择尤为重要。例如，图 9-3 指出 DMA$_C$ 在 60℃时具有非常好的溶解效果。

由于图 9-3 中显示出两种溶剂对柿叶的溶解影响有交错现象，意味着所选用的两种溶剂对柿叶的影响各有千秋。例如，25℃条件下，柿叶在 DMSO 中的初始溶解速率要快于 DMAc，而当溶解时间达约 6h 后这两种溶剂的效果变得明显相反。这预示着柿叶中的不同成分与溶剂结构之间的关系非常密切，可以认为进行分级溶解可能有利于提高柿叶的溶解效率。此外，在图 9-3 中还值得一提的是 DMAc 比 DMSO 的溶解效果明显要好，因为 3.3 h 后前者在 40℃时的溶解效果就比后者在 60℃时的效果要明显，其电导率值较后者增加了约 16%。

9.2.4 表面性能

应用毛细管上升方法及 van Oss 组合理论[46,49-51]，我们测试了柿叶的表面性能，如表 9-2 所示。

表 9-2 柿叶的表面能及其组成部分

$\gamma_S/$ (mJ/m²)	$\gamma_S^{LW}/$ (mJ/m²)	$\gamma_S^{AB}/$ (mJ/m²)	$\gamma_S^+/$ (mJ/m²)	$\gamma_S^-/$ (mJ/m²)
68.57	57.40	11.17	1.12	27.77

表 9-2 给出了柿叶的表面能 γ_S 及主要成分的测试结果，其中表面能的主要成分是 Lifshitz-van der Waals 力 γ_S^{LW}，约占 84%。柿叶中的 Lewis 酸 γ_S^+ 的成分小于 Lewis 碱 γ_S^- 的成

分，两者之比（酸碱比）约为 0.016，说明柿叶是一种碱性物质，这与大多数高分子材料、天然材料一致[46,47,49-52]。

9.2.5　pH

一般一种天然植物材料应该只有一个 pH。而测试含水分的植物材料的 pH 一般采用测试其在水中的 pH。图 9-4 描述了 pH 与植物材料固/水比例之间的关系，并外推出了特性 pH[53]。根据图 9-4，天然植物材料的 pH 是随着所含水分的减少而降低的，这意味着这类材料在干度增加的同时酸性也增加。这个结果是可以理解的，因为在对木材的表面（约 1 nm）、次表面（约 10 nm）及其内部（大于 1000 nm）的酸碱性测试中曾发现，木材的表面是碱性大于酸性，而在内部则是酸性大于碱性[37-40]。

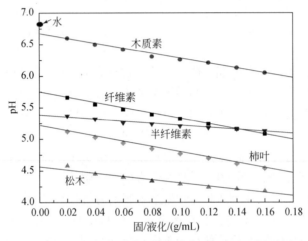

图 9-4　pH 与植物材料固/水混合物的比例之间的关系

9.3　基于柿叶的止血材料

出血是任何创伤均可发生的并发症，又是主症，是威胁人体生命的主要原因之一，所以寻找有效的适合各科手术中伤口及野战急救中创伤面愈合的止血材料一直是国内外研究的热点。根据出血的性质、种类及数量不同，有不同的止血方法。但就出血原理而言止血机制主要有三种，即小血管的收缩、血小板的激活和凝血系统的启动[54]。

近年来，国内外开发出许多止血材料，如明胶海绵、河豚鱼皮加氯化钙制成的海绵止血粉、BC 胶止血黏合剂、甘藻止血纱布、榆树皮内加微晶纤维制成的血立停、邦迪牌苯扎氯铵贴、特效吸收性止血灵、抹立可软膏等。最为引人注目的是下列几种已在国内开始了临床试验和应用的止血材料[54]。

（1）液体止血材料：如喷洒或注射用的止血药物、生物胶及化学胶已经被引入介入性止血治疗。主要有局部喷洒用的 Monsell 液，内镜下聚合物注射 α-氰基丙烯酸酯[55]。

（2）纤维蛋白黏胶：主要成分是纤维蛋白原、凝血酶、抑肽酶、氯化钙等。这种止血材料在使用时各种成分混合形成一种黏稠状液体，牢固地胶黏于创面上，约 10min 即达最大强度。被广泛应用于手术过程中术眼渗血及静脉性出血的局部止血，可封闭组织缺损，促进组织创伤愈合，防止组织黏连。由于良好的止血作用，它还被应用在喷涂于甲状腺大部切除术创面上[56]。

（3）微丝纤维胶原止血剂：一种由真牛皮胶原提纯制备的一种不溶于水的纤维素。在出血表面直接应用时，可诱导血小板在微丝纤维上发生黏附和聚集，促进血小板血栓形成而发挥止血作用。适用于手术中难以结扎或烧灼无效的局部出血，以及组织易脆或血管丰富部位的出血，一般每克产品足以控制 $50cm^2$ 面积的出血部位。但植入本品可能有加重感染、形成脓肿、皮肤切口裂开等并发症[56]。

（4）氧化纤维素和氧化再生纤维素：这两种均为可吸收性止血剂，是由纤维素经氧化后成为纤维素酸，制成薄纱状或棉布状，它是通过细胞或纤维素的作用，加速凝血反应，同时纤维素可促进血小板黏附和增强纤维蛋白网，有利于止血作用。氧化再生纤维素对革兰氏阳性和阴性细菌、需氧菌及厌氧菌均有杀灭作用，其应用范围几乎遍及所有外科领域，一般植入 2~7 天后被吸收。应用方法有覆盖轻压法、填塞压迫法、缠绕法、填塞留置体内法[56]。

（5）胶原可吸收性止血剂：主要成分是冻干的牛皮肤胶原，亦为可吸收性。当出血灶内血液接触胶原制品时，病灶中血小板即聚集于胶原表面，释放出血小板因子及凝血因子，促使局部出血灶表面生成纤维蛋白网，粘住胶原海绵垫而止血。适应症同其他局部止血剂，一般按压 2~5min 即可止血[57]。

（6）化学胶：为一组 α-氰基丙烯酸酯类物质，常用的如 ZT 胶、PW 胶、OB 胶等。多在数秒钟内即可固化形成柔软而富有弹性的聚合体黏合组织。也有采用含明胶、聚乙基乙二醇二丙烯酸酯、抗坏血酸等成分的混合物化学胶。其在可见光作用下，经几十分之一秒即可聚合，已成功应用于腹腔镜外科治疗肝损伤[57]。

（7）明胶海绵：一种多孔结构，但被发现与创面黏附不牢固[54]。

（8）明胶纤维网：一种结构致密，纤维细长，直径 $0.75~1.2~\mu m$，呈网络状多孔结构的无纺布止血材料。该材料中含有枫叶提取物，具有促进血小板黏附、聚集的作用，因此，对加快止血可能起到促进作用。此外，纤维内部存在不均匀的松散间隙，扩大了与血液接触面积，使血小板较易黏附、聚集在纤维上，有利于白色血栓的形成而达到迅速止血目的；且纤维柔软、吸附性强，故能与创面紧密黏附[54]。

（9）凝血酶（thrombin）：被应用于五官科类止血[58,59]，能明显促进血小板的黏附、聚集[7]，但价格略显昂贵[58]。

（10）立止血（reptilase）：为 Klobusitzky 于 1963 年首先成功地从巴西蝮蛇（Bothropsatrox）的毒液中分离而制成的高纯度蛇酶制剂[60]。止血作用机制主要是通过裂解纤维蛋白原 A_2 链的作用，生成纤维蛋白I单体和纤维肽 A，然后在凝血酶作用下，迅速在出血部位形成纤维蛋白凝血块而止血，同时在血管内的纤溶酶作用下迅速将纤维蛋白降解，因此不会引起血栓和血管内凝血的严重不良反应[61]。由于该药高效、迅速、安全，已被广泛应用于临床止血[62-64]。立止血还被发现具有类凝血激酶样作用[64,65]。

（11）外用及口服中草药制剂等[55]。

纵观上述止血材料，可以发现它们都有较好的止血功效，且具有不同的作用机制和特点；但它们也都有各自的缺陷。例如，有些质硬易碎；有些难以固定在出血表面；有些由于呈粉末状而带有大量的静电荷，给手术带来不便；还有一些则是因为成本高不便于推广应用。

明胶纤维网已被临床试验证明具有较好的效果[54]，而这种良好的止血效果极有可能是由于其中含有的枫叶提取物在起作用。这也可以从我国人民应用中草药止血的实践中得到证实。而且，明胶纤维网的结构也可能有利于止血，这是因为在深部出血创面，除了局部的加压和止血材料的促凝作用外，止血效果与止血材料的结构及黏附性能有重要关系[66]。这说明，某些植物尤其被认为是中草药的木本或草本植物是具有天然止血功能的。而将具有天然止血功能的中草药制备成具有一定结构的材料则有可能提供一种新的止血材料。

众所周知，良好的局部止血材料应该具有下列特征：①具有明显的止血效果，组织反应极轻、无抗原性；②在体内可被降解，消毒方便容易，价格低廉；③与组织结构相似，可适应不同部位、不同类型的出血需要的任意剪裁。但事实上迄今还没有能够同时达到这些要求的止血材料。

9.3.1　植物的天然药理特征

中草药是中华民族传统文化的瑰宝之一。我国是一个地大物博、药产极为丰富的国家，供民间食用的中草药就达数千种以上，常用的中草药也有几百种之多。我国利用中草药的历史悠久，至今已有2000多年的历史，早在上古时期，就出现了第一部药典《神农百草经》，到明代，李时珍对中草药进行了系统的编目，并编成《本草纲目》。近几十年来，对中草药的研究正在不断深入，尤其在中草药药理学和中草药化学成分方面，总结出了许多宝贵经验[67]。中草药的药理特性比较复杂，这是因为中草药中所含的有效药用成分较多。根据中草药对人体作用的多样性，中草药可以按不同功能分成以下几类[68]：①作用于神经系统的中草药；②作用于免疫系统及抗炎抗菌的中草药；③作用于心血管系统的中草药；④作用于消化系统的中草药；⑤作用于泌尿系统的中草药；⑥作用于呼吸系统的中草药；⑦用于治疗血液系统疾病的中草药。

每一类中草药都可以具有多种不同的药理功能。例如，香豆精类中草药[69]具有：抗菌作用、扩张冠状动脉的作用、抗凝血的作用、止血的作用、催眠与镇静的作用、吸收紫外光线的作用及其他作用。

传统的利用中草药的方法是按中药的配伍理论，将各种中草药以一定比例混合，用水煎成汤剂，但此汤剂因制备繁琐，口感不佳，不能被快节奏的现代社会所接受。

长期以来，人们对中草药的认识都集中在其药理方面，这方面的例子已举不胜举。但是，中草药作为一种植物，其许多材料特性被人们所忽视。众所周知，植物，尤其是属中草药的本草既是天然的药物，也是天然的纤维类材料。据此开发出人体亲和性的本草类具有天然药物或理疗特征的产品是人类的一种需要。

9.3.2　开发植物资源的止血材料的意义

我国是一个历史悠久的文明古国，在5000年的文明史中，有许多关于我国的先民们因地制宜地利用天然的植物根、茎和叶治疗疾病的记载。据文献[70-75]，许多树叶都有其独特的药理作用。例如，橘叶的主要药理作用是疏肝、行气、化痰、消肿、散毒；而将青绿的橘叶捣成汁服下，可治肺痈。此外，橘叶泡饮代茶能治慢性肝病、肝气郁结、妇女乳房疾患等。再如银杏叶，从银杏叶中提取的银杏双黄酮，初步确定其有降低血清胆固醇、升高磷脂和改善胆甾醇与磷脂比例及抑制高血压的作用，用其配成的"舒血宁"对心绞痛、冠心病、脑血管疾病、痢疾杆菌和真菌引起的疾病均有较好的疗效。银杏叶功能性食品可治疗脑功能不全、痴呆等症，调节血压、治疗动脉硬化、心脏病、肝脏病、胰脏病等循环系统疾病。日本人最近研究发现银杏叶中的十七碳烯水杨酸对疱疹病毒（EB）病毒有抑制作用，从而使银杏叶制剂向抗癌领域迈近了一步。桑树叶的药用价值也很高，内含胡萝卜素、维生素、氨基酸、胆碱黄酮苷、鞣质等。祖国医学认为桑叶是一味疏风清热、凉血明目的中药，对某些发热性疾病（如风热感冒）、红眼病等疗效不错。现代医学研究指出，桑叶有降压、降糖的作用。《本草纲目》对此早有记载，称"汁煎代茗能止消渴（即糖尿病)"。

开发天然植物树叶资源，充分利用它们的药用价值，具有十分重要的意义。首先，植物是地球上最丰富的可再生有机资源。植物纤维原料再生速度快，每年可固定约 $2×10^{11}$ t 碳，内含 $3×10^{21}$ J 能量，相当于 600 亿~800 亿 t 石油，即全世界每年石油总产量的 20~27 倍[70-75]。以植物树叶为资源，没有能源危机，不破坏自然环境，有利于人与自然界的协调，满足人类社会可持续性的发展。以往植物树叶大都是腐烂或被丢弃，甚至被燃烧处理，既浪费资源又污染环境，所以以植物树叶为资源开发产品也可以做到物尽其用。事实上，天然药物具有人体亲和性、副作用小的特点，所以对天然产物的研究与开发历来就是人类寻找新药的一条途经。随着人们对天然药物研究的逐渐深入，新药的研究重点日益转向天然产物的开发和利用。

由于大部分植物中的材料成分主要是纤维素、半纤维素和木质素，这就给止血材料的制备提供了可行性。事实上，在上述提及的止血材料中，一些植物成分也已得到了应用[54-55]。这些都说明可以利用植物的天然止血特征开发制备出形状不同的止血材料。

可以想象到，由于中草药植物具有的天然的人体亲和性、相容性、止血性及可降解性，由此而制备的止血材料将具有广阔的应用前景。

9.3.3　基于柿叶的止血材料制备与应用

选择蒸馏水和无水乙醇作为提取柿叶有效止血成分的溶剂，并对他们的提取物分别进行表征，如图 9-5 和图 9-6 所示的拉曼光谱。

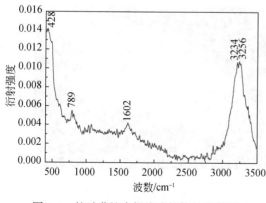

图 9-5　柿叶蒸馏水提取液的拉曼光谱图

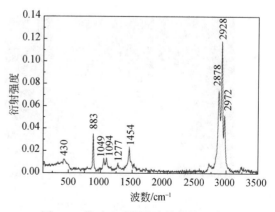

图 9-6　柿叶乙醇提取液的拉曼光谱图

　　与原始柿叶的拉曼光谱进行比较发现，柿叶一些峰的强度在经过上述两种溶剂的提取后有了明显的变化。例如，2928/2878 峰的比值有了缩小，同样 1454/1277 峰的比值也有了缩小，但 1094/1049 峰的比值有了增加。说明柿叶的一些药理成分被乙醇提取后析出较多。

　　考虑到柿叶的强抗氧化作用可能不利于成膜，为此通过柿叶提取液与纤维素衍生物共混成膜或成纤。

　　纤维素醚是纤维素衍生物中的一个大类，根据其醚取代基的化学结构可分为阴离子、阳离子和非离子醚类[34,52]。纤维素醚也是高分子化学中最早被研究和生产的产品之一，到目前为止纤维素醚已被广泛应用在医药卫生、化妆品及食品工业中。

　　我们曾经研究了纤维素醚的表面能，发现非极性成分占其表面能的 98%~99%[46,47,52]，并分别制备了基于柿叶的止血喷剂和膜，然后在新西兰兔身上进行了止血实验[4]。

1. 动物实验

（1）止血效果动物实验

　　实验用新西兰兔子重 2.7kg，其四肢绑于手术台上如图 9-7（a）所示，量得其身长 48cm，宽 16cm。实验时先对兔子进行全身麻醉（1% 戊巴比妥钠 30mg/kg 耳静脉麻醉），麻醉时间保持 4 小时左右。然后在兔子背部双侧脱毛，面积为 12cm×14cm。所有实验创口均不用缝线缝合以观察止血材料的效果。最后，手术后的兔子由上海第二医科大学的实验动物部按常规方法进行喂养数日，观察其伤口的变化。手术室温度为 25℃，并且已消毒。实验过程及手术后的整个喂养观察期间，未对该实验兔进行任何消炎、免疫的措施[4]。

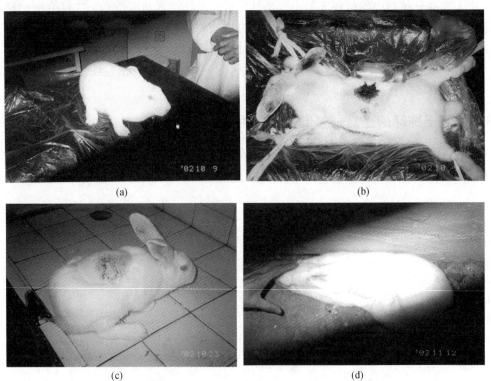

图 9-7　止血实验用的新西兰兔（a）、经过四种止血实验手术后的新西兰兔（b）、
手术 2 周后的兔子（c）和手术 1 月后的兔子（d）[4]

1）方案一：动脉小创口的止血实验。

实验时先用已经消毒的手术刀切割兔子右耳的动脉使其出血，创口面积长约 1cm，宽约 1cm，深约 1mm。用植物止血胶喷洒创口，用秒表开始计时。

由于割开动脉出血量很大，用植物止血胶喷洒后发现创口流血止住，时间大约在 10s 以内，但胶水在空气中自动凝固成膜的时间由于受到颜色的影响估计在 15～30min 内 ［图 9-7（b）］[4]。

2）方案二：毛细管小创口的止血实验。

实验时先用已经消毒的手术刀切割兔子左耳的毛细血管使其出血，创口面积长约 1cm，宽约 1cm，深约 1mm。用植物止血胶喷洒创口，用秒表开始计时。

虽然创口面积同上，但是由于割开毛细管出血量很小，用植物止血胶喷洒后发现创口流血立即止住，而且膜的固化时间约 5～10min ［图 9-7（b）］[4]。

3）方案三：表皮创口的止血实验。

在兔子左背部离脊椎约 2cm 处用已经消毒的手术刀对表皮进行创伤使其出血，创口面积长宽各约 5cm。用植物止血膜直接敷在创面表面止血，发现该膜在血液中微溶并发生黏附使血止住 ［图 9-7（b）］[4]。

4）方案四：动脉大创口的止血实验。

在兔子右背部离脊椎约 2cm 处用已经消毒的手术刀将位于背部的动脉割断使其出血，创口面积长约 3.5cm，宽约 1cm。用植物止血胶喷洒创口，用秒表开始计时。

由于该创面较大，用植物止血胶喷洒后发现创口大量出血立即止住，但兔子活动后又会深层出血且膜的强度似乎不够。所以进行了多次喷洒后才止住出血，但膜的固化需要约 30min 达到强度 ［图 9-7（b）］[4]。

（2）实验后兔子的观察

为了了解实验兔不同部位创伤在经过植物止血胶或膜的止血处理后药物的生理反应，我们委托上海第二医科大学实验动物科学部对实验后兔的生理等反应进行了饲养观察。结果如下：实验兔在手术当天麻醉药药性过后即显示一切正常；3 天后发现实验兔的伤口已愈合，所用的胶和膜均被兔子吸收；一周后发现小创口上的结疤已自动脱落；两周后发现大创口已恢复得很好 ［图 9-7（c）］；3 周后实验兔所有创伤口已完全恢复，一切正常；一月后实验兔背面上毛完全恢复。整个实验及饲养过程中实验兔的生理活动一切正常且无任何炎症发生 ［图 9-7（d）］。

经过对实验兔进行出血手术并通过喷洒液态的植物型止血胶和粘贴植物型止血膜进行止血实验及随后的一个月饲养观察，可以证明所制备的两种植物型止血材料的止血效果是非常明显的。尤其是这两种产品都具有可吸收、使伤口自动愈合和抗菌消炎的功能与作用。这说明这两种植物止血材料的制备工艺和方法是正确的、合理的。

通过动物实验及上海第二医科大学实验动物科学部的建议，本章所制备的两种植物型止血材料可以进一步应用到更多、更大的活体动物实验或临床试验。

但在实验中也发现，止血胶在大创口上的成膜时间较长，约 30min，这比研制时在玻璃板上的固化时间慢了一倍多。所以还需进一步研究解决此问题，以适应野外作业应用的需要[4]。

9.4　基于柿叶的药物纤维

采用湿法纺丝方法，我们分别制备了纤维素/柿叶药物纤维[5,76,77]和聚丙烯腈/柿叶纤维[5,78]以及纯的纤维素和 PAN 纤维以做比较。

9.4.1　纤维素/柿叶药物纤维

图 9-8 对纤维素和纤维素/柿叶的 XRD 曲线进行了比较，而表 9-3 则进一步将图 9-8 给出的信息进行了定性和定量分析。比较发现，加入柿叶导致了纤维的结晶度略微下降，主要原因是（101）晶面尺寸减小和（002）晶面尺寸增大。

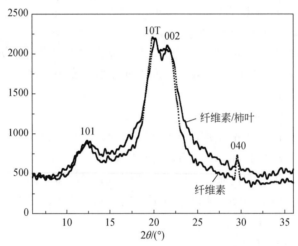

图 9-8　纤维素及其纤维素/柿叶纤维的 XRD 图

表 9-3　纤维素及其纤维素/柿叶纤维的结晶参数

样品	结晶度 /%	晶粒尺寸/nm		
		101	10$\bar{1}$	002
纤维素	69.6	1.17	1.66	1.19
纤维素/柿叶	66.5	1.17	1.61	1.23

表 9-4 进一步描述了柿叶添加量与纤维素结构和力学参数之间的关系。可以发现随着柿叶加入量的增加，纤维的结晶度逐步下降，从而导致取向度减少、力学性能下降。但也可发现这些参数的下降程度是有限的，并不影响这类药物纤维的使用。

表 9-4　柿叶添加量对纤维素纤维性能的影响

试样	结晶度/%	取向度/%	强度/(cN/dtex)
纤维素	69.0	70.0	2.20
2% 柿叶	68.0	69.0	2.10
5% 柿叶	66.5	67.5	2.00
10% 柿叶	64.5	64.5	1.95

　　图 9-9 比较了纤维素及其纤维素/柿叶纤维的热力学性能。根据此 DSC 图，纤维素与柿叶具有较好的相容性。这也说明上述柿叶纤维保持了一定力学性能。这可能是因为纤维素分子中含有大量羟基，而其易与柿叶中的多酚物质形成氢键，因而样品的分子结构和聚集态结构并没有发生很大变化。但我们也发现曲线 1 和曲线 2 在 80℃附近都具有一个很强的吸收峰，说明这两种纤维中的吸附水被解吸附。比较两种纤维的 DSC 曲线还发现这两种纤维的分解温度有所区别，如纤维素纤维在 260℃左右分解，而纤维素/柿叶共混纤维则在 230℃左右分解，明显低于前者。这说明柿叶成分的加入导致纤维素的热稳定性降低，这可能是因为多酚物质的体型结构。

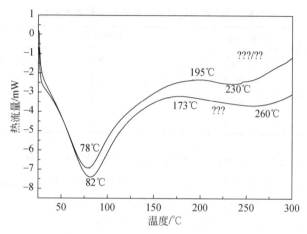

图 9-9　纤维素及其纤维素/柿叶纤维的 DSC 图

9.4.2　聚丙烯腈/柿叶药物纤维

　　图 9-10 是 PAN 及 PAN/柿叶纤维的 XRD 图，其中的定量参数被汇总在表 9-5 中。比较发现，柿叶加入 PAN 纤维中对结晶度的影响比较大，主要表现在 101 和 110 晶面的尺寸增大。

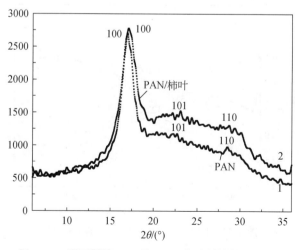

图 9-10　聚丙烯腈 PAN 及 PAN/柿叶纤维的 XRD 图

表 9-5　　PAN 及其 PAN/柿叶纤维的结晶参数

样品	结晶度/%	晶粒尺寸/nm		
		100	101	110
PAN	64.9	3.34	3.4	21.3
PAN/柿叶	49.0	2.74	4.0	22.0

表 9-6 进一步说明，柿叶添加量的增加不仅将降低纤维的结晶度，还将降低纤维的取向度和力学性能。

表 9-6　　柿叶添加量对聚丙烯腈纤维性能的影响

试样	结晶度/%	取向度/%	强度/(cN/dtex)
PAN	64.9	76.0	2.51
2% 柿叶	59.5	68.5	2.33
5% 柿叶	52.5	59.5	2.14
10% 柿叶	49.0	53.0	1.95

图 9-11 比较了 PAN 和含柿叶的 PAN 纤维的热力学性能。显然，柿叶与 PAN 之间的相容性并不是太好。PAN 纤维在 95℃时有一个吸热峰，说明 PAN 纤维 α2 的转变，这是因为分子间较弱的范德华力作用而导致的非晶区的链段运动所引起的。而在 152℃时的吸收峰则是 PAN 纤维的 α1 转变，它是侧基（—CN）的偶极力存在下的非晶区的链段运动的反映，这种分子间的作用力较强。PAN 纤维在 120℃时的放热峰，可能是由非晶区取向链段的运动造成的。由于图中 PAN/柿叶共混纤维无明显的 α1 和 α2 转变，而在 122℃有一较大吸收峰，这显然也是由非晶区的分子运动所引起的。比较指出，当加入柿叶成分后，由于其主要结构为多酚，这种结构明显阻碍了 PAN 大分子的结晶过程及 PAN 本身大分子之间的相互作用。

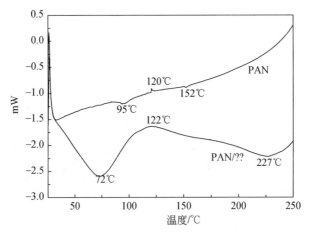

图 9-11　PAN 及 PAN/柿叶纤维的 DSC 图

9.5　小　　结

作为总多植物中的一种，柿叶的生物性能和材料特点使得人们可以据此而开发、利用基于柿叶的先进材料。虽然本章介绍了一些基于柿叶的产品，但必须指出，这方面的研究还是非常欠缺的，需要广大科技工作者给予重视并加强这方面的研究。

中草药是一种天然的、可再生资源，也是现代社会可持续发展所期望的一种工业原料。利用中草药制成不同的先进材料将使其生物活性与人类社会互相关连，更好地为人类服务。

但对于中草药的不同应用，选择载体的方法可以是多样性的。虽然本章研制成功了植物型止血胶和膜，以及药物纤维，但将其制备成其他形式也是有可能的。无论如何，所制成的产品必须满足如下基本要求：①不含有任何对身心有害的物质；②化学上不活泼，不会因与体液接触而发生变化；③无毒性；④有稳定的物理、化学性能和良好的力学性能；⑤有良好的生物相容性；⑥能经受必要的消毒处理而不变性；⑦易于加工且质优价廉；⑧非永久性植入的材料，能在人体内降解。

综上所述，开发基于柿叶的先进材料的市场将有无限广阔的前景。

参 考 文 献

[1] 中国科学院西北植物研究所. 秦岭植物志（一）. 北京：科学出版社，1985.

[2] 陈栓虎，高全昌. 食品科学，1995，16：4，66-68.

[3] 贺士元，邢其华，尹祖棠，等. 北京植物志（下册）. 北京：科学出版社，1984.

[4] 胡剑锋. 上海：东华大学材料学院硕士论文，2003.

[5] 王志鑫. 上海：东华大学材料学院博士论文，2004.

[6] 任建伟，冯珍. 中国中药杂志，1992，17（1）：42.

[7] 吴小南，汪家梨. 食品科学，1998，19（11）：39-41.

[8] Funayama S, Hikino H. Chem Pharm Bull, 1979, 27: 2865-2868.

[9] Kameda K, Takaku T, Okuda H. J Nat Prod, 1987, 50: 680-683.

[10] Kotani M, Fujita A, Tanaka T. J Jpn Soc Food Sci, 1999, 52: 147-151.

[11] Kotani M, Matsumoto M, Fujita A. et al. J Allergy Clin Immunol, 2000, 106: 159-166.

[12] Matsumoto M, Kotani M, Fujita A. et al. British J Dermatology, 2002, 146: 221-227.

[13] 石锦芹，黄绍华，胡欣恺，等. 南昌大学学报（理科版），1999，23：264-267.

[14] 王玮，王琳. 沈阳医学院学报，2002，4：115-119.

[15] 安秋荣，郭志峰. 分子测试学报，2000，19（1）：74-75.

[16] 胡剑锋，佐同林，张浩，et al. 内蒙古工业大学学报，2002，21（4）：272-275.

[17] 王树松. 河北中医，1997，20（1）：63-64.

[18] 郭玫，董晓萍. 重庆中草药研究，1999，40：164-166.

[19] 纪莉莲，张强华，崔桂友. 食品科学，2003，24（3）：129-131.

[20] 邬义明. 植物化学纤维. 2 版. 北京：中国轻工业出版社，1993.

[21] 何延良，赵荣莱，王晓中. 中药通报，1986，11（9）：40-42.

[22] 程润泉. 时珍国药研究，1993，4（1）：7-8.

[23] Turbak A F. Tappi J, 1984, 67: 1.

[24] 程博闻. 天津纺织工学院学报, 2000, 2: 1-3.

[25] 王铁群, 颜少琼, 等, 纤维素科学与技术, 1996, 3: 7-13.

[26] 王铁群, 颜少琼, 等, 纤维素科学与技术, 1996, 4: 32-37.

[27] 肖长发. 光谱学与光谱分析, 1994, 4: 51-53.

[28] 张镜吾, 程发, 等, 高分子通报, 1994, 3: 359-363.

[29] 胡运华, 卓仁禧. 应用化学, 1996, 13 (2): 7-10.

[30] 马东升, 邢有权. 黑龙江大学自然科学学报, 1994, 1: 102-104.

[31] 施跃峰, 桑金隆, 等, 科技通报, 2000, 4: 305-308.

[32] 唐爱名, 梁文芷. 高分子通报, 2000, 12: 1-9.

[33] Choukri T, Michel R. Cellulose, 2000, 7: 177-188.

[34] 杨之礼, 苏茂尧. 纤维素醚基础与应用. 广州: 华南理工大学出版社, 1990.

[35] Sjostrom E. Wood Chemistry, Fundamentals and Applications. Academic Press, 1981.

[36] 高洁, 汤烈贵. 纤维素科学. 北京: 科学出版社, 1996.

[37] Shen Q. Interfacial Characterization of Wood and Cooking Liquors in Relation to the Delignification Kinetics. Finland: Åbo Akademi University Press, 1998.

[38] Shen Q, Nylund J, Rosenholm J B. Holzforschung, 1998, 52: 521-529.

[39] Shen Q, Mikkola P, Rosenholm J B. Colloid Surf A, 1998, 145: 235-241.

[40] Shen Q, Rahiala H, Rosenholm J B. J Colloid Interface Sci, 1998, 206: 558-568.

[41] Atalla R H, Agarwal U P. Science, 1985, 227: 636-638.

[42] Laine J. The effect of cooking and bleaching on the surface chemistry and charge properties of kraft pulp fibes. Ph. D. thesis, Helsinki University of Technology, 1996.

[43] Shen Q, Ding H G, Zhong L. Coll Surf B, 2004, 37: 133-136.

[44] 顾庆锋, 沈青, 胡剑锋. 天然产物研究与开发, 2004, 2 (16): 163-166.

[45] Xu Y, Shen Q. Coll Surf B, 2006, 47: 98-101.

[46] 沈青. 分子酸碱化学. 上海: 上海科技文献出版社, 2012.

[47] 沈青. 高分子表面化学. 北京: 科学出版社, 2014.

[48] 沈青. 高分子物理化学 I. 北京: 科学出版社, 2016.

[49] van Oss C J, Chaudhury M K, Good R. J Adv Colloid Interface Sci, 1987, 28: 35.

[50] van Oss C J, Chaudhury M K, Good R J. Chem Rev, 1988, 88: 927-941.

[51] Shen Q. Langmuir, 2000, 16: 4394.

[52] Shen Q. In: Roman M. Model Cellulosic Surfaces, Chap. 12, Oxford: Oxford University Press, 2009.

[53] 沈青, 胡剑锋, 顾庆锋. 林产化学与工业, 2002, 22 (4): 59-62.

[54] 刘宿, 葛衡江, 刘怀琼. 中华创伤杂志, 2000, 16 (3): 2.

[55] Jutabha R, Jensen D M, Egan J, et al. Gastrointest Endosc, 1995, 41: 201.

[56] 代文杰, 姜洪池, 乔海泉. 中国普外基础与临床杂志, 1999, 6: 4.

[57] Nakayama Y, Matsuda T. Asaio J, 1995, 41: M374.

[58] 郭树华, 袁玉华, 李维芹. 中国新药与临床杂志, 1999, 18: 2.

[59] 刘红兵. 新药与临床, 1997, 16: 376.

[60] Wagner W R, Pachence J M, Ristichh J. J Surg Res, 1996, 66: 100-108.

[61] 李树昌, 孙录. 中国药房, 1994, 5 (4): 34.

[62] 卢光洲, 杨建军, 周文科. 中国新药杂志, 1999, 8: 10.

［63］莫伟楠，尚玉新，郑明新. 中国药房，1996，7：137.

［64］徐友平，韩志武，姚国乾. 中国现代医学杂志，2000，10：1.

［65］容建材，廖锡麟. 江西医药，1994，29：312.

［66］Silverstein M E，Chvapil M. J Trauma，1981，21：388.

［67］王筠默. 中药药理学. 北京：人民卫生出版社，1954.

［68］吕秀芳，田景奎，周丽华. 时珍国药研究，1997，8：281-282.

［69］林启寿. 中草药成分化学. 北京：科学出版社，1977.

［70］苑翠柳. 食品科技，2000，5：54-55.

［71］夏斯俊，候晞. 基层中药杂志，1999，13（3）：17.

［72］卢素琳，钟恒亮，夏曙华，等. 贵阳医学院学报，1999，24：241-242.

［73］梁爱华，薛宝云，王金华，等. 中国中药杂志，1999，24：663-666.

［74］贺建国，李健，贺健昌，等. 广西药学院学报，2001，17（2）：106-170.

［75］贾孝荣，王镜. 甘肃中医学院学报，1994，11（2）：1-3.

［76］Wang Z X，Shen Q，Gu Q F. Carbohydrate Polym，2004，57：415-418.

［77］王志鑫，沈青，顾庆锋，等. 合成纤维工业，2004，27（4）：7-9.

［78］LiD L，Shen Q，Ding H G，et al. J Appl Polym Sci，2006，101：2810-2813.

第 10 章 基于软木脂的先进材料

10.1 引　言

软木脂是一种存在于天然植被外部组织中的环状脂肪族芳香聚合物。软木脂单体长链中关键性的羧基和羟基群，以及不饱和环氧化合物的存在使它特别适合作为有机构建聚合物的原料。

软木脂是一种天然的脂肪族芳香环状化合物，虽然它有非常多的结构，但几乎普遍存在于植物界。它最可能存在于正常植物细胞壁和受伤的植物外部组织中，起着隔绝生物体和环境的作用。它在植物地下部分中存在[1-4]。在高大植物中，存在于薄层状结构中的软木脂是构成树皮细胞壁的主要部分。

软木脂没有特定的化学结构，其结构在高分子网状结构中非常容易从自然明确的状态转换为衍生态。软木脂中的脂肪族组成部分，有 ω-羟基脂肪酸、α，ω-二羧酸和相应的双羟基或衍生环氧化物，然而芳香族被一系列可替代的不饱和酚类所支配[1-11]。尽管软木脂单体在很多方面非常有用，但它的局部高分子结构以及和其他细胞壁的生命聚合物的联系至今仍未被完全了解。

自然界中，羟基脂肪酸在蓖麻油等特殊的植物种籽油中存在[12]，尤其存在于软木脂中[13]，另外，除了在植物变体的细胞壁和树皮组织中，脂肪酸的环氧衍生物还存在于数量众多的植物中[1-3]。

可预见的化石能源的耗尽已经使得人们迫切关注基于生态的森林产品及副产品[14]。但目前这类绿色化学原料，如树皮主要被用来燃烧以获取能量，使得树皮部分中的脂肪酸衍生出来的羟基和酯基化合物的应用还非常少[15,16]。

10.2　软木脂的自然来源与制备

10.2.1　自然来源

要确切地了解软木脂是不可能的，因为它具有复杂的高分子结构，并且它和木质素非常相似[1-5]。

自然界中主要的软木脂由高等植物的树皮和根茎提供，根据树的种类和分离方法，其内容和成分非常丰富。与工业相关的硬木材中软木脂的含量占总质量的20%~50%。对这些木材的转换占生产副产品的大多数[17]。

桦树是北欧最重要的硬木材品种，也是软木脂的供体之一。另外一个潜在的软木脂资源是地中海区域的软木塞工业[18]，葡萄牙大约年产 185 000t 软木塞[19]，占全世界一半以上的产量。软木主要是用来给植被保暖和制作隔音的软木塞。每年葡萄牙可以生产至少 16 000t 软木脂[20]。

块茎的变体，如土豆中的软木脂含量达到 30%（表 10-1），软木脂也存在于水稻[21]、玉米[22]、烟草[23,24]、大豆[25]、棉花幼苗[26] 和其他植物组织中[1-3,27]。

表 10-1　一些植物树皮中的芳香软木脂含量和降解方法[18]

种类	软木脂质量分数/%	降解方法
毒豆	61.7	0.5mol/L MeONa in MeOH
欧洲水青冈	48.3	
夏栎	39.7	
欧洲山杨	37.9	
桐叶槭	26.6	
血皮槭	26.1	
欧洲白蜡树	22.1	
西洋接骨木	21.7	
卫矛	8.0	
花棋松	53.0	0.02~0.03mol/L MeONa in MeOH
	58.6	0.5mol/L MeONa in MeOH
	51.0	1.3mol/L MeONa in MeOH
重枝桦	32.2	0.5mol/L KOH in EtOH/H_2O（9:1，v/v）
	49.3	0.5mol/L KOH in EtOH/H_2O（9:1，v/v）
	46.0	96% H_2SO_4 in MeOH（1/9，v/v）
	43.3	0.5mol/L NaOMe in MeOH
	37.8~41.2	3% MeNa in MeOH
	37.0	0.1mol/L NaOH in MeOH
栓皮	60	0.02~0.03mol/L MeONa in MeOH
	62	3% MeNa in MeOH
	40~45	3% MeNa in MeOH
	54~56	1%~3% MeNa in MeOH

10.2.2　合成方法

（1）基因重组方法合成软木脂

陆生植物可产生亲脂性屏障来保护生物组织内部结构，使其避免脱水，伤害病原体[28]，并且已经形成可调整的屏障网络适应不断变化的生理环境。

植物的主要器官，如幼茎和叶子被表皮保护着。这层表皮是由角质和蜡状物构成的亲脂性细胞外膜[29] 构成的。成熟的茎、根、块茎以及愈伤组织被由多层成熟死细胞构成的软木保护着。软木中的主要化合物是抗渗性的软木脂，它是一个由脂肪族和芳香族部分共同构成的复杂聚合物，与蜡状物类似。软木是植物构成的防御系统，包含如三萜类化合物（在草食动物、微生物和真菌中有重要作用）等的次级化合物。

软木或软木组织，是软木的技术术语，由软木形成层组成。软木形成包括增殖、由软木层衍生的细胞的扩大和分散，以及最终不可逆转的细胞死亡阶段。两个最著名且最有研究价值的软木研究是通过马铃薯块茎以及软木树树皮的栓化作用而获得一瓶软木的例子。在软木树中，软木形成层形成了一层用以保护树干和产物的几乎由纯软木细胞组成的连续细胞层，并且以每年 2～3mm 厚的增长速度黏附在前一年软木层上。软木树树皮的化学组成已经通过化学分馏法被广泛地研究。虽然不同成分数量显示重要的变异信息，但它平均包含 15% 萃取物，41% 脂肪族软木脂，22% 芳香族软木脂，20% 多聚糖，2% 碱灰。许多合成软木所必需的酶的活性可以由其化学成分来推断。软木是四个主要次级代谢途径的主要场所，有酰基脂质、类异戊二烯和黄酮类化合物。该酰基脂质用于生物合成所需的线性长链脂肪族化合物来形成软木脂，它参与角质生物合成反应；该苯基丙酸合成途径用于合成软木脂的芳香族部分，它参与木质素的基本反应；类异戊二烯途径用于合成蜡萜类和甾醇；黄酮类化合物途径用于合成丹宁酸。

软木脂是软木的主要成分，包括脂肪角质和芳香木素结构。其中脂肪族部分是与酯化酚醛树脂相关的一个甘油桥聚酯。它的芳香族部分是由羟基肉桂酸的衍生物组成的多酚类物质，推测其对连接脂肪与细胞壁有贡献。尽管介绍了一些假设性的模型，对软木脂的三维结构目前仍然不是很清楚。这些模型讨论了软木脂内部的相关联系，以及软木脂与木质素细胞壁的相关假设。只有少部分研究显示酶的活性与栓化作用有关，并且其中大部分涉及芳香族代谢。科学家提出了诱导栓化作用的关键酶能产生羟基肉桂酸，并提出了基于木质素生物合成的芳香族部分的合成途径。过氧化物酶的活性与栓化作用的联系在马铃薯块茎以及番茄的根组织中得到了体现。过氧化氢存在下，过氧化物酶的活性增强被间接证明。实验证明酶参与脂肪部分代谢作用只限于体外的 ω 醇酸的氧化。生物合成脂肪族单体的途径已被推测出来，这是公认的始于一般的不饱和脂肪酸引发长链脂肪酸的合成途径，即在内质网内发生长链脂肪酸的浓缩反应和色素 p450 单加氧酶催化脂肪酸的氧化反应。聚酯被认为是以甘油作为交联剂而实现脂肪酸之间的酯化反应。然而，脂肪单体的运输及其在非原质体中的聚合仍然是未知的。尽管软木和软木脂对草本植物和木本植物的生命都至关重要，但其分子遗传途径仍然缺乏。如今，分析软木脂的生物合成以及功能应当使用不能轻易从软木树种获得的软木脂缺陷突变体。软木脂的生物遗传学方法仅限于与软木脂相关的马铃薯、番茄以及香瓜中过氧化物酶的克隆和人为制造。

软木脂是一种在特殊组织调节下的次级代谢产物，是从软木树体胚胎培养中大规模增殖的完全未分化的组织。大规模的增殖是一个透明、充分分化的过程，通常发生在体细胞胚的胚轴中。软木树体细胞胚的形成在之前工作中的解剖及超微结构观测中得到详细的刻画。使用光学和荧光显微镜技术或通过电子显微镜可以观察到体细胞晶胚。由于高比例的死亡细胞和苯酚，从软木中提取 RNA 变得十分困难[29]。

（2）甘油-3-磷酸转酰酶可控制合成软木脂

软木脂和角质是富含脂肪和甘油的植物聚合物，扮演了隔绝病原体及控制水和物质交换功能的角色。尽管与小分子在细胞内的位置和组成不同，角质的表皮护膜和细胞壁上的软木脂沉淀有阻碍水、溶质和病原体进入的相似的基本功能。

甘油存在于脂肪族和芳香族软木脂范围，被酯化为角质和软木脂的单体。软木脂的脂肪族单体只形成线性聚酯，但甘油的存在可以形成网状的聚合物。并且，甘油的存在给转化、合成聚合物单体提供了另外的途径。

甘油作为一个重要的单体，豆荚中角质内包含的酰基辅酶 A 证明基于酰基辅酶 A 的甘油酰基转移酶可能作为涉及聚酯合成的一种酰基转移酶。在拟南芥中，至少 30 种这样潜在的酰基转移酶已经通过一系列相关的研究被确认，但只有很少一部分结构被确认，并应用于酰基转移反应。它们中每一个特定功能或许在解离复杂物和植物细胞的酰基链条作用中以及判断一些是否涉及合成反应和表皮脂质的运输中起作用。在动物细胞外脂质合成中酰基化转移反应已经被确认。

几种甘油-3-磷酸转酰酶变体的显性特性，如提高种皮的可渗透性，减少种子发芽，在盐性条件下不正常的根茎生长，表明甘油-3-磷酸转酰酶在种子和根茎的软木脂细胞壁中扮演着至关重要的角色，在正常种子和根茎功能中也需要这些构造。

在野生植物花根以及种子中检测到甘油-3-磷酸转酰酶的 mRNA 存在，但在茎和玫瑰叶中未发现。

在根中，β-葡糖醛酸酶基因染色也依生长的不同而变化。

在花中，β-葡糖醛酸酶基因的强染色出现在雄蕊中，但不在萼片、花瓣和心皮中。对 β-葡糖醛酸酶基因染色的显微检验表明 β-葡糖醛酸酶基因活动只在花药中被检测到。解剖花药表明 β-葡糖醛酸酶基因染色在生长的花粉中出现，成熟的花粉不显示染色。

如果甘油-3-磷酸转酰酶基因被打断，则脂肪族软木脂单体减少，说明甘油-3-磷酸转酰酶对软木脂合成有影响。

根据甘油-3-磷酸转酰酶的生化特征，甘油-3-磷酸转酰酶的分子功能可归纳如下：①氧化形成甘油脂肪酸脂；②形成的甘油脂将用作酰基的搬运者；③增加甘油酰基链聚酯网络。这些可作为合成软木脂的途径。

10.3　软木脂的结构

软木脂混杂在细胞壁内第二层脂肪区和芳香区的薄层组织上，在最近几十年建立了几个尝试描述软木脂高分子结构以及细胞壁组成成分的模型[2,4,28-30]，但是它们的层状空间构型及其和木质素这种其他细胞壁成分之间的相互影响仍需要仔细考虑。最近，Bernard[4] 提出了一个新的土豆细胞壁软木脂高分子的模型（图 10-1）。软木脂的脂肪族主要由包含不饱和羟基脂肪酸的高分子聚酯分支组成，跟角质很相似[12]。在软木脂分解中，甘油首先被检测到[1-3]，但只是构成该聚合物的很小一部分[5,31-35]。

软木脂由甘油酯和 ω-羟基脂肪酸组成（图 10-1）[36-38]，是一种在主要细胞壁[36-41] 上可分离出成肽或者成酯连接的类似于木质素（但难以区分）的环状不饱和羟基芳香酸的聚合物[10,39,41]。在聚糖和类似于木质素的聚合物或在聚糖和脂肪族软木脂之间的醚或酯也被发现了[36,38,41]。这些类似于木质素的软木脂碎片（至少就 Q 型软木塞细胞而言）被植入（不是空间分离）主细胞壁的木质素–碳水化合物模型[36-38]。

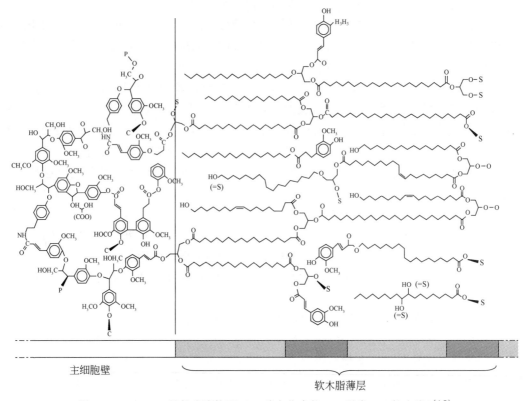

图 10-1　Bernards 的软木脂构型（C-碳水化合物，P-酚类，S-软木脂）[4-7]

软木脂细胞壁的层状结构也吸引了许多研究者的注意，根据以前的发现和现在的分子研究可知其层状结构（和小分子容易移动的不饱和芳香物及小分子酯化相似）和富含香豆醛及甘油（也可能是蜡）按一定序列交替堆积，具有更高的分子流动性。在软木塞细胞中，其芳香族软木脂细胞的层状结构中存在着芳香族软木脂碎片结晶[36-38]。

10.4　软木脂的物理性质

关于软木脂组成的相关讨论吸引了研究人员的注意。通过碱性甲醇从软木中提取到不透明膏体状的物质研究表明：在以水解、酯交换反应为主的条件下，软木脂在碱性水解和大多数羧酸的作用下，可转换成相应的甲酯[42,43]。

在 25℃时，固体软木脂的表面性能在 $42mJ/m^2$ 左右，其中极性部分约为 $4\ mJ/m^2$。由于具有和软木脂单体相同链长排列的混合烷烃的表面能接近 $28mJ/m^2$，因此软木脂组分中的一些极性团体应该聚集在软木脂单体的表面；而有些键的相互作用主要是通过氢键导致结合能的增加。软木脂单体是一种表面性质类似于软木的非极性材料，其表面能在 30 ~ $40mJ/m^{2}$[44]。

图 10-2 反映了软木脂单体的热力学行为，可以发现其玻璃化转变温度在 50℃左右，在 30℃时会结晶，熔融温度在 40℃左右[45]。

软木脂的组成更易于结晶。在降温过程中，软木脂液体混合物慢慢冷却下来，形成微晶。软木脂单体是白色膏状，其黏稠的液体载有相当比例的微晶。

软木脂的密度异常高。例如，其在室温下是 1.08，并且直到 55℃仍保持这样的密度[45]。

软木脂在氮气环境中，即使温度达到 280℃仍能保持良好的热稳定性[45]。当温度达到 470℃左右时，有 80%的软木脂挥发。

软木脂在室温下的流变性质如图 10-3 所示[45,46]。由于软木脂在室温下通过分子间氢键的结合存在并有一个液体/晶体界面，所以温度的增加将导致其屈服应力大大下降，当温度为 50℃时，所有的微晶体融化，此时屈服应力变为零。此时液态的软木脂呈现出牛顿力学行为（图 10-4）。

软木脂的黏度随温度增加而下降，如图 10-5 所示。20~65℃，其黏度从 14000 变化到 0.18Pa·s[46]，展现出一些明显的特征：在温度低于 37℃时，其微晶相的存在诱导了一个高速流动活化能（活化能量值为 88 kJ/mol）；而在 55℃以上时，样品呈现均匀的液态[46]。

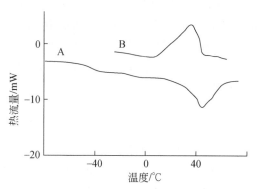

图 10-2　软木脂的热力学行为，
A 升温，B 降温[18]

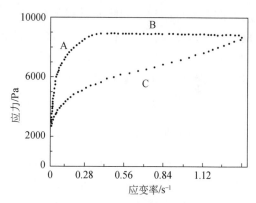

图 10-3　20℃时软木脂的流变行为
A-压力增大；B-压力保持不变；C-压力减小[46]

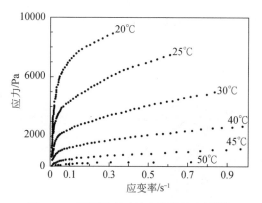

图 10-4　不同温度下软木脂的流变图[18]

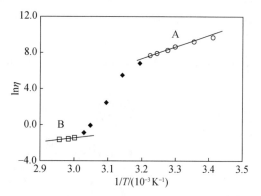

图 10-5　软木脂的黏度与温度之间的关系[18]

10.5　软木脂的化学性质

通过对软木脂天然结构的化学裂解来分析其单体的组成是了解这种天然材料化学性质和组成的一种方法。软木脂基本上是一个不溶性的聚酯三维网络，所以其降解主要是简单的酯裂解反应（即水解）、转脂反应或还原裂解反应。

甲醇钠是最常被用到的试剂，其次是氧化钙的甲醇溶液。

10.6　基于软木脂的先进材料

10.6.1　功能添加剂

按上面所描述的软木脂小晶体的功能我们检验它是否能作为取代其他如 PTFE 小基体之类的抵消打印油墨的蜡质材料的添加剂[46]。在这项研究中，利用到两种油墨，一种是商业用的植物油，另一种是基于石油冲淡的油墨，两者都加入 2%~10% 的软木脂。这些构想的特性包括黏性以及打印的测试确定。无水油墨中软木脂只靠时间确定黏度值和减少微量的黏性以及不可见的表面特性的改变来影响它的一些性质。这说明稀释过的烃扮演了很好的软木脂溶剂的角色，因此，不会移动到打印底片的表面。

10.6.2　丙氧基化高分子

尽管严格地说，丙氧基化高分子和软木脂无关，但因为反应假设对软木脂混合物一视同仁，所以与其用一种天然培养基，我们认为了解它是适当的。事实上，大自然的丙氧基化作用聚合物已成功地应用于一系列羟基轴承天然聚合物，如纤维素、淀粉、壳聚糖、木质素和其他更复杂的自然副产物，如甜菜浆[47]。在所有的例子中，亲核催化剂是用来分开羟基底，开始氧化丙基的阴离子催化聚合作用，因此在高分子反应时嫁接氧化丙基。这个反应把粉末状的天然聚合物转换成拥有尽量多羟基的黏状聚合物，它只是一个链条的延伸过程。这个分支的机制经常伴随少量单质醇聚合物的产生。图 10-6 是该反应的一个略图，需要至少 150℃ 的温度和 12~15 bar 的压力。

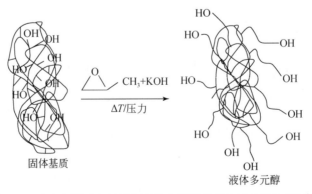

图 10-6　由氢氧根参与的丙氧基化作用制备高分子材料的略图[18]

　　木塞粉在这些条件下被丙氧基化作用，随后的多羟基化合物在结构、聚合条件、溶解度、碱性条件、黏度等方面存在特性[47]。在和对应的商业大量生产的氨基钾酸酯聚合物的比较中后两者是决定因素。因此[48]一个研究是通过大量的二异氰酸酯聚树脂和随后的聚氨酯在结构和性质上控制从丙氧基化作用获得的多元醇混合物的反应。

　　这些研究就是探索新资源的例子。在目前，木塞粉末是木塞工艺中一种便宜的副产物，与其将其燃烧，不如把它作为一种新的材料制备高分子聚合物，以为氨基酸酯聚合物作准备。此方法也同样适用于其他软木脂丰富树的树皮，如白桦，在制浆造纸工业中作为副作用的产品，被大量分离。

10.6.3　单体化

　　大多数软木脂的组成如下：27%～74% 来自栓皮栎[30,33,42]，大约 60% 来自马铃薯[33,35]。

　　软木脂中脂肪醇的含量介于 0.4%～8.3%，这部分脂肪醇主要由饱和的碳链构成，从 C16 到 C26，主要是 C20、C22、C24，其次是 C26，它们是最常被发现的组成。而奇数碳链及不饱和碳链则很少被找到[49]。

　　软木脂单体 1%～15% 的代表结构是链烷酸。它们主要由饱和碳链的同系物构成，最常见的是 C16～C26 化合物。有资料表明饱和 C12 以及 C20～C30 的单体，一些不饱和 C18 结构也被发现了。最丰富的饱和链烷酸是 C22～C24 的同系物，其次是 C16 和 C20。C18 链烷酸的中羟基链及环氧衍生物偶尔会被大量发现，但是没有发现 C16 及 C20 的二羟基衍生物。

　　软木脂单体的 C16～C26 碳链经常被发现（其中又以 C（22:0）和 C（18:1）为主）。C18 的 ω-羟基酸的中链羟基衍生物与环氧衍生物也被大量发现，有时会伴随环氧基开环所产生的中链羟基甲氧基衍生物的发现。最后，饱和奇数碳链组成的 C21 与 C23，连同 C28 化合物均很少被发现。

　　α、ω 链烷酸占软木脂单体的比例通常仅次于 ω 含氧酸，占软木脂单体总数的6.1%～45.5%。它们主要由 C16～C24（很少有 C26 的报道）的碳链组成。同样，不饱和的 C18 同系物也是常见的[50]。

　　大多数软木脂单体是羧基酸（56.5%～94%），而他们中的大多数至少有一个脂肪羟基官能团（13.6%～69.8%）。总体而言，C18 化合物占主要的部分，其次是 C22 同系物。而在 C18 化合物中，最普遍的就是中链不饱和或羟基衍生物，在某些情况下也可能是中链环氧化合物或相应的软木脂的芳香族区部分，阿魏酸是最常被检测到的化合物，除此之外的其他结构，如香豆酸、咖啡酸、芥子酸、4-羟基酸、3，4-二羟基苯甲酸、4-羟基-3-甲氧基酸也经常被报道。此外芳香醇，如香豆酰醇、松柏醇、芥子醇作为软木脂的片段而被发现[26,30-35,42]。

　　甘油已被承认是软木脂的一部分[26]，一些研究者报道说[35]，甘油占马铃薯表皮软木脂的 20%[33]，花旗松树皮软木脂的 26%[33]。

　　甲醇在氧化钙催化下的分解作用证实了软木脂中甘油的存在[31-35]。在这种温和的条件下，由软木脂网络部分分解而产生的酰基甘油衍生物及阿魏酸衍生物被确定了[4]。从而确定了甘油及阿魏酸在软木脂结构中的重要性：它们是组成软木脂的重要基石。但是根据最近公布的软木脂模型来看[33,35]，上面所提到的甘油含量的数据似乎过高了[4]。

在温和条件下获得的栓皮栎软木脂的解聚物的混合物中出现了高分子量部分[31-35]。但是，即使是在解聚条件更加剧烈的情况下[30,42]，高分子量的部分也占了比较大的比例。在这种情况下，由不完全解聚作用或者浓缩反应所产生的 ω 羟基酸来构成高分子量的部分是最不可能的[42]。因此可以推测，软木脂中的高分子量部分实际上是由软木脂的类似结构组成的。软木脂是一个不可水解的脂肪族大分子，经常在一些被子植物的表皮中被发现，其惰性证明其对土壤和森林化石样本的检测。从软木脂中提取的这些特殊组分，也许对于解释上面所提到的软木脂样本用 GC-CM 分析法所存在的低检出率部分会有所帮助[30,42]。

10.6.4　聚合物单体

基于软木脂的高分子材料已经产生，有报道[51]如聚氨酯。

基于软木脂制备聚氨酯过程，脂肪族和芳香族二异氰酸酯的最初摩尔比为一个单位时，30% 的聚合物变为可溶性材料，其余是一个交联产物[51]。

最近报道其合成的一种类似角质的聚酯，它是一个天然高分子，结构类似于脂肪族软木脂[52]。

10.7　软木脂的功能

10.7.1　栓化及在栓化后细胞中的作业

软木脂的主要功能之一是屏蔽扩散，该功能可在植物的愈伤组织中得到最好的解释。切割后 7 天内，软木脂在马铃薯块茎花盘的愈伤组织最外面的 1~2 层发生细胞沉积。放射性物质的嵌合和解聚产物的化学分析以及最近对其的 NMR 分析表明，软木脂高分子的脂肪族和芳香族成分在愈伤组织中的沉积时间曲线与可溶性蜡十分接近[53,54]。随着栓化的进行，组织的抗扩散性增强，到第 7 天时创伤已经愈合。芳香族高分子沉积在疏水的细胞壁上，促进了亲水性的脂肪族高分子和可溶性蜡的沉积，致使水分不能扩散通过细胞壁，并且也可抵御致病菌的入侵。三氯乙酸可抑制脂肪酸链增长，可溶性蜡在扩散中的主要作用是通过三氯乙酸抑制蜡生物合成的选择性。蜡不是软木脂聚酯区的主要成分，所以它不影响高分子的合成。不过在缺少蜡时，高分子的片层结构会遭到破坏。蜡具有对水分扩散屏障的作用，这在成熟垂枝桦的树皮的水分吸收实验中得到了证实[55-58]。

软木脂在植物中有广泛的分布，这表明细胞壁的栓化[59]是一种普遍机制，其原因是细胞壁在防扩散方面有重要的作用。对屏障内部的很多研究是以显微观察或植物化学检测为依据的，正因如此，我们对屏障的本质还不清楚。在对许多样品的高分子成分和可溶性蜡以及相关屏障层的超级结构和化学研究中，我们得到了很多栓化细胞壁的强有力的证据，这使我们对它的认识进一步加深。植物发育中的正常部分也可能需要扩散屏障[60]。在根中，包括周皮、下皮，栓化为发挥正常根部功能提供了所需的屏障。种子在停止生长后，将储存的物质输入种子的维管组织的吸附位点一定是封闭的，吸附位点的封闭可通过在合点区细胞细胞壁的栓化完成[61]。在谷物中，色素带可能也发挥相同的作用。在大麦的合点区细胞壁中发现了软木脂，参与栓化的过氧化物水平变化可在谷物灌浆期检测到。由于与软木脂相关的可溶性蜡构成了主要扩散屏障，所以在叶子保持光合作用能力的后期，通过抑制蜡的沉积或许可延长谷物的灌浆期，从而提高谷物的产量。事实上，在同样的条件下经三氯乙酸处理的土壤小麦产量增加15%。维管束鞘的栓化被认为有助于划分叶肉细胞或叶的其他部分的光合过程。异细胞和分泌腺体基底的栓化可阻止潜在的毒性物质进入细胞质[62,63]。

环境胁迫下植物通过细胞壁的栓化建立扩散屏障。创伤的愈合包括栓化，已经证实愈伤期软木脂在下层器官上沉积。树木通过一系列的屏障区对创伤产生反应，其中有些屏障区被栓化[64]。化学与超级结构研究显示，屏障区是创伤反应的产物。香脂冷杉和加拿大铁杉根的创伤导致了具有栓化细胞壁周皮的形成，愈伤过程的栓化作用并不局限于正常的栓化器官[65]。事实上，正常覆盖角质的果实和叶子也会因创伤发生栓化。这些结果与针对创伤和其他胁迫反应发生栓化作用的结论一致，而角质合成是终端分化表皮细胞的特殊功能。

栓化可由胁迫（如矿物质缺乏）所影响。化学和超级结构检测表明，镁离子的缺乏可引起玉米根的下皮和内皮发生严重的栓化。与之相对，在菜豆中铁离子缺乏可严格抑制栓化过程。物理胁迫也会引起栓化过程中的变化，如阻碍根的生长的物理因素可增加根内皮的栓化[63-68]。通过对葡萄栓皮栓化的研究证明了植物也通过栓化作用寻求对冰冻损害的保护。在低温下，黑麦的生长会诱导脂肪族成分沉积于周皮和束内疏导组织片。软木脂对葡萄树芽的覆盖也被认为是保护过冷芽，使其免于在环境内形成冰核[69-71]。

生物胁迫也可诱导栓化。很多报道表明真菌和病毒的攻击可引发软木脂在细胞壁内的沉积，以此将侵染限制在一定的区域内。显微观察和植物化学检测不能识别由真菌侵染形成的屏障层本质，所以该层被认为由木质素、软木脂、木质素-软木脂类似物组成。然而，对解聚产物化学分析后发现了栓化作用[72]。对黑白轮枝孢感染的研究表明，被沉积的维管罩中包含软木脂的特定单体。由真菌诱导的栓化程度反映了植物耐受攻击的程度，脂肪族软木脂成分在番茄的抗性株沉积的量要比易感株高很多倍也说明了这个问题。很多报道指出创伤出良好的栓化对真菌的入侵有明显的抵抗力，这可能是物理和化学屏障形成的结果。很多报道显示，具有衰老的严重栓化周皮的植物器官可耐受致病菌的侵染，而幼嫩器官上没有上述保护层而极易受到致病菌攻击。很多情况说明，酚成分在抗细菌过程中发挥了重要的作用，而脂肪族高分子对于抗真菌侵染是必需的[73]。

10.7.2　在植物吸附中的作用

软木脂角质，是指主要由长链羟基脂肪酸基构成的聚酯大分子，在碱性条件下可解聚成相关成分，在有机溶剂中提取后可发挥关键作用。亲和的植物角质层与疏水性有机物的作用也值得进一步调查。一般认为化合物通过植物外表面传输的主要限制因素是吸收有机污染物，从而影响食品安全[74]。维管植物（如水果和叶）所涵盖角质层主要在表面，作为疏水表面的薄膜，主要用来控制水土流失和气体交换。然而，当枝干损坏，角质层再生，却没有一个能完全取代的新的结构，这与普遍存在的地下结构（如块茎和根）的主要成分的植物角质层非常相似，包括提取可溶性脂（蜡）、不溶于油脂的聚合物、生物聚合物以及多糖[75,76]。

最初作为防止农用化学品和有机物扩散的角质层/表皮在各个研究领域得到越来越多的关注。植物角质层的研究报道显示其是高效率的天然吸附剂，似乎是一个很好的有机物存储处[75]。研究表明，多环芳烃的叶片角质层的总浓度明显高于叶内组织。最近，有人建议，角质脂质分数可以准确地预测植物中积累的有机物，角质和胶膜显著的吸附能力是由于其疏水性质和浓缩的玻璃样结构[76]。由于角质和胶膜作为介质时比蜡具有更强的吸附性，所以很难准确预测植物中积累的有机物，只能由可溶性脂（即蜡）来解决。因此，还要做更多的工作，以准确理解蜡、角质、胶膜和多糖的亲和力和对不同植物表面的作用。以前的报道都集中在植物角质层（地上部分）的吸附性能上，特别是在角质和胶膜生物聚合物上，但对地下部分吸附特性知之甚少。不同的植物表皮来自不同的物种，有不同的吸附性能和结构特点[77]。目前研究的主要目标是阐明它们间的关系。为此，在我们日常生活中经常消费的葡萄、番茄、苹果果实以及马铃薯块茎等，被选定为研究对象。山梨酸是一种常见的储存植物角质层的有机物，它已经被广泛应用于吸附实验[75]。

10.7.3　在植物营养吸收中的作用

软木脂是一种植物细胞间的蜡状物质，用来防止水穿越组织。科学家发现变异的拟南芥品种可以产生两倍的软木脂，因此他们相信调控这种物质可以使植物更好地吸收养分。

有人发现[76]基于软木脂浓度的特定养分进入植物根部的途径，通过调节软木脂在根部的量，植物可以更容易地吸收有益营养物质。拥有更多软木脂的植物叶中钙、锰和锌的含量更少，钠、硫和硒的含量更高。和动物一样，植物也有选择性摄入的物质，它们需要一定量的钾或氮[76]。

科学家还发现[76]这种含两倍蜡状物质的植物可以启动防萎蔫机制。因为软木脂可以限制水分吸收，减少植物蒸腾作用或叶子的蒸发作用。控制软木脂可能有助于开发水利用率高的植物。

10.8　基于软木脂的先进材料

10.8.1　在化妆品中的应用

化妆品的主要原料通常分为通用基质原料和天然添加剂。化妆品通用基质原料包括：油性原料、表面活性剂、保湿剂、黏结剂、防腐剂、抗氧化剂、香料、紫外线吸收剂、用于染黑发的染料中间体、烫发原料、抑汗剂、祛臭剂、防皮肤干裂的原料、防粉刺原料等。常见的天然添加剂有水解明胶、透明质酸、超氧化歧化酶（SOD）、蜂王浆、丝素、水貂油、珍珠、芦荟、麦饭石、有机锗、花粉、褐藻酸、沙棘、中草药等。软木脂在此类原料中的应用还未被人们所重视。

经过萃取的软木脂可作为去皱霜的有效成分。从软木中抽取的软木脂，由酚基和脂肪基交链聚合而成，干燥后膜具有很好的光滑性和收紧效果，可显著改善触摸感和皱纹表现；推荐用量为1%~5%。可瞬间去皱眼霜，紧致眼霜[77]。在目前人们对于天然无毒的化妆品的追求现状下，软木脂作为一种重要化妆品添加剂正被越来越多的人认可。

10.8.2　在食品中的应用

膳食纤维是指能抵抗人体小肠消化吸收且在人体大肠能部分或全部发酵的可食用的植物性成分、碳水化合物及其相类似物质的总和，包括多糖、寡糖、木质素以及相关的植物物质。膳食纤维具有润肠通便、调节控制血糖浓度、降血脂等一种或多种生理功能。膳食纤维是一种可以食用的植物性成分，而非动物成分。其主要包括纤维素、半纤维素、果胶及亲水胶体物质，如树胶、黄原胶、海藻多糖等组分；另外还包括植物细胞壁中所含有的木质素及不被人体消化酶所分解的物质，如抗性淀粉、抗性糊精、低聚异麦芽糖、低聚果糖、改性纤维素、黏质以及少量相关成分，如蜡质、角质、软木脂等。其中瓜尔豆胶、低聚异麦芽糖、低聚果糖、抗性糊精、改性纤维素、黄原胶等属于水溶性膳食纤维，该类膳食纤维功能突出、性能优越、成分明确、纯度高，是膳食类纤维产品中最受欢迎和应用最为广泛的品种[31]。

软木脂作为单独或主要成分的膳食纤维尚不存在，主要是作为其中的小部分添加剂，相信在不久的将来，软木脂在膳食中定能发挥更大的作用[78]。

随着饮食纤维成分作为预防癌症的成分的潜在作用的深入认识，栓化的细胞壁被看作是疏水致癌物质的有效吸收物[79,80]。

10.8.3　在防腐中的应用

软木脂中的酚类成分可防止病菌进入，而脂肪成分则防止水分流失，在植物中有延缓植物腐败的作用。软木脂目前也应用在化妆品中作为一种延缓皮肤衰老的物质。在食品添加剂中也会适量地加入一些软木脂，因其是天然的添加剂，环保，对身体无害，而且效果很明显[81-83]。

10.9　小　结

本章对软木脂的一些功能以及应用进行了说明，它作为一种廉价的可再生资源，具有不可估量的潜在价值，是一种宝贵的大分子材料。

软木脂在化学化工、医药乃至军事等许多方面的应用尚未被发现，在农业、建筑业、食品、化妆品等方面的功用可以进一步地深入。

总之，充分利用好软木脂这一天然高分子材料，会感受到它给人类带来的巨大变化。

参 考 文 献

[1] Kolattukudy P E. In: Babel W, Steinbuchel A. Advances in biochemical engineering and biotechnology, biopolyesters, Vol. 71. Berlin, Heidelberg: Springer, 2001.

[2] Kolattukudy P E, Espelie K E. In: Rowe J. Natural products of woody plants, chemical extraneous to the lignocellulosic cell wall. Berlin, Heidelberg: Springer, 1989.

[3]　Kolattukudy P E. Science, 1980, 208: 990-1000.

[4]　Bernards M A. Can J Bot, 2002, 80: 227-240.

[5]　Bernards M A. Phytochemistry, 1998, 47: 915-933.

[6]　Bernards M A, Razem F A. Phytochemistry, 2001, 57: 1115-1122.

[7]　Bernards M A, Lopez M L, Zajicek J, et al. J Biol Chem, 1995, 270: 7382-7386.

[8]　Lapierre C, Pollet B, Negrel J. Phytochemistry, 1996, 42: 949-953.

[9]　Borg-Olivier O, Monties B. Phytochemistry, 1993, 32: 601-606.

[10]　Pascoal Neto C, Cordeiro N, Seca A, et al. Holzforschung, 1996, 50: 563-568.

[11]　Lopes M, Pascoal Neto C, Evtuguin D, et al. Holzforschung, 1998, 52: 146-148.

[12]　Heredia A. Biochim Biophys Acta, 2003, 1620: 1-7.

[13]　Christie WW. The lipid library. http: //www. lipidlibrary. co. uk/S（browsed January 2006）.

[14]　Kamm B, Gruber P R, Kamm M. Biorefineries-industrial processes and products. New York: Wiley, 2006.

[15]　Hemingway R W. In: Goldstein I S. Organic chemicals from biomass. State of Florlda: CRC Press, 1981.

[16]　Krasutsky P A, Carlson R M, Kolomitsyn I V. US Patent 6 768 016, 2004.

[17]　Ekman R. Holzforschung, 1983, 37: 205-211.

[18]　Gandini A, Neto C P, Armando J D. Prog Polym Sci, 2006, 31: 878-892.

[19]　Silva S P, Sabino M A, Fernandes E M, et al. Int Mater, 2005, 50（6）: 1-21.

[20]　Cork Masters. /www. corkmasters. comS（browsed January 2006）.

[21]　Gil L. Cortic-a Produc-ao, tecnologia e a aplicac-ao. Lisboa. INETI, 1998.

[22]　Schreiber L, Franke R, Hartmann K D, et al. J Exp Bot, 2005, 56: 1427-1436.

[23]　Zeier J, Ruel K, Ryser U, et al. Planta, 1999, 209（1）: 1-12.

[24]　Schreiber L, Franke R, Hartmann K. Plant Soil, 2005, 269: 333-339.

[25]　Ghanati F, Morita A, Yokota H. Soil Sci Plant Nutr, 2002, 48: 357-364.

[26]　Ghanati F, Morita A, Yokota H. Plant Sci, 2005, 168: 397-405.

[27]　Schmutz A, Jenny T, Amrhein N, et al. Planta, 1993, 189: 453-460.

[28]　Holloway P J. Phytochemistry, 1983, 22: 495-502.

[29]　Soler M, Serra O, Molinas M, et al. Plant Physiology, 2007, 144: 419-431.

[30]　Beisson F, Li Y, Bonaventure G, et al. The Plant Cell, 2007, 19: 351-368.

[31]　Grac-a J, Pereira H. Holzforschung, 1997, 51: 225-234.

[32]　Grac-a J, Pereira H. Holzforschung, 1999, 53: 397-402.

[33]　Grac-a J, Pereira H. Phytochem Anal, 2000, 11: 45-51.

[34]　Grac-a J, Pereira H. Biomacromol, 2000, 1: 519-522.

[35]　Grac-a J, Pereira H. J Agric Food Chem, 2002, 48: 5476-5483.

[36]　Sitte P. Protoplasma, 1962, 54: 555-559.

[37]　Gil A M, Lopes M, Rocha J, et al. Int J Biol Macromol, 1997, 20: 293-605.

[38]　Lopes M H, Gil A M, Silvestre A J, et al. J Agric Food Chem, 2000, 48: 383-391.

[39]　Stark R E, Garbow J R. Macromolecules, 1992, 25: 149-154.

[40]　Garbow J R, Ferrantello L M, Stark R E. Plant Physiol, 1989, 90: 783-787.

[41]　Yan B, Stark R E. J Agric Food Chem, 2000, 48: 3298-3304.

[42]　Cordeiro N, Belgacem M N, Silvestre A J D, et al. Int J Biol Macromol, 1998, 22: 71-80.

[43]　Cordeiro N, Aurenty P, Belgacem M N, et al. J Colloid Interface Sci, 1997, 187: 498-508.

[44]　Cordeiro N, Pascoal neto c, Gandini A, et al. J Colloid Interface Sci, 1995, 174: 246-249.

[45] Cordeiro N, Belgacem M N, Gandini A, et al. Biores Technol, 1998, 63: 153-158.

[46] Cordeiro N, Blayo A, Belgacem M N, et al. Ind Crops Prod, 2000, 11: 71-73.

[47] Evtiouguina M, Barros-Timmons A, Cruz-Pinto J J, et al. Biomacromolecules, 2002, 3: 57-62.

[48] Evtiouguina M, Gandini A, Pascoal Neto C, et al. Polym Int, 2001, 50: 1150-1155.

[49] Liang M, Haroldsen V, Cai X, et al. Plant Cell Environ, 2006, 29: 746-753.

[50] Local S, Nearly J, Javelin F. Phytochemistry, 1994, 35: 1419-1424.

[51] Lopes M, Barrow A, Veto C, et al. Biopolymers, 2001, 62: 268-277.

[52] Lucena M, Romero-Aranda R, Mercado J, et al. Physiol Plant, 2003, 118: 422-429.

[53] Lulai E, Suttle J. Postharvest Biol Technol, 2004, 34: 105-112.

[54] Mandel M A, Yanofsky M F. Nature, 1995, 377: 522-524.

[55] Marques A V, Pereira H, Meier D, et al. Holzforschung, 1999, 53: 167-174.

[56] Martin W, Nock S, Meyer-Gauen G, et al. Plant Mol Biol, 1993, 22: 555-556.

[57] Matsubayashi Y, OgawaM, Morita A, et al. Science, 2002, 296: 1470-1472.

[58] Millar A, Clemens S, Zachgo S, et al. Plant Cell, 1999, 11: 825-838.

[59] Moire L, Schmutz A, Buchala A, et al. Plant Physiol, 1999, 119: 1137-1146.

[60] Moller S, Kunkel T, Chua N, Genes Dev, 2001, 15: 90-103.

[61] Moreau C, Aksenov N, Lorenzo M G, et al. Genome Biol, 2005, 6: R34.

[62] Muller D, Schmitz G, Theres K. Plant Cell, 2006, 18: 586-597.

[63] Murashige T, Skoog F. Physiol Plant, 1962, 15: 473-497.

[64] Narusaka Y, Narusaka M, Seki M, et al. Plant Mol Biol, 2004, 55: 327-342.

[65] Nawrath C. In: Somerville C R, Meyerowitz E M. The Arabidopsis Book. Rockville: American Society of Plant Biologists, 2002.

[66] Negrel J, Pollet B, Lapierre C. Phytochemistry, 1996, 43: 1195-1199.

[67] Otsu C, daSilva I, de Molfetta J, et al. J Exp Bot, 2004, 55: 1643-1654.

[68] Pereira H, Wood Sci Technol, 1988, 22: 211-218.

[69] Ranjan P, Kao Y Y, Jiang H, et al. Planta, 2004, 219: 694-704.

[70] Ranocha P, Chabannes M, Chamayou S, et al. Plant Physiol, 2002, 129: 145-155.

[71] Ra F, Bernards M. J Exp Bot, 2003, 54: 935-941.

[72] Rea G, de Pinto M C, Tavazza R, et al. Plant Physiol, 2004, 134: 1414-1426.

[73] Roberts E, Kolattukudy P. Mol Gen Genet, 1989, 217: 223-232.

[74] Rozen S, Skaletsky H. Methods Mol Biol, 2000, 132: 365-386.

[75] Sabba R, Lulai E. Ann Bot, 2002, 90: 1-10.

[76] Sanchez-Fernandez R, Davies T G, Coleman J O, et al. J Biol Chem, 2001, 276: 30231-30244.

[77] Schenk R U, Hildebrant A C. Can J Bot, 1972, 50: 199-204.

[78] Lahner B, Gong J M, Mahmoudian M, et al. Nature Biotechnol, 2003, 21: 1215-1221.

[79] Varea S, Garcia-Vallejo M, Cadahia E, et al. Eur Food Res Technol, 2001, 213: 56-61.

[80] Wellesen K, Durst F, Pinot F, et al. Proc Natl Acad Sci USA, 2001, 98: 9694-9699.

[81] 吕铁信, 王文亮, 孙宏春, 等. 国家食物与营养咨询委员会, 2008.

[82] Yang Q, Reinhard K, Schiltz E, et al. Plant Mol Biol, 1997, 35: 777-789.

[83] Yephremov A, Schreiber L. Plant Biosyst, 2005, 139: 74-79.

第 11 章　基于环糊精的先进材料

11.1　引　言

环糊精是由 α-D-吡喃葡萄糖通过 α-1，4 糖苷键连接成的环状低聚糖[1,2]。图 11-1 为最常见的 3 种天然环糊精，分别含有 6、7、8 个葡萄糖单元并命名为 α-，β- 和 γ- 环糊精（α-CD，β-CD 和 γ-CD）。受空间位阻的影响，没有少于 6 个葡萄糖单元的天然环糊精。单元数多于 8 的环糊精也有报道，但并不常用[1,2]。由于连接葡萄糖单元的化学键不能旋转，环糊精并非圆柱型，而是削去顶端的圆锥形结构，伯醇羟基位于直径较小的面上，仲

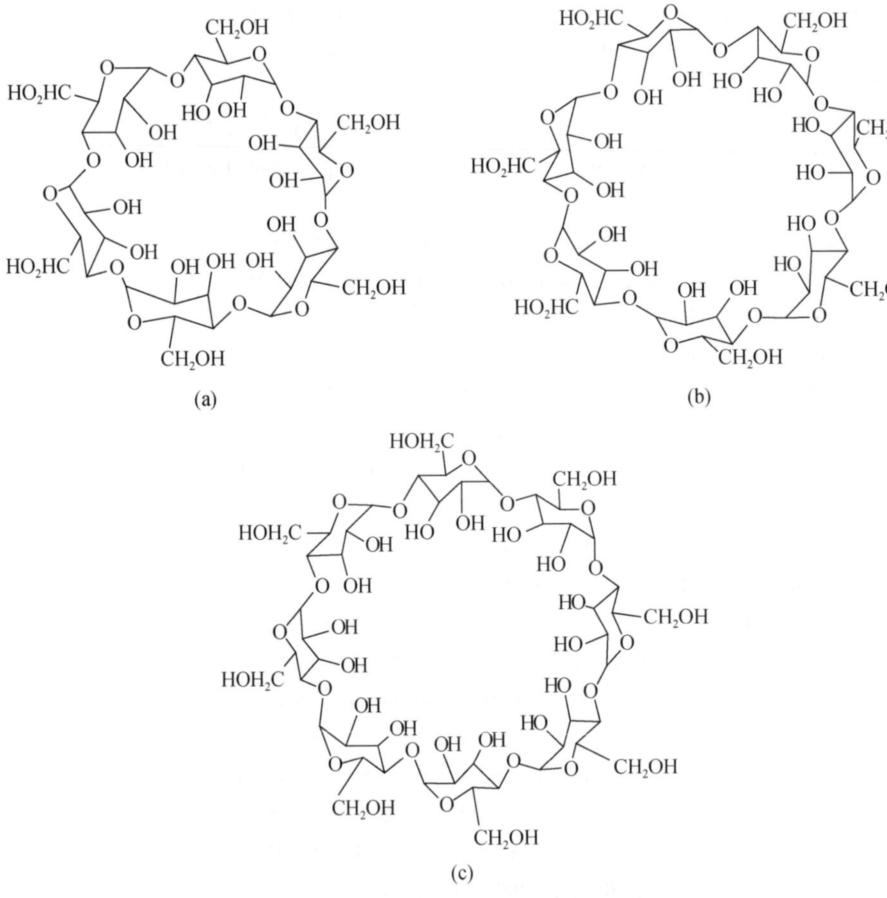

(a)

(b)

(c)

图 11-1　3 种常见的天然环糊精的结构图
（a）α-环糊精；（b）β-环糊精；（c）γ-环糊精[1]

羟基位于直径较大的面上（图 11-2）。环糊精羟基均位于其外表面上，因此环内部为憎水性空穴，外部为亲水性空穴[3,4]。图 11-2 给出了 3 种环糊精结构的尺寸参数。环糊精的空穴结构是其与药物形成复合物的基础。环糊精憎水性空穴具有极性[1,3]。根据溶剂效应，研究表明其极性和酒精水溶液的极性相近[3]。环糊精的构象在化学键允许的范围内具有一定的柔韧性，使其能够适应不同客体分子的空间和电子云形成包合物。在溶液状态下这种柔韧性更加显著，尤其是 α- 和 β- 两种环糊精。γ- 环糊精结构相对更加对称，反而使其柔韧性下降[1]。

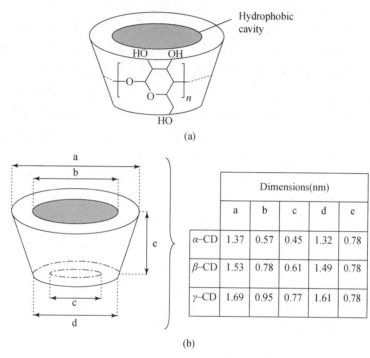

图 11-2　环糊精的圆锥状分子结构（a）和主要尺寸参数（b）[4]

从近两年的文献报道来看，国内外的研究者们充分利用环糊精独特的结构和化学性质，极大地丰富了材料的种类，提出了许多新的思路和观点，巧妙利用了环糊精的包合能力。

11.2　基于环糊精的纳米粒子

纳米粒子作为药物传递载体具有稳定性好、表面积大的优点，可以提高药物的生物利用度，降低药物的免疫原性，改善药物代谢，降低药毒性并提高药物在体内的半衰期。较复杂的纳米粒子体系还可以增强给药的靶向性，或者作为基因药物载体[5-7]。在水溶液中，人们发现环糊精可以自发凝聚成纳米级的颗粒[7]，而以环糊精为基础的纳米粒子体系也受到很多关注。环糊精可以提高纳米粒子的载药效率并促进纳米粒子的自发形成[6,8]。已总结多种含有环糊精纳米粒子的制备方法[8]。

11.2.1 具有核壳结构的环糊精纳米粒子

具有核壳结构的纳米粒子是非常有前景的一种载药体系，壳结构能够有效保护核结构不与体内所含生物活性物质反应，增加其在体内的作用时间，同时壳结构对核所含药物的释放以及粒子的靶向性都有影响。El-Fagui 等[9]第一次制备了通过吸附方法得到的以 β-CD 为壳结构的纳米粒子。他们先用纳米沉降的方法得到 PLA 粒子作核，然后将 PLA 粒子浸泡在亲水的 β-CD 高分子溶液中，β-CD 高分子能够吸附到 PLA 粒子上形成壳结构。实验结果表明 PLA 上 β-CD 高分子单分子层的吸附量为 $2 \sim 4\mathrm{mg/m}^2$，这样 β-CD 高分子的质量分数可以达到整个纳米粒子的 10%~20%。研究者称 PLA 能够得到壳层的保护，β-CD 的存在也可以改善药物的释放，相关的载药研究正在进行中。Zhao 等[10]也制备一种核壳结构的纳米粒子用来传递 siRNA。他们将氨基酸和 β-CD 结合后在量子点（quantum dots，QDs）外形成壳层，量子点相当于标示 RNA 路径的光标。实验结果证明加入 β-CD 后 QDs 的生物相容性大大提高，同时在高浓度下细胞毒性并不显著。经过 β-CD 改性的 QDs 对 RNA 有抑制作用，有助于将基因成功传入靶细胞（实验中为 HPV18 E6 基因，靶细胞为海拉细胞），同时 QDs 能够标示出 siRNA 在活细胞内的传递。

另一种具有核壳结构的功能性纳米粒子是磁性纳米粒子（MNPs），在磁场作用下这种纳米粒子能有效接近细胞、病毒、蛋白质甚至基因[11]。Omer 等[11]制备了 β-CD 为壳层的热敏 MNPs，首先将 Fe_3O_4 的核用油酸和马来酸取代的 β-CD 包覆，随后加入丙烯酰胺聚合形成最终的壳层 [图 11-3 (a)]。由于 β-CD 的存在，MNPs 壳层的合成过程可以在水中进行，而不需使用有机溶剂，因此免去了后续的脱溶剂过程，减小了对人体的毒性 [图 11-3 (b)]。Zhu 等[12]对 Fe_3O_4 磁性粒子用 β-CD 进行了表面改性，也制备了核壳结构的纳米粒子。实验结果证明合成的纳米粒子具有良好的磁性并且通过 CD 的包合作用可以对尿酸分子进行识别。因此 β-CD 包覆的磁性粒子可以作为有效的药物载体和生物传感器。NMPs

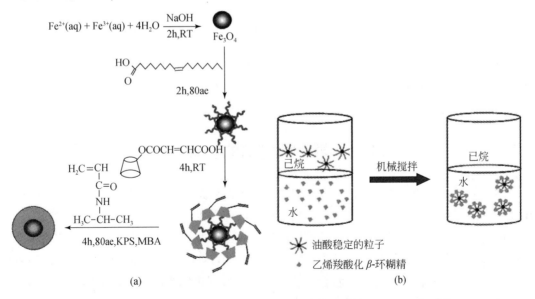

图 11-3　磁性核壳结构纳米粒子的制备路线（a）与过程（b）示意图[11]

在吸附有机污染物方面也有突出表现。Fuhrer[13]等用 β-CD 修饰了具有碳沉积层的钴纳米粒子，使其可以在溶液中吸附有机污染物，然后通过磁场将污染物分离实现水的净化。这种粒子同时具有高的脱离和再生功能，吸附的污染物可以快速通过微生物途径被其他物质取代，并再次使用。

关于空穴尺寸原因，科学家认为只有 γ-CD 可以与 C_{60} 复合而 β-CD 不能。最近 Iohara 等[14]用羟丙基 β-CD 与 C_{60} 结合制备出纳米粒子，亲水的 β-CD 形成壳层将 C_{60} 包覆在内部。研究者同时也用 γ-CD 制备了同样结构的纳米粒子作为比较。结果显示两种 CD 形成的纳米粒子均在 100nm 以下，而 β-CD 为壳层的粒子具有较好的稳定性，28 天后仍能维持较小的粒径。相比之下，γ-CD 复合形成的纳米粒子在 28 天后发生大量聚集，粒径在 800nm 以上。β-CD 壳纳米粒子的憎水染料吸附实验进一步证实，纳米粒子表面为 β-CD 的水合层使其能稳定存在。

11.2.2　环糊精的化学接枝与共聚

CD 与其他高分子的化学接枝或共聚也可以制备出兼有两种物质特性的纳米粒子。Wang 等[15]将氮代马来酸壳聚糖（NMC）和硫代 β-CD 进行迈克尔加成反应，得到壳聚糖-CD 的纳米球。该合成介质为水，不需要任何有机溶剂参与，因此大大降低产物毒性。所得纳米球直径分布窄，基本都在 300nm 以下。研究者用多柔比星（DOX）作为模型药物进行了纳米球的体外释放，药物能有效包覆纳米球，并实现持续释放效果。Wang 等[16]合成了羟丙基 β-CD、聚乳酸（PLA）和 1，2 - 二棕榈酰-SN-甘油-3-磷酸乙醇胺（DPPE）的两性共聚物，其中羟丙基 β-CD 为亲水部分，PLA 和 DPPE 为憎水部分。含有 DOX 药物的共聚物纳米粒子能够通过双乳液和纳米沉降方法制备，载药率达到 90.6%。体外释放实验显示纳米粒子能够对 DOX 实现缓释效果，对两种癌细胞（HepG2 和 A549）的实验也表明纳米粒子的抗癌效果与自由药物分子相当。

作为基因药物的载体，大环类分子如环糊精能够和阳离子高分子形成单分散的大分子结构，具有将 DNA 分子聚集成纳米级粒子的作用并增加其传染细胞的能力[17]。Díaz-Moscoso 等以环糊精为基体合成了一种两性环糊精分子，杯状分子的底端连接憎水性的脂肪链，而顶端是阳离子高分子链，同时含有多糖基团（图 11-4）[17]。在质体 DNA（pDNA）的存在下，阳离子一端与 DNA 结合，随后整个结构通过自组装形成纳米粒子。纳米粒子的外部为亲水的阳离子高分子，同时含有多糖基团，这增加了纳米粒子对细胞的识别作用，有利于将 pDNA 准确送入细胞内进行表达。实验证明，含有甘露糖基团的阳离子多糖两性环糊精（pGaCD）与 DNA 形成的纳米粒子对甘露糖血凝素、伴刀豆球蛋白 A 和人体巨噬细胞甘露糖受体有非常好的识别作用。

11.2.3　环糊精与无机非金属材料的复合

环糊精的参与也能提高无机材料纳米粒子的表现[18-22]。Victor 等[18]将不同含量 β-CD 混入羟基磷灰石中，用共沉淀方法得到粒径在 150～350nm 的纳米粒子。随着 β-CD 含量增加，粒子显示出更好的憎水性，提高了对血清蛋白的吸附（质量分数为 0.7% β-CD 比 0.5% β-CD 提高 40% 的吸附能力）。随后的细胞凝聚和溶血行为实验进一步证实了这种纳

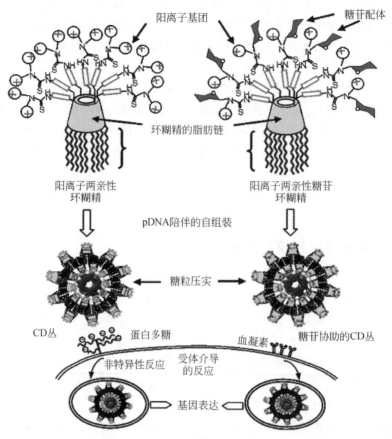

图 11-4　两性环糊精高分子作为 pDNA 载体的合成、自组装和细胞内吞示意图[17]

米粒子在体内对血清蛋白进行选择性吸附的潜力。Isenbugel 等[19]首先用环糊精和金刚烷基对硅的纳米粒子进行了改性，随后制备出由两种纳米粒子组成的囊泡（图 11-5）。研究

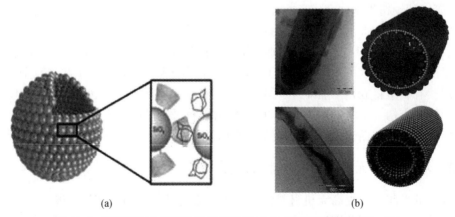

图 11-5　环糊精与金刚烷改性纳米粒子（a）和 PEI 自组装结构（b）

（b）中，上图为环糊精与金刚烷改性纳米粒子的自组装球状囊泡[19]；

下图为环糊精和金刚烷改性 PEI 自组装管状囊泡[19]

者先用含金刚烷基的异氰酸盐与硫化纳米粒子反应，得到含有金刚烷基的纳米粒子；再用单 6-对甲苯磺酰基-β-CD 与硫化纳米粒子在碱性条件下反应，得到含 β-CD 的纳米粒子。由于金刚烷基和环糊精能够形成包合结构，研究者发现当上述两种粒子在水中混合时，能够利用包合作用进行自组装得到中空的无机球状囊泡。这种结构能够用于化学物质的储存和传递。

11.2.4　含环糊精的囊泡

超分子的自组装行为能够得到中空的囊泡结构，外形尺寸也属于纳米级别，因此我们把囊泡材料也归属到纳米粒子范围内。超分子自组装的动力来自于热力学，当溶剂对嵌段共聚物某一部分为良溶剂，另一部分为非溶剂时，共聚物链通常在溶液中进行自组装来减少自身体系的能量。核与壳层之间的界面自由能达到的平衡决定了自组装后的形态[20]。自组装行为在生物体内是普遍存在的，在物质运输、屏障形成和信号传递中都有作用[21]。

Sun 等[21]第一次利用两性超分子制备出 pH 感应囊泡。可以认为两性超分子具有蝌蚪的外形，头部为亲水性，尾部为长链疏水结构。Sun 等合成的亲水性头部为 β-CD 与蒽醌衍生物的包合复合物，长链疏水结构是事先将硝基蒽醌与 N，N-二甲基-1，3-丙二胺反应得到的。实验证实这种两性超分子在水中能够进行自组装得到囊泡，外部为疏水结构。加入乙酸后，囊泡解体，而调节溶液至中性后囊泡重新形成。囊泡的细胞染色性能良好，显示出其在生物材料和智能材料中的巨大潜力。Bohm 等[22]将超支化的聚乙烯亚胺（PEI）用环糊精和金刚烷改性后制备了自组装管状囊泡 [图 11-5（b）]。实验结果显示囊泡直径在 88~163nm，多分散性在 0.16~0.24。囊泡稳定性可达数月之久，并且在较宽的 pH 范围内都能稳定存在。

11.3　基于环糊精的凝胶

凝胶材料可通过释放自身组分（通常为离子）来对外界条件变化作出反应，如温度、pH、电磁场甚至葡萄糖浓度等[23]。目前研究者们将环糊精引入凝胶材料的组分，利用其形成包合物的能力来调节凝胶对小分子如染料和药物的复合与释放[24]。因此凝胶在生物医学领域应用广泛，尤其在药物缓释系统、医学设备和组织工程支架上具有特殊优势。水凝胶不仅可以感应外界的多种刺激，而且可以包含多种药物，特别是一些水溶性极差的抗癌药。同时水凝胶对各种给药途径基本都能适用。交联的环糊精将其对药物的复合能力与水凝胶的优势结合在一起，是新型给药系统的理想材料[6]。

11.3.1　水凝胶

Lee 等[23]将亲水化改性的聚异丙基丙烯酰胺（HmPNIPAM）包含在 β-CD 水凝胶中得到一种新的温度控释水凝胶。HmPNIPAM 是由十八烷基丙烯酸（ODA）与 NIPAM 共聚得到的，这样热敏高分子中的 ODA 组分能够包含在 β-CD 的空穴中，使其与 β-CD 水凝胶稳定结合在一起。研究者用蓝色右旋糖酐作为释放介质探究了温度对凝胶的影响。实验结果显示，相转变温度在 30℃左右，随着温度升高，右旋糖酐释放量减少，溶胀比例减少。

Kettel 等[24]用不含表面活性剂的沉淀方法将环糊精用丙烯酸基团取代后复合在聚氮代

乙烯基己内酰胺纳米凝胶上。随着反应原液中环糊精浓度的增加，所得纳米凝胶的平均动力学直径从 227nm 降至 62nm。随着环糊精上丙烯酸基团的增加，交联程度增加，凝胶直径减小。改性后的纳米凝胶具有温敏特性，体积转变温度在 30℃ 左右。酚酞的滴定实验证实了凝胶的复合能力。

在药物传递和缓释系统方面，Sajeesh 等[25]将环糊精和胰岛素复合后包裹在聚甲基丙烯酸（PMAA）水凝胶内，来实现胰岛素的口服给药。研究者首先使用粒子凝胶方法制备了聚甲基丙烯酸、壳聚糖和聚乙二醇（PEG）三元水凝胶微粒子，然后将胰岛素和甲基-β-环糊精的复合物（IC）包裹到水凝胶微粒子中。载药性能显示复合物没有影响到胰岛素载药量。体外释放实验中，与环糊精复合后的胰岛素在单层 $CaCO_2$ 细胞上有很好的传递。体内实验中，大鼠在接受药剂注射后 2h 内血糖含量下降 30%，且能持续保持低水平达 6h，10h 后比控制组的血糖仍低 10%。Cho 等[26]用泊洛沙姆、羟丙基环糊精和壳聚糖制备了载有非索非那定（fexofenadine，FXD）的热敏水凝胶，用于鼻腔给药途径。凝胶中环糊精起到了对药物的增容作用，壳聚糖则提高了凝胶的渗透性和溶解性。凝胶化温度在 30℃ 左右，小于鼻腔的 34℃，因此在进入鼻腔前为凝胶状态。实验进一步证实凝胶提高了在细胞内的渗透性和较高的生物利用度，凝胶对药物起到了缓释效果，表明这是一种具有前景的鼻腔给药载体。

由超分子体系交联形成的水凝胶是另一个研究热点。利用环糊精憎水性空穴对憎水分子的包合作用，聚合物链可以串上多个环糊精分子形成项链状超分子，称为聚假轮烷（PPR）。水溶液中，PPR 链可以通过环糊精分子外部亲水性相互作用，并引发自组装[27]。Kuo 等制备了环糊精和聚醚（pluronic）复合形成的水凝胶。与其他条件相比，研究者发现在 25℃ 柠檬酸介质中制备的凝胶具有最好的均一性、连续结构和最低的结晶尺寸，并具有最高的强度和触变性[27]。Du 等[28]利用环糊精和二茂铁（Fc）的复合作用制备了两性敏感的超分子水凝胶。Fc 通过价态的变化能够利用电化学性质的转变使材料获得敏感性。研究者用环糊精改性的量子点作为核，以 Fc 为端基的共聚物 p（DMA-b-NIPAM）为壳制备出水凝胶。该凝胶对温度具有敏感性，同时在氧化物存在时 Fc 由于被氧化也能发生凝胶-溶胶转变。

11.3.2　有机凝胶

环糊精在以有机溶剂为介质的有机凝胶中也有重要应用。Jazkewitsch 等[29]制备了由β-CD 和聚己内酯形成的假轮烷为基础的超分子有机凝胶。研究者们在 DMF 溶剂中用炔丙基取代聚己内酯，然后将 β-CD-N_3 加入聚酯溶液中得到凝胶。凝胶溶胀行为受超分子交联度影响，并且具有黏弹性，说明凝胶具有聚合物网络结构。Zhao[30]将 β-CD 与四种对苯胺和氯化锂在 DMF 溶液中混合加热直到凝胶形成。当温度回到室温时，凝胶重新变为澄清溶液。四种对苯胺（ps-An）制备的凝胶的凝胶温度（T_{gel}）大小顺序分别是：NO_2-An<Cl-An<H-An<CH_3-An。进一步的实验显示凝胶在电镜下呈现出纤维状结构，这是环糊精与对苯胺包合作用后形成的超分子结构。

11.4　基于环糊精的纤维

纤维材料已经被广泛应用在工业和生活的各个方面。最近的 5～10 年静电纺丝技术在研究和商业领域都得到极大的关注，这种方法可以通过天然或合成聚合物的溶液制备直径从 2nm 到微米级的纤维，使其具有良好的表面活性和可控的孔隙结构。因此，静电纺成的纳米纤维在诸多领域都得到了很好的应用，如纳米催化剂、组织工程支架、服装、过滤材料、生物医学和药学、光学纤维、国防和环境工程等[31]。特别在生物医学方面，静电纺丝方法在制备组织工程支架上非常有前景。这种方法得到的非织结构和体外细胞基质的纤维结构十分相似，同时具有较大的表面积、可控机械性能，并且较易官能化。药物释放和组织工程是密切相关的领域，可以提高并调节细胞培养过程。静电纺丝制备的纤维垫具有很高的表面积，因此对药物释放十分有利[32,33]。环糊精凭借其独特的包合作用和良好的生物相容性在纳米纤维方面有着突出表现。

Celebioglu 和 Uyar[34] 首先制备了不含高分子组分的环糊精纳米纤维（图 11-6）。他们用浓度高达 160%（*w/v*）的羟丙基 β-CD 以及 β-CD 与 triclosan 复合物的水溶液直接进行静电纺丝。动态光散射（DLS）和流变实验表明实现静电纺丝的关键因素是环糊精的聚集与非常高的溶液黏度，因此可以不用任何高分子作为环糊精的载体。环糊精纤维的平均直径为 745nm，复合物纤维为 570nm。

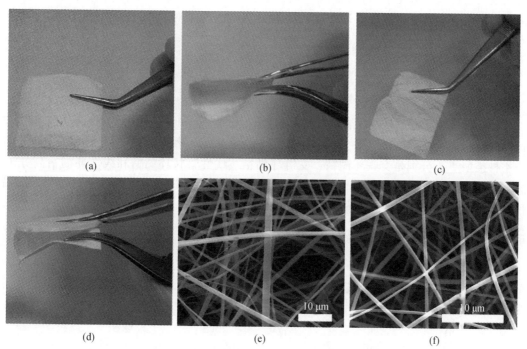

图 11-6　环糊精静电纺丝纤维的宏观和微观形态

（a）和（b）为 β-CD 纳米纤维；（c）和（d）β-CD 复合物纳米纤维；

（e）和（f）分别是 β-CD 和 β-CD 复合物纳米纤维的电镜照片[34]

　　环糊精的存在不仅影响物质的释放，也可以增强材料对小分子的吸附功能。Teng 等[35]用环糊精将聚乙烯醇（PVA）/SiO₂纳米纤维官能化制备了大孔径的纤维膜。纺丝原液呈溶胶状，首先加入原硅酸四乙酯和 3-氨基丙基三乙氧基硅烷（APTES）官能化的 β-CD，搅拌后加入 PVA 溶液，接着继续搅拌并在 45℃保温 12h 直至得到可纺溶胶。静电纺得到的纳米纤维对靛蓝染料具有非常好的吸附性能，平衡吸附量在 40min 内可达 495mg/g，与不含环糊精的纤维相比吸附增强明显。纳米纤维还能够进行修复与回收，是一种非常有前景的吸附材料。

　　在聚合过程中加入环糊精可以对纳米纤维进行化学改性，对纤维性能的提高非常明显。Tamer 等[36]用界面聚合的方法在聚苯胺合成中加入了磺化的环糊精。得到的纳米纤维形貌规整均一，而不含环糊精的纤维呈现粒状纹理。此外，环糊精对聚苯胺的掺杂作用也提高了纳米纤维的电导率，为 $1.6×10^{-2} \sim 8.5×10^{-3}$ S/cm 之间。由于纳米纤维具有极高的表面积并含有环糊精官能团，研究者称这种纤维在化学传感器和消旋体拆分方面具有很好的前景。

　　不只在纳米纤维上，在普通纤维的改性方面环糊精表现也非常好。Laurent[37] 等用 PP 制备了可植入腹腔壁纤维来实现对环丙沙星（CFX）的释放。研究者将纤维用柠檬酸和羟丙基 γ-CD 对纤维进行处理得到了具有交联聚合物涂层 PP 纤维。实验证明改性的 PP 能够吸附更多的 CFX，同时延长了 CFX 的释放时间，环糊精的主客体复合作用是主要的促进因素。Blanchemain 等[38]用甲基 β-CD 改性了用作血管修复的聚酯纤维，使其能够对抗菌素实现延长释放来避免手术后的感染。研究者将 PET 纤维浸没在甲基 β-CD、催化剂和柠檬酸的溶液中对其进行改性。进一步的实验证实改性纤维对 CFX 具有缓释作用，同时对人体毒性很小，具有应用前景[39-49]。

11.5　环糊精高分子

　　环糊精高分子既有环糊精包合作用、控释作用、催化和识别能力，也有聚合物良好的机械强度和稳定性，是很有潜力的高分子材料[5]。Davis 和 Brewster 将环糊精高分子总结为 4 种类型[5]，分别是交联环糊精、支链环糊精、线性管状环糊精和线性环糊精高分子。图 11-7 中（a）交联环糊精和（c）线性管状环糊精都是通过交联得到的，（b）支链环糊精和（d）线性环糊精都是接枝共聚得到的。

(a)　　　　　　　　　　　　　　　　　　(b)

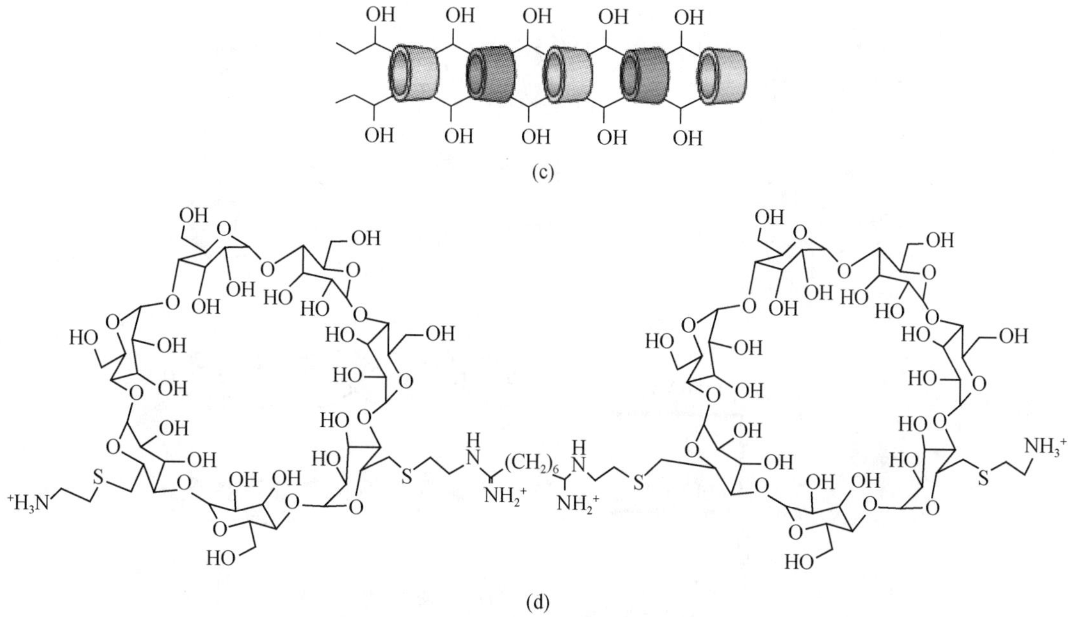

图 11-7　4 种环糊精类型

（a）、（b）、（c）和（d）分别代表交联环糊精、支链环糊精、线性管状环糊精和线性环糊精高分子[5]

11.6　其他改性环糊精材料

Wang 等[50]合成出一种独特的环糊精纳米管。他们将两个 β-CD 的伯醇取代为巯基，然后用二硫键把两个 β-CD 分子连接起来，形成一个约 1.5nm 的憎水性空穴结构。这种纳米管结构独特，并且二硫键具有生物可降解性，因此在生物等领域都有着非常好的研究前景。

Yu 等[51]将羟丙基 β-CD 通过亲核取代反应与溴化的多壁碳纳米管结合，这种材料可以作为薄层色谱分离法中的手性固定相成分，用来对克喘素（clenbuterol）等具有手性的化合物进行分离，效果明显。

利用 γ-CD 较大的空穴尺寸，Miura 等[52]发现间同立构的聚甲基丙烯酸（PMAA）能够与 γ-CD 形成如图 11-8 所示的包合物，而全同立构和不规则构型的 PMAA 不能形成包合物。间同规整度提高，包合的效率随之升高。这个发现可以用来区分间同和其他构型 PMAA，此外实验也证实在水中包合物的稳定存在。当 pH 变化时，包合物的形成和分解是可逆可控过程，因此这是一种很有前景的 pH 可调控材料。

环糊精也是绿色环保材料，Feng 等[53]用 β-CD 取代了膨胀阻燃材料中的季戊四醇成分，制备了新的聚乳酸（PLA）阻燃材料。实验显示，β-CD 与阻燃材料中的多磷酸铵（APP）和起泡剂三聚氰胺（MA）的相互作用对 PLA 树脂的阻燃性和焦炭形成能力有明显提高，当 CD/APP/MA 三者质量比为 1/2/1 时效果最佳。

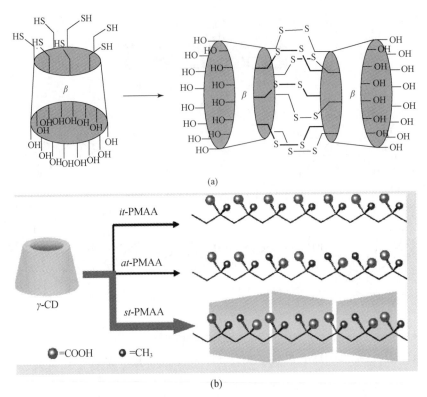

图 11-8　环糊精纳米管以及 γ-CD 和 st-PMAA 的包合作用示意图

（a）为环糊精纳米管示意图[50]；（b）为 γ-CD 和 st-PMAA 的包合作用示意图[52]

11.7　基于环糊精的聚苯胺纳米一维结构

聚苯胺（PANI）是一种被广泛研究和应用的导电高分子材料，其纳米结构不仅具有独特的掺杂机制、环境稳定性和良好的电化学性能，同时具有聚苯胺特点的纳米尺寸效应，所以在高效催化、高性能储氢和半导体等领域有着较好的应用前景。近年来，制备一维纳米结构的聚苯胺在理论和应用方面都引起了科研人员的极大兴趣。但如何调控制备聚苯胺一维纳米结构，如纤维或管子的长度和直径等仍然存在着许多问题和难点。

基于环糊精的不同构型，我们分别应用三种 CD 制备了 PANI 纳米管和纤维[54]。

11.7.1　聚苯胺纳米管

图 11-9 左侧为 PANI/α-CD、PANI/β-CD 和 PANI/γ-CD 的扫描电镜图。在相同放大倍数下，通过比较可以看出 3 种 PANI 纳米管的末端形貌区别：以 α-CD、β-CD 和 γ-CD 为模板分别得到孔的形状为扁平状、长方形和三角形的 PANI 纳米管。从图中可以清晰地看到，得到的 3 种 PANI 产物均为标准的一维纳米结构，无规则排列，其长度为 2～5μm，外径在150～350nm，并且 3 种产物的形貌差异明显。图 11-9 右对 PANI/α-CD、PANI/β-CD 和 PANI/γ-CD 纳米管的直径做了统计。PANI/β-CD 的外径最大，集中于 320～380nm，平均

直径为 338nm。PANI/α-CD 的外径集中在 190～230nm，平均直径为 208nm，而 PANI/γ-CD 的外径集中在 170～250nm，平均直径为 230nm。即 $d_{PANI/\beta\text{-}CD}>d_{PANI/\gamma\text{-}CD}>d_{PANI/\alpha\text{-}CD}$ [54-56]。

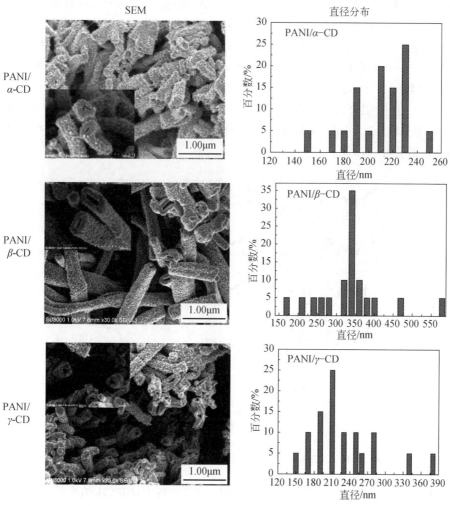

图 11-9　PANI/α-CD（A）、PANI/β-CD（B）和 PANI/γ-CD（C）
纳米管的扫描电镜照片（左）和直径分布图（右）

表 11-1 为 PANI/α-CD、PANI/β-CD 和 PANI/γ-CD 纳米管的比表面积测试数据汇总。从表中可以得出：方形孔的 PANI/β-CD 纳米管比表面积最大，为 29.19m^2/g，其次为三角形孔的 PANI/γ-CD 纳米管，比表面积最小的为扁平状 PANI/α-CD 纳米管，这和 SEM 图中的 3 者平均直径大小相吻合。即 $S_{PANI/\beta\text{-}CD}>S_{PANI/\gamma\text{-}CD}>S_{PANI/\alpha\text{-}CD}$。

表 11-1　PANI/α-CD、PANI/β-CD 和 PANI/γ-CD 纳米管比表面积数据

样品	V_m/(cm^3/g)	S/(m^2/g)
PANI/α-CD	5.52	24.02
PANI/β-CD	6.71	29.19
PANI/γ-CD	5.67	24.69

图 11-10 为 3 种 PANI 纳米管的红外谱图。整体上来看，它们的 FT-IR 峰几乎是一样的，也就是说，尽管各产物形态结构有所不同，但其分子结构是一样的。比较纯 PANI 发现，3 种 PANI 纳米管都在波数为 1140cm^{-1} 和 1301cm^{-1} 处呈现芳环 C—H 面内弯曲特征峰和芳环亚胺 C—N 键伸缩振动特征峰；波数从 1498 ~ 1580cm^{-1} 为苯环和醌环的 C ═C 键形变吸收峰；波数为 2920cm^{-1} 和 3432cm^{-1} 分别是 C—H 单键和 N—H 单键伸缩信号峰[57-60]。相比于 PANI，3 个基于 CD 的样品均在 1498cm^{-1} 和 1580cm^{-1} 的位置出现小幅度的向左位移，分别在 1495cm^{-1} 和 1575cm^{-1} 处。此外，3 个样品均在 970cm^{-1} 和 997 cm^{-1} 处出现微弱的新峰。由于 CD 的主要特征峰在 3315 ~ 3337cm^{-1}、1642 ~ 1658cm^{-1}、1153cm^{-1} 及 1024 ~ 1028 cm^{-1}（图 11-11），说明 PANI 和 CD 之间形成了主–客体结构。而 CD 的模板作用调控了 PANI/CD 的孔径和形貌。

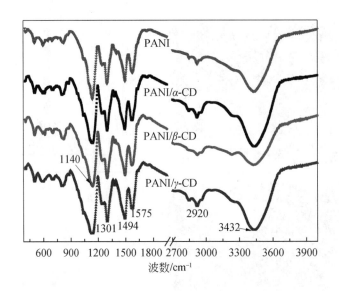

图 11-10　纯 PANI 和 3 种基于 CD 的 PANI 纳米管的红外谱图

由图 11-12 给出的 PANI/CD 的 XRD 图可以知道，各 PANI/CD 纳米管均在 $2\theta \approx 6.6°$、19.1°和25.4°出现峰，分别对应（0 0 1），（0 2 0）和（2 0 0）的晶面。其中 $2\theta \approx 6.6°$ 的衍射峰对应于掺杂酸引起的大空间基团，$2\theta \approx 19.1°$ 的衍射峰是由于 PANI 分子平行链周期性的排列产生的，而 $2\theta \approx 25.4°$ 的衍射峰是由 PANI 分子垂直链周期性的排列而引起的[54-60]。而 $2\theta \approx 25.4°$ 的峰强于 $2\theta \approx 19.1°$ 是掺杂态 PANI 的特征，表明所得聚苯胺是部分结晶的[54-60]。

所得 PANI 以及 PANI/CD 纳米管的电导率如表 11-2 所示。比较我们曾报道的 PANI 电导数据[57-60]发现，基于环糊精的 PANI 纳米管的导电率要小一些，原因是所使用的掺杂酸并不是强质子酸，如盐酸、硫酸等，而是弱酸——柠檬酸。事实上，我们的研究还发现应用弱酸掺杂 PANI，有利于控制反应溶液的 pH，从而有利于纳米管的形成。

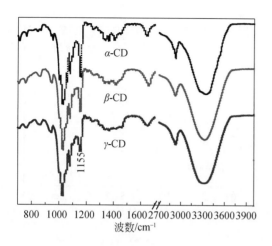

图 11-11 3 种不同构型的 CD 红外谱图

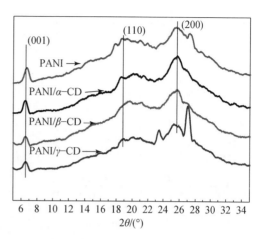

图 11-12 PANI 和 PANI/CD 纳米管的 XRD 图

比较 3 种 CD 调控的 PANI/CD 纳米管的电导率发现，α-CD 和 γ-CD 调控的 PANI 纳米管的电导率都高于 β-CD 调控的 PANI。结合它们的电镜照片可以知道其原因是 PANI/β-CD 的孔径尺寸最大，也就是说其样品的中空率最高，而中空部分由空气填充使得电阻率增大，电导率下降。事实上，电导率测试结果 $K_{\text{PANI}/\beta\text{-CD}} > K_{\text{PANI}/\gamma\text{-CD}} > K_{\text{PANI}/\alpha\text{-CD}}$，与孔径大小 $d_{\text{PANI}/\beta\text{-CD}} > d_{\text{PANI}/\gamma\text{-CD}} > d_{\text{PANI}/\alpha\text{-CD}}$ 是对应的。

表 11-2 PANI 及 3 种 PANI/CD 样品的导电率

样品名称	$K/(\text{S/cm})$
PANI	1.43×10^{-3}
PANI/α-CD	1.70×10^{-3}
PANI/β-CD	4.88×10^{-4}
PANI/γ-CD	1.65×10^{-3}

事实上，3 种不同孔形状和面积的聚苯胺纳米管并不遵循 α-CD、β-CD 和 γ-CD 三者的葡萄糖单元数规律。这是因为 α-CD、β-CD 和 γ-CD 的表面性能参数也并不是根据其葡萄糖单元数规律而变化的[61]。

图 11-13 反映了 3 种 PANI/CD 样品的平均直径 d_a 与 CD 的非极性力 γ^{LW} 和 Lewis 酸性力 γ^+ 之间的关系。

图 11-13 说明随着 CD 的 γ^{LW} 和 γ^+ 的增加，PANI 纳米管的直径也增加，这符合文献 [62] 的报道，说明 γ^{LW} 和 γ^+ 是 PANI 纳米管自组装成孔的驱动力，γ^{LW} 起到了主导因素，而 γ^+ 只产生轻微影响，这可能是因为 CD 对 PANI 纳米管起到的掺杂作用引起了 Lewis 酸引力 γ^+ 的增加[59]。

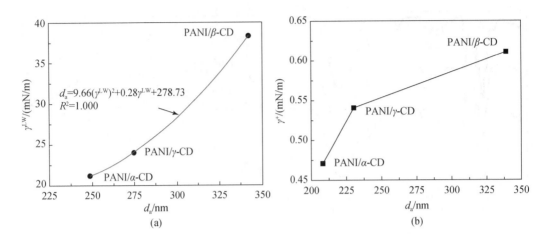

图 11-13　PANI/CDs 与 γ^{LW}（a）和 γ^+（b）之间的关系

11.7.2　聚苯胺纳米纤维

　　图 11-14 为 PANI/α-CD、PANI/β-CD 和 PANI/γ-CD 纳米纤维的扫描电镜图[63]。比较 Huang 等[64] 报道的 PANI 纳米纤维可以发现，基于 CD 的聚苯胺纳米纤维的支化程度较低，纤维与纤维之间相互交错呈网状结构，但 3 种 CD 调控的交织程度有差异，其中 PANI/β-CD 纳米纤维交织最为松散，其次是 PANI/α-CD 纳米纤维，交织最密集的是 PANI/γ-CD 纳米纤维。以 PANI/β-CD 纳米纤维为例，网状中间存在着较多纳米尺度下的间隙，类似于文献报道[65]中的层次感的多级结构，这种多级结构赋予了聚苯胺纳米纤维更大的比表面积，其用途也非常广泛。对 PANI/α-CD、PANI/β-CD 和 PANI/γ-CD 纳米纤维的直径统计如图 11-14 右所示，可以看出 $d_{\text{PANI/}\gamma\text{-CD}} > d_{\text{PANI/}\alpha\text{-CD}} > d_{\text{PANI/}\beta\text{-CD}}$。

　　这种由 CD 构型调控的聚苯胺纳米纤维网状结构的形成机理是：首先 α-CD、β-CD 和 γ-CD 分别在它们的疏水性孔内负载弱极性苯胺单体，在氧化剂 APS 一次性加入后，形成 ANI 低聚物/CD 主-客体。之后，在稀溶液（［ANI］= 0.025mol/L）条件下，ANI 低聚物由吩嗪环单元组成，ANI 低聚物/CD 在水溶液中呈线状排列。中性环境下的 ANI 低聚物不溶于水，随着聚合时间的延长，线状低聚物逐渐结晶，交织在一起，沿着各自的末端不断生长。最后，吩嗪环的比例下降，结晶性也降低，相互交织叠加就形成了多级结构的聚苯胺纳米纤维。至于 3 种纳米纤维直径的大小，可能是 3 种环糊精对 PANI 结晶性能的影响大小不一的结果[66]。

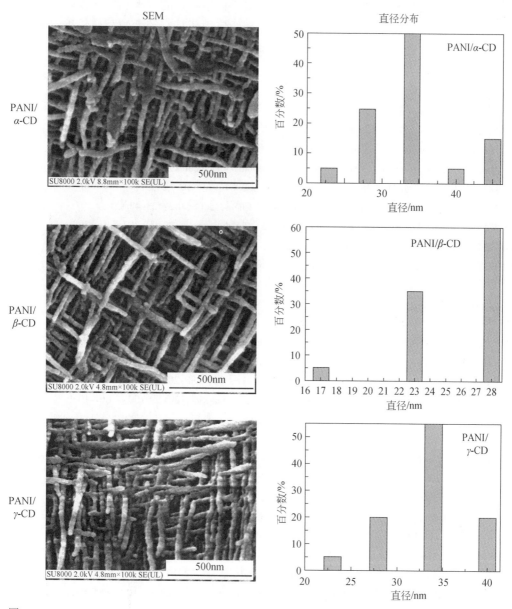

图 11-14　PANI/α-CD、PANI/β-CD 和 PANI/γ-CD 纳米纤维的 SEM 图（左）和直径分布图（右）

11.8　小　　结

　　环糊精的特殊结构和优良性质使其在材料和化工领域极具潜力。对已有材料的改性以及新材料的合成都离不开环糊精特殊的包覆能力和分子所含众多羟基的反应能力。从近两年的文献来看，环糊精的应用主要在生物医学领域。作为药物载体和生物材料，环糊精具有良好的生物相容性。此外，环糊精在吸附材料、分离材料和阻燃材料上也具有很好的应用前景。科学家们的想象力和创造力会更加丰富环糊精材料的种类和应用领域。同时我们也要看到，材料的研究与材料的工业化生产及广泛应用还是有较大的距离。我们不仅要开发新材料，寻求更好的制备方法，也要关注新材料的应用和推广。

参 考 文 献

[1] Connors K A. Chem Rev, 1997, 97: 1325-1357.

[2] Uekama K, Hirayama F, Irie T. Chem Rev, 1998, 98: 2045-2076.

[3] Loftsson T, Brewster M E. J Pharmaceutical Sci, 1997, 85: 1017-1025.

[4] Manakker F, Vermonden T, Nostrum C F, et al. Biomacromolecules, 2009, 10: 3157-3175

[5] Davis M E, Brewster M E. Nat Rev Drug Discovery, 2004, 3: 1023-1035.

[6] Vyas A, Saraf S, Saraf S. J Incl Phenom Macrocycl Chem, 2008, 62: 23-42.

[7] Messner M, Kurkov SV, Jansook P, et al. Int' l J Pharmaceutics, 2010, 387: 199-208.

[8] 周应学，范晓东，任杰，等. 材料导报，2010，24: 136-140.

[9] El Fagui A, Dalmas F, Lorthioir Cédric, et al. Polymer, 2011, 6: 43.

[10] Zhao M X, Li J M, Du L Y, et al. Chem Eur J, 2011, 17: 5171-5179.

[11] Omer M, Haider S, Park S Y. Polymer, 2011, 52: 91-97.

[12] Zhu J, He J, Du XY, et al. Appl Surf Sci, 2011, 257: 9056-9062.

[13] Fuhrer R, Herrmann I K, Athanassiou E K, et al. Langmuir, 2011, 27: 1924-1929.

[14] Iohara D, Hirayama F, Higashi K, et al. Molecul Pharmace, 2011, dx. doi. org/10. 1021.

[15] Wang J, Zong J Y, Zhao D, et al. Coll Surf B, 2011, 87: 198-202.

[16] Wang T W, Zhang C L, Liang X J, et al. J Pharmaceutical Sci, 2011, 100: 1067-1079.

[17] Díaz-Moscoso A, et al. Biomaterials, 2011, 6: 25.

[18] Victor S P, Sharma C P. Coll Surf B, 2011, 85: 221-228.

[19] Isenbugel K, Ritter H, Branscheid R, et al. Macromol Rapid Commun, 2010, 31: 2121-2126.

[20] Fu G D, Li G L, Neoh K G, et al. Prog Polym Sci, 2011, 36: 127-167.

[21] Sun T, Li Y M, Zhang H C, et al. Coll Surf A, 2011, 375: 87-96.

[22] Bohm I, Isenbugel K, Ritter H, et al. Angew Chem, 2011, 123: 1-4.

[23] Lee M S, Kim J C. Polym Adv Technol, 2011, doi, 10. 1002/pat. 1893

[24] Kettel M J, Dierkes F, Schaefer K, et al. Polymer, 2006, 52: 1917-1924.

[25] Sajeesh S, Bouchemal K, Marsaud V. et al. J Control Release, 2010, 147: 377-384.

[26] Cho H J, Balakrishnan P, Park E K, et al. J Pharmaceutical Sci, 2011, 100: 681-691.

[27] Kuo W Y, Lai H M. Polymer, 2011, 52: 3389-3395.

[28] Du P, Liu J H, Chen G S, et al. Langmuir, 2011, 27: 9602-9608.

[29] Jazkewitsch O, Ritter H. Macromolecules, 2011, 44: 375-382.

[30] Zhao W J, Li Y Y, Sun T, et al. Coll Surf A, 2011, 374: 115-120.

[31] Bhardwaj N, Kundu S C. Biotechnology Adv, 2010, 28: 325-347.

[32] Sill T J, Recum H A. Biomaterials, 2008, 29: 1989-2006

[33] Agarwal S, Wendorff J H, Greiner A. Adv Mater, 2009, 21: 3343-3351.

[34] Celebioglu A, Uyar T. Langmuir, 2011, 27: 6218-6226.

[35] Teng M, Li F, Zhang B, et al. Coll Surf A, 2011, doi, 10. 1016.

[36] Tamer U, Kanbes C, Torul H, et al. Reactive & Functional Polymers, 2011, 71: 933-937.

[37] Laurent T, Kacem I, Blanchemain N, et al. Acta Biomaterialia, 2011, 7: 3141-3149.

[38] Blanchemain N, Karrout Y, Tabary N, et al. Acta Biomaterialia, 2011, 7: 304-314.

[39] Renard E, Deratani A, Volet G, et al. Eur Polym J, 1997, 33: 49-57.

[40] Othman M, Bouchemal K, Couvreur P, et al. J Coll Interface Sci, 2011, 354: 517-527.

[41] Mohamed M H, Wilson L D, Headley J V, et al. Proc Safe Enviro Protect, 2008, 86: 237-243.

[42] Mohamed M H, Wilson L D, Headley J V. Carbohydrate Polym, 2010, 80: 186-196.

[43] Mohamed M H, Wilson L D, Headley J V, et al. J Coll Interface Sci, 2011, 358: 217-226.

[44] Sun Z Y, Shen M X, Cao G P, et al. J Appl Polym Sci, 2010, 118: 2176-2185.

[45] Kang Y, Yuan J, Yan Q, et al. Polym Adv Technol, 2011, doi, 10.1002/pat.1863

[46] Bernert D B, Isenbugel K, Ritter H. Macromol Rapid Commun, 2011, 32: 397-403.

[47] Zhang J X, Jia Y, Li X D, et al. Adv Mater, 2011, 23: 3035-3040.

[48] Bednarz S, Lukasiewicz M, Mazela W, et al. J Appl Polym Sci, 2011, 119: 3511-3520.

[49] Jazkewitsch O, Mondrzyk A, Staffel R, et al. Macromolecules, 2011, 44: 1365-1371.

[50] Wang A X, Li W L, Zhang P, et al. Organic Letters, 2011, 13: 3572-3575.

[51] Yu J G, Huang D S, Huang K L, et al. Chin J Chem, 2011, 29: 893-897.

[52] Miura T, Kida T, Akashi M. Macromolecules, 2011, 44: 3727-3729.

[53] Feng J X, Su S P, Zhu J. Polym Adv Technol, 2011, 22: 1115-1122.

[54] 顾洲杰. 上海：东华大学硕士论文, 2015.

[55] Gu Z J, Wang J T, Li L L, et al. Mater Lett, 2014, 117: 66-68.

[56] Gu Z J, Ye J R, Song W. et al. Mater Lett, 2014, 121: 12-14.

[57] Dong J Q, Shen Q. J Polym Sci B, 2009, 47: 2036-2046.

[58] 董金桥, 张文心, 沈青. 高分子通报, 2009, 10: 53-63.

[59] Shen Q, Mezgebe M, Li F, et al. Coll Surf A, 2011, 390: 212-215.

[60] Dong J Q, Shen Q. J Appl Polym Sci, 2012, 126: S1, E10-E16.

[61] Chen L F, Shen Q, Shen J P, et al. Coll Surf A, 2012, 411: 69-73.

[62] Long Y Z, Li M M, Gu C Z, et al. Prog Polym Sci, 2011, 36: 1415-1442.

[63] Gu Z J, Zhang Q C, Shen Q. J Polym Res, 2015, 22 (2): 1-4.

[64] Huang J, Virji S, Weiller B H, et al. J Am Chem Soc, 2003, 125: 314 -315.

[65] Hatano T, Takeuchi M, Ikeda A, et al. Chem Lett, 2003, 32: 314 -315.

[66] Zhou C Q, Han J, Guo R, et al. Macromolecules, 2007, 40: 7075-7078.

第12章　基于家蚕的功能蚕丝

12.1　引　言

据考古发现，蚕丝早在4700年前就开始被人类作为纺织品原料进行利用。蚕丝作为蚕体分泌的蛋白质产物，是一种具有十分优良的力学性能和非常完美的生物相容性的纤维材料[1,2]。

蚕丝由两种结构的蛋白质组成，一种是蚕丝蛋白，另一种是包裹在蚕丝蛋白周围的丝胶蛋白。其中蚕丝蛋白又由两种分子量的蛋白质链段构成，分子量较大的约为350kDa①，分子量较小的约为25kDa[3]。丝胶是亲水的，可以很容易地在沸水中脱离蚕茧[4]。而晶区由氨基酸序列的折叠构成的蚕丝蛋白是疏水的，这是因为其氨基酸序列只由疏水序列GAGAGSGAAG $[SG (AG)_2]_8Y$ 构成[5]。单丝（蚕丝蛋白纤维）是由几束直径为5nm的纳米蛋白丝组成为直径为100nm的丝。丝胶层占据了蚕丝25%~30%的质量并且具有胶水一样的黏性。正是由于丝胶的存在，蚕吐出的丝才能够黏在一起从而形成蚕茧。通常，丝胶中也具有类胡萝卜素，所以通常的蚕茧都是弱黄色的。丝胶除了胶黏作用以外，还有几种额外的特性。例如，它是天然的抗氧化剂，具有抗菌、抗紫外的特效，还可以非常容易地吸收和释放水分。所有这些优良的性能保护了蚕丝，使其无法被微生物分解、动物消化和其他方式对其进行破坏[6]。

蚕丝的成型包含了对丝腺中蚕丝蛋白溶液（最高浓度30%，w/v）的剪切和延长拉伸两个过程，这使得蚕丝溶液中的蚕丝蛋白发生结晶现象，变成溶致型液晶相。在蚕吐丝的过程中，凝胶到溶胶的转变导致了溶致型液晶相的产生，蚕的吐丝过程也就是液晶纺丝的过程[3]。拉伸流动使得蚕丝蛋白链段发生取向，液体逐渐变成一根细丝[5]。

蚕丝的力学性能稍逊色于蜘蛛丝[1]。普通蚕丝的抗拉强度为0.5GPa，断裂伸长率为15%，韧性为60kJ/kg。而普通的蜘蛛丝的抗拉强度通常为1.3GPa，断裂伸长率为40%，韧性为160kJ/kg。英国牛津大学的Vollrath等[1]通过研究发现两者之间的差异与它们的吐丝习性息息相关。蚕在吐丝的同时，往往伴随着整个身体的移动。蚕的头部以一定的弧度加速或减速摆动，以改变吐丝的方向。而如果把正在吐丝的蚕固定住，以一定的速率对其进行人工抽丝，他们发现如此获得的蚕丝的力学性能优于由蚕自然吐丝而获得的蚕丝。当人工抽丝速率分别为13mm/s、20mm/s和27mm/s时，蚕丝的抗拉强度依次提升到0.7GPa、0.8GPa和1.0GPa，而断裂拉伸比却有一定程度的降低[1]。另外，蚕丝与蜘蛛丝

---

① 1Da=1.66054×10^{-27}kg。

在分子层面上的不同也是造成其宏观力学性能不同的主要原因之一。蚕丝在使用前必经的脱胶过程也在一定程度上降低了其力学性能。

12.2　蚕丝的功能化方法

蚕丝与生俱来的优良性能使其在纺织业等传统领域大展身手[7]。随着社会的进步和科学的发展，普通的蚕丝已经无法满足人类的使用需求。普通蚕丝的功能化研究吸引了越来越多的科学家的眼球。

12.2.1　再生蚕丝法

再生蚕丝法就是先通过蚕体获得天然蚕丝，然后将其溶解在适当的溶剂里，或同时加入一些功能性物质（如碳纳米管、四氧化三铁等），再通过湿法纺丝、静电纺丝等常规的纺丝方法进行纺丝从而获得具有功能性的再生蚕丝的方法。很多基于此的研究吸引大量专家学者的关注。

Yao 等[8]通过再生蚕丝的方法提高了蚕丝的力学性能。

韩国科学家 Um 等[9]利用湿法纺丝的方法制备了形貌可控的再生蚕丝。他们的一系列研究证实通过改变凝结剂的种类和凝结温度可以分别控制再生蚕丝纤维的横截面形状和直径的大小。随着醇类凝结剂（ROH）的 R 基团的变大，蚕丝横截面的形状将越来越偏离圆形。这是因为 R 基团的增大导致了凝结过程中传质速率的差异增加，但是凝结速率却由于扩散速率的下降而降低。使用大多数的非醇类凝结剂时，再生蚕丝的横截面形状均为圆形。但是二氧杂环乙烷却是个例外，使用其作为凝结剂时，再生蚕丝的横截面形状为三叶草形状。当凝结剂由甲醇变到乙醇再变到异丙醇时，再生蚕丝的横截面形状逐渐由圆形变成骨头状。随着凝结温度的升高，再生蚕丝的横截面形状基本都是圆形，没有明显的变化，但是蚕丝的直径却明显变小。此外甲醇和水的混合溶液也可以作为凝结剂使用，再生蚕丝的横截面形状将随着混合溶液中水的含量发生显著的变化。随着混合溶液中水含量的增加，再生蚕丝的横截面将逐渐偏离圆形，变成椭圆甚至是两边大中间小的狗骨头状。这是由于混合溶液中水含量的增加降低了再生蚕丝的凝结速率。

Kang 等[10]通过静电纺丝的方法将碳纳米管掺杂在蚕丝的甲酸溶液中，从而成功地制备出含有碳纳米管的纳米蚕丝。相关的 FESEM 和 TEM 的照片与拉曼谱图证实利用静电纺丝的方法可以很好地将碳纳米管与蚕丝排列结合在一起。

12.2.2　基因改造法

利用杆状病毒等可以将功能基因植入普通蚕体中，从而可以改造蚕体的基因，将蚕作为生物反应器可以制备相应的功能蚕丝[11,12]。法国学者 Royer 等[11]通过转基因的方法成功制备了红色荧光蚕丝。将红色荧光蛋白的编码序列与负责编译蚕丝蛋白的丝素重链基因融合在一起形成一个融合基因。然后将该融合基因植入 PB 转座子载体中从而建立一系列的转基因链段。通过监视转基因在蚕幼虫阶段的表现，他们发现选择的所有的转基因段中的基因都作为丝素重链基因的一部分被限制在蚕尾部的丝腺细胞中。外部的多肽与蚕丝蛋白一起被分泌到后部丝腺的内腔中，之后进一步经由蚕吐丝而成为蚕丝纤维的一部分。红色荧光蛋白在经空气干燥的蚕丝中放出荧光的能力可以说明重组合在纤维的整个长度范围内均有分布。

橘黄色的荧光蛋白作为通过观察、检测和统计活细胞来研究目标基因功能性的最合适的生物技术工具已经被制备成功[12]。他们利用阳离子脂质试剂间接地将杆状病毒的 DNA 植入蚕中。蚕中的橘黄色荧光蛋白基因表现出高度的活性。

利用转基因法制备大量的荧光蚕丝等功能蚕丝具有非常好的前景，但是功能基因在蚕的上下代之间传递的稳定性仍然面临着巨大的挑战[13]。

12.2.3　喂食法

家蚕一般都吃普通桑叶，但是若用其他功能性饲料代替桑叶来饲养蚕，可以获得相应的功能蚕丝。Tansil 等[14]通过喂蚕吃含有染料（如若丹明 B）的饲料，第一次展示了蚕对染料的摄取，并且被先进的表征技术所证实。

他们的研究结果首次证实蚕饲料中的染料与蚕丝蛋白结合在一起而不是容易脱离蚕丝的丝胶。这种方法提供了一种与对蚕丝进行后处理染色工艺相比极为绿色环保的获得彩色蚕丝的途径。另外当在蚕饲料中加入荧光物质（如若丹明 110 和若丹明 101）时，同样也获得了荧光蚕丝。

1. 超级蚕丝

近年来，我们应用碳纳米管 CNT 喂家蚕，获得了力学性能大大提高的超级蚕丝[15]，如图 12-1 所示。由图可看出，普通桑蚕丝纤维表面平整、光滑；含 CNT 的蚕丝表面存在一些附着物，且表面有明显的条痕；含经过木质素磺酸盐 LGS 修饰过的 CNT 的蚕丝表面明显好于含普通 CNT 的蚕丝，说明用 LGS 修饰 CNT 可以均匀地分散在蚕丝中。事实上，CNT 经 LGS 表面包覆后也受到家蚕的欢迎，这是因为 LGS 本身来源于植物。

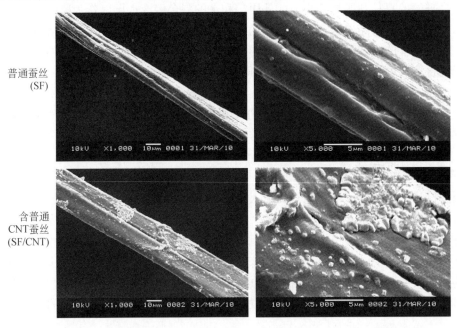

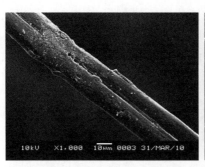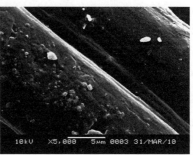

含LGS处理的CNT的蚕丝(SF/LGS-CNT)

图 12-1　普通蚕丝及含碳纳米管蚕丝的 SEM 照片

由图 12-2 可看出，普通蚕丝及含碳纳米管蚕丝的红外光谱曲线基本相似，无特殊吸收峰生成。这说明蚕丝中含有的 CNT 并没有和蚕丝蛋白发生明显的反应。由于含 CNT 的蚕丝红外光谱略有向低波数偏移的倾向，表明 CNT 与蚕丝蛋白之间发生一定的相互作用。比较发现，含有经过 LGS 修饰的 CNT 的蚕丝红外光谱中，酰胺II处 β 折叠构象特征谱带由 1540cm^{-1} 变为 1530cm^{-1}，这个向低波数方向发生的偏移伴随着波峰增强，说明构象的 β 化发生；同时，由于无规构象特征谱带 638cm^{-1} 变为 644 cm^{-1}，这种向高波数方向移动的现象说明酰胺I无规构象的减少。由此可知，含 LGS 处理过的 CNT 后蚕丝力学性能会随着其构象呈 β 化而增加。

图 12-3 比较了普通蚕丝和含有碳纳米管蚕丝的 X 射线衍射图。其中普通蚕丝与含普通 CNT 的蚕丝的主要 X 射线特征峰非常接近，主要在 $2\theta = 19.9°$、$20.8°$、$29.0°$ 和 $19.6°$、$20.5°$ 和 $29.2°$ 处。但 SF/LGS-CNT 的 XRD 曲线明显不同于前两者，表现在主要 X 射线特征峰 $2\theta = 20.4$ 和 $28.3°$ 处。这说明蚕丝蛋白与 LGS 处理的 CNT 之间发生了反应，使得 SF 的结构发生了变化。表 12-1 进一步比较了 3 种蚕丝的结晶度和取向度。含 CNT 使得蚕丝的结晶度有所提高，但取向度有所下降。

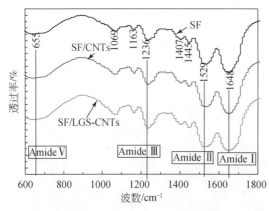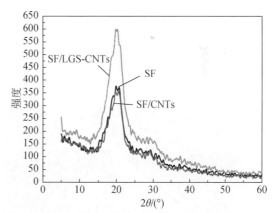

图 12-2　普通蚕丝和含有碳纳米管蚕丝的红外光谱图　　图 12-3　普通蚕丝和含有碳纳米管蚕丝的 XRD 图

表 12-1　普通蚕丝和含有碳纳米管蚕丝的 XRD 参数比较

样品	结晶度/%	取向度/%
SF	45.7	87.5
SF/CNT	51.4	71.4
SF/LGS-CNT	51.2	71.5

普通蚕丝和含 CNT 的蚕丝的力学性能比较反映在图 12-4 中。可以明显地发现，含碳纳米管的蚕丝的拉伸强度比普通的蚕丝明显提高，尤其是含 LGS 处理的 CNT 的测试。这与 FTIR、XRD 的分析结果是一致的。由此可知，通过喂养 LGS 处理过的 CNT，可以直接从家蚕获得超级蚕丝。

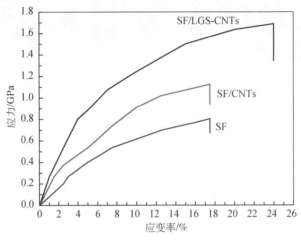

图 12-4　普通蚕丝和含有碳纳米管蚕丝的力学性能比较

上述结果也说明 CNT 是可以用来喂养家蚕的，但经 LGS 修饰过的 CNT 更适合喂养家蚕。这是由于 LGS 来源于植物与家蚕的食品——桑叶同源，所以 LGS-CNT 易被家蚕接受和消化。

2. 磁性蚕丝

通过应用四氧化三铁纳米颗粒喂养家蚕，我们获得了磁性蚕丝 MSF[16]。图 12-5 比较了普通蚕丝 SF 和磁性蚕丝 MSF 的表面形貌。可以发现，普通蚕丝的表面十分光滑，然而磁性蚕丝的表面却是粗糙的。这说明有一些四氧化三铁颗粒在家蚕吐丝过程中被蚕体的不规则运动排除在外。这个现象类似于普通纤维素纤维和磁性纤维素纤维之间的差异[17]。

普通蚕丝SF　　　　　　　　　　　　磁性蚕丝MSF

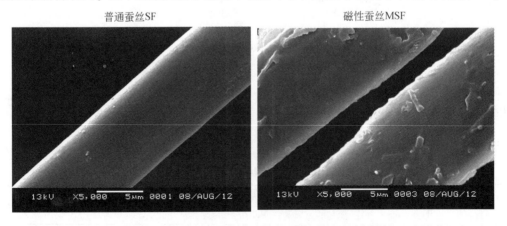

图 12-5　普通蚕丝和含有碳纳米管蚕丝的 SEM 照片

图 12-6 反映了蚕丝的红外光谱特征。蚕丝在 1650~1660 cm^{-1}（酰胺 I）、1535~1545 cm^{-1}（酰胺 II）、1235 cm^{-1}（酰胺 III）和 669 cm^{-1}（酰胺）处有由无规线团引起的特征吸收峰；同时在 1625~1640 cm^{-1}，1515~1525 cm^{-1}，1265 cm^{-1} 和 696 cm^{-1} 处有由 β 折叠结构引起的特征吸收峰[18]。磁性蚕丝和普通蚕丝在 1407 cm^{-1} 处均有吸收峰，这说明嵌入在蚕丝蛋白中的四氧化三铁颗粒并没有改变蚕丝蛋白的基本结构。磁性蚕丝的红外光谱在 567 cm^{-1} 处观察到一个吸收峰，即 Fe—O 的特征吸收峰，而普通蚕丝却没有。这说明磁性蚕丝确实含有四氧化三铁颗粒。

磁性蚕丝和普通蚕丝的拉曼光谱如图 12-7 所示。在图中可以明显地发现磁性蚕丝在 1003cm^{-1}、1083cm^{-1}、1228cm^{-1} 和 1665cm^{-1} 处拉曼峰的强度均小于普通蚕丝在这 4 个峰位的拉曼峰的强度。这四处的拉曼等均由蚕丝蛋白中的 β-折叠结构所贡献[19]，说明磁性蚕丝中 β-折叠结构的含量小于普通蚕丝。磁性蚕丝和普通蚕丝间的这种差异间接说明蚕丝蛋白的晶区结构在一定程度上被四氧化三铁所破坏。

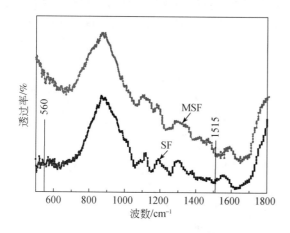

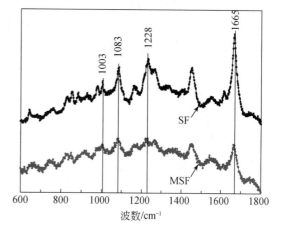

图 12-6 磁性蚕丝和普通蚕丝的红外谱图   图 12-7 磁性蚕丝和普通蚕丝的拉曼光谱

磁性蚕丝和普通蚕丝的 XRD 图如图 12-8 所示。由于蚕丝中存在 β-折叠结构，蚕丝是高度结晶化的纤维。在 $2\theta=20.9°$，普通蚕丝和磁性蚕丝都十分明显地出现一个较大的衍射峰。这个衍射峰是由于蚕丝 β-折叠结构中的分子链段间和折叠链间的有序排列产生的，对应于晶面间距为 4.5Å 的（0 2 0）晶面。同时，在 $2\theta=24.5°$ 的位置，普通蚕丝有一个较小的衍射峰。这个衍射峰对应于晶面间距为 3.5Å 的（2 0 1）晶面。蚕丝在这两个位置出现衍射峰的结果与 Tansil[14]、Um[9] 和 Xing[20] 等报道的结果一致。磁性蚕丝在 $2\theta=23.4°$ 和 25.0° 处有一个衍射峰，但是磁性蚕丝在 $2\theta=20.9°~25.0°$ 范围内的峰均弱于普通蚕丝，这说明磁性蚕丝的结晶度相比较于普通蚕丝有所降低，可能是因为四氧化三铁颗粒有一部分进入了蚕丝的晶区，在一定程度上破坏了蚕丝的晶区结构[20]。Tansil 等[14]制备了一系列的荧光蚕丝，而这些荧光蚕丝的力学性能与普通蚕丝相比几乎没有差异。他们通过分析比较荧光蚕丝和普通蚕丝的 XRD 图谱，发现两者之间几乎没有差别。他们给出的解释是荧光物质没有进入的是蚕丝无定形区而非结晶区，因此没有影响蚕丝的结晶结构，对力学性能的影响也微乎其微。Pan 等[21]研究了蚕丝的结晶度与其力学性能的影响，他们发现蚕丝的结晶度越高，蚕丝的力学性能越好。他们的研究结果暗示着磁性蚕丝的力学性能将弱于普通蚕丝。

此外，在 $2\theta = 29.9°$ 和 $35.2°$ 的峰位，磁性蚕丝出现了两个衍射峰而普通蚕丝却没有出现衍射峰。这两个位置的衍射峰分别对应于四氧化三铁的［2 2 0］和［3 1 1］晶面[17,22]。磁性蚕丝在这两个位置出现衍射峰说明四氧化三铁嵌入到蚕丝蛋白之后，自身的结晶性能并没有发生改变。普通蚕丝因不含有四氧化三铁，图谱中自然不会也不可能出现这两个衍射峰。XRD 衍射测试的结果可以证明磁性蚕丝中磁性物质（即四氧化三铁）的存在。

图 12-9 所示的是蚕丝的磁滞回线图，在进行磁滞回线的测试中，普通蚕丝没有产生磁滞回线，产生的是一条磁化强度为 0 的水平线；然而磁性蚕丝产生一条完美的磁滞回线，其饱和磁化强度为 0.265emu/g，剩磁为 0.021emu/g，矫顽力为 84Oe。这说明普通蚕丝无法被外加磁场磁化，而磁性蚕丝却可以被外加磁场磁化。磁性蚕丝之所以能被外加磁场所磁化是因为其中含有磁性物质——四氧化三铁，并且四氧化三铁是存在于蚕丝蛋白中的。因为丝胶在制备蚕丝样品的时候已经通过沸水除去，若是四氧化三铁粉末仅存在于丝胶上，那么对于蚕丝蛋白进行磁滞回线的测试必定不会产生图中呈现的磁滞回线，同时也使得所谓磁性蚕丝无法被利用。

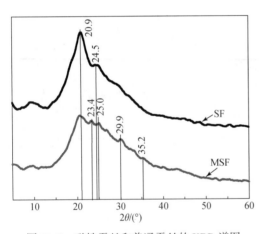

图 12-8　磁性蚕丝和普通蚕丝的 XRD 谱图

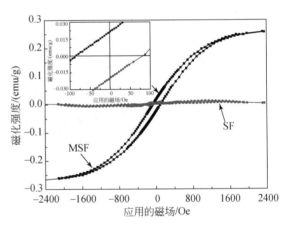

图 12-9　磁性蚕丝和普通蚕丝的磁性能

通过热重分析对蚕丝的热学性能进行研究，如图 12-10 所示。通过比较普通蚕丝和磁性蚕丝的热失重曲线，可以发现不论蚕丝中是否存在四氧化三铁，其中总是存在着约 5% 的水分。普通蚕丝的起始降解温度是 170℃，而磁性蚕丝的起始降解温度为 210℃。起始降解温度的差异可以初步得出四氧化三铁嵌入能提高蚕丝热稳定性的结论。

通过图 12-10 可以发现随着蚕丝温度的升高，普通蚕丝的质量减少的速度比磁性蚕丝要快。这再次肯定了嵌入在蚕丝中的 Fe_3O_4 可以提高蚕丝的热稳定性的结论。当温度升到 600℃时，普通蚕丝的质量减少 51%，而磁性蚕丝的质量只减少 48%。二者 3% 的差异正是由镶嵌在蚕丝中的四氧化三铁颗粒造成的，因为四氧化三铁的熔点是 1595℃，在 600℃时是不会熔化及分解的。磁性蚕丝和普通蚕丝热失重曲线之间的差异同时也间接证明了磁性蚕丝中磁性物质的存在。此外，我们还可以通过这个差异粗略地计算出磁性蚕丝中四氧化三铁的质量分数。如果我们假设磁性蚕丝中除了四氧化三铁以外的部分在从室温加热到

600℃的过程，其质量也减少了51%，那么四氧化三铁的质量分数=1–0.48/0.51=5.9%。而实际上，由于四氧化三铁颗粒镶嵌入蚕丝蛋白的结构中，磁性蚕丝的热稳定性有所提高，这将导致磁性蚕丝中的蛋白质部分在本次热失重过程中质量减少小于51%。由此，磁性蚕丝中的四氧化三铁的含量将略小于5.9%。

Sun 等[17]制备的磁性纤维素纤维的热失重测试结果和本章研究一致。在他们的测试中，随着纤维素纤维中四氧化三铁含量的升高，其热失重曲线下降的速率依次减慢，即纤维素纤维的热稳定性依次提高。这说明四氧化三铁确实有提高纤维热稳定性的作用。

磁性蚕丝和普通蚕丝的应力–应变曲线如图 12-11 所示。我们发现磁性蚕丝的力学性能与普通蚕丝相比要优良一些。这说明四氧化三铁不仅镶嵌在蚕丝蛋白结构中，并且可能形成了互穿网络的结构，从而在一定程度上提高了蚕丝的力学性能。

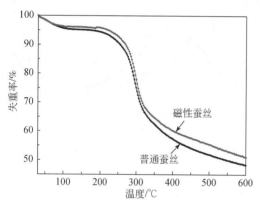

图 12-10　磁性蚕丝和普通蚕丝的热重曲线

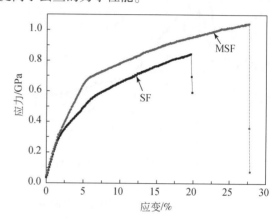

图 12-11　磁性蚕丝和普通蚕丝的力学性能图

3. 荧光蚕丝

应用环境友好的荧光素钠喂养家蚕，我们获得了荧光蚕丝（LSF）。图 12-12 比较了普通蚕丝和荧光蚕丝的扫描电镜照片。从由扫描电镜获得的照片来看，荧光蚕丝和普通蚕丝的表面形态的明显区别在于荧光蚕丝的表面较普通蚕丝粗糙。这个结论与上面讨论的磁性蚕丝是一致的，说明利用喂食法得到的功能蚕丝的表面都会变得粗糙。

普通蚕丝　　　　　　　　　荧光蚕丝

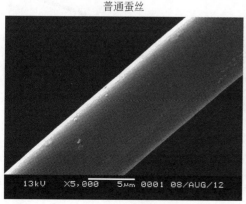

图 12-12　普通蚕丝和荧光蚕丝的扫描电镜照片

荧光蚕丝和普通蚕丝的 XRD 图谱如图 12-13 所示。在 $2\theta=20.9°$ 的位置，荧光蚕丝和普通蚕丝均出现了一个衍射峰，且强度相当。这说明荧光素钠的加入并没有减少蚕丝蛋白的 β-折叠结构的含量。

荧光蚕丝和普通蚕丝的红外光谱如图 12-14 所示。荧光蚕丝在 $655\mathrm{cm}^{-1}$、$1234\mathrm{cm}^{-1}$ 和 $1529\mathrm{cm}^{-1}$ 三个峰位上的红外吸收峰均比普通蚕丝强。这意味着荧光蚕丝中的 β-折叠结构含量比普通蚕丝多。

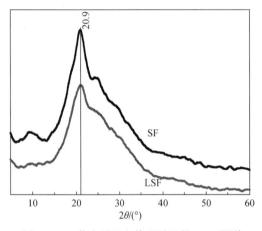

图 12-13　荧光蚕丝和普通蚕丝的 XRD 图谱

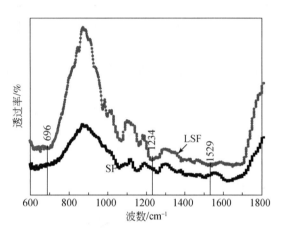

图 12-14　荧光蚕丝和普通蚕丝的红外光谱

荧光蚕丝和普通蚕丝的热失重测试如图 12-15 所示。我们发现荧光蚕丝和普通蚕丝的热稳定性几乎是一样的。这说明荧光素钠的加入并不改变蚕丝的热稳定性。显然，这对荧光蚕丝的应用是有利的，也说明这种喂养方法是一种简单可行的获得荧光蚕丝的方法。

根据图 12-16 给出的普通蚕丝与荧光蚕丝的力学性能比较可知，荧光蚕丝的应力和应变参数都高于普通蚕丝。这进一步说明应用环境友好的荧光素钠喂养家蚕不仅可以直接从家蚕获得荧光蚕丝，而且还可以获得力学性能也同步提高的荧光蚕丝。

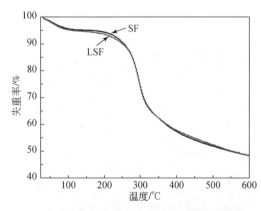

图 12-15　荧光蚕丝和普通蚕丝的热失重曲线

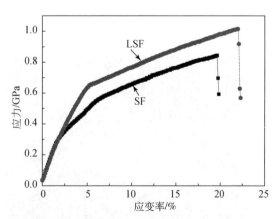

图 12-16　荧光蚕丝和普通蚕丝的力学性能

荧光蚕丝 LSF 和普通测试 SF 的激发光谱如图 12-17 所示，两者都对 297nm 的紫外光有最大的吸收。因此，在进行蚕丝的发射光谱的测试中，我们使用 297nm 的光最为激发光。在激发光谱中，可以清楚地发现荧光蚕丝对 297nm 的紫外光的吸收比普通蚕丝弱。

荧光蚕丝和普通蚕丝的发射光谱如图 12-18 所示。当将波长为 297nm 的光激发这两种蚕丝时，两者都发生了荧光现象。普通蚕丝发射出波长分别为 349nm 和 466nm 的光，荧光蚕丝发射出波长分别为 353nm（相对于普通蚕丝，有了 4nm 的位移）和 466nm 的光。蚕丝吸收波长为 297nm 左右的光，并发射出波长分别为 349nm 左右和 466nm 左右的光的测试结果与 Sionkowska 等[2]测试结果一致。通过观察蚕丝的发射光谱，我们可以清楚地看出受 297nm 的激发光的照射，普通蚕丝发射的 349nm 的光比 466nm 的光要强；然而荧光蚕丝发出的 353nm 的光比 466nm 的光要弱。在激发光谱中，普通蚕丝对波长为 297nm 的光的吸收强度是荧光蚕丝的 3.70 倍，但是普通蚕丝发射的波长为 349nm 和 466nm 的光的强度分别为荧光蚕丝的 3.19 倍和 0.92 倍，均小于 3.7，尤其是后者，其值小于 1。这说明荧光蚕丝的发光效率比普通蚕丝高。普通蚕丝发射的波长为 466nm 的光的强度是其发出的波长为 349nm 的光的强度的 0.58 倍，而荧光蚕丝发射的波长为 466nm 的光的强度是其发出的波长为 353nm 的光的强度的 2 倍。这说明当用紫外线分别照射荧光蚕丝和普通蚕丝时，荧光蚕丝能发出比普通蚕丝更强的紫光。普通蚕丝以上这些差别说明荧光素钠对蚕丝的荧光性能是有影响的。

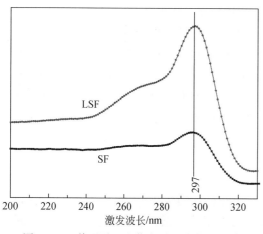

图 12-17　普通蚕丝和荧光蚕丝的激发光谱

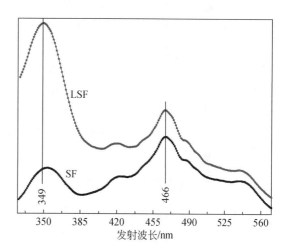

图 12-18　普通蚕丝和荧光蚕丝的发射光谱

12.3　基于蚕丝的先进材料

脱胶蚕丝具有作为生物材料的一系列优点，如非常好的力学性能、与生俱来的生物相容性、低降解性、良好的透水和透氧气性等。在过去的几千年里，蚕丝已经被作为缝合线来使用。由于蚕丝具有集两性分子性、力学和膨胀性能于一体的特点，其应用已经被广泛地开拓，也同时导致了蚕丝本身具有很多形态，如不同直径的纤维[23]、不同厚度的膜[24]、水凝胶[25]、多孔基质[26]、海绵[27]、胶囊和纳米颗粒[28]。

12.3.1　蚕丝支架

很多研究已证实具有超级生物相容性的脱胶蚕丝可以为哺乳动物细胞的黏附和繁殖提供结构支持[29]。蚕丝支架可以用于培养细胞,控制它们的繁殖和变异,沉积结构蛋白,最终获得再生组织[30]。组织工程成功的关键是在基于对组织性能和它的动态降解、细胞间的相互作用和新细胞群的沉积的更好的理解而设计和制备出有价值的支架。首先用分光镜技术在分子水平上研究蚕丝支架的表现,然后通过扫描电子显微技术和透射电子显微技术来研究它的三维结构[31]。在实际的应用中,用组织学和免疫染色的方法测定特定蛋白质的表现水平来评价支架的优劣,从而揭示在组织发展过程中细胞和支架之间的相互作用[32]。

为了揭示支架的结构、力学、构造和生物化学性能与相应组织的性能之间内在的联系,科学家发现了很多可行的用于监测支架的表现方法,如使用 X 断层摄影术、多光子激发的荧光技术、二次谐波发生法等。这些方法只是在最近被发现并利用其获得在蚕丝支架中的工程组织的细胞和基体组分的不同性能[33]。

12.3.2　蚕丝药物缓释体系

除了优良的生物相容特性,后处理过的蚕丝也具有可调节的降解能力,可制成复合物、结构和建筑材料,所有这些特性在可控的释放/传递系统中必不可少[34]。蚕丝可以作为蛋白质的理想载体,这是基于它的周期性的亲水性和疏水性,使得其可以和蛋白质发生强烈的相互作用,这就促成了蛋白质的动态释放可控性及其一直都存在的活性。荧光染料已经被当作用于评价可控的释放/传递系统中的表现的模型来使用。例如,Alexa Fluor532 用于监视和观察大分子蛋白质组件载体的组织形式。若丹明 B 加入溶解了的蚕丝中来量化小分子药物的装载和释放,它在其他系统(如手术缝合线和伤口敷料膜)中的用途也已经被开发。

12.3.3　蚕丝生物医学装置

像传感器和微流体/生物-MEMS 器件等用来取相和传感的生物医学设备的完美应用缺少一个可生物相容性的光学界面。薄膜中的蚕丝蛋白由于某些原因被科学家证明是理想的界面材料。首先,蚕丝的强度允许无支撑薄膜的成型,这些膜可以足够薄,而且是透明的。其次,蚕丝可以提供非常光滑的表面(粗糙度均方根<5nm)。很多光学器件已经成功地通过蚕丝蛋白制备得到。

12.3.4　其他

通常的蚕丝应用中,在沸水中脱胶缫丝是必不可少的一个步骤。但是,鉴于丝胶拥有抗氧化、抗病菌、抗紫外、保湿四大特色功能,如果只把它当作蚕丝产业的废弃物是十分可惜的。若能够回收和循环利用丝胶将会产生巨大的经济和社会效益[34]。丝胶除了上述四大功能以外,还可以与其他大分子材料,尤其是人工合成高分子,进行共聚、形成互穿网络结构或者共混，从而生产高性能材料。例如，将丝胶和其他树脂混合可以生产出环境友好型的生物可降解高分子材料。纯丝胶往往难以成膜，但是却可以作为其他物质成膜时的功能添加剂。Nakajima 等[2]发现当丝胶被置于液晶层上时可以使得液晶分子向同一方向取向，以此可以制造出不会失真的高品质液晶显示器。由于丝胶的抗霜性能，涂有丝胶的膜产品同样也被使用于冷冻设备（如冰箱、冷藏卡车活轮船等）的表面。在寒冷地区，如果将丝胶涂在路面或屋顶上，则可以有效地防止由霜冻造成的危害，并且能快速有效地去除冰雪。丝胶和 PVA 的共混膜（1/9-3/7）具有优良的热学性能和力学性能。丝胶与 PVA 共混形成的水凝胶具有非常好的弹性及水分吸附和解吸附性能。这种水凝胶可以作为土壤护养物质来培育植物种子，也可以作为伤口敷料。

12.4 小　结

一系列的喂养实验证明，通过给家蚕喂养不同的功能材料可以直接从家蚕获得功能蚕丝。例如，喂养碳纳米管可以直接从家蚕获得超级蚕丝，喂养磁性纳米颗粒可以获得磁性蚕丝，喂养环境友好的荧光材料可以获得荧光蚕丝。这种简单易行的方法使得人们可以获得不同的功能蚕丝，从而有利于将其应用到不同的领域。

参 考 文 献

[1] Shao Z Z, Vollrath F. Nature, 2002, 418：741-741.

[2] Vepari C, Kaplan D L. Prog Polym Sci, 2007, 32：991-1007.

[3] Vollrath F, Knight D P. Nature, 2001, 410：541-548.

[4] Altman G H, Horan R L, Lu H H, et al. Biomaterials, 2002, 23：4131-4141.

[5] Jin H J, Kaplan D. Nature, 2003, 424：1057-1061.

[6] Hakimi O, Knight D P, Vollrath F, et al. Comp B, 2007, 38：324-337.

[7] Eadie L, Ghosh T K. J Royal Soc Interface, 2011, 8：761-775.

[8] Yao J, Masuda H, Zhao C, et al. Macromoleculars, 2002, 2002：6-9.

[9] Um I C, Kweon H, Lee K G, et al. Int'l J Biological Macromolecules, 2004, 34：89-105.

[10] Kang M, Chen P, Jin H J. Curr Appl Phys, 2009, 9：S95-S97.

[11] Royer C, Jalabert A, Rocha M D, et al. Transgenic Res, 2005, 14：463-472.

[12] Liu J M, David W C, Ip D T, et al. Molecular Biology Rep, 2009, 36：329-335.

[13] Tansil N C, Koh L D, Han M Y. Adv Mater, 2012, 24：1388-1397.

[14] Tansil N C, Li Y, Teng C P, et al. Adv Mater, 2011, 23：1463-1466.

[15] Wang J T, Li L L, Jiang L H, et al. Mater Sci Eng C, 2014, 34：417-421.

[16] Wang J T, Li L L, Shen Q. Int'l J Biological Macromolecules, 2014, 63：205-209.

[17] Sun N, Swatloski R P, Maxim M L, et al. J Mater Chem, 2008, 18：283.

[18] Zhang K H, Yu Q Z, Mo X M. Int'l J Molecular Sci, 2011, 12：2187-2199.

[19] Rousseau M E, Lefevre T, Beauileu L, et al. Biomacromolecules, 2004, 5：2247-2257.

[20] Xing T, Hu W, Li S, et al. Appl Surf Sci, 2012, 258：3208-3213.

[21] Pan H, Zhang Y, Hang Y, et al. Biomacromolecules, 2012, 13：2859-2867.

[22] Hu X, Liu B, Deng Y, et al. Appl Catalysis B, 2011, 107：274-283.

[23] Jin H J, Fridrikh S V, Rutledge G C, et al. Biomacromolecules, 2002, 3：1233-1239.

[24] Wang X, Kim H J, Xu P, et al. Biomaterials, 2005, 21：11335-11341.

[25] Kim U J, Park J, Li C, et al. Biomacromolecules, 2004, 5：786-792.

[26] Ghosh S, Parker S T, Wang X, et al. Adv Func Mater, 2008, 18：1883-1889.

[27] Nazarov R, Jin H J, Kaplan D L. Biomacromolecules, 2004, 5：718-726.

[28] Altman G H, Diza F, Jakuba C, et al. Biomaterials, 2003, 24：401-416.

[29] Kim U J, Park J, Kim H J, et al. Biomaterials, 2005, 26：2775-2785.

[30] Stevens M M, George J H. Science, 2005, 310：1135-1138.

[31] Xin X, Hussain M, Mao J J. Biomaterials, 2007, 28：316-325.

[32] Rice W L, Firdous S, Gupta S, et al. Biomaterials, 2008, 29：2015-2024.

[33] Wang X, Wenk E, Matsumoto A, et al. J Control Release, 2007, 117：360-370.

[34] Zhang Y Q. Biotechnol Adv, 2002, 20：91-100.